国家出版基金项目
NATIONAL PUBLICATION FOUNDATION

"十三五"国家重点出版物出版规划项目

持久性有机污染物
POPs 研究系列专著

持久性有机污染物的生态毒理学

尹大强　刘树深　桑　楠　张效伟／著

科学出版社
北京

内 容 简 介

持久性有机污染物(POPs)的环境健康危害受到广泛关注，阐明其生态毒性效应是全球 POPs 消除、标准制定和风险管理的重要基础之一。本书首先评述了 POPs 生态毒理学研究历程和研究进展，概括了剂量-效应关系概念与混合物联合毒性效应及其评估方法，综述了 POPs 的生物学过程及其对生态毒性的影响；重点阐述了 POPs 的遗传毒性、生殖发育毒性、神经毒性、免疫毒性和高通量测试技术与有害结局路径。本书深入探讨了代表性 POPs 毒性研究方法和毒性作用机制，并介绍了具体应用案例。

本书可作为高等院校环境科学、环境工程等专业的教学参考书，也可供从事环境化学品与健康、环境毒理学、化学品风险评价与管理等领域的研究人员和技术人员参考。

图书在版编目(CIP)数据

持久性有机污染物的生态毒理学 / 尹大强等著. —北京：科学出版社，2018.12

(持久性有机污染物(POPs)研究系列专著)

"十三五"国家重点出版物出版规划项目　国家出版基金项目

ISBN 978-7-03-060302-9

Ⅰ. ①持… Ⅱ. ①尹… Ⅲ. ①持久性-有机污染物-生态环境-环境毒理学-研究 Ⅳ. ①X5　②R994.6

中国版本图书馆CIP数据核字(2018)第297140号

责任编辑：朱　丽　杨新改 / 责任校对：杨聪敏
责任印制：肖　兴 / 封面设计：黄华斌

科学出版社 出版

北京东黄城根北街 16 号
邮政编码：100717
http://www.sciencep.com

北京通州皇家印刷厂 印刷
科学出版社发行　各地新华书店经销

*

2019 年 1 月第 一 版　开本：720 × 1000　1/16
2019 年 1 月第一次印刷　印张：30 1/4　插页：6
字数：585 000

定价：160.00 元

(如有印装质量问题，我社负责调换)

《持久性有机污染物（POPs）研究系列专著》
丛书编委会

主　编　江桂斌

编　委（按姓氏汉语拼音排序）

丛 书 序

持久性有机污染物（persistent organic pollutants，POPs）是指在环境中难降解（滞留时间长）、高脂溶性（水溶性很低），可以在食物链中累积放大，能够通过蒸发–冷凝、大气和水等的输送而影响到区域和全球环境的一类半挥发性且毒性极大的污染物。POPs 所引起的污染问题是影响全球与人类健康的重大环境问题，其科学研究的难度与深度，以及污染的严重性、复杂性和长期性远远超过常规污染物。POPs 的分析方法、环境行为、生态风险、毒理与健康效应、控制与削减技术的研究是最近 20 年来环境科学领域持续关注的一个最重要的热点问题。

近代工业污染催生了环境科学的发展。1962 年，*Silent Spring* 的出版，引起学术界对滴滴涕（DDT）等造成的野生生物发育损伤的高度关注，POPs 研究随之成为全球关注的热点领域。1996 年，*Our Stolen Future* 的出版，再次引发国际学术界对 POPs 类环境内分泌干扰物的环境健康影响的关注，开启了环境保护研究的新历程。事实上，国际上环境保护经历了从常规大气污染物（如 SO_2、粉尘等）、水体常规污染物［如化学需氧量（COD）、生化需氧量（BOD）等］治理和重金属污染控制发展到痕量持久性有机污染物削减的循序渐进过程。针对全球范围内 POPs 污染日趋严重的现实，世界许多国家和国际环境保护组织启动了若干重大研究计划，涉及 POPs 的分析方法、生态毒理、健康危害、环境风险理论和先进控制技术。研究重点包括：①POPs 污染源解析、长距离迁移传输机制及模型研究；②POPs 的毒性机制及健康效应评价；③POPs 的迁移、转化机理以及多介质复合污染机制研究；④POPs 的污染削减技术以及高风险区域修复技术；⑤新型污染物的检测方法、环境行为及毒性机制研究。

20 世纪国际上发生过一系列由于 POPs 污染而引发的环境灾难事件（如意大利 Seveso 化学污染事件、美国拉布卡纳尔镇污染事件、日本和中国台湾米糠油事件等），这些事件给我们敲响了 POPs 影响环境安全与健康的警钟。1999 年，比利时鸡饲料二噁英类污染波及全球，造成 14 亿欧元的直接损失，导致该国政局不稳。

国际范围内针对 POPs 的研究，主要包括经典 POPs（如二噁英、多氯联苯、含氯杀虫剂等）的分析方法、环境行为及风险评估等研究。如美国 1991～2001 年的二噁英类化合物风险再评估项目，欧盟、美国环境保护署（EPA）和日本环境厅先后启动了环境内分泌干扰物筛选计划。20 世纪 90 年代提出的蒸馏理论和蚂蚱跳效应较好地解释了工业发达地区 POPs 通过水、土壤和大气之间的界面交换而长距离迁移到南北极等极地地区的现象，而之后提出的山区冷捕集效应则更加系统地解释了高山地区随着海拔的增加其环境介质中 POPs 浓度不断增加的迁移机理，从而为 POPs 的全球传输提供了重要的依据和科学支持。

2001 年 5 月，全球 100 多个国家和地区的政府组织共同签署了《关于持久性有机污染物的斯德哥尔摩公约》（简称《斯德哥尔摩公约》）。目前已有包括我国在内的 179 个国家和地区加入了该公约。从缔约方的数量上不仅能看出公约的国际影响力，也能看出世界各国对 POPs 污染问题的重视程度，同时也标志着在世界范围内对 POPs 污染控制的行动从被动应对到主动防御的转变。

进入 21 世纪之后，随着《斯德哥尔摩公约》进一步致力于关注和讨论其他同样具 POPs 性质和环境生物行为的有机污染物的管理和控制工作，除了经典 POPs，对于一些新型 POPs 的分析方法、环境行为及界面迁移、生物富集及放大，生态风险及环境健康也越来越成为环境科学研究的热点。这些新型 POPs 的共有特点包括：目前为正在大量生产使用的化合物、环境存量较高、生态风险和健康风险的数据积累尚不能满足风险管理等。其中两类典型的化合物是以多溴二苯醚为代表的溴系阻燃剂和以全氟辛基磺酸盐（PFOS）为代表的全氟化合物，对于它们的研究论文在过去 15 年呈现指数增长趋势。如有关 PFOS 的研究在 Web of Science 上搜索结果为从 2000 年的 8 篇增加到 2013 年的 323 篇。随着这些新增 POPs 的生产和使用逐步被禁止或限制使用，其替代品的风险评估、管理和控制也越来越受到环境科学研究的关注。而对于传统的生态风险标准的进一步扩展，使得大量的商业有机化学品的安全评估体系需要重新调整。如传统的以鱼类为生物指示物的研究认为污染物在生物体中的富集能力主要受控于化合物的脂-水分配，而最近的研究证明某些低正辛醇-水分配系数、高正辛醇-空气分配系数的污染物（如 HCHs）在一些食物链特别是在陆生生物链中也表现出很高的生物放大效应，这就向如何修订污染物的生态风险标准提出了新的挑战。

作为一个开放式的公约，任何一个缔约方都可以向公约秘书处提交意在将某一化合物纳入公约受控的草案。相应的是，2013 年 5 月在瑞士日内瓦举行的缔约方大会第六次会议之后，已在原先的包括二噁英等在内的 12 类经典 POPs 基础上，新增 13 种包括多溴二苯醚、全氟辛基磺酸盐等新型 POPs 成为公约受控名单。目前正在进行公约审查的候选物质包括短链氯化石蜡（SCCPs）、多氯萘（PCNs）、六氯丁二烯（HCBD）及五氯苯酚（PCP）等化合物，而这些新型有机污染物在我国均有一定规模的生产和使用。

中国作为经济快速增长的发展中国家，目前正面临比工业发达国家更加复杂的环境问题。在前两类污染物尚未完全得到有效控制的同时，POPs 污染控制已成为我国迫切需要解决的重大环境问题。作为化工产品大国，我国新型 POPs 所引起的环境污染和健康风险问题比其他国家更为严重，也可能存在国外不受关注但在我国环境介质中广泛存在的新型污染物。对于这部分化合物所开展的研究工作不但能够为相应的化学品管理提供科学依据，同时也可为我国履行《斯德哥尔摩公约》提供重要的数据支持。另外，随着经济快速发展所产生的污染所致健康问题在我国的集中显现，新型 POPs 污染的毒性与健康危害机制已成为近年来相关研究的热点问题。

随着 2004 年 5 月《斯德哥尔摩公约》正式生效，我国在国家层面上启动了对 POPs 污染源的研究，加强了 POPs 研究的监测能力建设，建立了几十个高水平专业实验室。科研机构、环境监测部门和卫生部门都先后开展了环境和食品中 POPs 的监测和控制措施研究。特别是最近几年，在新型 POPs 的分析方法学、环境行为、生态毒理与环境风险，以及新污染物发现等方面进行了卓有成效的研究，并获得了显著的研究成果。如在电子垃圾拆解地，积累了大量有关多溴二苯醚（PBDEs）、二噁英、溴代二噁英等 POPs 的环境转化、生物富集/放大、生态风险、人体赋存、母婴传递乃至人体健康影响等重要的数据，为相应的管理部门提供了重要的科学支撑。我国科学家开辟了发现新 POPs 的研究方向，并连续在环境中发现了系列新型有机污染物。这些新 POPs 的发现标志着我国 POPs 研究已由全面跟踪国外提出的目标物，向发现并主动引领新 POPs 研究方向发展。在机理研究方面，率先在珠穆朗玛峰、南极和北极地区"三极"建立了长期采样观测系统，开展了 POPs 长距离迁移机制的深入研究。通过大量实验数据证明了 POPs 的冷捕集效应，在新的源汇关系方面也有所发现，为优化 POPs 远距离迁移模型及认识 POPs 的环境归宿做出了贡献。在污染物控制方面，系统地摸清了二噁英类污染物的排放源，获得了我国二噁英类排放因子，相关成果被联合国环境规划署《全球二噁英类污染源识别与定量技术导则》引用，以六种语言形式全球发布，为全球范围内评估二噁英类污染来源提供了重要技术参数。以上有关 POPs 的相关研究是解决我国国家环境安全问题的重大需求、履行国际公约的重要基础和我国在国际贸易中取得有利地位的重要保证。

我国 POPs 研究凝聚了一代代科学家的努力。1982 年，中国科学院生态环境研究中心发表了我国二噁英研究的第一篇中文论文。1995 年，中国科学院武汉水生生物研究所建成了我国第一个装备高分辨色谱/质谱仪的标准二噁英分析实验室。进入 21 世纪，我国 POPs 研究得到快速发展。在能力建设方面，目前已经建成数十个符合国际标准的高水平二噁英实验室。中国科学院生态环境研究中心的二噁英实验室被联合国环境规划署命名为"Pilot Laboratory"。

2001 年，我国环境内分泌干扰物研究的第一个"863"项目"环境内分泌干扰物的筛选与监控技术"正式立项启动。随后经过 10 年 4 期"863"项目的连续资助，形成了活体与离体筛选技术相结合，体外和体内测试结果相互印证的分析内分泌干扰物研究方法体系，建立了有中国特色的环境内分泌污染物的筛选与研究规范。

2003 年, 我国 POPs 领域第一个"973"项目"持久性有机污染物的环境安全、演变趋势与控制原理"启动实施。该项目集中了我国 POPs 领域研究的优势队伍, 围绕 POPs 在多介质环境的界面过程动力学、复合生态毒理效应和焚烧等处理过程中 POPs 的形成与削减原理三个关键科学问题, 从复杂介质中超痕量 POPs 的检测和表征方法学; 我国典型区域 POPs 污染特征、演变历史及趋势; 典型 POPs 的排放模式和运移规律; 典型 POPs 的界面过程、多介质环境行为; POPs 污染物的复合生态毒理效应; POPs 的削减与控制原理以及 POPs 生态风险评价模式和预警方法体系七个方面开展了富有成效的研究。该项目以我国 POPs 污染的演变趋势为主, 基本摸清了我国 POPs 特别是二噁英排放的行业分布与污染现状, 为我国履行《斯德哥尔摩公约》做出了突出贡献。2009 年, POPs 项目得到延续资助, 研究内容发展到以 POPs 的界面过程和毒性健康效应的微观机理为主要目标。2014 年, 项目再次得到延续, 研究内容立足前沿, 与时俱进, 发展到了新型持久性有机污染物。这 3 期"973"项目的立项和圆满完成, 大大推动了我国 POPs 研究为国家目标服务的能力, 培养了大批优秀人才, 提高了学科的凝聚力, 扩大了我国 POPs 研究的国际影响力。

2008 年开始的"十一五"国家科技支撑计划重点项目"持久性有机污染物控制与削减的关键技术与对策", 针对我国持久性有机物污染物控制关键技术的科学问题, 以识别我国 POPs 环境污染现状的背景水平及制订优先控制 POPs 国家名录, 我国人群 POPs 暴露水平及环境与健康效应评价技术, POPs 污染控制新技术与新材料开发, 焚烧、冶金、造纸过程二噁英类减排技术, POPs 污染场地修复, 废弃 POPs 的无害化处理, 适合中国国情的 POPs 控制战略研究为主要内容, 在废弃物焚烧和冶金过程烟气减排二噁英类、微生物或植物修复 POPs 污染场地、废弃 POPs 降解的科研与实践方面, 立足自主创新和集成创新。项目从整体上提升了我国 POPs 控制的技术水平。

目前我国 POPs 研究在国际 SCI 收录期刊发表论文的数量、质量和引用率均进入国际第一方阵前列, 部分工作在开辟新的研究方向、引领国际研究方面发挥了重要作用。2002 年以来, 我国 POPs 相关领域的研究多次获得国家自然科学奖励。2013 年, 中国科学院生态环境研究中心 POPs 研究团队荣获"中国科学院杰出科技成就奖"。

我国 POPs 研究开展了积极的全方位的国际合作, 一批中青年科学家开始在国际学术界崭露头角。2009 年 8 月, 第 29 届国际二噁英大会首次在中国举行, 来自世界上 44 个国家和地区的近 1100 名代表参加了大会。国际二噁英大会自 1980 年召开以来, 至今已连续举办了 38 届, 是国际上有关持久性有机污染物(POPs)研究领域影响最大的学术会议, 会议所交流的论文反映了当时国际 POPs 相关领域的最新进展, 也体现了国际社会在控制 POPs 方面的技术与政策走向。第 29 届国际二噁英大会在我国的成功召开，对提高我国持久性有机污染物研究水平、加速国际化进程、推进国际合作和培养优秀人才等方面起到了积极作用。近年来，我国科学家多次应邀在国际二噁英大会上作大会报告和大会总结报告，一些高水平研究工作产生了重要的学术影响。与此同时，我国科学家自己发起的 POPs 研究的国内外学术会议也产生了重要影响。2004 年开始的"International Symposium on Persistent Toxic Substances"系列国际会议至今已连续举行 14 届，近几届分别在美国、加拿大、中国香港、德国、日本等国家和地区召开，产生了重要学术影响。每年 5 月 17~18 日定期举行的"持久性有机污染物论坛"已经连续 12 届，在促进我国 POPs 领域学术交流、促进官产学研结合方面做出了重要贡献。

　　本丛书《持久性有机污染物（POPs）研究系列专著》的编撰，集聚了我国 POPs 研究优秀科学家群体的智慧，系统总结了 20 多年来我国 POPs 研究的历史进程，从理论到实践全面记载了我国 POPs 研究的发展足迹。根据研究方向的不同，本丛书将系统地对 POPs 的分析方法、演变趋势、转化规律、生物累积/放大、毒性效应、健康风险、控制技术以及典型区域 POPs 研究等工作加以总结和理论概括，可供广大科技人员、大专院校的研究生和环境管理人员学习参考，也期待它能在 POPs 环保宣教、科学普及、推动相关学科发展方面发挥积极作用。

　　我国的 POPs 研究方兴未艾，人才辈出，影响国际，自树其帜。然而，"行百里者半九十"，未来事业任重道远，对于科学问题的认识总是在研究的不断深入和不断学习中提高。学术的发展是永无止境的，人们对 POPs 造成的环境问题科学规律的认识也是不断发展和提高的。受作者学术和认知水平限制，本丛书可能存在不同形式的缺憾、疏漏甚至学术观点的偏颇，敬请读者批评指正。本丛书若能对读者了解并把握 POPs 研究的热点和前沿领域起到抛砖引玉作用，激发广大读者的研究兴趣，或讨论或争论其学术精髓，都是作者深感欣慰和至为期盼之处。

2015 年 1 月于北京

前　　言

　　持久性有机污染物(persistent organic pollutants，POPs)是一个全球性重大环境问题，阐明其生态毒性效应和健康危害是重要的科学问题，是 POPs 消除与管理的基础之一。1962 年，美国鱼类及野生动物管理局的女海洋生物学家 Rachel Carson 出版了《寂静的春天》一书，指出滴滴涕等有机氯农药的滥用对自然环境及人类健康具有难以估量的副效应，标志着 POPs 生态毒理学正式形成。数十年大量充分的生态毒理与健康的研究，推动了全球对 POPs 环境问题的广泛关注，促成了《关于持久性有机污染物的斯德哥尔摩公约》的签署以及 POPs 定义的形成。时至今日，从传统的 POPs 到新型 POPs，POPs 物质名单不断扩充。POPs 生态毒理学由浅入深不断发展，研究内涵也越来越丰富，为全球 POPs 消除、标准制定和风险管理提供了重要的科学依据。目前，POPs 生态毒理学研究进入发展新时期，从野生生物毒性效应向人体健康效应深入；在传统的典型剂量-效应关系基础上探索低浓度暴露的非典型剂量-效应关系，经历了由效应表征向毒性通路生物学机制探讨，由单一 POPs 暴露到多种 POPs 复合暴露，由生态风险评估向风险管理的深刻转变。

　　本书共 9 章。第 1 章绪论，评述了持久性有机污染物(POPs)生态毒理学研究历程，综述了当前研究进展(尹大强)；第 2 章剂量-效应关系，介绍了化学物质及其混合物的剂量-效应关系基本概念与应用实例(刘树深)；第 3 章联合毒性效应，总结了混合物联合毒性评估方法与评估实例(刘树深)；第 4 章 POPs 的生物吸收和转化，阐述了 POPs 的生物吸收、转运、转化代谢与积累等及其生态毒性影响(胡霞林、陈启晴)；第 5 章 POPs 遗传毒性，阐述了 POPs 对遗传物质、表观遗传物质的毒性效应以及多世代间可遗传的负面效应(于振洋)；第 6 章 POPs 生殖发育毒性，介绍了 POPs 对动物、人体生殖发育系统的影响以及致畸效应，并重点阐述了具体研究案例(徐挺)；第 7 章 POPs 神经毒性，综述了神经系统与 POPs 神经毒性作用表现形式与潜在机理(桑楠)；第 8 章 POPs 免疫毒性，集中介绍了几类典型 POPs 对免疫细胞、免疫系统的毒性研究(王锐)；第 9 章高通量测试技术与有害结局路径，从高通量测试技术和有害结局路径等角度阐述了 POPs 潜在机理(张效伟)。本书由尹大强策划和统稿，于振洋承担了大量的文字编校工作，是各位参与者多年的研究成果总结。本书能够成型，是集体的智慧，是大家共同努力的结果。

　　衷心感谢《持久性有机污染(POPs)研究系列专著》丛书主编江桂斌院士在我们科研工作以及本书的撰写过程中给予的指导、鼓励和支持。感谢科学出版社朱丽编辑耐心、细致的工作。谨此，向所有参与相关研究工作的老师、学生表示感谢，同时也向关注、关心、关切我们相关工作的单位同事、领导表示衷心的感谢。正是所有这些人的辛勤付出，才使本书最终得以出版。

  POPs 生态毒理学发展迅速，内容丰富而广泛。本书是在作者多年研究工作基础上结合了国内外相关研究成果编著而成，由于作者时间有限，难免挂一漏万，恳请读者批评指正。

作　者

2018 年 7 月

目　　录

第 1 章 POPs 生态毒理学研究历程与进展

本章导读

- 简述 POPs 生态毒理学研究历程，划分为研究起步、深入发展和全新时期等三个阶段。
- 简单综述 POPs 生态毒理学研究进展。
- 重点阐述 POPs 在生物体转化与积累、内分泌干扰与生殖发育毒性、神经毒性和表观遗传与传代毒性。
- 从作者研究领域出发，展望 POPs 生态毒理与健康效应研究的发展趋势。

持久性有机污染物(persistent organic pollutants，POPs)定义和范围的确立源于 2001 年《关于持久性有机污染物的斯德哥尔摩公约》(以下简称《斯德哥尔摩公约》)的签订。其后自 2009 年起，每 2 年的修正案即会对管制名单做一次增补，目前已有共计 28 种/类物质(表 1-1)成为公约规定消除(A 类)、限制(B 类)或无意生产(C 类)的对象。值得注意的是，部分有机污染物(包括金属有机污染物)目前尚未进入该名单，然而它们与 POPs 物质结构相似、理化性质稳定、可在环境中长距离传输，因此，国内外学术界将它们视作类 POPs 物质开展了广泛而深入的生态毒理与健康效应研究。

表 1-1 28 类 POPs 的信息概述

POPs 污染物	附录	CAS 编号	代表结构式
首批 12 种 POPs			
艾氏剂 (aldrin)	A 类	309-00-2	
氯丹 (chlordane)	A 类	57-74-9	

POPs 污染物	附录	CAS 编号	代表结构式
滴滴涕 (dichlorodiphenyltrichloroethane, DDT)	B 类	50-29-3	
狄氏剂 (dieldrin)	A 类	60-57-1	
异狄氏剂 (endrin)	A 类	72-20-8	
七氯 (heptachlor)	A 类	76-44-8	
六氯苯 (hexachlorobenzene)	A 类、 C 类	118-74-1	
灭蚁灵 (Mirex)	A 类	2385-85-5	
多氯联苯 (polychlorinated biphenyls，PCBs)	A 类、 C 类	1336-36-3	
多氯代二苯并-对-二噁英 (polychlorinated dibenzo-*p*-dioxins， PCDDs)	C 类	1746-01-6	
多氯代二苯并呋喃 (polychlorinated dibenzofurans，PCDFs)	C 类	51207-31-9	

续表

POPs 污染物	附录	CAS 编号	代表结构式
毒杀芬 (toxaphene)	A 类	8001-35-2	
16 种新型 POPs			
α-六氯环己烷 (alpha-hexachlorocyclohexane, α-HCH)	A 类	319-84-6	
β-六氯环己烷 (beta-hexachlorocyclohexane, β-HCH)	A 类	319-85-7	
十氯酮 (chlordecone)	A 类	143-50-0	
商用十溴二苯醚 [decabromodiphenyl ether (commercial mixture, c-decaBDE)]	A 类	1163-19-5	
六溴联苯 (hexabromobiphenyl)	A 类	36355-01-8	
六溴环十二烷 (hexabromocyclododecane)	A 类	25637-99-4 3194-55-6	
商用八溴二苯醚 [hexabromodiphenyl ether and heptabromodiphenyl ether (commercial octabromodiphenyl ether)]	A 类	68631-49-2 207122-15-4 446255-22-7 207122-16-5	

续表

POPs 污染物	附录	CAS 编号	代表结构式
六氯丁二烯 （hexachlorobutadiene）	A 类、 C 类	87-68-3	
林丹 （lindane）	A 类	58-89-9	
五氯苯 （pentachlorobenzene）	A 类、 C 类	608-93-5	
五氯酚及其盐/酯 （pentachlorophenol, its salts and esters）	A 类	87-86-5 131-52-2 27735-64-4 3772-94-9 1825-21-4	
全氟辛基磺酸及其盐，全氟辛基磺酰氟 [perfluorooctane sulfonic acid （PFOS），its salts and perfluorooctane sulfonyl fluoride（PFOSF）]	B 类	1763-23-1 307-35-7	
多氯萘 （polychlorinated naphthalenes, PCNs）	A 类、 C 类	70776-03-3	
短链氯化石蜡 （short-chain chlorinated paraffins, SCCPs）	A 类	85535-84-8	
硫丹及相关异构体 （technical endosulfan and its related isomers）	A 类	959-98-8 33213-65-9	
商用五溴二苯醚 [tetrabromodiphenyl ether and pentabromodiphenyl ether （commercial pentabromodiphenyl ether）]	A 类	40088-47-9 32534-81-9	

　　尽管 POPs 物质概念的形成时间较短，但其毒理学研究却是自环境污染问题，乃至是环境科学作为一门独立学科而诞生伊始即开展。从这种意义上讲，正是由于大量充分的环境毒理与健康的研究工作基础，POPs 物质的环境危害才能引起社会与学术界的广泛关注，从而最终促成了《斯德哥尔摩公约》的签署以及 POPs 定义的

形成。时至今日，POPs 物质名单不断扩充，POPs 生态毒理学的研究自身也经历了由浅至深、由效应表征向机制探讨、由单一 POPs 暴露向多种 POPs 复合暴露、由生态风险评估向风险管理的深刻转变，多学科交叉的生态毒理学新方法不断发展。

1.1　POPs 生态毒理学研究历程

1. 研究起步阶段(20 世纪 80 年代前)

该阶段 POPs 生态毒理学研究以传统的急性和慢性毒性研究为主，毒性终点指标选取主要集中反映在表观型的毒理/病理学效应，如死亡率、生长率、繁殖率。第二次世界大战后经济复苏，工业革命促成了生产技术的快速发展，但人们对于化学品潜在健康与环境危害的认识却没能及时跟进，导致 20 世纪中叶之后的二三十年成为环境污染公害事件爆发的高峰期，大量环境毒理与流行病案例频频出现，适用于高剂量暴露的经典毒性研究方法与手段在这一时期发挥了巨大作用。1953～1956 年，日本熊本县水俣湾的大批居民出现肢体疼痛震颤、癫痫、意识模糊、感官功能受损等各类病理症状，同时出生不久的婴儿则多发生不同程度的瘫痪和智力障碍。这就是震惊世界的"水俣病"事件。经多方排查，终于发现事件的罪魁祸首是当地一家化工厂。是该工厂长期向附近海域排放高神经毒性的甲基汞所致。甲基汞虽非典型的 POPs 物质，但其半衰期长、易于生物富集等方面的性质与 POPs 物质非常相似。对肇事工厂的排放历史进行追溯，发现其自 1932 年起即开始排放甲基汞，这使得人们开始意识到污染物环境释放所造成的后果具备长期潜伏的特征。

随后，以滴滴涕(DDT，即双对氯苯基三氯乙烷)为代表的有机氯农药的生态环境安全性引起广泛争议。1962 年，美国鱼类及野生动物管理局的女海洋生物学家 Rachel Carson 出版了《寂静的春天》一书，指出 DDT 等有机氯农药的滥用对自然环境及人类健康具有难以估量的副效应(side effect)，与知更鸟、秃鹰和鱼鹰等鸟类种群衰退存在高度的相关性。该书出版后迅即在社会上引起强烈反响，作者一度遭受农药生产商及其利益相关媒体的猛烈抨击，因为有机氯农药当时是作为"低毒、安全"农药而广泛投入市场使用的，DDT 的发明者 Paul Müller 也获得了 1948 年的诺贝尔生理学或医学奖。但 1962～1972 年间一系列科学研究的结果支持了 Carson 的观点，在 1972 年 *Nature* 的一篇标志性论文中，最终确立了鸟类体内 DDE(DDT 主要代谢产物之一)含量与蛋壳厚度之间的对数关系(Blus et al., 1972)。这个事件成为环境科学发展史上的划时代标志，也是推动美国环境保护署(USEPA)成立的决定性因素。1968 年，另一种可用作农药的有机氯化合物多氯联苯(PCBs)导致了日本九州地区的"米糠油"事件，并产生了一个用于描述中毒症状的全新词汇——"Yusho"病。这次污染事件对当地居民的影响甚至延续到了今天，直至最近仍有 Yusho 病后遗症的流行病学研究报道（Akahane et al., 2018）。可以认为，《寂静的春天》一书出版标志着 POPs 生态毒理学分支学科正式形成。

2. 深入发展阶段（20 世纪 80～90 年代）

该阶段 POPs 生态毒理学研究采用多学科方法从表观型的传统毒理学指标转向"致癌、致畸、致突变"的"三致"效应，特别生命科学的发展，促使人们关注 POPs 的人体健康效应。这一转变发生的背景在于发达国家持续的污染物排放逐步受控、大规模污染事件发生频率降低，环境中的化学品污染呈现低浓度分布特征，因此，经典毒理学效应，特别是曾经广泛使用的急性效应研究已无法满足形势发展的需要。另一方面，随着生命科学和医学的深入发展，人们迫切需要揭示癌症等人类慢性重症的发生机制，发展有效治疗手段攻克威胁人类健康的堡垒。尽管 20 世纪初提出了"化学致癌作用"理论，但直到对 DNA 结构和序列信息的解密，人类才发现污染物的致癌作用与致突变作用、DNA 损伤等过程具有紧密关联，发现许多环境污染物如多环芳烃（polycyclic aromatic hydrocarbons, PAHs）类的苯并[*a*]芘既是致癌剂也是致突变剂（Loeb and Harris, 2008）。PAHs 是最早被揭示具有致癌性的环境污染物，其致癌的流程大致为：PAHs 结合芳香烃受体→诱导 P450 酶转录→催化形成 DNA 加合物→导致 DNA 失稳并突变→致癌。多氯代二苯并二噁英、多氯代二苯并呋喃、PCBs 与 PAHs 共享基本的碳链框架，在致癌机制方面也与 PAHs 通用。2,3,7,8-四氯代二苯并-对-二噁英（2,3,7,8-tetrachlorodibenzo-*p*-dioxin, TCDD）被认为是其中致癌性最强的一种化合物，也是意大利塞维索二噁英泄漏事件和比利时鸡饲料二噁英类污染事件的主角。越南战争期间，美军在越南境内喷洒的"橙剂"在八九十年代致使约三百万越南人罹患白血病、肺癌、肝癌等各类癌症，并对当地生态造成沉重打击。"橙剂"的成分除两种除草剂（2,4,5-T 和 2,4-D）外，也含有少量的 TCDD，但 TCDD 被认为是"橙剂"危害的最主要根源。

而对 POPs 物质致畸效应的关注，更是直接引发了内分泌干扰物（endocrine disrupting chemicals, EDCs）的研究热潮。EDCs 的概念最早出自 1991 年美国威斯康星州翼幅会议中心（Wingspread Conference Centre）的一次会议，主要指环境污染物通过干扰内分泌系统，造成人体或动物胎儿或幼儿期的永久发育异常，其影响或延至成年期时仍能体现出损害效应。1993 年 Theo Colborn 等在 *Environmental Health Perspectives* 发表了最早的一篇关于 EDCs 的综述，列举了大量具备内分泌干扰效应的 POPs 类农药和工业品（Colborn et al., 1993）。1996 年，Theo Colborn 与 Dianne Dumanoski、John Peterson Myers 共同发表了 EDCs 的标志性著作——*Our Stolen Future*。书中提到了五氯酚（pentachlorophenol，PCP）及其钠盐的生态危害。PCP 及其钠盐曾作为杀灭钉螺的特种药，在控制我国长江中下游地区肆虐的日本血吸虫病时扮演了极为关键的角色，这也导致我国长江流域成为全世界 PCP

污染最为严重的地区,特别是洞庭湖水域的峰值含量超过 100 μg/L(Zheng et al., 2000)。除此之外,有机锡类污染物三丁基锡(tributyltin,TBT)曾广泛应用于海洋船只防污材料,研究发现它可在海洋生物链中积累放大,且当附着在悬浮颗粒或沉积物时,将持续释放长达约 30 年(Champ and Seligman, 1996)。TBT 通过抑制细胞色素 P450 酶系干扰了海洋腹足纲动物的内分泌系统,造成生殖器官畸形,严重时甚至导致雌性个体的雄性化(Gibbs et al., 1987)。TBT 在我国渤海湾等地区广泛存在,对其环境分布和生态毒性在这个时期进行了广泛而深入的研究。追溯历史,TBT 和 PCP 可以被认为是我国最早开展环境内分泌效应的环境化合物。

3. 全新时期(2000 年至今)

进入 21 世纪后,POPs 物质的环境毒理与健康研究因《斯德哥尔摩公约》的订立得以更明确、更深入地开展,研究集中在 POPs 对生态系统和人类健康作用机制、作用新模式与毒性通路和生物标志物。POPs 对神经、免疫和内分泌等生物体内信号系统的干扰与毒性作用以及传代效应等成为新的研究热点。特别是"新型污染物"概念提出,POPs 和环境化学品的生态毒理与健康效应研究进入了全新时期。从 2009 年开始,《斯德哥尔摩公约》新修正案不断推出,增补了多类新型 POPs 物质,其中包括以溴代阻燃剂、全氟化合物等为代表的新型污染物。这些物质大多本身曾经作为"安全"替代品而推广生产,却在实际使用过程中逐渐发现其潜在的生态和人体健康风险。这也为环境风险研究和管理提出了如何辨认传统低毒化学品真实风险的问题。典型溴代阻燃剂多溴二苯醚(polybrominated diphenyl ethers, PBDEs)随建材、电子、塑料等工业品渗透到地球上的每一个角落,即便在南北极也能检测出明显的环境残留,成为这一时期的代表性 POPs 物质。PBDEs 最先为人所知的是其以甲状腺激素为主要靶点的内分泌干扰效应;自 2001 年开始,PBDEs 的神经发育和行为学效应开始引发研究热潮,啮齿类、鱼类以及人类流行病学研究成果均表明,PBDEs 可以引起对动物和人运动、认知、掠食、社交等各类神经行为以及感官功能的损害效应(Viberg et al., 2006; Xu et al., 2017; Zhang et al., 2017)。2009 年,四溴、五溴、六溴和八溴二苯醚在《斯德哥尔摩公约》第一次修正案中被列为 A 类 POPs 物质,八年之后十溴二苯醚也终于被列入 A 类名单。全氟辛基磺酸盐最早由 3M 公司所开发并用作"思高洁"保护剂的重要成分,由于其在美国本土受到了 USEPA 的调查,2000 年后其主要产地移至中国。据研究,全氟辛基磺酸盐具有神经毒性、免疫毒性、发育毒性、遗传毒性和内分泌干扰作用等多重毒性效应(DeWitt et al., 2009; Lau et al., 2007),已于 2009 年被确定为 POPs 物质。POPs 审查委员会目前也开始对全氟类的全氟辛酸(perfluoroocatanate acid,PFOA)和全氟己基磺酸(perfluorohexane sulfonate,PFHxS)进行评估。

由于 EDCs 的生态毒性与健康危害特点,POPs 物质的内分泌干扰效应受到了格外的关注。世界卫生组织、联合国环境规划署、世界劳工组织等国际性机构先后于 2002 年和 2012 年共同发布了 *Global Assessment of the State-of-the-Science of Endocrine Disruptors*、*State of the Science of Endocrine Disrupting Chemicals-2012* 两份报告,指出 EDCs 问题因 POPs 污染物而生,但 EDCs 的概念外延实际上远超《斯德哥尔摩公约》所指定的 POPs 物质。POPs 物质与其他 EDCs 一样,通过干扰内分泌、生殖和发育过程,严重威胁人类社会和生态环境的未来,但至今我们所认知的仍只是冰山一角。

1.2 POPs 生态毒理学研究进展

1.2.1 生物体内的转运、转化与积累

20 世纪 70 年代以来,以有机氯农药(organochloride pesticides, OCPs)为代表的 POPs 在生物体内转运和积累得到广泛研究,但因其具有持久性有机污染物(POPs)特性,并在环境普遍检出,其生物转运和积累仍然得到广泛关注,对其代谢转化与生物放大效应有了更深入的认识。多项研究均表明亲脂性较高 OCPs 的生物富集效应明显[营养级放大因子(trophic magnification factor, TMF)>1],并发现其疏水性(以 $\log K_{OW}$ 表征)、机体脂含量是影响其生物积累的重要因素(Shaul et al., 2015; Gui et al., 2016)。OCPs 在不同食物链、物种、组织和器官中的分布、积累和降解具有明显差异(Aamir et al., 2016; Lukyanova et al., 2016)。OCPs 的生物-沉积物累积因子(bio-sediment accumulation factor, BSAF)在 $\log K_{OW}$ 6~7 之间随 $\log K_{OW}$ 增大而增大,$\log K_{OW}$>7 时随 $\log K_{OW}$ 增大而降低(Zhang et al., 2016)。食物链中动物种类、水温、性别、生存环境等因素对于 OCPs 在体内的分布也有影响(Pucko et al., 2013; Valdespino and Sosa, 2017)。也有研究表明,OCPs 的代谢产物,如滴滴涕(DDT)的代谢产物 DDD 和 DDE,同样具有生物富集效应(Mackintosh et al., 2016)。而且,它们的生物富集具有异构体选择性。泥鳅体内顺式氯丹的 BSAF 明显大于反式氯丹(Zhang et al., 2016),海豚体内组织分布始终是 β-HCH>δ-HCH>γ-HCH>α-HCH 和 p',p-DDE>p',p-DDD>p',p-DDT(Durante et al., 2016)。

另一类以多氯联苯(PCBs)为代表的有机氯类 POPs,与有机氯农药同样具有高度生物富集特性,通常也认为脂溶性是决定其生物富集的主要因子(Frouin et al., 2013)。近年来,对 PCBs 的生物代谢转化(尽管代谢总体较弱)有了深入认识。PCBs 在肝脏可发生 II 相 P450 酶系催化的脱卤转化,转化能力依次为哺乳类>鸟类>两栖类>鱼类,其转化产物可通过母乳、生产等途径传至下一代(Manzetti et al., 2014)。部分 PCBs(如 PCB-136)生物代谢及富集呈现显著的对映异构体选择性(Zheng et al., 2015; Kania-Korwel and Lehmler, 2016)。

在传统的 I 相和 II 相酶生物转化过程的基础上,近年来,科学家陆续提出了另两

个重要的过程，称之为 0 相过程和III相过程(图 1-1)，并认为它们在生物转化过程中有着同样重要的作用。0 相和III相的过程主要用于调控细胞外排，通过外排转运蛋白系统将未经修饰的化合物或者经代谢之后的物质排出细胞。近年来研究者才逐渐开始关注III相转运过程，最初人们以为III相过程仅仅是把结合态的废弃物排出胞外。有时候III相过程也称为逆向外排系统，该系统包括约 350 个不同的蛋白质，其中分布最为广泛的一类是 P 糖蛋白(P-glycoprotein, Pgp)，这些蛋白广泛存在于肠壁上皮层表面，其主要功能是抓住那些结合态的代谢产物并排出细胞外，这些被排出的物质将在通过消化道后经粪便最终排出体外。III相过程对生物体的健康至关重要。III相代谢功能紊乱的一个重要特征是炎症，特别容易发生在肠道中，且III相代谢又受到负反馈环的抑制，从而导致II相反应酶活性的下降。这致使 I 相反应产生的中间代谢产物将处于堆积的危险状况，从而进一步引发氧化损伤，甚至损害生物体的解毒能力。

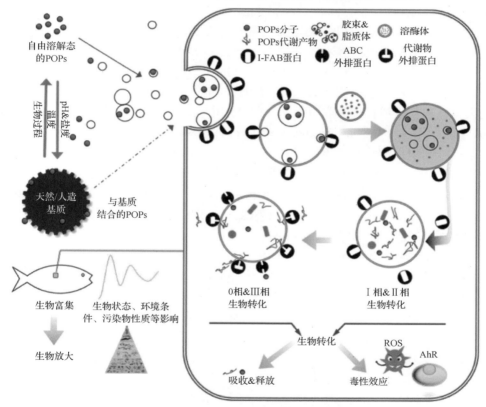

图 1-1　POPs 生物转运、转化与积累过程概念图

近十年来，新型 POPs 的生物累积与转化研究取得了快速进展，最具代表性的有溴代阻燃剂(brominated flame retardants，BFRs)多溴二苯醚(PBDEs)和全氟化合物(perfluororinated compounds，PFCs)。PBDEs 在生物体内可转化为毒性更强的低

溴代 PBDEs、羟基化 PBDEs(HO-PBDEs)和甲氧基化 PBDEs(MeO-PBDEs)(Perez-Fuentetaja et al., 2015; Xu et al., 2015)。PBDEs 的代谢产物同样具有生物富集性，HO-PBDEs、MeO-PBDEs 主要积累于鱼肝脏中，并且 MeO-PBDEs 浓度随营养级升高而升高(Kim et al., 2015b)。研究表明，植物对 BFRs 的转化研究主要集中在 I 相转化(脱溴还原、羟基化、甲氧基化)，也有研究表明 BFRs 在植物体内可以与谷胱甘肽(glutathione，GSH)等结合，发生 II 相转化而形成结合态产物。P450 酶(CYP450 酶)催化产生羟基化作用也是植物对含卤有机物转化的主要途径之一，硝酸还原酶(nitrate reductase，NaR)和谷胱甘肽 S-转移酶(glutathione S-transferase，GST)被认为在脱溴和羟基化过程中起关键作用(Huang et al., 2013)。PBDEs 等在植物体内的运移主要与其疏水性 K_{OW} 有关，并且通过蒸腾流浓度系数(TSCF)或迁移系数(TF)来表征。Chow 等报道 BDE-209($\log K_{OW}$=10)尽管可以通过质外体途径进入植物根部，但却不易向上运输(Chow et al., 2015)。Zhao 等研究表明随着 PBDEs 中溴含量的增加，其向地上部分的运输越来越困难(Zhao et al., 2012)。一般认为 $\log K_{OW}$ 在 1~4 范围内的化合物迁移能力最强；$\log K_{OW}$>4 的污染物易与根部内皮层细胞膜或脂质组分结合，而不易通过质外体向上运输；而 $\log K_{OW}$<1 的污染物则很难通过亲脂性的凯氏带。但是，Zhao 等在多种植物茎叶中也能检出 BDE-209，推测 BDE-209 可能来自叶部吸收或根部吸收再经木质部汁液中的转运蛋白载带传输(Zhao et al., 2012)。六溴环十二烷(hexabromocyclododecane, HBCD)，作为新型 BFRs 之一，其不同异构体的转化及积累受到关注(Zhang et al., 2014; Zheng et al., 2017)。HBCD 有三种非对映异构体(α-HBCD、β-HBCD 和 γ-HBCD)，每种非对映异构体又包括两个对映异构体。Zhang 等发现 α-HBCD 在锦鲤不同组织中的生物累积因子(bioaccumulation factor, BAF)为(3.1~4.5)×10^4，比 β-HBCD 和 γ-HBCD 高一个数量级，β-HBCD 和 γ-HBCD 可转化成 α-HBCD，(+)-α-HBCD 和(+)-γ-HBCD 可发生选择性富集，但是 β-HBCD 无此现象(Zhang et al., 2014)。Kim 等发现南极企鹅、贼鸥中 α-HBCD、β-HBCD 和 γ-HBCD 的生物放大因子(biomagnification factor, BMF)分别为 11.5、1.1 和 3.5，表明 α-HBCD 具有一定的生物放大效应(Kim et al., 2015a; Son et al., 2015)。

全氟化合物(PFCs)是一类 C_{4-14} 脂肪碳链骨架与极性头部(羧基或磺酸基)相连的结构化合物，具有较高的疏水疏油特性，全氟辛酸(PFOA)和全氟辛基磺酸(PFOS)是关注较多的全氟化合物。鳃部过滤、食物摄入及呼吸吸入是动物摄入 PFCs 的主要方式。通过饮食，尤其是食用水产品，是人体暴露 PFCs 的主要方式(Shan et al., 2016)。PFCs 结构与脂肪酸相似，与蛋白质(尤其对脂肪转运蛋白)亲和力较高，因此，PFCs 并不像传统的高脂溶性 POPs 一样主要蓄积于脂肪组织，而是蓄积于血液、肝、肾等富含蛋白质组织中(Lee et al., 2012; Rand and Mabury, 2014)。在生物体内 PFCs 几乎不发生转化，但 PFCs 前驱体可最终生物转化为 PFCs，成为机体内 PFCs 的重要来源之一(Rand and Mabury, 2014; Chang et al., 2017)。研究表明，PFCs 前驱体的生物富集、毒理效应可能不亚于 PFCs，而且其转化降解产物多样，除了 PFCs，还包含氟调羧酸(FTCA)、氟调不饱和羧酸(FTUCA)等其他较为稳定的产物，因此，PFCs 前驱体及其降解产物的生物过程及富集效应也日益受到重视(Wang et al., 2013; Chang et al., 2017)。大量研究揭示了 PFCs 在各种生物体内的吸收、组织分布、积累、消除等代谢动力学特征，在动物体内的代谢动力学特征呈现明显的种属差异。在水生生物体内，短碳链全氟羧酸(perfluorinated carboxylic acids，PFCAs)(<7)的 BAF 值低于 1，说明其生物累积能力较弱(Zhou et al., 2013)；$C_{8\sim12}$ 的 PFCAs 的 BAF 值随碳链增大而增大，但 $>C_{12}$ 则出现下降趋势(Fang et al., 2014)。同样，人体研究表明，低碳链的 PFCAs($C_4\sim C_6$)的肾排泄速率比长碳链高 2~3 个数量级(Zhou et al., 2014)；长碳链 PFCAs($C_7\sim C_{11}$)的肾排泄速率常数随碳链长度而逐渐降低(Zhang et al., 2013)，这些都表明中长链的 PFCs 碳链长度(疏水性)是影响其生物累积的主要因子。PFCs 在植物中转运及积累也受到了学者们的关注。Müller 等发现 PFCs 在植物根部富集有两种途径，一是吸附到根表面的有机组分上，二是通过质外体途径进入根部，对于低碳链的全氟丁酸(PFBA)，可能还存在其他运输途径(如共质体或主动运输)(Müller et al., 2016)。有研究表明，水通道蛋白和阴离子通道参与 PFOA 和 PFOS 在玉米根部的吸收及跨膜转运(Wen et al., 2013)。PFCAs 在植物根部的积累一般呈现"U"形曲线，$C_4\sim C_6$ 的 PFCAs 在根中积累随 C 链的增加而减少，$C_6\sim C_{11}$ 在根部的积累则是随 C 链的增加而增加，导致这一现象可能与 C 链越短，越易被植物根部吸收，而 C 链越长，与根部表面的吸附越牢固有关(Felizeter et al., 2012; Blaine et al., 2013)。但是也有结论不一致的报道。Felizeter 等观察到 PFCAs($C_4\sim C_{11}$)在植物根部的积累并不遵循"U"形曲线，而是随 C 链长度的增加，根系富集系数(RCF)随之增大，显示根对 PFCAs 的吸收取决于疏水性的大小(Felizeter et al., 2014)。全氟烷基磺酸(perfluoroalkane sulfonates，PFSAs)(C_4、C_6、C_8)在植物根部的浓度，也随 C 链长度的增加而增加(Blaine et al., 2013; Müller et al., 2016)。Wen 等报道 PFOA 和 PFOS 在植物根部和地上部分的浓度与植物根中蛋白质的含量呈显著正相关($p<0.05$)，与脂肪含量无关或负相关，脂肪含量较多的反而抑制 PFOA 和 PFOS 在根中的积累，且对 PFOA 的抑制效应较为严重(Wen et al., 2016)。

近年来，除对《斯德哥尔摩公约》新增的新型 POPs 研究外，一些其他新型有机污染物的生物转运、转化和积累的研究也得到高度关注。有机磷酸酯阻燃剂(organophosphate flame retardants，OPFRs)作为 BFRs 的替代品被大量生产，且在环境及生物介质中广泛检出，其中主要为含氯的 OPFRs[包括磷酸三(2-氯乙基)酯(TCEP)、磷酸三(2-氯异丙基)酯(TCIPP)和磷酸三(1,3-二氯异丙基)酯(TDCIPP)]。氯代 OPFRs 水溶性较高，生物积累能力远低于 PCBs、PBDEs 等，但一些近期的研究表明部分 OPFRs 也具有一定生物富集性(Brandsma et al., 2015; Wang et al.，

2015a)。一些学者已经通过鱼、野生鸟类开展了 OPFRs 体内代谢分布研究(Fernie et al., 2015; Wang et al., 2017)。药物与个人护理品(pharmaceutical and personal care products, PPCPs)在水生生物中的吸收、分布、代谢等方面也有较多的研究，PPCPs 被认为具有假持久性现象。研究发现，三氯生等弱极性化合物具有明显的亲脂性，表现为 $\log K_{OW}$ 越大，越易吸收富集。多数 PPCPs 半衰期较短，可快速被吸收、代谢及排出，不同的 PPCPs 在生物体内的代谢途径及参与酶系统不尽相同(Cunha et al., 2017; Ziarrusta et al., 2017)。PPCPs 的亲脂性会影响 PPCPs 在生物体内的积累，如脂溶性高的卡马西平在食蚊鱼中的 BAF 值高于阿替洛尔(Valdés et al., 2014)；氟西汀在虾体内的 BAF 值高于安定、甲氯苯酞胺(Meredith-Williams et al., 2012)。除此之外，有些 PPCPs 代谢产物的富集能力较母体化合物高，比如去甲基安定、甲基三氯生等代谢产物的浓度均高于母体化合物(Zhao et al., 2016; Miller et al., 2017)。有研究显示一些 PPCPs 具有一定的生物放大现象。

1.2.2 POPs 生态毒性

1. 内分泌干扰与生殖发育毒性

自 20 世纪 90 年代以来，环境中的内分泌干扰物受到持续高度关注。越来越多的证据显示，农药、工业化学品以及人们日常使用的药物与个人护理品、生活用品中的塑化剂和表面活性剂以及电子产品中的阻燃剂等成分，均具有内分泌干扰效应。1996 年，Theo Colborn 等出版 *Our Stolen Future* 一书，认为化学品在一定剂量下干扰内分泌系统，对野生生物和人类产生生殖、发育、神经、免疫等不利的健康效应，提出了"环境激素"(environmental hormone)概念。1998 年，800 余种化学品被怀疑具有内分泌干扰性质。2002 年，国际化学品安全规划署(IPCS)发布了全球内分泌干扰物评估报告。2012 年，世界卫生组织(WHO)和联合国环境规划署(UNEP)联合发布内分泌干扰化学品状况报告，大量证据显示大多数 POPs 具有内分泌干扰特征。内分泌干扰化学品具有低剂量、长期性、潜在性和效应复杂性等特点，尤其对后代的影响巨大，其对野生生物和人类健康的潜在影响一直是生态毒理学研究领域重点关注的问题。

大量研究表明，狄氏剂、氯丹、毒杀芬、PCP、DDT 及其代谢产物(DDE)等，可导致生殖与发育的毒性效应，例如，两栖动物变态生长异常和雄性合成卵黄蛋白质；鸟类性行为改变、生殖形态异常、卵壳变薄、性别比例失调、雄性性征消失等；鱼类卵黄蛋白浓度增高、血清性激素异常、性逆转和雄性雌性化。增塑剂的内分泌干扰与生殖发育毒性长期受到关注，如双酚 A(bisphenol A, BPA)和邻苯二甲酸酯类(phthalate esters, PAEs)。研究表明，BPA 具有弱雌激素效应。越来越多的研究显示 BPA 在分子水平上的作用机制十分复杂，可能涉及经典受体途径，即通过细胞核内的雌激素受体(estrogen receptors, ERs)、雌激素相关受体(estrogen related receptors, ERRs)等发生作用，表现出促进或抑制效应；也涉及非基因组途径，即通过细胞膜上少量膜雌激素受体(membrane ERs, mERs)或 G 蛋白偶联受体30(G-protein coupled receptor 30, GPR30)等激活细胞内信号通路；并且与激素合成与代谢途径(如各种关键限速酶)、表观遗传学途径(如 DNA 甲基化和组蛋白修饰)等相关(Acconcia et al., 2015)。BPA 可能干扰下丘脑-垂体-性腺(HPG)轴的多个环节，从而对生殖内分泌系统的中枢调控、激素合成、性腺发育和繁殖功能等不同层次产生有害效应。近年来，针对雌性生殖系统的研究表明，对发情前期雌性小鼠侧脑室注射 BPA(20 μg/kg)，其能通过前腹侧室旁核吻素(kisspeptin, KiSS)及其受体 G 蛋白偶联受体 54(G-protein coupled receptor 54, GPR54)介导的途径，影响视前区促性腺激素释放激素(gonadotropin releasing hormone, GnRH) mRNA，以及促黄体生成素(luteinizing hormone, LH)和雌二醇(17β-estradiol, E_2)的水平(Wang et al., 2014)。越来越多的流行病学调查发现，BPA 暴露与女性生殖功能异常和疾病如多囊卵巢综合征、子宫内膜病变、乳腺癌和流产早产等具有相关性(Rochester, 2013)。不育女性尿液中 BPA 含量较正常生育女性更高(Caserta et al., 2013)，且接受体外受精女性的尿液中 BPA 含量越高，其子宫反应性越差，导致体外受精的成功率降低(Ehrlich et al., 2012)。同时流行病学调查也发现，BPA 暴露与男性生殖功能异常如精子质量降低、隐睾、尿道下裂等疾病风险增加也具有相关性(Acconcia et al., 2015)。对鱼类的研究也证实，BPA 在很低剂量下(1 μg/L)即可抑制雄性鲤鱼精巢的发育，导致性腺结构改变(Mandich et al., 2007)。然而，尚没有证据显示 BPA 会影响细胞核内雄激素受体的转录活性或者由细胞膜 AR 介导的细胞信号通路。目前认为 BPA 对雄性生殖系统的影响可能是由 ERβ 受到抑制所致(Acconcia et al., 2015)。最新的一些研究显示，值得注意的是，BPA 的替代物双酚 S(bisphenol S, BPS)和双酚 F(bisphenol F, BPF)由于结构与 BPA 非常相似，也具有雌激素受体干扰活性，并且 BPS 能够激活细胞膜上的 ERα 诱导的信号通路[如丝裂原激活蛋白激酶(mitogen-activated protein kinase, MAPK)和 caspase-8 等](Rochester and Bolden, 2015)。BPF 和 BPS 在环境介质和人体内的含量也与 BPA 相当，并且随其使用量增加还会更高，因此它们对生态环境和人类健康的潜在危害也需要进一步密切关注。

随着新型污染物的生态毒理和人体健康研究的发展，新型 POPs 如全氟化合物、多溴二苯醚、氯化石蜡等的生殖与发育毒性及其健康危害广泛开展。多溴二苯醚(PBDEs)及其羟基化代谢产物(HO-PBDEs)的结构，由于与生物体内甲状腺激素(T3, T4)十分相似，因此成为近年来最受关注的一类甲状腺内分泌干扰物。一些来自对哺乳动物或者鱼类的实验表明，PBDEs 的暴露可以引起甲状腺激素水平的异常(主要是 T4 水平降低)(Hoffman et al., 2017; Chen et al., 2012)。流行病学研究发现，PBDEs 可能影响人类甲状腺激素并增加甲状腺疾病风险，但相关性可能与 PBDEs 的含量以及年龄、性别等因素有关(Hoffman et al., 2017)。很多研究也证实，母亲体内的 PBDEs 可通过胎盘、脐带血以及乳汁等途径传递给后代，影响婴幼儿的甲状腺系统。加拿大魁北克省一家医院对 380 名妇女在孕早期和分娩时分别抽取血样，检测发现孕早期 PBDEs 水平与血清甲状腺素的水平无关，但是到分娩时 PBDEs 水平与甲状腺素水平呈负相关（Abdelouahab et al., 2013）。最近美国一项关于人类胎盘的研究表明，样本中 PBDEs 总量与基因组 DNA 甲基化水平具有正相关关系，这种影响可能传递子代，从而对后代的甲状腺系统及生长发育产生更为深远的影响（Kappil et al., 2016）。很多研究证实，HO-PBDEs 对甲状腺激素的干扰能力高于其母体化合物，因此研究人员对其作用机制十分感兴趣。通过离体和计算机模拟等方法证实，HO-PBDEs 的羟基可与甲状腺激素受体（thyroid hormone receptor, TR）、甲状腺激素转运蛋白（transthyretin, TTR）、甲状腺素结合球蛋白（thyroid binding globulin, TBG）以及甲状腺素磺酸基转移酶（thyroxylsulfonate transferase 1A1, SULT1A1）的残基形成氢键作用，表现出比母体 PBDEs 更强的结合能力（Yang et al., 2011; Butt and Stapleton, 2013）。此外，最近的研究表明 HO- PBDEs 还可能通过阻止共调节因子的募集来抑制甲状腺激素的正常功能，从而表现出抗甲状腺激素效应（Chen et al., 2016）。作为 PBDEs 替代品的新型溴代阻燃剂，在世界范围的多种非生物介质和野生动物体内广泛存在，研究证据显示，五溴二苯醚的替代品：四溴邻苯二甲酸双（2-乙基己基）酯[bis（2-ethylhexyl）2,3,4,5-tetrabromophthalate, TBPH]表现出较强的甲状腺内分泌干扰能力。愈来愈多的研究报道，新型含磷阻燃剂也具有内分泌干扰及其生殖发育毒性，成为新的研究热点。环境及生物体中检出的有机磷酸酯阻燃剂磷酸三（1,3-二氯丙基）酯[tri（1,3-dichloropropyl） phosphate, TDCPP]低浓度暴露后，显著增加了雌性斑马鱼血浆中雌二醇和睾酮水平，同时，通过减少产卵量降低繁殖力（Wang et al., 2015b）。

2. 神经毒性

神经系统是重要的毒理学靶标，神经系统损伤是许多污染物或药物毒性效应的表现。流行病学研究发现，污染物的慢性和亚致死浓度暴露与一些持久性神经系统类疾病的发生有一定的相关性（Saravi and Dehpour, 2016; Mostafalou and Abdollahi, 2017）。大量证据显示不同途径的污染物暴露与神经发育紊乱、孤独症、精神运动和心智功能损伤包括记忆、注意力、幼儿的语言能力等的发生，以及一些神经退行性疾病如阿尔茨海默病、帕金森病和癫痫等疾病均具有明确的相关性（Mostafalou and Abdollahi, 2017）。因此，污染物神经毒性效应的研究具有重大意义。由于儿童/生物幼体对于环境污染物的易感性，神经毒性研究常与发育毒性相关联，使人们得以认识污染物在发育早期对神经系统形态和功能发生过程的影响（Raffaele et al., 2009）。

尽管生物体为大脑这一至关重要的器官构建了充分防护，但持久性有机污染物可以穿透脑部的血脑屏障，不仅影响成年个体的神经系统功能，更可损害幼体神经系统的结构发育。以典型神经毒性 POPs 多溴二苯醚 (PBDEs) 为例，研究发现 PBDEs 暴露能改变大脑发育过程中神经元的连通性、突触可塑性 (Kodavanti and Curras-Collazo, 2010)。大脑发育的高峰期暴露 PBDEs 会造成小鼠正常的大脑发育受到干扰，导致其成年期自主行为受损 (赵静等, 2017)。信号转导通路的改变能导致基因调控的变化进而导致蛋白表达的变化，从而影响神经系统的发育和功能。研究表明，对出生后 10 d 的雄性 NMRI 小鼠进行口给 BDE-99 暴露，可通过二维差异凝胶电泳 (2D DIGE) 技术检测到小鼠脑部 9 种纹状体蛋白和 10 种海马体蛋白表达异常 (Alm et al., 2006)。与此相类似，Kodavanti 等报道了对围产期 Long-Evans 大鼠进行 DE-71 暴露可以导致 4 种小脑蛋白和 70 种海马体蛋白表达异常 (Kodavanti et al., 2015)。对成年大鼠连续 21 d 经口林丹暴露，发现不同脑区域如黑质和纹状体中 α-突触核蛋白、海马体和额叶皮层中淀粉样蛋白前体的表达显著增加 (Mudawal et al., 2015)。Austin 考察了全氟辛基磺酸盐对小鼠中枢神经系统的影响，结果发现其可穿透血脑屏障在脑组织中富集，并同时破坏小鼠的内分泌循环，增加血液中肾上腺酮含量且降低生物碱的浓度 (Austin et al., 2003)。

神经信号的传递过程，包括突触活动、神经递质及其受体作用，本质是神经元之间的交流，属于神经元的电特性，是当前污染物神经毒性效应研究中最受重视的环节 (图 1-2) (Kandel et al., 2000)。在多巴胺、胆碱/乙酰胆碱、谷氨酰胺/γ-氨基丁酸 (γ-aminobutyric acid, GABA) 等关键神经递质中，最早的研究案例报道来自于对乙酰胆碱相关功能的探讨，乙酰胆碱活性的抑制被确定为有机磷农药的经典急性致毒机制。Viberg 等报道新生 NMRI 雄性小鼠在 PND 10 经口暴露 BDE-153，6 月龄成年小鼠海马体中烟碱受体浓度显著降低，意味着胆碱体系是 PBDEs 作用的潜在靶点 (Viberg et al., 2003)。DE-71 暴露能够影响斑马鱼幼鱼的胆碱能神经信号传递和神经元发育 (Chen et al., 2012)。狄氏剂可以通过改变基因表达和 GABA$_A$ 受体的功能性性质进而对正在发育的大脑产生风险，这种长期的改变可能对 GABA 能神经元回路和 GABA 介导的行为产生长期效应 (Lauder et al., 1998)。母体大鼠暴露于狄氏剂和林丹会改变胎儿脑干中叔丁基双环硫代磷酸酯与 GABA$_A$ 受体的结合，可能会对行为产生影响 (Brannen et al., 1998)。Albrecht 发现狄氏剂作为一种神经毒素能抑制戊四氮信号转导，引起一般中枢神经系兴奋性增加，导致持续性行为刺激 (Albrecht, 1987)。多氯联苯 (PCBs) 可以作用于一系列神经化学和神经内分泌靶标，神经递质系统是其中的关键性靶标之一，引发的效应包括神经递质转运及其受体、钙稳态和氧化应激 (Kodavanti, 2006; Fonnum and Mariussen, 2009)。PCBs 还能通过作用于内分泌系统如甲状腺激素系统，从而影响神经发育，特别是胆碱能系统 (Fonnum and Mariussen, 2009)。GABA 是公认的林丹作用靶标 (Tanaka, 2015)；而有 Western 试验结果显示，林丹暴露还能改变大鼠脑部海马体和黑质中多巴胺能和胆碱能的突触途径 (Mudawal et al., 2015)。

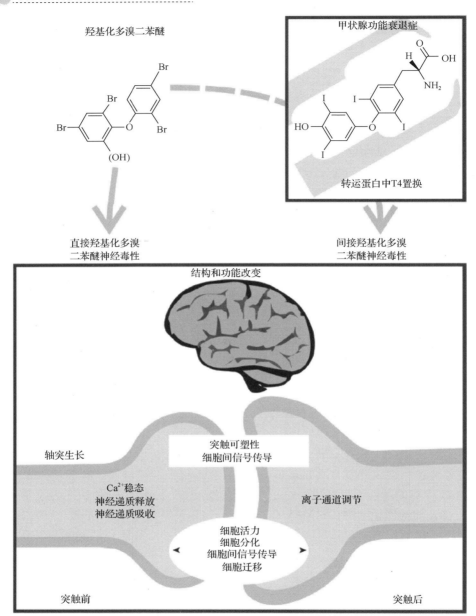

图 1-2　基于突触信号传递过程的 PBDEs 神经毒性机制解释 (Kandel et al., 2000)

　　传统上，行为学效应被看作神经毒性效应的主要表型，是环境污染物的神经毒性验证的有力工具之一。近些年，行为学定量测试方法和设备的发展使其逐渐成为独立的毒理学指标 (图 1-3) (Tierney, 2011)。与传统毒理学指标 (如孵化率、畸形率、死亡率等) 相比，行为学指标更为敏感；与生化和分子测试手段相比，行为学测试简便快捷。异常的行为水平对动物捕食关系、繁殖行为、迁移和分布等均有重要影响，因此行为学效应在指示污染物生态风险方面具备得天独厚的优势。

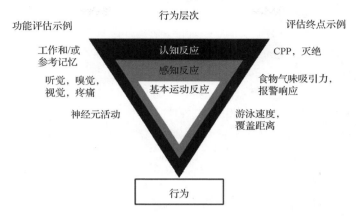

图 1-3　行为学效应终点的层级与分类(Tierney, 2011)

　　动物实验研究表明，早期暴露于 PCBs、DDT/DDE 或六氯苯(HCB)等 POPs 与后期发育时表现出认知缺陷和行为功能障碍有关(Korrick and Sagiv, 2008)。流行病学中尽管存在部分有争议性的矛盾结果，但是一致性的结果表明母体 PCBs 暴露与子代神经运动发展、认知衰减和行为缺陷有关，尤其与对注意力和冲动力的控制有关；而对于人体早期暴露 DDT/DDE 和 HCB 引起神经发育毒性的结论还相对模糊(Korrick and Sagiv, 2008)。动物行为与神经递质水平和功能的关联非常密切，对于蠕虫(如线虫、蚯蚓)，分布于体表的神经递质 GABA 和乙酰胆碱的联合作用直接决定了蠕虫的运动能力和状态(Cohen and Sanders, 2014)；高等动物体内运动神经体系的神经元细胞内则通常存在多巴胺-乙酰胆碱平衡，负责协调和维持机体的持续平稳运动，并影响其他神经递质(如 GABA)的功能行使(Hoebel et al., 2007)。在多种神经退行性疾病中均出现了多巴胺含量的显著降低，而在 PBDEs 的机制研究中也发现了类似的现象。DE-71 暴露导致小鼠纹状体和斑马鱼幼鱼多巴胺及其代谢产物二羟基苯乙酸含量显著降低，从而干扰正常的神经发育，诱导试验动物的行为损伤(Wang et al., 2015c)。成年大鼠林丹重复暴露的神经行为学数据显示，大鼠的学习和工作记忆、条件回避反应和运动功能发生变化，意味着林丹能诱导类似神经退行性疾病中的某些变化(Mudawal et al., 2015)。二噁英能诱导多环芳烃受体过度激活进而扰乱大鼠海马体发育，在妊娠期和哺乳期暴露二噁英，子代表现出学习记忆、情感和社交行为异常(Kimura et al., 2016)。

3. 表观遗传与传代毒性

　　从生物学角度出发，能够在世代间进行传递的生物学效应主要通过遗传学与表观遗传学的方式进行。遗传学的方式，即生物的 DNA 序列发生变异，进而形成生物学效应在世代间的传递。表观遗传学的方式是指在细胞核 DNA 序列没有改变的情况下，通过 DNA 和组蛋白的修饰（乙酰化、甲基化、磷酸化等）、非编码 RNA（如 miRNA）等机制形成基因功能可逆、可遗传的改变，进而形成生物学效应在世代间的传递（Skinner et al., 2010）。当环境污染物暴露造成生物体表观遗传修饰模式发生改变时，有可能使生物体生理过程出现异常、诱发疾病甚至癌症（Anway et al., 2005）。虽然污染物能够对生物的遗传物质产生毒性效应，如 DNA 损伤等，但大多数环境因素（例如营养条件、毒物等）并不能够轻易而直接地形成遗传学的世代间传递方式，却能够通过其他的方式改变基因组，进而将生物学效应通过表观遗传学方式在世代间进行（Skinner et al., 2010）。表观遗传过程在调控基因组活性方面（即基因表达）很可能发挥着与 DNA 序列（即基因组）同等重要的作用（Egger et al., 2004; Skinner et al., 2010）。因而，表观遗传研究成为阐述污染物长期作用效应机制的突破口。

在环境污染物的表观遗传学研究中，关注最多的是 DNA 甲基化修饰。DNA 甲基化是发生在 CpG 二核苷酸序列胞嘧啶上的共价修饰，关键基因启动子或增强子等调控区域 CpG 位点上 DNA 甲基化修饰模式变化后，能使转录起始复合物的活性发生改变，从而影响下游基因的表达（Jones, 2012）。人类基因组中，约 70% 基因的启动子区域存在 CpG 岛，并且多位于持家基因、组织特异性基因和抑癌基因中，一般情况下，CpG 岛均处于未甲基化状态以确保基因正常的转录活性。CpG 岛也存在于一些致癌基因的启动子中，此时的 CpG 岛多为甲基化修饰，保证致癌基因的表达沉默（Cedar and Bergman, 2009）。除此之外，正常细胞中 DNA 甲基化的功能还涉及细胞增殖、分化、正常生长以及亲代印记、X 染色体失活，并能通过转座子沉默确保染色体完整性（Schultz et al., 2015）。

在染色质水平，组蛋白修饰则是重要的表观遗传修饰方式。组蛋白修饰通常作用在核心组蛋白 H3 及 H4 氨基酸残基上，涉及乙酰化、甲基化、磷酸化、泛素化、糖基化及羧基化等多种修饰方式，其中最常见的是乙酰化和甲基化（Bannister and Kouzarides, 2011）。通常情况下，启动子区组蛋白 H3 上的三甲基化修饰状态 H3K4me3 会激活基因的表达，而 H3K27me3 的修饰状态则会抑制基因的表达（Boyer et al., 2006; Lauberth et al., 2013）。

而由非编码序列转录、加工形成的 miRNAs 则可与特定的 mRNA 结合并使之降解，造成特异性表达下降或沉默，在转录后水平对基因进行动态调节（Derghal et al., 2016）。一般情况下，表观遗传修饰对基因的动态调控是多种修饰方式共同作用的结果，尤其是 DNA 甲基化与组蛋白修饰的相互作用更为普遍（Cedar and Bergman, 2009）。

在受精卵早期发育阶段，生物体的表观遗传修饰模式会发生重编程（reprogram），但有些修饰状态仍会保留下来从母代传递到子代，影响子代的表型（von Meyenn and Reik, 2015）。在哺乳动物中，孕期的胎儿对外界环境中的干扰极为敏感，在这一时期受到有害物质的暴露，可能会导致胎儿早期发育过程中相关基因的表达模式、细胞功能以及组织器官的形态发生不可逆的改变（Heindel et al., 2015）。当特定的表观遗传修饰发生在生殖细胞上时，相应的异常表型可经由生殖细胞传递到下一代，形成多代（multigenerational）或跨代（transgenerational）表观遗传效应（Skinner et al., 2010）。

　　一些研究指出，许多 POPs 可以通过 DNA 甲基化修饰调控基因表达，进而对正常的生理过程产生影响。如在斑马鱼中，有机磷酸酯阻燃剂 TDCIPP 能够诱导斑马鱼早期发育畸形，这一过程被证明与斑马鱼合子基因组重新甲基化过程出现异常有关。进一步研究发现，斑马鱼胚胎卵裂期（$0.75 \sim 2$ hpf）是发生这一效应的关键窗口期，在此期间受到 TDCIPP 暴露后，斑马鱼胚胎更易发生 TDCIPP 诱导的重新甲基化延迟现象，并导致后期发育出现畸形（McGee et al., 2012）。对于哺乳动物，在胚胎发育的早期、母体的孕期受 BPA 暴露会对胎儿造成间接暴露，同样会改变胎儿体内的 DNA 甲基化修饰模式，影响后期的正常发育（Kundakovic et al., 2013）。在类似的实验中，孕期大鼠 F_0 利用腹腔注射[200 mg/（kg BW·d）]暴露于甲氧氯（methoxychlor）后，后代出现卵巢早衰、肾脏组织学病变等异常的概率显著增加，同时 F_3 雌性和雄性个体出现肥胖的概率分别提升 25% 及 45%。F_1 及 F_3 子代精子差异甲基化区域（differentially methylated region, DMR）分析结合 KEGG 通路分析结果显示，受甲氧氯暴露后，子代精子中异常的甲基化使得多个代谢通路受到影响，包括类固醇生物合成通路、化合物致癌通路以及核糖体通路等，这可能是孕期暴露甲氧氯诱导传代毒性效应的原因（Manikkam et al., 2014）。

　　世代毒性效应是指受试生物的父/母代所经历的暴露，不仅能够对其自身产生效应，而且能够对子代，甚至后续多个世代的后代的健康或疾病产生影响的现象（Swanson et al., 2009; Skinner et al., 2010）。世代毒性效应的研究，不仅考察经过暴露后污染物对受试生物父/母代的毒性效应，而且考察其对受试生物子代的毒性效应。世代毒性效应不仅考虑连续暴露多个世代对生物适应能力等指标的改变，同时也考虑单世代暴露在后续非暴露世代的残留效应。世代毒性效应的研究可直接揭示实际暴露环境低浓度、长期暴露产生的毒性效应与健康危害，因而研究结果能够促进更准确的生态风险评价、更安全合理的环境标准制订。Zanni 等学者研究发现石墨纳米颗粒等能够通过食道进入生殖系统，进而传递到后续世代中产生效应（Zanni et al., 2012）。化学品安全信息卡中，磺胺类抗生素等化学品能够穿过胎盘屏障，直接从 F_0 传递到 F_1 体内，产生健康危害。OCPs、PCBs、PBDEs、PFOS/PFOA 等化学品，通过母乳对 F_1 产生跨世代暴露，继而产生毒性效应（Croes et al., 2012; Müller et al., 2017）。已有研究发现，孕期/哺乳期母亲（F_0）体内 DDT、

PFOS、PAEs、PCBs、抗生素等浓度的增加，显著增加子一代(F_1)超重或肥胖比率(Warner et al., 2014; Agay-Shay et al., 2015; Liu and Peterson, 2015; Mueller et al., 2015)。越来越多的研究也指出，污染物在动物体内积累，并可以传递给子代，同时引起子代的内分泌干扰和神经发育毒性效应等。例如在以斑马鱼为对象的研究中，以低剂量 DE-71 或 BDE-209 长期暴露斑马鱼，可引起母代的甲状腺内分泌干扰效应，而且积累在母体的 PBDEs 可以传递给子代，并引起子代的甲状腺干扰效应(Yu et al., 2011; Chen et al., 2012)，表明典型 POPs 可以在母体积累并传递给未暴露子代。同样，也有一些研究发现，非 POPs 也可以在鱼类母体积累并传递给子代，例如有机磷酸酯阻燃剂 TDCIPP 和微囊藻毒素，都能在母代斑马鱼体内积累并传递给子代，同样能产生对子代的发育毒性效应(Wang et al., 2015a; Cheng et al., 2017)。因此，污染物在生物体内的积累和传递有普遍性，在对其进行生态健康风险评价中，应该加以关注。

1.3　展　　望

目前，环境化学品的生态毒理学发展迅速，主要研究化学污染物在分子、生理生化、细胞、组织到个体层面的毒理学效应及其可能产生的生态环境风险，重点聚焦在化学污染物对生态系统和人类健康的作用机制(mechanism)、发展基于毒性机理的毒性新方法和新模式(model)以及发现定量新毒性标志物(marker)，简称"3M"研究。从发展前沿的研究内容来看，主要表现在：①环境化学品毒性作用机制与毒性通路。除研究化学品本身，也需要注意母体化合物在生物体内的积累、代谢或者代谢产物的毒性效应。重视环境化学品暴露所引起的与代谢、肥胖、免疫、神经等相关的疾病发生和对健康的危害，以及暴露引起的表观遗传学改变与表型以及传代效应，包括干扰/改变胚胎发育早期的表观遗传修饰，如甲基化/去甲基化过程，这都可能与后代成年期的健康和疾病发生有直接的关系；②环境化学品复合污染物暴露的毒性效应与标志物，注重评价污染物的低剂量长期暴露所引起的毒性效应以及多种污染物在复合体系中的方法学；③单一环境化学品和混合物的剂量-效应关系，特别是低浓度暴露的非典型剂量-效应关系；④基于有害结局路径风险评价。从分子作用的靶点(分子起始事件)、引起的中间过程以及最终导致的有害结局(Ankley et al., 2010; Ellison et al., 2016)融合，建立和发展生态环境风险与健康效应评估方法并应用于实践，定量评价有毒环境污染物对生态系统和人体健康的影响，确定其剂量-效应关系，为制订环境质量标准，进而为预防环境化学品对生态系统与人类的潜在危害提供科学依据。

1.3.1　单一环境化学品的复合毒性效应与机理

单一环境化学品可引起多种生物靶分子的作用而产生复合毒性效应。环境中微小的外界影响都有机会影响到该环境中生物体内的遗传物质,生物有机体通过特异的调控系统和修复系统来保护其正常的代谢体系平衡和细胞功能,如激活酶系统、特异基因表达等,而这些生物响应的调控能力由细胞所处的生理状态和生命体的发育状态决定。单一环境化学品的化学特性及其暴露位点和时间,能激活不同器官和发育阶段的不同次序的基因,也就是有机体表现出相应的不同症状,即产生复合毒性效应。此时,如果只采用一个选定的细胞类型或组织的单个生物标志物或单个基因响应,就可能丢失信息,甚至错误理解该化学物质的毒性,因此,迫切需要在细胞、生物化学和分子水平上从相关联的分子过程、关键的调控组分和靶基因上开展毒性研究。

过去二十年中,随着分子生物学的发展,建立了生物与人类的基因结构和功能、基因序列信息的庞大数据库,同时一系列对于基因序列、基因变异和基因表达的高效分析技术及其基因编辑技术等也得到迅速发展。基于这些技术在生态毒理学研究中的运用,毒理组学领域应运而生。最初的毒理组学是狭义的毒理基因组学,主要研究基因组的结构和活性(包括受基因调控的细胞内含物)与外源性物质对生物体造成的负面效应之间的关系。随着研究的深入和发展,也涵盖了由基因组调控的细胞成分(信使 RNA、蛋白质、代谢物等)的研究,出现毒理蛋白组学和毒理代谢组学。毒理组学综合了各个相关领域的大量数据,包含传统毒理学方面的组织病理学、毒理代谢动力学、外源物代谢酶检测、功能性生殖检测以及动物模型信息等信息,以及从基因组学、蛋白质组学和代谢组学中获得的数据。在组学和传统毒理学指标之间的信息基础之上,建立由广泛的各种化学物质的致毒机理以及作用模式组成的数据库,由某种化学物质引发的分子过程变化与相应的生理、生化、病理学上的表征相结合,通过比较未知化合物和作用机理已知的成分之间结构的比较,以及专一性的生物标志物的核实,就能够准确地判断未知物质的毒性,从而揭示单一环境化学品的复合毒性效应与机制,也为新型化合物的毒性分类、对潜在的毒性与机制提供快速而可靠的判断。

组学技术在环境化学品毒性效应与机制的研究上得到广泛应用。然而,一些关键问题尚待解决:①确立传统的毒理学效应终点与组学确立的终点之间的关联性。通过将传统的基因响应的生物标志物和其他可观察到的细胞标志性变化相联系,可以使早期基因表达和生化损伤或者疾病之间的联系得以更加完善,可以进一步确定环境中的化学物质对于生命体的作用模式等内容,建立关于化学物质对于生命体的作用途径、反应类型以及相互反应的信息的数据库,为化学物质的风险评估和新型化学品的设计提供支持。②组学研究还不能够准确地区分哪些变化属于正常的反应，哪些是毒理学反应。现行仅仅依靠组学技术的毒性研究，尚不能够将毒性相关的基因表达调控与正常情况下出现的调控内容区分开。初始数据仅仅是暴露于毒物之后基因、蛋白表达发生变化后的结果，并不能够区分某项调控行为是否来自于对有害作用的反应，因此需要建立调控反应通路，将通路过程的变化与传统毒理学研究中的某种效应的分子、细胞、组织、生理层次上的多种终点相结合。③研究方法的统一化与标准化。在现代毒理学发展中，组学数据使得研究者能够确定全基因表达以及特定途径中的变化与影响。但是，这些数据是基于不同实验平台获得的，导致获得的数据之间的可比性和可靠性都受到挑战。因此，建立毒理组学数据标准化是亟待解决的问题。

1.3.2 多种环境化学品复合污染的生态毒性效应

复合污染是真实环境的普遍规律。实际环境包含数十、数百乃至更多种化学污染物，组分十分复杂，每种物质的环境行为不同、理化性质各异，在生物体内代谢和作用位点也各不相同。因此，环境化学品复合污染的毒性效应很难依照单一化合物的效应进行评估分析，多种无效应剂量的单一化学品在复合暴露时可表现出明显毒性和效应，此即国际上最新提出的"Something From Nothing"理论。另一方面，目前环境基准或标准的制订大多数依据单一污染物暴露效应、指标和剂量-反应阈值，因而对实际环境污染的健康效应评价与保护存在严重的偏差。因此，阐明环境化学品复合污染的健康效应、发展其生物标志物，是亟待解决的一个重大科学问题。

目前环境化学品复合污染的毒性效应主要集中在两个方面：①采用单一污染物已知的作用机制和毒性通路，依靠作用机制相似性及其基因和酶蛋白的保守性，可以建立多种污染物与跨物种的通用型毒性通路。例如，乙酰胆碱酯酶（acetylcholinesterase，AChE）长期作为有机磷农药的经典毒性通路，其作用机制为抑制神经系统转导，然而，有机氯等多种神经毒性化合物均能涉及 AChE 及胆碱递质系统，因而可采用乙酰胆碱酯酶评价有机氯复合污染的神经毒性效应。②通过多种污染物或真实环境样品的暴露产生的代谢途径及代谢组响应，寻找共代谢反应，在生理学水平揭示其毒性效应。例如 PCBs 等 POPs 暴露时，可以发现糖代谢和能量代谢过程的响应频率极高，且非常敏感。

纵观国内外的研究，迫切需要建立环境化学品复合暴露毒性效应的方法学，揭示其毒性作用模式和机制，发展生物标志物，建立表征整个生物系统水平健康风险的方法。①复合污染暴露的毒性通路和复合作用机制的新型标志物。采用组学测试及其系统生物学分析技术相结合的高通量方法，构建复合污染暴露的毒性作用通路与网络，揭示其作用模式和关键作用位点，并通过环境流行病学与动物模型验证的结合，发展新的生物标志物，阐明复合污染的健康效应与风险。②建立效应导向分析(EDA)方法学，识别复合污染的关键毒性效应组分。采用系统生物测试、靶向与非靶向化学分析的有机结合，建立"从效应到暴露"的 EDA 方法，识别真实环境复合污染的关键毒性组分，揭示关键组分的健康效应，发展复合污染暴露的生物标志物。③复合污染健康效应的剂量-效应关系。复合污染组分之间存在复杂的相互作用，体内和体外过程也不尽相同，传统的混合作用模型难以对真实混合作用模型进行精准预测。利用随机森林、神经网络等算法构建高精度定量构效关系的效应预测模型，以及采用分子对接和分子模拟等技术深入分析健康效应数据，建立适合复合效应生物标志物的剂量-效应关系。④生物标志物与健康危害的定量关系。由于个体敏感性差异的存在，相同暴露可能导致不同程度和类型的效应，同时分子及生化水平的生物标志物也难以指示整体水平的健康效应。因此，阐明环境化学品复合暴露的毒性效应，获得健康效应阈值，可为环境标准和基准的制订提供科学依据。

1.3.3　低剂量的非线性剂量-效应关系

毒理学的研究和发展一直围绕着"剂量-效应"这一核心科学问题展开。无数的事实似乎在确定地告诉人们，毒物的危害随剂量而增大，高剂量的危害要比低剂量更大，在环境化学品生物效应研究以及化学品风险评价和管理中，"剂量决定毒性"早已被奉为金科玉律。20 世纪上半叶，一些研究告诉人们化学品毒性作用也可能呈现为一种"低剂量刺激，高剂量抑制"的"非典型"双相剂量-效应模型，即称为"毒物兴奋效应"(hormesis)。Calabrese 教授和他的同事们根据对数千例实验数据的分析，断定非线性剂量-效应现象切实存在，并具有普遍性。2003 年，Calabrese 和 Baldwin 在 *Nature* 上发表了题为 *Toxicology Rethinks its Central Belief* 的评论指出，非线性剂量-效应将可能颠覆几百年来毒理学的核心思想(Calabrese and Baldwin，2003)，这一宣言引发学术界猛烈震荡并掀起研究的热潮。

非线性剂量-效应并非局限于环境化学品毒理学的理论层面，更令人关注的是，它将对当前施行的环境化学品风险管理策略产生巨大的冲击。在 USEPA 现行风险评价程序中，剂量-反应估算分为阈值模型[适用非致癌效应，图 1-4(a)]和线性非阈值模型[适用致癌效应和电离辐射，图 1-4(b)]两类(Calabrese and Baldwin，2002)。只要环境中化学品浓度低于某一特定临界剂量(USEPA 称之为"参考剂量"，即 RfD)，暴露就被认为是安全的。可是，由于"非典型"双相剂量-效应模型存在[表现为倒"U"形模型，图 1-4(c)或"J"形模型，图 1-4(d)(Hadley，2003)]，产生了环境化学品风险评价的不准确性。

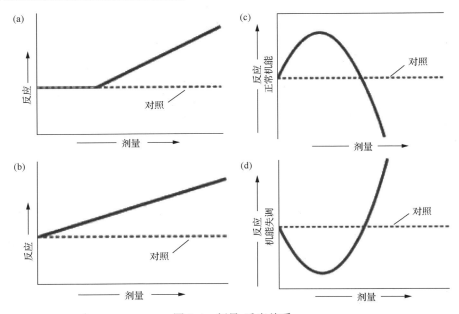

图 1-4 剂量-反应关系

(a)阈值模型；(b)线性非阈值模型(LNT)；(c)倒"U"形模型和(d)"J"形模型

近年来，毒物兴奋效应及其"非典型"双相剂量-效应模型研究在环境内分泌干扰物(EDCs)毒性效应中普遍发展，并被视为判断是否是环境内分泌干扰物的一个特征，主要表现为"U"形(或倒"U"形)剂量-反应曲线，即在低剂量区域效应与高剂量相仿的效应。vom Saal 及其同事对怀孕的雌性小鼠进行低剂量的双酚 A 暴露，发现双酚 A 会导致其雄性后代的前列腺增大(Nagel et al., 1997)。2002 年，加州大学伯克利分校的 Hayes 小组发表了题为 *Hermaphroditic, Demasculinized Frogs After Exposure to the Herbicide Atrazine at Low Ecologically Relevant Doses* 的重要论文，发现极低剂量下的阿特拉津致使两栖类产生了明显的雌雄同体特征(Hayes et al., 2002)。在 Hayes 小组对 *Rana* 蝌蚪的试验中，0.1 ppb[①]的阿特拉津造成了最强的反应——29%的雄性个体性腺发育异常；而 25 ppb 的仅造成 8%的反应(美国阿特拉津的饮用水限量为 3 ppb)。

毒物兴奋效应及其非线性剂量-效应关系引发了广泛的争论，虽然目前尚没有这方面的定论，但在非线性剂量-效应关系形成原理上，应该存在统一的理论解释。如何有效地研究非线性剂量-效应关系？产生的机制是什么？如何用模型表征获得剂量阈值，又如何应用于化学品风险评价中，这些问题是目前亟待研究的重要科学问题。

致谢：南开大学祝凌燕教授和中国科学院水生生物研究所周炳升研究员为 POPs 生态毒理学研究进展提供了资料。

---

① 1ppb=10^{-9}。

参 考 文 献

赵静, 徐挺, 白建峰, 2017. 多溴联苯醚暴露的神经行为效应及其毒理机制. 生态毒理学报, 12(1): 52-63.

Aamir M, Khan S, Nawab J, et al, 2016. Tissue distribution of HCH and DDT congeners and human health risk associated with consumption of fish collected from Kabul River, Pakistan. Ecotoxicology & Environmental Safety, 125: 128-134.

Abdelouahab N, Langlois M F, Lavoie L, et al, 2013. Maternal and cord-blood thyroid hormone levels and exposure to polybrominated diphenyl ethers and polychlorinated biphenyls during early pregnancy. American Journal of Epidemiology, 178(5): 701-713.

Acconcia F, Pallottini V, Marino M, 2015. Molecular mechanisms of action of BPA. Dose-Response, 13(4): 1-9.

Agay-Shay K, Martine D, Valvi D, et al, 2015. Exposure to endocrine-disrupting chemicals during pregnancy and weight at 7 years of age: A multi-pollutant approach. Environmental Health Perspectives, 123(10): 1030-1037.

Akahane M, Matsumoto S, Kanagawa Y, et al, 2018. Long-term health effects of PCBs and related compounds: A comparative analysis of patients suffering from Yusho and the general population. Archives of Environmental Contamination and Toxicology, 74: 203-217.

Albrecht W N, 1987. Central nervous system toxicity of some common environmental residues in the mouse. Journal of Toxicology and Environmental Health, Part A Current Issues, 21(4): 405-421.

Alm H, Scholz B, Fischer C, et al, 2006. Proteomic evaluation of neonatal exposure to 2,2′,4,4′,5-pentabromodiphenyl ether. Environmental Health Perspectives, 114(2): 254-259.

Ankley G T, Bennett R S, Erickson R J, et al, 2010. Adverse outcome pathways: A conceptual framework to support ecotoxicology research and risk assessment. Environmental Toxicology & Chemistry, 29(3): 730-741.

Anway M D, Cupp A S, Uzumcu M, et al, 2005. Epigenetic transgenerational actions of endocrine disruptors and male fertility. Science, 308: 1466-1469.

Austin M E, Kasturi B S, Barber M, et al, 2003. Neuroendocrine effects of perfluorooctane sulfonate in rats. Environmental Health Perspectives, 111(12): 1485-1489.

Bannister A J, Kouzarides T, 2011. Regulation of chromatin by histone modifications. Cell Research, 21(3): 381-395.

Blaine A C, Rich C D, Hundal L S, et al, 2013. Uptake of perfluoroalkyl acids into edible crops via land applied biosolids: Field and greenhouse studies. Environmental Science & Technology, 47(24): 14062-14069.

Blus L J, Gish C D, Belisle A A, et al, 1972. Logarithmic relationship of DDE residues to eggshell thinning. Nature, 235: 376-377.

Boyer L A, Plath K, Zeitlinger J, et al, 2006. Polycomb complexes repress developmental regulators in murine embryonic stem cells. Nature, 441(7091): 349-353.

Bradner J M, Suragh T A, Wilson W W, et al, 2013. Exposure to the polybrominated diphenyl ether mixture DE-71 damages the nigrostriatal dopamine system: Role of dopamine handling in neurotoxicity. Experimental Neurology, 241(1): 138-147.

Brandsma S H, Leonards P, Leslie H A, et al, 2015. Tracing organophosphorus and brominated flame retardants and plasticizers in an estuarine food web. Science of the Total Environment, 505 (505C): 22-31.

Brannen K C, Devaud L L, Liu J, et al, 1998. Prenatal exposure to neurotoxicants dieldrin or lindane alters tertbutylbicyclophosphorothionate binding to GABA a receptors in fetal rat brainstem. Developmental Neuroscience, 20(1): 34-41.

Butt C M, Stapleton H M, 2013. Inhibition of thyroid hormone sulfotransferase activity by brominated flame retardants and halogenated phenolics. Chemical Research in Toxicology, 26(11): 1692-1702.

Calabrese E J, Baldwin L A, 2002. Applications of hormesis in toxicology, risk assessment and chemotherapeutics. Trends in Pharmacological Sciences, 23(7): 331-337.

Calabrese E J, Baldwin L A, 2003. Toxicology rethinks its central belief. Nature, 421(6924): 691-692.

Caserta D, Bordi G, Ciardo F, et al, 2013. The influence of endocrine disruptors in a selected population of infertile women. Gynecological Endocrinology, 29(5): 444-447.

Cedar H, Bergman Y, 2009. Linking DNA methylation and histone modification: Patterns and paradigms. Nature Reviews Genetics, 10(5): 295-304.

Champ M A, Seligman P F, 1996. Organotin: Environmental fate and effects. London: Chapman & Hall, 469.

Chang S, Mader B T, Lindstrom K R, et al, 2017. Perfluorooctanesulfonate (PFOS) conversion from *N*-ethyl-*N*-(2-hydroxyethyl)-perfluorooctanesulfonamide (EtFOSE) in male Sprague Dawley rats after inhalation exposure. Environmental Research, 155: 307-313.

Chen L, Huang C, Hu C, et al, 2012. Acute exposure to DE-71: Effects on locomotor behavior and developmental neurotoxicity in zebrafish larvae. Environmental Toxicology & Chemistry, 31(10): 2338-2344.

Chen Q, Wang X, Shi W, et al, 2016. Identification of thyroid hormone disruptors among HO-PBDEs: *In vitro* investigations and co-regulator involved simulations. Environmental Science & Technology, 50(22): 12429-12438.

Chen Q, Yu L, Yang L, et al, 2012. Bioconcentration and metabolism of decabromodiphenyl ether (BDE-209) result in thyroid endocrine disruption in zebrafish larvae. Aquatic Toxicology, 110-111(1): 141-148.

Cheng H, Yan W, Wu Q, et al, 2017. Parental exposure to microcystin-LR induced thyroid endocrine disruption in zebrafish offspring, a transgenerational toxicity. Environmental Pollution, 230: 981-988.

Chow K L, Man Y B, Tam N F, et al, 2015. Uptake and transport mechanisms of decabromodiphenyl ether (BDE-209) by rice (*Oryza sativa*). Chemosphere, 119: 1262-1267.

Cohen N, Sanders T, 2014. Nematode locomotion: Dissecting the neuronal-environmental loop. Current Opinion in Neurobiology, 25(2): 99-106.

Colborn T, vom Saal F S, Soto A M, 1993. Developmental effects of endocrine-disrupting chemicals in wildlife and humans. Environmental Health Perspectives, 101: 378-384.

Croes K., CollesA, Koppen G, et al, 2012. Persistent organic pollutants (POPs) in human milk: A biomonitoring study in rural areas of Flanders (Belgium). Chemosphere, 89(8): 988-994.

Cunha V, Burkhardt-Medicke K, Wellner P, et al, 2017. Effects of pharmaceuticals and personal care products (PPCPs) on multixenobiotic resistance (MXR) related efflux transporter activity in zebrafish (*Danio rerio*) embryos. Ecotoxicology and Environmental Safety, 136: 14-23.

Derghal A, Djelloul M, Trousland J, et al, 2016. An emerging role of micro-RNA in the effect of the endocrine disruptors. Frontiers in Neuroscience, 10 (172): 318.

DeWitt J, Shnyra A, Badr M Z, et al, 2009. Immunotoxicity of perfluorooctanoic acid and perfluorooctane sulfonate and the role of peroxisome proliferator-activated receptor alpha. Critical Reviews in Toxicology, 39: 76-94.

Dingemans M M, Van M D B, Westerink R H, 2011. Neurotoxicity of brominated flame retardants: (in) Direct effects of parent and hydroxylated polybrominated diphenyl ethers on the (developing) nervous system. Environ mental Health Perspectives, 2011, 119 (7): 900-907.

Durante C A, Santos-Neto E B, Azevedo A, et al, 2016. POPs in the South Latin America: Bioaccu-mulation of DDT, PCB, HCB, HCH and Mirex in blubber of common dolphin (*Delphinus delphis*) and Fraser's dolphin (*Lagenodelphis hosei*) from Argentina. Science of the Total Environment, 572: 352-360.

Egger G, Liang G, Aparicio A, et al, 2004. Epigenetics in human disease and prospects for epigenetic therapy. Nature, 429 (6990): 457-463.

Ehrlich S, Williams P L, Missmer S A, et al, 2012. Urinary bisphenol A concentrations and implantation failure among women undergoing *in vitro* fertilization. Environmental Health Perspectives, 120 (7): 978-983.

Ellison C M, Piechota P, Madden J C, et al, 2016. Adverse outcome pathway (AOP) informed modeling of aquatic toxicology: QSARs, read-across, and interspecies verification of modes of action. Environmental Science & Technology, 50 (7): 3995-4007.

Fang S, Chen X, Zhao S, et al, 2014. Trophic magnification and isomer fractionation of perfluoroalkyl substances in the food web of Taihu Lake, China. Environmental Science & Technology, 48 (4): 2173-2182.

Felizeter S, McLachlan M S, De V P, 2012. Uptake of perfluorinated alkyl acids by hydroponically grown lettuce (*Lactuca sativa*). Environmental Science &Technology, 46 (21): 11735-11743.

Felizeter S, McLachlan M S, De V P, 2014. Root uptake and translocation of perfluorinated alkyl acids by three hydroponically grown crops. Journal of Agricultural and Food Chemistry, 62 (15): 3334-3342.

Fernie K J, Palace V, Peters L E, et al, 2015. Investigating endocrine and physiological parameters of captive American kestrels exposed by diet to selected organophosphate flame retardants. Environmental Science & Technology, 49 (12): 7448-7455.

Fonnum F, Mariussen E, 2009. Mechanisms involved in the neurotoxic effects of environmental toxicants such as polychlorinated biphenyls and brominated flame retardants. Journal of Neurochemistry, 111 (6): 1327-1347.

Frouin H, Dangerfield N, Macdonald R W, et al, 2013. Partitioning and bioaccumulation of PCBs and PBDEs in marine plankton from the Strait of Georgia, British Columbia, Canada. Progress in Oceanography, 115 (4): 65-75.

Gibbs P E, Bryan G W, Pascoe P L, et al, 1987. The use of the dog-whelk, *Nucella lapillus*, as an indicator of tributyltin (TBT) contamination. Journal of the Marine Biological Association of the United Kingdom, 67: 507-523.

Gui D, Karczmarski L, Yu R Q, et al, 2016. Profiling and spatial variation analysis of persistent organic pollutants in South African delphinids. Environmental Science & Technology, 50(7): 4008-4017.

Hadley C, 2003. What doesn't kill you makes you stronger. EMBO Reports, 4(10): 924-926.

Hayes T B, Collins A, Lee M, et al, 2002. Hermaphroditic, demasculinized frogs after exposure to the herbicide atrazine at low ecologically relevant doses. Proceedings of the National Academy of Sciences(US), 99(8): 5476-5480.

Heindel J J, Balbus J, Birnbaum L, et al, 2015. Developmental origins of health and disease: Integrating environmental influences. Endocrinology, 156(10): 3416-3421.

Hoebel B G, Avena N M, Rada P, 2007. Accumbens dopamine-acetylcholine balance in approach and avoidance. Current Opinion in Pharmacology, 7(6): 617-627

Hoffman K, Sosa J A, Stapleton H M, 2017. Do flame retardant chemicals increase the risk for thyroid dysregulation and cancer? Current Opinion in Oncology, 29(1): 7-13.

Huang H, Zhang S, Wang S, et al, 2013. *In vitro* biotransformation of PBDEs by root crude enzyme extracts: Potential role of nitrate reductase(NaR)and glutathione *S*-transferase(GST)in their debromination. Chemosphere, 90(6): 1885-1892.

Jones P A, 2012. Functions of DNA methylation: Islands, start sites, gene bodies and beyond. Nature Reviews Genetics, 13(7): 484-492.

Kandel E R, Schwartz J H, Jessell T M, et al, 2000. Principles of neural science. New York: McGraw-Hill.

Kania-Korwel I, Lehmler H J, 2016. Chiral polychlorinated biphenyls: Absorption, metabolism and excretion—A review. Environmental Science and Pollution Research, 23(3): 2042-2057.

Kappil M A, Li Q, Li A, et al, 2016. *In utero* exposures to environmental organic pollutants disrupt epigenetic marks linked to fetoplacental development. Environmental Epigenetics, 2(1): dw013.

Kim J T, Son M H, Kang J H, et al, 2015a. Occurrence of legacy and new persistent organic pollutants in avian tissues from King George Island, Antarctica. Environmental Science & Technology, 49(22): 13628-13638.

Kim U J, Jo H, Lee I S, et al, 2015b. Investigation of bioaccumulation and biotransformation of polybrominated diphenyl ethers, hydroxylated and methoxylated derivatives in varying trophic level freshwater fishes. Chemosphere, 137: 108-114.

Kimura E, Ding Y, Tohyama C, 2016. AhR signaling activation disrupts migration and dendritic growth of olfactory interneurons in the developing mouse. Scientific Reports, 6: 26386.

Kodavanti P R S, 2006. Neurotoxicity of persistent organic pollutants: Possible mode(s)of action and further considerations. Nonlinearity in Biology, Toxicology, Medicine 3, Dose Response, 3(3): 273-305.

Kodavanti P R S, Curras-Collazo M C, 2010. Neuroendocrine actions of organohalogens: Thyroid hormones, arginine vasopressin, and neuroplasticity. Frontiers in Neuroendocrinology, 31(4): 479-496.

Kodavanti P R S, Royland J E, Osorio C, et al, 2015. Developmental exposure to a commercial PBDE mixture: Effects on protein networks in the cerebellum and hippocampus of rats. Environmental Health Perspectives, 123(5): 428-436.

Korrick S A, Sagiv S K, 2008. Polychlorinated biphenyls(PCBs), organochlorine pesticides, and neurodevelopment. Current Opinion in Pediatrics, 20(2): 198-204.

Kundakovic M, Gudsnuk K, Franks B, et al, 2013. Sex-specific epigenetic disruption and behavioral changes following low-dose *in utero* bisphenol a exposure. Proceedings of the National Academy of Science, 110(24): 9956-9961.

Lau C, Anitole K, Hodes C, et al, 2007. Perfluoroalkyl acids: A review of monitoring and toxicological findings. Toxicological Sciences, 99: 366-394.

Lauberth S M, Nakayama T, Wu X, et al, 2013. H3K4me3 interactions with TAF3 regulate preinitiation complex assembly and selective gene activation. Cell, 152(5): 1021-1036.

Lauder J, Liu J, Devaud L, et al, 1998. GABA as a trophic factor for developing monoamine neurons. Perspectives on Developmental Neurobiology, 5(2-3): 247-259.

Lee H, De Silva A O, Mabury S A, 2012. Dietary bioaccumulation of perfluorophosphonates and perfluorophosphinates in juvenile rainbow trout: Evidence of metabolism of perfluorophosphinates. Environmental Science & Technology, 46(6): 3489-3497.

Liu Y, Peterson K E, 2015. Maternal exposure to synthetic chemicals and obesity in the offspring: Recent findings. Current Environmental Health Reports, 2(4): 339-347.

Loeb LA, Harris C C, 2008. Advances in chemical carcinogenesis: A historical review and prospective. Cancer Research, 68: 6863-6872.

Lukyanova O N, Tsygankov V Y, Boyarova M D, et al, 2016. Bioaccumulation of HCHs and DDTs in organs of Pacific salmon (genus *Oncorhynchus*) from the Sea of Okhotsk and the Bering Sea. Chemosphere, 157: 174-180.

Mackintosh S A, Dodder N G, Shaul N J, et al, 2016. Newly identified DDT-related compounds accumulating in Southern California bottlenose dolphins. Environmental Science & Technology, 50(22): 12129-12137.

Mandich A, Bottero S, Benfenati E, et al, 2007. *In vivo* exposure of carp to graded concentrations of bisphenol A. General & Comparative Endocrinology, 153(1): 15-24.

Manikkam M, Haque M M, Guerrero-Bosagna C, et al, 2014. Pesticide methoxychlor promotes the epigenetic transgenerational inheritance of adult-onset disease through the female germline. PloS ONE, 9(7): e102091.

Manzetti S, van der Spoel E R, van der Spoel D, 2014. Chemical properties, environmental fate, and degradation of seven classes of pollutants. Chemical Research in Toxicology, 27(5): 713-737.

McGee S P, Cooper E M, Stapleton H M, et al, 2012. Early zebrafish embryogenesis is susceptible to developmental TDCPP exposure. Environmental Health Perspectives, 120(11): 1585-1591.

Meredith-Williams M, Carter L J, Fussell R, et al, 2012. Uptake and depuration of pharmaceuticals in aquatic invertebrates. Environmental Pollution, 165(6): 250-258.

Miller T H, Bury N R, Owen S F, et al, 2017. Uptake, biotransformation and elimination of selected pharmaceuticals in a freshwater invertebrate measured using liquid chromatography tandem mass spectrometry. Chemosphere, 183: 389-400.

Mostafalou S, Abdollahi M, 2017. Pesticides: An update of human exposure and toxicity. Archives of Toxicology, 91(2): 549-599.

Mudawal A, Singh A, Yadav S, et al, 2015. Similarities in lindane induced alterations in protein expression profiling in different brain regions with neurodegenerative diseases. Proteomics, 15(22): 3875-3882.

Mueller N T, Whyatt R, Hoepner L, et al, 2015. Prenatal exposure to antibiotics, cesarean section and risk of childhood obesity. International Journal of Obesity, 39(4): 665-670.

Müller C E, LeFevre G H, Timofte A E, et al, 2016. Competing mechanisms for perfluoroalkyl acid accumulation in plants revealed using an Arabidopsis model system. Environmental Toxicology & Chemistry, 35 (5): 1138-1147.

Müller M H B, Polder A, Brynildsrud O B, et al, 2017. Organochlorine pesticides (OCPs) and polychlorinated biphenyls (PCBs) in human breast milk and associated health risks to nursing infants in Northern Tanzania. Environmental Research, 154: 425-434.

Nagel S C, Saal F S, Thayer K A, et al, 1997. Relative binding affinity-serum modified access (RBA-SMA) assay predicts the relative *in vivo* bioactivity of the xenoestrogens bisphenol A and octylphenol. Environmental Health Perspectives, 105 (1): 70-76.

Perez-Fuentetaja A, Mackintosh S A, Zimmerman L R, et al, 2015. Trophic transfer of flame retardants (PBDEs) in the food web of Lake Erie. Canadian Journal of Fisheries and Aquatic Sciences, 72: 1886-1896.

Pucko M, Walkusz W, MacDonald R W, et al, 2013. Importance of Arctic zooplankton seasonal migrations for alpha-hexachlorocyclohexane bioaccumulation dynamics. Environmental Science & Technology, 47 (9): 4155-4163.

Raffaele K C, Rowland J, May B, et al, 2009. The use of developmental neurotoxicity data in pesticide risk assessments. Neurotoxicology & Teratology, 32 (5):563.

Rand A A, Mabury S A, 2014. Protein binding associated with exposure to fluorotelomer alcohols (FTOHs) and polyfluoroalkyl phosphate esters (PAPs) in rats. Environmental Science & Technology, 48 (4): 2421-2429.

Rochester J R, 2013. Bisphenol A and human health: A review of the literature. Reproductive Toxicology, 42 (12): 132-155.

Rochester J R, Bolden A L, 2015. Bisphenol S and F: A systematic review and comparison of the hormonal activity of bisphenol A substitutes. Environmental Health Perspectives, 123 (7): 643-650.

Saravi S S S, Dehpour A R, 2016. Potential role of organochlorine pesticides in the pathogenesis of neurodevelopmental, neurodegenerative, and neurobehavioral disorders: A review. Life Sciences, 145: 255-264.

Schultz M D, He Y, Whitaker J W, et al, 2015. Human body epigenome maps reveal noncanonical DNA methylation variation. Nature, 523 (7559): 212-216.

Shan G, Wang Z, Zhou L, et al, 2016. Impacts of daily intakes on the isomeric profiles of perfluoroalkyl substances (PFASs) in human serum. Environment International, 89-90 (20): 62-70.

Shaul N J, Dodder N G, Aluwihare L I, et al, 2015. Nontargeted biomonitoring of halogenated organic compounds in two ecotypes of bottlenose dolphins (*Tursiops truncatus*) from the Southern California Bight. Environmental Science &Technology, 49: 1328-1338.

Skinner M K, Manikkam M, Guerrero-Bosagna C, 2010. Epigenetic transgenerational actions of environmental factors in disease etiology. Trends in Endocrinology & Metabolism, 21 (4): 214-222.

Son M H, Kim J, Shin E S, et al, 2015. Diastereoisomer-and species-specific distribution of hexabromocyclododecane (HBCD) in fish and marine invertebrates. Journal of Hazardous Materials, 300: 114-120.

Swanson J M, Entringer S, Buss C, et al, 2009. Developmental origins of health and disease: Environmental exposures. Seminars in Reproductive Medicine, 27(5): 391-402.

Tanaka K, 2015. gamma-BHC: Its history and mystery—Why is only gamma-BHC insecticidal? Pesticide Biochemistry and Physiology, 120: 91-100.

Tierney K B, 2011. Behavioural assessments of neurotoxic effects and neurodegeneration in zebrafish. Biochimica et Biophysica Acta, 1812(3): 381-389.

Valdés M E, Amé M V, Bistoni M dl A, et al, 2014. Occurrence and bioaccumulation of pharmaceuticals in a fish species inhabiting the Suquía River basin (Córdoba, Argentina). Science of the Total Environment, 472: 389-396.

Valdespino C, Sosa V J, 2017. Effect of landscape tree cover, sex and season on the bioaccumulation of persistent organochlorine pesticides in fruit bats of riparian corridors in eastern Mexico. Chemosphere, 175: 373-382.

Viberg H, Fredriksson A, Eriksson P, 2003. Neonatal exposure to polybrominated diphenyl ether (PBDE 153) disrupts spontaneous behaviour, impairs learning and memory, and decreases hippocampal cholinergic receptors in adult mice. Toxicology and Applied Pharmacology, 192(2): 95-106.

Viberg H, Johansson N, Fredriksson A, et al, 2006. Neonatal exposure to higher brominated diphenyl ethers, hepta-, octa-, or nonabromodiphenyl ether, impairs spontaneous behavior and learning and memory functions of adult mice. Toxicological Sciences, 92: 211-218.

von Meyenn F, Reik W, 2015. Forget the parents: Epigenetic reprogramming in human germ cells. Cell, 161(6): 1248-1251.

Wang G, Chen H, Du Z, et al, 2017. In vivo metabolism of organophosphate flame retardants and distribution of their main metabolites in adult zebrafish. Science of the Total Environment, 590-591: 50-59.

Wang Q, Lai N L, Wang X, et al, 2015a. Bioconcentration and transfer of the organophorous flame retardant 1,3-dichloro-2-propyl phosphate causes thyroid endocrine disruption and developmental neurotoxicity in zebrafish larvae. Environmental Science & Technology, 49(8): 5123-5132.

Wang Q, Lam J C W, Jian H, et al, 2015b. Developmental exposure to the organophosphorus flame retardant tris(1,3-dichloro-2-propyl) phosphate: Estrogenic activity, endocrine disruption and reproductive effects on zebrafish. Aquatic Toxicology, 160: 163-171.

Wang S, Huang J, Yang Y, et al, 2013. First report of a Chinese PFOS alternative overlooked for 30 years: Its toxicity, persistence, and presence in the environment. Environmental Science & Technology, 47(18): 10163-10170.

Wang X, Chang F, Bai Y, et al, 2014. Bisphenol a enhances kisspeptin neurons in anteroventral periventricular nucleus of female mice. Journal of Endocrinology, 221(2): 201-213.

Wang X, Yang L, Wu Y, et al, 2015c. The developmental neurotoxicity of polybrominated diphenyl ethers: Effect of DE-71 on dopamine in zebrafish larvae. Environmental Toxicology & Chemistry, 34(5): 1119-1126.

Wang Y P, Hong Q, Qin Dn, et al, 2012. Effects of embryonic exposure to polychlorinated biphenyls on zebrafish (Danio rerio) retinal development. Journal of Applied Toxicology, 32(3): 186-193.

Warner M, Wesselink A, Harley K G, et al, 2014. Prenatal exposure to dichlorodiphenyltrichloroethane and obesity at 9 years of age in the CHAMACOS study cohort. American Journal of Epidemiology, 179(11): 1312-1322.

Wen B, Li L, Liu Y, et al, 2013. Mechanistic studies of perfluorooctane sulfonate, perfluorooctanoic acid uptake by maize (*Zea mays* L. cv. TY2). Plant & Soil, 370 (1-2): 345-354.

Wen B, Wu Y, Zhang H, et al, 2016. The roles of protein and lipid in the accumulation and distribution of perfluorooctane sulfonate (PFOS) and perfluorooctanoate (PFOA) in plants grown in biosolids-amended soils. Environmental Pollution, 216: 682-688.

Xu T, Liu Y, Pan R J, et al, 2017. Vision, color vision, and visually guided behavior: The novel toxicological targets of 2,2′,4,4′-tetrabromodiphenyl ether (BDE-47). Environmental Science & Technology Letters, 4: 132-136.

Xu X, Huang H, Wen B, et al, 2015. Phytotoxicity of brominated diphenyl ether-47 (BDE-47) and its hydroxylated and methoxylated analogues (6-OH-BDE-47 and 6-MeO-BDE-47) to maize (*Zea mays* L.). Chemical Research in Toxicology, 28 (3) 510-517.

Yang W, Shen S, Mu L, et al, 2011. Structure-activity relationship study on the binding of PBDEs with thyroxine transport proteins. Environmental Toxicology & Chemistry, 30 (11): 2431-2439.

Yu L, Lam J C, Guo Y, et al, 2011. Parental transfer of polybrominated diphenyl ethers (PBDEs) and thyroid endocrine disruption in zebrafish. Environmental Science & Technology, 45 (24): 10652-10659.

Zanni E, De B G, Bracciale M P, et al, 2012. Graphite nanoplatelets and *Caenorhabditis elegans*: Insights from an *in vivo* model. Nano Letters, 12 (6): 2740-2744.

Zhang B, Chen X, Pan R, et al, 2017. Effects of three different embryonic exposure modes of 2,2′,4,4′-tetrabromodiphenyl ether on the path angle and social activity of zebrafish larvae. Chemosphere, 169: 542-549.

Zhang H, Lu X, Zhang Y, et al, 2016. Bioaccumulation of organochlorine pesticides and polychlorinated biphenyls by loaches living in rice paddy fields of northeast China. Environmental Pollution, 216: 893-901.

Zhang Y F, Beesoon S, Zhu L Y, et al, 2013. Biomonitoring of perfluoroalkyl acids in human urine and estimates of biological half-life. Environmental Science & Technology, 47 (18): 10619-10627.

Zhang Y, Sun H, Ruan Y, 2014. Enantiomer-specific accumulation, depuration, metabolization and isomerization of hexabromocyclododecane (HBCD) diastereomers in mirror carp from water. Journal of Hazardous Materials, 264 (10): 8-15.

Zhao M, Zhang S, Wang S, et al, 2012. Uptake, translocation, and debromination of polybrominated diphenyl ethers in maize. Journal of Environmental Sciences, 24 (3): 402-409.

Zhao S, Wang X, Li Y, et al, 2016. Bioconcentration, metabolism, and biomarker responses in marine medaka (*Oryzias melastigma*) exposed to sulfamethazine. Aquatic Toxicology, 181: 29-36.

Zheng M H, Zhang B, Bao Z C, et al, 2000. Analysis of pentachlorophenol from water, sediments, and fish bile of Dongting Lake in China. Bulletin of Environmental Contamination and Toxicology, 64: 16-19.

Zheng X B, Luo X J, Zeng Y H, et al, 2015. Chiral polychlorinated biphenyls (PCBs) in bioaccumulation, maternal transfer, and embryo development of chicken. Environmental Science & Technology, 49 (2): 785-791.

Zheng X, Qiao L, Sun R, et al, 2017. Alteration of diastereoisomeric and enantiomeric profiles of hexabromocyclododecanes (HBCDs) in adult chicken tissues, eggs, and hatchling chickens. Environmental Science & Technology, 51 (10): 5492-5499.

Zhou Z, Liang Y, Shi Y, et al, 2013. Occurrence and transport of perfluoroalkyl acids (PFAAs), including short-chain PFAAs in Tangxun Lake, China. Environmental Science & Technology, 47 (16): 9249-9257.

Zhou Z, Shi Y L, Vestergren R, et al, 2014. Highly elevated serum concentrations of perfluoroalkyl substances in fishery employees from Tangxun Lake, China. Environmental Science & Technology, 48 (7): 3864-3874.

Ziarrusta H, Mijangos L, Izagirre U, et al, 2017. Bioconcentration and biotransformation of amitriptyline in gilt-head bream. Environmental Science & Technology, 51 (4): 2464-2471.

第 2 章　剂量-效应关系

本章导读

- 介绍与化学物质及化学混合物的剂量-效应关系相关的基本概念，特别是混合物体系与混合物射线概念；简述常见的剂量-效应关系类型；给出用于描述单调非线性剂量-效应关系的常用函数。
- 集中讨论单调非线性剂量-效应关系模型构建的常用方法，包括线性的、拟线性的和所有子集模型的建模方法。
- 特别讨论剂量-效应曲线观测置信区间的构建方法，强调函数置信区间与观测置信区间的异同。
- 给出与环境污染物及其混合污染物相关的剂量-效应曲线研究实例。

2.1　概　　述

2.1.1　化学物质的剂量-效应关系

化学物质的剂量-效应关系是反映化学物质毒性效应特征的基本关系，也是获得化学物质毒性指标[如半数效应浓度(median effective concentration，EC_{50})]和阈值浓度的基础。在药物学中，剂量是决定外源化合物对机体造成损害作用的最主要因素，一般指机体接触化学毒物的量或给予机体化学毒物的量。剂量的单位通常以单位体重接触的外源化学物质数量(mg/kg)表示。在环境毒理学中，剂量常用环境中的浓度(mg/m³ 空气或 mg/L 水)来表示。本书中剂量均以浓度表示。

效应(effect)是指化学毒物与机体接触后引起的生物学改变，又称生物学效应。反应(response)是指一定剂量的外源化合物与机体接触后，出现某种效应的个体数量在群体中占有的比率，一般用百分比和比值表示，如死亡率、反应率、肿瘤发生率。本书中均用效应来表示。可以用连续变化的物理量表示的效应，称为量反应或量效应(graded response/effect)。有些效应只能用全或无、阳性或阴性表示，称为质反应(all-or-none response 或 quantal response)，如死亡与生存、抽搐与不抽搐等，必须用多个动物或多个实验标本，以阳性率表示。

剂量-效应关系表示化学物质的剂量或浓度与生物靶(包括各个生物学水平)发生的效应之间的关系。剂量-效应关系可用剂量-效应曲线(dose-effect curve)或浓度-反应曲线(concentration-response curve，CRC)表示，即以效应或反应为纵坐标，以剂量或浓度为横坐标作图。在环境毒理学中，很多化学物质或污染物的效应常常与浓度的对数呈线性关系，因此，浓度坐标常常以浓度的常用对数表示。从 CRC 可以直观地观测到某种生物学效应与化学物质浓度之间的变化关系，并通过数学模拟等方法获得某些特征毒性参数，如半数效应浓度(EC_{50})、最小有效浓度或最低可观测效应浓度(lowest-observed effect concentration，LOEC)，最大无观测效应浓度或无观测效应浓度(no-observed effect concentration，NOEC)等。半数效应浓度还可因效应表示的量不同而有不同的表示，如酶抑制毒性实验中的半数抑制浓度(median inhibition concentration，IC_{50})、急性致死实验中的半数致死浓度(median lethality concentration，LC_{50})等。

大多数环境污染物包括持久性有机污染物(POPs)的 CRC 常常是单调非线性变化曲线，在有限浓度范围内可以近似为线性或浓度对数线性关系。可以通过有关毒性实验测试污染物在不同浓度水平下的效应变化获取浓度-效应关系。

2.1.2　混合物的剂量-效应关系

由多个化学物质(称组分)构成的化学混合物是一个复杂的系统，其中包含无数个组分一定而各组分浓度各异的实体混合物。构成化学混合物(chemical mixture)的化学物质称混合物组分(component)，可以通过测量其剂量-效应曲线来表征单个组分的毒性特征从而获得某些特征浓度，如半数效应浓度(EC_{50})和无观测效应浓度(NOEC)等。为了获得类似单个组分的化学混合物(以下简称混合物)的剂量-效应关系，可采用固定各组分在混合物中的浓度分数(concentration fraction)或混合比(mixture ratio)或浓度比(concentration ratio)，并逐步改变混合物总浓度的方法(即逐渐稀释)设计一系列混合物并测试其毒性效应，进而通过曲线模拟构建混合物的 CRC。要特别指出的是，固定不同的浓度比可能得到不同特性的 CRC，相应的毒性参数如毒性指标 EC_{50} 可能是不一样的，也即，即使由相同组分构成的多元混合物，在不同浓度比下 EC_{50} 不一样。这与混合物中某单个组分是不一样的，某组分的 EC_{50} 对于相同的毒性终点是一样的。

为了系统表征多元混合物，我们先定义两个概念。具有一定化学组分的大量混合物的集合为混合物体系(mixture system)，如二元混合物与三元混合物等都是混合物体系(或混合物空间)。混合物体系中一系列具有固定浓度分数但具有不同浓度水平的混合物集合称为混合物射线(mixture ray)。混合物射线上具有相同浓度分数但具有不同浓度水平的点才是待测定毒性效应的实体混合物(王猛超等，2014)。例如，农药阿特拉津与 POPs 物质林丹构成的二元混合物就是一个混合物体系，在该混合物体系中，包含很多两组分浓度分数或混合比不同的很多条混合物射线，每条射线上又有多个混合物浓度不同的实体混合物点。只有固定浓度比的射线才有确定的 EC_{50}，才可以和其中单个组分进行毒性比较（比较 EC_{50}）。说二元混合物（不明确浓度比）的毒性大于或小于其中各自的毒性是不确定的，也是没有意义的。

目前，大多数文献中报道的多元混合物毒性研究涉及的混合物是等毒性浓度比或等效应浓度比（equivalent effect concentration ratio，EECR）混合物，这些混合物中各组分的浓度比只有一个，即 EC_{50} 比，即这些混合物无论多少种，均只构成该多元混合物体系中的一条特殊的混合物射线，不能代表整个混合物体系，需要改良。为方便说明并计算机化，各组分之间的浓度比或混合比以混合物中各组分的浓度分数表示，即组分的浓度分数（p_j）定义为该组分浓度占混合物总浓度的分数：

$$p_j = \frac{c_j}{C_{mix}} = \frac{c_j}{\sum\limits_{j=1}^{m} c_j} \qquad (2\text{-}1)$$

式中，C_{mix} 为混合物总浓度，c_j 为混合物中第 j 个组分的浓度。这样，浓度比不变就等价于组分的浓度分数 p_j 在一条混合物射线中保持不变。

所有 EECR 混合物构成一条混合物射线，但这也只是混合物体系众多射线中的一条射线，其毒性信息只能说明这一条射线的毒性特征，不能反映整个混合物体系的毒性特征。因此，要有效描述一个多元混合物体系的毒性全貌，必须要合理设计多条不同浓度比的混合物射线（Liu et al.，2016a）。由于每一条射线中所有混合物点中的各个组分均具有固定不变的浓度分数或混合比，因此，称设计这些混合物的方法为固定浓度比设计或固定比射线设计（fixed ratio ray design，FRRD）。FRRD 包括等毒性浓度比射线设计，也包括各种非等毒性浓度比射线设计。

我们实验室发展建立的适用于二元混合物体系的直接均分射线法（direct equipartition ray，EquRay）（Dou et al.，2011）就是一种合理全面描述混合物中各组分浓度分布的一种程序化方法。而均匀设计射线法（uniform design ray，UD-Ray）（Liu et al.，2016b）是合理有效表征多元混合物中各组分浓度分布的多条 FRRD 方法。

2.1.3　剂量-效应关系类型

污染物的剂量-效应曲线或 CRC 有多种类型，一般可分为线性型[图 2-1（a）]（也称直线型）与非线性型 CRC 两大类。其中非线性型 CRC 又分为单调非线性型（monotonic non-linear）与非单调非线性型（non-monotonic non-linear）两类。单调非线性型又包括 Sigmoid 型或"S"形 CRC[图 2-1（b）]、渐近线（asymptote）型 CRC

[图 2-1(c)]、阈值(threshold)型 CRC[图 2-1(d)]及其他类型[图 2-1(e)]。非单调非线性型 CRC 包括具有 2 个拐点的 Hormesis 曲线或双相曲线或"J"形 CRC [图 2-1(f)]、"U"形[图 2-1(g)]与倒"U"形 CRC[图 2-1(h)]以及具有多个拐点的其他非单调非线性的 CRC 类型[图 2-1(i)]。

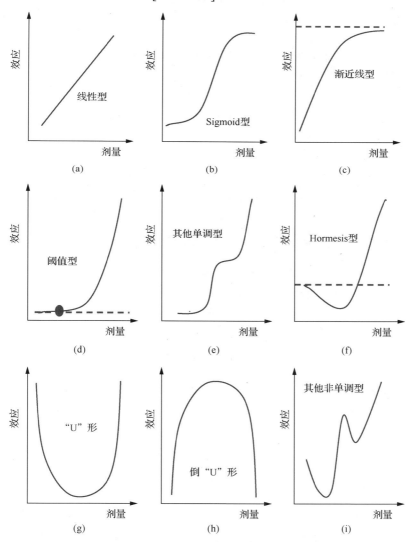

图 2-1　剂量(dose)-效应(effect)曲线常见类型

　　在环境毒理学领域,化学物质(比如 POPs)及其构成的多元混合物大多具有单调的"S"形 CRC,这些 CRC 可以用多个非线性函数进行非线性最小二乘拟合,获得 CRC 模型参数。考虑毒性实验工作的难度与复杂性,常常只能对 6~8 个最多十余个不同浓度水平进行毒性效应测试，因此，宜选择的非线性拟合函数所包含的模型参数或回归系数不宜过多，常常选择两参数非线性函数，比如 Logit 函数与 Weibull 函数等。

2.1.4 描述剂量-效应关系的非线性函数

大多数环境污染物或其混合物射线的剂量-效应关系不是线性甚至也不是对数线性的，常常呈 "S" 形剂量-效应关系或称 Sigmoid 型剂量-效应关系。Sigmoid 函数是一种单调的非线性型关系，函数因变量 $S(x)$ 随自变量 (x) 或其对数的变化均不是线性的，但在二维 x-$S(x)$ 曲线上任意点的斜率均不会改变符号。原始 Sigmoid 函数的解析式如式 (2-2) 所示。

$$S(x) = \frac{1}{1 + e^{-x}} \tag{2-2}$$

显然，该 "S" 形曲线函数中不包括任何参数，不适宜描述不同污染物或混合物的剂量-效应关系，比如，不同浓度范围内可能具有对称的或不对称的剂量-效应关系。事实上，描述 "S" 形 CRC 的非线性函数有多个，包括两参数和三参数非线性函数（Scholze et al., 2001）。由于毒性实验不可能无限期增加实验浓度点，所以两参数函数用得最为普遍。最常用的是用于描述对称的 "S" 形 CRC 的 Logit 函数，描述非对称的 "S" 形 CRC 的 Weibull 函数以及简化后的两参数 Hill 函数等。

Logit 函数含有两个待估计参数（α 和 β），分别用于表征 CRC 的位置与形状，称为位置参数（location parameter）与斜率或形状参数（slope/shape parameter），函数形式如式 (2-3a) 所示，相应的反函数如式 (2-3b)。从这个函数可知，效应即 $f(x)$ 的取值范围为 $(0,1)$。

$$f(x) = \frac{1}{1 + \exp(-[\alpha + \beta \cdot \lg(x)])} \tag{2-3a}$$

$$x = 10^{\left[\ln\left(\frac{f(x)}{1-f(x)}\right) - \hat{\alpha}\right]/\hat{\beta}} = \text{power}\left(\left[\ln\left(\frac{f(x)}{1-f(x)}\right) - \hat{\alpha}\right]/\hat{\beta}\right) \tag{2-3b}$$

Weibull 函数也含有两个待估计参数（α 和 β），同样用于表征 CRC 的位置与形状，也称为位置参数与斜率或形状参数，函数形式如式 (2-4a) 所示，相应的反函数如式 (2-4b)。

$$f(x) = 1 - \exp(-\exp[\alpha + \beta \cdot \lg(x)]) \tag{2-4a}$$

$$x = 10^{[\ln(-\ln[1-f(x)]) - \hat{\alpha}]/\hat{\beta}} = \text{power}([\ln(-\ln[1-f(x)]) - \hat{\alpha}]/\hat{\beta}) \tag{2-4b}$$

简化的 Hill 函数来自于毒理学著名的四参数方程(Finney, 1976; Beckon et al., 2008)：

$$f(x) = \frac{A - D}{1 + (x / \mathrm{EC}_m)^{\beta}} + D \tag{2-5}$$

式中，A 为 CRC 中最大效应，D 为最小效应。EC_m 也是位置参数，但不像 Logit 函数和 Weibull 函数中的 α，该 EC_m 有明确的物理意义，就是毒理学中最常用的毒性指标即半数效应浓度，即对应效应 $(A{-}D)/2$ 时的浓度。β 也称为斜率参数，同样表征 CRC 的斜率变化。

当 $A = 1$ 且 $D = 0$ 时，四参数方程简化为两参数方程，称为简化 Hill 函数。此时，简化 Hill 函数就可与 Logit 函数和 Weibull 函数在形式和参数上统一起来了。在简化 Hill 函数中，$\alpha = \mathrm{EC}_m = \mathrm{EC}_{50}$。

简化 Hill 函数的解析式如式 (2-6a) 所示，反函数如式 (2-6b) 所示。

$$f(x) = \frac{1}{1 + \left(x / \mathrm{EC}_m\right)^{\beta}} \tag{2-6a}$$

$$x = \left(\frac{1 - f(x)}{f(x)}\right)^{1/\hat{\beta}} \cdot \mathrm{EC}_m \tag{2-6b}$$

固定 $\alpha = 1\mathrm{E}{-}5$，β 从 1.3 变化到 3.3 时，描述的 CRC 变得越来越陡即斜率越来越大[图 2-2 (a)]。固定的 α 在 CRC 中位置不变，β 的变化则反映了 CRC 斜率的变化。同样固定 $\beta = 2.3$ 时，α 变化使 CRC 左移，而斜率不变[图 2-2 (b)]。

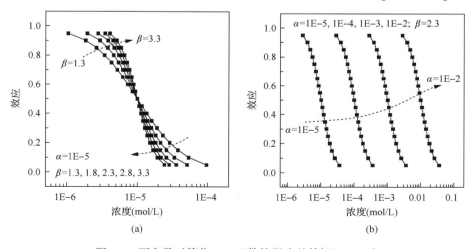

(a)　　　　　　　　　　　　(b)

图 2-2　两参数对简化 Hill 函数的影响(刘树深，2017)

2.2　剂量-效应曲线模型

2.2.1　线性模型

对于线性型 CRC 或可以转换为线性的 CRC，可以采用线性最小二乘法建立 CRC 模型，即求得 CRC 函数的回归参数。经毒性实验获得 n 个浓度-效应数据$[(x_i, f(x_i))$，$i=1, 2, \cdots, n]$，设效应 $f(x)$ 随浓度 x 的变化呈线性关系：

$$f(x) = y = a + b \cdot x \tag{2-7}$$

式中，a 和 b 称为回归系数。为了获得 $f(x)$ 随浓度 x 的变化规律，进而获得任意效应下的浓度或任意浓度下的效应，必须求得这两个回归系数，即建立式(2-7)所示的线性模型。n 个浓度-效应数据对应 n 个线性方程，求得回归系数 a 和 b 的方程组构成所谓的矛盾方程组，a 和 b 可通过线性最小二乘法获得其近似解(也是最优解)。

根据线性最小二乘原理，在相同实验浓度水平下，所有实验效应(平均值)点到这条直线的距离最短时对应的 a 和 b 是最优解，即

$$Q(a,b) = \sum_{i=1}^{n} (\hat{y}_i - y_i)^2 = \sum_{i=1}^{n} (a + b \cdot x_i - y_i)^2 \to \min \tag{2-8}$$

即

$$\begin{aligned}
\frac{\partial Q}{\partial a} &= 2\sum_{i=1}^{n} (a + b \cdot x_i - y_i) = 0 \\
\frac{\partial Q}{\partial b} &= 2\sum_{i=1}^{n} (a + b \cdot x_i - y_i) \cdot x_i = 0
\end{aligned} \tag{2-9}$$

解上述二元一次方程组，可得

$$b = \frac{\displaystyle\sum_{i=1}^{n} (x_i \cdot y_i) - \frac{1}{n}\sum_{i=1}^{n} x_i \cdot \sum_{i=1}^{n} y_i}{\displaystyle\sum_{i=1}^{n} x_i^2 - \frac{1}{n}\left(\sum_{i=1}^{n} x_i\right)^2} \tag{2-10}$$

$$a = \frac{1}{n}\left(\sum_{i=1}^{n} y_i - b \cdot \sum_{i=1}^{n} x_i\right)$$

如果记

$$L_{xy} = \sum_{i=1}^{n} (x_i \cdot y_i) - \frac{1}{n} \sum_{i=1}^{n} x_i \cdot \sum_{i=1}^{n} y_i \tag{2-11a}$$

$$L_{xx} = \sum_{i=1}^{n} x_i^2 - \frac{1}{n} \left(\sum_{i=1}^{n} x_i \right)^2 \tag{2-11b}$$

$$L_{yy} = \sum_{i=1}^{n} y_i^2 - \frac{1}{n} \left(\sum_{i=1}^{n} y_i \right)^2 \tag{2-11c}$$

那么，b 可简写为

$$b = \frac{L_{xy}}{L_{xx}}$$

应该指出，任何一组浓度-效应数据点都可按式 (2-10) 计算出相应的回归系数。换句话说，这些实验点在不在回归直线上都可以求得最优的 a 和 b。

那么，如何评估这些浓度-效应数据是否符合线性方程式 (2-7)？或者说，这些数据点是否均无限逼近于回归直线？这可用相关系数 R 或均方根误差 (root mean square error, RMSE) 进行评估判定。

相关系数 R 定义为

$$R = \frac{L_{xy}}{\sqrt{L_{xx} \cdot L_{yy}}} \tag{2-12}$$

相关系数 (correlation coefficient) 的平方称为确定系数 (determination coefficient)。当 R 大于 0 时称正相关，此时效应随浓度的增加而增加，回归直线斜率为正。当 R 小于 0 时称负相关，此时效应随浓度的增加而减少，回归直线斜率为负。当 R^2 等于 1 时，所有实验点都在回归直线上，此时由回归方程计算的效应值与实验值相等，没有任何误差。

均方根误差 (RMSE) 定义如下：

$$\text{RMSE} = \sqrt{\frac{\sum_{i=1}^{n} (\hat{y}_i - y_i)^2}{n}} = \sqrt{\frac{\sum_{i=1}^{n} (a + b \cdot x_i - y_i)^2}{n}} \tag{2-13}$$

RMSE 越小，计算值与实验值的残差就越小，实验点就越接近于回归直线。

然而，大多数环境污染物或其混合物射线的 CRC 不是线性的，只在一定浓度范围内存在线性关系。很多污染物的 CRC 甚至也不是浓度对数线性的，只在一定浓度范围内具有浓度对数线性关系。例如，Liu 等应用微板毒性分析法测试得到的不同浓度吡虫啉对青海弧菌 Q67 的发光抑制效应 (Liu et al., 2015)，只是在部分浓度范围内有线性关系或对数线性关系。毒性实验获得的 12 个不同浓度下的发光抑制效应数据如表 2-1 所示。表 2-1 中第 2 栏是实验浓度，x_1、x_2 和 x_3 分别是各浓度下由微板毒性分析测试的发光抑制毒性效应的 3 次重复结果，第 6 列是 3 次毒性效应平均值 ($\bar{x}$)。

表 2-1　吡虫啉对发光菌的发光抑制率的实验测定结果

编号	浓度 (mol/L)	x_1	x_2	x_3	$\bar{x}$
1	2.120E−5	0.0080	0.0197	0.0123	0.0133
2	2.936E−5	0.0471	0.0554	0.0639	0.0555
3	4.078E−5	0.0679	0.1154	0.1142	0.0992
4	5.709E−5	0.0811	0.1038	0.1255	0.1035
5	8.155E−5	0.1236	0.1438	0.1581	0.1418
6	1.142E−4	0.1764	0.1694	0.1784	0.1747
7	1.550E−4	0.2608	0.2614	0.2135	0.2452
8	2.120E−4	0.3427	0.3383	0.3404	0.3405
9	3.017E−4	0.4280	0.4212	0.4142	0.4211
10	4.159E−4	0.5017	0.4723	0.4524	0.4755
11	5.872E−4	0.5807	0.5468	0.5546	0.5607
12	8.155E−4	0.6912	0.6458	0.6505	0.6625

文献来源：刘树深，2017。

如果以浓度或浓度的对数为横坐标，毒性效应为纵坐标，由这 12 个浓度 (c_i)-效应 (x_i) 数据所做的散点图如图 2-3 (a) (常规浓度尺度) 和图 2-3 (b) (对数浓度尺度) 所示。从图 2-3 (a) 可知，除了低浓度的 2 个点和高浓度的 3 个点外，其余 7 个点基本在一条直线上。从图 2-3 (b) 可知，除开始 5 个低浓度点外，其余 7 个点基本在一条直线上。

以表 2-1 中第 3～9 个 ($n = 7$) 实验浓度 (c)-效应数据 (平均效应 x) 为训练集，应用线性最小二乘原理 [式 (2-10)] 可建立如下线性模型：

$$\hat{x} = 0.03690 + 1317.33 \cdot c \tag{2-14}$$

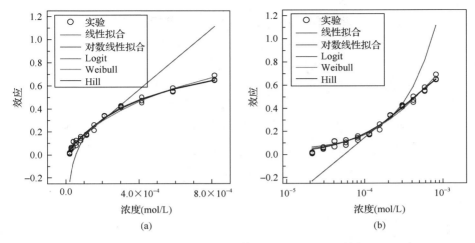

图 2-3 线性、对数线性与拟线性拟合结果 CRC 图(刘树深，2017)

根据式(2-12)和式(2-13)求得的模型估计相关系数 $R = 0.9937 (n = 7)$ 以及均方根误差 RMSE $= 0.01252 (n = 7)$。

由相关系数和均方根误差结果可知，线性方程式(2-14)对用于建立线性模型的训练集有良好的估计能力。然而，这不能保证该模型对外部其他样本有良好的预测能力。从图 2-3(a)可明显看出，后面三个实验点远离红色拟合直线，说明用这条红色拟合线模型去计算这三个浓度下的效应值存在明显误差。

从图 2-3(b)可看出，表 2-1 中后面 7 个 $(n = 7)$ 实验浓度-效应数据散点，即第 6~12 点 7 个 (c_i, x_i) 点基本在一条直线上，如果以这 7 个点为训练集，以浓度的常用对数为线性模型的自变量，则建立的浓度对数线性模型如下：

$$\hat{x} = 2.3679 + 0.55567 \cdot \lg(c) \tag{2-15}$$

根据式(2-12)和式(2-13)求得的模型估计相关系数 $R = 0.9979 (n = 7)$ 以及均方根误差 RMSE $= 0.01045 (n = 7)$。

相关系数和均方根误差结果稍稍优于线性模型结果，说明浓度对数线性模型也具有良好估计能力，但同样不能说明对其他数据点具有良好的预测能力。从图 2-3(b)可明显看出，开始 5 个实验点远离蓝色拟合直线，说明用这条蓝色拟合线模型去计算这 5 个浓度下的效应值存在明显误差。

2.2.2 拟线性化模型

由散点图可知，污染物或毒物的毒性效应不是在所有浓度范围内都是与浓度线性相关的[图 2-3(a)]，也不是与浓度对数线性相关的[图 2-3(b)]。大多数 CRC 呈单调非线性"S"形曲线，可用两参数的 Logit[式(2-3a)]、Weibull[式(2-4a)]及简化的 Hill[(式 (2-6a)]函数等来有效描述，这些函数中效应随浓度的变化关系都是单调的非线性函数，必须采用非线性最小二乘拟合的方法求得各回归参数（α 和 β）。幸运的是，有些非线性函数是可以线性化的，比如 Logit 函数等。那么，求这些非线性函数的回归系数可以先进行线性化，然后再按线性进行最小二乘拟合（即拟线性化）。即先对非线性函数进行初等变换转换为线性函数，进而利用新的因变量与自变量之间的线性关系进行线性拟合求得回归参数，最后做适当变换求得原始位置参数（α）与形状参数（β）。

1. 两参数 Logit 函数

对于单调非线性 Logit 函数，经过以下简单处理可将非线性关系变换为线性关系，即进行拟线性化。Logit 函数为

$$f(x) = \frac{1}{1 + \exp[-(\alpha + \beta \cdot \lg x)]}$$

令 $f(x) = y$，方程两边求倒数并将右边常数 1 移至方程左边，整理得

$$\frac{1-y}{y} = \exp[-(\alpha + \beta \cdot \lg x)]$$

两边取自然对数并整理得

$$\ln y - \ln(1-y) = \alpha + \beta \cdot \lg x \tag{2-16}$$

令 $Y = \ln y - \ln(1-y)$ 为新的因变量，$X = \lg x$ 为新的自变量，则有

$$Y = \alpha + \beta \cdot X$$

这就是新的线性方程，位置参数（α）与形状参数（β）就是回归系数 a 和 b。这就可以通过前节建立线性模型的方法求得回归系数。

2. 两参数 Weibull 函数

采用相同的方法也可对非线性 Weibull 函数拟线性化。Weibull 函数解析式如下：

$$f(x) = 1 - \exp[-\exp(\alpha + \beta \cdot \lg x)] \tag{2-4a}$$

令 $f(x) = y$，方程右边 1 移至左边并取自然对数，有

$$\ln(1-y) = -\exp(\alpha + \beta \cdot \lg x)$$

两边再取自然对数并经整理有

$$\ln[-\ln(1-y)] = \alpha + \beta \cdot \lg x \qquad (2\text{-}17)$$

令 $Y = \ln[-\ln(1-y)]$ 为新的因变量，$X = \lg x$ 为新的自变量，则有

$$Y = \alpha + \beta \cdot X$$

这就是新的线性方程，位置参数(α)与形状参数(β)就是回归系数 a 和 b。

3. 两参数 Hill 函数

类似地，对于两参数 Hill 函数：

$$f(x) = \frac{1}{1 + \left(x / \mathrm{EC}_m\right)^{\beta}}$$

令 $f(x) = y$，两边求倒数并整理，有

$$\frac{1-y}{y} = \left(x / \mathrm{EC}_m\right)^{\beta}$$

再取对数整理后得线性方程

$$\ln(1-y) - \ln y = -\beta \cdot \ln \mathrm{EC}_m + \beta \cdot \ln x \qquad (2\text{-}18)$$

在上述线性方程中，

$$\begin{aligned} Y &= \ln(1-y) - \ln y \\ X &= \ln x \\ b &= \beta \\ a &= -\beta \cdot \ln \mathrm{EC}_m \end{aligned} \qquad (2\text{-}19)$$

线性最小二乘求得 a 和 b 后，就可根据式(2-19)求解 α 和 β。

应用表 2-1 中后面 9 个实验浓度-效应数据，对 Logit、Weibull 及简化 Hill 函数拟线性化后，进行线性回归，得到拟合函数的各回归系数 α 和 β 及估计相关系数 R(参见表 2-2)。将拟合回归系数代入拟合函数计算各实验浓度下的拟合效应，通过拟合效应与实验平均效应可求得 RMSE，结果也列入表 2-2 中。

表 2-2　拟线性化 Logit、Weibull 及 Hill2 函数的统计结果*

编号	函数	α/a	β/b	R	RMSE	数据点
1	Logit	8.26025	2.46029	0.9973	0.0139	4～12
2	Logit	9.04163	2.67619	0.9964	0.0214	1～12
3	Weibull	6.36669	2.01164	0.9947	0.0214	4～12
4	Weibull	7.55235	2.34259	0.9623	0.0384	1～12
5	Hill2	4.391E−4	−1.06849	−0.9973	0.0139	4～12
6	Hill2	9.042E−4	−1.16225	−0.9747	0.0215	1～12
7	$\hat{x}=a+b\cdot c$	3.6865E−2	1.3176E+3	0.9940	0.0125	3～9
8	$\hat{x}=a+b\cdot c$	8.2237E−2	8.1466E+3	0.9612	0.0565	1～12
9	$\hat{x}=a+b\cdot \lg c$	2.3678	0.55560	0.9979	0.0105	6～12
10	$\hat{x}=a+b\cdot \lg c$	1.8346	0.40197	0.9761	0.0445	1～12

文献来源：刘树深，2017。

* Hill2 函数(两参数 Hill 函数)中的 EC_m 对应表中 α；c 表示浓度。

　　应该指出，表 2-2 中的相关系数与均方根误差均是针对参与拟合建模的实验点(训练集)的估计相关系数与均方根误差，只能说明所选训练集(后 9 个实验点)的线性相关情况，不能说明所推导的 CRC 模型就一定具有良好的预测能力。换句话说，相关系数高只能说明对选择点(训练集)具有良好的拟合能力，而对其他非建模点不一定具有预测能力。从表 2-2 中可看出，对于 3 个非线性两参数函数，无论用 9 个数据点或者全部 12 个数据点建立拟线性化模型，其估计相关系数均在 0.9600 以上，模型估计能力良好。所有拟合曲线(常规浓度或对数浓度尺度)均基本通过所有实验点，说明对模型外的数据点也有预测能力。但对于线性模型或对数线性模型，模型估计能力相关系数也均在 0.9600 以上，估计能力良好。但预测能力普遍不行，对于任何一个线性模型总有多个实验点偏离拟合曲线。

　　线性化、对数线性化及拟线性化的拟合结果与实验浓度相关图绘于图 2-3(a)(常规浓度尺度)和图 2-3(b)(对数浓度尺度)中。从图 2-3(a)可看出，线性模型(直线)有效地拟合了前面的实验数据点，而远远偏离后面 3 个数据点；对数线性方程(曲线)只能有效拟合后面的实验数据点；而 3 个非线性函数 Logit、Weibull 及 Hill 函数对所有 12 个实验点均能有效拟合。从图 2-3(b)可看出，线性模型(曲线)可有效拟合前面的实验数据点，而远远偏离后面 3 个数据点；对数线性方程(直线)只能有效拟合后面的实验数据点；而 3 个非线性函数 Logit、Weibull 及 Hill 函数对所有 12 个实验点均能有效拟合。

　　总之，线性方程或对数线性方程只能有效描述 CRC 的部分区域，而"S"形的 3 个两参数方程虽然没有使用全部实验数据，但几乎所有实验点都落在拟合曲线上。也就是说，虽然线性方程或对数线性方程具有高相关系数，参与拟合建模的点均靠近拟合线，但对其他点却明显偏离拟合线，因而对其他点没有预测能力。而拟线性化方程对所有点均有良好结果，说明对参加拟合建模的点有良好估计能力，对非建模点也有良好预测能力。

2.2.3　所有子集模型

线性、对数线性与拟线性化虽然原理简单且易于理解，然而，线性和对数线性只适用于有显著线性相关或对数线性相关的部分浓度范围，不适用于 CRC 所有浓度范围或整条 CRC。另一方面，由于不同浓度水平毒性检测的不确定度是不一样的，或者说不同浓度处的测量是非等方差的，因此拟线性化的结果也不一定是最优的。例如，由表 2-1 的全部 12 个数据点对 Weibull 函数拟线性化后，拟合相关系数 $R = 0.9623$ 以及 RMSE = 0.0384（参见表 2-2），显著相关，但还有优化空间。本节介绍所有子集回归（all subset regression, ASR）优化方法在拟合 CRC 中的应用（Liu et al., 2003；刘树深等，2012）。

ASR 在非线性模拟中的所有子集搜索是指对非线性函数如 Weibull 函数中的 2 个拟合参数或回归系数（α 和 β）在其可能取值范围内的所有组合一一代入非线性函数计算所有实验浓度（c 或 EC）下的函数结果，并与所有实验效应进行比较分析，找到计算结果与实验结果均方根误差最小或相关系数最高的组合，即为 ASR 之最优组合，组合中拟合参数即为最优参数。在 ASR 中最关键的是找到最佳组合所在的范围。这可以通过拟线性化得到参数的邻域进行试探获取。例如，对于表 2-1 所示的 12 个实验浓度-效应数据点，以 Weibull 函数进行所有子集优化，根据拟线性化所得模型参数或回归系数 $\alpha = 7.5507$ 和 $\beta = 2.3421$ 邻域内寻找：$\alpha = (6.55, 8.55)$ 和 $\beta = (1.34, 3.34)$，步长均选 0.001 时，将有 $2001^{2001} = 6.2434 \times 10^{6605}$ 个组合，这个组合是非常大的，只有通过计算机才能完成，特别是当范围加大时，运行次数是呈几何级数增加的。最后获得的最优回归系数为 $\alpha = 6.551$ 和 $\beta = 2.064$，统计量为 $R = 0.9941$ 以及 RMSE = 0.0231。然而，从这个结果看，α 值已是取值的下边界，还需要选择更合适的范围，比如 $\alpha = (5.55, 6.65)$ 和 $\beta = (1.34, 3.34)$，此时得如下结果：

$$\alpha = 6.091, \beta = 1.932; R = 0.9952, \text{RMSE} = 0.0206$$

显然，所有子集回归拟合相关系数（$R = 0.9952$）优于线性拟合（$R = 0.9612$）、对数线性拟合（$R = 0.9761$）及拟线性化模型（$R = 0.9623$）结果，ASR 均方根误差（RMSE = 0.0206）低于线性拟合（RMSE = 0.0565）、对数线性拟合（RMSE = 0.0445）及拟线性化模型（RMSE = 0.0384）结果（参见表 2-2）。

同理，选择合适的初值范围，比如 $\alpha = (6.82, 9.82)$ 和 $\beta = (1.34, 3.34)$，步长为 0.001，以 Logit 函数运行 ASR，其最优的回归系数、R 和 RMSE 的结果列入表 2-3

中。比较表 2-2 和表 2-3 结果可知，ASR 的拟合相关系数（$R = 0.9971$）同样优于线性拟合（$R = 0.9612$）与对数线性模型（$R = 0.9761$），也稍稍优于拟线性化模型（$R = 0.9964$）。ASR 均方根误差（RMSE= 0.0156）低于线性拟合（RMSE = 0.0565）、对数线性拟合（RMSE = 0.0445）及拟线性化模型（RMSE = 0.0214）结果。

表 2-3　表 2-1 中所有浓度-效应数据的所有子集回归模型结果

函数	α 的范围	β 的范围	最优 α	最优 β	R	RMSE
Logit	6.82～9.82	1.34～3.34	8.136	2.423	0.9971	0.0156
Weibull	5.55～8.55	1.34～3.34	6.091	1.932	0.9952	0.0206

文献来源：刘树深，2017。

通过 ASR 得到的拟合曲线与实验剂量-效应数据散点一并绘于图 2-4 中。

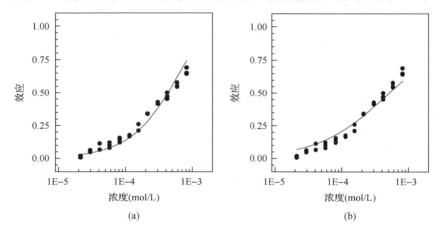

图 2-4　Weibull 函数拟合曲线（a）与 Logit 函数拟合曲线（b）（刘树深，2017）
●：实验点；—：拟合曲线

比较图 2-4 与图 2-3 可知，所有子集回归拟合结果显著优于线性模型，也优于拟线性模型，图 2-4 中所有实验点基本均逼近拟合曲线。

2.2.4　从 CRC 拟合函数计算效应浓度（EC_x）

通过曲线拟合的方法获得 CRC 模型即求得模型参数后，可通过 CRC 模型计算任意浓度水平下污染物或混合物的毒性效应。也可通过 CRC 拟合函数的反函数计算不同效应水平下或各个指定效应下的浓度 EC_x，比如 EC_{10}、EC_{30}、EC_{50} 及 EC_{70} 等。对于非线性单调 "S" 形 CRC，通过线性、拟线性、所有子集回归的方法获得位置参数 α 与形状参数 β 后，可应用 Logit 函数的反函数[式（2-2b）]、Weibull 函数的反函数[式（2-3b）]及 Hill 函数的反函数[式（2-5b）]计算给定效应下的效应浓度（effective concentration, EC_x）。

　　例如，应用 CRC 模型方法对表 2-1 中吡虫啉对 Q67 的发光抑制效应测试数据进行拟合，可知这些浓度-效应数据可用非线性 Weibull 函数有效描述，其中拟合得到：位置参数 α = 6.091、形状参数 β = 1.932，那么利用 Weibull 函数的反函数[式(2-4b)]：

$$EC_x = power[(\ln[-\ln(1-x)] - \hat{\alpha}) / \hat{\beta}]$$

将 α = 6.091 和 β = 1.932 代入上式，并将 x = 0.1、0.2、0.3、0.4、0.5、0.6、0.7 分别代入上式即可求得指定效应 10%、20%、30%、40%、50%、60%和70%的各个效应浓度，即 EC_{10} = 4.814E–5、EC_{20} = 1.177E–4、EC_{30} = 2.059E–4、EC_{40} = 3.160E–4、EC_{50} = 4.546E–4、EC_{60} = 6.340E–4 和 EC_{70} = 8.778E–4。

　　若得不到 CRC 模型反函数的具体解析式，可以采用插值方法获得指定效应 x 下的效应浓度 EC_x。先利用 CRC 模型的回归系数计算各个实验浓度下的拟合效应，以这些浓度-拟合效应数据为插值节点(或训练集数据)，在误差精度要求不高的情况下，可采用简单线性插值方法求已知节点之间不同指定效应下的效应浓度(参见图 2-5)。

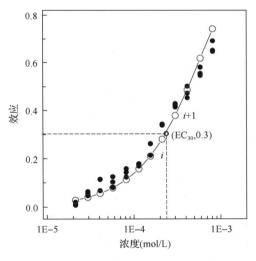

图 2-5　线性插值求效应浓度原理示意图(刘树深，2017)

　　例如，用简单线性插值求指定效应为 x = 0.3 时的效应浓度 EC_{30}。找到待求效应浓度的效应位于哪两个拟合效应之间，如第 i 点和第 $i+1$ 点之间，则以这两点为已知节点。线性插值的涵义是指这两节点之间所有点与这两点构成一条直线。那么，根据两点式方程，有

$$\frac{0.3 - x_i}{EC_{30} - EC_i} = \frac{x_{i+1} - x_i}{EC_{i+1} - EC_i} \tag{2-20}$$

式中，x_i 是拟合曲线上第 i 点的效应，EC_i 是拟合曲线上第 i 点的浓度。经变换可得

$$EC_x = \frac{EC_{i+1} - EC_i}{x_{i+1} - x_i} \cdot (x - x_i) + EC_i \tag{2-21}$$

则，当 $x = 0.3$ 时的效应浓度 EC_{30} 为

$$EC_{30} = \frac{EC_{i+1} - EC_i}{x_{i+1} - x_i} \cdot (0.3 - x_i) + EC_i$$

$$= \frac{(2.120 - 1.550) \times 10^{-4}}{0.3061 - 0.2450} \times (0.3 - 0.2450) + 1.550 \times 10^{-4} = 2.063 \times 10^{-4}$$

由线性插值方法计算得到的吡虫啉的 $EC_{30} = 2.063E{-}4$，这与通过 Weibull 函数的反函数计算得到的 EC_{30} 为 2.059 E–4 几乎是一样的。

2.3 剂量-效应曲线的不确定度-置信区间

一组浓度-效应数据在构建 CRC 过程中，要用合适的拟合函数进行描述才能获得最优结果。然而，无论毒性实验如何精确以及描述函数选择得多么好，固有的实验误差与函数拟合误差均客观存在，因而需要有 CRC 的置信区间(不确定度)。描述拟合函数不确定度的置信区间称为函数置信区间(function-based confidence interval, FCI)，在描述函数拟合不确定度的同时也考虑实验误差的置信区间称为观测置信区间(observation-based confidence interval, OCI)。目前很多文献只给出了单个浓度水平下的效应测量不确定度，不能反映整体 CRC 曲线的变化规律。在少数给出整体 CRC 置信区间的文献中，都只给出了函数置信区间(FCI)，导致大量的观测实验点落在 FCI 之外(Payne et al., 2001; Brian et al., 2005; Richter and Escher, 2005)。事实上，FCI 描述的是拟合函数曲线位置与形状不确定度，而不是各个单次观测实验的不确定度(Tarasinska, 2005)。例如，当拟合 Weibull 函数时，在效应值为 1 或 0 时，其 FCI 是没有不确定度的，这时置信上限与下限重合在一起(Payne et al., 2001)。而对于实验观测值，当毒性效应接近于 0 时，实验误差存在相当大的不确定度。OCI 描述的不仅包括实验观测的不确定度，也包括了拟合函数的不确定度，因而能真正反映整体剂量-效应关系的不确定度，并与毒性数据的精密度紧密相关。因此，在报道观测数据的剂量-效应关系时，采用 OCI 对毒性实验数据

的 CRC 不确定度进行表征更为合理。本节对 FCI 和 OCI 的构建方法(朱祥伟等, 2009; Zhu et al., 2013)和实例进行说明与分析。

2.3.1 效应置信区间

设有一组构成 1 条 CRC 的浓度-效应数据($x_{i,j}, y_i; i = 1, 2, \cdots, n; j = 1, 2, \cdots, K$)(例如表 2-1 中的 12 个浓度-效应数据,$n = 12$,$K = 3$),通过 2.2 节建模方法建立了 CRC 模型,获得了模型参数 m 个($\beta_1 = \alpha$ 和 $\beta_2 = \beta$),应用这个模型计算相同实验浓度下的效应($\hat{y}_i, i = 1, 2, \cdots, 12$),根据实验效应与拟合效应定义如下统计量。

(1)确定系数(R^2):R^2 表示拟合函数解释数据方差的能力。

$$R^2 = \frac{SSR}{SST} = 1 - \frac{SSE}{SST} \tag{2-22}$$

式中,SSE 为残差平方和,SSR 为回归平方和,SST 为总离差平方和,且 SST = SSE+SSR。

$$SSE = \sum_{i=1}^{n}(y_i - \hat{y}_i)^2, \quad SSR = \sum_{i=1}^{n}(\hat{y}_i - \overline{y})^2, \quad SST = \sum_{i=1}^{n}(y_i - \overline{y})^2 \tag{2-23}$$

R^2 可以是 0 与 1 之间的任何值,$R^2 = 0$ 表示 x 与 y 完全不相关,$R^2 = 1$ 表示 x 与 y 完全相关,表示数据的方差可完全由模型解释。

(2)校正确定系数(R_{adj}^2):对同一组实验数据,R^2 会随模型参数(m)的增加而

增加,这可通过校正确定系数 R_{adj}^2 对 R^2 进行自由度校正加以解决。

$$R_{\mathrm{adj}}^2 = 1 - \frac{SSE(n-1)}{SST(n-m)} \tag{2-24}$$

式中,n 为观测值个数,m 为拟合模型的参数个数,$n - m$ 为计算总平方和的自变量自由度。在表 2-1 例子中,$n = 12$,$m = 2$。

(3)均方根误差(RMSE 或 s):s 是观测值标准偏差的估计。

$$RMSE = s = \sqrt{\frac{SSE}{n-m}} \tag{2-25}$$

s 越小,表示拟合函数越优。该 RMSE 与式(2-13)是一致的,只是式(2-13)中没有考虑模型参数的影响。RMSE 在进行数据比较时要注意其定义,即分母是 n 还是 $n-m$。

(4) 函数置信区间(FCI)：FCI 是用非线性函数描述实验数据的不确定度，定义为

$$FCI = \hat{y} \pm t_{\left(n-m,\frac{\alpha}{2}\right)} \cdot \sqrt{\boldsymbol{v} \cdot \boldsymbol{C} \cdot \boldsymbol{v}^{\mathrm{T}}} \qquad (2\text{-}26)$$

式中，α 为显著性水平(如 $\alpha = 0.05$)，t 为在自由度$(n-m)$和 α 下的临界值，可由 t 分布表查得。对于表 2-1 的数据，可使用平均效应和两参数 Weibull 模型进行非线性拟合，则自由度 $n-m = 12-2 = 10$，由 t 分布表查得 $t(n-m,\alpha/2) = t(10,0.025) = 2.2281$。$\boldsymbol{C}$ 是由非线性拟合得到的参数估计值的协方差矩阵，$\boldsymbol{v}$ 是行矢量，$\boldsymbol{v}^{\mathrm{T}}$ 是列矢量，它们的意义见本书后文。

在环境毒理学中，常见的计算 CRC 95%置信区间所需 t 统计量临界值汇总于表 2-4 中。

表 2-4　不同自由度$(n-m)$及显著性水平$(\alpha=0.05)$下的 t 临界值

$n-m$	$\alpha=0.05$	$n-m$	$\alpha=0.05$	$n-m$	$\alpha=0.05$	$n-m$	$\alpha=0.05$	$n-m$	$\alpha=0.05$
1	12.706	11	2.201	21	2.080	31	2.040	50	2.009
2	4.303	12	2.179	22	2.074	32	2.037	60	2.000
3	3.182	13	2.160	23	2.069	33	2.035	70	1.994
4	2.776	14	2.145	24	2.064	34	2.032	80	1.990
5	2.571	15	2.131	25	2.060	35	2.03	90	1.987
6	2.447	16	2.120	26	2.056	36	2.028	100	1.984
7	2.365	17	2.110	27	2.052	37	2.026	200	1.972
8	2.306	18	2.101	28	2.048	38	2.024	500	1.965
9	2.262	19	2.093	29	2.045	39	2.023	1000	1.962
10	2.228	20	2.086	30	2.042	40	2.021	∞	1.960

文献来源：刘树深，2017。

(5) 观测置信区间(OCI)：OCI 是在非线性函数拟合实验数据不确定度基础上加上观测数据本身不确定度构建的置信区间，定义为

$$OCI = \hat{y} \pm t_{\left(n-m,\frac{\alpha}{2}\right)} \cdot \sqrt{s^2 + \boldsymbol{v}\boldsymbol{C}\boldsymbol{v}^{\mathrm{T}}} \qquad (2\text{-}27)$$

(6) 协方差矩阵($\boldsymbol{C}$)：$\boldsymbol{C}$ 是非线性最小二乘回归得到的参数估计值的协方差矩阵：

$$\boldsymbol{C} = [\boldsymbol{J}(\hat{\boldsymbol{\beta}})^{\mathrm{T}} \cdot \boldsymbol{J}(\hat{\boldsymbol{\beta}})]^{-1} \cdot s^2 \qquad (2\text{-}28)$$

式中，$J(\hat{\boldsymbol{\beta}})$ 是 $\hat{y} = f(x, \boldsymbol{\beta})$ 关于拟合参数 $\hat{\boldsymbol{\beta}}$ 的雅可比矩阵，其元素 J_{ij} 是函数 $f(x_i, \beta_j)$ 关于 β_j 的一阶偏导数，上标 T 表示矩阵转置，上标 -1 表示求矩阵逆；$\boldsymbol{v}$ 是对应雅可比矩阵 $J(\hat{\boldsymbol{\beta}})$ 的行矢量（称梯度矢量）。在表 2-1 所示实验数据经所有子集回归后获得拟合函数 $f(x, \boldsymbol{\beta})$ 后，其 $J(\hat{\boldsymbol{\beta}})$ 有如下形式：

$$J(\hat{\boldsymbol{\beta}}) = (f'_{nm}) = \begin{pmatrix} \dfrac{\partial f_1}{\partial \beta_1} & \dfrac{\partial f_1}{\partial \beta_2} & \cdots & \dfrac{\partial f_1}{\partial \beta_m} \\ \dfrac{\partial f_2}{\partial \beta_1} & \dfrac{\partial f_2}{\partial \beta_2} & \cdots & \dfrac{\partial f_2}{\partial \beta_m} \\ \vdots & \vdots & \ddots & \vdots \\ \dfrac{\partial f_n}{\partial \beta_1} & \dfrac{\partial f_n}{\partial \beta_2} & \cdots & \dfrac{\partial f_n}{\partial \beta_m} \end{pmatrix} \tag{2-29}$$

(7) 不同拟合函数的梯度矢量 $(\boldsymbol{v})$：

对于线性函数：

$$f(x, \boldsymbol{\beta}) = a + b \cdot x = \beta_1 + \beta_2 \cdot x \tag{2-30}$$

其梯度矢量为

$$\begin{aligned} \frac{\partial f(x, \boldsymbol{\beta})}{\partial \beta_1} &= 0 \\ \frac{\partial f(x, \boldsymbol{\beta})}{\partial \beta_2} &= x \end{aligned} \tag{2-31}$$

对于 Logit 函数：

$$f(x, \boldsymbol{\beta}) = \frac{1}{1 + \exp(-\alpha - \beta \cdot \lg x)} = \frac{1}{1 + \exp(-\beta_1 - \beta_2 \cdot \lg x)} \tag{2-32}$$

其梯度矢量为

$$\begin{aligned} \frac{\partial f(x, \boldsymbol{\beta})}{\partial \beta_1} &= \frac{\exp(-\beta_1 - \beta_2 \cdot \lg x)}{[1 + \exp(-\beta_1 - \beta_2 \cdot \lg x)]^2} \\ \frac{\partial f(x, \boldsymbol{\beta})}{\partial \beta_2} &= \frac{\exp(-\beta_1 - \beta_2 \cdot \lg x) \cdot \lg x}{[1 + \exp(-\beta_1 - \beta_2 \cdot \lg x)]^2} \end{aligned} \tag{2-33}$$

对于 Weibull 函数，有

$$f(x, \boldsymbol{\beta}) = 1 - \exp[-\exp(\alpha + \beta \cdot \lg x)] = 1 - \exp[-\exp(\beta_1 + \beta_2 \cdot \lg x)] \tag{2-34}$$

其梯度矢量为

$$\frac{\partial f(x, \boldsymbol{\beta})}{\partial \beta_1} = \exp[-\exp(\beta_1 + \beta_2 \cdot \lg x)] \cdot \exp(\beta_1 + \beta_2 \cdot \lg x)$$

$$\frac{\partial f(x, \boldsymbol{\beta})}{\partial \beta_2} = \exp[-\exp(\beta_1 + \beta_2 \cdot \lg x)] \cdot \exp(\beta_1 + \beta_2 \cdot \lg x) \cdot \lg x$$

(2-35)

对于 Hill 函数：

$$f(x, \boldsymbol{\beta}) = \frac{1}{1 + (x / \mathrm{EC}_m)^{\beta}} = \frac{1}{1 + (x / \beta_1)^{\beta_2}}$$

(2-36)

其梯度矢量为

$$\frac{\partial f(x, \boldsymbol{\beta})}{\partial \beta_1} = \frac{1}{[1 + (x / \beta_1)^{\beta_2}]^2} \cdot \beta_2 \cdot (x / \beta_1)^{\beta_2 - 1} \cdot (x / \beta_1^2)$$

$$\frac{\partial f(x, \boldsymbol{\beta})}{\partial \beta_2} = \frac{-1}{[1 + (x / \beta_1)^{\beta_2}]^2} \cdot (x / \beta_1)^{\beta_2} \cdot \ln(x / \beta_1)$$

(2-37)

将上述构建置信区间 FCI 和 OCI 方法应用于吡虫啉的浓度-效应数据（表 2-1）得到的 FCI 和 OCI 的置信上限与置信下限结果参见表 2-5，相应实验数据点、拟合曲线与置信区间相关图见图 2-6（a）（函数置信区间 FCI）和图 2-6（b）（观测置信区间 OCI）。显然，多个实验点位于 FCI 之外了，而 OCI 则包括了全部实验点。

表 2-5　吡虫啉的实验浓度-效应数据、Weibull 函数拟合值及置信区间

编号	浓度(mol/L)	实验效应1	实验效应2	实验效应3	拟合效应	OCI下限	OCI上限	FCI下限	FCI上限
1	2.120E−5	0.0080	0.0197	0.0123	0.0516	−6.0E−4	0.1038	0.0379	0.0653
2	2.936E−5	0.0471	0.0554	0.0639	0.0672	0.0145	0.1199	0.0517	0.0827
3	4.078E−5	0.0679	0.1154	0.1142	0.0876	0.0343	0.1409	0.0705	0.1047
4	5.709E−5	0.0811	0.1038	0.1255	0.1145	0.0608	0.1682	0.0960	0.1330
5	8.155E−5	0.1236	0.1438	0.1581	0.1512	0.0972	0.2052	0.1319	0.1705
6	1.142E−4	0.1764	0.1694	0.1784	0.1955	0.1415	0.2495	0.1762	0.2148
7	1.550E−4	0.2608	0.2614	0.2135	0.2450	0.1912	0.2988	0.2262	0.2638
8	2.120E−4	0.3427	0.3383	0.3404	0.3061	0.2525	0.3597	0.2879	0.3243
9	3.017E−4	0.4280	0.4212	0.4142	0.3882	0.3344	**0.4420**	0.3695	0.4069
10	4.159E−4	0.5017	0.4723	0.4524	0.4745	**0.4197**	**0.5293**	0.4530	0.4960
11	5.872E−4	0.5807	0.5468	0.5546	0.5765	**0.5194**	0.6336	0.5498	0.6032
12	8.155E−4	0.6912	0.6458	0.6505	0.6776	0.6175	0.7377	0.6450	0.7102

文献来源：刘树深，2017。

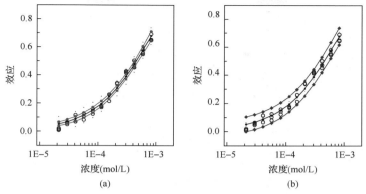

图 2-6 FCI(a)与 OCI 拟合曲线(b)(刘树深，2017)

黑实线为拟合曲线；空圆为实验数据点；紫色线与紫色实圆为函数置信区间；蓝色线与蓝色菱形方块为观测置信区间

特别要指出的是，这里的置信区间是在实验浓度水平下计算的效应方向的不确定度，因此也称为效应置信区间，是纵向的，是指不同实验浓度水平下效应的变化范围。然而，在环境毒理学中，常常需要求得某些特征毒性参数的不确定度，如毒性指标即半数效应浓度(EC_{50})的置信区间，这是在浓度方向上的不确定度，是横向的，需要以效应置信区间为基础重新计算。

2.3.2 效应浓度置信区间

大多数置信区间都是针对响应信号或效应进行计算的，或者说是以效应为基础的，属于效应置信区间。然而，在一般环境毒理学中报道的置信区间却常常是某个浓度的置信区间，是以测定浓度为基础的。例如，常常需要报告某毒性指标(如 EC_{50})的不确定度即半数效应浓度的置信区间。由于 2.3.1 节给出了整条 CRC 基于效应的置信区间，因而，某个效应浓度如 EC_{50} 等的基于浓度的置信区间，可以从基于效应的 95%观测置信区间 OCI 的上下限通过简单线性插值方法求得。计算原理可用图 2-7 所示的示意图进行解释。

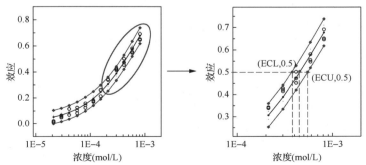

图 2-7 求解基于浓度的置信区间 OCI 示意图(刘树深，2017)

黑实线为拟合 CRC；黑圆为实验点；蓝色线为 OCI；菱形蓝色方块为效应置信区间点；实心红圆为待求浓度及浓度置信区间

从纵坐标轴即效应坐标轴引效应 $y = 0.5 = 50\%$ 的水平线分别与拟合 CRC 及 OCI 上下限曲线相交于 3 点。然后，从与拟合 CRC(中间黑色曲线)的交点引垂线与浓度坐标相交的点即为 EC_{50}，从与 OCI 置信上限交点(ECL,0.5)引垂线与浓度坐标相交的点即为 EC_{50} 的浓度置信下限(ECL)，从与 OCI 置信下限交点(ECU,0.5)引垂线与浓度坐标相交的点即为 EC_{50} 的浓度置信上限(ECU)。与拟合 CRC(中间黑色曲线)的交点可从拟合曲线函数的反函数求出，而与 OCI 的交点则分别通过置信上限与置信下限进行线性插值求得。例如，求 ECL 时，先判别 ECL 所在点(红色实心圆)处于 OCI 上限的哪两点之间，比如在 (CU_i, y_i) 与 (CU_{i+1}, y_{i+1}) 之间，而该点的 $y = 0.5$ 是已知的(当然如果不是求 EC_{50} 的话，y 就不是 0.5)，则其 ECL 可按式(2-38)求出：

$$\frac{y - y_i}{ECL - CU_i} = \frac{y_{i+1} - y_i}{CU_{i+1} - CU_i} \tag{2-38}$$

式中，CU 表示 OCI 置信上限某点对应的浓度。

同样可以求 EC_{50} 的置信上限 ECU：先判别 ECU 所在点处于 OCI 下限的哪两个点之间，然后在这两点之间进行简单线性插值即可。如果这两点为 (CL_i, y_i) 与 (CL_{i+1}, y_{i+1})，那么 $y = 0.5$ 对应的浓度上限 ECU 按式(2-39)计算：

$$\frac{y - y_i}{ECU - CL_i} = \frac{y_{i+1} - y_i}{CL_{i+1} - CL_i} \tag{2-39}$$

式中，CL 表示 OCI 置信下限某点对应的浓度。

要指出的是，效应置信区间的上限对应的是浓度置信区间的下限，而效应置信区间的下限对应的是浓度置信区间的上限。同理，可以从效应置信区间数据计算各个指定效应下浓度的置信区间。

但要注意的是，由于一般情况下，OCI 是针对实验浓度进行计算的，所以，在某些低效应浓度(如图 2-7 中低于最左边第 1 个点的效应浓度)下没有浓度置信下限，而在某些高效应浓度(如图 2-7 中高于最右边第 12 个点的效应浓度)下没有浓度置信上限。

例如，利用表 2-5 中的第 9 和 10 个点(黑体表示)的 OCI 置信上限数据(3.017E–4, 0.4420)和(4.159E–4, 0.5293)进行线性插值可求得 EC_{50} 的浓度置信下限 ECL 为 3.776E–4 mol/L。由式(2-38)可知：

$$ECL = \frac{(CU_{i+1} - CU_i) \cdot (y - y_i)}{y_{i+1} - y_i} + CU_i$$

$$= \frac{(4.159 - 3.017) \times 10^{-4} \cdot (0.5 - 0.4420)}{0.5293 - 0.4420} + 3.017 \times 10^{-4}$$

$$= 3.776 \times 10^{-4}$$

同理，利用表 2-5 中的第 10 和 11 个点（黑体表示）的 OCI 置信下限数据（4.159E–4, 0.4197）和（5.872E–4, 0.5194）进行线性插值可求得 EC_{50} 的浓度置信上限为 5.539E–4 mol/L。由式（2-39）可知：

$$ECU = \frac{(CL_{i+1} - CL_i) \cdot (y - y_i)}{y_{i+1} - y_i} + CL_i$$

$$= \frac{(5.872 - 4.159) \times 10^{-4} \cdot (0.5 - 0.4197)}{0.5194 - 0.4197} + 4.159 \times 10^{-4}$$

$$= 5.539 \times 10^{-4}$$

2.4 剂量-效应曲线实例

2.4.1 农药、抗生素与离子液体具有不同的毒性特征

不同类型环境污染物具有不同的剂量-效应曲线，有些污染物的急慢性毒性存在显著差异（Liu et al., 2015）。有些农药如吡虫啉（IMI）和甲霜灵（MET）对青海弧菌的短（15 min 暴露）长期（12 h）发光抑制毒性的剂量-效应曲线几乎完全重叠（图 2-8），且均具有典型单调的 Sigmoid 型特征，可用两参数 Logit 或 Weibull 非线性函数合理描述，说明在任何浓度水平下均具有相同的毒性效应。从它们的剂量-效应模型可以求得半数效应浓度（EC_{50}）等特征浓度值。吡虫啉短长期暴露的 EC_{50} 分别为 3.26E–4（2.84E–4, 3.85E–4）mol/L 和 2.35E–4（1.90E–4, 2.96E–4）mol/L，说明短长期毒性基本相同。在低效应浓度下具有类似结果，如 EC_{20} 分别为 7.75E–5（6.06E–5, 9.75E–5）mol/L 和 4.84E–5（3.10E–5, 7.14E–5）mol/L，说明在低浓度水平下也具有相同的毒性。甲霜灵短长期暴露的 EC_{50} 分别为 1.26E–3（1.05E–3, 1.51E–3）mol/L 和 1.19E–3（9.78E–4, 1.48E–3）mol/L，短长期暴露的 EC_{20} 分别为 4.06E–4（2.72E–4, 5.56E–4）mol/L 和 4.25E–4（2.99E–4, 5.66E–4）mol/L，说明短长期毒性在高低浓度水平下均是一致的。

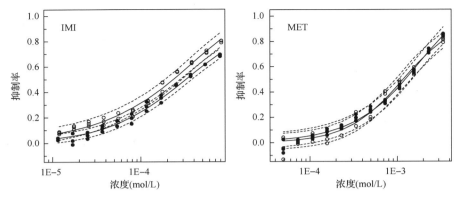

图 2-8　2 种农药对青海弧菌的短长期剂量-效应曲线图

●：短期毒性实验值；○：长期毒性实验值；—：拟合剂量-效应曲线；---：95%置信区间

　　有些抗生素如硫酸新霉素(NEO)和硫酸链霉素(STR)的短长期暴露的剂量-效应关系与农药完全不同，NEO 和 STR 对青海弧菌短长期暴露的剂量-效应曲线如图 2-9 所示。

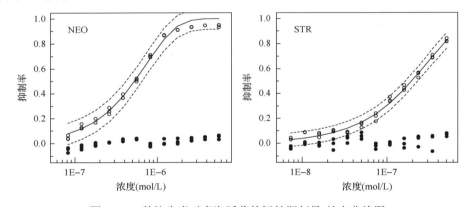

图 2-9　2 种抗生素对青海弧菌的短长期剂量-效应曲线图

●：短期毒性实验值；○：长期毒性实验值；—：拟合剂量-效应曲线；---：95%置信区间

　　由图 2-9 可知，这两种抗生素在短期暴露时基本没有毒性，但具有明显的长期毒性，且有良好的单调 Sigmoid 型剂量-效应关系，均可用两参数 Weibull 函数合理描述。高低浓度水平下的 2 个特征浓度分别为 EC_{50} = 5.29E-7(4.22E-7, 6.65E-7) mol/L 和 1.96E-7 mol/L(1.66E-7, 2.31E-7)以及 EC_{20} = 1.98E-7mol/L 和 6.11E-8 mol/L。如以 EC_{50} 为毒性指标，STR 的毒性大于 NEO，两者 EC_{50} 的置信区间也不重叠，说明两者具有显著性差异。如以 EC_{20} 为毒性指标，STR 的毒性仍是大于 NEO，两者 EC_{20} 的置信区间也不重叠，说明两者具有显著性差异。

　　有趣的是，有些离子液体如乙基吡啶溴([bpy]Br)和辛基甲基咪唑氯([omim]Cl)却具有完全不同于农药也不同于抗生素的剂量-效应特征(图 2-10)。

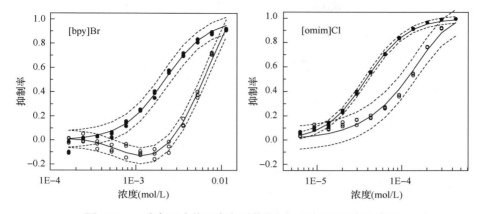

图 2-10　2 种离子液体对青海弧菌的短长期剂量-效应曲线图

●：短期毒性实验值；○：长期毒性实验值；—：拟合剂量-效应曲线；---：95%置信区间

由图 2-10 左图可看出，离子液体[bpy]Br 短长期暴露的剂量-效应曲线完全不同，短期暴露曲线是单调变化的，在任何浓度水平下都对青海弧菌发光起抑制作用，剂量-效应曲线可用 Logit 函数有效拟合。而长期暴露的剂量-效应曲线虽然低于短期暴露，但长期暴露曲线不是单调变化的，在低浓度水平下对青海弧菌发光不仅不是抑制作用，反而具有刺激作用，整个剂量-效应曲线是 "J" 形变化的，具有所谓的 Hormesis 效应。从曲线的分布位置也可看出，该离子液体的短长期毒性变化规律与农药短长期毒性基本相同的规律不同，也与抗生素几乎无短期毒性的规律不同，离子液体的长期毒性小于短期毒性。由图 2-10 右图可知，离子液体[omim]Cl 的短长期毒性变化规律虽然也是长期毒性小于短期毒性，但短长期暴露的剂量-效应曲线都是单调变化的，不同于[bpy]Br，不存在 Hormesis 现象。

2.4.2　混合污染物剂量-效应曲线与混合物组分有关

混合污染物的剂量-效应特征不仅取决于其中各个组分的物理化学性质及生物效应，还与其混合物中的浓度配比及浓度水平密切相关(Liu et al., 2015)。例如，由长期毒性小于短期毒性且短长期暴露具有不同特征剂量-效应曲线的离子液体[bpy]Br 分别与短长期毒性规律基本相似的农药吡虫啉(IMI)和甲霜灵(MET)构成二元混合物体系，发现各不同浓度比射线的 5 条混合物射线的剂量-效应曲线具有不同的形状，有的呈单调 "S" 形曲线，有的呈 "J" 形的非单调变化曲线，有的曲线相互重叠，有些则互相分开等等(参见图 2-11)。综观图 2-11 可知，混合物射线的剂量-效应曲线短长期暴露的差异与组分性质及浓度比有关，混合物中农药所占比例越高，剂量-效应曲线越趋近于单调 "S" 形曲线，且短长期曲线差异越小；混合物中离子液体所占比例越高，剂量-效应曲线越有可能偏离单调 "S" 形曲线向 "J" 形曲线逼近，短长期曲线差异越大。

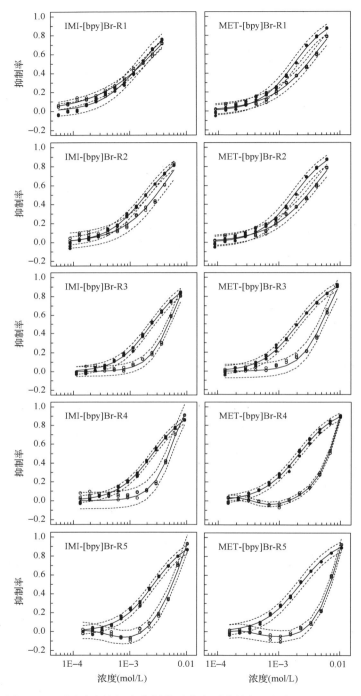

图 2-11 不同浓度比混合物射线对青海弧菌的短长期剂量-效应曲线

●：短期毒性实验值；○：长期毒性实验值；—：拟合剂量-效应曲线；---：95% 置信区间

参 考 文 献

刘树深, 2017.化学混合物毒性评估与预测方法. 北京: 科学出版社.

刘树深, 张瑾, 张亚辉, 等, 2012. APTox: 化学混合物毒性评估与预测. 化学学报, 70(14): 1511-1517.

王猛超, 刘树深, 陈浮, 2014. 拓展浓度加和模型预测三种三嗪类除草剂混合物的时间依赖毒性. 化学学报, 72(1): 56-60.

朱祥伟, 刘树深, 葛会林, 等, 2009. 剂量-效应关系两种置信区间的比较.中国环境科学, 29(2): 113-117.

Beckon W, Parkins C, Maximovich A, et al, 2008. A general approach to modeling biphasic relationships. Environmental Science & Technology, 42(4): 1308-1314.

Brian J V, Harris C A, Scholze M, et al, 2005. Accurate prediction of the response of freshwater fish to a mixture of estrogenic chemicals. Environmental Health Perspectives, 113(6): 721-728.

Dou R N, Liu S S, Mo L Y, 2011. A novel direct equipartition ray design(EquRay) procedure for toxicity interaction between ionic liquid and dichlorvos. Environmental Science and Pollution Research, 18(5): 734-742.

Finney D J, 1976.Radioligand assay. Biometrics, 32: 721-740.

Liu L, Liu S S, Yu M, et al, 2015. Application of the combination index integrated with confidence intervals to study the toxicological interactions of antibiotics and pesticides in *Vibrio qinghaiensis* sp.-Q67. Environmental Toxicology and Pharmacology, 39(1): 447-456.

Liu S S, Liu H L, Yin C S, et al, 2003. *VSMP*: A novel variable selection and modeling method based on the prediction. Journal of Chemical Information and Computer Sciences, 43(3): 964-969.

Liu S S, Li K, Li T, et al, 2016a. Comments on "The synergistic toxicity of the multi chemical mixtures: Implications for risk assessment in the terrestrial environment". Environment International, 94: 396-398.

Liu S S, Xiao Q F, Zhang J, et al, 2016b. Uniform design ray in the assessment of combined toxicities of multi-component mixtures. Science Bulletin, 61(1): 52-58.

Payne J, Scholze M, Kortenkamp A, 2001. Mixtures of four organochlorines enhance human breast cancer cell proliferation. Environmental Health Perspectives, 109(4): 391-397.

Richter M, EscherB I, 2005. Mixture toxicity of reactive chemicals by using two bacterial growth assays as indicators of protein and DNA damage. Environmental Science & Technology, 39(22): 8753-8761.

Scholze M, Boedeker W, Faust M, et al, 2001. A general best-fit method for concentration-response curves and the estimation of low-effect concentrations. Environmental Toxicology and Chemistry, 20(2): 448-457.

Tarasinska J, 2005. Confidence intervals for the power of Student's *t*-test. Statistics & Probability Letters, 73(2): 125-130.

Zhu X W, Liu S S, Qin L T, et al, 2013. Modeling non-monotonic dose-response relationships: Model evaluation and hormetic quantities exploration. Ecotoxicology and Environmental Safety,89: 130-136.

第 3 章　联合毒性效应

本章导读

- 介绍混合物联合毒性相关的基本概念，包括混合物毒理学相互作用(协同与拮抗)、无相互作用(加和)等，强调分析毒理学相互作用要首先选择加和的参考标准。

- 集中介绍目前广泛应用的评估毒理学相互作用的 3 个加和参考标准，即浓度加和(CA)、独立作用(IA)以及效应相加(ES)模型的基本数学表达式；重点讨论它们用于评估与预测混合物联合毒性的基本方法。

- 特别介绍基于观测置信区间的实验剂量-效应曲线与加和参考模型预测曲线相互比较评估混合物联合毒性的方法；简介近年来重点关注的组合指数方法；简单回顾经典混合物毒性指数评估方法；给出混合物联合毒性评估实例。

3.1　概　　述

单个混合物组分在混合物中的毒性行为可能与其单独存在时的行为存在差异，致使混合物毒性可能是加和的(additive)、协同的(synergistic)或拮抗的(antagonistic)。也就是说，混合物的毒性可能与某种加和假定得到的毒性是一致的(加和)，或大于加和假定的(协同)或小于加和假定的(拮抗)。显然，拮抗或协同是相对于加和来说的，加和是一种参考标准，对于相同的混合物，用不同的加和参考标准去评估混合物毒性可能有不同的结论。就像一栋四层楼的房子的高度，以地面为参考时就是四层楼高，但如果以海平面为参考时，该房子的高度就与地面为参考时的高度不一样了，如果以喜马拉雅山最高峰地面为参考，则该房子的高度为负。要注意的是，不管该房子的高度是什么，房子还是那栋房子。混合物毒性是拮抗或是协同，同样与选择的加和参考密切相关，不同的加和参考，可能有不同的结论，但混合物还是原来的混合物。因此，要评价一个混合物的毒性是加和的，或是拮抗的，或是协同的，必须指定加和参考标准是什么，否则混合物毒性相互之间是无法比较评价的。

毒理学中，常常将协同（synergism）、加和（addition）与拮抗（antagonism）统称为毒理学相互作用（toxicological interaction）或毒性相互作用（toxicity interaction）。有时也只将协同与拮抗称作毒理学相互作用，而把加和称为无相互作用（no interaction）。要注意的是，文献中曾出现过"无加和"（no addition）的概念，它是指"独立"（independance），意为混合物毒性只与其中某个组分有关，而与其他共存的组分无关。要评价混合物是否具有毒性相互作用，先必须指定加和参考。混合物毒性评估中常常使用的加和参考模型主要有 3 个，即浓度加和（也称剂量加和）、独立作用（也称响应或效应加和）和效应相加等。浓度加和模型是目前美国环境保护署（USEPA）推荐使用的模型。

本章首先介绍混合物毒性评估中使用的 3 个加和参考模型，进而讨论这些模型如何应用于混合物毒性相互作用的分析。

3.2 加和参考模型

3.2.1 浓度加和模型

浓度加和（concentration addition, CA）也称剂量加和（dose addition）或 Loewe 加和（Loewe addition）。CA 模型适用于评估浓度线性和浓度对数线性 CRC 特征污染物的混合物效应，以及某些非线性非单调 CRC 特征污染物的混合物效应，目前已被美国环境保护署及欧盟等作为混合物联合毒性评估的标准参考模型。CA 模型也是目前混合物毒性评估中应用最广泛的加和参考标准（Bosgra et al., 2009; Christen et al., 2012; 刘树深等, 2013; Liu et al., 2015b）之一。然而，CA 模型现在仍只是一个工作模型，缺乏坚实的理论支持，也不直接与毒性机理相关，认为 CA 适用于相似作用模式混合物组分构成的混合物毒性评估的观点值得商榷。

CA 模型的数学表达式如下：

$$\sum_{i=1}^{m} \frac{c_i}{\mathrm{EC}_{x,i}} = 1 \tag{3-1}$$

式中，m 为混合物中所含组分数；c_i 为混合物效应为 x 时该混合物中第 i 个组分的浓度；$\mathrm{EC}_{x,i}$ 为第 i 个组分的等效应浓度，即第 i 个组分单独存在时引起与混合物效应相等效应 x 时该组分的浓度。

从式（3-1）可知，要获得第 i 个组分在混合物效应为 x 的那个混合物中的浓度 $c_i(i = 1, 2, \cdots, m)$，就必须已知该混合物其效应为 x 时的混合物浓度 $C_{x,\mathrm{mix}}$，然后

根据第 i 个组分的浓度分数 p_i 来计算第 i 个组分的浓度 c_i，有

$$c_i = p_i \cdot C_{x,\text{mix}} \tag{3-2}$$

第 i 个组分单独存在时的效应浓度 $\text{EC}_{x,i}(i = 1, 2, \cdots, m)$ 则从该组分单独存在时的拟合 CRC 模型求得（参见第 2 章）。注意，这里的 c_i 不是 $\text{EC}_{x,i}$，也不可能等于 $\text{EC}_{x,i}$，除非混合物中其他组分完全没有效应且该混合物在效应 x 处不存在毒理学相互作用。

如果实验混合物效应与在相同浓度下满足 CA 模型时的预测效应（或期望效应）之间没有显著性差异，就称该混合物效应是浓度加和的或是剂量加和的，即没有毒性相互作用。如果实验效应与预测效应之间有显著性差异，就称该混合物具有毒性相互作用（协同或拮抗），其效应不是浓度加和的。

应该指出，对于一个多元混合物体系，因为含有大量的各种不同混合比的混合物射线而每条射线又有大量不同浓度水平的混合物点或实体混合物，所以，毒性相互作用是加和还是协同或拮抗对于不同射线上的不同混合物点可能不是一致的，即有些混合物具有加和作用，而另一些则可能具有协同或拮抗作用，换句话说，混合物毒性相互作用具有混合比和浓度水平依赖（Moser et al., 2006）。混合比依赖是指混合物体系中不同混合比射线可能具有不同的毒性相互作用，浓度水平依赖是指同一条射线上不同浓度点混合物可能具有不同的毒性相互作用。因此，在描述毒性相互作用时应该说明混合比与混合物浓度水平。笼统说某混合物毒性（比如铜锌混合物）大于或小于某组分毒性是完全错误的，因为铜锌混合物是一个混合物体系，其中有大量混合物射线及不同浓度水平的混合物，只有某混合物射线才有确定的 EC_{50}，才可以和某组分的 EC_{50} 进行比较。

混合物毒性或混合物毒性相互作用不仅取决于混合比也取决于混合物浓度水平，要评估混合物毒性是否符合 CA 模型以分析混合物是否具有毒性相互作用，不仅要对不同混合比的混合物射线进行评估，也要对射线上不同浓度水平（整个混合物 CRC）进行评估，这就需要构建在不同浓度水平或效应水平下满足 CA 模型时的效应或浓度。

由于在确定的混合物射线上各组分的浓度分数 p_i 是不变的，即无论混合物浓度水平多大，第 i 个组分的 p_i 是固定不变的：

$$p_i = \frac{c_i}{c_{\text{mix}}} = \frac{c_i}{\sum\limits_{i=1}^{m} c_i} \tag{3-3}$$

式中，c_i 是混合物射线上某混合物点（某个浓度水平）中第 i 个组分的浓度，c_{mix} 即是该混合物点的总浓度。要注意的是，虽然 p_i 不变即比值不变，但 c_i 和 c_{mix} 都是随浓

度水平的变化而变化的，即不同效应下有不同的 c_i 和 c_{mix}。然而，在 CA 模型中，第 i 个组分的浓度 c_i 是指定效应 x 时对应混合物中该组分的浓度，此时该混合物的总浓度是 $C_{x,mix}$，即指定效应 x 时 CA 模型中的 c_{mix}，此时将式 (3-2) 代入式 (3-1) 有

$$\sum_{i=1}^{m} \frac{c_i}{EC_{x,i}} = \sum_{i=1}^{m} \frac{p_i \cdot C_{x,mix}}{EC_{x,i}} = 1 \tag{3-4}$$

式 (3-4) 的意义为：当指定混合物效应为 x 时，符合 CA 模型时混合物的浓度就应该是 $C_{x,mix}$，而不管实验混合物浓度等于多少。或者说，在指定效应 x 时，由 CA 模型通过单个组分的 CRC 信息 ($EC_{x,i}$) 预测的混合物浓度应该是 $C_{x,mix}$。整理式 (3-4) 得 CA 预测模型如下：

$$\hat{C}_{x,mix} = \left(\sum_{i=1}^{m} \frac{p_i}{EC_{x,i}} \right)^{-1} \tag{3-5}$$

式 (3-5) 中的 x 可以是 CRC 上的任意效应。因此，只要混合物中各个组分单独存在时，在该效应 x 有效应浓度 $EC_{x,i}$ ($i=1,2,\cdots,m$)，那么混合物 CRC 上任意效应下的 CA 预测浓度可求，这样就可以构成完整的由 CA 预测的混合物射线 CRC。

例如，由 4 种化合物吡虫啉 (IMI)、1-甲基-3-已基咪唑氯离子液体 ([hmim]Cl)、抗生素氯霉素 (CHL) 和多黏菌素 B (POL) 为混合物组分，构成一个四元 IMI-[hmim]Cl-CHL-POL 混合物体系，由于这个四元混合物体系中包括多条混合物射线，选择其中一条等效应浓度比射线即 EECR 射线，该射线各组分浓度比为各自组分的 EC_{50} 比，或说该射线的基本浓度组成 (basic concentration composition, BCC) 为

$$BCC = (EC_{50,IMI}, EC_{50,[hmim]Cl}, EC_{50,CHL}, EC_{50,POL})$$
$$= (4.534E{-}4, 1.823E{-}4, 3.504E{-}7, 3.448E{-}6)$$

由这个浓度比或 BCC 可计算该射线中各组分的浓度分数 (p_i)，结果分别为

$$p_{IMI} = 0.1988、p_{[hmim]Cl} = 0.7995、p_{CHL} = 1.540E{-}4、p_{POL} = 1.512E{-}3$$

应用毒性测试方法对该射线不同浓度水平的混合物点 (共设计 12 个浓度水平) 进行发光抑制毒性测试并进行 CRC 拟合 (参见 2.2 节)，结果表明这条 EECR 射线的浓度-效应关系符合 Weibull 函数模型，拟合的位置参数 $\alpha = 7.660$ 及斜率参数 $\beta = 2.540$，根据拟合 CRC 模型，以 2.3 节方法计算 95% 观测置信区间 (OCI)、12 个实验浓度下的各 3 次平行实验效应结果、拟合 Weibull 模型在实验浓度下的拟合效应及观测效应置信区间结果均列于表 3-1。当指定 16 个效应 ($x = 0.05, 0.10, 0.15, \cdots, 0.80$) 时，根据 CA 预测模型式 (3-5) 计算 16 个指定效应下的效应浓度 (EC_5,

EC_{10}, EC_{15}, $\cdots$, EC_{80}），结果列于表 3-1 的 CA 预测浓度栏中。

表 3-1   等 EC_{50} 比四元混合物射线的实验 CRC 与 CA 预测 CRC 结果

编号	实验浓度(mol/L)	实验效应1	实验效应2	实验效应3	拟合效应	OCI 上限	OCI 下限	CA 预测浓度(mol/L)	指定效应
1	5.755E−5	0.0609	0.0205	0.0379	0.0436	0.0786	0.0086	2.012E−5	0.0500
2	7.821E−5	0.0528	0.0897	0.0607	0.0607	0.0961	0.0253	5.571E−5	0.1000
3	1.048E−4	0.0815	0.1037	0.0752	0.0828	0.1186	0.0470	9.903E−5	0.1500
4	1.476E−4	0.1027	0.1440	0.1211	0.1185	0.1548	0.0822	1.474E−4	0.2000
5	1.918E−4	0.1335	0.1768	0.1377	0.1550	0.1916	0.1184	1.995E−4	0.2500
6	2.509E−4	0.2224	0.1795	0.2403	0.2026	0.2393	0.1659	2.547E−4	0.3000
7	3.394E−4	0.2941	0.2848	0.2932	0.2710	0.3076	0.2344	3.126E−4	0.3500
8	4.575E−4	0.3593	0.3215	0.3511	0.3555	0.3919	0.3191	3.733E−4	0.4000
9	6.051E−4	0.4472	0.4220	0.4568	0.4501	0.4866	0.4136	4.367E−4	0.4500
10	8.264E−4	0.5060	0.5538	0.5551	0.5698	0.6071	0.5325	5.032E−4	0.5000
11	1.107E−3	0.6867	0.7063	0.6826	0.6878	0.7264	0.6492	5.733E−4	0.5500
12	1.476E−3	0.7998	0.8289	0.8309	0.7979	0.8380	0.7578	6.477E−4	0.6000
13								7.276E−4	0.6500
14								8.145E−4	0.7000
15								9.107E−4	0.7500
16								1.020E−3	0.8000

文献来源：刘树深，2017。

如果以表 3-1 中 3 次重复测试效应、CRC 拟合效应、95%效应置信区间的上限与下限效应以及由 CA 模型预测的 16 个指定效应下的效应浓度作剂量-效应关系图，结果如图 3-1 所示。

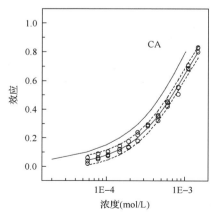

图 3-1   四元混合物的实验与 CA 预测剂量-效应曲线（刘树深，2017）

○：实验点；—：拟合线；- - -：观测置信区间；—：CA 预测线

这个例子说明，CA 加和模型预测的 CRC 与实验拟合的混合物射线 CRC 是不重叠的，即 CA 预测效应在相同浓度下高于实验拟合效应，说明这条 EECR 混合物射线在各个浓度水平下均存在所谓的拮抗效应(详见 3.3 节)。

应该指出，CA 模型只是一个工作模型。很多文献认为 CA 模型适用于评估具有相似作用模式化合物构成的混合物体系(Neuwoehner et al., 2009; Barata et al., 2012; Villa et al., 2012)。然而，迄今为止大多数化学污染物对相关靶标的作用位点与作用模式是未知的，作用模式的相似度(相似或相异)问题并没有一个严格、统一的评判标准。事实上，目前关于作用模式或机理的知识更多地适用于化合物具有浓度线性关系的混合物体系。因此，CA 仍只是一个工作模型(Altenburger et al., 2003)，没有坚实的理论支持，也不直接与作用机理相互关联。

此外，混合物体系中有无数条混合物射线，每条射线中又有多个不同浓度水平的混合物，每个混合物的毒性效应都可能是不相同的，即混合物毒性具有混合比(射线)依赖性和浓度水平依赖性(Moser et al., 2006)。在没有证明某混合物体系具有全局浓度加和特征时，用 CA 模型从单个组分的浓度-效应信息去预测混合物毒性可能是不正确的，因此，CA 模型一般是一个评估模型，即可以 CA 为加和参考标准来评估混合物的毒理学相互作用。只有充分证明混合物体系是处处浓度加和的，CA 模型才能用来预测混合物毒性。

3.2.2　独立作用模型

独立作用(independence action, IA)也称效应加和(effect addition, EA)或响应加和(response addition, RA)或 Bliss 加和(Bliss addition)。IA 模型是目前混合物毒性评估中应用最广泛的加和参考标准之一(Faust et al., 2003; Backhaus et al., 2004; Cedergreen et al., 2008)。然而，IA 模型与 CA 模型一样也只是一个工作模型，同样缺乏坚实的理论支持，也不直接与毒性机理相关，认为 IA 模型适用于相异作用模式混合物组分构成的混合物的毒性评估观点同样值得商榷。

IA 模型的数学表达式如下：

$$E(C_{mix}) = 1 - \prod_{i=1}^{m}[1 - E(c_i)] \tag{3-6}$$

式中，c_i 是混合物中第 i 个组分的浓度；C_{mix} 是混合物的总浓度即该混合物中各个组分浓度之和即 $\sum c_i$；$E(c_i)$ 是第 i 个组分单独存在时浓度为 c_i 时产生的效应；$E(C_{mix})$ 是混合物在浓度为 C_{mix} 时产生的总效应。

IA 来自于相互独立的概念，比如对于二元混合物(binary mixture)，IA 模型可写为

$$E(C_{\text{binary}}) = E(c_1) + E(c_2) - E(c_1) \cdot E(c_2)$$
$$= E(c_1) \cdot [1 - E(c_2)] + E(c_2) - 1 + 1$$
$$= E(c_1) \cdot [1 - E(c_2)] + E(c_2) - 1 + 1$$
$$= [1 - E(c_2)] \cdot [E(c_1) - 1] + 1 = 1 - \prod_{i=1}^{2} [1 - E(c_i)]$$

同理，也可对三元混合物(ternary mixture)推出相应的连乘式，有

$$E(C_{\text{ternary}}) = E(c_1) + E(c_2) + E(c_3) - E(c_1) \cdot E(c_2) - E(c_2) \cdot E(c_3) - E(c_1) \cdot E(c_3)$$
$$+ E(c_1) \cdot E(c_2) \cdot E(c_3)$$
$$= [1 - E(c_2)] \cdot [E(c_1) - 1] + 1 + E(c_3) \cdot [1 - E(c_1)] - E(c_2) \cdot E(c_3) \cdot [1 - E(c_1)]$$
$$= [1 - E(c_1)] \cdot [-1 + E(c_2) + E(c_3) - E(c_2) \cdot E(c_3)] + 1$$
$$= -[1 - E(c_1)] \cdot [1 - E(c_2)] \cdot [1 - E(c_2)] + 1 = 1 - \prod_{i=1}^{3} [1 - E(c_i)]$$

为了与实验浓度-效应曲线进行比较以判别毒性相互作用，必须构建 IA 预测 CRC。

在混合物射线中，各个不同浓度水平的所有混合物点中第 i 个组分的浓度分数 p_i 是相同的，如果已知该射线上某混合物的总浓度 C_{mix}，那么可根据式(3-3)计算各个组分的浓度 c_i

$$c_i = p_i \cdot C_{x,\text{mix}} = p_i \cdot C_{\text{mix}}$$

有了 c_i，就可根据该组分 i 的拟合 CRC 模型 $f_i(c_i)$ 求得该组分 i 的效应 $E(c_i)$；进而由式(3-6)计算该混合物总效应 $E(C_{\text{mix}})$ 或 x，即按式(3-7)计算混合物效应。

$$\hat{x} = 1 - \prod_{i=1}^{m} [1 - E(c_i)] = 1 - \prod_{i=1}^{m} [1 - f_i(p_i \cdot c_{\text{mix}})] \tag{3-7}$$

这样，就可以按式(3-7)计算各个实验浓度水平下混合物的 IA 预测效应，从而构成 1 条 IA 预测 CRC。

仍以 CA 模型预测四元混合物体系，即以 IMI-[hmim]Cl-CHL-POL 为例。射线也选择其中等 EC_{50} 比射线即 EECR 射线，已知该射线的基本浓度组成为：BCC= $(EC_{50,\text{IMI}}, EC_{50,\text{[hmim]Cl}}, EC_{50,\text{CHL}}, EC_{50,\text{POL}}) = (4.534E\text{-}4, 1.823E\text{-}4, 3.504E\text{-}7, 3.448E\text{-}6)$，各组分的浓度分数分别为：$p_{\text{IMI}} = 0.1988$、$p_{\text{[hmim]Cl}} = 0.7995$、$p_{\text{CHL}} = 1.540E\text{-}4$、$p_{\text{POL}} = 1.512E\text{-}3$。应用毒性测试方法对该射线上 12 个不同浓度水平的混合物点进行发光抑制毒性测试并进行曲线拟合，表明该射线的 CRC 可用 Weibull 函数有效描述，其回归系数 $\alpha = 7.660$、$\beta = 2.540$。根据式(3-7)直接计算各实验浓度下的 IA

预测效应分别为：0.1163、0.1416、0.1708、0.2128、0.2517、0.2989、0.3626、0.4385、0.5232、0.6335、0.7487、0.8606。

如果以表 3-1 中 3 次重复测试效应、CRC 拟合效应、95%效应置信区间的上限与下限效应以及由 IA 模型预测的 12 个实验浓度下的预测效应对实验浓度作图，如图 3-2 所示。图中红实线是以 12 个实验浓度为基础进行 IA 直接效应预测的结果。

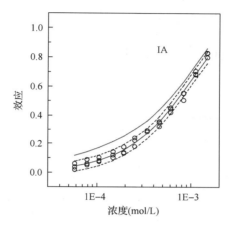

图 3-2　四元混合物的实验与 IA 预测剂量-效应曲线（刘树深，2017）

○：实验点；—：拟合线；---：观测置信区间；—：IA 预测线

比较图 3-1 和图 3-2 可知，与 CA 预测 CRC 相比，在高浓度区域，IA 预测 CRC 更接近实验拟合 CRC，IA 为加和参考时拮抗作用的强度不如 CA 为加和参考时的强度。

CA 和 IA 作为加和参考模型广泛应用于混合污染物的联合毒性评价（Cedergreen et al., 2008; Baldwin and Roling, 2009; Wang et al., 2009; Ermler et al., 2011; Christen et al., 2012; Ermler et al., 2014）。例如，Zhang 等（2012）以 CA 和 IA 模型为参考模型评估了离子液体与有机磷农药间产生的毒性相互作用；Backhaus 等（2000b）也曾用 CA 和 IA 模型对喹诺酮类物质构成的混合物体系进行毒性评估。综合现有的文献报道，CA 被认为适用于具有相似作用模式化合物的混合物，而 IA 则适用于具有相异作用模式化合物的混合物。例如，由 25 种具有相似作用模式的除草剂构成的混合物，其混合物毒性可用 CA 模型准确预测（Altenburger et al., 2000）；由 16 种相异作用模式的化学品构成的混合物可以用 IA 模型进行准确预测（Backhaus et al., 2000a）。然而，由于大多数污染物对相关靶标的作用机理尚不明确以及如何判定"相异"作用模式的难题无法解决，何时应用 CA 或 IA 仍是悬而未决的问题。

在实际工作中，CA 预测的 CRC 可能高于、低于或等于 IA 预测的 CRC，这取决于混合物包含的组分数目、各组分浓度分数、组分 CRC 特征等多个因素。16

种相异作用物质(Backhaus et al., 2000a)、均三嗪除草剂混合物(Faust et al., 2001)、25 种除草剂相似作用物质(Altenburger et al., 2000)以及 4 种多环芳烃相似作用物质(Olmstead and LeBlanc, 2005)等构成的混合物体系,其 CA 模型预测 CRC 均明显高于 IA 模型预测 CRC。苯酚及其衍生物(莫凌云等, 2008)和苯胺类(葛会林等, 2006)混合物,其 CA 预测 CRC 则小于 IA 预测。Payne 等(2000)发现 DDT、木黄酮、丁基酚与壬基酚的混合物,其 CA 与 IA 预测 CRC 是相互交叉的。宋晓青等(2008)则发现部分除草剂与重金属混合物体系中有 3 条混合物射线,在总效应为40%以下时,实验毒性与 CA 或 IA 预测的毒性基本一致,但随总浓度增加,CA 与 IA 预测的差别逐渐增大,实验效应数据点更接近于 CA 预测曲线。

3.2.3 效应相加模型

效应相加(effect summation, ES)模型认为混合物效应等于该混合物中各组分效应之和。

$$E(C_{\text{mix}}) = E(c_1) + E(c_2) + \cdots + E(c_m) = \sum_{i=1}^{m} E(c_i) \tag{3-8}$$

式中,$E(c_i)$ 是指混合物中浓度为 c_i 的第 i 组分的效应,可通过该组分的 CRC 拟合函数计算出来。

ES 模型曾经被广泛应用,目前仍有不少研究,其原因是原理简单、计算方便。然而,ES 模型不能解释"虚拟组合"(sham combination)现象(刘树深等, 2013),因而被逐渐淘汰。下面举例说明虚拟组合现象。假定由相同组分(一个组分即单组分)组成一个所谓的虚拟二元混合物,即假定是由两组分 A 和 B 构成的混合物(实际上只有一个组分)。换句话说,该混合物中组分 A 和组分 B 的 CRC 是相同的(图3-3)。设某混合物点由浓度为 c_1 的 A 组分和浓度也为 c_1 的 B 组分构成,即该混合物中 A 的浓度为 $c_A = c_1$,B 的浓度为 $c_B = c_1$,那么该混合物总浓度为 $c_A + c_B = 2c_1$。图 3-3 给出了一个虚拟组合的示例。从图 3-3 可知,浓度为 c_1 的 A 组分的效应 $E(c_A)$ 约为 0.2,浓度为 c_1 的 B 组分的效应 $E(c_B)$ 也为 0.2(因为组分 B 与组分 A 是同一个物质,其 CRC 相同),那么总浓度为 $2c_1$ 的混合物(A+B)的效应按 ES 模型式(3-8)计算应该为

$$E(C_{\text{mix}}) = E(c_A) + E(c_B) = 0.2 + 0.2 = 0.4 = 40\%$$

而从图 3-3 中混合物 CRC(因为是同一个组分构成的虚拟混合物,故混合物 CRC 与其中组分 A 或 B 的 CRC 是同一条 CRC)中查得的总浓度为 $2c_1$ 的混合物的实际效应约是 85%,远远大于 ES 模型估计的效应 40%,由此判定该混合物有显著的协同效应。这显然是不合理的,因为这是同一个物质。

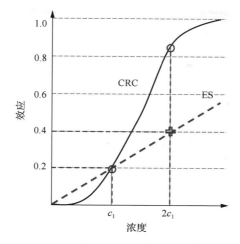

图 3-3　虚拟组合示例图（图中黑实线为某虚拟组分的 CRC）（刘树深，2017）

然而，CA 模型却可以合理解释这个虚拟组合现象。由 CA 模型左边可知：

$$\sum_{i=1}^{2}\frac{c_i}{EC_{x,i}}=\frac{c_A}{EC_{x,A}}+\frac{c_B}{EC_{x,B}}$$

式中，c_A 和 c_B 分别是混合物产生效应 $x=85\%$ 时该混合物中组分 A 和 B 的浓度，即 $c_A=c_1$ 与 $c_B=c_1$，$EC_{85,A}$ 与 $EC_{85,B}$ 是组分 A 和组分 B 单独存在时产生与混合物效应（$x=85\%$）相同大小时的浓度（因为是同一个物质，所以组分 A 与 B 的浓度大小与混合物相同，也为 $2c_1$），那么上式变为

$$\frac{c_A}{EC_{85,A}}+\frac{c_A}{EC_{85,A}}=\frac{c_1}{2c_1}+\frac{c_1}{2c_1}=\frac{2c_1}{2c_1}=1$$

完全符合 CA 模型。这也许是美国环境保护署推荐 CA 模型作为化学混合物效应评估与预测的加和参考模型的主要原因之一。

从图 3-3 可看出，如果混合物中各个组分的效应是随浓度的增加而线性增加，即组分的 CRC 是 1 条通过浓度-效应图的坐标原点的直线，ES 模型是同样可以解释虚拟组合现象的。然而，目前发现的大多数污染物或毒物的 CRC 不是完全线性的，甚至也不是对数线性的，因此，这也许是近年来很少使用 ES 模型评估混合物毒性相互作用的原因之一。

由式（3-8）的 ES 模型可知，在已知混合物浓度和各组分浓度分数时，可直接应用式（3-9）计算各实验混合物浓度下混合物的效应：

$$\hat{x} = E(C_{\text{mix}}) = \sum_{i=1}^{m} E(c_i) = \sum_{i=1}^{m} f_i(p_i \cdot EC_{x,\text{mix}}) \tag{3-9}$$

仍以 CA 模型预测 CRC 中的四元混合物体系，即以 IMI-[hmim]Cl-CHL-POL 为例。射线也选择其中等 EC_{50} 比射线，即 EECR 射线。已知该射线中各组分的浓度分数分别为：$p_{\text{IMI}} = 0.1988$、$p_{\text{[hmim]Cl}} = 0.7995$、$p_{\text{CHL}} = 1.540E{-}4$、$p_{\text{POL}} = 1.512E{-}3$。那么根据式 (3-9) 进行直接法计算求得的 12 个实验浓度下的 ES 预测效应分别为：0.1201、0.1474、0.1796、0.2271、0.2727、0.3305、0.4134、0.5214、0.6571、0.8682、1.1535、1.5511。

如果以表 3-1 中 3 次重复测试效应、CRC 拟合效应、95%效应置信区间的上限与下限效应以及由 ES 模型 [式 (3-9)] 预测的 12 个实验浓度下的预测效应对实验浓度作图，如图 3-4 所示。图中红实线是以 12 个实验浓度为基础进行 ES 直接效应预测的结果。

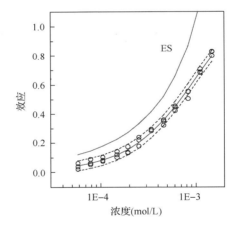

图 3-4　四元混合物的实验与 ES 预测剂量-效应曲线（刘树深，2017）

○: 实验点；—: 拟合线；---: 观测置信区间；—: ES 预测线

从图 3-4 可知，与 CA 及 IA 模型预测 CRC 比较，ES 预测 CRC 偏离实验拟合 CRC 更大，特别是高浓度部分。

3.3　混合物毒性评估

混合物毒性（mixture toxicity）是指具有一定浓度分数及具有一定浓度水平的混合物点（即实体混合物）对某生物靶标的毒性效应大小，文献上也有称组合毒性（combined toxicity）或联合毒性（joint toxicity）的。从目前文献看，这三个词有什么异同还没有定论。混合物毒性相互作用或毒理学相互作用是指以某种加和参考模型为基础，将参考模型预测效应与实验效应进行比较，分析两者之间有无差异决定的。当实验混合物毒性大于或小于相同浓度水平下的加和参考模型（如 CA、IA 或 ES）预测毒性时，称该混合物具有协同或拮抗相互作用。若没有显著性差异，则称没有毒性相互作用，是加和的。应用加和参考模型分析混合物毒性相互作用的过程称为混合物毒性评估。

应该强调，混合物毒性评估（assessment or evaluation）与混合物毒性预测（prediction）是有明确区别的。评估是指某混合物毒性已经实验测定（已知），用某种模型计算相同浓度分数与浓度水平下该混合物的毒性，进而分析模型是否适用。预测是在证明了混合物毒性大小符合某个模型后，应用该模型去计算具有某种浓度分数与浓度水平的混合物的毒性效应（毒性未知或未测定）的过程。举一个熟悉的例子，如应用 7 种不同浓度的某标准物质分别测定色谱峰高，以峰高为纵坐标、浓度为横坐标作出工作曲线，然后分析所有点（测定了峰高的或已知的）是否在 1 条直线（模型）上的过程就是评估。而用这条工作曲线去推算某峰高的分析样品中该物质的浓度，就是预测。由此看来，目前大量混合物毒性文献特别是多元混合物文献中报道的都是混合物毒性评估而不是预测。例如，用 1 条等毒性浓度（EC_{50}）比射线去评价整个混合物体系的毒性变化规律实际上只是一个评估这条射线的过程，由此获得的加和、协同或拮抗相互作用只适用于这条射线，对整个混合物体系的其他射线是否有预测能力尚属未知，是不能随意外推的。

本节介绍基于观测置信区间与整个 CRC 合理比较的混合物毒性评估方法，包括基于观测置信区间的实验 CRC 与不同加和参考模型比较的方法及在医学与药物科学中得以广泛应用并开始引入环境科学领域的组合指数（combination index，CI）方法。

3.3.1　基于置信区间的 CRC 比较（定性）

只要知道了各个混合物组分在不同浓度下的毒性效应就可以进行曲线拟合，或利用非线性最小二乘方法获得这些组分的 CRC 模型，进而可以求得各个组分在任意效应下的效应浓度，或者任意浓度下的效应。利用单个混合物组分的浓度-效应信息，就可按某种加和模型预测具有确定混合比和确定浓度水平的混合物的毒性效应。也就是说，知道了混合物中各组分的浓度分数及混合物总浓度，并已获得单个组分的浓度-效应模型，就可利用加和参考模型（如 CA、IA 和 ES 模型）计算符合加和参考模型的预测 CRC。

混合物毒性评估就是根据混合物毒性测定结果及其置信区间，与某加和参考模型预测结果进行比较分析获取待测混合物的毒性相互作用信息。如果两者之间没有显著性差异，就说明混合物效应是加和的，该混合物（实体混合物点）不存在毒性相互作用。如果有显著性差异，就说明混合物效应是协同的或拮抗的，该混合物存在毒性相互作用。图 3-5 示例了协同、拮抗和加和作用下加和参考模型预测 CRC 与实验拟合 CRC 置信区间的相关关系。在这个图中，整个混合物 CRC 在不同的浓度水平具有不同的毒性相互作用。

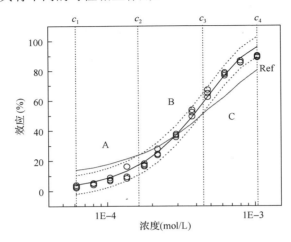

图 3-5　基于置信区间的 CRC 比较评估混合物毒性相互作用(刘树深，2017)

A 区：拮抗作用；B 区：加和作用；C 区：协同作用

图 3-5 示例了某多元混合物射线的剂量-效应关系。其中圆圈表示该混合物射线 12 个不同浓度水平下实验测试的毒性效应值(即百分抑制效应)，每个浓度 3 次重复测定效应，黑实线是拟合曲线，虚线是 95%观测置信区间，红实线是某加和参考模型 (Ref) 对该混合物射线不同浓度的预测效应。从该图可知，当混合物射线浓度从 c_1 增加到 c_2 时，相同浓度下加和参考模型 (Ref) 预测的效应大于 95%观测置信区间的置信上限，此浓度区间内各混合物表现为拮抗相互作用；当浓度从 c_2 增加到 c_3 时，相同浓度下加和参考模型预测的效应位于 95%观测置信区间内，表现为加和作用；而浓度从 c_3 增加到 c_4 时，相同浓度下加和参考模型预测的效应小于 95%观测置信区间的置信下限，各混合物表现为协同相互作用。图 3-5 表明，混合物毒性相互作用即使是具有固定浓度比(即各组分具有固定浓度分数 p)的同一条混合物射线，在不同浓度范围内其毒性相互作用也可能是不相同的，即混合物毒性相互作用具有浓度水平依赖性。

前面也多次强调，具有一定化学组成的化学混合物是一个复杂的混合物体系，其中有无数条不同混合比的混合物射线，不同射线也可能具有不同的毒性相互作用，这称为混合物毒性相互作用具有混合比依赖性(Moser et al., 2006)。因此，在说明混合物的毒性或毒性相互作用时，必须指明该混合物的混合比及混合物浓度水平。

应该指出，以不同的加和模型为参考标准，所获得的某混合物的毒性相互作用可能具有不一样的结果，这就像一栋房子的高度，以地面为零高度参考和以海平面为零高度参考时其高度是不一样的。图 3-6 给出了某三元混合物体系（[hmim]Cl-IMI-POL）中的一条混合物射线，在以 CA 与 IA 分别为加和参考时的毒性相互作用情况。

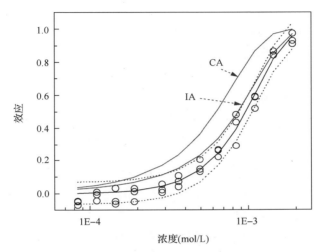

图 3-6 某[hmim]Cl-IMI-POL 射线的毒性相互作用分析（刘树深，2017）
○：实验观测毒性；—：拟合 CRC；⋯：观测置信区间；—：CA 预测 CRC；—：IA 预测 CRC

从图 3-6 可知，如果以 IA 模型为加和参考，则该三元混合物射线在各个浓度水平下的 IA 预测效应基本上均处于 95%观测置信区间内，表现为加和，没有毒性相互作用。然而，如果以 CA 模型为加和参考，则大部分浓度水平下，CA 预测效应均大于实验混合物 95%观测置信区间的置信上限，表现出拮抗相互作用。所以，有学者指出，目前所谓的加和参考模型都只是概念模型或工作模型，没有严格的理论基础，也不直接与作用机理相互关联，应认为只是分析相互作用的一种参考（Altenburger et al., 2003）。

该三元混合物射线的实验浓度、3 次重复测试毒性效应、拟合效应、95%观测置信区间及 CA 与 IA 模型预测的效应数据如表 3-2 所示。在该混合物射线中，3 个组分的浓度分数分别为：$p_{[hmim]Cl} = 0.964119$、$p_{IMI} = 0.033657$ 和 $p_{POL} = 0.002225$，3 个组分单独存在时其拟合 CRC 都为 Weibull 模型，位置参数分别为：$\alpha_{[hmim]Cl} = 9.71$、$\alpha_{IMI} = 5.44$ 和 $\alpha_{POL} = 33.39$，形状参数分别为：$\beta_{[hmim]Cl} = 3.55$、$\beta_{IMI} = 1.69$ 和 $\beta_{[hmim]Cl} = 6.06$。

表 3-2　某[hmim]Cl-IMI-POL 射线 12 个浓度水平的效应数据

编号	浓度(mol/L)	效应 1	效应 2	效应 3	拟合效应	置信上限	置信下限	CA 预测效应	IA 预测效应
1	8.374E−5	−0.0440	−0.0485	−0.0714	0.0028	0.0690	−0.0634	0.0363	0.0278
2	1.104E−4	−0.0429	0.0104	−0.0057	0.0051	0.0714	−0.0612	0.0497	0.0368
3	1.446E−4	−0.0628	0.0328	−0.0464	0.0094	0.0759	−0.0571	0.0687	0.0491
4	1.903E−4	0.0304	0.0123	−0.0490	0.0175	0.0844	−0.0494	0.0973	0.0671
5	2.855E−4	0.0228	0.0554	0.0075	0.0430	0.1115	−0.0255	0.1679	0.1103
6	3.616E−4	0.0724	0.0422	0.1065	0.0721	0.1423	0.0019	0.2336	0.1503
7	4.948E−4	0.1465	0.2045	0.1310	0.1407	0.2138	0.0676	0.3621	0.2309
8	6.471E−4	0.2633	0.2689	0.2204	0.2425	0.3171	0.1679	0.5156	0.3363
9	8.374E−4	0.4366	0.4826	0.2929	0.3914	0.4655	0.3173	0.6909	0.4781
10	1.104E−3	0.5198	0.5927	0.5887	0.6037	0.6779	0.5295	0.8666	0.6689
11	1.446E−3	0.8660	0.8419	0.8425	0.8177	0.8948	0.7406	0.9693	0.8535
12	1.903E−3	0.9746	0.9105	0.9297	0.9576	1.0363	0.8789	0.9979	0.9691

文献来源：刘树深，2017。

很多文献认为 CA 模型适用于评估具有相似作用模式化合物构成的混合物体系，而 IA 适用于评估具有相异作用模式化合物的混合物(Barata et al., 2012; Villa et al., 2012; Villa et al., 2014)。然而，迄今为止大多数化学污染物对相关靶标的作用位点与作用模式是未知的，作用模式的相似度(相似或相异)问题并没有一个严格、统一的评判标准。事实上，目前关于作用模式或机理的知识更多地适用于化合物具有浓度线性关系的混合物组分。因此，CA 或 IA 参考模型与混合物组分的作用模式或作用机理并无直接关联，不管是 CA 还是 IA 都是一个概念模型，只是评估混合物毒性相互作用的一种参考。在混合物毒性相互作用评估时只要直接指明加和参考即可。有文献建议，只有当使用 CA 和 IA 评估混合物毒性相互作用获得一致结果时才能确定毒性相互作用，这也是不合适的，因为在很多情况下不可能得到一致的结果。另一方面，目前大多数混合物毒性相互作用评估都是在一个混合比(如等毒性浓度比)和一个浓度水平(EC_{50})下进行的，如果考虑不同混合比或其他浓度水平，这种一致性就更难达到。

此外，当混合物组分数大于等于3时，如何评估混合物体系的相异作用模式(mode of action, MOA)是一个目前无法解决的难题，那么从 MOA 观点去评估这些混合物相互作用时很难决定是使用 CA 或 IA。实际环境中的混合物是非常复杂的，完全相似或完全相异 MOA 的混合物只是理想状态。事实上，某些混合物组分可能具有相似 MOA，另一些则具有相异 MOA，此时需要采用将 CA 与 IA 综合起来考虑的方法。Junghans 在他的博士论文中提出了两阶段预测(two-step prediction, TSP)模型方法(Junghans, 2004)。TSP 方法已应用于废水处理厂出水中检测到的 10 组分混合物的毒性评估(Ra et al., 2006)。Kim 等以 MOA 为基础应用 QSAR 和偏最小二乘方法构建了整合加和模型(integrated addition model，IAM)(Kim et al., 2013; Kim et al., 2014)。Mwense 等提出了不完全依赖于 MOA 及基于模糊集的整合模型 INFCIM(integrated fuzzy concentration addition-independent action model)方法，并以 18 个具有相似 MOA 的均三嗪化合物与 16 个具有相异 MOA 的化合物构成的混合物示例了 INFCIM 方法 (Mwense et al., 2004；2006)。Wang 等将 TSP 与 INFCIM 同时应用于 4 种 MOA 的 12 种工业有机化学品的混合物毒性评估，并得出 INFCIM 优于 TSP 模型的结论(Qin et al., 2011)。考虑到 INFCIM 方法中采用了"浓度=浓度+效应"形式的近于武断的基本公式，Qin 等采用"浓度=浓度+浓度"公式改良了该整合模型，并运用均匀设计方法构建混合物校正集，得到具有真正预测能力的混合物模型(Qin et al., 2011)。

　　不管采用什么样的加和参考模型或预测模型，均需要考虑混合物体系毒性相互作用可能具有混合比依赖性或浓度水平依赖性。对于一个确定的混合物体系，必须合理有效地设计多条混合物射线且每条射线安排多个混合物浓度水平以充分考察各混合物毒性相互作用，分析与揭示不同混合物毒性变化规律，才能实施混合物毒性预测。

　　虽然通过实验 CRC 与加和参考模型预测 CRC 的比较，分析预测了 CRC 上不同混合物效应是否在观测置信区间内可以定性地考察各混合物是否具有毒性相互作用。然而，由于在低浓度水平下的毒性测试往往具有相对较大的测定误差，同时毒性效应又相对较小，因此，在 CRC 的低浓度水平处的毒性评估要格外谨慎，有时需要从整个 CRC 的变化规律进行合理的外推。为了减少这种判别误差，可以将评估系统中的毒性效应进行归零化处理，使各个浓度水平的效应归一化到同一尺度。方法之一就是以拟合 CRC 归零为基础，将实验效应、置信区间及预测 CRC 数据投影到拟合曲线上，如图 3-7 所示。图 3-7(a)与图 3-7(b)中的横坐标是相同的，均为浓度，但图 3-7(b)中的纵坐标是图 3-7(a)中纵坐标(x)减去相应浓度下的拟合效应(x_{Fit})，即纵坐标为($x-x_{Fit}$)。显然，图 3-7(a)中的拟合曲线在图 3-7(b)中是一条水平线，即所有值都为零(归零)，图 3-7(b)就称为拟合归零图。这样，毒性相互作用可分为三个区域，即拮抗区($x-x_{Fit}$>拟合归零的观测置信区间的置信上限)、加和作用区($x-x_{Fit}$位于拟合归零的观测置信区间)和协同区($x-x_{Fit}$<拟合归零的观测置信区间的置信下限)。

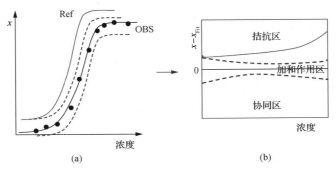

图 3-7　从常规 CRC 到拟合效应归零图谱示意图(刘树深，2017)
实心点为实测点；黑色实线为观测数据(OBS)拟合线；灰色实线为加和
参考模型(Ref)预测线；虚线为观测置信区间

将图 3-6 中示例的三元混合物射线的 CRC 谱进行拟合归零处理可得图 3-8。图 3-8 比图 3-6 更加清晰地表达了该射线不同浓度水平处的毒性相互作用。在拟合归零图 3-8 中，可以非常清晰地看到第 9 个浓度水平下混合物的毒性相互作用最大，其他混合物点的毒性相互作用变化大小也清晰可比，而在常规 CRC(图 3-6)中，从第 6 个点开始至第 11 个浓度水平点的毒性相互作用看不出有明显差异。特别地，在以 IA 为加和参考模型时，第 7、8 和 9 三个浓度水平下在拟合归零图中也能看到存在微弱的拮抗相互作用，而这在图 3-6 中是基本看不出来的。

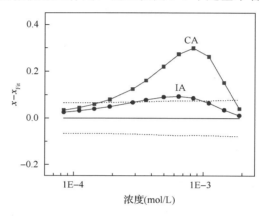

图 3-8　某[hmim]Cl-IMI-POL 射线的拟合归零分析谱(刘树深，2017)

基于 CRC 图谱比较或进行拟合归零处理，即可通过分析在某浓度水平下由加和参考模型预测效应与实验拟合效应之差值对毒性相互作用(协同或拮抗大小)进行定量表征，这个差值越大，说明毒性相互作用越大。可定义如下物理量对毒性相互作用的大小进行定量评估：

$$dCA_{i,c} = x_{i,CA} - x_{i,Fit} \qquad (3\text{-}10a)$$

$$dIA_{i,c} = x_{i,IA} - x_{i,Fit} \qquad (3\text{-}10b)$$

3.3.2　基于置信区间的组合指数

以 CA、IA 和 ES 模型为加和参考模型，将参考模型预测 CRC 与实验拟合 CRC 置信区间进行统计比较可以定性地评估整条混合物射线的剂量-效应曲线在不同浓度或效应区域的毒性相互作用，获得混合物是否产生协同、加和作用或拮抗。选择不同的加和参考模型可能得出不同的毒性相互作用结论。事实上，某实体混合物有什么样的毒性相互作用是与该混合物及作用靶标的本质或者说与作用模式或分子机理相关的，而与选择什么样的加和参考无关。然而，目前混合物毒性研究中的这些参考模型并不与混合物组分的作用机理完全相关，关于 CA 模型适用于具有相似作用模式的组分构成的混合物及 IA 适用于具有相异作用模式的组分构成的混合物的观点没有严格的理论依据。另一方面，目前关于污染物对于某确定毒性终点的作用模式(MOA)数据很不全面，而有关混合物的 MOA 数据则极度匮乏，这严重阻碍了以 MOA 为基础进行混合物毒性评估的进程。事实上，即使有 MOA 的全面数据，如何评价相异 MOA 仍是未解的难题。也因此，有人建议，应同时采用多个加和参考模型来分析毒性相互作用，只有在相互作用都一致的情况下才能决定混合物的相互作用。然而，这实际上是很难做到的，因为大多数混合物对不同的参考模型可能没有一致的结果。作者认为，在报告混合物毒性相互作用时，只要说明以什么为加和参考，合理考虑实验误差与拟合误差即可。

自 20 世纪 70 年代以来，Chou 基于质量作用定律推导了近 300 个方程，发现剂量-效应关系具有类似规律，并将此规律定义为半数效应方程(median effect equation, MEE)(Chou, 1976)。1981 年在 MEE 研究取得成功的基础上，提出了不依赖于混合物组分作用模式的组合指数(combination index，CI)方法(Chou and Talalay, 1983)。这个 CI 是在半数效应方程基础上导出但不依赖于组分作用模式的混合物毒性相互作用评估指数，已广泛应用于评估混合物毒性相互作用(Chou, 2006, 2009, 2010; Rodea-Palomares et al., 2010; Chou, 2011; Kostkova et al., 2013; Mo et al., 2016; Zhang et al., 2016)，且近年来开始引起环境科学工作者的关注(Rodea-Palomares et al., 2010; Mo et al., 2016)。Liu 曾在混合物射线 CRC 基础上，推导证明了该组合指数与浓度加和及毒性单位法的本质是一致的(Liu et al., 2015a)，并在考虑实验误差与拟合误差基础上，提出了带有置信区间的组合指数，以更有效合理地评估混合物毒性相互作用(Liu et al., 2015b)。

Chou 所定义的半数效应方程(Chou, 1976)可用式(3-11)表示：

$$\frac{f_a}{f_u} = \left(\frac{D}{D_m}\right)^m \tag{3-11}$$

式中，D 是药物浓度；f_a 是浓度 D 时的效应，$f_u = 1 - f_a$；D_m 是半数效应浓度(即 EC_{50})；m 是表征剂量-效应关系形状的参数，$m = 1$、>1、<1 时分别表示剂量-效应关系(CRC)为双曲线、"S"形曲线或扁平"S"形曲线。稍做变换，式(3-11)可以线性化为

$$\log\left(\frac{f_a}{f_u}\right) = m \cdot \log D - m \cdot \log D_m \tag{3-12}$$

令 $X = \log D$，$Y = \log(f_a/f_u)$，式(3-12)就是标准的一元一次线性方程。如果浓

度 D 与效应 f_a 都足够精确,那么已知任意两组 D 与 f_a 数据即可求出 CRC 形状参数 m 和半数效应浓度 D_m 值,进而可得到任何效应 (f_a) 下的浓度 (D) 或任何浓度下的效应,即可得到完整的剂量-效应曲线。这与应用非线性最小二乘拟合方法获得 CRC 拟合曲线相比要简单得多。当然,在药物剂量-效应实验中,获得任何剂量下的效应均不可避免地带有实验误差,同样需要测得多组实验(比如 5~7 组)剂量-效应实验数据进行线性拟合后才能获得比较可靠的结果。

Chou 与 Talalay 在半数效应方程基础上,建立了组合指数方法 (Chou and Talalay, 1983)。设由 n 个组分构成的多元混合物,在 x(%)效应下的组合指数 $(CI)_x$ 或 CI_x 的定义如下:

$$(CI)_x = \sum_{j=1}^{n} \frac{(D_x)_{1\sim n} \cdot \left\{ (D)_j \Big/ \sum_{j=1}^{n} (D) \right\}}{(D_m)_j \cdot \{ (f_{a,x})_j / (1 - (f_{a,x})_j) \}^{1/m_j}} \tag{3-13}$$

式中, $(D_x)_{1\sim n}$ 是 x(%)效应时混合物的总浓度(即 $c_{x,mix}$); $(D)_j$ 是组分 j 在混合物射线中某一效应[不一定是效应 x(%)]时的浓度(即 c_j), $\sum(D)$ 是某一效应下混合物中各组分的浓度之和(即 c_{mix}),所以 $(D)_j / \sum(D)$ 是混合物射线中第 j 个组分的浓度占混合物总浓度的浓度分数或组分混合比(即 p_j)。由半数效应方程式 (3-11) 可知 $(D_m)_j \cdot \{ (f_{a,x})_j / (1 - (f_{a,x})_j) \}^{1/m_j} = (D_x)_j$,表示第 j 个组分单独存在时产生 x(%)效应时的浓度(即 $EC_{x,j}$)。这样式 (3-13) 就变成我们均熟悉的形式:

$$CI_x = \sum_{j=1}^{n} \frac{c_{x,mix} \cdot p_j}{EC_{x,j}} = \sum_{j=1}^{n} \frac{c_j}{EC_{x,j}} \tag{3-14}$$

式中, p_j 是第 j 个组分在混合物中的混合比。由于每条混合物射线上不同浓度水平下的各个混合物的 p_j 是固定的,因此 c_j 表示的是混合物(射线)产生 x(%)效应时其中第 j 组分的浓度。所以,式 (3-14) 右边即是在效应 x(%)下的毒性单位和 (sum of toxic unit, STU)。当 $CI_x = 1$ 时,式 (3-14) 就简化为 CA 模型。换句话说,组合指数赋予了毒性单位和与浓度加和模型更确切的理论意义,一个与作用模式无关的理论意义。这里,不同于经典的毒性单位和(只在半数效应下定义),而 CI_x 可在任何效应 x 下定义。因此,组合指数可理解为与作用模式无关的多效应下定义的毒性单位和。

应用不同效应下的组合指数 CI_x 可以分析该效应或浓度水平下混合物的毒性相互作用,即当 $CI_x = 1$、<1 或 >1 时分别表示加和作用、协同或拮抗相互作用。要注意的是,在组合指数中只有协同、拮抗与加和作用等 3 种毒性相互作用,没有毒性单位法中的"部分加和"与"独立"的概念。

在 Chou 方法中还定义了剂量减少指数(dose reduction index, DRI)(Chou and Chou, 1988),用来表征某指定效应下混合物射线中第 j 个组分对混合物毒性相互作用的贡献大小。第 j 个组分的 DRI_j 定义为

$$DRI_j = \frac{EC_{x,j}}{c_j} \tag{3-15}$$

该式可理解为某组分在混合物中引起混合物效应 x 时的浓度比单独存在时产生效应 x 时的浓度减少的倍数。DRI_j 就是第 j 个组分毒性单位 TU_j 的倒数。

可以利用不同效应下的 $x\text{-}CI_x$ 和 $x\text{-}DRI_j$ 图分析混合物不同效应下的毒性相互作用与混合物中各个组分对毒性相互作用的贡献情况。

在原始 CI_x 定义中,没有考虑实验误差与拟合的不确定度,但毒性实验中这是不可避免的。Liu 等将构建剂量-效应曲线置信区间的文献方法(朱祥伟等, 2009; Zhu et al., 2013)拓展到组合指数方法中,建立了包括置信区间的组合指数方法(Liu et al., 2015a)。前已证明了组合指数方法中当 CI_x 等于 1 时与浓度加和模型是一致的,因此,可以从实验 CRC 与 CA 预测 CRC 比较中得到组合指数评估混合物毒性相互作用的算法。其构成原理可用图 3-9 说明。

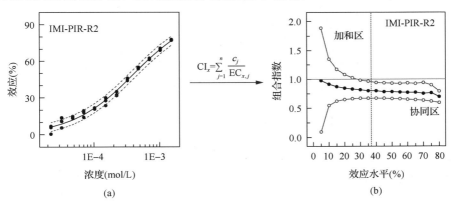

$$CI_x = \sum_{j=1}^{n} \frac{c_j}{EC_{x,j}}$$

图 3-9　从包括 OCI 的拟合 CRC(a)到包括置信区间的组合指数(b)(刘树深,2017)

算法过程如下:

(1)指定多个效应,如 $x = 0.1, 0.2, 0.3, \cdots, 0.9$;

(2)利用混合物射线不同浓度水平下的拟合效应为节点,插值计算各个指定效应 x 下的浓度 $c_{x,\text{mix}}$。同理,以不同浓度水平下的置信区间上下限效应为节点,插值计算指定效应 x 下的相应置信上限 CIU 和置信下限 CIL 的浓度 $c_{x,\text{CIU}}$ 与 $c_{x,\text{CIL}}$;

(3)从各个混合物组分的拟合 CRC 的反函数计算指定多个效应 x 下的相应组

分的各个效应浓度 $EC_{x,j}$ $(x = 0.1, 0.2, 0.3, \cdots, 0.9; j = 1, 2, \cdots, n)$；

(4) 通过各组分的浓度分数 p_j 计算 c_j：

$$c_j = p_j \cdot c_{x,\text{mix}} \qquad （对于拟合曲线）$$

$$c_j = p_j \cdot c_{x,\text{CIU}} \qquad （对于置信上限）$$

$$c_j = p_j \cdot c_{x,\text{CIL}} \qquad （对于置信下限）$$

(5) 根据式 (3-14) 计算各指定效应下的组合指数及置信区间。

表 3-3 列举了三元混合物 [hmim]Cl-IMI-POL 体系中某三元混合物射线在指定 18 个效应 $(x = 0.05, 0.10, 0.15, \cdots, 0.90)$ 下的组合指数 (CI_x) 及其置信区间上下限，混合物中 3 个组分的剂量减少指数数据。从表 3-3 可看出，在 18 个指定效应下，所有组合指数及其置信区间的上下限数据均大于 1，说明这条射线 CRC 上任意一点对应的混合物均有拮抗相互作用。或者说，该三元混合物射线的毒性相互作用没有浓度水平依赖。此外，各组分的剂量减少指数 (DRI) 随效应水平的变化规律是不一致的，第 2 个组分 IMI 的 DRI 变化最大，说明 IMI 在该混合物中产生相同效应时剂量降低的倍数最多，对混合物相互作用的贡献应该最大。

表 3-3　[hmim]Cl-IMI-POL 射线的组合指数及剂量减少指数 (DRI) 值

编号	指定效应(%)	组合指数 CI	CI 置信上限	CI 置信下限	DRI_1([hmim]Cl)	DRI_2(IMI)	DRI_3(POL)
1	5	2.738	4.201	1.413	0.915	1.032	1.479
2	10	2.139	2.848	1.355	1.066	2.011	1.421
3	15	1.934	2.356	1.435	1.154	2.967	1.369
4	20	1.803	2.141	1.465	1.236	3.984	1.347
5	25	1.731	1.981	1.446	1.295	5.005	1.318
6	30	1.668	1.887	1.447	1.357	6.113	1.303
7	35	1.625	1.821	1.428	1.409	7.262	1.286
8	40	1.593	1.768	1.416	1.455	8.472	1.269
9	45	1.566	1.726	1.406	1.501	9.773	1.254
10	50	1.542	1.691	1.395	1.545	11.184	1.241
11	55	1.520	1.655	1.383	1.590	12.736	1.230
12	60	1.496	1.658	1.371	1.641	14.495	1.223
13	65	1.492	1.646	1.344	1.672	16.277	1.201
14	70	1.483	1.627	1.342	1.711	18.370	1.185
15	75	1.466	1.601	1.334	1.763	20.930	1.175
16	80	1.439	1.650	1.316	1.832	24.203	1.174
17	85	1.449	1.688	1.258	1.863	27.667	1.142
18	90	1.453	1.672	1.240	1.911	32.598	1.112

文献来源：刘树深，2017。

如以效应为横坐标，组合指数 (CI) 与剂量减少指数 (DRI) 为纵坐标作图，如图 3-10 所示。

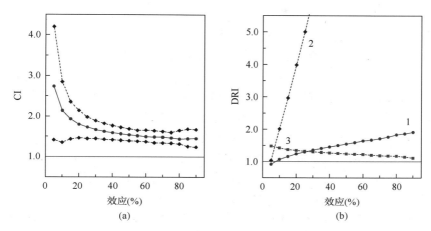

(a)   (b)

图 3-10　[hmim]Cl-IMI-POL 射线 CI(a) 及 DRI(b) 随效应的变化曲线 (刘树深，2017)

组分 1：[hmim]Cl；组分 2：IMI；组分 3：POL

从不同效应下的组合指数图图 3-10(a) 可知，该混合物射线在任意效应或浓度水平下均是拮抗相互作用，没有浓度水平依赖性。从 x-DRI 图谱 [图 3-10(b)] 可清楚地看到，组分 IMI 的 DRI 变化最大，且随效应水平的增加而快速增加，说明 IMI 在该混合物中产生相同效应时剂量降低的倍数最多。而组分 [hmim]Cl 和 POL 的 DRI 随效应水平的变化较小，基本是一条水平线。

近年来，组合指数已引起环境科学工作者的关注，CI_x 已成功地应用于多种环境污染混合物的毒性相互作用评估。混合物组分涉及抗生素、重金属、农药、离子液体等，受试生物涵盖了水生生物和陆生生物 (Rodea-Palomares et al., 2010; Rodea-Palomares et al., 2012; Gonzalez-Pleiter et al., 2013; Yang et al., 2015; Trombini et al., 2016; Feng et al., 2017)。例如，Rodea-Palomares 等利用组合指数 CI_x 评价了 3 种纤维酸类药物对费氏弧菌和发光细菌重组株鱼腥藻的毒性，发现混合物对费氏弧菌在低浓度下产生拮抗而在高浓度下产生协同，对鱼腥藻则相反，即低浓度协同高浓度拮抗 (Rodea-Palomares et al., 2010)。Rosal 等利用 CI_x 评估三氯生和 2,4,6-三氯酚对月牙藻的联合毒性时，发现有拮抗作用 (Rosal et al., 2010)。Boltes 等在应用 CI_x 研究全氟辛基磺酸、三氯生、2,4,6-三氯酚、二甲苯氧庚酸、苯扎贝特 (降血脂药) 对绿藻的联合毒性时，发现大多数的二元混合物产生拮抗，全氟辛基磺酸、三氯生和 2,4,6-三氯酚的三元混合物则产生明显的协同 (Boltes et al., 2012)。Gonzalez-Pleiter 等利用 CI_x 和 CA 及 IA 模型评估了五种抗生素组成的混合物对鱼腥藻和绿藻的联合毒性 (Gonzalez-Pleiter et al., 2013)。Gonzalez-Naranjo 利用 CI_x 评估了布洛芬和全氟辛酸的二元混合物对绿藻和高粱的联合毒性，发现低效应水平下对高粱有协同作用，而在高效应水平下对绿藻有协同作用(Gonzalez-Naranjo and Boltes, 2014)。Wang 等运用 CI_x 法评估了 2 种杀虫剂高效氯氟氰菊酯和吡虫啉与重金属镉对蚯蚓的毒性效应，发现在人工滤土试验中，高效氯氟氰菊酯和镉在低效应时有轻微协同，在高效应时转为轻微拮抗，含有吡虫啉的二元及三元混合物呈现拮抗(Wang et al., 2015b)。Chen 等也用 CI_x 及传统 CA 与 IA 模型评估了两种除草剂去草胺与阿特拉津和一种杀虫剂高效氯氟氰菊酯对蚯蚓的联合毒性(Chen et al., 2014)。Wang 等运用 CI_x 评价了除草剂、杀虫剂和重金属三元混合物对蚯蚓的混合物毒性，表明混合物产生协同(Wang et al., 2015a)。Ma 等研究了 12 种在中国饮食中常见的农药及其混合物对肝癌细胞的毒性效应，并用 CI_x 评价了其混合物的毒性相互作用(Ma et al., 2016)。然而，这些应用 CI_x 的研究均未考虑实验误差和拟合不确定度，需要改进。Liu 等将观测置信区间引入 CI_x，并合理有效地评估了多个农药-农药及农药-抗生素二元混合物体系的毒性相互作用规律(Liu et al., 2015a; Liu et al., 2015b)。Feng 等应用这个含置信区间的 CI_x 有效地评估了取代酚、农药和离子液体组成的六元混合物对秀丽隐杆线虫的时间依赖毒性，发现不同混合比的混合物存在时间依赖协同作用(Feng et al., 2017)。

3.3.3 等效线图

基于实验 CRC 与加和模型预测 CRC 相互比较方法可以在各个效应范围内定性地考察某混合物射线各个不同浓度水平下的毒性相互作用，通过拟合归零处理可进一步定量地表征不同浓度水平下毒性相互作用的程度。对于二元混合物，可在某指定效应下全面考察不同混合比即混合物体系中不同射线在该效应下的毒性相互作用信息，这就是等效线图(isobologram)方法。

等效线图最早由 Fraser 在 1872 年基于 Loewe 加和即浓度加和引入(Fraser, 1872)。该方法被广泛接受，是在某等效应下解释二元混合物体系中协同、拮抗与加和相互作用时最实用也最有效的方法之一(Zhou et al., 2016)。等效线图方法是能同时考察二元混合物体系中不同混合比射线在某等效应下毒性相互作用的最经典的图形方法。要得到不同混合比混合物射线在某等效应下的毒性相互作用，必须获得两个混合物组分及各混合物射线在不同浓度下的各个效应，通过曲线拟合方法得到各自的剂量-效应模型，进而得到各个等效应(一般是 50%效应)下的浓度值。等效线图是某等效应下的二维浓度图，以两组分的浓度或相对浓度或毒性单位为坐标。这个二维图中所有点所代表的二元混合物的效应都是相等的，可用示意图(图 3-11)表示。

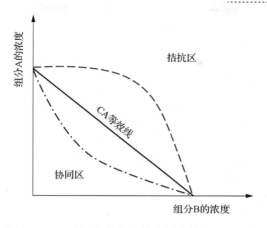

图 3-11　二元混合物的等效线图（刘树深，2017）

等效线图中所有点都是等效（x）的，比如都为 50%。根据二元混合物在 50% 效应处的 CA 加和模型可知

$$\frac{c_A}{EC_{x,A}} + \frac{c_B}{EC_{x,B}} = 1 \qquad (3\text{-}16)$$

在指定效应为 x 时的等效线图中，两个组分 A 和 B 的指定效应浓度 $EC_{x,A}$ 和 $EC_{x,B}$ 均是常数，而在效应为 x 的混合物中 A 和 B 的浓度 c_A 和 c_B 却随混合物的混合比的变化而变化（不同射线有不同的等效应浓度 $EC_{x,\text{mix}}$）。式（3-16）可重写为

$$c_A = EC_{x,A} - \frac{EC_{x,A}}{EC_{x,B}} \cdot c_B \qquad (3\text{-}17)$$

式（3-17）表示组分 A 的浓度（c_A）是随组分 B 的浓度（c_B）的变化而线性变化的，即在等效线图中满足 CA 加和模型的所有效应为 x 的不同混合比混合物均在一条直线（CA 等效线）上。

传统等效应线图中的加和等效线（isobole）是基于浓度加和模型的，为一条直线。在这条直线下方的所有点所代表的混合物达到等效应 x 时所需要的各组分的浓度比 CA 模型所需的浓度更小，因而所有点（等效点）代表的混合物都是协同的。相反，在 CA 等效线上方的所有点代表的混合物中各组分的浓度比 CA 模型所需的浓度更大，因而是拮抗的。在 CA 等效线上所有点所代表的混合物都是加和的。等效线图中所有线（直线或曲线）都称等效线（isobole）。由上可知，所有向上凸的曲线是拮抗等效线，如图 3-11 中虚线；所有向下凹的曲线是协同等效线，如图 3-11 中的点划线。

在传统等效线图中，除了协同、拮抗与加和概念之外还有 2 个概念，即“独立”（independence）与“部分加和”（partial addition）的概念。这里的独立与加和参考模型中的独立作用（independent action, IA）模型是完全不同的。独立是指混合物毒性只和混合物中的某一组分有关而与另一个组分无关。在等效线图中表现为平行线或垂直线，如图 3-12 所示。部分加和是指独立等效线与 CA 等效线所包围区域中所有混合物的毒性相互作用。

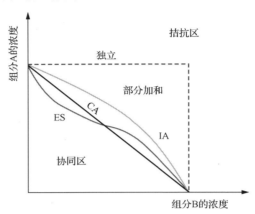

图 3-12　更多信息的二元混合物等效线图（刘树深，2017）

由 IA 模型导出的 IA 等效线却是一条曲线（效应相加模型导出的 ES 等效线也是一条曲线），如图 3-12 所示。同样，使用不同的加和参考模型（CA、IA 或 ES）可能会得出不同的毒性相互作用结论。在图 3-12 中，加和等效线（CA 等效线是直线，IA 与 ES 等效线是曲线）上所有混合物的毒性均是加和的，加和等效线下方区域的混合物毒性是协同的，加和等效线与独立线所包围区域的混合物毒性是部分加和的，独立等效线上的混合物毒性是独立的，而独立等效线之外的区域是拮抗的。由于独立是一种理想化的状态，部分加和不太好理解，因此在近年文献中已较少推荐使用。

下面给出一个由敌敌畏（dichlorvos, DIC）和 1-丁基-2,3-二甲基咪唑氯离子液体（IL1）构成的二元混合物体系的等效线图实例。

首先应用微板毒性分析（microplate toxicity analysis，MTA）法测定 DIC 与 IL1 在 12 个不同浓度水平下对青海弧菌 15 min 暴露的发光抑制毒性效应（x），应用最佳子集回归进行曲线拟合获得其 CRC 模型，进而求出 DIC 和 IL1 的半数抑制浓度 $EC_{50,DIC} = 1.421E{-}03$ mol/L 和 $EC_{50,IL1} = 1.307E{-}02$ mol/L。以这两个浓度为基础，应用直接均分射线法设计 5 个不同混合比的 5 条射线，同样应用 MTA 法测定各射线在 12 个不同浓度水平下 15 min 时的发光抑制毒性，进行曲线拟合，获得 CRC 模型并求各射线的 EC_{50} 及 95%观测置信区间。根据各射线混合比（p_j）及效应 50% 时各混合物射线的总浓度及单个组分 DIC 和 IL1 的 CRC 模型，计算浓度加和等效线、独立作用等效线与效应相加等效线上各点（5 个点）中 DIC 和 IL1 的浓度。等效线图中各组分浓度坐标以组分相对浓度表示，结果如表 3-4 所示。

表 3-4　DIC-IL1 二元混合物体系等效线图数据

等效线	混合物(x=50%)指标	$C_{50,DIC}/EC_{50,DIC}$	$C_{50,IL1}/EC_{50,IL1}$
Ray 1	置信上限	1.915E−1	1.115E+0
	等效点	1.825E−1	1.063E+0
	置信下限	1.752E−1	1.020E+0
Ray 2	置信上限	4.800E−1	1.117E+0
	等效点	4.089E−1	9.517E−1
	置信下限	3.478E−1	8.094E−1
Ray 3	置信上限	8.765E−1	1.020E+0
	等效点	7.180E−1	8.355E−1
	置信下限	5.881E−1	6.844E−1
Ray 4	置信上限	1.269E+0	7.381E−1
	等效点	1.140E+0	6.632E−1
	置信下限	1.036E+0	6.030E−1
Ray 5	置信上限	1.538E+0	3.579E−1
	等效点	1.279E+0	2.976E−1
	置信下限	1.086E+0	2.528E−1
CA 等效线	纯组分 IL1	0	1
	Ray 1	1.481E−1	8.624E−1
	Ray 2	3.042E−1	7.080E−1
	Ray 3	4.692E−1	5.460E−1
	Ray 4	6.418E−1	3.734E−1
	Ray 5	8.310E−1	1.934E−1
	纯组分 DIC	1	0
IA 等效线	纯组分 IL1	0	1
	Ray 1	1.532E−1	8.916E−1
	Ray 2	3.266E−1	7.600E−1
	Ray 3	5.237E−1	6.094E−1
	Ray 4	7.324E−1	4.261E−1
	Ray 5	9.191E−1	2.139E−1
	纯组分 DIC	1	0
ES 等效线	纯组分 IL1	0	1
	Ray 1	1.398E−1	8.138E−1
	Ray 2	2.839E−1	6.608E−1
	Ray 3	4.440E−1	5.167E−1
	Ray 4	6.314E−1	3.674E−1
	Ray 5	8.515E−1	1.982E−1
	纯组分 DIC	1	0

文献来源：刘树深，2017。

这里相对浓度等价于毒性单位(TU),即相对浓度为实际浓度与相应组分 EC_{50} 的比值。由表 3-4 中 3 条加和等效线即 CA、IA 与 ES 等效线与不同混合比射线实验等效点对应的各组分浓度及 95%观测置信区间构成的等效线图如图 3-13 所示。

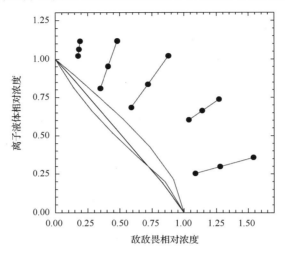

图 3-13　二元 DIC-IL 混合物等效线图(刘树深,2017)

黑直线为 CA 等效线;上凸曲线为 IA 等效线;下凹曲线为 ES 等效线;

黑圆为各射线等效点及 95%观测置信区间

3.3.4　经典联合作用指数

经典联合作用指数法包括:毒性单位(toxic unit, TU)法、加和指数(additivity index, AI)法、混合毒性指数(mixture toxicity index, MTI)法、相似性参数(λ)法、毒性加强指数法、共毒性系数法等(Altenburger et al., 2003; Scholze et al., 2014; de Castro-Catala et al., 2016)。每种方法都有各自的特点和各自的定义。本节主要介绍前面 3 种最常出现的方法,即 TU、AI 和 MTI。这 3 种方法实际上都是基于浓度加和概念的,即以毒性单位法中的 3 个基本定义为基础而建立起来的,这 3 个基本定义为混合物中某组分 i 的毒性单位 TU_i、毒性单位之和 M、最大毒性单位 TU_{max} 以及最大毒性单位分数 M_0:

$$TU_i = \frac{c_i}{EC_{50,i}}, \quad M = \sum_{i=1}^{n} TU_i, \quad M_0 = \frac{M}{TU_{max}} \tag{3-18}$$

式中,c_i 是效应为 50%的混合物中组分 i 的浓度,$EC_{50,i}$ 是第 i 个组分单独存在时产生效应为 50%时的浓度,TU_{max} 是 n 个组分中的最大毒性单位。这些定义最初是以 50%效应为基础的,事实上也可以在其他效应如 $x = 30\%$ 或 70%等下进行定义。从式(3-18)可知,要计算混合物中各组分的毒性单位等物理量,就必须知道该混合物中各组分的浓度分数(p_i)与各组分拟合 CRC 函数(求 EC_x 所必需的),也必须知道混合物的拟合 CRC(求效应为 50%时的混合物的效应浓度 $EC_{50,mix} = c_{mix}$,进而求其中各组分的浓度 $c_i = p_i \cdot c_{mix}$)。

另外,从定义可看出,组分浓度(c_i)与效应浓度$(EC_{50,i})$不可能小于等于 0,TU_i 不可能为负,故 M 总是大于 TU_{max},M_0 总是大于 1。

毒性单位法是其他联合作用指数比如加和指数 AI 及混合毒性指数 MTI 的基础,是最早应用于识别混合物毒性相互作用的毒性相互作用指数。该法最初由 Sprague 和 Ramsay 在混合物毒性评估的浓度加和模型基础上于 1965 年提出,已在药物组合效应与污染物混合物毒性研究中得到广泛应用(Koutsaftis and Aoyama, 2007; Schmidt et al., 2010; Khan et al., 2012; Bundschuh et al., 2014)。

利用各组分 CRC 计算某指定效应如 $x = 50\%$ 下的各组分的效应浓度 $EC_{x,i}$,利用混合物射线 CRC 计算指定效应 x 下的混合物效应浓度 $EC_{50,mix}$ 及其中各组分浓度 c_i,进而计算各组分的毒性单位 TU_i、混合物毒性单位和 M 与最大毒性单位分数 M_0,据此判别指定效应下的毒性相互作用如下:

$$M < 1 \quad \rightarrow \quad \text{协同(synergism)}$$
$$M = 1 \quad \rightarrow \quad \text{加和作用(additive action)}$$
$$M_0 > M > 1 \quad \rightarrow \quad \text{部分加和作用(partial additive action)}$$
$$M = M_0 \quad \rightarrow \quad \text{独立(independence)}$$
$$M > M_0 \quad \rightarrow \quad \text{拮抗(antagonism)}$$

可知毒性单位法中有 5 种毒性相互作用类型,即协同、加和作用、拮抗、独立和部分加和作用等。

加和指数(AI)法是在毒性单位法基础上发展起来的另一种毒性相互作用指数(Peace et al., 1997; Koutsaftis and Aoyama, 2007; Wang et al., 2011; Cao et al., 2014)。AI 定义为

$$AI = \begin{cases} 1/M - 1, & M \leqslant 1 \\ 1 - M, & M > 1 \end{cases} \tag{3-19}$$

则有

$$AI > 0 \quad \rightarrow \quad \text{协同(synergism)}$$
$$AI = 0 \quad \rightarrow \quad \text{加和作用(additive action)}$$
$$AI < 0 \quad \rightarrow \quad \text{拮抗(antagonism)}$$

与毒性单位法比较,AI 法中只定义了 3 种毒性相互作用类型,即协同、加和作用及拮抗。事实上协同与加和作用同毒性单位法中一样,而 AI 法中的拮抗将毒性单位法中的拮抗、独立与部分加和 3 种毒性相互作用统一为一种毒性相互作用类型。

混合毒性指数(MTI)法也是在毒性单位法基础上发展起来的(Lu et al., 2007;

Li et al., 2013; Mori et al., 2015)。MTI 定义为

$$\mathrm{MTI} = 1 - \frac{\log M}{\log M_0} \tag{3-20}$$

则有

$$\mathrm{MTI} > 1 \quad \rightarrow \quad 协同（synergism）$$
$$\mathrm{MTI} = 1 \quad \rightarrow \quad 加和作用（additive action）$$
$$1 > \mathrm{MTI} > 0 \quad \rightarrow \quad 部分加和作用（partial additive action）$$
$$\mathrm{MTI} = 0 \quad \rightarrow \quad 独立（independence）$$
$$\mathrm{MTI} < 0 \quad \rightarrow \quad 拮抗（antagonism）$$

可知，MTI 与 TU 法一样定义了 5 种毒性相互作用。

应该注意，不管是 TU、AI 还是 MTI，它们均定义在毒性单位基础上，或者说均是以浓度加和为基础的，得出的协同与加和毒性相互作用结论是一致的。TU 与 MTI 中部分加和作用、独立与拮抗在 AI 中统一归属为拮抗。

仍以三元混合物体系即[hmim]Br-IMI-POL 体系中一条混合物射线(R3)为例，说明经典联合作用指数用于分析该射线多个效应水平下的毒性相互作用的过程。已知该三元混合物射线 R3 中各组分浓度分数分别为 $p_{[\mathrm{hmim}]\mathrm{Br}} = 0.962662$、$p_{\mathrm{IMI}} = 0.035023$ 和 $p_{\mathrm{POL}} = 0.002315$。该混合物射线 R3 及各组分的 CRC 数据均可用 Weibull 函数有效描述，其模型回归系数(α 和 β)及拟合统计量(确定系数 R^2 与均方根误差 RMSE)见表 3-5。

表 3-5 各组分及混合物射线的 CRC 拟合参数与统计量结果

组分或混合物射线	拟合函数	α	β	R^2	RMSE	EC_{50}
[hmim]Br	Weibull 函数	11.42	4.33	0.9887	0.0455	1.896E−3
IMI	Weibull 函数	6.12	1.94	0.9903	0.0206	4.534E−4
POL	Weibull 函数	53.0	9.76	0.9912	0.0493	3.405E−6
[hmim]Br-IMI-POL-R3	Weibull 函数	22.0	7.43	0.9979	0.0171	9.767E−4

文献来源：刘树深，2017。

由表 3-5 中混合物射线的 CRC 模型可以计算该射线在 18 指定个效应[$x(\%) = 5$, 10, 15, …, 90]下的拟合浓度 $c_{x,\mathrm{mix}}$ 即 c_{mix}，进而可计算各个指定效应下各混合物中各组分的浓度 $c_{x,i}$ 即 c_i。由各组分的 CRC 模型可计算各组分在 18 个指定效应下的组分效应浓度即 $\mathrm{EC}_{x,i}$。根据式(3-18)可计算各个效应下各组分的毒性单位 TU_i 及混合物毒性单位和 M、最大毒性单位分数 M_0，结果见表 3-6。

根据加和指数 AI[式(3-19)]与混合毒性指数 MTI[式(3-20)]的定义，应用表 3-6 中 18 个指定效应下混合物的毒性单位和 M 及最大毒性单位分数 M_0 数据，可计算各个指定效应下的 AI 和 MTI，结果见表 3-7。

表 3-6　[hmim]Br-IMI-POL-R3 射线在指定效应下的拟合浓度、TU_i、M 与 M_0 值

编号	指定效应(%)	拟合浓度(mol/L)	$TU_{[hmim]Br}$	TU_{IMI}	TU_{POL}	M	M_0
1	5	4.322E−4	0.8761	0.7340	0.5431	2.1531	2.4577
2	10	5.391E−4	0.7452	0.3896	0.5716	1.7065	2.2898
3	15	6.204E−4	0.6811	0.2680	0.5939	1.5430	2.2656
4	20	6.823E−4	0.6328	0.2023	0.6061	1.4413	2.2775
5	25	7.391E−4	0.5989	0.1621	0.6184	1.3794	2.2307
6	30	7.943E−4	0.5741	0.1350	0.6317	1.3408	2.1226
7	35	8.399E−4	0.5491	0.1141	0.6388	1.3020	2.0381
8	40	8.855E−4	0.5287	0.0983	0.6470	1.2740	1.9691
9	45	9.311E−4	0.5113	0.0857	0.6555	1.2526	1.9108
10	50	9.767E−4	0.4959	0.0754	0.6641	1.2353	1.8603
11	55	1.024E−3	0.4821	0.0669	0.6733	1.2223	1.8154
12	60	1.071E−3	0.4687	0.0594	0.6818	1.2098	1.7746
13	65	1.118E−3	0.4551	0.0528	0.6892	1.1971	1.7369
14	70	1.165E−3	0.4409	0.0467	0.6953	1.1830	1.7013
15	75	1.212E−3	0.4256	0.0411	0.6997	1.1664	1.6670
16	80	1.287E−3	0.4174	0.0366	0.7173	1.1713	1.6329
17	85	1.368E−3	0.4065	0.0320	0.7334	1.1720	1.5979
18	90	1.448E−3	0.3882	0.0269	0.7416	1.1567	1.5597

表 3-7　[hmim]Br-IMI-POL-R3 射线不同效应下 AI 与 MTI 值

编号	指定效应(%)	AI	相互作用(AI 法)	MTI	相互作用(MTI 法)
1	5	−1.1531	拮抗	0.1471	部分加和
2	10	−0.7065	拮抗	0.3549	部分加和
3	15	−0.5430	拮抗	0.4696	部分加和
4	20	−0.4413	拮抗	0.5559	部分加和
5	25	−0.3794	拮抗	0.5991	部分加和
6	30	−0.3408	拮抗	0.6104	部分加和
7	35	−0.3020	拮抗	0.6293	部分加和
8	40	−0.2740	拮抗	0.6426	部分加和
9	45	−0.2526	拮抗	0.6522	部分加和
10	50	−0.2353	拮抗	0.6594	部分加和
11	55	−0.2223	拮抗	0.6633	部分加和
12	60	−0.2098	拮抗	0.6679	部分加和
13	65	−0.1971	拮抗	0.6742	部分加和
14	70	−0.1830	拮抗	0.6838	部分加和
15	75	−0.1664	拮抗	0.6988	部分加和
16	80	−0.1713	拮抗	0.6776	部分加和
17	85	−0.1720	拮抗	0.6615	部分加和
18	90	−0.1567	拮抗	0.6724	部分加和

由表 3-6 可知，该混合物射线 R3 在所有 18 个指定效应下，均有 $M_0 > M > 1$，说明该射线在所有效应水平下的毒性相互作用均为部分加和，换句话说，该射线的毒性相互作用没有浓度水平依赖。

由表 3-7 可知，该混合物射线 R3 在所有 18 个指定效应下，用 AI 法判别均为拮抗作用，而用 MTI 法判别均为部分加和作用。AI 法判别为何与 TU 法和 MTI 法判别得到不同的毒性相互作用结果？仔细分析 AI 的定义可知，AI 法中的拮抗作用与 MTI 及 TU 法中的部分加和结果实际上是不矛盾的，因为 AI 法中没有"独立"与"部分加和"的定义，MTI 及 TU 法中的"部分加和"与"独立"在 AI 法中统一归属于"拮抗"，因此 3 种经典联合毒性指数的判别结果是不矛盾的，是一致的。

将 TU、M 及 M_0 对效应作图如图 3-14 所示。从该图可清楚地看出，在所有指定效应下，虽然 3 个组分毒性单位大小的变化并不均是一致的，但该三元混合物射线在各个效应处均有 $M_0 > M > 1$，均是部分加和作用。

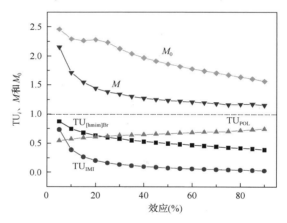

图 3-14　各组分毒性单位 TU_i 和混合物 M 及 M_0 随效应的变化(刘树深，2017)

图 3-15 绘出了 AI 与 MTI 随不同效应的变化曲线。图中 18 个指定效应下的 MTI 值均大于 0 且小于 1，毒性相互作用属于部分加和，而 AI 值均小于 0，毒性相互作用归为拮抗。

应该指出，在这个例子中，虽然各个效应下均为拮抗或部分加和，但在不同效应水平下的拮抗程度是有所变化的。这里要特别强调的是，不是所有混合物射线在所有浓度或效应水平下均具有完全一致的毒性相互作用。换句话说，有些混合物射线在不同浓度或效应水平下具有不同的毒性相互作用，即毒性相互作用具有浓度水平依赖性。

另外，上述经典联合毒性指数均没考虑获得 CRC 时的毒性实验与曲线拟合的不确定度，即没有考虑置信区间。为了更加合理有效地判别毒性相互作用，应该考虑置信区间。

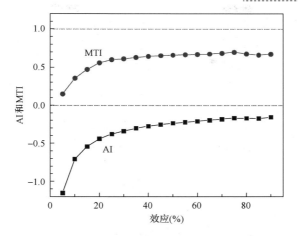

图 3-15 混合物射线的 AI 与 MTI 指数随效应的变化谱（刘树深，2017）

3.4 混合物毒性评估实例

3.4.1 有机磷农药混合物毒性评估

Zhang 等(2008)应用浓度加和 CA 和独立作用模型对 6 种有机磷农药：氨磺磷(FAM)、杀螟松(FEN)、甲基对硫磷(MPA)、异氯硫磷(DIC)、马拉硫磷(MAL)和氯甲硫磷(CHL)构成的混合物体系中各混合物毒性进行了评估。这 6 种农药对青海弧菌的发光抑制均具有单调变化的剂量-效应(抑制率)曲线(图 3-16)，若以 EC_{50} 为毒性指标，其毒性大小顺序为：氨磺磷(FAM)＞杀螟松(FEN)＞甲基对硫磷(MPA)＞异氯硫磷(DIC)＞马拉硫磷(MAL)＞氯甲硫磷(CHL)。

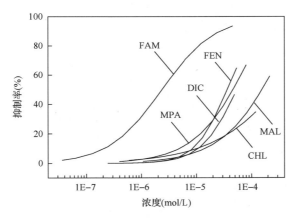

图 3-16 6 种有机磷杀虫剂拟合浓度-效应关系总图
Logit 函数：杀螟松(FEN)、异氯硫磷(DIC)和氨磺磷(FAM)
Weibull 函数：马拉硫磷(MAL)、氯甲硫磷(CHL)和甲基对硫磷(MPA)

以这 6 种有机磷农药为混合物组分构成一个六元混合物体系，该体系中含有大量具有各种浓度比的混合物射线。为了全面评估整个体系的联合毒性变化规律，首先以均匀设计射线法设计了其中 7 条具有代表性的混合物射线（U_{1-Mix} 到 U_{7-Mix}），应用微板毒性分析法测试了各射线在不同浓度水平下的发光抑制效应，对测试的浓度-抑制效应数据进行非线性拟合获得实验剂量-效应曲线，并与 CA 和 IA 模型的相应预测曲线进行比较，分析各混合物的联合毒性变化规律。为了与经典等毒性浓度比方法进行比较，同时还设计了 4 条等 EC_{50}、EC_{30}、EC_{10} 和 EC_5 浓度比射线，即 EC_{50-Mix}、EC_{30-Mix}、EC_{10-Mix} 和 EC_{5-Mix}。各混合物射线中各组分的浓度比如表 3-8 所示，表中第 7 条均匀设计射线 U_{7-Mix} 实际上就是等 EC_{50} 浓度比射线 EC_{50-Mix}。

表 3-8　11 个有机磷杀虫剂混合物中各组分的浓度配比（p_i，%）

混合物射线	FEN	MAL	DIC	CHL	MPA	FAM
U_{1-Mix}	3.26	8.82	12.13	54.41	19.91	1.47
U_{2-Mix}	5.86	45.86	37.15	1.96	8.14	1.04
U_{3-Mix}	4.16	44.68	3.07	47.24	0.59	0.27
U_{4-Mix}	16.76	4.60	32.58	8.25	37.39	0.42
U_{5-Mix}	7.38	9.85	1.65	75.50	5.57	0.06
U_{6-Mix}	16.84	49.42	13.57	17.88	2.26	0.04
U_{7-Mix}/EC_{50-Mix}	6.24	27.02	9.40	48.94	8.00	0.41
EC_{30-Mix}	9.16	29.63	12.85	38.73	9.22	0.41
EC_{10-Mix}	17.56	29.13	22.03	20.91	9.94	0.43
EC_{5-Mix}	23.74	25.68	27.97	12.95	9.25	0.42

前面 6 条均匀设计混合物射线（U_{1-Mix} 至 U_{6-Mix}）的实验拟合浓度-抑制效应曲线及 CA 与 IA 模型预测曲线如图 3-17 所示。从图可看出，所有混合物射线在实验浓度范围内的实验效应与 CA 或 IA 预测的效应基本一致，说明该六元混合物体系各混合物毒性都是浓度加和，也基本上是响应加和的，没有协同或拮抗相互作用。

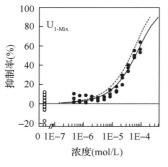
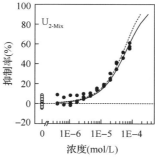
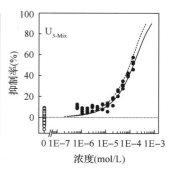

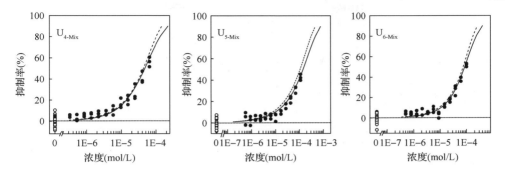

图 3-17　6 条均匀设计混合物射线对青海弧菌 Q67 的拟合浓度-抑制效应曲线
●：观测数据；○：空白对照；实线（—）：CA 预测；短划线（- - - -）：IA 预测

同样表明，4 条等毒性浓度比射线在各个实验浓度下的实验效应与 CA 或 IA 预测的效应没有显著性差异，不存在协同或拮抗相互作用。

3.4.2 组合指数合理评估三元混合物联合毒性

Tang 等（2016）应用基于置信区间的组合指数方法对多个金属-农药-离子液体三元混合物体系如铜-敌敌畏-辛基咪唑氯即 CuSO$_4$-DIC-[omim]Cl 混合物体系中各射线在不同浓度水平下对秀丽线虫的联合致死毒性进行了合理评价。应用均匀设计射线法从该混合物体系的大量混合物射线中优化选择了 5 条代表性射线，通过线虫微板毒性分析测试了这些代表性混合物射线在暴露 8 h 和 24 h 后线虫的致死毒性，以基于置信区间的组合指数（Liu et al., 2015a）评价了各射线不同浓度水平下的联合毒性。结果表明，8 h 暴露时，该三元体系中所有射线在所有浓度水平下的混合物毒性组合指数均显著地小于 1，呈现协同相互作用，5 个典型效应（10%、30%、50%、70% 和 90%）浓度下的相互作用结果与各射线的浓度比（p_1、p_2 和 p_3）如表 3-9 所示。24 h 暴露时，该三元体系中所有射线在大部分浓度水平下的混合物毒性组合指数均显著地小于 1，呈现协同相互作用。少数效应浓度下组合指数接近于 1，没有明显协同作用，如效应为 10% 的情况下，5 条射线中有 4 条在这个浓度水平下是加和作用，而在 30% 效应时，则只有 2 条射线呈加和作用（参见表 3-9）。

三元 CuSO$_4$-DIC-[omim]Cl 混合物体系各 5 条射线在各个效应浓度水平的组合指数（CI）及其相应置信区间（OCI）的变化情况可用图 3-18 表征。图 3-18 清晰地表明了该体系各混合物毒性相互作用是很有规律变化的。8 h 暴露时，所有射线的组合指数及相应置信区间 CI-OCI 均位于加和水平线之下，呈现明显的协同相互作用。24 h 暴露时，所有射线的 CI-OCI 均向上移动，使得低效应浓度部分接近或超过 1，即协同相互作用逐渐变小甚至呈现加和。高效应浓度部分位于加和水平线之下，呈现明显的协同相互作用。

表 3-9　各混合物射线各组分浓度比与不同效应下的毒性相互作用(t=24 h)

射线	p_1	p_2	p_3	x=0.1	x=0.3	x=0.5	x=0.7	x=0.9
（8 h）								
R1	0.0771	0.7130	0.2099	SYN	SYN	SYN	SYN	SYN
R2	0.0847	0.8505	0.0648	SYN	SYN	SYN	SYN	SYN
R3	0.1243	0.5704	0.3053	SYN	SYN	SYN	SYN	SYN
R4	0.1167	0.7582	0.1251	SYN	SYN	SYN	SYN	SYN
R5	0.0914	0.6836	0.2250	SYN	SYN	SYN	SYN	SYN
（24 h）								
R1	0.0771	0.7130	0.2099	ADD	ADD	SYN	SYN	SYN
R2	0.0847	0.8505	0.0648	ADD	ADD	SYN	SYN	SYN
R3	0.1243	0.5704	0.3053	ADD	SYN	SYN	SYN	SYN
R4	0.1167	0.7582	0.1251	ADD	SYN	SYN	SYN	SYN
R5	0.0914	0.6836	0.2250	SYN	SYN	SYN	SYN	SYN

注：ADD 表示加和作用；SYN 表示协同作用。

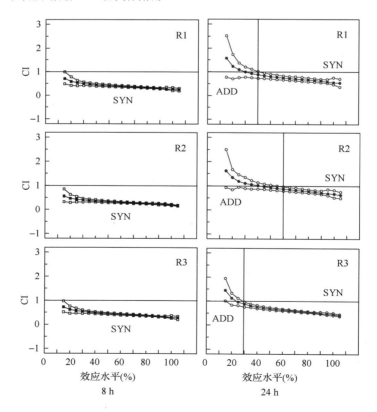

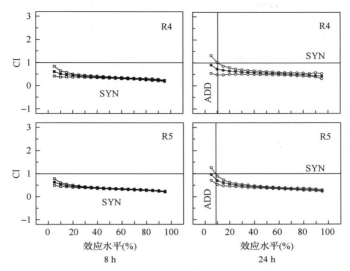

图 3-18　CuSO₄-DIC-[omim]Cl 混合物体系各射线对秀丽线虫的 8 h、24 h 毒性的 CI-OCI 图

■：8 h；●：24 h；空心图形表示置信区间

参 考 文 献

葛会林, 刘树深, 刘芳. 2006, 多组分苯胺类混合物对发光菌的抑制毒性. 生态毒理学报, 1(4): 295-302.

刘树深, 2017. 化学混合物毒性评估与预测方法. 北京: 科学出版社.

刘树深, 刘玲, 陈浮, 2013. 浓度加和模型在化学混合物毒性评估中的应用. 化学学报, 71(10): 1335-1340.

莫凌云, 刘树深, 刘海玲, 2008. 苯酚与苯胺衍生物对发光菌的联合毒性. 中国环境科学, 28(4): 334-339.

宋晓青, 刘树深, 刘海玲, 等, 2008. 部分除草剂与重金属混合物对发光菌的毒性. 生态毒理学报, 3(3): 237-243.

朱祥伟, 刘树深, 葛会林, 等, 2009. 剂量-效应关系两种置信区间的比较. 中国环境科学, 29(2): 113-117.

Altenburger R, Nendza M, Schuurmann G, 2003. Mixture toxicity and its modeling by quantitative structure-activity relationships. Environmental Toxicology and Chemistry, 22(8): 1900-1915.

Altenburger, R., Backhaus T, Boedeker W, et al, 2000. Predictability of the toxicity of multiple chemical mixtures to *Vibrio fischeri*: Mixtures composed of similarly acting chemicals. Environmental Toxicology and Chemistry, 19(9): 2341-2347.

Backhaus T, Altenburger R, Boedeker W, et al, 2000a. Predictability of the toxicity of a multiple mixture of dissimilarly acting chemicals to *Vibrio fischeri*. Environmental Toxicology and Chemistry, 19(9): 2348-2356.

Backhaus T, Arrhenius A, Blanck H, 2004. Toxicity of a mixture of dissimilarly acting substances to natural algal communities: Predictive power and limitations of independent action and concentration addition. Environmental Science & Technology, 38(23): 6363-6370.

Backhaus T, Scholze M, Grimme L H, 2000b. The single substance and mixture toxicity of quinolones to the bioluminescent bacterium *Vibrio fischeri*. Aquatic Toxicology, 49(1-2): 49-61.

Baldwin W S, Roling J A, 2009. A concentration addition model for the activation of the constitutive androstane receptor by xenobiotic mixtures. Toxicological Sciences, 107(1): 93-105.

Barata C, Fernandez-San Juan M, Luisa Feo M, et al, 2012. Population growth rate responses of *Ceriodaphnia dubia* to ternary mixtures of specific acting chemicals: Pharmacological versus ecotoxicological modes of action. Environmental Science & Technology, 46(17): 9663-9672.

Boltes K, Rosal R, Garcia-Calvo E, 2012. Toxicity of mixtures of perfluorooctane sulphonic acid with chlorinated chemicals and lipid regulators. Chemosphere, 86(1): 24-29.

Bosgra S, van Eijkeren J C H, Slob W, 2009. Dose addition and the isobole method as approaches for predicting the cumulative effect of non-interacting chemicals: A critical evaluation. Critical Reviews in Toxicology, 39(5): 418-426.

Bundschuh M, Goedkoop W, Kreuger J, 2014. Evaluation of pesticide monitoring strategies in agricultural streams based on the toxic-unit concept-experiences from long-term measurements. Science of the Total Environment, 484: 84-91.

Cao C W, Niu F, Li X P, et al, 2014. Acute and joint toxicity of twelve substituted benzene compounds to *Propsilocerus akamusi* Tokunaga. Central European Journal of Biology, 9(5): 550-558.

Cedergreen N, Christensen A M, Kamper A, et al, 2008. A review of independent action compared to concentration addition as reference models for mixtures of compounds with different molecular target sites. Environmental Toxicology and Chemistry, 27(7): 1621-1632.

Chen C, Wang Y H, Zhao X P, et al, 2014. Combined toxicity of butachlor, atrazine and lambda-cyhalothrin on the earthworm *Eisenia fetida* by combination index(CI)-isobologram method. Chemosphere, 112: 393-401.

Chou J H, Chou T C, 1988. Computerized simulation of dose reduction index(DRI) in synergistic drug combinations. Pharmacologist, 30: A231.

Chou T C, 1976. Derivation and properties of Michaelis-Menten type and hill type equations for reference ligands. Journal of Theoretical Biology, 59(2): 253-276.

Chou T C, 2006. Theoretical basis, experimental design, and computerized simulation of synergism and antagonism in drug combination studies. Pharmacological Reviews, 58(3): 621-681.

Chou T C, 2009. Comparison of drug combinations *in vitro*, in animals, and in clinics by using the combination index method via computer simulation. Cancer Research, 69.

Chou T C, 2010. Drug combination studies and their synergy quantification using the Chou-Talalay method. Cancer Research, 70(2): 440-446.

Chou T C, 2011. The mass-action law based algorithm for cost-effective approach for cancer drug discovery and development. American Journal of Cancer Research, 1(7): 925-954.

Chou T C, Talalay P, 1983. Analysis of combined drug effects: A new look at a very old problem. Trends in Pharmacological Science, 4: 450-454.

Christen V, Crettaz P, Oberli-Schrammli A, et al, 2012. Antiandrogenic activity of phthalate mixtures: Validity of concentration addition. Toxicology and Applied Pharmacology, 259(2): 169-176.

de Castro-Catala N, Kuzmanovic M, Roig N, et al, 2016. Ecotoxicity of sediments in rivers: Invertebrate community, toxicity bioassays and the toxic unit approach as complementary assessment tools. Science of the Total Environment, 540: 297-306.

Ermler S, Scholze M, Kortenkamp A, 2011. The suitability of concentration addition for predicting the effects of multi-component mixtures of up to 17 *anti*-androgens with varied structural features in an *in vitro* AR antagonist assay. Toxicology and Applied Pharmacology, 257(2): 189-197.

Ermler S, Scholze M, Kortenkamp A, 2014. Genotoxic mixtures and dissimilar action: Concepts for prediction and assessment. Archives of Toxicology, 88(3): 799-814.

Faust M, Altenburger R, Backhaus T, et al, 2001. Predicting the joint algal toxicity of multi-component *S*-triazine mixtures at low-effect concentrations of individual toxicants. Aquatic Toxicology, 56(1): 13-32.

Faust M, Altenburger R, Backhaus T, et al, 2003. Joint algal toxicity of 16 dissimilarly acting chemicals is predictable by the concept of independent action. Aquatic Toxicology, 63(1): 43-63.

Feng L, Liu S S, Li K, et al, 2017. The time-dependent synergism of the six-component mixtures of substituted phenols, pesticides and ionic liquids to *Caenorhabditis elegans*. Journal of Hazardous Materials, 327: 11-17.

Fraser T R, 1872. An experimental research on the antagonism between the actions of physostigma and atropia. Proc. R. Soc. Edinb., 7: 506-511.

Gonzalez-Naranjo V, Boltes K, 2014. Toxicity of ibuprofen and perfluorooctanoic acid for risk assessment of mixtures in aquatic and terrestrial environments. International Journal of Environmental Science & Technology, 11(6): 1743-1750.

Gonzalez-Pleiter M, Gonzalo S, Rodea-Palomares I, et al, 2013. Toxicity of five antibiotics and their mixtures towards photosynthetic aquatic organisms: Implications for environmental risk assessment. Water Research, 47(6): 2050-2064.

Junghans M, 2004. Studies on combination effects of environmentally relevant toxicants. University of Bremen.

Khan F R, Keller W, Yan N D, et al, 2012. Application of biotic ligand and toxic unit modeling approaches to predict improvements in zooplankton species richness in smelter-damaged lakes near Sudbury, Ontario. Environmental Science & Technology, 46(3): 1641-1649.

Kim J, Kim S, Schaumann G E, 2013. Development of QSAR-based two-stage prediction model for estimating mixture toxicity. SAR and QSAR in Environmental Research, 24(10): 841-861.

Kim J, Kim S, Schaumann G E, 2014. Development of a partial least squares-based integrated addition model for predicting mixture toxicity. Human and Ecological Risk Assessment, 20(1): 174-200.

Kostkova H, Etrych T, Rihova B, et al, 2013. HPMA copolymer conjugates of DOX and mitomycin C for combination therapy: Physicochemical characterization, cytotoxic effects, combination index analysis, and *anti*-tumor efficacy. Macromolecular Bioscience, 13(12): 1648-1660.

Koutsaftis A, Aoyama I, 2007. Toxicity of four antifouling biocides and their mixtures on the brine shrimp *Artemia salina*. Science of the Total Environment, 387(1-3): 166-174.

Li X, Zhou Q, Luo Y, et al, 2013. Joint action and lethal levels of toluene, ethylbenzene, and xylene on midge (*Chironomus plumosus*) larvae. Environmental Science and Pollution Research, 20(2): 957-966.

Liu L, Liu S S, Yu M, Chen F, 2015a. Application of the combination index integrated with confidence intervals to study the toxicological interactions of antibiotics and pesticides in *Vibrio qinghaiensis* sp.-Q67. Environmental Toxicology and Pharmacology, 39(1): 447-456.

Liu L, Liu S S, Yu M, et al, 2015b. Concentration addition prediction for a multiple-component mixture containing no effect chemicals. Analytical Methods, 7(23): 9912-9917.

Lu G, Wang C, Tang Z, et al, 2007. Joint toxicity of aromatic compounds to algae and QSAR study. Ecotoxicology, 16(7): 485-490.

Ma M M, Chen C, Yang G L, et al, 2016. Combined cytotoxic effects of pesticide mixtures present in the Chinese diet on human hepatocarcinoma cell line. Chemosphere, 159: 256-266.

Mo L Y, Zheng M Y, Qin M, et al, 2016. Quantitative characterization of the toxicities of Cd-Ni and Cd-Cr binary mixtures using combination index method. Biomed Research International, e4158451.

Mori I C, Arias-Barreiro C R, Koutsaftis A, et al, 2015. Toxicity of tetramethylammonium hydroxide to aquatic organisms and its synergistic action with potassium iodide. Chemosphere, 120: 299-304.

Moser V C, Simmons J E, Gennings C, 2006. Neurotoxicological interactions of a five-pesticide mixture in preweanling rats. Toxicological Sciences, 92(1): 235-245.

Mwense M, Wang X Z, Buontempo F V, et al, 2004. Prediction of noninteractive mixture toxicity of organic compounds based on a fuzzy set method. Journal of Chemical Information and Computer Sciences, 44(5): 1763-1773.

Mwense M, Wang X Z, Buontempo F, et al, 2006. QSAR approach for mixture toxicity prediction using independent latent descriptors and fuzzy membership functions. SAR and QSAR in Environmental Research, 17(1): 53-73.

Neuwoehner J, Fenner K, Escher B I, 2009. Physiological modes of action of fluoxetine and its human metabolites in algae. Environmental Science & Technology, 43(17): 6830-6837.

Olmstead AW, LeBlanc G A, 2005. Joint action of polycyclic aromatic hydrocarbons: Predictive modeling of sublethal toxicity. Aquatic Toxicology, 75(3): 253-262.

Payne J, Rajapakse N, Wilkins M, et al, 2000. Prediction and assessment of the effects of mixtures of four xenoestrogens. Environmental Health Perspectives, 108(10): 983-987.

Peace J, Daniel D, Nirmalakhandan N, et al, 1997. Predicting microbial toxicity of nonuniform multicomponent mixtures of organic chemicals. Journal of Environmental Engineering-ASCE, 123(4): 329-334.

Qin L T, Liu S-S, Zhang J, et al, 2011. A novel model integrated concentration addition with independent action for the prediction of toxicity of multi-component mixture. Toxicology, 280(3): 164-172.

Ra J S, Lee B C, Chang N I, et al, 2006. Estimating the combined toxicity by two-step prediction model on the complicated chemical mixtures from wastewater treatment plant effluents. Environmental Toxicology and Chemistry, 25(8): 2107-2113.

Rodea-Palomares I, Leganes F, Rosal R, et al, 2012. Toxicological interactions of perfluorooctane sulfonic acid(PFOS) and perfluorooctanoic acid(PFOA) with selected pollutants. Journal of Hazardous Materials, 201: 209-218.

Rodea-Palomares I, Petre A L, Boltes K, et al, 2010. Application of the combination index(CI)- isobologram equation to study the toxicological interactions of lipid regulators in two aquatic bioluminescent organisms. Water Research, 44(2): 427-438.

Rosal R, Rodea-Palomares I, Boltes K, et al, 2010. Ecotoxicological assessment of surfactants in the aquatic environment: Combined toxicity of docusate sodium with chlorinated pollutants. Chemosphere, 81(2): 288-293.

Schmidt T S, Clements W H, Mitchell K A, et al, 2010. Development of a new toxic-unit model for the bioassessment of metals in streams. Environmental Toxicology and Chemistry, 29(11): 2432-2442.

Scholze M, Silva E, Kortenkamp A, 2014. Extending the applicability of the dose addition model to the assessment of chemical mixtures of partial agonists by using a novel toxic unit extrapolation method. PloS ONE, 9(2): e88808.

Tang H X, Liu S S, Li K, et al, 2016. Combining the uniform design-based ray procedure with combination index to investigate synergistic lethal toxicities of ternary mixtures on *Caenorhabditis elegans*. Analytical Methods, 8(22): 4466-4472.

Trombini C, Hampel M, Blasco J, 2016. Evaluation of acute effects of four pharmaceuticals and their mixtures on the copepod *Tisbe battagliai*. Chemosphere, 155: 319-328.

Villa S, Migliorati S, Monti G S, et al, 2012. Toxicity on the luminescent bacterium *Vibrio fischeri* (Beijerinck). II: Response to complex mixtures of heterogeneous chemicals at low levels of individual components. Ecotoxicology and Environmental Safety, 86: 93-100.

Villa S, Vighi M, Finizio A, 2014. Experimental and predicted acute toxicity of antibacterial compounds and their mixtures using the luminescent bacterium *Vibrio fischeri*. Chemosphere, 108: 239-244.

Wang H, Li Y, Huang H, et al, 2011. Toxicity evaluation of single and mixed antifouling biocides using the *Strongylocentrotus intermedius* sea urchin embryo test. Environmental Toxicology and Chemistry, 30(3): 692-703.

Wang Y, Chen C, Qian Y, et al, 2015a. Ternary toxicological interactions of insecticides, herbicides, and a heavy metal on the earthworm *Eisenia fetida*. Journal of Hazardous Materials, 284: 233-240.

Wang Y, Chen C, Qian Y, et al, 2015b. Toxicity of mixtures of lambda-cyhalothrin, imidacloprid and cadmium on the earthworm *Eisenia fetida* by combination index(CI)-isobologram method. Ecotoxicology and Environmental Safety, 111: 242-247.

Wang Z, Chen J, Huang L, et al, 2009. Integrated fuzzy concentration addition-independent action (IFCA-IA) model outperforms two-stage prediction(TSP) for predicting mixture toxicity. Chemosphere, 74(5): 735-740.

Yang G L, Chen C, Wang Y H, et al, 2015. Joint toxicity of chlorpyrifos, atrazine, and cadmium at lethal concentrations to the earthworm *Eisenia fetida*. Environmental Science and Pollution Research, 22(12): 9307-9315.

Zhang J, Liu S S, Zhang J, et al, 2012. Two novel indices for quantitatively characterizing the toxicity interaction between ionic liquid and carbamate pesticides. Journal of Hazardous Materials, 239: 102-109.

Zhang N, Fu J N, Chou T C, 2016. Synergistic combination of microtubule targeting anticancer fludelone with cytoprotective panaxytriol derived from panax ginseng against MX-1 cells *in vitro*: experimental design and data analysis using the combination index method. American Journal of Cancer Research, 6(1): 97-104.

Zhang Y H, Liu S S, Song X Q, Ge H L, 2008. Prediction for the mixture toxicity of six organophosphorus pesticides to the luminescent bacterium Q67. Ecotoxicology and Environmental Safety, 71(3): 880-888.

Zhou X, Seto S W, Chang D, et al, 2016. Synergistic effects of Chinese herbal medicine: A comprehensive review of methodology and current research. Frontiers in Pharmacology, 7: e201.

Zhu X W, Liu S-S, Qin L-T, et al, 2013. Modeling non-monotonic dose-response relationships: Model evaluation and hormetic quantities exploration. Ecotoxicology and Environmental Safety, 89: 130-136.

第 4 章　POPs 的生物吸收和转化

本章导读

- 介绍生物膜对污染物的膜吸收以及跨膜转运的主要方式,以及持久性有机污染物在生物体内的代谢和转化过程。污染物质主要通过 I 相和 II 相的酶进行生物转化发挥解毒作用,同时 0 相和 III 相过程介导外排未经修饰或者经代谢之后的污染物。
- 介绍持久性有机污染物排出体外的几种途径,分析影响污染物在生物体内分布和累积的多方面因素,以及生物有效性概念、测定及应用。
- 重点讨论水体环境中的共存污染物质(例如纳米材料、天然有机质成分、微塑料等)对持久性有机污染物的吸收、累积和转化等方面的影响,并辅以案例分析。

　　污染物的生物吸收、转化和累积等一系列生物过程与生物毒性关系密切,而这些生物过程又影响毒性大小、性质和机制。长期以来,许多研究者对持久性有机污染物(POPs)在水生生物体内的吸收、分布、代谢和累积等方面开展了大量的研究工作。虽然不同的 POPs 在生物体内的吸收和代谢途径以及参与的酶系统不尽相同,但是仍然存在许多共通的基本规律。例如,POPs 都可以发生 0 相至 III 相的生物转化过程,都可以在生物体内富集,且大部分还可以经食物链传递给高等动物。POPs 生物累积和生物放大是其主要特征之一,因此,POPs 生物吸收和生物转化一直是生态毒理学领域重点关注的热点问题。

4.1　生物吸收和转运

4.1.1　吸收过程

　　污染物的生物吸收[biological uptake(of pollutants)]是指污染物进入生物体内或者附于体表的运动,牵涉表皮、鳃、肺表面或者肠等,并且所有过程都开始于污染物质与组织细胞的相互作用。吸收途径主要是通过机体的消化道、呼吸道和皮肤。在毒理学实验中，还有通过腹腔注射、静脉注射、肌肉注射和皮下注射等途径吸收。吸收后的污染物质经血液循环分布到全身各组织中，大多数污染物被生物体摄入之后最终进入细胞，在此过程中须通过多层生物膜，不仅包括周边组织的生物膜，也包括毛细血管和细胞膜等(周志俊等，2007)。

(1)经呼吸道的吸收。这是空气中的外源污染物进入生物体的主要途径。从鼻腔到肺泡的呼吸道各个部位由于结构不同，对外源污染物的吸收情况也不同。经呼吸道的吸收，以肺泡吸收为主。

(2)经皮肤吸收。经皮肤吸收是污染物通过皮肤经血管和淋巴管进入血液和淋巴液的过程。例如，有机磷杀虫剂就可经皮肤吸收，并引起中毒乃至死亡。疏水性污染物主要经皮肤的简单被动扩散方式吸收，通过表皮屏障或者皮肤附属器如汗腺、皮脂腺和毛囊等。

(3)经消化道吸收。环境中的污染物质主要通过消化道吸收。吸收过程可以发生于整个胃肠道，但主要在小肠中进行，这是因为其肠道黏膜上有绒毛，可以极大增加小肠吸收面积。

4.1.2　吸收之后的跨膜转运过程

生物膜(biomembrane)是细胞膜和各种细胞器膜的总称，是外源污染物在生物体的吸收、分布、代谢与消除过程中需要通过的屏障。生物膜除了可以将细胞或细胞器与周围环境隔离，保持细胞或细胞器内部理化性质的稳定之外，还可以选择性地允许或阻止某些外源物质透过。传统意义上污染物进入水生生物体内主要通过水相和食物相暴露两种方式，存在以下几种跨膜转运机制。

(1)膜孔滤过(filtration)。直径小于膜孔的水溶性物质，可以借助膜两侧静水压及渗透压经膜孔滤过。

(2)被动运输(passive transport)。被动运输是指污染物质顺着电化学梯度的运动。电化学梯度指的是浓度、活度或者电子梯度。该扩散速率服从菲克定律[公式(4-1)]，并且不消耗能量。

$$\frac{\mathrm{d}Q}{\mathrm{d}t} = -DA\frac{\Delta C}{\Delta x} \tag{4-1}$$

式中，Δx 为膜厚度，ΔC 为生物膜两侧的污染物浓度梯度，A 为扩散面积，D 为扩散系数。一般来说，污染物分子的正辛醇/水分配系数 K_{OW} 越大，就越不容易离解，其被动运输的扩散系数也越大。被动扩散既不耗能，又不需要载体参与，没有特异性选择、竞争性抑制及饱和现象。

(3)协助扩散(facilitated diffusion)。协助扩散顺电化学梯度发生，需要载体蛋白参与,但不需要能量供应,扩散速率高于简单扩散过程。由于载体蛋白的参与,协助扩散受到膜特异性载体蛋白数量的制约,因此有特异性选择、竞争性抑制及饱和现象。

(4) 主动运输(active transport)。主动运输是指需要能量来使污染物逆电化学梯度移动的过程,污染物在低浓度侧与膜上特异性蛋白载体结合,通过生物膜转运至高浓度侧解离出来的过程。该转运过程也同样具有特异性选择、竞争性抑制的特点和饱和现象。

(5) 内吞作用(endocytosis)。内吞作用是细胞从外界环境吸收一些大分子物质的过程。在转运过程中生物膜的结构发生变化,转运过程具有特异性,生物膜呈现主动选择性并消耗一定的能量。在内吞过程中如果被摄入的物质为固体则称为胞吞(phagocytosis),如果为液体则称为胞饮(pinocytosis)。

综上所述,吸收进去之后的跨膜转运过程主要包括膜孔滤过、被动扩散、协助扩散、主动运输以及内吞作用等。但是,在一种污染物被吸收之前,它必须首先与生物表面相互作用。而污染物与生物表面相互作用的过程可以用吸附来模拟。吸附(adsorption)是指物质在两相的共同界面上的聚集(如溶液在固体表面上)。如果溶液中化学物质与固体表面结合的具体机制未知或不明确,应该采用含义更广泛的词"吸着"(sorption)来代替吸附。

朗缪尔(Langmuir)和弗罗因德利希(Freundlich)等温方程是两个经典的吸附等温线方程。其中 Langmuir 方程是一个理论方程,而 Freundlich 方程是一个经验方程。Langmuir 模型假设吸附剂表面均一,各处的吸附能相同。吸附是单分子层的,当吸附剂表面的吸附质饱和时,其吸附量达到最大值。当达到动态平衡状态时,在吸附剂表面上的各个吸附点之间没有吸附质的迁移运动,吸附速率和脱附速率相等。另外一个重要的吸附等温式为 BET 模型,用于解释多分子层的吸附现象。

吸附理论被成功地用于确定污染物质向生物表面的运动,如单细胞藻类、鱼鳃、水中附着生物和浮游动物等。有学者(Qiu et al, 2017)测定了中国南海海湾中海水、沉积物、浮游植物和大型藻类(如 *Ulva lactuca* L., 石莼)样品中的 24 种多溴二苯醚(polybrominated diphenyl ethers, PBDEs)和 22 种有机氯农药(organo-chlorine pesticides, OCPs)的含量(图 4-1)。研究发现,藻类的细胞壁特别是其纤维结构,以及细胞内充满的硫酸化多糖、蛋白质、脂质和核酸等成分极易与亲脂性的持久性有机污染物(POPs)结合,因此藻类对 POPs 有很强的吸附能力。另外,由于浮游植物的比表面积更大,对 POPs 的吸收效率更高,因此 PBDEs 和 OCPs 的浓度水平在浮游植物中较石莼莴苣还高一个数量级,在浮游植物中的生物富集因子(bioconcentration factor, BCF)介于 $10^5 \sim 10^6$ 之间。藻类作为食物网的基础,其 POPs 的富集能够极大地影响 POPs 的食物链迁移,最终可能导致 POPs 在较高营养级甚至人体内蓄积。

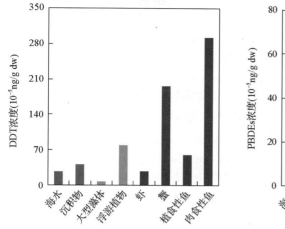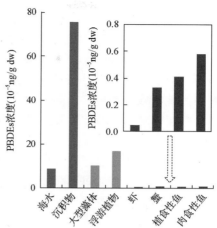

图 4-1　中国大亚湾自然食物网中的有机氯农药滴滴涕(DDT)和
多溴二苯醚(PBDEs)在水体、沉积物、藻类(包括浮游植物和大型藻体)、
节肢动物和鱼体中的浓度水平[引自文献(Qiu, et al. 2017)]

4.1.3　污染物的输送和转运过程

　　污染物质在通过生物膜的过程中，会对膜的结构和功能产生一定的影响，有时甚至造成膜的毒性。某些化学物质可以通过竞争生物膜上的结合位点或者干扰能量供应来抑制主动运输过程，进而影响到外源化学物的生物转运过程。因此，深入研究污染物与生物膜的相互作用关系，有助于深刻理解许多毒性作用的发生原因及其作用机制。

　　生物膜可以将生物、细胞或细胞质与周围的环境分离开来，并调控 POPs 的迁移。POPs 在生物体中的吸收主要通过载体作用下的协助扩散和内吞作用透过细胞膜。例如，DDT 和苯并[a]芘(benzo[a]pyrene)被大鼠摄入之后，能够通过肠道进入淋巴系统，最后通过淋巴系统的载脂蛋白吸收。

1. 载脂蛋白的协助扩散

　　疏水性物质随食物摄入生物体后，在血液中运输，最终到达靶器官和靶组织。在此过程中，血液中的脂蛋白(lipoprotein)起到关键作用，它可以携带着疏水性的有机污染物在亲水性的血液中运输。脂蛋白为球形，其构成是由磷脂和胆固醇构成一个非极性的内核，周围环绕三酰甘油和胆固醇酯以及蛋白质。该结构使得脂蛋白兼具亲水性和亲脂性，因而可以和 POPs 相互结合，实现 POPs 在血液中的输送。

生物体内脂蛋白的主要功能是运输食物中的脂肪和油滴等营养物质。三酰甘油(triacylglycerol)在毛细血管中水解后,乳糜颗粒(chylomicrons)和超低密度脂蛋白(very low-density lipoprotein, VLDL)降解成为富含蛋白质的残余颗粒(remnants)。载脂蛋白的中密度脂蛋白(intermediate density lipoprotein, IDL),经 VLDL 转化,降解成为乳糜残余颗粒。这两类残余颗粒都可以通过与特异的受体作用后被肝脏吸收,并在肝脏的溶酶体中发生进一步降解。脱辅基蛋白 Apoprotein B-100 可被再利用,通过 IDL 合成低密度脂蛋白(low density lipoprotein, LDL)。LDL 是胆固醇迁移至组织中的主要形态。高密度脂蛋白(high-density lipoprotein, HDL)在胆固醇从组织运送至肝脏的过程中扮演着重要角色。因此,各类载脂蛋白作为脂类物质在体内的运输媒介具有重要作用。

载脂蛋白对疏水性 POPs 的运输过程与胆固醇的运输过程类似(Hjelmborg et al., 2008),这主要包含两方面的原因:①相似性。POPs 有很高的亲脂性和疏水性,这一性质与油脂分子非常相似。例如,一些杀虫剂和酞酸酯类 POPs 属于类雌激素物质,它们就可以和雌激素受体的转运蛋白结合,发生转运并被吸收。②隐蔽性。当 POPs 和食物分子(例如一个脂肪酸分子或者是一个多肽)结合,或者 POPs 与一个分子络合物(例如胶束、脂质体和脂多糖等)结合后,可以在不被发现的情况下随着这些分子的迁移而迁移至生物膜的另一侧。其实,隐蔽性的特征是大多数环境污染物进入多细胞生物的主要原因,并且该吸收过程常常发生在表皮细胞中。POPs 在进入生物体之后,通常与脂蛋白结合形成复合物,随后被生物体吸收并摄取。例如,研究者考察了多氯联苯(polychlorinated biphenyls, PCBs)在鸽子体内的迁移和细胞摄取过程。研究发现大部分的 PCBs 同系物都与 LDL 和 HDL 结合了,并且在 PCBs 被细胞摄取的过程中,也是以脂蛋白-PCBs 的复合物形式被摄取的。携带着 POPs 的脂蛋白主要有两种迁移模式:①细菌等微生物的脂蛋白主要通过扩散的方式,载着 POPs 从细胞膜磷脂双分子层的一侧迁移至另一侧;②较大型生物的脂蛋白可以通过重构生物膜,将 POPs 转运并释放至生物膜的另一侧。

2. 生物膜对 POPs 的胞吞作用

在生物体的肠腔或者细胞间液中,胶束(micelle)和脂质体(liposome)可以自发通过磷脂形成,并装载和迁移亲脂的和疏水的污染物质。胶束和脂质体的跨膜运输是一个复杂的过程,不包括简单扩散。如图 4-2 所示,该跨膜运输主要通过由单尾磷脂(single-tailed phospholipid)构成的胶束和由双尾磷脂(bitailed phospholipid)构成的脂质体与适当的载脂蛋白形成配体之后,携带着外源污染物质穿过生物膜。

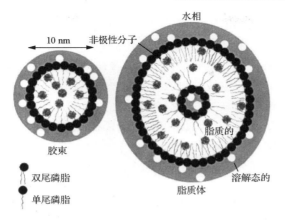

图 4-2　由磷脂构成的胶束(micelle)和脂质体(liposome)包含和转运溶解态的
(solute)和非极性亲脂的(non-polar lipophilic)污染物质的示意图(Qiu et al., 2017)

如图 4-3 所示，DDT 以食物中掺杂的污染形式被生物体摄入，随后经吸收进

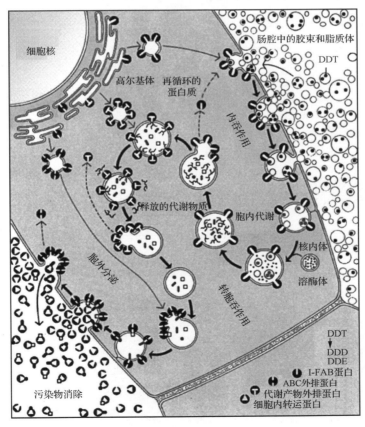

图 4-3　DDT 在细胞内的吸收和释放的过程示意图(Quinnell et al., 2004)

入了肠道壁的表皮细胞。由于 DDT 具有高亲脂性，因此会被包裹在肠道的脂质体或是脂肪酸形成的胶束中发生迁移。图中所示是一个 DDT 的内吞过程，当有足够丰富的脂质体和胶束迁移至生物膜表面时，内吞作用将被激活。DDT 与细胞膜新形成的核内体(endosome)会迁移进去并与溶酶体(lysosome)(含有丰富的水解酶)融合，发生细胞内的代谢。发生细胞内代谢之后，胶束/脂质体和 DDT 分离，并释放脂肪酸代谢物以及 DDT 的代谢产物(DDE 和 DDD 等)。代谢产物可通过适当的迁移蛋白转运至细胞外。因此，一部分未被水解的 DDT，以及 DDE 和 DDD 会滞留在细胞中，另一部分可以通过外排蛋白排出体外。

4.2　生物转化和代谢

4.2.1　生物转化概述

　　生物转化(biotransformation)是指外源污染物在体内经过多种酶催化或者非酶作用转化成代谢产物的过程(图 4-4)。

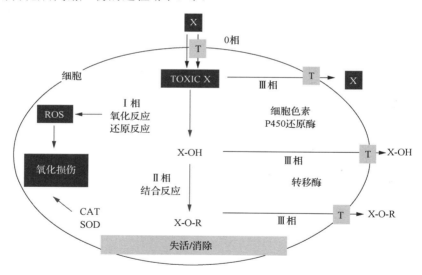

图 4-4　生物细胞中生物转化过程简介(Bury et al., 2014)

包括 I 相和 II 相的酶促反应过程，并包含 0 相和III相的转运蛋白过程。X：外源化学物质；X-OH：羟基化的外源化学物质；X-O-R：和亲水性物质(比如谷胱甘肽、硫酸盐、甘氨酸、乙酰基或者葡萄糖醛酸)结合的外源化学物质；ROS：活性氧自由基；CAT：过氧化氢酶；SOD：超氧化物歧化酶；T：转运蛋白。0 相转运蛋白包括：SLCO1、SLCO2、SLC15、SLC22 和 SLC47；III相转运蛋白包括多重耐药结合蛋白以及其他 ATP 结合盒式(ABC)蛋白

　　生物转化通常是将亲脂性化学物质转变为极性较强的亲水物质，从而加速其随尿或者胆汁排出体外的过程。因此多数污染物经代谢转化后变成低毒或者无毒的产物，这种转变称为生物解毒(biodetoxification)。但是也有一些物质经代谢转

化后变成了毒性更大的产物,这种转化称作生物活化(bioactivation)。因此生物转化的结果对污染物的效应及其在体内的分布和排出具有重要意义。

4.2.2　Ⅰ 相反应

Williams(1959)把生物转化分为两种主要类型,即Ⅰ相反应和Ⅱ相反应。Ⅰ相反应(phase I reaction)即降解反应(degradation reaction),包括三个主要类别:氧化、还原和水解。这些反应的主要特征是在外源污染物上加上一个反应活性的极性基团,形成初级代谢产物。一个亲脂的外来化学物质首先通过Ⅰ相反应氧化,从而—OH、—NH$_2$、—COOH 或者—SH 等官能团被引入底物,形成初级代谢产物。经过Ⅰ相反应之后,污染物质的亲水性通常有所增加。

1. 氧化反应(oxidizing reaction)

1)细胞色素 P450 酶系

微粒体细胞色素 P450 酶系又被称为微粒体混合功能氧化酶(microsomal mixed function oxidase, MFO),或称之为单加氧酶(monooxygenase)。该酶系主要由三部分组成,即血红素蛋白类(细胞色素 P450 和细胞色素 b$_5$)、黄素蛋白类(NADPH-细胞色素 P450 还原酶和 NADH-细胞色素 b$_5$ 还原酶)和磷脂类。其中细胞色素P450 在Ⅰ相氧化反应中最为重要(Hannemann er al., 2007)。

细胞色素 P450 单加氧酶系统的鉴定经常在微粒体中进行。微粒体组分是在组织匀化、超离心分离后,由内质网(endoplasmic reticulum, ER)形成的细胞部分。P450 这个名称中的 P 指色素,450 指它与 CO 结合后在 450 nm 波长处有最大的光吸收。细胞色素 P450 单加氧酶是与膜结合的血红素蛋白,在内质网中分布最多。更具体些说,P450 单加氧酶系统是一组同工酶(isoenzyme),即由不同基因位点编码的相同的酶的不同形式的集合。其代谢污染物质的反应循环如图 4-5 所示。

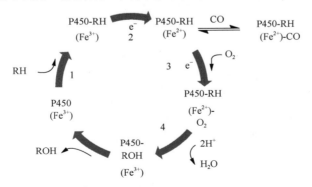

图 4-5　细胞色素 P450 酶催化污染物的反应循环(Parkinson, 2017)

RH:污染物质;ROH:污染物质经羟基化后的产物;P450:微粒体细胞色素 P450 酶;

P450-RH:污染物质与 P450 形成的复合物

（1）POPs 对 P450 的诱导。外源污染物能对 P450 产生诱导或者抑制作用，从而导致 P450 酶数量和活性的改变。P450 的诱导方式包括五类，即芳香烃受体(aryl hydrocarbon receptor, AhR)介导型、乙醇型、过氧化物酶体增殖剂激活受体介导型、

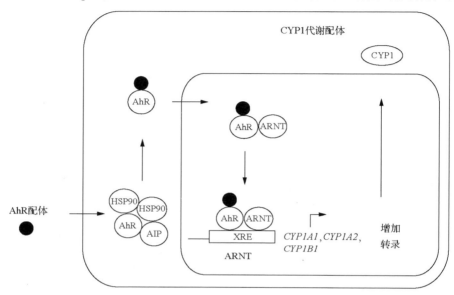

图 4-6　芳香烃受体介导的 P450 CYP1 诱导的代谢途径示意图
（引自 Dr. Inna Sokolova's slides of ecological toxicology, University of North Carolina）

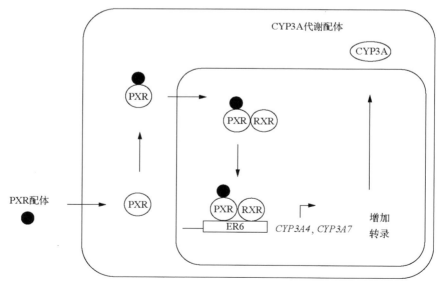

图 4-7　孕烷受体介导的 P450 CYP3A 诱导的代谢途径示意图
（引自 Dr. Inna Sokolova's slides of ecological toxicology, University of North Carolina）

组成型雄甾烷受体介导型和孕烷 X 受体(pregnane X receptor, PXR)介导型。其中与 POPs 诱导最相关的为 AhR 介导型和 PXR 介导型(两者的作用机制如图 4-6 和图 4-7 所示),并且人们对 PAHs 的诱导机制研究得最为清楚。

AhR 主要介导 CYP1A1 和 CYP1A2 的诱导表达。*CYP1A1* 基因由编码区及编码区上游的启动子和增强子组成,增强子含有外源化合物的反应元件(XRE),可以直接参与 AhR 的结合。当 PAHs 分子进入细胞并和 AhR 结合之后,其构象改变并与 AhR 相互作用蛋白解离,再与 AhR 核转运因子(ARNT)结合形成异二聚体。随后,该异二聚体进入细胞核同 CYP1A1 增强子发生结合,形成转录起始复合物,从而启动 CYP1A1 的 mRNA 表达。例如,薄军等(2010)对真鲷进行苯并[*a*]芘的水相暴露之后,发现真鲷的 P450 基因 *CYP1A1* 随着苯并[*a*]芘的暴露剂量的增加而上升,并且在 0.1~0.5 μg/L 的环境苯并[*a*]芘浓度下也能够显著诱导 *CYP1A1* 的表达,同时在苯并[*a*]芘持续暴露的 48 h 内,*CYP1A1* 基因的表达水平随着暴露时间的延长逐渐升高。

目前对鱼体的 P450 酶系的研究主要集中在 CYP1A 上,并且被认为是 PAHs、PCBs 等 POPs 污染暴露的生物标志物,已经广泛应用于野外污染现场的考察和评估。例如,研究证实鲸的内脏和皮肤中的 CYP1A 的表达水平与其脂肪中 PCBs 浓度正相关。类似地,当贻贝暴露于 PAHs 和 PCBs 之后,其消化腺中的 CYP1A 蛋白量明显升高。Peters 等(1998)曾在海洋漏油事件中证实这一点。1996 年 2 月 15 日"海洋女王"号油轮在英国海域发生石油泄漏事件。Peters 等在其后第 25 天和第 130 天,从该污染海域采集紫贻贝(*Mytilus edulis*)进行检验发现,贻贝体内 CYP1A 蛋白表达升高。因此,CYP1A 这类蛋白质的表达水平有望成为监测 POPs 暴露的有效生物标志物。

(2) POPs 对 P450 的抑制。P450 酶活也可能受到外源污染物的抑制,主要通过以下几种途径:污染物质作用于 P450 辅酶,减少或者破坏 NADPH/NADH;或是作为电子竞争底物,抑或作为抑制性抗体作用于 P450 还原酶等。

P450 的抑制作用可以分为可逆与不可逆抑制两种。可逆抑制是指受到抑制的 P450 酶在一定条件下又可以恢复酶活,其蛋白分子结构没有遭到破坏。而不可逆抑制会造成蛋白质分子的变性,从而使 P450 酶失活。POPs 的某些代谢产物(例如,乙酰萘)就可以和 P450 酶共价结合,导致 P450 酶变性。

2) 微粒体含黄素单加氧酶

肝脏、肾脏和肺部等组织微粒体含一种或几种含黄素单加氧酶(microsomal flavin-containing monoxygenase, FMO),可以氧化多种毒物的亲核性 N、S 和 P 杂原子。此酶以黄素腺嘌呤二核苷酸(flavin adenine dinucleotide, FAD)为辅酶,反应时需要 NADPH 和 O_2 的参与。虽然许多由 FMO 催化的反应也可被 P450 催化,但 P450 酶系不能在碳位上发生催化氧化。而 FMO 可以催化亲电子的胺，氧化生成 N 氧化物；催化伯胺，氧化生成羟胺和肟。

FMO 的催化机制如图 4-8 所示。FMO 在动物体内转移一个氧原子的反应机制如下：在没有底物的情况下，FMO 酶与 NADPH 形成复合物(4α-氢过氧化黄素[图 4-8)(a)]，导致黄素单分子的快速还原[图 4-8(b)、(c)]。O₂ 快速结合在还原的黄素-酶复合物的 4α 位置上，形成过氧化的黄素腺嘌呤二核苷酸(FAD-OOH)[图 4-8(d)]。在该活性构象中，酶需要一个含有杂原子的底物(比如含有自由电子对的 N 或者 S 的污染物质)，来与该活性位点结合。因此，具有能进入活性位点的杂原子是底物的关键特异性所在。而一旦底物分子进入了活性位点，就会有一个氧原子转移到底物上[图 4-8(e)]，另一个氧原子反应后生成水分子[图 4-8(f)]。反应后的 NADP 被释放[图 4-8(g)]，随后 NADPH 与下一个污染物分子结合，新的循环再次开始。

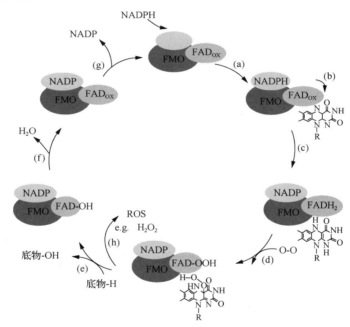

图 4-8　黄素单加氧酶(FMO)的反应循环(Schlaich et al., 2007)

(a~d)NADPH 和 O₂ 的结合形成过氧化的黄素腺嘌呤二核苷酸(FAD-OOH)；

(e)FAD-OOH 氧化底物；(f, g)代表了反应循环的限速步骤，即 H₂O 和 NADP 的释放步骤；

(h)表示可能产生活性氧(reactive oxygen species，ROS)的过程

3) 醇、醛、酮氧化还原系统和胺氧化

醇、醛、酮氧化还原系统和胺氧化过程中所需酶：①醇脱氢酶 (alcohol dehydrogenase, ADH)：醇脱氢酶是一种含锌酶，位于胞浆，分布于肝脏(含量最

高)、肾脏、肺部及胃黏膜上。人的 ADH 是由两个 40 kDa 亚单位组成的二聚体蛋白质,其亚单位由 6 个不同的基因位点(ADH1~ADH6)编码,分别为 α、β、γ、π、χ 和 σ。②乙醛脱氢酶(acetaldehyde dehydrogenase, ALDH):乙醛脱氢酶以 NAD$^+$为辅助因子,将乙醛氧化成羧酸。乙醛脱氢酶涉及醛类化合物的氧化过程,亦具有酯酶的活性。在人体内,有 12 种乙醛脱氢酶的基因已经被鉴定出来,即 ALDH1~ALDH10、SSDH 和 MMSDH。③二氢二醇脱氢酶(dihydrodiol dehydrogenase):除了几种羟化类固醇脱氢酶和醛糖还原酶之外,醛酮还原酶(aldosterone reductase, AKR)超家族还包括几种二氢二醇脱氢酶。④钼水解酶(molybdozyme):由于醛氧化酶和黄素脱氢酶/黄素氧化酶(XD/XO)均含有钼酶,因此钼酶在污染物质代谢过程中非常重要。钼酶的最适底物通常为含有吡咯、吡啶、嘧啶、嘌呤、蝶啶及碘离子等取代基团的污染物质。⑤单胺氧化酶和二胺氧化酶:在肝脏、肾脏、肠道和神经等组织的线粒体中有单胺氧化酶,胞液中含有二胺氧化酶,这些酶能使各种胺类氧化脱氨生成醛和氨。单胺氧化酶有两种形式,分别为 MAO-A 和 MAO-B。MAO-A 主要氧化 5-羟色胺、去甲肾上腺素和萘心胺的脱烷基代谢物。二胺氧化酶位于胞浆,是含铜离子的磷酸吡哆醛依赖的酶类,主要分布于肝脏、肾脏、小肠和胎盘,其选择性底物包括组胺和简单的烷基二胺。

4) 过氧化物酶依赖性的共氧化反应

这类反应主要是指过氧化物酶催化的外源化学物质生物转化。它包括氢过氧化物的还原和其他底物氧化生成脂质氢过氧化物,这一过程称为共氧化。几种不同的过氧化物酶可催化外源污染物的生物转化,它们存在于不同的组织和细胞中。例如,苯并[a]芘羟化反应和 7,8-二氢二醇苯并[a]芘环氧化反应都可通过共氧化作用而完成。

2. 还原反应(reduction reaction)

在氧张力较低的情况下,还原反应可以进行,所需的电子或氢由 NADH 或者 NADPH 供给,催化还原反应的酶类或存在于肝、肾和肺的微粒体中,或是作为可溶性酶存在于细胞液中。

1) 硝基和偶氮还原

硝基和偶氮还原是经肠道菌群和两种肝脏酶,细胞色素 P450 和 NADPH 醌氧化还原酶(也称 DT-黄递酶)催化进行的还原反应。如图 4-9 即为偶氮还原酶的还原反应过程。在某些情况下,醛氧化酶也参与硝基还原和偶氮还原反应,其反应需要 NAD(P)H,该反应可被氧抑制。胃肠道下段的无氧条件非常适合硝基和偶氮还原,所以这些反应主要由肠道菌群催化完成。

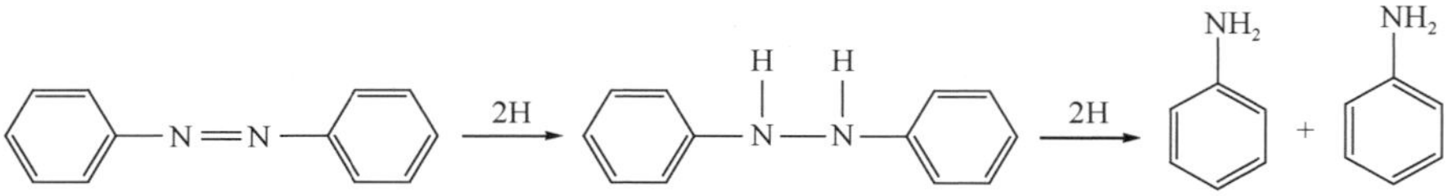

图 4-9　偶氮还原酶还原反应方程式

2)羰基还原作用

某些醛类还原成伯醇,以及酮类还原成仲醇的过程是经醇脱氢酶和羰基还原酶催化进行的(图 4-10)。羰基还原酶是单聚体的,并且反应需要 NADPH 参与。该酶主要分布于血液、肝脏、肾脏、大脑及其他的神经胞浆中。肝脏的羰基还原酶主要存在于胞浆中,但在微粒体中也存在其他类型的羰基还原酶。胞浆和微粒体羰基还原酶的区别在于它们立体选择由酮还原成仲醇的程度不同。

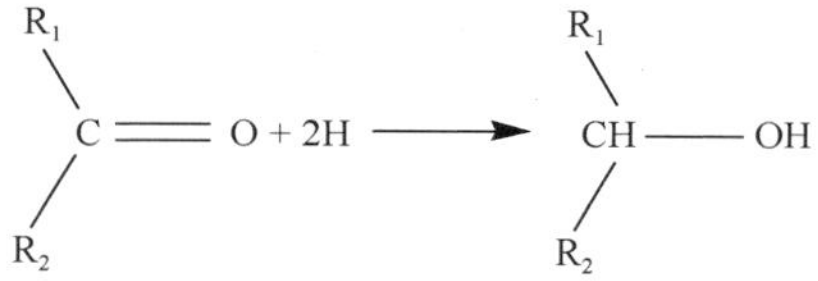

图 4-10　可逆脱氢酶加氢还原反应方程式

3)二硫化物、硫氧化物和 N-氧化物还原

硫氧化还原依赖性酶可催化还原二硫化物,并将其裂解成巯基类物质。而硫氧还蛋白依赖性酶类可以还原硫氧化物。但同时,硫氧化物又可以通过 P450 或者黄素单加氧酶形成,因此这种相反作用的酶系统再循环,或可延长外源污染物的体内半衰期。N-氧化物[例如阿特拉津(atrazine)和毒死稗(chlorpyrifos)]可经 P450 和 NADPH 催化,再经单电子还原活化成氧化性氮氧自由基,最终转变成具有细胞毒性或与 DNA 结合的物质(图 4-11)。

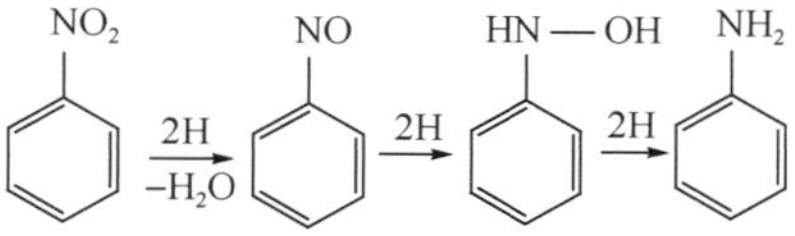

图 4-11　硝基还原酶还原反应方程式

4)醌还原

醌由 NAD(P)H-醌氧化还原酶(DT-黄递酶)催化还原形成氢醌。含醌污染物[如百草枯(paraquat)]在生物转化过程中产生的氧化应激是其重要致毒机理。

5)脱卤反应

脱卤反应主要包括三种机理,即还原脱卤反应、氧化脱卤反应和脱氢脱卤反应。其中,还原脱卤反应和氧化脱卤反应由 P450 催化,脱氢脱卤反应由 P450 和

GSH-S 转移酶催化。这些反应在 PCBs、PBDEs 和六溴环十二烷（hexabromocyclododecane，HBCD）等含卤素的 POPs 的生物转化和代谢过程中起着重要的作用。以脱氯还原反应为例，如图 4-12 所示。

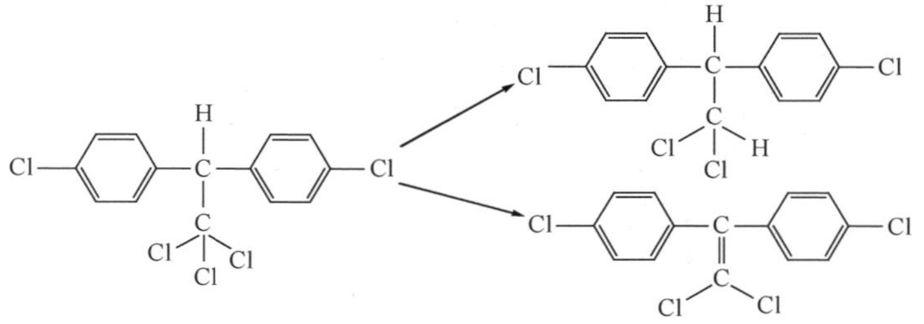

图 4-12　还原脱氯酶还原反应方程式

《斯德哥尔摩公约》中限制或者禁止使用的 12 种 POPs 均为氯代有机物，其中大多数含有芳环结构，这些结构特点使其具有难降解性。有机物的氯化程度越高，其可生物降解性越低。早在 1988 年 Queensen 等（1988）发表在 Science 上的研究就指出，在 PCBs 的微生物降解中，PCBs 的脱氯主要发生在间位和对位上。间位和对位氯的去除降低了 PCBs 的生物毒性，并且脱氯后的产物更易被好氧微生物降解。

许多研究者也证实生物具有脱溴转化 POPs 的能力。例如，活性污泥中的微生物即具有脱溴转化 PBDEs 的能力，可以将高溴代的二苯醚转化为低溴代的产物，甚至实现 PBDEs 的开环降解。已经验证的三种具有代表性的厌氧脱卤菌包括 *Dehalococcoides* sp.、*Dehalobacter* sp. 以及 *Desulfitobacterium* sp.。

3. 水解反应（hydrolysis reaction）

在水解反应中，水离解为 H^+ 和 OH^-，并分别与外源化学物质不同部分结合，一般不会形成新的功能基团，这是水解反应与氧化反应和还原反应的不同之处。而水化反应是指溶于水中的化学物质与水分子通过较强的亲和力相结合的反应，与水解反应的方向相反。根据反应的性质和机制不同，水解反应可分成脂类水解反应、C—N 键水解反应、非芳族杂环化合物水解反应、水解脱卤反应，以及氧化物水合反应。酯类水解反应由酯酶催化，主要分解形成带羧基的分子和醇类。参与水解反应的酶系主要包括以下几种。

1）酯酶（esterase）和酰胺酶（amidase）

羧酸和酰胺及硫酯的水解主要由位于各组织和血清中的羧酸酯酶，以及血液中真性乙酰胆碱酯酶和假性胆碱酯酶催化，这两类酶催化芳香酯酶和酰胺酶的反应方程如图 4-13 和图 4-14 所示。例如，有机磷农药及氨基甲酸酯杀虫剂的中毒机制即为通过修饰大脑的乙酰胆碱酯酶活性中心的丝氨酸，从而抑制乙酰胆碱酯酶的活性。又例如，邻苯二甲酸酯类(PAEs)是环境激素类 POPs 物质。具有芳香气味的油状黏稠液体，难溶于水，易溶于二氯甲烷、甲醇、乙醇、正己烷等有机溶剂，沸点较高、常温不易挥发。目前，关于 PAEs 在细菌体内的代谢途径已经得到了深入的研究。在其好氧代谢过程中，酯键的水解是起始步骤。通过酯酶作用，PAEs 水解形成邻苯二甲酸单酯，再生成邻苯二甲酸。随后细菌对邻苯二甲酸进一步降解生成原儿茶酚。原儿茶酚这一重要的中间代谢产物可以通过开环形成相应的有机酸，进而转化成为丙酮酸、琥珀酸、草酰乙酸等进入三羧酸循环，最终转化成为 CO_2 和 H_2O。

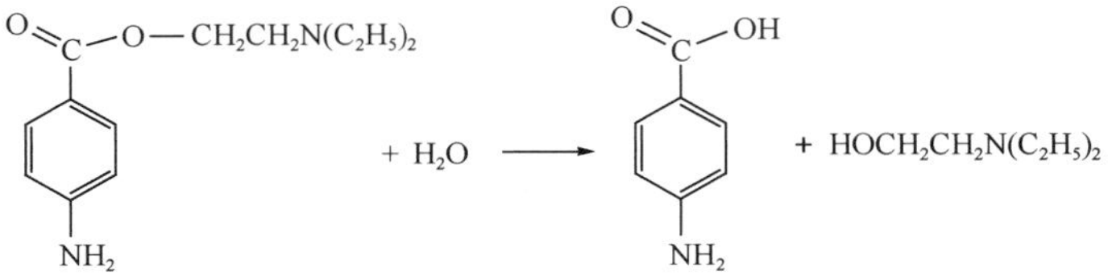

图 4-13 芳香酯酶使芳香族脂水解的反应方程式

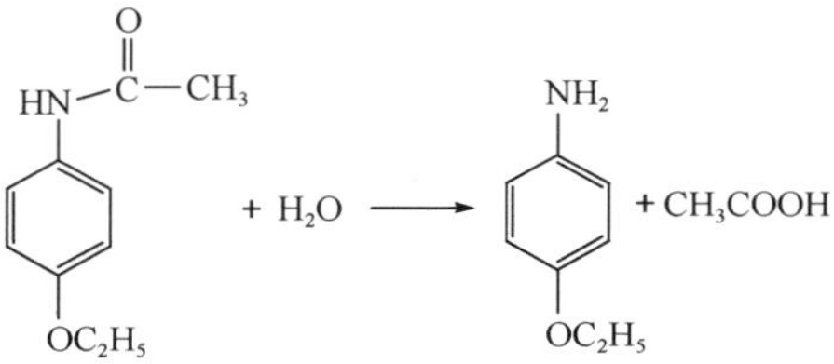

图 4-14 酰胺酶使酰胺水解的反应方程式

2) 肽酶(peptidase)

在生物体组织中有许多肽酶，主要负责水解肽类。

3) 环氧水化酶(epoxide hydrolase, EH)

环氧水化酶催化由环氧化物与水的反式加成物，其水解产物是具有反式构型的邻位二醇。在哺乳动物中，环氧水化酶有五种形式：微粒体环氧水化酶(mEH)、可溶性环氧水化酶(sEH)、胆固醇环氧水化酶、LTA4 水解酶以及肝氧蛋白(hepoxilin)水解酶，后面三种酶似乎仅仅水解内源性氧环化酶。EH 在苯并[*a*]芘-4,5-氧化物的解毒过程中起着主导作用，同时也在将苯并[*a*]芘转变成致癌物苯并[*a*]芘-7,8-二氢二醇-9,10-氧化物的过程中发挥一定的作用。

4.2.3 Ⅱ相反应

Ⅱ相反应又称结合反应(conjugation)。在Ⅱ相反应过程中，通过Ⅰ相生物转化获得的初级代谢产物或者母体化合物，将与内源性物质相互作用。Ⅱ相反应主要包括葡萄糖醛酸化、硫酸化、乙酰化、甲基化，以及和谷胱甘肽或者氨基酸如甘氨酸、牛磺酸和谷氨酸等发生的结合反应。例如，与特定的一些氨基酸或者谷胱甘肽(GSH)结合，从而形成复杂的二级代谢产物。通常，形成的二级代谢产物的水溶性更好，因此相对于原始污染物更易于外排。

1. 葡萄糖醛酸化(glucuronidation)

葡萄糖醛酸结合是Ⅱ相反应中最普遍进行的一种反应，许多外源污染物都参与此过程，如醇类、酚类、羧酸类、硫醇类和胺类等。葡萄糖醛酸是葡萄糖的中间代谢产物，先活化成尿苷二磷酸 α-葡萄糖醛酸(UDPGA)，然后经各种转移酶催化，将葡萄糖醛酸基转移到外源污染物分子上。根据进行结合反应的外源污染物的结构和结合方式不同，可分为 O-葡萄糖醛酸结合(醇类、酚类、羧酸、胺类)、N-葡萄糖醛酸结合(氨基甲酯类、芳香胺类、磺胺类)和 S-葡萄糖醛酸结合。

2. 硫酸化(sulfate)

硫酸化是外源污染物与硫酸根结合的过程。污染物分子经Ⅰ相生物转化后，分子结构中形成羟基，可与内源性硫酸结合，而有些外源污染物的本身已经含有羟基、氨基、羰基或者环氧基，可直接进入Ⅱ相反应发生硫酸化。

在大多数的外源污染物的结合反应中，硫酸结合反应往往与葡萄糖醛酸结合反应同时发生。但如果机体接触的污染物浓度较低，那么污染物分子首先进行与硫酸结合；随着污染物浓度的上升，与硫酸结合的比例逐渐减少，而与葡萄糖醛酸的结合逐渐增多。

3. 乙酰化(acetylation)

乙酰化是外源污染物与乙酰基结合的反应，多发生在芳香族伯胺类、磺胺类、肼类化合物的氨基($-NH_2$)或羟氨基($-NHOH$)等官能团。乙酰基由乙酰辅酶 A 提供，反应由乙酰转移酶催化。该酶又可分为 N-乙酰转移酶和 N,O-乙酰转移酶两类。

4. 氨基酸化(amino acid conjugation)

氨基酸化是带有羧酸基的外源污染物与一种 α-氨基酸结合的反应，多发生在芳香羧酸。参与结合反应的氨基酸主要由甘氨酸、谷氨酰胺以及牛磺酸，较少见的还有天冬酰胺、精氨酸、丝氨酸以及 N-甘氨酰甘氨酸等。外源污染物的羧基与氨基酸的氨基结合，形成肽或者酰胺。此反应主要在 ATP 依赖性酶和 N-酰基转移酶这两种酶的催化下发生。

5. 谷胱甘肽化（glutathione）

谷胱甘肽化是外源污染物在一系列的酶催化下与还原型谷胱甘肽（reduced form of glutathione, GSH）结合形成硫醚氨酸的反应。参与反应的污染物一般具有如下特点：至少具有一定程度的疏水性，含有一个亲电的碳原子，可以和谷胱甘肽进行一定程度的非酶促反应。这样的物质主要包括卤代有机污染物、各种酯类化合物和磷酸酯类杀虫剂、芳烃类化合物及环氧化物等，因此几乎全部的 POPs 类污染物质都可以参与谷胱甘肽化的反应。

GSH 广泛存在于动物细胞和绝大多数的植物细胞以及细菌中，在环境毒理学的研究中 GSH 被认为具有重要的解毒功能。作为生物解毒系统 II 相反应中的主要结合物质之一，其对 POPs 等污染物的毒性影响有保护作用。GSH 是由谷氨酸、半胱氨酸以及甘氨酸通过肽键缩合而成的三肽化合物，其分子式如图 4-15 所示。此三肽命名为 δ-谷氨酰-半胱氨酰-甘氨酸，简称谷胱甘肽。由于 GSH 中含有一个活泼的巯基（—SH）极易被氧化，两分子还原型谷胱甘肽脱氢以二硫键（—S—S—）相连便成为氧化型谷胱甘肽（oxidized form of glutathione, GSSG）。所以 GSH 可以分为氧化型和还原型两类，在污染物质代谢过程中起到重要作用的是还原型 GSH。

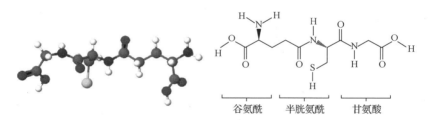

图 4-15　谷胱甘肽的三维图像及分子式构成
白色：H 原子；灰色：C 原子；蓝色：N 原子；红色：O 原子；黄色：S 原子

正常情况下，GSH 在细胞或者组织中的含量是相对稳定的，如果消耗速率异常增加，则细胞内的 GSH 含量会降低。引起 GSH 消耗的原因之一就是存在可以和 GSH 结合的底物，如外源污染物。在此以溴化阻燃剂四溴双酚A（tetrabromobisphenol A,TBBPA）为例说明。曹璐等（2009）考察了金鱼藻暴露于 TBBPA 之后，体内 GSH 含量的变化趋势。结果显示随着 TBBPA 暴露浓度的增大，藻体内的 GSH 含量持续下降，并呈现明显的对数剂量-效应关系：$y = -15\ln x + 43.3$（$r^2 = 0.93$）。其中，y 代表自由基信号强度，x 代表 TBBPA 的暴露浓度（mg/L）。研究者指出，金鱼藻经 TBBPA 暴露后，GSH 含量下降的原因可能是 TBBPA 对金鱼藻构成了氧化胁迫甚至氧化损伤，从而使之呈现中毒性抑制效应。

GSH 的变化与污染物质的解毒机制密切相关，GSH 的氧化还原可以清除经污染物暴露之后产生的大量活性氧中间体，因而 GSH 可以作为干扰生物体含氧自由基的污染物暴露的标志。例如,在谷胱甘肽过氧化物酶(glutathione peroxidase, GPx)和谷胱甘肽还原酶(glutathione reductase, GR)两种酶的参与下,GSH 在消除活性氧中间体特别是 H_2O_2 中发挥着重要作用。GPx 是一种常见的过氧化物酶,主要存在于胞浆中,但也存在于线粒体中。GPx 包括含有 Se 和不含有 Se 的两种类型,通常指的 GPx 为含有 Se 的 GPx,它是以 GSH 为电子供体,在 H_2O_2 清除过程中起着重要作用,其反应式为:$H_2O_2 + 2GSH \longrightarrow GSSG + 2H_2O$(GPx 催化此反应进行)。既然 GPx 催化的 H_2O_2 清除反应需要 GSH 的存在,那么就必须有一个 GSH 的再生系统与之对应。在生物体内,与 GR 偶联的 GSH 再生系统对清除 H_2O_2 最为重要,其反应式为:$GSSG + NADPH + H^+ \longrightarrow 2GSH + NADP^+$(GR 催化此反应进行)。另外,谷胱甘肽 S-转移酶(glutathione-S-transferase,GST)与 GPx 作用相似,其主要功能是催化某些内源性或者外源性污染物的亲电子基团与 GSH 的巯基偶联,增加其疏水性使其易于穿越细胞膜,并在被分解后排出体外,从而达到解毒的目的。

1) 多环芳烃在生物体内的谷胱甘肽化

多环芳烃(PAHs)极易与 GSH 结合并影响 GSH 相关蛋白酶类和基因的表达。例如栉孔扇贝(*Chlamys farreri*)经苯并[a]芘暴露之后,其 GST 表达水平与污染物暴露浓度呈现时间-效应以及剂量-效应正相关关系。同时,苯并[k]荧蒽、苯并[a]芘和荧蒽还可以诱导斑马鱼胚胎的 GST 的基因表达。又如,在鲫鱼水相暴露于菲的研究中发现,当鲫鱼经菲静态暴露 4 天后,低浓度菲暴露组的鲫鱼肝脏中 GSH 含量无显著变化,而当暴露浓度达到 0.1 mg/L 之后,鱼体肝脏中 GSH 含量显著降低($p < 0.05$),且 GST 活性表现出诱导效应,说明 0.1 mg/L 菲暴露可能对鲫鱼肝脏构成了氧化胁迫甚至是氧化损伤。

2) 溴化阻燃剂在生物体内的谷胱甘肽化

研究者发现 BDE-47 水相暴露对红色鳍东方鲀肝脏中 GSH 含量影响显著(张雨鸣,2014)。例如,经 BDE-47 暴露之后,在低浓度暴露组(0.1 mg/L 和 0.2 mg/L BDE-47)的 GSH 含量有所上升,而高浓度暴露组(0.5 mg/L、1 mg/L 和 2 mg/L BDE-47)的 GSH 较对照组明显降低。随着 BDE-47 暴露时间延长至第 10 天,仅 2 mg/L BDE-47 暴露组(最高暴露浓度组)的 GSH 仍然显著低于对照组,其余组别均与对照组无显著差异。但是值得注意的是,此时低浓度组的 GSH 含量有所下降但是仍然高于对照组;而高浓度暴露组的 GSH 含量有所上升但仍低于对照组,这可能是由于 BDE-47 已对抗氧化系统造成损伤,相关酶活下降,导致 GSSG 不能及时还原为 GSH,并对肝脏造成了损伤。

6. 甲基化（methylation）

在甲基转移酶催化下，将内源性来源的甲基结合到外源污染物分子结构上去的反应。与其他结合反应相比，甲基结合后，外源污染物的功能基团未被遮盖，水溶性没有明显增强，有的反而下降；生物学作用并未减弱，有的甚至增强。能进行甲基结合反应的外源污染物主要包括含有羟基、巯基或者氨基的酚类、硫醇类和各种胺类官能团的化学物质。

7. 磷酸化（phosphorylation）

磷酸化是在 ATP 和 Mg^{2+} 离子存在下，由磷酸转移酶（phosphotransferase）催化 ATP 的磷酸基转移到相应的外源污染物上的反应。

综上所述，绝大多数外源化学物质在 I 相反应中发生氧化、还原或水解反应，随后通常需要再进行结合反应而排出体外。结合反应首先通过提供极性基团的结合剂或者提供能量 ATP 而被激活，然后由不同种类的转移酶对污染物分子进行催化，将具有极性功能基团的结合剂转移到外源化学物质或将外源化学物质转移到结合剂形成结合产物。最终，结合产物一般随同尿液或者胆汁从体内排出。

4.2.4 0 相和Ⅲ相过程

1. 0 相过程

生物膜是外源污染物的吸收、分布和清除过程的重要屏障。研究最多的细胞解毒途径是外源污染物通过 I 相和 II 相酶生物转化之后的解毒作用。生物转化主要包含上述两相的酶促反应，它们通过改变非极性亲脂化合物的化学性质，使其变为溶于水的极性代谢物，发挥对母体化合物的解毒和清除的作用。

近年来，科学家陆续提出了另两个重要的过程，称之为 0 相和Ⅲ相过程，并认为它们在生物转化过程中有着同样重要的作用（图 4-16）。0 相和Ⅲ相的过程主要用于调控细胞外排，通过 ABC 转运系统（ATP binding cassette transporter system），外排未经修饰的化合物或者经代谢之后的物质。因此，了解外排蛋白和生物转化酶的相互合作机制，有助于揭示对人体和环境健康的影响。

ABCB1 主要扮演第一道防御系统的角色，阻止未经修饰的化学物质在细胞内积累（细胞解毒的 0 相机制），而 ABCCs 和 ABCG2 主要负责转运 I 相和 II 相反应的代谢产物，因此扮演Ⅲ相的细胞解毒机制。与生物转化酶相比，关于外排蛋白的研究非常有限，并且主要集中在动物模型上。在水生生物中，仅有少量的研究尝试阐述其作用机制。

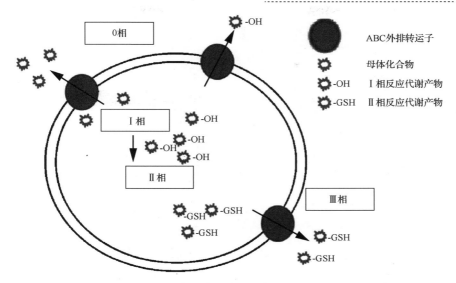

图 4-16　0 相和Ⅲ相生物转化过程示意图(Ferreira et al., 2014)

2. Ⅲ相过程

Ⅲ相过程主要外排结合态的有毒污染物质。在Ⅱ相反应中形成的外源化学物的结合物质，往往通过 ABC 转运系统加速排出细胞外。近年来研究者才逐渐开始关注Ⅲ相转运过程。最初人们以为Ⅲ相过程仅仅是把结合态的废弃物排出胞外。但和大多数其他生物体系一样，其过程远比想象得复杂。有时候Ⅲ相反应也称为逆向外排系统，该系统包括约 350 个不同的蛋白质，其中分布最为广泛的一类是 P 糖蛋白(P-glycoprotein, Pgp)，其外排污染物质的工作原理示意图如图 4-17 所示。这些蛋白广泛存在于肠壁上皮层表面，其主要功能是抓住那些结合态的代谢产物并排出细胞外，这些被排出的物质将在通过消化道后经粪便最终排出体外。

以鱼体为例，在鱼体中有 8 个 ABC 转运蛋白家族。其中，ABCB1(P 糖蛋白，Pgp)能够外排未代谢的外源污染物(0 相过程)，但是 ABCB 11 和 ABCC1～5，也称多药耐药相关蛋白(multidrug-resistance associated protein, MRP)，以及 ABCG2 蛋白均只能外排Ⅱ相反应的代谢产物(Ⅲ相过程)。在原代鱼鳃上皮细胞中，CYP450A1 酶对外源污染物质进行生物转化，在虹鳟 Rtgill-W1 鱼鳃细胞系中 ABCC1、ABCC2、ABCC3 和 ABCC5 有高表达。

研究者刚刚证实，POPs 的存在可以抑制 P 糖蛋白的表达，并且呼吁在未来关于 POPs 的毒理学研究中，可以考虑将转运蛋白(例如，P 糖蛋白)表达的抑制放入 POPs 暴露的生态风险评估中。研究人员采用了两种测试方式来确定 P 糖蛋白的抑制作用。首先，在药敏检测实验中，研究者将小鼠 P 糖蛋白外源基因引入酿酒酵母(Saccharomyces cerevisiae)表达系统中表达 P 糖蛋白。该酵母细胞对阿霉素

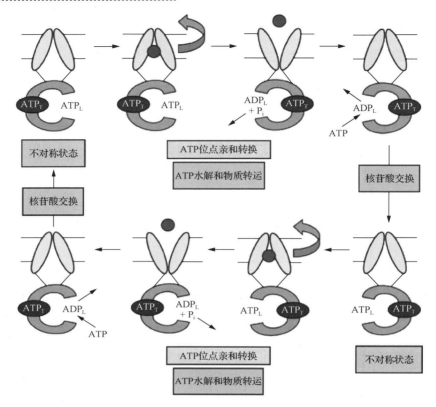

图 4-17　P 糖蛋白将外源污染物外排的工作原理示意图(Sharom et al., 2011)

灰色小球表示外源污染物分子；双瓣椭圆形结构表示 P 糖蛋白的二聚物。在处于对称状态时，二聚物界面的两侧是呈"打开"状态的，每侧与一个 ATP 分子(ATP$_L$)疏松结合。该催化活性泵快速进入不对称状态，此时一个 ATP 分子紧密结合到核苷酸结合区(nucleotide-binding domain，NBD)形成 ATP$_T$，二聚物界面"关闭"。紧密结合的 ATP 分子进入过渡态，并开始发生水解，这为污染物质(红色球体)的移动提供了能量，使其能够从转运蛋白的结合口袋向细胞外空间移动。污染物质的迁移可能包括构象的改变，从向内改为向外的蛋白构象。在 ATP 水解之后，ADP 疏松地结合在 NBD 上(ADP$_L$)，导致二聚体界面的再次打开。随后，另一个催化位点立刻转入高亲和状态，导致第二个 ATP 分子的紧密结合，二聚体界面的另一个 NBD 关闭。随后从 NBD 催化位点解离，形成 ADP，ADP 被另一个疏松结合的 ATP$_L$(核苷酸交换)替换以实现再次的不对称状态。第二轮的 ATP 水解和污染物质转运随后继续在另一侧的 NBD 处开展。P 糖蛋白在所有催化循环中处于非对称状态,这样可以保证两个 NBD 交替水解 ATP

(doxorubicin, DOX)敏感并且阿霉素会抑制酵母细胞的生长，而 P 糖蛋白的存在可以保护细胞外排 DOX。如果 POPs 对 P 糖蛋白外排产生了抑制效应，那么随着 POPs 浓度的增加，酵母细胞的生长速率将显著下降(图 4-18)。第二个测试是关于 ATP 酶的抑制测试。研究者发现 DDT、DDE、DDD、狄氏剂、异狄氏剂、PCB-146、PCB-170、PCB-187、PBDE-47 以及 PBDE-100，这些 POPs 都对 ATP 酶的水解产生抑制。同时研究者也考察了 P 糖蛋白的活性变化，结果显示虽然蛋白表达量受到抑制，但是 P 糖蛋白的活性无显著变化。研究者还解析了 POPs 与 P 糖蛋白结合的 X 射线晶体结构(图 4-19)。

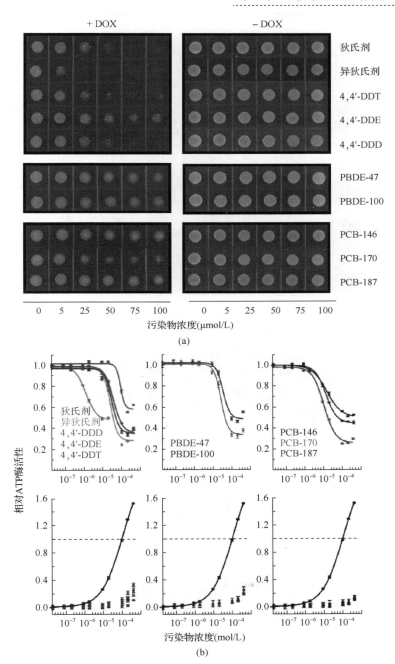

图 4-18 POPs 对 P 糖蛋白的抑制效应 (Nicklisch et al., 2016)

(a) POPs 抑制了 P 糖蛋白在酵母细胞中的表达。在不存在阿霉素 (–DOX) 的情况下，实验浓度下的 POPs 对酵母细
胞没有毒性作用。抑制效应发生在加入阿霉素 (+DOX) 的组别中，随着 POPs 浓度的增加，
酵母细胞的生长速率下降。(b) 10 种 POPs 抑制 ATP 酶活性的曲线

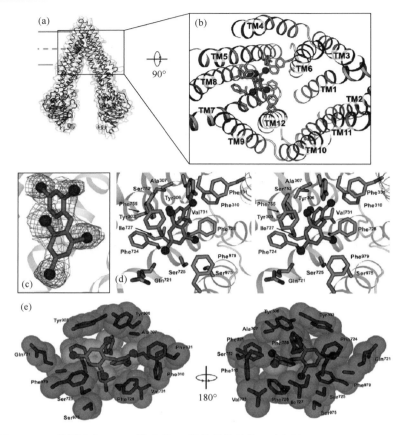

图 4-19　P 糖蛋白与 POPs 结合的 X 射线晶体结构示意图(Nicklisch et al., 2016)

(a)小鼠 P 糖蛋白与 PBDE-100 结合后的晶体结构图。(b)从细胞内的视角观察到的 PBDE-100 与 P 糖蛋白的结合位点。(c)结合复合物的 *2mFo-DFc* 电子密度峰。(d)结合口袋位置,可以看到和 PBDE-100 的联苯骨架结合的重要残基(棍状结构)。(e)PBDE-100 的保守结合位点,顶部:侧链和 PBDE-100 结合(蓝色:在人类和小鼠中保守;绿色:在人类和小鼠中不保守)。这些残基为 Y303、Y306、A307、F310、F331、Q721、F724、S725、I727、F728、V731、S752、F755、S975 和 F979。底部:小鼠和人类的 P 糖蛋白氨基酸序列比对结果,可以看到在 TM5、TM6、TM7、TM8 和 TM12 有 15 个与 PBDE-100 相互作用的残基

Ⅲ相过程对生物体的健康至关重要。Ⅲ相代谢功能紊乱的一个重要特征是炎症,特别容易发生在肠道中。且Ⅲ相代谢又受到负反馈环的抑制,从而导致了Ⅱ相反应酶活性的下降,致使Ⅰ相反应产生的中间代谢产物将处于堆积的危险状况,从而进一步引发氧化损伤,甚至损害生物体的解毒能力。

4.2.5　生物转化对 POPs 毒性的影响

1. 以解毒作用为主

外源污染物通常涉及一系列连续步骤,许多 POPs 可能有多种代谢途径,产

生多种生物学活性不同的代谢产物。通常，POPs 在生物体内的代谢过程被认为是其重要的解毒机制。例如，肝脏微粒体可以代谢 PCBs 成为儿茶酚和氢醌等。大量的羟基化 PCBs 代谢产物(OH-PCBs)或者是结合态的代谢产物在体内形成后被排出，起到解毒的作用。

PCBs 在生物体内的代谢速率和代谢能力主要依赖于 Cl 原子在分子中的数量及位置。总体而言，PCBs 上的 Cl 原子越少，代谢速率越快。另外，若有未被取代的间位或者邻位存在，可进一步加速细胞色素 P450 介导的 PCBs 生物转化。图 4-20 所描述过程即为低氯代 PCBs 的典型代谢通路，在此过程中外源污染物和生物分子结合，并产生氧簇等。

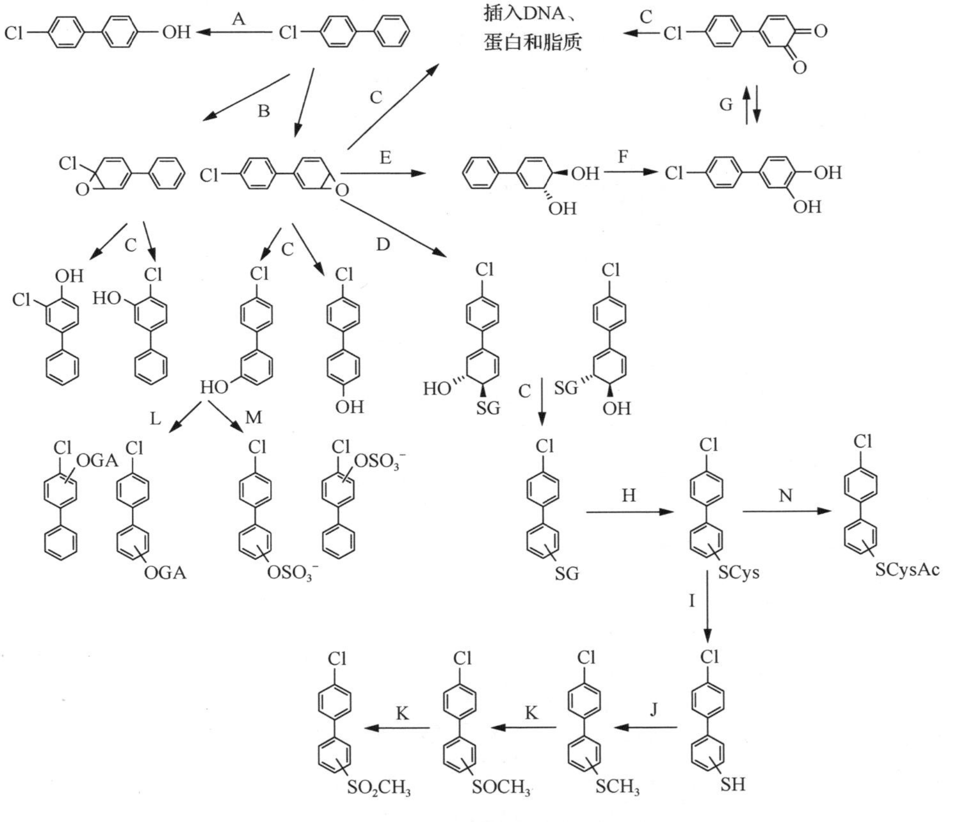

图 4-20　低氯代 CB-3 的总体代谢通路示意图(Grimm et al., 2015)

代谢所涉及的酶采用字母 A、B，以及 D~N 来代表。字母 C 代表非酶转化。A：细胞色素 P450(CYP)酶系统，直接接入间位；CYP2B(啮齿类)。B：细胞色素 P450(CYP)酶系统，CYB2B1(啮齿类)；CYP3A4(人类)；非共平面 PCBs：CYB2B、2C、3A。C：非酶反应。D：谷胱甘肽 S-转移酶。E：环氧化物酶。F：二氢二醇脱氢酶(AKR1C)。G：自动氧化作用和/或过氧化物酶。H：γ-谷氨酰转肽酶、半胱氨酰甘氨酸二肽酶。I：半胱氨酸 S-结合态 β-裂解酶。J：硫醇甲基转移酶。K：CYP 和/或 FAD 单氧酶(FMO)。L：UDP-葡糖醛酸基转移酶(UGT)。M：磺基转移酶(SULT)。N：半胱氨酸 S-结合态 N-乙酰转移酶

2. 存在毒性增强现象

POPs 的代谢可能是解毒,也可能是活化的过程。代谢活化可能涉及几个不同的生物转化酶,包括Ⅰ相反应和Ⅱ相反应,并需要几个组织的配合或者转运到特定部位再进行代谢,甚至包含肠道菌群的生物转化。

虽然经生物转化后的产物极性增加,通常毒性下降,并更易被生物体排出,但某些 POPs 物质可能在生物转化之后形成了活性更强、毒性更大的污染物,该现象被称为外源污染物的激活。例如,苯并[a]芘致癌的化学结构特点是含有一个由菲结构形成的湾区(也称凹区)(图 4-21)。首先,经Ⅰ相酶 P450 催化发生芳香环上的环氧化,形成多种环氧苯并[a]芘,其中 7,8-环氧苯并[a]芘在环氧化物水解酶的作用下水解成 7,8-二羟-苯并[a]芘,再经过 P450 催化发生环氧化反应,形成致癌物亲电子剂 7,8-二羟基-9,10-环氧苯并[a]芘。7,8-二羟基-9,10-环氧苯并[a]芘有4 种立体异构体,由于位阻等原因,(+)-anti-7,8-二羟基-9,10-环氧苯并[a]芘化学反应活性最高。该亲电子性强的致癌物和 DNA 的亲核基团直接发生不可逆共价结合,这也是引起靶细胞基因突变的分子基础。

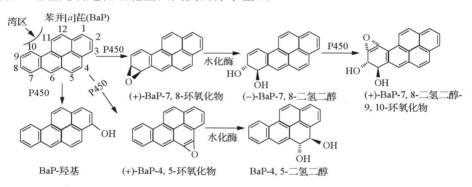

图 4-21　苯并[a]芘代谢活化为终致癌物的途径(周宗灿等, 2012)

3. 代谢过程伴有氧化应激现象和其他毒性作用

POPs 的代谢过程常常伴有氧化应激现象,生成具有细胞毒性的超氧阴离子、过氢氧自由基、过氧化氢、羟基自由基等。例如,在 PAHs 的代谢过程中往往伴随着大量自由基的产生,自由基具有很强的亲电性,极易与各种生物大分子结合,导致酶失活、蛋白质结构变化、DNA 断链、脂质过氧化等一系列氧化损伤,并进一步引起细胞组织器官的病理变化。

又如,肝脏微粒体可以代谢 PCBs 成为儿茶酚和氢醌。PCBs 的儿茶酚或者氢醌的单电子氧化,导致半醌的自由基形成,并随后形成活性氧自由基(比如,超氧阴离子基团、过氧化氢以及羟基自由基)。

另外，机体对外源污染物的代谢能力是有限的，其代谢反应速率的改变可能涉及辅助因子(如 NADPH)和辅助底物(如 GSH、PAPS、O_2)的供应、酶的浓度等的竞争等。污染物的代谢途径饱和，或者代谢速率的改变可能会影响代谢产物在组织中的浓度以及半衰期，并可能引起中间代谢产物的蓄积，从而影响毒性作用机制。

4.3　消　　除

在生态毒理学领域，消除(elimination)是指对污染物的排泄或者生物转化，导致其生物体内的量减少。净化(depuration)是指生物被放入清洁的环境，随着时间延长污染物从生物体的释放。具体的消除机制在植物、脊椎动物和无脊椎动物中不同，不同的污染物也不同。植物可以通过淋洗、表面蒸发、落叶、根部渗出或食草动物摄食而失掉污染物。动物可以通过跨鳃运输、呼气、胆汁分泌、肝胰腺分泌、肠黏膜分泌、颗粒脱落、蜕皮、肾脏分泌、繁殖、毛发脱落等来消除污染物。在较高等动物中，消除还包括通过汗液、唾液和生殖器分泌等。污染物排出体外的主要途径包括：经肾脏排泄、经肝脏随同胆汁排泄、经肺部随同呼气排泄，以及其他的排泄途径。

POPs 在动物体内的消除动力学可能具有明显的种属差异。以 PFOA 和 PFOS 的消除半衰期为例，人体长达数年，而实验动物体内的半衰期只有几天到几个月。此差异一方面说明生物对 PFASs 的代谢消除机制(例如上述肾重吸收机制，以及下述肝胆循环重吸收机制)具有明显种属差异；另一方面，也和 PFASs 的毒物代谢动力学行为具有明显的暴露剂量依赖性有关。因此，近年来一些学者还针对 PFASs 的母婴传递过程、人体暴露评估、PFASs 前驱物的代谢物代谢动力学等方面展开了许多的模型研究。

另外，POPs 肾消除速率还与污染物的性质相关。例如，对人体的研究表明，低碳链的 PFCAs($C_4 \sim C_6$)的肾排泄速率比长碳链($C_7 \sim C_{11}$)高 2～3 个数量级。长碳链 PFCAs 的肾排泄速率随着链长的增加而逐渐降低，表明中长链的 PFCs 的疏水性是影响其生物富集的重要因子。

此外，研究者还发现手性 POPs 分子的代谢存在差异，从而导致对映异构体在生物体内的清除毒代动力学不同。例如研究者(Kania-Korwel et al., 2016)发现，手性 PCBs(chiral-PCBs, C-PCBs)在哺乳动物中的清除毒代动力学不同。因为手性 PCBs 分子在与生物大分子相互作用时，其生理化学过程不尽相同，从而导致某些手性异构体的丰度增加。通常，手性 PCBs 在环境中以外消旋的混合物形式存在。孤糠虾(*Mysis relicta*)是淡水湖泊中鱼类的重要食物来源。当其暴露于 5 种不同的手性 PCBs 同系物，经 10 天吸收和 45 天释放的过程后，研究者发现左旋的 CB-95 和

CB-149 在孤糠虾体内的丰度显著高于右旋的对映异构体的丰度。研究者(Warner et al., 2006)认为这是由孤糠虾对手性异构体的代谢能力不同,导致清除的毒代动力学差异造成的。

　　污染物质还可以通过一些其他的途径排出体外,例如随同汗液、唾液和毛发排出等(张义峰,2013)。雌性生物还可以通过月经、怀孕、哺乳等方式排出 POPs,其中通过胎盘或者母乳传递是重要的 POPs 污染方式。因此,这些消除途径有时存在特殊的毒理学意义。例如,许多 POPs 类物质可以通过简单扩散进入乳汁中。如果污染物质长期与母体反复多次接触,则容易在乳汁中富集,对婴儿造成伤害。研究发现,怀孕期特别是怀孕早期的经胎盘运输,以及哺乳期的乳汁哺育是母体向胎儿或者新生儿传递 PFCs 的重要方式。例如,$C_7 \sim C_{14}$ 的 PFCAs 由母体血向脐带血的传递能力呈现随着碳链的增长而变为"U"形的趋势。并且,经胎盘传输的效率与不同 PFCs 的理化性质,如碳链长度、极性官能团多少、异构体等密切相关。PFOS 的支链异构体就较其直链异构体更容易经胎盘传输。同时,PFCs 经胎盘传输的效率还受到母体的生理机能,比如生物体的血清蛋白含量、肾小管透过速率、脐带血血清蛋白含量等的影响。

4.4　生　物　富　集

4.4.1　生物富集的概述

　　生物富集是化学物质在个体内吸收、生物转化和消除过程的净结果。是生物体从周围环境中蓄积污染物质,并使其在机体内的浓度超过周围环境中的浓度的现象。周东星等(2014)指出:生物富集(bioconcentration)是生物体通过呼吸摄入、皮肤吸收周围环境中化学物质从而导致其浓度在体内升高的过程,而不包括摄食这一途径。生物富集因子(bioconcentration factor, BCF)可由平衡时污染物质在生物体内的浓度与在水中的浓度之比得出,不同条件下可用平衡生物富集因子(BCF_E)和动力学生物富集因子(BCF_K)进行描述。具体的参数描述如表 4-1 所示。

表 4-1　相关度量指标

指标	含义	公式
BCF_E	平衡生物富集因子,仅考虑呼吸过程而不包括摄食吸收和排泄损失	$C_0/C_W = k_R/k_V$
BCF_K	动力学生物富集因子,考虑呼吸过程,不包括摄食吸收,但包括排泄损失以及可能的代谢和生长稀释损失	$C_0/C_W = k_R/k_T$
BAF	生物累积因子,考虑摄食吸收和呼吸吸收以及所有的损失过程	$C_0/C_W = BCF_K \times M$ $M = 1 + (k_D/k_R)(C_D/C_W)$
BSAF	生物-沉积物累积因子,化学物质在生物体内浓度与沉积物中浓度比值	C_0/C_S

续表

指标	含义	公式
BMF	生物放大因子，某一捕食者体内的浓度和一个特定的被捕食者体内的浓度的比值	$C_2/C_1 = (BCF_{K_2}/BCF_{K_1})\,(M_2/M_1)$
TMF	营养级放大因子，营养级单位增加浓度的比值	由浓度-营养级曲线的斜率或加权平均 BMF 得出

文献来源：周东星等，2014。

注：C_0 表示生物体内化学物质浓度；C_W 表示水中化学物质浓度；k_R 表示鳃呼吸吸收速率常数；k_V 表示呼吸消除速率常数；k_T 表示总消除速率常数；k_D 表示摄食吸收速率常数；C_D 表示食物中化学物质浓度；M 表示倍数；C_S 表示沉积物中化学物质浓度；C_1 表示被捕食者体内浓度；C_2 表示捕食者体内浓度。

从实验的角度来说，该过程的结果可以采用生物富集因子(BCF)来表征(丁洁等，2012)。因此，BCF 被定义为化学物质在水生生物体内的稳态浓度(C_F)和周围水相中的自由溶解态化学物质浓度(C_w)的比值。其计算公式如下：

$$BCF = \frac{C_F[ng/kg]}{C_w[ng/L]} \tag{4-2}$$

对于水生生物来说，主要涉及三种不同的无量纲的生物富集因子：①基于湿重的 BCF_w；②基于脂质含量的 BCF_L；③基于干重的 BCF_D。亲脂性有机物的 BCF_w 的数值主要取决于生物体的脂质含量。BCF_L 可以根据 BCF_w 直接计算，如果生物体的脂质含量可知，则可以按照式(4-3)换算：

$$BCF_L = \frac{BCF_w \cdot 100}{L_w(\%)} \tag{4-3}$$

式中，$L_w(\%)$ 为生物体的脂质百分含量。

生物累积(bioaccumulation)的定义比生物富集更宽泛，为生物体内的化学物质浓度相比于周围环境中浓度增加的过程，包括所有能使生物体内浓度升高的暴露途径——摄食吸收、体表与呼吸摄入。因此，生物累积因子(biaccumulation factor, BAF)更为全面地描述了生物体对化学物质的吸收、消除的各种过程。生物-沉积物累积因子(biota-sediment accumulation factor, BSAF)为平衡时生物体内化学物质浓度与沉积物中浓度的比值。

化学物质的生物富集数据通常用来评价其对动物和人类的暴露危害，这些数据不仅是化学物质环境管理的生态毒理学基础数据，也是欧美国家环境风险评价程序的触发要素之一。生物富集性并不是用来描述短期内化学物质浓度在生物体内的波动，而是表征化学物质在生物组织中长期平均累积的可能性。同时，生物富集监测是 5 种环境监测方法之一，同时又是生物监测重要的组成部分，这种监测方法可以得到更加准确的环境暴露数据，因而对环境风险评价具有重要作用。

化学物质与生物体之间相互作用的过程复杂，以及环境因素的多变性，均给生物富集的度量与评价带来很大的不确定性。

各个营养级水平之间的生物富集作用，则以生物放大因子和营养级放大因子度量：生物放大因子（biomagnification factor，BMF），即化学物质在某一捕食者体内的浓度和一个特定的被捕食者体内浓度的比值；营养级放大因子（tropical magnification factor，TMF），即化学物质在食物网中从低营养级到高营养级平均放大系数。

4.4.2 POPs 在生物体内的分布和累积

一旦 POPs 被生物体吸收了，由于其高亲脂性和疏水性的特征，极易在生物体内发生蓄积。机体中污染物质的主要蓄积部位是血浆蛋白、脂肪组织和骨骼，尤其是在脂肪组织中。蓄积部位的 POPs 浓度，通常和血浆中游离型的 POPs 保持相对稳定的平衡状态。许多外在环境因素、化学物质的理化性质以及生物体的状态等因素都会影响 POPs 的生物富集。

1. 外在环境因素

1）水质参数

生物富集过程中各项水质参数对生物富集在不同程度上产生影响，其中重要的水质参数包括 pH、溶解氧、硬度、盐度、总有机碳含量等。以 pH 为例，由于离子化合物的 K_{OW} 取决于水的 pH，因此 BCF 也取决于 pH。对可以离子化的有机化合物来说，当其处于非电离状态时，K_{OW} 值最大。如弱酸性 POPs 五氯酚（pentachlorophenol，PCP）的 K_{OW} 值和 BCF 都随着水体 pH 的降低而增大。

2）温度

研究者报道指出温度对 PAHs 的生物富集能产生显著的影响：他们发现不可代谢的疏水性有机物（hydrophobic organic compound，HOC）的生物富集是一个放热过程，并随温度的升高而下降。对于大多数变温动物来说，水温对 POPs 的生物富集会产生直接影响。

2. 化学物质的理化性质因素

POPs 在生物体内的富集浓度与其所处的食物链位置相关，同时 POPs 的理化性质也有影响。一般来说，大部分海洋生物体内的 POPs 浓度顺序有如下趋势：PCBs＞DDT，HCH＞CHL，以及 HCB＞PCDD/Fs。比如研究发现在极北哲水蚤（*Calanus hyperboreus*）体内的 POPs 浓度大小顺序为：PCBs＞HCH＞DDT＞CHL，南极磷虾和银鱼体内的浓度分别为 PCBs＞DDE＞HCB 和 PCBs＞HCB＞DDE。造成上述差异的原因，主要包括以下几个方面。

1) 水体中污染物质的浓度

通常化学物质必须真正溶解才能通过鳃或者上皮细胞转运至体内，因此当暴露的化学物质超过其在水中的溶解度时，会造成生物富集因子被低估。因此，Geyer 等(1992)指出 POPs 类污染物质的 BCF 值常常会被低估。

2) 化学物质的生物有效性

由于通过生物膜需要化学物质在周围水体环境中呈溶解态，而许多环境因素会使溶解态化学物质的量减少，因此这些因素会降低吸收速率和生物富集。影响 POPs 的生物有效性的过程有：①颗粒物和溶解态有机质(dissolved organic matter, DOM)的结合；②被腐植酸、沉积物和其他悬浮大分子吸附。许多研究证实 DOM 的存在会使得污染物质的生物有效性降低，从而生物富集量下降。但 Haitzer 等 (1998)发现在一定范围内低浓度的 DOM 又会导致生物富集的增强。

生物有效性(bioavailability)是指某种污染物可被吸收的程度。生物有效性与自由溶解态浓度密切相关。研究者指出：自由溶解态浓度(free dissolved concentration)是自由溶解在水相而不与任何介质或系统组分结合的化合物的浓度(图 4-22)。从环境化学的角度，化合物的自由溶解态浓度是其在环境中迁移和分配，以及在生物中累积的驱动力，是解释化合物的生物有效性的关键参数；从毒理学的角度，只有自由溶解态的物质才能穿透细胞膜从而对生物产生效应。

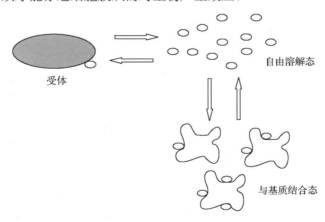

图 4-22　自由溶解态浓度与总浓度的关系(胡霞林等, 2009)

正辛醇/水分配系数(K_{OW})是最常用的相分配描述手段，它反映了污染物生物体内的水和脂之间的分配。也有研究者采用甘油三酸酯/水分配系数(即 K_{TW})，并发现该系数能更好地反映污染物在生物体内的水和甘油三酸酯之间的分配。但是，通常认为当 logK_{OW} 在 6 及以下时，正辛醇/水的分配能够准确反映污染物在甘油三酸酯和水之间的分配；但当其数值大于 6，K_{OW} 比预测的 K_{TW} 稍微偏低。例如，海洋生物中的 PCBs 和 PBDEs 的 BAF 与 logK_{OW} 之间呈抛物线关系，在 logK_{OW} 5～7 时达到顶点，并且这一累积特征得到了以 OECD305 为测试基准进行的斑马鱼胚胎生物有效性模型的验证。这是因为随着化合物的亲脂性越来越强，K_{OW} 作为脂水分配的代替能力就越来越差。Chiou（1985）把溶解度与溶剂分子大小联系起来，用弗洛里-哈金斯理论（Flory-Huggins theory）定量地解释了这一偏离。越大、亲脂性越强的化合物，正辛醇和生物体脂的分子大小差异就越重要。这些因素对吸收和消除的净结果为：①在 $\log K_{OW}$ 值大约 3 以下时，水溶解性较大的化合物的生物富集由膜渗透控制；②$\log K_{OW}$ 在 3～6 之间，生物富集主要由扩散过程决定；③高于这一范围，分子大小对扩散的效应极大地影响着这种关系，随 $\log K_{OW}$ 增加，BCF 降低。

　　但在实际测定过程中，真是的溶解态浓度很难准确得到。例如，污染物在水相和生物相/颗粒物相之间的分配研究表明，溶解态有机质（DOM）对污染物质在相分配过程中起着非常重要的作用，尤其对高 K_{OW} 的物质而言。研究者考察了 DOM 对鱼体生物富集 PBDEs 的影响（图 4-23）：由于清道夫体内没有相关脱溴代谢的现象，通过研究清道夫的 $\log$BAF 值和 $\log K_{OW}$ 值之间的关系，可以较为真实

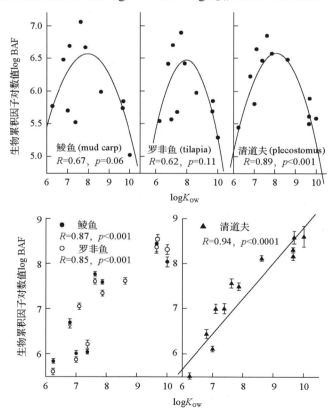

图 4-23　未经溶解态有机质（DOM）校正的生物累积因子（BAF）与正辛醇/水分配系数（K_{OW}）之间的关系；经 DOM 校正后的 BAF 与 K_{OW} 之间的关系（罗孝俊等，2016）

地反映 PBDEs 的生物可富集能力。从表观生物累积因子与 K_{OW} 的关系可见，在 $\log K_{OW}$ 大约为 8 时，$\log BAF$ 值与 $\log K_{OW}$ 的关系出现了由正线性相关向负线性相关的转化。对于发生这种转折的原因一般认为是随着 $\log K_{OW}$ 的增加，化合物的分子体积也随之增加，增大至一定程度之后，其穿透生物膜的能力大大下降，从而导致其生物可富集潜力下降。但是研究者在进行了 DOM 校正真实溶解态浓度之后，实际上 PBDEs 的 $\log K_{OW}$ 与 $\log BAF$ 之间仍存在正线性相关关系，表明高 K_{OW} 的化合物仍然具有较高的生物可富集潜力。

3）化学物质的消除速率常数

对 POPs 来说，其在生物体内的消除速率常数很低，因此会经历较长的时间才能达到富集平衡，有时甚至超过生物的生命周期（例如某些鱼类）。因此，污染物质的低消除速率导致非平衡状态会使得测定的生物富集因子值明显偏低。

4）化学物质构成的特点

POPs 的化学构成特点，例如卤代原子（如溴原子或者氯原子）的取代数目和取代位置的不同、碳链长短不同、化学物质的异构体差异等，都将影响 POPs 的水溶性、$\log K_{OW}$ 数值以及生物富集能力。特别是对有多种同系物的 POPs 而言更是如此，例如短链氯化石蜡、多氯联苯、多溴二苯醚和全氟羧酸、有机氯农药、六溴环十二烷等。

（1）短链氯化石蜡（SCCPs）是环境中最复杂的一类有机氯代污染物，其同类物、异构体超过一万多种。2004 年 8 月，欧盟在一份题为《化学污染：委员会想从世界上清除更多的肮脏物质》的报告中提议扩大 POPs 名单，拟在《斯德哥尔摩公约》中加入 9 种新 POPs，而短链氯化石蜡就在其中。

关于 SCCPs 的研究主要集中在欧美等国家和地区，我国尚处在发展阶段（李慧娟，2013）。根据已有的研究报道，SCCPs 具有持久性、生物富集性和长距离迁移的能力等 POPs 的特征。SCCPs 的预测 $\log K_{OW}$ 数值介于 4.8～7.6 之间。大部分 SCCPs 的 $\log K_{OW}$ 在 5.5 以上，具有较大的生物富集能力。现有的暴露实验研究结果表明，SCCPs 可以在生物体内富集，BCF 介于 1900～138000 之间。例如文献（UNEP，2007）中所述，虹鳟鱼体内的 BCF 为 7816，而湖鳟鱼体内的 BCF 为 16440～26650。同时研究表明，鱼类在摄食过程中累积 SCCPs 会受到碳链长度和 Cl 原子含量的影响。

（2）多氯联苯（PCBs）具有低水溶性、高脂溶性的特征，由于氯原子的取代数目和位置的不同，PCBs 的 $\log K_{OW}$ 数值介于 4～8.5 之间，很容易富集在生物体内，尤其是生物体的脂肪组织中。这类污染物质是《斯德哥尔摩公约》首批公布的 POPs 清单中第二类工业化学品的代表污染物质，主要用在变压器、电容器、充液高压电缆和荧光照明整流以及油漆和塑料中。虽然该物质自 20 世纪 80～90 年代陆续在许多国家被禁止使用,但在世界范围内仍有排放和大量的历史残留。影响 PCBs 在生物体内富集的因素主要有以下两个:①PCBs 中 Cl 取代的位置和取代的数量。随着 Cl 取代的增加,疏水性增强,通常更容易在生物体内发生富集;②对位、邻位 Cl 取代的 PCBs 在生物体内代谢缓慢,更容易在体内蓄积(李娜,2012)。

(3)多溴二苯醚(PBDEs)。由于 PBDEs 的高亲脂和难降解性,这类物质也易于在植物系统中累积。土培实验的结果显示,低溴代 PBDEs 比高溴代 PBDEs 更易被植物吸收;相反地,水培实验的结果显示,随着溴含量的增加,植物根部对 PBDEs 的吸收量也随之增加。研究发现,造成这一"水土"差异的现象主要是因为土壤有机质对 PBDEs 有吸附作用,并且大分子 PBDEs(高溴代 PBDEs)渗透通过细胞膜时的空间位阻效应更显著。另外值得一提的是,邻位 Br 取代的 PBDEs 比间位 Br 取代更易于被植物根部吸收。

(4)全氟羧酸(PFCAs)。全氟碳链的长度可以影响生物富集的过程(叶露,2008)。在水生生物体内,短链 PFCAs(C<7)的 BAF 值低于 1,说明其生物富集能力较弱,而 $C_8 \sim C_{12}$ 的 PFCAs 的 BAF 值随着碳链的增长而增大,但当 C>12 时,又出现了 BAF 值逐渐下降的现象(Conder et al., 2008)。另外,不同碳链 PFCs 的组织分布也有差异,例如在北极熊体内,短链或者中等长度的 PFCs 在肝脏中的比例较高,而中长链 PFCs 在大脑中的比例较高。再者,分子体积大小对生物富集也会产生影响,其中 PFCs 的极性头部官能团是重要影响因素,例如碳链长度相同的 PFCs 在幼年虹鳟体内的 BAF 值的顺序为 PFSAs>PFCAs>PFPAs(全氟烷基磷酸酯)。

(5)有机氯农药(OCPs)。泥鳅体内的顺式氯丹的 BSAF 明显大于反式氯丹,而海豚体内的组织分布含量通常遵循 β-六六六>δ-六六六>γ-六六六>α-六六六,并且 p', p-DDE>p', p-DDD>p', p-DDT 浓度(Gui et al., 2014)。

(6)六溴环十二烷(HBCD)。HBCD 是一种新型的溴代阻燃剂(brominated flame retardants, BFRs),有三类非对映异构体(α-HBCD、β-HBCD 和 γ-HBCD),而其中每一类非对映异构体又包括两种对映异构体。生物体对不同的异构体具有选择性富集的能力。例如,α-HBCD 在锦鲤的不同组织中的 BAF 为 $(3.1 \sim 4.5) \times 10^4$,比 β-HBCD 和 γ-HBCD 高一个数量级。

5)化学物质的体内代谢过程

(1)有机氯农药(OCPs)。OCPs 在不同食物链、物种、组织和器官中的分布、累积与降解有着明显的差异。例如,DDT 在不同生物体内的代谢产物 DDD 和 DDE 的比例不同,但这两个代谢产物也都具有生物富集效应。

(2)多氯联苯(PCBs)。PCBs 在肝脏中可以发生 P450 酶系催化的脱卤反应,其转化能力在不同物种间存在差异:哺乳类>鸟类>两栖类>鱼类。这些 PCBs 的代谢产物可以通过繁殖、母乳喂养等途径进入下一代,并在两代都发生生物富集现象。

（3）多溴二苯醚（PBDEs）。生物体可将 PBDEs 转化成毒性更强的羟基化 PBDEs（HO-PBDEs）和甲基化 PBDEs（MeO-PBDEs）。这些 PBDEs 代谢产物同样具有生物富集性，例如 HO-PBDEs 和 MeO-PBDEs 能够富集在鱼体的肝脏中累积。

（4）全氟化合物的前驱物。全氟化合物（PFCs）的前驱物是生物体中 PFCs 的重要来源。这是因为 PFCs 的前驱物通常含有磷酸根、醚氧离子、非氟化碳原子等，在环境条件下较易发生降解，最终生成不同碳链长度的 PFCAs 和 PFSAs，成为环境中 PFCs 的间接来源。除了 PFCs，这些前驱物还能通过代谢转化为含氟调羧酸（FTCA）、氟调不饱和羧酸（FTUCA）等其他较为稳定的产物，这些产物的生物富集效应也日益引起人们的重视。

3. 生物体的内在因素

1）污染物质的代谢转化和毒性效应

污染物质在生物体内的富集还受到生物体的代谢转化作用影响。例如文献（Tomy et al., 2010）中所述，HBCD 和 PBDEs 中的 Br 原子和 C 原子键能相对较弱，在体内易发生生物转化，因此在进行这类物质的时间趋势变化和较长时间的生物富集研究过程中，需要考虑代谢转化的过程。

例如文献（Luo et al., 2013）中所述，四间鱼和地图鱼具有相同的脱 Br 代谢模式，BDE-99 和 BDE-183 在脱溴后分别生成 BDE-47 和 BDE-154。但是红尾鲶鱼未表现出任何脱溴代谢的迹象，其他研究结果也表明鲇科鱼缺乏脱溴代谢的途径。因此，BDE-99 和 BDE-209 在野外环境的鲶鱼和清道夫体内具有较高的相对丰度。

同时，污染物的浓度达到一定程度后，受试生物会产生毒性效应，比如呼吸速率的改变等，从而增加生物富集评价的不确定性。因此在生物富集实验中规定：化学物质在水体中的浓度要足够低，以保证只有少量的有害效应会产生，一般要保证在实验过程中死亡率<10%。因为当污染物质造成水生生物的毒性效应时，生物体的脂质含量通常会发生变化，且污染物质的清除速率会受到很大的影响。

2）生物体的脂质含量与组成

POPs 的生物富集通常被认为是一个 POPs 在生物体的脂质与水体/食物/载体之间的平衡分配过程。对于水生生物来说，通常脂质含量越高，其对 POPs 的生物累积能力越大。不同类型的水生生物可能由于脂质含量的不同，而造成 POPs 体内浓度的显著差异。例如，研究者发现 PBDEs 和 HBCD 在亚洲及荷兰的虾体内的含量较低（其脂质含量仅为 1.2%），因而不是 POPs 的良好富集场所；而鱼类（虹鳟鱼和三文鱼）的脂质含量相对较高，因而 PBDEs 在鱼体内的浓度较虾体内浓度高出 1～2 个数量级。但不同的鱼类，其脂质含量也有较大差异，因而对 POPs 的富集能力也不同。例如，三氯苯在 2% 的脂质含量的虹鳟鱼体内的 BCF 值为 124，而在 11% 的脂质含量的黑头呆鱼体内的 BCF 值则可以达到 2100。因此，一般而言，亲脂性的 POPs 类物质的生物累积能力主要取决于生物体的脂质含量，并与其正相关。

3) 生物体的蛋白质含量

全氟化合物(PFCs)是一类具有 $C_4 \sim C_{14}$ 脂肪碳链骨架与极性头部(羧基或者磺酸基)相连结构的化合物，具有较高的疏水性，已经成为环境中广泛存在的POPs。近年来随着全氟辛酸(PFOA)和全氟辛基磺酸(PFOS)的逐渐停用，其替代品 PFCs 的环境污染日益显现。研究发现，PFCs 的富集能力强弱与生物体蛋白的亲和能力相关，其与蛋白质的亲和力越强，则富集能力越强。

由于 PFCs 的结构与脂肪酸相似，PFCs 和蛋白质(尤其是转运脂肪的蛋白质)具有很高的亲和力，因此 PFCs 与传统 POPs 主要蓄积在脂肪组织中不同，它主要蓄积在血液、肝脏、肾脏等富含蛋白质的组织中。在生物体内，PFCs 几乎不发生生物转化，但其前驱物(在 PFCs 的羧基或者磺酸基官能团上进一步衍生合成的化合物，如氟调聚酸类、全氟烷基磷酸酯类、全氟烷基磺酰胺及其 N 取代的衍生物等)可最终代谢为 PFCs，成为生物体中 PFCs 的重要来源。

新型有机磷酸酯阻燃剂(OPFRs)作为 BFRs 的替代品逐渐进入市场，并在环境生物介质中广泛检出，其中主要包含含氯的 OPFRs，如磷酸三(2-氯乙基)酯(TCEP)、磷酸三(2-氯异丙基)酯(TCIPP)和磷酸三(1,3-二氯异丙基)酯(TDCIPP)。根据欧盟的《化学品的注册、评估、许可和限制》(REACH)标准，这三类物质的BCF 分别为 0.4、3.3 和 21.4，具有一定的生物富集性。但是在实际水生生物实验中发现，TCPP 和 TCEP 在底层食物链中的 BMF 均大于 1，而在上层食物链中表现出稀释效应。这主要是由于 OPFRs 对鱼体中的脂肪亲和力有限，其生物富集不完全取决于脂含量，也受到蛋白含量及各种转运蛋白含量的影响。

4) 组织和血液之间的分配作用

近期针对中华鲟(Chinese sturgeon)的研究发现，尽管 BDE-209(十溴二苯醚)的生物有效性很低，且其生物转化速率较快，但在中华鲟体内有时仍表现出较高的生物富集性(Wan et al., 2013)。这是因为相较于其他水生生物，BDE-209 在其组织和血液之间的分配对 BDE-209 的生物富集起到关键作用，从而使得 BDE-209在该鱼体内有较明显的生物富集。

全氟化合物(PFCs)常常被用作表面活性剂，包括全氟辛基磺酸(PFOS)和全氟辛酸(PFOA)等，它们在环境介质、野生生物和人体内被广泛检出。PFCs 在环境中极为稳定，持久性极强，在自然环境条件下不能经由水解、光解和生物降解快速转化和去除。例如，PFOS 的半衰期超过 41 年，而其间接光降解的半衰期超过3.7 年(25℃)。因此，目前高温焚化成为 PFOS 已知的主要 PFOS 降解方法。总体上看，PFCs 在各个国家的人群中都有检出，发达国家暴露水平高于发展中国家，多数情况下男性高于女性。PFOS 是我国人群中最主要的 PFCs，其次为 PFOA。从地区上来看，PFCs 在我国地区间分布差异较大，沿海发达地区暴露水平较高，西部地区水平较低。PFCs 主要分布在人体的血液和肝脏中，虽然尿液的排泄是人体清除 PFCs 的重要途径，但是由于 PFCs 在体内的累积能力很强，仍较难排出体外。Lau 等（2007）较为全面地总结了 PFCs 对哺乳动物（小鼠、大鼠、兔子、狗、猴、人）的肝脏毒性、繁殖毒性、免疫毒性等多方面的潜在影响，并对比了 PFCs 在血液中的半衰期，发现 PFCs 在人体血液中的半衰期远远长于其他哺乳动物，并且随着碳链长度的增加半衰期增长，同时直链的异构体半衰期也要长于对应的支链异构体。

5）生长稀释

随着生物的生长，其体内的污染物浓度减少，这种现象称为生长稀释。事实上，生长稀释是一种"伪消除"的过程，因为污染物质并没有从体内消除，只是随着生物体体重的增长而被稀释了。因此，如果污染物质的消除相需较长时间才能完成，特别是对超级疏水的持久性有机物而言，还应该考虑生物体的体重增加所引起的生长稀释作用。

6）其他因素

除了以上这些重要的影响因素之外，仍然有许多其他因素可以影响生物富集的过程。

（1）性别。从对污染物质代谢能力的角度来看：同种同系的雌雄动物常常对毒物的反应是相似的，往往在敏感性方面具有较为明显的量的差别。性别差异表现在实验动物性发育成熟开始，直至老年期，可见性激素的性质和水平起了关键性的作用。据研究，雄性激素能促进细胞色素 P450 的活力。因此，经 P450 代谢解毒的污染物质对雌性动物的毒性大，而经 P450 代谢活化的物质对雄性动物毒性大。但是从对 POPs 的富集量的角度来看，雄性生物更易富集较多污染物质。例如，研究者通过对加拿大海域的雌雄鲸鱼体内 PCBs、DDE、HCH 等 POPs 进行分析测定之后，发现虽然每种 POPs 污染物的浓度差异情况不完全相同，但总体而言，雄性鲸鱼体内的浓度普遍高于雌性鲸鱼体内的浓度。

（2）年龄。从对污染物质代谢能力的角度来看：在出生最初几天/几周内的婴儿和老年人体内的污染物的代谢与健康的成人有很大的差异。对于大多数的污染物质，幼年动物的敏感性为成年动物的 1.5～10 倍。现有的资料表明，幼年动物对很多污染物质比较敏感的原因在于缺乏各种解毒的酶系统，造成Ⅰ相和Ⅱ相反应较弱。从对 POPs 的富集量的角度来看：生物幼体中的 POPs 一般较成体的污染水平低一些，这主要和生物体暴露在含有 POPs 的环境中的时间长短有关。随着年龄的增加，POPs 在水生生物组织中的浓度通常也随之升高。

(3)生理状态:在妊娠的时候,母体的每个器官系统均发生了生理学变化,并且为了要供应胎儿和生殖器官的迅速生长,这些变化可能显著影响对污染物质的处置。另外,妊娠母体的胃肠道运动受到抑制,可能造成亲脂性污染物的吸收增强。对人类而言,在妊娠早期,弱酸性的污染物质易发生胎盘转移和蓄积,而在妊娠后期,弱碱性污染物质更易发生转移。

4.5 POPs 的生物有效性

长期以来,有关化学污染物的环境风险评价大都是基于污染物的总浓度而进行的。人们花费了大量的人力和物力来提高各种化学分析方法的回收率与灵敏度,希望准确测定环境介质中污染物的总浓度,却忽视了这些方法与生物体吸收污染物这一过程的相关性,用这些方法所测定的污染物的总浓度往往过高地估计了污染物的环境风险。研究表明,将 DDT 等持久性有机污染物加入土壤后,其对暴露生物的毒性随着老化时间的增加而显著降低,但用化学方法测定得到的土壤中 DDT 含量仍在加入量的 90%以上;同样,用微生物修复污染土壤中的多环芳烃(PAHs)时,无论采取什么措施均无法将土壤中的 PAHs 完全降解,土壤中总会有一部分 PAHs 残留。因此,环境中的污染物还存在一个"生物有效性"(bioavailability)的问题。科学地评价污染物的生物有效性,可以避免过高地估计环境风险,降低污染场地的修复成本,对正确评价污染物的环境风险具有十分重要的意义。

如何有效评价环境污染物的生物有效性是近二十年来的研究热点,目前已有很多生物化学方法被用来评价污染物的生物有效性。但是,这些方法一直存在很多分歧,很难达到一个共识,且无法解释 "在某一特定条件下,环境污染物中有多少是有生物有效性的"这样一个基本问题。究其原因,很大程度上是由于研究者对生物有效性概念的理解存在分歧以及尚缺乏表征生物有效性的参数。近年来的研究表明,污染物的自由溶解态浓度能比总浓度更好地反映污染物的生物有效性,是评价污染物生物有效性的一个关键参数。当污染物与一些基质,如溶解态有机质(DOM)、底泥、土壤、表面活性剂、蛋白质或者其他细胞或者组织组分相互结合时,其有效浓度或者自由溶解态浓度往往会下降,而其生物有效性也会相应降低。因此,研究污染物的自由溶解态浓度对解释污染物的生物有效性具有十分重要的意义。

本节在探讨生物有效性内涵的基础上,主要从基线毒性、生物富集以及生物降解三个方面阐明了自由溶解态浓度与生物有效性的关系,介绍测定自由溶解态浓度的常见方法,并对污染物的自由溶解态浓度与生物有效性这一研究领域进行展望。

4.5.1　生物有效性

1. 生物有效性的定义

有关环境污染物的生物有效性，目前还没有统一的定义。从医学毒理学角度而言，生物有效性是指化学物质穿过生物膜而进入细胞的可能性；但从环境科学家的角度而言，生物有效性代表了化学物质被生物吸收的程度和可能的毒性，而环境中化学污染物的一部分可能与环境介质(如土壤中的有机质及水中的溶解态有机质)结合而不能被生物吸收，即没有生物有效性。

2. 生物有效性的表征

如何描述化学污染物的生物有效性，是环境科学的难题之一。近二十多年来，尽管人们对化学污染物的生物有效性进行了大量研究，但至今还无法回答 "在某一特定条件下，环境污染物中有多少是有生物有效性的" 这样一个基本问题。以土壤/沉积物中疏水性有机污染物的生物有效性为例，有学者认为直接使用间隙水中污染物的浓度会高估了污染物的生物有效性，因为其中一部分会与溶解态有机质结合而没有生物有效性；而另外一些科学家则认为使用间隙水中污染物的浓度会低估了污染物的生物有效性，因为该浓度未包括可以从土壤/沉积物中释放出来而被生物吸收的那部分污染物，即所谓生物可及(bioaccessible)的污染物。为此，Semple 等科学家建议将生物有效性区分为两个概念，即所谓的"现成的"生物有效性(bioavailability)和生物可及性(bioaccessibility)。其中后者既包括前者又包括"潜在的"生物有效性，如：经过解吸后可以变为生物有效的那部分污染物。但是，在实际情况下如何区分和测定生物有效性和生物可及性依然是十分困难的。

最近，研究者引入化学活度(chemical activity)的概念来描述生物有效性。他们认为，目前人们之所以在生物有效性的含义和定义上无法取得共识，其原因在于研究者混淆了两个根本不同的概念：可及性(accessibility)和化学活度(chemical activity)。可及性描述的是已经和在某些条件下可能具有生物有效性(如生物降解和生物吸收)的污染物，它是一个带有人为因素的度量标准，可以通过温和萃取(如温和溶剂萃取和超临界流体萃取)或者耗尽性采样(如环糊精萃取和 Tenax 树脂萃取)的方法测定；而化学活度量化的是自发的物理化学过程的能量，如扩散、吸附和分配等，是可以准确定义和通过平衡采样等技术来测定的。化学活度与逸度(fugacity)和自由溶解态浓度(freely dissolved concentration)一样，所度量的是环境中污染物的能量状态，而非可被生物吸收的污染物分子储备库。无论是离体实验还是活体暴露实验，都证明化学物质的自由溶解态浓度能够比总浓度更为准确地评价污染物的生物有效性。表 4-2 给出了总浓度、可及性和化学活度这三个参数之间的区别。

表 4-2 总浓度、可及性和化学活度的比较

	总浓度(C)	生物有效性	
		可及性	化学活度(a)[a]
度量	化学物质的存在	总浓度的一部分	化学物质的能量状态
单位	g/L	g/L	无单位(范围: 0~1)
决定	量的多少	耗尽性过程中可能的量	扩散的方向和程度、分配以及化学反应
分析方法举例	完全萃取	温和萃取或者耗尽性采样	平衡采样装置、SPME[b],或者某些传感器
	参数如何影响环境过程的实例		
分配 扩散	$K_{2,1} = C_2/C_1$	指示扩散交换中可能利用的量	$a_1 = a_2$ 决定扩散的方向和程度,从高化学活度到低化学活度
生物富集和毒性 生物降解		指示生物吸收可能利用的量 指示生物降解可能利用的量	控制生物区平衡分配和基线毒性 是关于抑制和维持生长的关键参数

文献来源: 胡霞林等,2009。

a. 化学活度与"逸度"以及"自由溶解态浓度"密切相关,描述的都是污染物的能量状态,仅仅是参考物的状态不同而已,它们之间可以互相转换。b. SPME =固相微萃取。

3. 生物有效性的预测

化学污染物的生物有效性的预测,同样是十分困难的。多年来,环境科学工作者大都基于平衡原理来评价和预测污染物的生物有效性:一般用平衡分配理论(EPT)来预测和评价有机物的生物有效性,以生物配体模型(BLM)和自由离子活度模型(FIAM)评价金属离子的生物有效性。尽管这些模型得到了比较广泛的应用,并且在一定程度上可正确地预测生物有效性,但是由于其理论前提是大量的理想假设,与实际环境条件的偏差很大,一些新的研究结果对这些模型的正确性提出了挑战。最近的研究表明,生物有效性包括多个阶段动态过程:第一个阶段是由物理化学驱动的吸附、解吸和扩散等过程(化学有效性),受控于化学污染物和环境介质的性质如疏水性、水溶性、电离常数、pH、黏土和有机质含量;第二阶段是生理驱动的吸收过程(生物有效性),由物种的一些特定性质如解剖学、比表面积、觅食方式和生活习性等决定;第三阶段是内部分配过程(毒理学有效性),受控于特定生物体的参数如代谢、去毒、排泄和存储容量等因素决定。可见,用现有的这些简单的模型难以准确地预测环境污染物的生物有效性。

4.5.2 自由溶解态浓度与生物有效性

1. 自由溶解态浓度定义与意义

自由溶解态浓度(freely dissolved concentration)是自由溶解在水相,而不与任何介质或系统组分结合的化合物的浓度。它不仅与分析物的总浓度有关,而且与基体介质浓度和容量，及其对分析物的亲和力相关。参见图 4-22 给出的自由溶解态浓度与总浓度(total concentration)的关系。总浓度包括自由溶解态浓度和结合态浓度。自由溶解态(free)的化学物质既可以分配到基质(matrix，如 DOM、土壤、蛋白质等)中，也可以分配到受体(receptor，如细胞、生物体等)中；而结合态(bound)化学物质则由于极性太强或者体积太大而不能为受体所吸收，即不具有生物有效性。显然，真正能够产生效应的浓度(有效浓度)只是总浓度中自由溶解态的一部分，即自由溶解态浓度。因此，用总浓度来评价污染物的生物有效性会造成过高地估计生物有效性，往往会产生错误的结果；而自由溶解态浓度则能更好地反映生物有效性。

　　自由溶解态浓度是环境化学、药理学和毒理学中的一个关键参数。从环境化学的角度来说，化合物的自由溶解态浓度是其在环境中迁移和分配，以及在生物中累积的驱动力，是解释化合物的生物有效性的关键参数；从药理学和毒理学的角度来说，只有自由溶解态的物质才能穿透细胞膜从而对生物产生效应。

2. 自由溶解态浓度与基线毒性

1)基线毒性

污染物与生物靶(如酶、受体等靶分子以及生物膜等靶位点)相互作用才能产生毒性效应，而这种作用模式极其复杂。大体上污染物与生物靶的作用模式可分为三种：非特异性作用、特异性作用以及化学反应。其中非特异作用模式最易于研究，也是研究其他复杂作用模式的基础，而基线毒性(baseline toxicity)是非特异性模式中最重要的一种，因此研究基线毒性具有很重要的毒理学意义。基线毒性也称"麻醉性"(narcosis)，指的是污染物分配到生物膜而导致生物膜完好性被非特异性破坏所产生的效应。其理论核心是：外源性化学物质在靶位点以及生物膜的浓度决定其毒性效应。基线毒性组成了每种化学物质的最小毒性，当指示终点(如致死性)确定时，不同基线毒物在生物膜中的浓度或者体积为常数。

2)自由溶解态浓度与活体基线毒性

在过去的毒性实验研究中，研究者们通常根据水族箱中鱼暴露实验的结果作出一条毒物的剂量-效应关系曲线，并由此得出有毒物质对生物的半数效应浓度(EC_{50}，当指示终点为半致死量时为半数致死浓度：LC_{50})，这个浓度通常都以化学物质的总浓度来表征($EC_{50total}$ 或者 $LC_{50total}$)。但是，需要注意的是，并不是所有加入到暴露体系中的化学物质都能被受试生物所吸收利用。化学物质的总浓度会因周围环境介质的吸附而逐渐减少，如水族箱壁、生物粪便、食物和测试生物本身的吸附等。只有测试体系中化学物质的自由溶解态浓度才是真正意义上具有生物有效性的(不考虑摄食途径的贡献)。Escher 等(2004)在分析六氯苯对斑马鱼的毒性效应时发现了一个问题：六氯苯的 LC_{50free} 值为 5 μg/L，而根据 LC_{50free} 推算所得的 $LC_{50total}$ 为 21 μg/L，是六氯苯水中溶解度(7 μg/L)的 3 倍。显然，$LC_{50total}$

值不可信，而 LC_{50free} 值则是可信的。因此，用自由态浓度来构建化学物质浓度与毒性效应之间的关系将得到更可靠和偏差更小的 EC_{50free} 值。Hawthorne 等（2007）考察了 97 种底泥中 34 种多环芳烃（PAH_{34}）对片脚类动物的毒性效应，发现 PAH_{34} 的总浓度与毒性没有关系：暴露生物在 PAH_{34} 总浓度高达 2990 μg/g 时还能存活，而在总浓度低三个数量级（2.4 μg/g）时反而显著死亡；同时，作者发现，底泥孔隙水中自由溶解态的 PAH_{34} 与毒性效应很一致，基于 97 种底泥孔隙水中自由溶解态 PAH_{34} 的值与暴露生物存活量的关系，拟合所得的 LC_{50} 值与文献报道值也很吻合。以上结果证明，在活体暴露实验中，自由溶解态浓度能够将基质影响降低到最低，能够很好地反映基线毒性。

3）自由溶解态浓度与离体基线毒性

在细胞离体测试体系中，通常含有很高的细胞密度和血清蛋白或其他基质，这些基质会影响体系中污染物的生物有效性。细胞材料对毒物的吸收和吸附会造成化学物质的 $EC_{50total}$ 值随着体系中细胞密度的增加而线性增加。根据这个关系将 $EC_{50total}$ 值推导至体系细胞或者基质蛋白为"零"状态就可以得到化学物质的 EC_{50free} 值。Guelden 等（2003）认为，在考虑人体血清和离体测试体系蛋白和脂含量的情况下，依此关系可能将离体测试结果推导至人体的活体毒性结果。Heringa 等（2004）在研究血清对雌二醇以及辛基酚的雌激素效应的影响时发现，当采用自由溶解态雌二醇或者辛基酚表示时，其离体测试体系中的 EC_{50free} 值与体系中血清浓度无关，是常数；而当采用总浓度时，其 $EC_{50total}$ 值与体系中血清浓度有很强的线性关系。因此，相对于总浓度，直接测定化学物质的自由溶解态浓度可以极大地提高毒性效应预测结果的准确性。

4）不同暴露浓度与基线毒性

为了更清楚地阐明自由溶解态浓度与基线毒性的关系，除了总浓度，这里再引入内暴露浓度（internal concentration）和靶位点浓度（target concentration）两个概念。内暴露浓度（internal concentration）是化学物质对生物产生毒性效应时，在整个生物个体基础之上的目标化学物质的量；靶位点浓度（target concentration）是考虑了整个毒理代谢动力学过程（包括生物获取、代谢、分配到靶位点和非靶位点、排泄等过程）而最终产生毒理学响应的化学物质的量。目前比较认可的观点是，不同暴露浓度与毒性效应关系的密切程度如下：总浓度＜自由态浓度＜内暴露浓度＜靶位点浓度。当毒性效应用总浓度来表示时，EC_{total} 与 $\log D_{lip}$（污染物亲脂性）之间的相关性不好；而当毒性效应用自由溶解态浓度来表示时，EC_{free} 与 $\log D_{lip}$ 之间的相关性十分令人满意；当用内暴露浓度或者靶位点浓度（膜浓度）表示时，EC_{target} 不受污染物亲脂性的影响。以上结果表明，总浓度无法（或者只能粗略）预测污染物的毒性效应，自由溶解态浓度能够准确地预测毒性效应；而相对于自由溶解态浓度，内暴露浓度和靶位点浓度能更准确地预测基线毒性效应，因为其将生物种群及化学物质种类的差异带来的不确定性降低到最小，其值理论上是恒定的。目前关于测定内暴露浓度的研究还很少，且大多数的研究还只局限于最简单的基线毒性的研究；而要真实测定化学物质在生物体内靶作用点的实际剂量或毒性浓度在实际操作上是不可行的，只能用简单的分配模型和复杂的动力学模型来估计。由于化合物在水体中真实的自由溶解态浓度可以通过化学方法(如 nd-SPME 技术)准确地测定，且其在一定程度上可以预测内暴露浓度，因此，自由溶解态浓度具有比较好的可操作性与实用性，在环境毒理学中将发挥重要作用。

3. 自由溶解态浓度与生物富集

生物富集(bioaccumulation)是指生物体通过对环境中某些元素或难以分解的化合物的积累，使这些物质在生物体内的浓度超过环境中浓度的现象。生物富集和毒性效应一样，是生物有效性最为重要的方面之一，而自由溶解态浓度与生物富集则有着极其密切的关系。目前普遍认同的观点是，与环境基质结合的化学物质不易于被生物富集，而只有真正自由溶解态的化学物质才能被生物富集。以环境中广泛存在的溶解态有机质(DOM)为例，很多研究表明，DOM 降低了疏水性有机化合物(HOC)在水生生物体内的生物富集，其主要原因是：DOM 与 HOC 结合，使得结合产物的空间体积过大或者极性过强，从而不能穿透生物膜，难以进入生物体内循环。

研究表明，通过测定污染物的自由溶解态浓度可以得到恒定的生物富集因子(BCF)，从而可以准确预测复杂体系中污染物的生物富集。Kraaij 等(2003)研究了有无腐植酸的体系中，五氯苯和 PCB-77 对大型溞生物富集的影响，且分别计算了基于总浓度和基于自由溶解态浓度的 BCF。结果发现，基于自由溶解态浓度测定的 BCF 值不受腐植酸的影响，是定值；而基于总浓度计算时，腐植酸存在时的 BCF 值明显低于未加腐植酸的相应 BCF 值。Ke 等(2007)在研究腐植酸对日本青鳉生物富集有机氯农药的影响时，同样也发现了基于自由溶解态浓度计算的 BCF 值与腐植酸浓度无关，且生物富集量与自由溶解态浓度之间有很好的线性相关性。van der Wal 等(2004)测定了有机氯化合物在土壤孔隙水中的自由溶解态浓度(C_p)，并依此浓度和 BCF 值根据平衡分配理论(EPT)计算了目标物在蚯蚓中的生物富集量($C_b = \text{BCF} \times C_p$)，结果表明，计算值与蚯蚓暴露实测值相当，且在不同的污染物浓度水平表现出很好的线性相关性。Kraaij 等(2003)用同样的方法预测了土壤中几十种 HOC(包括 PCBs、PAHs、氯代苯)在颤蚓科(Tubificidae)蠕虫中的生物富集，其预测值与实验测定值十分吻合。以上研究表明，土壤孔隙水中自由溶解态的化学物质可以用来预测污染物的生物富集。因此，通过简单地测定自由溶解态浓度，就可以方便、准确地预测复杂基质中污染物的生物富集。

自由溶解态浓度可以从两个不同的方面来反映生物富集。一方面，通过自由溶解态浓度和生物富集因子(BCF)可以预测污染物在生物体内的平衡分配(稳态生物富集浓度)，特别是对于污染物易于达到平衡分配的那些小生物(如大型溞等)。另一方面，根据污染物的生物富集浓度和 BCF 可以反推出污染物在环境基质中的理论自由溶解态浓度，将这个理论值与实测值相互比较，可以判断生物富集过程：当理论值=实测值时，证明是平衡分配；当理论值＜实测值时，说明污染物在生物体中存在生物降解或者是动力学富集(未达到富集稳态)；当理论值＞实测值时，表明生物富集过程中存在通过食物链的生物放大(biomagnification)过程。

4. 自由溶解态浓度与生物降解

在量化生物降解时，常常认为环境中全部化学物质都具有微生物降解活性。而近年来研究表明，污染物与环境基质结合，不仅仅会影响污染物的毒性和生物富集，还会明显影响污染物的生物降解。基质主要是从生物降解速率和生物降解有效浓度两个方面来影响生物降解。对于降解速率，目前比较认可的结论是：结合态的污染物不具有微生物降解活性，当污染物与环境基质结合后，其净生物降解速率将降低；尤其是当污染物从基质解吸到水相中的速率低于其微生物降解活性时，这种生物降解速率降低现象将更为明显。目前生物降解速率常数的测定大都是基于污染物的总浓度进行的，该方法很难得出生物降解的速率控制步骤。Artola-Garicano 等(2003)通过简单地测定自由溶解态浓度，就很方便地得到了活性污泥生物降解多环麝香类污染物的速率控制步骤。因此，自由溶解态浓度在生物降解模型中可望有比较好的应用前景。

有关自由溶解态浓度与生物降解的研究一直极少。一些研究暗示只有自由溶解态的化学物质才具有生物降解活性，但是由于测定的困难，目前还没有真正通过测定自由溶解态浓度来证实他们的假设。Artola-Garicano 等(2003)通过测定污水处理厂不同处理阶段多环麝香类污染物的自由溶解态浓度和总浓度来评价污水处理效果，结果发现，自由溶解态浓度在各个阶段都比较恒定，而总浓度变化则很大。他们得出的结论是：污水处理厂中污染物的自由溶解态浓度主要受生物降解调控，而总浓度由固体调控。由此可见，自由溶解态浓度与生物降解的关系很密切。生物降解的首要条件是污染物能够通过扩散迁移至降解生物并为其吸收，而自由溶解态浓度是污染物在环境中迁移和分配，以及在生物中累积的驱动力。以土壤或者底泥污染物为例，由于降解生物的消耗，在污染物总浓度显著减小之前，其在孔隙水中的浓度可能会显著降低。因此，测定自由溶解态浓度对评定生物降解底物条件以及预测生物降解过程具有十分重要的意义。

4.5.3　污染物自由溶解态浓度的测定方法

随着科学家对自由溶解态浓度的关注，目前发展了很多测定自由溶解态浓度的方法。Heringa 和 Hermens（2003）较详尽地综述了常用的测定自由溶解态浓度的方法。传统的方法，如平衡透析、超速离心、超滤等，需要将化合物的自由溶解态和结合态经复杂的物理分离后再进行分析测定。色谱法，如体积排阻色谱、反相色谱和亲和色谱，由于不需要任何相分离步骤，能够同时测定自由溶解态和结合态浓度，具有快速、操作简单的优点，得到了广泛的应用；但是其最大的缺点是受基质干扰影响很大。荧光淬灭因其简单、灵敏度高的优点而成为最流行的测定自由溶解态浓度的方法之一，但是其只适用于有荧光性质的物质，且有文献报道该方法低估了自由溶解态浓度。近年发展起来的“平衡采样装置”（equilibrium sampling device, ESD），特别适合于采样分析测定污染物的自由溶解态浓度。ESD 采样时，将采样相置于采样介质中，使目标污染物在采样相与介质间达到平衡，通过测定采样相中污染物的浓度而得到介质中的自由溶解态污染物浓度。从某种意义上讲，该方法就如同用温度计测定环境温度一样简单。ESD 最大的特点是非耗尽性采样：仅采集全部分析物中的可忽略的极少的一小部分（一般认为<5%），从而不破坏分析物结合态与自由溶解态之间的平衡，检测的是污染物的自由溶解态浓度。迄今为止，比较成功的 ESD 主要包括用于采集金属离子的薄层梯度扩散（diffusive gradients in thin films, DGT）、主要用于采集非极性有机污染物的半透膜采样装置（semipermeable membrane device, SPMD）和固相微萃取（solid-phase microextraction, SPME），以及主要用于采集极性有机污染物的液相微萃取（liquid-phase microextraction, LPME）。下面将主要对这四种 ESD 方法进行详细介绍。

1. 薄层梯度扩散（DGT）

DGT 是英国科学家 Davison 等在 1994 年发明的，该技术特别适合于测定金属的有效态（labile/free species）浓度（Davison and Zhang, 1994）。DGT 装置通常由一个圆盘组成，该圆盘由表及里包含三层：滤膜层、聚丙烯酰胺扩散凝胶层以及固定凝胶层。其中，滤膜的孔径为 0.45 μm，滤膜层直接与样品以及凝胶层接触，它可以防止凝胶的机械损坏和生物污染。滤膜下面的扩散凝胶层控制着基质中测定组分到固定相的扩散通量。水或孔隙水中溶解态（自由溶解态或小分子络合态）金属离子通过滤膜和扩散凝胶层到达固定凝胶层，由于固定凝胶层中的 Chelex 树脂强烈吸附金属离子，从而使得金属离子被固定起来。之后，通过收集测定固定层中金属离子的含量，就可以根据菲克第一扩散定律推出样品中金属离子的自由溶解态浓度。需要指出的是，固定凝胶层中的树脂由可渗透离子的水凝胶覆盖，该水凝胶有确定的面积及厚度从而可以准确得知自由金属离子的扩散速率。大的有机络合态在水凝胶中的扩散速率极慢,扩散不显著;而小的有机络合态在一定程度上可以透过水凝胶(以常用的琼脂凝胶 APA 为例,分子质量为 2400 Da 的有机络合态分子的透过率约 16%)。因此,DGT 除了测定自由溶解态的无机金属离子外,还可以测定一小部分的小分子有机络合态金属。由于很多情况下 DGT 的测定结果与传统的平衡透析以及离子选择电极的结果很一致,因此一般认为 DGT 测定的就是金属离子的自由溶解态浓度或者有效浓度。

相对于传统的方法,DGT 最大的优点是:①将分析物直接吸收富集在固定相,操作简单;②将基质干扰以及样品污染降到最低;③便于原位采样。目前 DGT 已经广泛地应用于地表水中多种金属离子自由溶解态浓度的测定,以及土壤中一些痕量金属的测定,如铜、锌、镉等。近年来的研究表明,通过 DGT 测定的有效浓度可以预测金属离子的生物富集以及毒性效应,因此,DGT 又被用来评价金属离子的生物有效性。

2. 半透膜采样装置(SPMD)

SPMD 是美国地质调查局的 Huckins 教授等于 1990 年发明的(Huckins et al., 1990)。典型的 SPMD 是一个三明治结构,它由中性三油酸甘油酯填充在无孔(没有固定的膜孔,仅仅有受热调控的瞬时孔穴)低密度聚乙烯膜(LDPE)内组成。LDPE 的瞬时膜孔的孔径约为 10 Å,与绝大数环境污染物的分子大小相近。由于 LDPE 膜孔尺寸的限制,只有分子质量<600 Da 的自由溶解态(具有生物有效性)的有机污染物才能通过扩散作用透过 LDPE 半透膜,然后被浓缩在中间的三油酸甘油酯中;而与溶解态有机质或者颗粒物结合的有机污染物因体积太大而被阻截在半透膜外。

由于采样相三油酸甘油酯的强疏水性,根据相似相容的原理,SPMD 特别适合于强疏水性有机污染物(如 PCBs、PAHs 等)自由溶解态浓度的测定,而对极性物质的富集效率很低。SPMD 最大的优点是:SPMD 半透膜阻截的分子尺寸与生物膜类似,可以选择性富集有机污染物;且 SPMD 富集污染物的过程与生物膜的作用机理有一定的相似性,因此,很多情况下通过 SPMD 测定自由溶解态浓度可以评价污染物的生物有效性。当然,SPMD 也存在一定的缺点:如 SPMD 制备比较麻烦、样品前处理依然比较复杂;强疏水性的污染物在 SPMD 中达到富集平衡所需的时间特别长(有的甚至超过一年),很难实现平衡采样,因此往往需要对动力学参数进行复杂的校正;另外,由于 SPMD 采样相体积比较大,实现微耗损(negligible depletion)采样测定自由溶解态浓度所需要的样品体积也特别大。针对传统 SPMD 的缺点,王子健课题组发明了一种新型的 SPMD——三油酸甘油酯-醋酸纤维素复合膜被动式采样技术(TECAM)。TECAM 由三油酸甘油酯以脂滴的形式嵌于醋酸纤维素聚合物构造中形成,该镶嵌结构使得接触面积大,极大地提高了采样速率，易于快速达到萃取平衡。

3. 固相微萃取（SPME）

固相微萃取技术是加拿大的 Pawliszyn 教授及其同事在 20 世纪 90 年代初发明的一种新型的样品前处理技术（Arthur and Pawliszyn, 1990）。其萃取机制，就是将目标物富集于一小段涂有聚合物涂层的石英纤维上，然后将涂层上所富集的分析物通过高温热解吸或溶剂洗脱快速完全地解析到分析仪器（如 GC 或者 HPLC）中进行分析测定。该方法集采样、萃取和富集于一体，平衡快速，操作简单，样品用量少，自其问世以来在环境分析、生物分析等领域得到了很广泛的应用。

传统的 SPME 针对的是总浓度的测定，追求的是尽可能最大的萃取效率；而 Vaes 等和 Poerschmann 等创新性地将其应用于自由溶解态浓度的测定，其依据是仅仅萃取少至可忽略部分的自由溶解态目标物，从而不破坏其各种形态间的平衡，这也就是我们所说的微耗损固相微萃取（negligible depletion solid-phase microextraction, nd-SPME）技术。如图 4-24 所示，nd-SPME 既可用于顶空萃取也可用于直接浸入式萃取。顶空萃取最大的优点是避免了样品基质对 SPME 纤维的干扰，但是其只适用于挥发性和半挥发性化合物；而直接浸入式萃取几乎适合于所有的化合物，但因萃取介质与溶液直接接触，溶液中的基质可能会对萃取产生干扰。不管是采用何种萃取方式，为了准确地测定自由溶解态浓度，萃取体系必须同时满足如下三个条件：①结合态和自由溶解态的物质必须达到平衡；②由于萃取引起的自由溶解态物质的耗损量可以忽略；③样品基质不影响萃取。

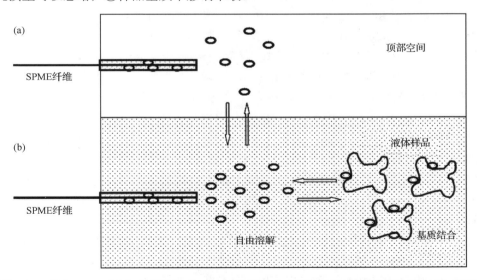

图 4-24　顶空 SPME（a）和直接浸入式 SPME（b）测定自由溶解态浓度示意图（胡霞林等, 2009）

目前，nd-SPME 已经成为应用最为广泛的测定自由溶解态浓度的技术之一，在环境基质(如：腐植酸类溶解态有机质、底泥、土壤、活性污泥等)、生物基质(蛋白及细胞组织等)乃至纳米材料基质中都得到了很成功的应用。目前应用最为广泛的 SPME 纤维涂层为 PDMS(聚二甲基硅氧烷)，它特别适合于疏水性有机污染物自由溶解态浓度的采集；而对于极性有机物，应用比较多的为 PA(聚丙烯酸酯)纤维。由于极性 SPME 纤维涂层的限制，SPME 对极性物质的萃取效果不够理想，无法满足实际环境介质中 µg/L 级浓度水平的测定要求，导致其在实际环境中极性物质自由溶解态浓度的测定应用方面受到了一定的限制。

4. 液相微萃取(LPME)

液相微萃取技术是一种微型化的液-液萃取技术，它结合了液-液萃取和 SPME 的优点，可以根据目标分析物的性质灵活地选择萃取溶剂，从而实现了许多 SPME 难以完成的物质如极性有机污染物的萃取。按萃取的表现形式不同，LPME 可分为单滴液相微萃取(SD-LPME)和中空纤维膜支载的液相微萃取(HF-LPME)。其中 SD-LPME 通常采用与样品相不互溶的正辛醇、苯、甲苯、正己烷等为萃取溶剂。HF-LPME 按萃取过程中相传质过程的不同，可分为两相形式(two phase LPME)和三相形式(three phase LPME)。其中两相 LPME 与 SD-LPME 类似，采用有机溶剂作为萃取剂，只不过有机溶剂填充在中空纤维膜的膜壁膜孔及内腔中，从而增强了其稳定性；三相 LPME 主要通过中空纤维膜壁膜孔中填充的有机溶剂萃取目标物，然后再通过膜腔中填充的受体水溶液反萃取目标物。

LPME 是对 SPME 的重要补充，在常规分析中得到了很广泛的应用，而当采用微耗损标准时，nd-LPME 近年来发展成了一种新型的测定自由溶解态浓度的技术。其中，单滴液相微萃取(SD-LPME)技术可用于小体积样品中自由溶解态浓度的测定，但是由于单液滴易受物理作用的影响，比较脆弱，不稳定，限制了其应用范围。为了克服 SD-LPME 的缺点，借助中空纤维膜稳定有机溶剂，先后发展了薄液膜萃取(thin liquid film extraction, TLFE)技术和微耗损中空纤维膜支载液相微萃取(nd-HF-LPME)技术(Hu et al., 2009; Liu et al., 2006)。TLFE 由亚微升有机溶剂支载在多孔中空纤维膜的膜壁上形成，具有采样相比表面积大、平衡时间短、需要的样品体积小的优点，特别适合于 $\log K_{OW} > 3$ 的有机物质自由溶解态浓度的测定。而 nd-HF-LPME 由于有机溶剂填充在中空纤维的膜腔，采样相体积相对较大(约 10 µL)，能够极大地提高灵敏度，特别适合于 $\log K_{OW} < 3$ 的极性有机污染物自由溶解态浓度的测定。使用中空纤维膜的另一大优点是：中空纤维膜的膜孔可以阻碍溶解态有机质(DOM)以及与之结合的化学物质进入采样相，从而将基质干扰降低到最小。同样利用 HF-LPME，刘景富等(2005)发展了膜平衡采样(equilibrium sampling through membrane, ESTM)技术，该方法基于一种中空纤维膜支载的三相液相微萃取

技术，即在两水相中夹心一个有机液膜相，从而实现了对可离子化的有机化合物以及金属离子自由溶解态浓度的采集测定。

4.5.4　小结

环境污染物的生物有效性是一个很复杂的问题，其正确的评价有赖于发展量化生物有效性的方法。"现成的"的"生物有效性"和"潜在的"的"生物可及性"可以在理论上从两个不同的方面很好地描述生物有效性；而污染物的"可及性"和"化学活度"（或者自由溶解态浓度）则在可操作性上为量化生物有效性提供了有效的方法。环境污染物的自由溶解态浓度是描述生物有效性的一个很关键的参数，它与基线毒性、生物富集以及生物降解联系极为密切。该领域未来的发展方向主要是以下几点：①建立基于自由溶解态浓度的生物模型，以更准确地预测污染物的生物有效性；②发展简便快速测定生物有效性的分析测定方法和技术如平衡采样技术，以高效测定各类污染物自由溶解态浓度；③研究污染物的环境过程与生物有效性的关系；④研究环境中的人工和天然材料（如溶解态有机质）影响化学污染物的生物有效性的机制。

4.6　沿食物链的迁移

在考察污染物沿食物链迁移的研究中，首先应当确定不同生物的营养位置。在野外调查中，确定营养地位的普遍方法是从自然历史文献中提取信息。这只能在一定程度上准确地解释野外调查的结果。现在更为流行的方法是同位素法。在营养传递的时候发会发生轻质元素如 C、N 和 S 的同位素鉴别（isotopic discrimination），为定量自然群落中的营养地位提供了有利条件。在营养交换中，相对于较重的同位素（^{13}C、^{15}N 和 ^{34}S），同位素鉴别倾向于相对较轻的同位素（^{12}C、^{14}N 和 ^{32}S）在生物体内的含量。

一个食物网之内的生物体内氮同位素（^{14}N 和 ^{15}N）的变化相对于它在空气中的同位素比率可定量表示（Newman and Unger，2007）：

$$\delta^{15}N = 1000\left[\frac{(^{15}N_{sample} / {^{14}N_{sample}})}{(^{15}N_{air} / {^{14}N_{air}})} - 1\right] \tag{4-4}$$

式中，$\delta^{15}N$ 的单位是‰。因为轻同位素（^{14}N）更容易被排泄，$\delta^{15}N$ 随每一次营养交换而增加。氮的同位素鉴别不与吸收、代谢分解为氨基酸或去氨基相关。

生物放大只是污染物质沿食物链传递的三种可能结果之一。在捕食者和被捕食者中的浓度可能是相似的，在统计上没有显著的增加或者降低的趋势。或者就像经常发生的那样，污染物的浓度会随着营养级的升高而降低。因为在每一次传递过程中，摄食速率、从食物的吸收、内部转化和消除之间所需要的平衡对污染物守恒的传递来说不存在。在这种情况下，每次营养交换浓度都要降低。随着营养级的增加而减少的情况被称为营养稀释（trophic dilution）或者生物缩小（biominification）。

4.6.1 POPs 在生态系统中的生物放大

生物放大（biomagnification）是指同一食物链上的高营养级的生物，通过吞食低营养级生物而蓄积某种元素或难降解物质，使其在机体内浓度随营养级数升高而增大的现象。化学物质生物放大的程度可用生物放大因子（biomagnification factor, BMF）来描述。BMF 是指稳态状态下食物中污染物浓度和摄食者体内浓度的比值。

生物放大因子的计算方法较多。第一种方法将营养级列入考虑因素，称为营养级放大因子（trophic magnification factor, TMF），计算公式如下：

$$\log C_B = (m \times TL) + b, \quad TMF = 10^m \tag{4-5}$$

式中，C_B 是污染物质在生物体脂肪中的浓度，m 为经验斜率，TL 为营养级。

另一个生物放大因子的计算方法是用营养级 n 的污染物浓度（C_n）除以比其低一个营养级的浓度（C_{n-1}）。这个生物放大因子（B）为

$$B = \frac{C_n}{C_{n-1}} \tag{4-6}$$

该生物放大因子假定在取样个体中浓度达到稳态，而且取样个体对其容量相同。B 也可以以生物富集的恒定速率模型表达：

$$B = \frac{C_n}{C_{n-1}} = \frac{\alpha f}{k_e} \tag{4-7}$$

式中，α 为摄入生物的同化效率；f 为摄食速率，食物质量/（个体质量·事件数）；k_e 为消除速率常数。

生物放大因子还可以用两个营养级的许多生物个体样本的体重加权平均浓度来计算：

$$B' = \frac{\left(\sum_{i=1}^{x} C_{n,i}\omega_{n,i}\right)\left(\sum_{j=1}^{z}\omega_{n-1,j}\right)}{\left(\sum_{j=1}^{z} C_{n-1,j}\omega_{n-1,j}\right)\left(\sum_{i=1}^{X}\omega_{n,i}\right)} \tag{4-8}$$

式中，ω 为从 n 或者 $n-1$ 营养级取样时的个体质量。

对有机化合物在生物网中的生物富集研究表明，在某些情况下指数模型更合适：

$$C = ae^{b(\delta^{15}N)} \tag{4-9}$$

式中，C 为食物网中生物体内的浓度，a 和 b 是估计的参数。b 是生物放大指数（biomagnification power）：正值 b 表示随着在食物网的位置升高，浓度成比例增加（生物放大）；负值 b 表示随着位置的升高，浓度成比例降低（营养稀释）。Broman 等（1992）发现，在一个远洋食物网中，二噁英类物质的浓度非常适合用这一公式表达。

1. 水生生态系统

1）硬骨鱼

尽管一些硬骨鱼扮演着食物链顶端的角色，尤其是在淡水生态系统中，但是大部分的硬骨鱼主要占据着水体食物网的中间位置。因此，它们是生物放大过程的主要成分。同时，硬骨鱼也被人类摄食，这导致它们被列入人类污染物食物暴露过程。

例如，在西藏高海拔的纳木错湖中，POPs（DDE、DDD、PCBs）的浓度沿浮游植物—无脊椎动物—鱼（*Gymnocypris namensis*）食物链位置上升而显著增加（Ren, et al., 2017）。又例如，张荧等（2009）为了调查广东某地电子垃圾回收对水生生物造成的 PBDEs 的污染情况，通过对样品 N 同位素进行测定，发现其中的 13 种 PBDEs 单体在食物链上（包含鱼类、草虾和田螺等）存在着生物放大现象。虽然生物放大的能力（B 值）与 $\log K_{OW}$ 值的相关性不显著（可能由于 PBDEs 的单体在生物体内发生了代谢），但仍然证明电子垃圾回收导致的 PBDEs 污染对该地区食物网络造成了较大的生态风险。

2）软骨鱼

相比其他物种，鲨鱼和鳐等软骨鱼体内的 POPs 浓度报道较少。但是软骨鱼对研究 POPs 的生物富集和生物放大非常重要。鳐和部分鲨鱼是典型的底栖生物，但是一些大型的鲨鱼是海洋生态系统中的顶端捕食者。研究者（Johnson, 2008）发现在连续 12 年间（1993～2004）PBDEs 在佛罗里达近海的牛鲨体内浓度持续增加，PBDEs 和 HBCD 的最高浓度在鲨鱼的肝脏样品中被测到，分别为 4190 ng/g lw 和 416 ng/g lw。

3）海洋哺乳动物

海洋哺乳动物通常较为长寿，因而 POPs 等物质易于在其体内逐渐累积。另外，海洋哺乳动物的膀胱也呈现为亲脂性物质的"汇"的特点。并且，这些动物还能将高浓度的亲脂性污染物通过母乳传递给下一代，从而加速了新生生物的生物富集过程。

POPs 类物质主要通过食物摄入进入海洋哺乳动物(Goerke et al., 2004)。按摄入过程可分成四类：①草食型(例如，海牛)；②食浮游生物型(例如，须鲸)；③捕鱼型(例如，齿鲸、海豹)；④捕鱼或者捕食海洋哺乳动物型(例如，虎鲸、北极熊)。尽管按照生物放大的理论，最后一组哺乳动物的体内 POPs 浓度理论上应该更高，但是多数研究结果显示海豚体内的 PBDEs 浓度是最高的。例如，PCBs、DDT 和 HCH 在我国南海的驼背海豚体内也发生了显著的生物放大现象。与海豚体内的浓度相比，虎鲸和北极熊的 PBDEs 和 PCBs 浓度要低 1～3 个数量级。

2. 陆地生态系统

至今为止，仅有少量研究讨论了陆地环境中 POPs 的生物放大现象。猛禽占据陆地食物链的顶端，POPs 在猛禽体内的生物放大效应将相当显著。例如，秃鹰和雀鹰的 BMF 值可以达到 2～34，这说明了 POPs 类污染物质在陆地生态系统中也存在生物放大现象。最近，研究者综述了鸟类对卤素阻燃剂的生物放大研究，发现几乎全部的 PBDEs、HBCD 和 BTBPE[1,2-双(三溴苯氧基)乙烷]在陆生鸟类食物链上均具有生物放大效应，特别是 BTBPE 这种新型的替代型阻燃剂在鸟类食物链上产生的生物放大效应和已被禁用的五溴 PBDEs 相当，暗示其具有较大的生态风险。

4.6.2 包含空气呼吸生物的生物放大的特殊性

通常，若疏水性物质的 K_{OW} 在 100～100000 之间，其在水生食物网中基本不发生生物放大。但若是当该食物网中含有空气呼吸生物(包括人类)时，就可以发生生物放大了，因为这些物质往往具有很高的正辛醇-空气分配系数(octanol-air partition coefficient, K_{OA})，以及相对较低的通过空气呼吸进行清除的能力。

一般而言，污染物的迁移主要通过食物消化和吸收，因此主要在胃肠道中蓄积化学物质。代谢能力差的、疏水性($K_{OW} > 10^5$)的物质被证明特别容易在鱼体内生物放大；$K_{OW} < 10^5$ 时，在鱼体内一般不发生生物放大。但是，研究者在加拿大北部的地衣—驯鹿—狼的食物链中发现了 $K_{OW} < 10^5$ 的物质也发生了生物放大现象。例如，全氟辛基磺酸($K_{OW} < 10^5$)不能在鱼体中发生生物放大，但可以在鸟类和哺乳动物体内发生显著的生物放大现象。这些研究提示我们，特别疏水的化学物质($K_{OW} > 10^5$)并非是唯一具有生物放大潜能的物质，因此 K_{OW} 系数不能作为一个广泛使用的参数来鉴定 POPs 在生物体内的累积和传递。

有研究(Kelly et al., 2007)比较了不同疏水性和 K_{OW} 的有机物在一个鱼类食物网(仅含有通过水呼吸的生物)、一个陆地食物网(仅含有通过空气呼吸的生物)和一个混合的海洋哺乳动物食物网(既含有通过水呼吸的生物,又含有通过空气呼吸的生物)进行疏水性有机物的生物累积与放大的差异。研究结果发现,在鱼类食物网中,未被代谢的化学物质的 K_{OW} 在 $10^5 \sim 10^8$ 之间,食物链顶端捕食者体内的放大倍数超过 100(图 4-25)。$K_{OW} < 10^5$ 时不发生生物放大,污染物可通过呼吸有效清除;$K_{OW} > 10^8$ 时也未发生放大现象,因为这类物质被鱼体吸收的速率非常低。但是,在海洋哺乳动物食物网中,存在几种不同的情况:①难以生物放大的物质($K_{OW} > 10^5$ 且 $K_{OA} > 10^6$)发生生物放大,在食物链顶端(北极熊)体内浓度放大10000 倍;②疏水性较低的物质($K_{OW} < 10^5$ 且 $K_{OA} > 10^6$)也发生生物放大,在食物链顶端北极熊体内浓度放大 3000 倍;③化学物质($K_{OW} < 10^2$)不发生生物放大,即便具有较高的 K_{OA} 值,因为空气呼吸的动物可以通过尿液排泄清除污染物质。在陆地食物网络中,若没有发生代谢的话,化学物质的 K_{OW} 在 $10^2 \sim 10^{10}$ 之间且 $K_{OA} \geqslant 10^6$ 可以发生生物放大到 400 倍(图 4-26)。化学物质的 K_{OW} 介于 $10^3 \sim 10^9$ 之间,若它们的 K_{OA} 数值相似,可以实现一个相近的生物放大的比例。

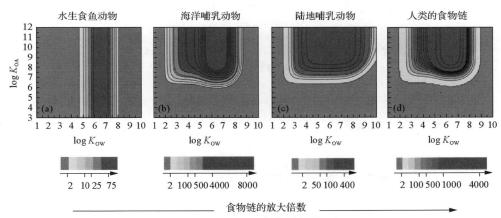

图 4-25　化学物质在 K_{OW}(x 轴)、K_{OA}(y 轴)和食物网的放大(z 轴)之间的关系轮廓图(Kelly et al., 2007)

(a)水生食鱼动物食物网;(b)海洋哺乳动物食物网;(c)陆地哺乳动物食物网食物链和(d)北极包含人类的食物网。数据表示顶部捕食者中化学浓度(ng/g 脂质当量)的组合放大倍数(例如初级生产者 TL=1,到北极熊时为 TL=5.4)。这些数据显示 K_{OW} 和 K_{OA} 对化学生物累积的综合影响

因此总体而言:当有机物质的 $K_{OW} > 10^2$ 且 $K_{OA} \geqslant 10^6$,它们在空气呼吸的生物中有放大潜能。这类物质大约占了所有商用有机物质比重的三分之二(图 4-26)。大约40%的有机物的性质($K_{OW} > 10^5$)因具有高脂水分配系数而被认为具有生物富集的能力。而剩下的 60%的物质,K_{OW} 在 $10^2 \sim 10^5$ 且 $K_{OA} \geqslant 10^6$,也应该考虑它们是否具有生物富集的潜能。需要注意的是,代谢转化可以降低或者减少预期的生物

放大潜能，因此在发生明显代谢转化时，代谢物质的生物富集的行为也应当考虑。

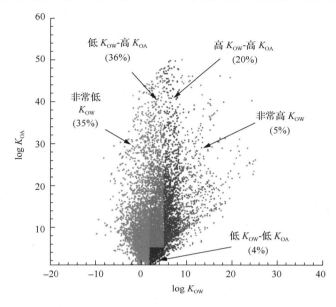

图 4-26　约 12000 种化学物质的 K_{OW} 和 K_{OA} 之间的相互关系（根据加拿大的国内物质清单 [Canada's Domestic Substance List（DSL）制定]（Kelly et al., 2007）

化学物质被分为：(i) 非常低的 K_{OW}（log K_{OW}<2.0）；(ii) 低 K_{OW}-低 K_{OA}（log K_{OW} 2～5 且 log K_{OA}<5）；(iii) 低 K_{OW}-高 K_{OA}（log K_{OW} 2～5 且 log K_{OA}≥5）；(iv) 高 K_{OW}-高 K_{OA}（log K_{OW}≥5 且 log K_{OA}≥5）；(v) 非常高 K_{OW} 或者超级疏水的物质（log K_{OW}>9）。其中，低 K_{OW}-高 K_{OA}（log K_{OW} 2～5 且 log K_{OA}≥5）类别的化学物质（超过 4000 种物质，约占 36%），被证明在含有空气呼吸的动物时，具有生物放大现象

4.7　共存物质对 POPs 吸收、转化、累积与毒性的影响

4.7.1　共存物质对 POPs 跨膜转运和吸收的影响

POPs 可以通过多种天然或者人工的载体进入生物体的细胞内。常见的天然载体包括：悬浮的有机颗粒物、土壤和沉积物等；人工载体包括：纳米颗粒、微塑料（尺寸小于 5 mm 的塑料颗粒）等。通过载体的 POPs 暴露引起了越来越广泛的关注。研究发现（Chen et al., 2017）在某些海洋区域（例如北太平洋的塑料大垃圾带），塑料的含量甚至高出浮游生物的含量 40～180 倍，那么在这些区域，通过塑料载体摄入 POPs 将成为许多水生生物的主要 POPs 食物相暴露方式。

载体上的 POPs 可能在进入生物体之后脱落下来，以单独的污染物分子被生物膜吸收。例如，PAHs 在碳纳米管（CNTs）上的吸附是可逆的，尤其是在生物体的消化液作用下，PAHs 更易从纳米颗粒上脱落下来，从而被生物膜所吸收。另外，有些纳米材料具有特殊的笼状结构，可以形成闭合的内部空间(例如富勒烯，C_{60})，其对吸附的污染物质存在脱附迟滞效应(即对污染物质有不可逆的吸附现象)，部分 POPs 分子在生物体内仍然以结合态存在。虽然结合态存在的 POPs 的生物有效性较低，但在某些机制作用下，仍可进入生物体的细胞内。结合态 POPs 也可以被生物膜吸收，因为当纳米颗粒与生物膜接触之后，细胞膜的表面张力会发生改变，引起膜的外包或者内陷而被包围进入膜内，从而增加了 POPs 在生物体内的吸收及累积。

4.7.2　共存物质对 POPs 生物转化的影响

肝脏中含有大量的非特异性的酶，绝大多数的生物转化发生在肝脏内。这些参与生物代谢的酶被称为混合功能氧化酶(MFO)，也就是通常所说的细胞色素 P450 酶，是 I 相生物转化反应中最重要的酶系统。不同物种之间的 P450 酶的活性和水平不同。环境污染物，如多氯联苯(PCBs)、多环芳烃(PAHs)、卤代烃杀虫剂、脲类除草剂等，都可以诱导酶的合成，刺激酶的活性，甚至可能导致 P450 的过度表达。其中，7-乙氧基-3-异吩噁唑脱乙基酶(7-ethoxyresorufin-O-deethylase，EROD)，是一种重要的肝脏细胞色素 P450 单氧酶，并被广泛认可为暴露于有机污染物的重要指标。我们在研究中发现，菲可以诱导激活锦鲤(*Cyprinus carpio*)肝脏中 EROD 的活性。随着菲的暴露浓度逐渐上升，EROD 的酶活也随之上升，但并未出现肝脏的损伤坏死。当我们改变暴露方式，向暴露体系内加入有机 nC_{60} 纳米悬浮颗粒之后发现，产生同样的毒性效应需要更高浓度的菲，即菲的生物有效性有所下降。但研究结果表明，也并非仅仅自由溶解态暴露的菲才可以诱导 EROD 的活性，结合态的菲可能对 EROD 的激活也有部分贡献。

4.7.3　共存物质对 POPs 生物累积的影响

实际水体中的环境因子往往能够降低 POPs 的自由溶解态浓度，从而改变 POPs 的生物有效性及其富集潜能。因此，POPs 的生物累积必须和"生物可利用"的 POPs 浓度相关联。

1. 天然有机质

溶解态有机质(dissolved organic matter，DOM)，包括水体中的腐植酸(humic acid)、富里酸(fulvic acid)等。颗粒态有机质(particulate organic matter，POM)，包括土壤颗粒和沉积物中的有机组分等。这些天然的有机质通常带有脂溶性芳香官能团和 π-π 键，对 POPs 类污染物质有较强的吸附能力，并能显著降低这些疏水性物质的生物有效性。研究发现，高亲脂性和疏水性的 POPs 类化学物质的生物累积能力常常被低估，其主要原因是实验过程中存在溶解态有机物质，从而降低了

POPs 分子的溶解态浓度。

2. 人工纳米材料

纳米材料具有巨大的比表面积，因而它们可以通过对 POPs 的吸附而影响其生物有效性，并影响其生物富集能力。例如，胡霞林等采用了微耗损固相微萃取 (nd-SPME) 技术测定了富勒烯纳米颗粒水性悬浮液 (nC_{60}) 对多种有机氯化合物 (organochlorine compounds, OCCs) 在青鳉体内的生物有效性，发现 nC_{60} 的存在能使 OCCs 的自由溶解态浓度降低 88%，同时 OCCs 在青鳉体内的富集量显著降低 (Hu et al., 2010)。

但是进一步研究发现结合态的 POPs (非自由溶解态) 也具有一定的生物有效性，对 POPs 的生物富集有贡献，甚至促进 POPs 的生物富集。例如，与 nC_{60} 呈结合态的菲能被锦鲤吸收并累积 POPs；而且 nC_{60} 可以促进大型溞对菲的吸收，使菲在大型溞体内的平衡累积浓度提高 1.7 倍。又例如，当多壁碳纳米管 (MWCNTs) 在土壤中的比例＞1.5%时，菲、芘和蒽这三种 PAHs 在摇蚊体内的富集量可以随着纳米颗粒的增加而增加。

3. 微塑料

在无背景污染的实验室暴露实验中，我们发现包裹在沉积物、纳米材料、微塑料等中的 POPs 通常可以被生物体吸收，并在体内发生蓄积。但在野外环境中，尤其是在已经受到污染的生态系统中的情况则可能不同。以微塑料人工载体为例，模型预测显示：微塑料稀释和清除污染物的作用常常超过其对污染物的载体作用。例如，Gouin 等 (2011) 利用平衡分配概念建立了持久性有机污染物 (POPs) 在大气、水体、沉积物和塑料之间的海岸生态系统分配模型。结果发现由于沉积物和溶解态有机质对 POPs 的竞争吸附作用，最终分配进入聚乙烯微塑料的污染物仅占＜0.1%。

4.7.4 共存物质对 POPs 毒性的影响

POPs 分子进入生物膜之后，也可能被再次排出细胞外。这是由于在生物膜上广泛分布着贯穿生物膜两侧的跨膜蛋白。许多跨膜蛋白的功能是作为通道或"装载码头"来阻止 POPs 等外源污染物进入细胞的。例如 P 糖蛋白的作用主要是将脂溶性的外源污染物 (例如 POPs) 排出细胞；而多药耐药相关蛋白 (MRP) 也是一种重要的整合膜蛋白，其作用主要是将水溶性底物主动转运至胞外以减少底物的摄取和潴留。P 糖蛋白是在生物体内广泛表达的 ATP 结合盒 (ATP-binding cassette，ABC) 超家族的重要一员，位于细胞膜，介导疏水性物质的细胞外排。近期环境领域的研究者发现 (Chen et al., 2016)，当 POPs 与纳米颗粒物共存时，细胞对 POPs 分子的外排能力也将受到抑制。例如，当锦鲤经纳米水性悬浮液 nC_{60} 暴露后，其肝脏细胞的 P

糖蛋白对苯并[a]芘的外排能力显著下降，从而增加苯并[a]芘在生物体内的累积并产生毒性效应。

另外，金属纳米颗粒也可以影响细胞色素 P450 酶的代谢过程，从而改变 POPs 的生物体内毒性(Lu et al., 2013)。研究者将大鼠暴露于纳米金颗粒和 PCB-95 混合物，发现纳米金和 CYP2B1 之间的静电斥力可以改变并影响 P450 同工酶的活性构象，并最终影响 P450 酶的活性和立体选择性。另外，纳米金对大鼠 CYP2B1 活性的效应也显示通过 CYP 催化循环的电子转移链受到影响。本研究提示我们，带电的金属纳米颗粒可以通过静电相互作用，或通过间接改变周围的离子强度而直接改变生物分子的功能。

总而言之，天然/人工载体(天然有机物、纳米颗粒、微塑料等)的团聚、吸附和生物体吸收，以及与生物大分子的相互作用等，都可以看作是其在水环境中的行为和归趋，可以影响 POPs 的迁移、转化、生物有效性和毒性等。

4.8　案例：富勒烯水性悬浮液对有机氯化合物生物有效性的影响

本案例通过结合微耗损固相微萃取(nd-SPME)技术化学方法和日本青鳉(Medaka)生物暴露，研究了富勒烯水性悬浮液(nC_{60})对有机氯化合物(OCCs)生物有效性的影响。nd-SPME 研究表明，对于所研究的 OCCs($\log K_{OW} = 3.72 \sim 6.96$)，其自由溶解态浓度都是随着 nC_{60} 浓度的增加而逐渐的减小。而日本青鳉生物富集则表明，对于 $\log K_{OW} > 6$ 的 OCCs，其在日本青鳉体内富集浓度也是随着 nC_{60} 浓度的增加而显著性降低，这与 nd-SPME 的结果比较一致，说明 nC_{60} 降低了 OCCs 的自由溶解态浓度，从而降低了 OCCs 的生物有效性；而对于 $\log K_{OW} < 6$ 的 OCCs，nC_{60} 略微促进其生物富集，但是这种促进并不显著，该结果与 nd-SPME 不一致，说明 nC_{60} 可以作为一种载体提高与其结合的 OCCs 的生物有效性。依 OCCs 的性质不同，nC_{60} 生物有效性降低作用或者促进作用可能占主导地位，从而表现出不同的影响。

4.8.1　引言

自从 1985 年富勒烯被发现以来，便引起了人们极大的关注，并且在各个领域得到了广泛的应用，如从材料化学到生物领域等。随着其大量的生产和越来越广泛的应用，富勒烯将不可避免地释放到环境中，从而引起人们对其可能存在的毒性所导致的环境和健康问题的关注。一旦富勒烯释放到环境中，它就可以通过很多途径进入活体组织，特别是通过呼吸系统、消化系统以及皮肤。一些研究表明，碳纳米材料，包括富勒烯，能够穿透细胞膜和组织，并且累积在活体组织中，产生离体毒性和活体毒性。纳米毒理的一个新的内涵是：纳米材料的毒性不仅仅限于其自身的毒性，而且还在于其对其他有毒物质的归宿、迁移、转化和暴露的影响。众所周知的是，土壤或者底泥中的有机碳(如煤炭、黑炭)以及水环境中的溶解性有机碳(DOC)能够改变有毒污染物的流动性以及生物有效性。而碳纳米材料作为一种典型的碳，是否能产生类似于环境中有机碳的效应，如：改变污染物的生物有效性还不清楚。最近的研究表明，碳纳米材料能够严重吸附环境有机污染物，预示着这些污染物的有效性可能会发生改变。更为重要的是，尽管大多数碳纳米材料难溶于水，但是很多环境相关的过程能够产生碳纳米材料的稳定水性悬浮液，如通过直接搅拌的方法可以产生富勒烯的稳定水性悬浮液体(nC_{60})，其与环境中的表面活性剂或者腐植酸结合可以稳定分散碳纳米管以及富勒烯。最为吸引人的是，这些水性悬浮液带有负电，能够在多孔介质中迁移，预示着其很可能迁移到地表水以及地下水从而接近生物体；那么，其将必然影响与之结合的污染物的流动性和生物有效性。

我们推测 nC_{60} 可能通过以下两种途径影响有机污染物的生物有效性：①与有机污染物结合，降低了污染物的自由溶解态浓度(C_{free})，从而减少了污染物的生物有效性，因为只有自由溶解态的化合物才具有生物有效性；②由于 nC_{60} 具有亲脂性，能够在细胞组织或者活体中累积，它可以作为有机污染物进入受体生物的载体，从而促进与之结合的化合物的生物有效性。这取决于化合物的性质，生物有效性降低因子或者促进因子都有可能占主导因素。因此，nC_{60} 降低或者提高有机污染物的生物有效性都有可能。

微耗损固相微萃取(nd-SPME)，基于石英纤维上的聚合物涂层为萃取相，仅采集介质中少量(一般少于 5%)的自由溶解态目标化合物，不破坏物质结合态以及自由溶解态之间的平衡，极易于直接测定 C_{free} 和分配系数，而不需要任何相分离，如过滤以及离心等。nd-SPME 以及相关的方法已经成功地应用于污染物与溶解态和颗粒态有机质，以及土壤和沉积物的结合研究。因此，本节尝试将该技术扩展到研究 nC_{60} 溶液中污染物 C_{free} 的测定。另外，nd-SPME 同时也是一种评价有机污染物生物有效性的的生物模拟萃取方法。因此，本研究尝试探讨 nd-SPME 在 nC_{60} 存在时评价 HOC 的生物有效性的可行性。

4.8.2　研究目标和手段

为了考察 nC_{60} 对有机化合物生物有效性的影响，我们选择了 9 种有机氯化合物(OCCs，$\log K_{OW} = 3.72 \sim 6.96$)为模型化合物，开展了如下两个方面的工作：①nd-SPME 技术测定 OCCs 在 nC_{60} 溶液中的自由溶解态浓度(C_{free})以及分配系数($K_{C_{60}}$)；②nC_{60} 对 OCCs 在日本青鳉(*Oryzias latipes*)体内生物富集(C_{fish})的影响。结合化学实验和生物实验的结果，系统地讨论了 $n\mathrm{C}_{60}$ 对 OCCs 生物有效性的影响。

4.8.3　研究结果与讨论

1. $n\mathrm{C}_{60}$ 对 OCCs 自由溶解态分数的影响以及 $K_{\mathrm{C}_{60}}$ 测定

由图 4-27 可知，对于所研究的 OCCs，随着 $n\mathrm{C}_{60}$ 浓度的增加，其自由溶解态浓度逐渐降低。其原因为，仅自由溶解态的化学物能够分配在 SPME 纤维中，与 $n\mathrm{C}_{60}$ 结合的 OCCs 因分子太大或者极性太强，从而不能被萃取。计算发现 $\log K_{\mathrm{C}_{60}}$ 与 $\log K_{\mathrm{OW}}$ 具有很好的相关性（$\log K_{\mathrm{C}_{60}} = 0.58\,[0.05]\,\log K_{\mathrm{OW}} + 1.71\,[0.28]$，$R^2 = 0.9524$，其中斜率和截距给的都是均值[标准偏差]）。该结果表明，疏水键在 OCCs- $n\mathrm{C}_{60}$ 作用中起着很关键的作用。之前的研究同样表明，疏水键在 $n\mathrm{C}_{60}$ 以及多壁碳纳米管对多环芳烃的吸附中起了很重要的作用。但是 Chen 等发现，不同物理化学性质（如：疏水性、极性、电子极化度以及分子大小）的有机化合物在碳纳米管中的吸附系数与其对应的疏水性（$\log K_{\mathrm{OW}}$）相关性极差；他们认为，除了疏水键，可能的非疏水作用（如 π-π 电子-供体-受体，π 电子耦合以及分子筛分离效应）同样对吸附作用有很大的贡献。本研究之所以观察到 $\log K_{\mathrm{C}_{60}}$ 与 $\log K_{\mathrm{OW}}$ 很好的相关性，可能原因为所考察的 OCCs 为同一类化合物，其与 $n\mathrm{C}_{60}$ 的非疏水作用可能相当，因

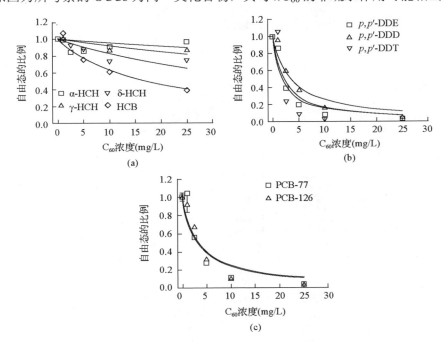

图 4-27　$n\mathrm{C}_{60}$ 浓度对 OCCs 自由溶解态分数的影响 (Hu et al., 2010)

此仅有疏水键起主导主用。OCCs 与 nC_{60} 高的吸附系数意味着 nC_{60} 可能会影响水环境中 OCCs 的生物有效性。

2. nC_{60} 对 OCCs 生物有效性的影响

图 4-28 和图 4-29 分别指给出了 nC_{60} 对不同疏水性强弱的 OCCs 在日本青鳉体内生物富集的影响。由图 4-28 可知，对于疏水性比较弱的 HCH 以及 HCB ($\log K_{OW} < 6$)，nC_{60} 能够略微促进其生物富集。单相方差分析 (ANOVA) 表明，大多数情况下，每种 OCCs 在 nC_{60} 溶液中与没有 nC_{60} 的溶液中的日本青鳉富集浓度 (C_{fish}) 没有显著性差异 ($p > 0.05$，每组 $n = 3$)；除了 α-HCH、γ-HCH 和 δ-HCH 暴露 5 d 以及 HCB 暴露 1 d 和 12 d 外。

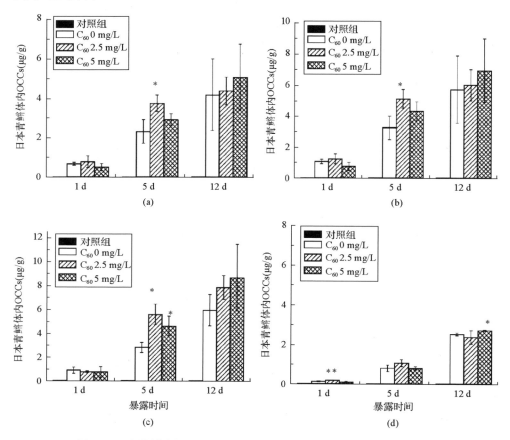

图 4-28　富勒烯水性悬浮液 (nC_{60}) 对日本青鳉生物富集疏水性较弱的
OCCs ($\log K_{OW} < 6$) 的影响 (Hu et al., 2010)

(a) α-HCH；(b) γ-HCH；(c) δ-HCH；(d) HCB。*表示相对于对应的 "C_{60} 0 mg/L" 暴露组，
生物富集显著性地增强或者降低 ($p < 0.05$)；**表示不同 nC_{60} 暴露水平也具有显著差异 ($p < 0.05$)

　　而对于疏水性较强的 p, p'-DDE、p, p'-DDD、p, p'-DDT 以及 PCB-77（$\log K_{OW} > 6$），整体趋势是 $n\mathrm{C}_{60}$ 显著性地降低其生物富集，且在高浓度 $n\mathrm{C}_{60}$（5 ppm）时，降低更为明显（图 4-29）。对于 p, p'-DDE、p, p'-DDT 和 PCB-77 生物富集 5 d，这种现象更为明显；C_{fish} 在不同 $n\mathrm{C}_{60}$ 浓度水平（2.5 mg/L、5 mg/L）时具有显著性差异（$p < 0.05$，每组 $n = 3$）。

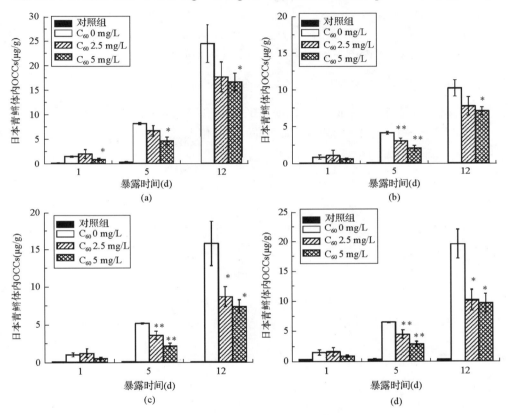

图 4-29　富勒烯水性悬浮液（$n\mathrm{C}_{60}$）对日本青鳉生物富集疏水性较强的
OCCs（$\log K_{OW} > 6$）的影响（Hu et al., 2010）

(a) p,p'-DDD；(b) PCB-77；(c) p,p'-DDT；(d) p,p'-DDE。*表示相对于对应的"C_{60} 0 mg/L"暴露组，生物富集显著性地增强或者降低（$p < 0.05$）；**表示不同 $n\mathrm{C}_{60}$ 暴露水平也具有显著差异（$p < 0.05$）

　　由于 SPME 模拟的仅仅是化合物由水相扩散到生物体的吸收过程，而不包含摄食过程；因此本研究的 SPME 滞后作用预示：如果 OCCs 通过水相的扩散吸收是主导过程，那么其在日本青鳉中的生物富集动力学同样也会滞后，从而会降低 OCCs 的生物富集。尽管在 $n\mathrm{C}_{60}$ 溶液中 OCCs 在日本青鳉中的吸收途径很复杂，但是很可信的一点是，OCCs 通过水相扩散吸收占有很重要的地位。因此，$n\mathrm{C}_{60}$ 通过促进动力学而促进 OCCs 的生物富集这一因素的贡献可能很小。另外，提高生物富集的另一个可能原因是 $n\mathrm{C}_{60}$ 的载体效应。很多研究表明，C_{60} 具有疏水性，能够穿透生物膜，从而在活体组织中富集，我们的研究同样也在日本青鳉体内检测到 C_{60}。因此，与 nC_{60} 结合的 OCCs 可能也具有生物有效性。该结果与 Baun 等在研究大型溞对菲的生物富集的发现比较一致，其预测 nC_{60} 对菲生物富集的载体效应可能是菲毒性增加的原因。

另一方面，nC_{60} 与 OCCs 相互结合，降低了 OCCs 的自由溶解态浓度，从而降低了其生物有效性。依 OCCs 的性质的不同，nC_{60} 的生物富集促进因子和生物富集降低因子都有可能占主导因素，从而表现出不同的影响。

3. nC_{60} 存在时 nd-SPME 评价 OCCs 生物有效性的可行性

图 4-30 分别指出了不同 nC_{60} 浓度水平（0 mg/L、2.5 mg/L 和 5 mg/L）时，OCCs 在日本青鳉体内富集 12 d 的浓度（C_{fish}）和 nd-SPME 纤维中富集 1 d 的浓度（C_{fiber}）的

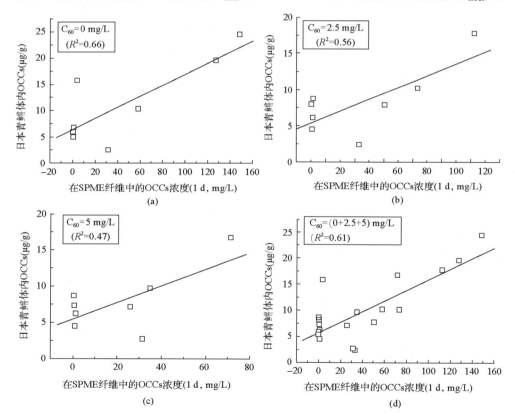

图 4-30   不同 nC_{60} 浓度（nC_{60} = 0 mg/L、2.5 mg/L 和 5 mg/L）时日本青鳉生物富集 12 d 与 SPME
纤维萃取 1 d 的 OCCs 浓度的相关性（Hu et al., 2010）

(a) C_{60} 0 mg/L；(b) C_{60} 2.5 mg/L；(c) C_{60} 5 mg/L；(d) 整合 C_{60} (0+2.5+5) mg/L。图中符号代表不同的 OCCs（n = 8）以及其在日本青鳉和 SPME 纤维中的浓度均值；每种 OCC 在日本青鳉中的报道浓度为 3 次测定的均值；
而纤维中的浓度为 2 次测定的均值

线性相关性。结果表明，在 nC_{60} 浓度为 0 mg/L 和 2.5 mg/L 时，线性相关性比较好，回归方程分别为 C_{fish} = 0.11[0.032] C_{fiber} + 6.39[2.328]（n = 8, R^2=0.66, p =0.0146）和 C_{fish} = 0.08[0.03] C_{fiber} + 5.37[1.53]（n = 8, R^2=0.56, p =0.0322）。对于 5 mg/L nC_{60}，在 95%置信度范围内，线性相关不显著（n = 8, C_{fish} = 0.11[0.035]C_{fiber} + 5.52[1.56], R^2=0.47, p =0.0622），可能原因为与 nC_{60} 结合的 OCCs 对日本青鳉也是有效的或者高浓度 nC_{60} 影响了 OCCs 在 nd-SPME 纤维或者日本青鳉中的吸收动力学。

4. 结论

本研究 nd-SPME 化学方法表明富勒烯水性悬浮液（nC_{60}）能够降低 OCCs 的自由溶解态浓度，且化合物的疏水性越强，降低作用越明显。OCCs 的 $\log K_{C_{60}}$ 值与其对应的 $\log K_{OW}$ 值线性相关性很好，预示疏水键在 nC_{60}-OCCs 结合中起很大的作用。日本青鳉生物富集表明，对于 $\log K_{OW}$>6 的 OCCs，其在日本青鳉体内富集浓度随着 nC_{60} 浓度的增加而显著性降低，这与 nd-SPME 的结果比较一致，说明 nC_{60} 降低了 OCCs 的自由溶解态浓度，从而降低了其生物有效性；而对于 $\log K_{OW}$<6 的 OCCs，nC_{60} 略微促进其生物富集，但是这种促进并不显著，该结果与 nd-SPME 相反，说明 nC_{60} 可以作为一种载体提高 OCCs 的生物有效性。总之，生物富集降低因子可以通过自由溶解态浓度的减少很好地解释；而生物富集促进因子比较复杂，具体机制有待进一步研究。nC_{60} 存在时，OCCs 在日本青鳉体内生物富集浓度与其在 nd-SPME 纤维中的富集浓度成比较好的线性相关性，证明 nd-SPME 可以在 nC_{60} 存在时评价 OCCs 对日本青鳉的生物有效性。

4.9　案例：富勒烯水性悬浮液对菲生物有效性和毒性的影响

本案例以锦鲤幼鱼为模式生物，进一步考察了 nC_{60} 对菲的生物富集和毒性效应的影响。结果表明：当暴露体系中存在 nC_{60} 时，基于自由溶解态浓度的菲的 BAF 数值有所升高，这说明 nC_{60} 可以作为污染物的载体加速菲的生物富集。根据水相中菲的自由溶解态浓度，研究者还计算了 EROD 的浓度-效应曲线，发现 EROD 毒性效应与 nC_{60} 的浓度无显著关系。颗粒态的 C_{60} 主要分布于鱼体肝脏和肠道中，这提示我们 nC_{60} 初始进入途径可能主要是通过摄入过程。大约有 22%～100%的与 nC_{60} 结合的菲对生物富集有贡献，但是这些结合态的菲对毒性并没有贡献。

4.9.1　引言

碳纳米材料（carbon nanomaterials，CNMs）的风险不仅源于自身毒性，而且包括吸附在这些纳米材料上的有毒物质的毒性，因此，近年来 CNMs 对其他有毒的有机污染物生物有效性的影响正引起关注。一般 nC_{60} 能通过减少污染物的自由溶解态浓度，从而使生物富集减少；但有时 CNMs 或其他纳米材料反而能增强污染物的生物富集，说明结合态的污染物也具有生物有效性。例如，nC_{60} 使大型溞体内菲的富集浓度增高了 1.7 倍。nC_{60} 与阿特拉津共同暴露时，大型溞的生殖数量显著减少，日本青鳉的胚胎孵化时间延长，这都说明自由浓度的减少不一定意味着毒性减弱，结合态污染物很可能也具有生物有效性。

　　然而以上研究存在以下不足：首先，目前关于 nC_{60} 对其他污染物的生物有效性影响研究大多集中在生物富集上，关于毒性效应的报道较少，缺乏以淡水鱼类为模式生物的毒理研究。而实际上将生物富集和毒性效应结合考察更有利于研究 nC_{60} 对有机污染物的载体效应或结合态有机污染物的生物有效性。其次，现有的研究中没有测定 C_{60} 或其他 CNMs 本身在生物体内的吸收累积，而该指标恰恰是研究纳米材料对污染物的载体效应或结合态有机污染物的生物有效性的关键所在。最后，现有的纳米材料对有机污染物生物有效性的研究大多是基于总浓度指标，很少考察暴露体系中不同剂量表征(如总浓度、自由溶解态浓度、体内浓度等)与生物有效性的关系，而这些不同的剂量表征对于揭示生物有效性机制具有十分重要的意义。

4.9.2　研究目标和手段

　　针对上述问题，我们以锦鲤幼鱼为受试生物，富勒烯水性悬浮液 nC_{60} 为模式纳米材料，菲为 PAHs 模式有机污染物开展了如下研究：①nC_{60} 对菲的生物富集的影响；②nC_{60} 对菲诱导锦鲤幼鱼肝脏的 EROD 活性的影响；③不同剂量指标与毒性效应之间的关系；④考察 nC_{60} 在锦鲤体内各组织器官间的分布和累积，定量结合态的菲对生物有效性的有贡献。本研究选择 EROD 活性作为毒性效应指标是因为无论是对脊椎动物还是无脊椎动物，酶的转化都是排除外源性物质和解毒的关键步骤。混合功能氧化酶(MFO)是细胞膜中一类能增加芳香化合物和脂质化合物水溶性的酶，其终端氧化酶含铁血红素蛋白 CYP1A 对 PAHs 等污染物发挥着关键的解毒作用。当鱼类等生物暴露于一些有机污染物(如 PAHs、PCBs)时，这些污染物与芳香烃受体(AhR)结合后，控制 CYP1A 转录的一系列反应启动。CYP1A 的上调能增强该类化合物的代谢成为反应活泼的中间代谢产物。因此，鱼体内 CYP1A 的诱导可作为芳香化合物(如多氯联苯、二噁英、呋喃、有机氯杀虫剂及多环芳烃等)暴露时敏感方便的早期预警信号，且通常以测定 EROD 的活性来表征 CYP1A。英国及其他欧盟国家广泛使用 EROD 作为该类物质暴露的标志。肝脏 EROD 同时也是国际监测江河口及海洋鱼类的生物效应时应用最多的生物标记物之一。

4.9.3　研究结果与分析

1. 富勒烯对菲的生物富集的影响

1）锦鲤体内菲的浓度随暴露浓度的变化

菲作为一种典型的 PAHs，具有持久性和难以生物代谢的特征，随着水溶液中菲的浓度增大，锦鲤体内对菲的代谢负担越重，未能及时代谢降解的菲在锦鲤体内开始富集。另外，菲的疏水性特征使其易于在脂质含量较高的皮下脂肪部位进行富集，因此生物体的表皮和肌肉往往是对该类物质富集较为明显的部位。由图 4-31 可知，锦鲤对菲的累积随暴露溶液中菲的浓度升高而增多，无论是以暴露溶液的表观浓度、总浓度还是自由溶解态浓度为参照标准，菲在锦鲤幼鱼肌肉内的浓度都表现出相似的增长趋势。此外，在同样的暴露浓度下，nC_{60} 的存在使锦鲤对菲的吸收减少，并且 5 mg/L nC_{60} 组比 2 mg/L nC_{60} 组的体内浓度低，说明 nC_{60} 与菲结合后降低了菲的生物有效性，锦鲤主要累积自由溶解态的菲。

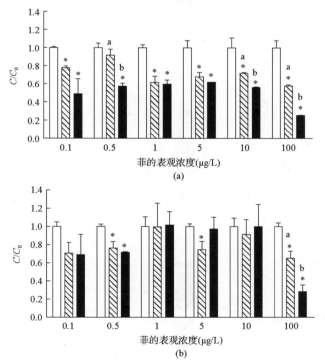

图 4-31　富勒烯水性悬浮液（nC_{60}）的存在对（a）经暴露后水体和（b）鱼体中菲的归一化的自由溶解态浓度的影响（Hu et al., 2015）

（□）不含任何 nC_{60} 的系统；（▨）2 mg/L nC_{60} 系统；（■）5 mg/L nC_{60} 系统；星号表示富勒烯暴露组与无富勒烯暴露组的显著性差异；字母不同表示富勒烯暴露组间的显著性差异（Hu et al., 2015）

2)nC_{60} 对菲的生物累积因子的影响

为探究富勒烯对菲的生物富集的影响，本研究分别以菲的总浓度和自由溶解态浓度计算了锦鲤对菲的生物富集倍数。从图 4-32 可看出，当以暴露溶液中菲的总浓度计算 BAF 时，同一暴露浓度下，锦鲤对菲的生物累积因子随暴露溶液中 nC_{60}浓度的升高而减小或与不含 nC_{60} 时的基本持平，但相较于不含 nC_{60}组的 BAF，无论是 2 mg/L nC_{60} 还是 5 mg/L nC_{60} 系统中皆未表现出显著性差异（$p>0.05$）。当以菲的自由溶解态浓度计算 BAF 时，5 mg/L nC_{60} 中的 BAF 皆高于不含 nC_{60} 中的数值，而 2 mg/L nC_{60} 菲溶液中的 BAF 除 0.1 μg/L 和 0.5 μg/L 浓度组外也都高于不含 nC_{60}时的 BAF，以上差异皆为非显著性差异。

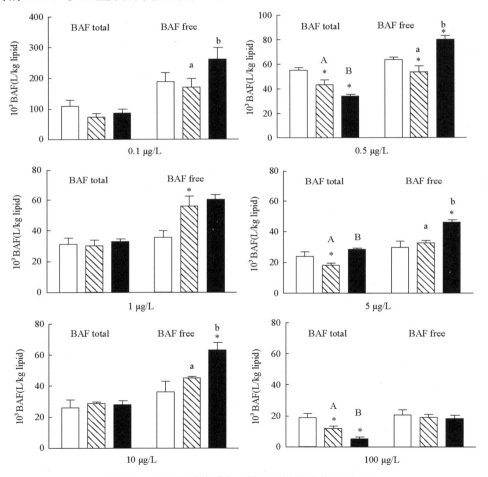

图 4-32　不同基质体系中，锦鲤对菲的生物累积因子

（□）不含任何 nC_{60} 的系统；（▨）2 mg/L nC_{60} 系统；（■）5 mg/L nC_{60} 系统(lipid 表示脂肪；BAF total 和 BAF free 分别是以总浓度和自由溶解态浓度计算的生物累积因子；图中横坐标标注的浓度为暴露溶液中菲的表观浓度）；星号表示富勒烯暴露组与无富勒烯暴露组的显著性差异；字母不同表示富勒烯暴露组间的显著性差异(Hu et al., 2015)

2. 不同基质系统中锦鲤肝脏的 EROD 变化

EROD 是 CYP1A 受到诱导的表征。在能诱导 EROD 的芳香类物质中，PAHs、PCBs 占据重要比例，但不排除自然化合物也能诱导 EROD 的可能性。因为除水环境中常见的芳香烃受体(AhR)刺激物如 PAHs、PCBs、多氯二噁英、二苯呋喃等外，很多自然的和人工合成的化合物在与芳香烃受体结合后都是 CYP1A 的诱导物。植物黄酮类物质以及鞭毛藻神经毒素就是天然的 AhR 刺激物。此外，腐植酸中的组分也被证明能诱导鱼的 EROD 活性。为确定 nC_{60} 是否是 AhR 刺激物，我们比较了空白对照组、2 mg/L nC_{60} 对照组(不含菲)以及 5 mg/L nC_{60} 对照组(不含菲)之间的 EROD 值。根据单因素 ANOVA 结果，三组 EROD 值之间未出现显著性差异($p = 0.399$)，说明浓度为 2 mg/L 或 5 mg/L 的 nC_{60} 本身不会对锦鲤肝脏的 EROD 活性产生诱导(图 4-33)。

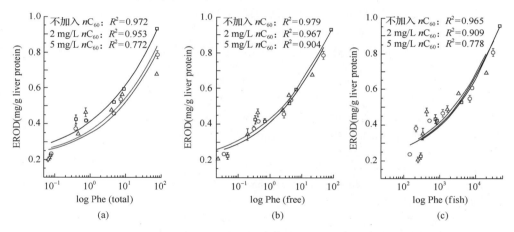

图 4-33　锦鲤肝脏 EROD 活性与菲的(a)总浓度、(b)自由溶解态浓度、(c)锦鲤体内浓度之间的关系(Hu et al., 2015)

(□)不含 nC_{60}；(○)2 mg/L nC_{60}；(△)5 mg/L nC_{60}；Phe =菲；liver protein 表示肝脏蛋白质

综上，该研究发现菲对锦鲤造成的 EROD 毒性效应与 nC_{60} 的浓度无显著关系。纳米颗粒 nC_{60} 可能主要是通过摄入过程进入到锦鲤体内。与 nC_{60} 结合态存在的菲对菲在鱼体内的生物富集有贡献，但是这些结合态的菲对毒性并没有贡献。

参 考 文 献

薄军, 吴世军, 李裕红, 等, 2010. 苯并[a]芘(BaP)对真鲷细胞色素 P450 和芳香烃受体基因表达的影响. 中山大学学报(自然科学版), 49(3): 93-97.

曹璐, 孙媛媛, 王晓蓉, 等, 2009. 腐植酸对四溴双酚 A 在金鱼藻体内的富集及氧化胁迫的影响. 农业环境科学学报, 28(3): 476-480.

丁洁, 刘济宁, 石利利, 等, 2012. 有机化学品生物富集性-构效关系研究进展. 环境科学与技术, 35(S2): 161-165.

胡霞林, 刘景富, 卢士燕, 等, 2009. 环境污染物的自由溶解态浓度与生物有效性. 化学进展, 21(Z1): 514-523.

李慧娟, 2013. 短链氯化石蜡在东海近海环境中的分布及迁移转化研究. 青岛: 中国海洋大学.

李娜, 2012. 多氯联苯在水生食物链中的生物毒性及富集效应研究. 广州: 暨南大学.

罗孝俊, 何明靖, 曾艳红, 等, 2016. 溶解有机质对生物富集因子计算的影响: 以东江鱼体中多溴联苯醚的生物富集为例. 生态毒理学报, 11(02): 188-193.

叶露, 2008. 典型全氟化合物水生毒理学效应与致毒机理初探. 上海: 同济大学.

张义峰, 2013. 全氟化合物以及典型异构体的人体暴露和肾排泄研究. 天津: 南开大学.

张荧, 吴江平, 罗孝俊, 等, 2009. 多溴联苯醚在典型电子垃圾污染区域水生食物链上的生物富集特征. 生态毒理学报, 4(3): 338-344.

张雨鸣, 2014. 四溴联苯醚(BDE-47)对海洋鱼类毒性和抗氧化酶活性的影响. 青岛: 中国海洋大学.

周东星, 高小中, 许宜平, 等, 2014. 有机化合物生物富集的度量与评价方法进展. 环境化学, 33(02): 175-185.

周志俊, 张天宝, 牛侨, 等, 2007. 基础毒理学. 上海: 复旦大学出版社.

周宗灿, 庄志雄, 周平坤, 等, 2012. 现代毒理学简明教程. 北京: 军事医学科学出版社.

Arthur C L, Pawliszyn J, 1990. Solid-phase microextraction with thermal-desorption using fused-silica optical fibers. Analytical Chemistry, 62(19): 2145-2148.

Artola-Garicano E, Borkent I, Damen K, et al, 2003. Sorption kinetics and microbial biodegradation activity of hydrophobic chemicals in sewage sludge: Model and measurements based on free concentrations. Environmental Science & Technology, 37(1): 116-122.

Broman D, Rolff C, Näf C, et al, 1992. Using ratios of stable nitrogen isotopes to estimate bioaccumulation and flux of polychlorinated dibenzo-*p*-dioxins (PCDDs) and dibenzofurans (PCDFs) in two food chains from the Northern Baltic. Environmental Toxicology and Chemistry, 11(3): 331-345.

Bury N R, Schnell S, Hogstrand C, 2014. Gill cell culture systems as models for aquatic environmental monitoring. Journal of Experimental Biology, 217(5): 639-650.

Chen Q Q, Hu X L, Wang R, et al, 2016. Fullerene inhibits benzo(*a*)pyrene efflux from *Cyprinus carpio* hepatocytes by affecting cell membrane fluidity and P-glycoprotein expression. Aquatic Toxicology, 174: 36-45.

Chen Q Q, Reisser J, Cunsolo S, et al, 2018. Pollutants in plastics within the North Pacific subtropical gyre. Environmental Science & Technology, 52(2): 446-456.

Chiou C T, 1985. Partition coefficients of organic compounds in lipid-water systems and correlations with fish bioconcentration factors. Environmental Science & Technology, 19(19): 57-62.

Conder J M, Hoke R A, Wolf W D, et al, 2008. Are PFCAs bioaccumulative? A critical review and comparison with regulatory criteria and persistent lipophilic compounds. Environmental Science & Technology, 42(4): 995-1003.

Davison W, Zhang H, 1994. *In situ* speciation measurements of trace components in natural waters using thin-film gels. Nature, 367: 546-548.

Escher B I, Hermens J L M, 2004. Internal exposure: Linking bioavailability to effects. Environmental Science & Technology, 38 (23): 455A-462A.

Ferreira M, Costa J, Reis-Henriques M A, 2014. ABC transporters in fish species: A review. Frontiers in Physiology, 5: article 266.

Geyer H J, Muir D C G, Scheunert I, et al, 1992. Bioconcentration of octachlorodibenzo-*p*-dioxin (OCDD) in fish. Chemosphere, 25 (7-10): 1257-1264.

Goerke H, Weber K, Bornemann H, et al, 2004. Increasing levels and biomagnification of persistent organic pollutants (POPs) in Antarctic biota. Marine Pollution Bulletin, 48 (3-4): 295-302.

Gouin T, Roche N, Lohmann R, et al, 2011. A thermodynamic approach for assessing the environmental exposure of chemicals absorbed to microplastic. Environmental Science & Technology, 45 (4): 1466-1472.

Grimm F A, Hu D F, Kania-Korwel I, et al, 2015. Metabolism and metabolites of polychlorinated biphenyls. Critical Reviews in Toxicology, 45 (3): 245-272.

Guelden M, Seibert H, 2003. *In vitro-in vivo* extrapolation: Estimation of human serum concentrations of chemicals equivalent to cytotoxic concentrations *in vitro*. Toxicology, 189 (3): 211-222.

Gui D, Yu R, He X, et al, 2014. Bioaccumulation and biomagnification of persistent organic pollutants in Indo-Pacific humpback dolphins (*Sousa chinensis*) from the Pearl River Estuary, China. Chemosphere, 114: 106-113.

Haitzer M, Höss S, Traunspurger W, et al, 1998. Effects of dissolved organic matter (DOM) on the bioconcentration of organic chemicals in aquatic organisms—A review. Chemosphere, 37 (7): 1335-1362.

Hannemann F, Bichet A, Ewen K M, et al, 2007. Cytochrome P450 systems—Biological variations of electron transport chains. Biochimica et Biophysica Acta (BBA)-General Subjects, 1770 (3): 330-344.

Hawthorne S B, Azzolina N A, Neuhauser E F, et al, 2007. Predicting bioavailability of sediment polycyclic aromatic hydrocarbons to *Hyalella azteca* using equilibrium partitioning, supercritical fluid extraction, and pore water concentrations. Environmental Science & Technology, 41 (17): 6297-6304.

Heringa M B, Hermens J L M, 2003. Measurement of free concentrations using negligible depletion-solid phase microextraction (nd-SPME). Trac-Trends in Analytical Chemistry, 22 (10): 575-587.

Heringa M B, Schreurs R, Busser F, et al, 2004. Toward more useful *in vitro* toxicity data with measured free concentrations. Environmental Science & Technology, 38 (23): 6263-6270.

Hjelmborg P S, Andreassen T K, Bonefeld-Jørgensen E C, 2008. Cellular uptake of lipoproteins and persistent organic compounds—An update and new data. Environmental Research, 108 (2): 192-198.

Hu X L, Li J, Shen M H, et al, 2015. Fullerene-associated phenanthrene contributes to bioaccumulation but is not toxic to fish. Environmental Toxicology & Chemistry, 34: 1023-1030.

Hu X L, Liu J F, Jönsson J Å, et al, 2009. Development of negligible depletion hollow fiber-protected liquid-phase microextraction for sensing freely dissolved triazines. Environmental Toxicology and Chemistry, 28 (2): 231-238.

Hu X L, Liu J F, Zhou Q F, et al, 2010. Bioavailability of organochlorine compounds in aqueous suspensions of fullerene: Evaluated with medaka (*Oryzias latipes*) and negligible depletion solid-phase microextraction. Chemosphere, 80(7): 693-700.

Huckins J N, Tubergen M W, Manuweera G K, 1990. Semipermeable membrane devices containing model lipid: A new approach to monitoring the bioavailability of lipophilic contaminants and estimating their bioconcentration potential. Chemosphere, 20(5): 533-552.

Johnson B, 2008. Exposure to and bioaccumulation of brominated flame retardants in humans and marine wildlife: Comparison to patterns of chlorinated contaminants. Albany: State University of New York.

Kania-Korwel I, Lehmler H J, 2016. Chiral polychlorinated biphenyls: Absorption, metabolism and excretion—A review. Environmental Science and Pollution Research, 23:2042-2057.

Ke R H, Luo J P, Sun L W, et al, 2007. Predicting bioavailability and accumulation of organochlorine pesticides by Japanese medaka in the presence of humic acid and natural organic matter using passive sampling membranes. Environmental Science & Technology, 41(19): 6698-6703.

Kelly B C, Ikonomou M G, Blair J D, et al, 2007. Food web-specific biomagnification of persistent organic pollutants. Science, 317(5835): 236-239.

Kraaij R, Mayer P, Busser F J M, et al, 2003. Measured pore-water concentrations make equilibrium partitioning work—A data analysis. Environmental Science & Technology, 37(2): 268-274.

Lau C, Anitole K, Hodes C, et al, 2007. Perfluoroalkyl acids: A review of monitoring and toxicological findings. Toxicological Sciences, 99: 366-394.

Liu J F, Hu X L, Peng J F, et al, 2006. Equilibrium sampling of freely dissolved alkylphenols into a thin film of 1-octanol supported on a hollow fiber membrane. Analytical Chemistry, 78(24): 8526-8534.

Liu J F, Jonsson J A, Mayer P, 2005. Equilibrium sampling through membranes of freely dissolved chlorophenols in water samples with hollow fiber supported liquid membrane. Analytical Chemistry, 77(15): 4800-4809.

Lu Z, Ma G B, Veinot J G C, et al, 2013. Disruption of biomolecule function by nanoparticles: How do gold nanoparticles affect Phase I biotransformation of persistent organic pollutants? Chemosphere, 93(1): 123-132.

Luo X J, Zeng Y H, Chen H S, et al, 2013. Application of compound-specific stable carbon isotope analysis for the biotransformation and trophic dynamics of PBDEs in a feeding study with fish. Environmental Pollution, 176: 36-41.

Newman M C, Unger M A, 2007. 生态毒理学原理(原著第二版). 赵园, 王太平, 译. 北京: 化学工业出版社.

Nicklisch S C T, Rees S D, McGrath A P, et al, 2016. Global marine pollutants inhibit P-glycoprotein: Environmental levels, inhibitory effects, and cocrystal structure. Science Advances, 2(4): e1600001.

Parkinson A, 2017. Biotransformation of xenobiotics. http://howmed.net/pharmacology/biotransformation-of-xenobiotics.

Peters L D, Nasci C, Livingstone D R, 1998. Immunochemical investigations of cytochrome P450 forms/epitopes (CYP1A, 2B, 2E, 3A and 4A) in digestive gland of *Mytilus* sp. Comparative Biochemistry and Physiology Part C: Pharmacology, Toxicology and Endocrinology, 121(1-3): 361-369.

Qiu Y W, Zeng E Y, Qiu H L, et al, 2017. Bioconcentration of polybrominated diphenyl ethers and organochlorine pesticides in algae is an important contaminant route to higher trophic levels. Science of the Total Environment, 579: 1885-1893.

Quensen J F I, Tiedje J M, Boyd S A, 1988. Reductive dechlorination of polychlorinated biphenyls by anaerobic microorganisms from sediments. Science, 242(4879): 752-754.

Quinnell S, Hulsman K, Davie P J F, 2004. Protein model for pollutant uptake and elimination by living organisms and its implications for ecotoxicology. Marine Ecology Progress Series, 274: 1-16.

Ren J, Wang X, Wang C, et al, 2017. Biomagnification of persistent organic pollutants along a high-altitude aquatic food chain in the Tibetan Plateau: Processes and mechanisms. Environmental Pollution, 220: 636-643.

Schlaich N L, 2007. Flavin-containing monooxygenases in plants: Looking beyond detox. Trends in Plant Science, 12(9): 412-418.

Semple K T, Doick K J, Burauel P, et al, 2004. Defining bioavailability and bioaccessibility of contaminated soil and sediment is complicated. Environmental Science & Technology, 38(12): 228A-231A.

Sharom F J, 2011. The P-glycoprotein multidrug transporter. Essays in Biochemistry: ABC Transporters, 50: 161-178.

Tomy G T, Palace V, Marvin C, et al, 2011. Biotransformation of HBCD in biological systems can confound temporal-trend studies. Environmental Science & Technology, 45(2): 364-365.

UNEP, 2007. Short-chained chlorinated paraffins. Profile NO.: UNEP/POPs/POPRC.11/10/Add.2.

van der Wal L, Jager T, Fleuren R, et al, 2004. Solid-phase microextraction to predict bioavailability and accumulation of organic micropollutants in terrestrial organisms after exposure to a field-contaminated soil. Environmental Science & Technology, 38(18): 4842-4848.

Wan Y, Zhang K, Dong Z, et al, 2013. Distribution is a major factor affecting bioaccumulation of decabrominated diphenyl ether: Chinese sturgeon (*Acipenser sinensis*) as an example. Environmental Science & Technology, 47(5): 2279-2286.

Warner N A, Wong C S, 2006. The freshwater invertebrate *Mysis relicta* can eliminate chiral organochlorine compounds enantioselectively. Environmental Science & Technology, 40(13): 4158-4164.

Williams R T, 1959. Detoxication mechanisms. 2nd ed. New York: Wiley.

第 5 章　POPs 遗传毒性

本章导读

- 从遗传毒性研究的框架出发，从遗传物质类毒性效应到可传递至后代的毒性效应等方面，简要介绍遗传毒性涵盖的内容。
- 从遗传物质损伤（包括基因突变、加合物、彗星与微核、损伤修复功能变化），以及表观遗传调控（包括 DNA 甲基化、组蛋白修饰、miRNA）等多个角度，阐述各种 POPs 的遗传毒性效应。
- 以氯酚类污染物为例，以变性高效液相色谱作为未知点突变筛查技术的代表，介绍典型 POPs 诱发基因点突变的毒性效应。
- 特别陈述目前多世代毒性效应表征 POPs 可遗传效应的研究进展，并以因长期使用与排放、具有环境持久性的磺胺抗生素以及 POPs 典型代表林丹为例，介绍生命早期暴露产生的、在多世代后代中长期残留的毒性效应。

5.1　遗传毒性概述

早期的遗传毒性是指环境中的理化因素作用于有机体，使其遗传物质在碱基、分子和染色体等水平受到各种损伤，从而造成的毒性作用。因此，早期的遗传毒性研究主要针对污染物对碱基水平的点突变，分子水平的 DNA 损伤与加合物，染色体水平的微核、染色体异常，以及与上述损伤相关的修复系统等指标的影响 (Ellinger-Ziegelbauer et al., 2009; Terradas et al., 2010)。从研究方法的角度可分为体外 (*in vitro*) 试验，如细菌回复突变 (Ames) 试验，以及体内 (*in vivo*) 试验，如微核 (micronucleus, MN) 试验。目前，Ames、MN 等检测内容是我国国家食品药品监督管理总局 (CFDA)《药物遗传毒性研究技术指导原则 (2018)》的必要检查内容，也是经济合作与发展组织 (OECD)、美国环境保护署 (EPA)、美国食品药品监督管理局 (FDA) 等部门进行遗传毒性试验指导原则中的必要内容。现代的遗传毒性，泛指某一物质或因素产生的、能够在代际之间传递的可遗传效应 (heritable effect)，不仅包括早期的遗传毒性，还包括与遗传物质密切相关的表观遗传因素（如 DNA 甲基化、组蛋白甲基化、miRNA 等）的变化，以及与遗传物质/表观遗传物质不直接相关的其他世代间的传递效应(Trosko and Upham, 2010)。

　　污染物对上述遗传物质与表观遗传物质的毒性效应与其致癌性密切相关。污染物致癌机制主要有遗传机制学说和表观遗传机制学说。遗传机制学说认为化学致癌物进入细胞后，通过活性氧(reactive oxygen species, ROS)等形式作用于遗传物质（DNA、染色体等），通过引起细胞基因的改变而致癌(Ellinger-Ziegelbauer et al., 2009; Ludewig and Robertson, 2013; Brenneisen and Reichert, 2018)。癌基因学说认为，人体内含有原癌基因(例如 *Gfra1*、*Bhlhb8*)与抑癌基因(例如 *p53*、*Epha4*)两大类，当污染物诱发二者相互关系失衡时，就会促进人体产生癌症。表观遗传学说认为，具有致癌作用的环境有毒有害因素并不具有对 DNA 等遗传介质作用引起突变或基因改变的能力，它们可通过对基因表达时间、表达量等表观遗传调控的方式对细胞分裂增殖产生影响(You and Jones, 2012; Verma et al., 2015)。因此，阐述 POPs 的遗传毒性，对判断其诱发癌症的潜力、阐述其致癌机理至关重要。

　　在上述研究背景下，本章将从遗传物质损伤阐述持久性有机污染物(POPs)的遗传毒性(5.2)；对氯酚类污染物诱发基因点突变的效应进行重点阐述(5.3)；基于 POPs 的多世代传递性与多世代毒性效应，进行相关研究进展的介绍(5.4)，并针对大量使用、持续排放、具有环境持久性的磺胺抗生素进行重点阐述(5.4)。

5.2　POPs 导致的遗传物质损伤

　　污染物对遗传物质的损伤，包括碱基点突变、DNA 加合物、染色体微核、DNA 修复系统损伤、染色体异常等水平（图 5-1）(Ellinger-Ziegelbauer et al., 2009)，这些指标是早期遗传毒性的常用指标；同时，污染物对遗传物质的损伤，也包括

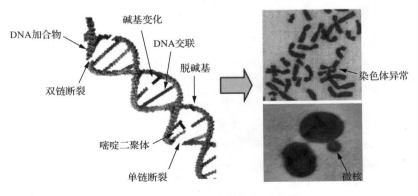

图 5-1　早期遗传毒性指标示意图
根据文献(Ellinger-Ziegelbauer，2009)修改

对遗传物质表达调控的表观遗传物质的损伤，包括 DNA 甲基化与组蛋白修饰、微 RNA（miRNA）等（图 5-2）（Chappell and Rager，2017），这些指标是现代遗传毒性研究的新指标。

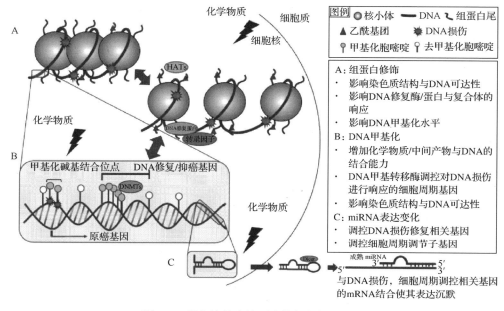

图 5-2　现代遗传毒性研究的新指标示意图

根据文献（Chappell and Rager，2017）修改

本节即从基因突变（5.2.1）、加合物（5.2.2）、彗星与微核（5.2.3）、损伤修复功能变化（5.2.4）、染色体异常（5.2.5）、DNA 甲基化与组蛋白修饰（5.2.6）、miRNA（5.2.7）等角度，阐述 POPs 对遗传物质的毒性效应。

5.2.1　基因突变

基因突变是指基因中 DNA 序列的改变。由于这种改变一般局限于某一特定的位点，所以又称之为点突变（point mutation）。基因突变可分为碱基置换、移码突变、整码突变、片段突变等基本类型，常用评价方法是鼠伤寒沙门氏菌回复突变试验（Ames *Salmonella* test，或略写为 Ames）。该方法应用一组组氨酸营养缺陷型鼠伤寒沙门氏菌作为试验菌株，因该菌株不能合成组氨酸，在缺乏组氨酸的培养基上不能正常生长；在致突变物的诱导下，该菌株回复突变成野生型（His⁺），能够在缺乏组氨酸的培养基上合成组氨酸并长出可见菌落。当试验菌株在加或不加代谢活化系统的情况下加入受试物，在缺乏组氨酸的培养基上进行培养，如回复突变菌落数超过阴性（溶剂）对照的 2 倍，并有剂量-对应关系，就可确定受试物对鼠伤寒沙门氏菌有致突变性。

POPs 等环境污染物的致突变性研究已广泛开展。当使用 Ames *Salmonella*/肝细胞检测毒杀芬在 10～10000 mg/plate 浓度水平的致突变性时，在 5 种 *S. typhimurium* 品系 TA97、TA98、TA100、TA102 和 TA104 中，His 回复突变体表现出与浓度依赖性的增加，在没有 S9 代谢活性的情况下表现出更高的突变频率。然而，毒杀芬在高于 500 mg/plate 的浓度水平之上才能够诱发突变，在此浓度下诱发突变的能力相对低 (Schrader et al., 1998)。含有有机氯农药 (如 DDE、DDT、狄氏剂、艾氏剂和硫丹等) 的土壤能够在 Ames 试验中诱发突变 (Ansari and Malik, 2009)。对含有 DDT、艾氏剂、狄氏剂、异狄氏剂的实际水体进行 Ames *Salmonella*/microsome 试验，发现显著的致突变性 (Rehana et al., 1996)。实际水体浓缩后的混合液，含有林丹、硫丹、毒死蜱等 POPs，对其进行致肿瘤效应研究，发现 POPs 等污染物具有致突变性 (Anjum and Malik, 2013)。采用 TA98 和 TA100 品系在有/无代谢活性的条件下进行 *Salmonella*/致突变试验，采用 ^{32}P 标记检测、单细胞凝胶电泳 (彗星) 试验和微核试验检测 DNA 变化等指标，检测发现含有多种农药的实际水体具有明确的遗传毒性 (Ohe et al., 2004)。在采用果蝇模型的研究中，硫丹表现出致突变性 (Velázquez et al., 1984)。硫丹及其代谢物在中国仓鼠卵巢 (Chinese hamster ovary，CHO) 细胞和人类淋巴细胞中产生了显著的、依赖于浓度 (0.25～10 μmol/L) 的 DNA 损伤，并能够在 1～20 μg/plate 的浓度水平下显著增加沙门氏细菌 (*Salmonella strains*) 的突变性，TA98 是最敏感的菌株，并且碘代和羟基醚代谢物产生了最强的效应 (Bajpayee et al., 2006)。

包括 Ames 试验在内的细菌突变检测，依赖细胞外代谢物的激活，并不适用于评价那些激活通路需要多个环节或者中间代谢产物存在时间极短的化合物的基因毒性。中国仓鼠肺成纤维 (V79) 细胞、CHO 细胞和小鼠淋巴 (L5178Y) 细胞等品系的细胞，对 PCBs 等有机物的生物转化能力很有限甚至没有。因此，采用哺乳动物细胞进行基因突变检测的体外试验结果中，PCBs 商用混合物及其部分同系物往往不表现出诱发基因突变的能力。为了克服该缺陷，有学者直接合成 PCB-3 代谢产物对 V79 开展基因突变检测，结果表明，邻 (3,4-) 和对 (2,5-) 醌能够在 HPRT 位点产生显著突变，但 PCB-3 及其单、二羟基代谢产物不具有致突变性。这些结果都表明，PCB-醌具有基因毒性，并且能够产生癌症启动剂的作用 (Ludewig and Robertson, 2013)。因此，在 Ames 试验中结果为阴性的受试物质，其代谢产物依然可能具有潜在的诱发基因突变的效应。

5.2.2　加合物

DNA 加合物 (DNA adduct) 是指环境污染物及其代谢产物以共价键与 DNA 的碱基或 DNA 的其他部位结合的产物。DNA 加合物是一个受到最多关注的生物标志物,因为它与污染物的遗传毒性直接相关。一般认为,一种化学物质首先与 DNA 发生共价结合形成结合物后,才能引起基因突变和细胞癌变。因此,致癌物与 DNA 分子形成加合物是癌变的初始阶段。与此同时, DNA-蛋白质交联(DNA-protein crosslink)也是一种加合物形式,是指某些化学污染物可直接或间接地引起 DNA 与蛋白质之间发生交联形成的稳定结合。DNA-蛋白质交联也是一种遗传损伤,很难修复,可在体内长期保留,作为一种生物标志物具有独特价值。

POPs 能够对 DNA 产生损伤。本节以 PCBs 为例详加陈述(Ludewig and Robertson, 2013)。1989 年,人张氏肝脏细胞的单层培养中,低浓度的感光 PCB-153 共培养 30 min 后即通过 ^{32}P 后标记法发现了 DNA 加合物的生成。结果表明, PCB-153 能够快速地转移至细胞核,大部分 PCB-153 与核蛋白相结合,小部分感光加合物源自与嘌呤核苷酸结合。1995 年,原代培养的胎鼠、鹌鹑蛋肝细胞和人类 HepG2 肝脏细胞暴露 PCB-77 后, DNA 加合物水平显著升高,达到每 10^9 个核苷酸就有 37 个(鹌鹑)、20 个(大鼠、人类细胞)加合物的水平。人类原代培养的肝脏细胞中, PCB-3、Aroclor 1016 和 Aroclor 1254 增加了 DNA 加合物的水平,该水平在个体之间的变化范围很大,从每 10^9 个核苷酸个位数字的 DNA 加合物,到 36 个,再到超过 200 个加合物的水平,该结果表明 PCBs 诱发 DNA 损伤能力在个体之间差异很大,可能与不同的 CYP 活性水平以及其他酶活性相关。

在 20 世纪中期发现,从经过 3-甲基胆蒽(CYP1A 和 CYP1B 诱导剂)或者鲁米那(CYP2B 诱导剂)暴露后的大鼠体内分离出肝微粒体后,将其与 PCB-3 共培养,发现了 5 种单羟基代谢产物以及 3 种二羟基代谢产物。将 15 种不同的单氯、二氯代联苯和脱氧鸟苷(dG)在体外进行共培养后,在过氧化物酶或过氧化氢酶的存在下,几乎每一种 PCBs 都产生了 1～8 种脱氧鸟苷加合物。该结果表明,不仅 CYP 初级代谢物,而且其二级氧化产物,例如半醌或醌,都具有与 DNA 反应的高活性。与此同时,也有一些 PCBs 能够在没有过氧化物酶/过氧化氢酶存在下产生 DNA 加合物,这说明这些同系物产生了能够与 DNA 反应的环氧中间体。进一步的研究表明,这些 PCBs 的同系物不能够与脱氧胞苷(dC)、脱氧胸苷(dT)形成加合物;只有 3,4-二氯联苯能够与脱氧腺苷(dA)形成加合物,这种加合物与小牛胸腺 DNA 形成加合物的比率比 dG 加合物少 60%～80%。PCBs 的三氯同系物能够产生比二氯、单氯联苯更高的加合物水平(Ludewig and Robertson, 2013)。

在有小牛胸腺 DNA 存在的条件下,将 PCBs 暴露于大鼠、小鼠和人类的肝微粒体后,含有 1～3 个氯的 PCBs 同系物产生了加合物。大多数低氯代的 PCBs 能够在哺乳动物肝脏中产生生物激活作用,产生能够与 DNA 结合的代谢产物,这些产物包含了大量的醌类物质。将 PCB-醌与分离出的 DNA 进行反应的研究结果发现了高达每 10^8 个核苷酸中产生 3～1200 个加合物的水平,大多数加合物包含鸟苷。值得注意的是, PCBs 的二羟基/醌代谢产物是一对氧化还原物质,在二羟

基 PCBs 氧化为醌的过程中能够产生超氧阴离子(一种 ROS)。在小牛胸腺 DNA
和乳腺特定蛋白(乳过氧化物酶)、过氧化氢共同存在的条件下,3,4-二氯-2′,5′-二
羟基联苯显著增加了 ROS 诱导的 DNA 损伤,高达每 10^6 核苷酸产生 253 个 8-羟
基-2′-脱氧鸟苷(8-OHdG)的水平,显著高于溶剂对照组 118 个的水平。该结果表
明,低氯代 PCBs 的生物转化能够产生自由基与氧化型 DNA 损伤(Ludewig and
Robertson, 2013)。相关的混合物暴露的研究中,10 µmol/L PBDE-47、5 µmol/L
PBDE-47 + PCB-153 以及 10 µmol/L PBDE-47 + PCB-153 等暴露处理,显著增加了
DNA 链断裂与 8-OHdG 水平(Gao et al., 2009)。

　　DNA 氧化性损伤还能够形成不同寻常的加合物,例如丙二醛-2′-脱氧鸟苷
(M1dG)。单独的 PCB-153 或 PCB-126 或其混合物的单次暴露并不能增加大鼠体
内 M1dG 的水平。但是对 PCB-126 进行 1000 ng/(kg·d)、长达一年的暴露,显著
增加了肝脏中 M1dG 加合物的积累。PCB-153 单独作用无此效应,PCB-153 和
PCB-126 等浓度混合物能够促使 M1dG 表现出依赖于剂量的积累效应。该积累效
应可出现在更低的剂量 300 ng/(kg·d)水平。当 PCB-126 浓度不变、PCB-153 浓度
变化时,该效应表现出对 PCB-153 剂量的依赖性。这些结果都与癌症生物检测中
发现的 PCB-126 与 PCB-153 的协同作用相一致(Ludewig and Robertson, 2013)。

　　为了检测代谢活性以及这种 DNA 和蛋白质的结合能否出现在细胞中,研究
人员还采用中国仓鼠(Chinese hamster)卵巢细胞对 ^{3}H 标记的 PCB-3(^{3}H-PCB3)进
行暴露,结果发现羟基化的代谢产物及其与生物大分子的共价结合。尽管 85%的
结合都集中在蛋白质中,但 PCB-3 与 DNA 结合的能力比蛋白质高 3.5 倍,比 RNA
高 1.4 倍。这些结果说明 PCB-3 被激活产生的代谢物能够损伤 DNA。采用大鼠进
行的体内试验表明,PCB-153 结合物中约 70%与蛋白质结合,30%与 DNA 结合,
与 RNA 没有显著结合。总体来讲,PCB-153 更倾向与生物积累,但是含有自由→
游离碳原子的同系物,例如 PCB-136 更倾向于在生物转化后与生物大分子结合,
并且结合能力顺序为 RNA>蛋白质>DNA。因此,PCBs 的氯取代程度显著影响
了其与 DNA 等生物大分子的结合能力(Ludewig and Robertson, 2013)。

　　在野生生物或者人体的组织中检测环境化学品导致的 DNA/蛋白质加合物很
具有挑战性,但是该工作对种群生物监测以及为暴露和毒性效应之间提供关联非
常重要。只有采用敏感性极高的 ^{32}P 后标记的方法才能够提供此类数据。针对法
国罗讷(Rhone)河开展的污染物生物监测研究表明,在 PCBs 焚烧工厂的上游和下
游水体中的鲤鱼体内有不同数量和种类的 DNA 加合物产生。但是因为没有对采
样位点的水、土壤或者生物组织进行化学品分析,因此并不能说明是何种物质产
生了该效应。在美国华盛顿州皮吉特湾不同区域采集的英国舌鳎中,肝脏中 PCBs
总浓度和肝脏 DNA 加合物的含量之间具有显著的正相关性。在挪威马斯河中的
龙虾体内,肝胰腺中的 DNA 加合物水平与 PCB-28、PCB-52 和 PCB-101 的浓度

呈正相关，但是与高氯同系物(PCB-118、PCB-138、PCB-153、PCB-180)没有显著相关性(Ludewig and Robertson, 2013)。

在人体样品中进行 DNA 加合物的检测更加困难，主要是因为组织样品的缺乏、目标物质浓度水平低，以及因为生活方式与环境不同导致的其他化学品干扰。有学者对加拿大因纽特地区的 108 个人体样品进行了血液 PCBs 的检测，以及白细胞中极性与非极性 DNA 加合物的检测。该人群通过食用鲸脂和其他海鲜而暴露于 PCBs。尽管 PCBs 浓度升高时，加合物浓度也升高，但是并没有显著趋势。因纽特人饮食也富含硒(Se)，对 83 个人体样品进行的跟踪研究表明，Se/PCBs 比值的增加伴随着 8-OHdG 和总加合物水平的降低，说明血液中的高 Se 水平能够保护机体免受氧化型 DNA 损伤的影响。这些研究表明了人类生物监测研究的复杂性，该研究不仅能够阐述毒性效应机制，也能够找到个体敏感性以及保护因素等关键信息(Ludewig and Robertson, 2013)。

5.2.3 彗星与微核

在直接检测 DNA 损伤等研究方法之外，还有许多常用指标用于表征遗传物质的损伤，例如彗星与微核试验。彗星试验，又称单细胞凝胶电泳试验，能够有效检测并定量分析细胞中 DNA 单、双链缺口损伤的程度。其原理是，在碱性电解质的作用下，DNA 发生解螺旋，受损的 DNA 断链及片段被释放出来，因其分子量小且碱变性为单链，所以在电泳过程中带负电荷的 DNA 会离开核 DNA 向正极迁移形成彗星状图像，而未受损伤的 DNA 部分保持球形。通过测定 DNA 迁移部分的光密度或迁移长度就可以测定单个细胞 DNA 损伤程度。与此同时，微核试验是检测染色体或有丝分裂器损伤的一种遗传毒性试验方法。无着丝粒的染色体片段或因纺锤体受损而丢失的整个染色体，在细胞分裂后期仍留在子细胞的胞质内成为微核，常用于接触环境致突变物人群的监测和危险性评价。已有大量研究表明，POPs 能够诱发彗星、微核等遗传毒性变化。

基于彗星试验的结果，硫丹(endosulfan)暴露能够诱发斑马鱼体内 DNA 损伤，并表现出浓度依赖性；并且这种 DNA 损伤与氧化胁迫密切相关(Shao et al., 2012)。DDT 和 HCH 在牛血中的浓度在检出限以下(即低于 10～5 ppm)的条件下，可以对血细胞 DNA 产生损伤(Dineshkumar et al., 2014)。PCB-153 和 PBDE-47 对成神经细胞瘤细胞(neuroblastoma cell)诱发 DNA 损伤与 DNA 修复基因的表达，涉及 DNA 链的断裂，两种物质还存在相互作用(Gao et al., 2009)。

在针对野生生物样品的研究中，也发现环境暴露浓度水平的 POPs 能够产生彗星等 DNA 损伤。夸察夸尔科斯河(Coatzacoalcos River，墨西哥)沉积物和不同营养级水平的鱼体组织中普遍检出六氯苯(HCB)、六氯环己烷(HCH)、滴滴涕(DDT)、DDE、灭蚁灵(Mirex)和多氯联苯(PCBs)等 POPs，通过全血彗星试验发现，该环境中的野生鱼体内存在显著的 DNA 损伤（González-Mille et al., 2010）。含有艾氏剂、异狄氏剂、α-HCH、七氯、DDT、HCB 等有机氯农药的实际水体，能够对沙蚕体内的 DNA 损伤等遗传毒性指标产生影响（García-Alonso et al., 2011）。

由健康人体捐赠、分离出的外周血单核细胞（PBMC），培养于不同浓度（40 μg/mL、80 μg/mL 和 100 μg/mL）的 p,p'-DDT、p,p'-DDE 和 p,p'-DDD，经过 3 种不同暴露时间（24 h、48 h 和 72 h）之后进行彗星试验，结果表明所有化合物都显著增加了 DNA 损伤，亚二倍体细胞的比例显著增加。与此同时，含有不同环境暴露水平的女性人体中，DDT、DDE 和 DDD 在血液中的浓度水平与 DNA 损伤（彗星试验）表现出显著的相关性，该结果与体外试验结果相符（Yáñez, 2004）。对健康人体捐赠的外周血人体淋巴细胞进行 0.025 mg/L 的 p,p'-DDT 不同时间段（1 h、2 h、24 h 和 48 h）的暴露，在彗星试验中发现了明显的彗星拖尾与显著的微核增加（Gajski et al., 2007）。在 2003 年对墨西哥南部三个社区中的 61 名健康儿童开展研究，并在 2004 年进行跟踪调查，结果发现儿童体内 PBMC 的凋亡比率从 2003 年的 0.10%～8.30% 增加到 2004 年的 0.12%～16.20%，并在 DDE 血液浓度水平与凋亡水平之间发现了显著相关性；在 2004 年采用彗星试验开展的 DNA 损伤研究中，DDT 和 DDE 的暴露均与 DNA 损伤之间具有显著性相关性（Pérez-Maldonado et al., 2006）。

采用紫露草微核试验和雄蕊毛试验（stamen hair bioassay）等方法，测定西维因（carbaryl）、乐果（dimethoate）以及异菌脲（iprodione）、DDE（DDT 代谢产物）的基因毒性研究发现，DDE、西维因和乐果都能够显著增加微核发生频率（Fadic et al., 2017）。十氯酮（CLD）在亚致死浓度（3.5 μg/L）暴露 24 h、72 h 和 96 h，显著增加了花斑腹丽鱼（*Etroplus maculatus*）外周红细胞的微核产生；在空白组中，没有发现核异常，但是在 CLD 暴露过的鱼体中发现了核异常，包括微核以及起泡（blebbed）、裂痕（notched）、浅裂（lobed）和不规则的核（Asifa et al., 2016）。林丹（10^{-12}～10^{-10} mol/L，24 h）显著增加了（高达 5 倍）乳腺与前列腺细胞系的微核水平（Olga et al., 2004）。含有 PCBs 和 OCPs（例如 α-HCH、七氯、艾氏剂、狄氏剂等）的土壤和底灰（bottom ash）的液态提取物能够对两栖动物（爪蟾）和细菌产生彗星和微核效应（Mouchet et al., 2006）。

六溴环十二烷（HBCD）对海洋无脊椎动物波罗的海白樱蛤（*Macoma balthica*）在表观浓度 0 μg/L、100 μg/L 和 250 μg/L 进行长达 50 天的暴露后，导致其鳃细胞的细胞核和核仁异常显著增加，死亡细胞的频率增加；在暴露第 20～30 天时诱发核糖体基因（NORs）功能的显著异常（Smolarz and Berger, 2009）。对人体淋巴细胞进行 p,p'-DDT（0.1 μg/mL）、p,p'-DDE（4.1 μg/mL）和 p,p'-DDD（3.9 μg/mL）为期 24 h 的暴露后，微核细胞（micronucleated cells）的数量从空白水平的 2.5±0.71 增加到 23.5±3.54（DDT）、13.5±0.71（DDE）和 16.5±6.36（DDD）。彗星试验也发现了相似的结果，彗星尾部 DNA 的比率从空白水平的 1.81±0.16 分别增加到 17.24±0.55、

11.21±0.56 和 9.28±0.50 (Gerić et al., 2012)。

PCB-153、PCB-138、PCB-101 和 PCB-118 都在鱼体细胞体外试验中诱发微核；工业区域或者灌溉农田中经过 PCBs 污染的土壤也能够导致植物产生微核。但是，PCBs 商用混合物离体 (in vitro) 暴露并没有对人体淋巴细胞和角化细胞产生微核。人体中微核的缺失，可能是因为不完全的代谢激活。PCB-3 自身并不能诱导产生微核，但是其 3 个单羟基、2 个二羟基以及 2 个醌类代谢产物能够对 V79 细胞产生微核。对苯醌产生的微核，主要是产生了染色体的断裂，单羟基代谢产物主要是产生了染色体的缺失，这说明不同代谢产物的基因毒性机制不同。具有高活性的醌能够和 DNA 直接反应，也能够和 DNA 稳定蛋白(例如局部异构酶)相结合，产生染色体的断裂；其他代谢产物能够与细胞骨架或其他与染色体分布有关的蛋白反应 (Ludewig and Robertson, 2013)。

流行病学研究表明，暴露于 PCBs 的工人中，有些体内有异常的核型，有些体内没有效应。人类研究的挑战就是工人等污染人群往往是暴露在多种化学品中的，他们对于特定化学品的暴露水平差别往往很大 (Ludewig and Robertson, 2013)。含有硫丹、阿特拉津等 POPs 的杀虫剂混合物能够显著增加杀虫剂生产工人、施用人、花卉种植业者以及农场工作人员体内的微核数量 (Bolognesi, 2003)。

5.2.4 损伤修复功能变化

DNA 受损后，细胞能够产生 DNA 损伤修复反应，使 DNA 结构恢复原样，重新执行原定遗传功能。DNA 损伤修复机制具有饱和性，另外，对于某些损伤也不能有效地修复。没有被修复的损伤维持到下一复制周期，有些会影响依赖 DNA 多聚酶复制的精确性，引起突变；另一些损伤可阻断 DNA 的复制，危及细胞生存，此时，细胞可通过其耐受机制重新启动处于复制阻断状态的模板 DNA 的合成。DNA 损伤的耐受机制主要有易误修复(亦称 SOS 修复)和复制后修复等，使 DNA 合成得以通过损伤部位，避免了致死性的后果，但 DNA 损伤并未真正被修复，常会增加突变率，仍有待通过其他的修复机制进行进一步修复。

研究 DNA 损伤修复功能的变化与判断 POPs 的遗传毒性直接相关。已有大量数据表明，POPs 能够干扰受试生物的 DNA 修复能力。采用体内和体外动物实验模型和一系列生化指标检测，结果表明十氯酮及其与四氯化碳的混合物能够干扰大鼠肝脏细胞的 DNA 修复水平，表现出基因毒性 (Ikegwuonut and Mehendale, 1991)。生长抑制效应中的修复加合物检测 (detection of repairable adducts by growth inhibition，DRAG) 是一种快速、高通量筛选方法，用于检测中国仓鼠卵巢细胞中可修复的 DNA 加合物，该方法是判别 DNA 修复的不同缺陷导致的生长抑制来完成的。相比于野生型细胞系(AA8)，复缺陷型细胞系(EM9，UV4 和 UV5)与一种特定的 DNA 反应活性物质产生显著的生长抑制，这个结果被解释为无法修复 DNA 损伤的结果。在 DRAG 中采用这些细胞系就能够提供具有基因毒性的污染物产生 DNA 损伤的信息。研究结果表明，PCBs 的代谢物 4,4'-diOH-CB80 只产生了轻微活性，其他测定的卤代有机物(如 PBDEs)及其代谢产物都不具有明确活性。总之，虽然 PCBs 和 PBDEs 对生物体 DNA 损伤修复能力的效应并不显著，但表明了相应的遗传毒性潜力(Johansson et al., 2004)。

5.2.5　染色体异常

染色体是基因的载体，染色体异常将导致基因表达异常、机体发育异常，例如染色质畸变(chromosomal aberrations，CA)、姐妹染色体交换(sister-chromatid exchanges，SCE)等。已有明确数据表明，POPs 能够诱发染色体异常。含有 POPs 成分(例如乐果等)的 56 种杀虫剂被国际癌症研究机构划分为对实验动物具有致癌性，能够诱发受试生物基因突变或 DNA 损伤的同时，产生 CA 等效应(Bolognesi and Morasso, 2000)。PCBs 混合物(Aroclor® 1254)虽然不具有诱发突变的效应，但显著增加了洋葱(*A. cepa*)的染色体异常(Evandri et al., 2003)。毒杀芬(toxaphene)能够诱发 SCE 频率增加(Schrader et al., 1998)。采用中国仓鼠肺成纤维(V79)细胞在由人类 HepG 干细胞提供代谢活性的条件下检测毒杀芬的基因毒性研究发现，毒杀芬在接近半数致死剂量(LD_{50}, 10 μg/L)的浓度水平时增加了 SCE 频率，虽然该结果与空白并不具有显著性差异，但毒杀芬的基因毒性依然引人担忧(Schrader et al., 1998)。

采用 PCBs 商用混合物的研究，诱发鱼体骨髓和精原细胞产生染色体异常。PCB-77、PCB-153、Aroclor 1254 能够对人体淋巴细胞产生染色体断裂和重排效应。PCB-52 单独作用不产生效应，但是在与 PCB-77 的联合暴露中产生协同作用，产生了高于预期总和的异常结果。在 PCB-52 和 PCB-77 体内暴露后的大鼠体内，也发现了相似结果。在染色体异常之外，PCB-52 和 PCB-105 体外暴露增加了 V79 细胞有丝分裂的异常增加，并且增加了多倍细胞的含量。有趣的是，PCB-2 和 PCB-3 的氢醌，能够诱发 V79 细胞产生高达 90%的多倍体比例(Ludewig and Robertson, 2013)。在人体淋巴细胞中，PCB-126 显著增加了 SCE。PCBs 的五种甲基磺酸盐代谢物中的两种，在体外研究中显著增加了 SCE 水平。单氯化 PCBs 的代谢产物中，只有 PCB3-3,4-catechol 诱发 V79 细胞增加了 SCE 水平。这些研究结果表明，PCBs 同系物并不能够显著诱发 SCE，但是它们在酶促作用下的活性可能会导致细胞对其他物质的抵抗能力降低，促发 SCE(Ludewig and Robertson, 2013)。

近期研究表明，染色体最尾端的端粒(telomere)因其损伤后得不到及时的修复，导致其对 DNA 损伤非常敏感。端粒的严重缩短将产生细胞危机，在此危机中存活下来的永生细胞(immortal cells)具有异常的核型，这种核型源自染色体末端与短端粒的黏合、染色体的融合以及细胞分化过程中染色体不分离等不正常的环节。PCBs 同系物以及 PCB-3 的对醌代谢物能够诱发端粒缩短，这些同系物很可能以减少端粒酶活性的方式产生该效应 (Ludewig and Robertson, 2013)。

SCE 在人类生物监测中很重要，因为该方法采用外周血淋巴细胞开展研究，样品容易获得，但同时其敏感性有局限。从 20 世纪八九十年代的生物监测研究表明，PCBs 暴露 (我国台湾米糠油中毒事件) 后工人体内 SCE 水平显著升高，这种效应常见于长期的职业暴露人群或联合暴露于吸烟的人群。对火中 PCBs 经历短期暴露的受试生物中，SCE 水平并没有显著增加，但是细胞变得更加敏感，也就是说当加入第二个化学品，例如 α-萘 (ANF) 之后，SCE 水平显著升高。有趣的是，PCBs、PCDDs 和 PCDFs、DDT 等物质在体外研究中显著增加了 SCE 水平，并且在加入 ANF 之后增强了淋巴细胞 SCE 水平。需要注意的是，能够产生这种效应的混合物浓度水平只比人体中检出的平均浓度高了 3 倍。近期研究表明，PCBs 暴露的学校中，教师淋巴细胞中的 SCE 水平并没有显著上升。同时，在 1968 年 PCBs 米糠油暴露的患者体内，SCE 水平并没有显著上升，尽管他们体内的 PCBs 浓度高于健康的日本人群 7 倍之多。人类研究中尚未发现 PCBs 对 SCE 的显著作用 (Ludewig and Robertson, 2013)。在对杀虫剂生产工人、施用人、花卉种植业者以及农场工作人员等，开展杀虫剂潜在基因毒性的回顾性总结时发现，含有阿特拉津、DDT、林丹、狄氏剂、乐果、硫丹等 POPs 的杀虫剂的暴露水平与暴露人群体内染色体异常频率呈正相关，含有阿特拉津、DDT、乐果、硫丹等 POPs 的杀虫剂的暴露也显著增加了暴露人群的 SCE 频率 (Bolognesi, 2003)。

5.2.6 DNA 甲基化与组蛋白修饰

近年逐渐兴起的表观遗传学 (epigenetic) 是与遗传学 (genetic) 相对应的概念，是研究基因的核苷酸序列不发生改变的情况下，基因表达可遗传的变化的一门遗传学分支学科，主要涉及 DNA 甲基化 (DNA methylation)、基因组印记 (genomic imprinting)、母体效应 (maternal effect)、基因沉默 (gene silencing)、核仁显性、休眠转座子激活和 RNA 编辑 (RNA editing) 等。DNA 甲基化是最广为研究的表观遗传调控方式，是指 CpG 二核苷酸的胞嘧啶上增加了甲基，继而调控基因表达。转录起始位点 (TSS) 的 DNA 甲基化一般能够抑制基因表达 (Jones, 2012; Baubec and Schübeler, 2014)。基因主体的甲基化一般能够促进转录或者插接的增加 (Lev et al., 2015)。基因间区 (intergenic region, IGR) 的 DNA 甲基化虽然功能尚不明确，但是基因重复区域的 DNA 甲基化对基因组的稳定性非常重要 (Jones, 2012)。大量研究表明，DNA 甲基化能引起染色质结构、DNA 构象、DNA 稳定性及 DNA 与蛋白质相互作用方式的改变，从而控制基因表达。已有大量研究表明，DNA 甲基化水平的变化与癌症等疾病的发生密切相关 (Baylin et al., 2001; Madakashira and Sadler, 2017)。

　　大量研究表明，POPs 可以通过 DNA 甲基化的变化产生各种生物效应。阿特拉津(ATR)能够对水稻产生 DNA 甲基化，并干扰 DNA 甲基转移酶、组蛋白甲基转移酶、DNA 去甲基酶的活性(Lu et al., 2016)。在 ATR 暴露下，在基因上游、基因本身以及基因下游都表现出较多的过甲基化、较少的亚甲基化；在 ATR 暴露后的水稻中，674 个基因的表达水平表现出显著差异($p<0.05$，超过 2 倍变化)。三丁基锡(tributyhin, TBT)能够减少 *Fabp4* 基因的启动子/增强子区域的 DNA 甲基化，促进该基因的表达，从而促进小鼠细胞的脂肪分化(Kirchner et al., 2010)。TBT 暴露还能够降低 3T3-L1 细胞整体的甲基化水平(Bastos et al., 2013)。

　　近期研究发现，TCDD、PFOS、TBT、HBCD、PCB-153、BDE-47 和甲基汞等能够通过干扰全基因组 DNA 甲基化水平，扰乱脂肪分化，影响脂肪积累，甚至与诱发肥胖等病症有关(图 5-3)(van den Dungen et al., 2017)。为了进一步研究 TCDD、PFOS 和 TBT 这 3 种 POPs 对脂肪分化的分子机制，将分化中的 hMSCs 细胞暴露于能够诱发显著脂肪积累的浓度下，例如 TCDD(1 nmol/L)、PFOS(10 µmol/L)和 TBT(10 nmol/L)，然后在脂肪分化的第 2 天和第 10 天对脂肪生成相关的 84 个基因进行表达水平分析。结果(图 5-4)表明，在脂肪分化的第 10 天，促脂肪生成基因的表达水平在 TCDD 暴露中普遍下调，在 PFOS 暴露中保持平稳，在 TBT 暴露中表现为上调。同时，抗脂肪生成基因的表达结果表现出与促脂肪生成基因相反的结果，在 TCDD 暴露中上调，在 TBT 暴露中下调。

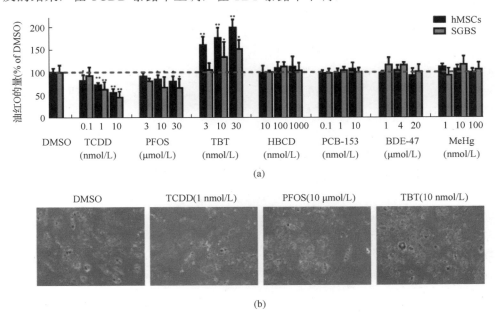

图 5-3　(a)POPs 暴露对 hMSCs 和 SGBS 细胞脂肪分化的效应；(b)hMSCs 细胞染色的代表性结果(van den Dungen et al.,2017)

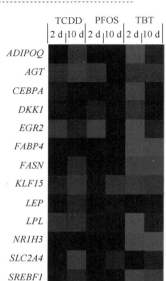
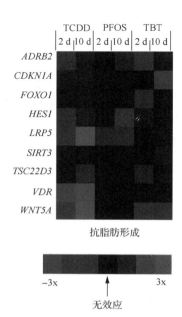

图 5-4　TCDD（1 nmol/L）、PFOS（10 μmol/L）和 TBT（10 nmol/L）暴露 2 天、10 天后对 hMSCs 细胞中脂肪生成相关的 84 个基因进行表达水平分析（van den Dungen et al.,2017）

　　TBT 在分化的第 2 天，显著增加了促脂肪生成基因的上调，表明 POPs 促进脂肪分化的功能主要发挥在早期阶段。PFOS 产生的基因表达变化主要集中在第 10 天对 *HES1* 和 *LEP* 基因的效应中。PFOS 暴露对脂肪积累产生的抑制效应弱于 TCDD 效应。上述结果可以推测，PFOS 并不抑制脂肪分化过程，但是能够通过减少脂肪微滴的大小继而减少脂肪含量（Watkins et al., 2015）。可能原因是 PFOS 对脂肪酸的重组干扰了脂肪代谢（Wang et al., 2014）。综上，上述 3 种 POPs 对脂肪细胞基因表达的影响具有不同机理。

　　在分化第 10 天，采集细胞样品进行全基因组水平的 DNA 甲基化检测。首先在 84 个脂肪生成基因范畴内寻找差异甲基化区域（DMR）。在 TCDD、FPOS 和 TBT 暴露产生的 DMR 数量分别为 4 个、2 个和 3 个。在这些基因中，只有促脂肪生成基因 *DKK1* 在 PFOS 暴露的第 10 天产生了不同的甲基化水平，但是在第 2 天并没有产生该效应。TCDD 暴露结果的 *DLK1* 基因表现出最大的 DMR。*DLK1* 基因是脂肪生成的反向调节因素，在脂肪分化开始后迅速减少（Wang et al., 2010）。*DLK1* 基因的 DMR 主要变现为甲基化水平的降低，包含了基因转录起始位点（transcription start site, TSS）附近的 21 个连续位置，最终将导致基因表达水平的增加（Jones, 2012）。理论上讲，*DLK1* 基因表达水平的增加能够抑制脂肪分化，从而能够解释 TCDD 暴露的相关效应。

　　TBT 暴露中，3 个棕色脂肪分化标志基因表现出显著的甲基化变化，其中 *SRC* 基因的甲基化位点接近 TSS。然而，这些基因的表达水平并没有在 TBT 暴露中有所变化。该结果可能是因为 TBT 对基因表达的影响主要集中于脂肪细胞分化的早期阶段（例如分化的第 2 天）。因为在空白组细胞分化成为脂肪细胞的过程中并没有出现 DNA 甲基化的变化（Takada et al., 2014; van den Dungen et al., 2016），因此上述观察到的 DNA 甲基化的变化应该是 POPs 暴露的效应，而不是其抑制或者增强脂肪分化的结果。总之，受试 POPs 影响了多个脂肪生成关键基因的 DNA 甲基化，但是该结果并没有与基因表达水平的变化表现出显著的相关性。这些结果又表明 DNA 甲基化与基因表达之间具有复杂关系。

　　对 DNA 甲基化进行进一步的拓展分析表明，TCDD、PFOS 和 TBT 各自共产生了 346 个、440 个和 303 个 DMR。通路分析表明，脂肪生成通路并不是这三种 POPs 的主要作用通路。在 TCDD 中，显著参与的调控通路是 *p53*、STAT3 以及内含子信号通路。PFOS 结果中，最显著的调控通路是癌症分子机制、GADD45 以及 IGF-1 信号通路。值得注意的是，在脂肪生成的早期阶段，胰岛素主要通过 IGF1 发挥作用，随着脂肪分化进行，IGF1 受体逐渐变化为胰岛素受体。PFOS 的结果表明其干扰了胰岛素敏感性。TBT 效应中，最显著的通路是阿尔茨海默症 THOP1 神经保护通路、内质网信号通路和 mTOR 信号通路。综上，这些数据表明甲基化变化涉及的基因随机分布在全基因组中，并不集中在脂肪生成基因中（van den Dungen et al., 2017）。

　　在对数据进行更深层次的分析中，TCDD 效应中，涉及 27 个 DNA 甲基化变化位点，包括 *DLK1* 基因位点以及基因间区域的 8 个位点。PFOS 暴露涉及 45 个 DNA 甲基化变化位点，包括 *DKK1* 基因位点以及基因间区域的 15 个位点。TBT 暴露中，共发现 16 个 DNA 甲基化变化位点，包括基因间区域的 9 个位置。TCDD 和 PFOS 减少脂肪形成的同时，导致了上述绝大多数位点的亚甲基化，即甲基化水平的降低；与此同时，在 TBT 增加脂肪分化的同时，存在亚甲基化与超甲基化。启动子区域的亚甲基化可以促进 DNA 与转录因子的结合，促进基因倾向于转录表达（van den Dungen et al., 2017）。随后，研究者进一步分析了 1000 个首要 DNA 甲基化变化位点相对基因的位置。3 种 POPs 影响的位置很少接近 TSS 和第一个外显子，该结果与基因表达结果相一致。POPs 暴露后，基因本体和 IGR 区域中的 DNA 甲基化变化位置更多。IGR 区域中 DNA 甲基化的功能目前尚不清楚，但是除其对基因组有稳定功能之外，其也与细胞类型的鉴别方式有关。而且，大约半数的增强子都在 IGR，增强子的甲基化可能会导致多种基因表达水平的变化。研究表明，DNA 甲基化与组蛋白修饰的共同作用才能够准确预测基因表达变化（van den Dungen et al., 2017）。

对格陵兰岛的 70 名因纽特人血液血浆 POPs 浓度和全基因组 DNA 甲基化(5-甲基胞嘧啶百分比，percent 5-methylcytosine)的关系研究表明，DNA 甲基化水平与很多 POPs 浓度呈负相关，包括 p,p'-DDT、p,p'-DDE、β-HCH、氧化氯丹、α-氯丹、灭蚁灵、总 PCBs 和总 POPs 等。该结果表明 POPs 能够引起全基因组 DNA 甲基化的变化，污染物暴露浓度的升高伴随着全基因组 DNA 甲基化的降低 (Rusiecki et al., 2008)。有学者针对 DDT 开展进一步研究表明，DDT 对围产期 1 月龄小鼠进行暴露后，其海马趾组织中全基因组 DNA 甲基化(global DNA hypomethylation)水平降低，并且特定基因(*Gper1, Esr1, Ahr*)的 DNA 甲基化水平发生显著变化(Kajta et al., 2017)。相比于空白组小鼠，p,p'-DDT 暴露后的小鼠中全基因组 DNA 甲基化的水平降低约 30%，o,p'-DDT 暴露后的小鼠减少了 12%～20%。p,p'-DDT 暴露后的小鼠体内的全基因组 DNA 甲基化水平要显著低于 o,p'-DDT 暴露后的小鼠。在 1 月龄的雄性小鼠脑中，其孕期暴露 p,p'-DDT 对 *Gper1*(G 蛋白偶联受体 30，G-protein coupled receptor 30)基因甲基化产生了大概 2 倍的增加，对 *Esr1* 基因 DNA 甲基化产生了 5 倍的增加。在 1 月龄雌性小鼠脑中，p,p'-DDT 的暴露并没有影响 *Gper1* 和 *Esr1* 的甲基化水平。在 1 月龄雄性和雌性小鼠脑中，o,p'-DDT 都显著减少了 *Ahr* 基因的 DNA 甲基化水平。该研究结果中的全基因组 DNA 甲基化水平的降低，不仅与 p,p'-DDT 暴露于格陵兰岛的因纽特人体内的 DNA 甲基化水平之间的反比关系相一致，也与 p,p'-DDT 和 o,p'-DDT 暴露导致日本女性甲基化水平降低相一致(Kajta et al., 2017)。

DNA 与组蛋白共同参与染色质/染色体的构成，与 DNA 甲基化等表观遗传调控相似，组蛋白也存在甲基化、乙酰化、磷酸化、腺苷酸化、泛素化、ADP 核糖基化等方式构成的表观遗传调控。已有研究表明，组蛋白甲基化等表观遗传因素的变化与肿瘤、癌症的发生密切相关(Kurdistani, 2007; Ellinger and Gathen, 2010)。近期研究表明，POPs 能够对受试生物的组蛋白修饰水平产生影响。生命早期暴露 PCBs 将导致与性别发育相关的类固醇酶与受体的转录方式发生变化，同时类固醇受体，如雄激素受体(AR)，发挥着与组蛋白修饰酶协调作用的功能。采用大鼠在生命早期进行暴露后，检测分析其体内组蛋白转录后调控修饰(H3K4me3 和 H4K16Ac)的水平变化，结果表明，PCBs 降低了 H3K4me3 和 H4K16Ac 水平，对染色质修饰酶 SirtT1 和 Jarid1b 有诱导作用，并减少了 AR。与此同时，PCBs 似乎增加了 AR 转录活性。PCBs 的该效应显示出其与性别的相关性。上述研究结果表明，生命早期暴露 PCBs 能够影响后代表观遗传调控，并与 AR 相关(Casati et al., 2012)。

阿特拉津(ATZ)能够对小鼠产生长达 3 个世代毒性效应，并与组蛋白甲基化(包括 H3K4me3)水平密切相关(Hao et al., 2016)。研究者将怀孕的远系繁殖(pregnant outbred)的 CD1 雌性小鼠进行 ATZ 暴露，并将其雄性后代与未暴露的雌性小鼠杂交 3 代。研究表明，ATZ 影响了 F3 代雄性小鼠的减数分裂、精子形成，减少了精子数量。我们推测，睾丸细胞种类的变化源自于未分化的精原细胞产生了转录网络的变化。重要的是，ATZ 暴露显著增加了转录数量，表现为转录起始位点、剪接变异体和多聚腺苷酸化替换位点的增多等形式。我们发现 F3 代雄性小鼠体内全基因组的 H3K4me3 显著下降。ATZ 处理过的 F3 后代中 H3K4me3 占据位点的变化与 F1 后代不同，F3 后代变化峰值中 74% 都与增强效果相关。H3K4me3 占据位点在 SP 家族和 WT1 转录因子结合位点较为集中。研究结果表明，胚胎暴露 ATZ 影响发育，并且这种改变能够影响 3 代之多 (Hao et al., 2016)。

5.2.7　miRNA

miRNA(微 RNA)是一种单链 RNA 分子，约为 22 个核苷酸的长度，通过与 mRNA(信使 RNA)结合，抑制翻译过程或者减少转录水平。miRNA 在生长、分化、代谢与凋亡等各种生物过程中发挥关键作用。miRNA 的变化与各种疾病密切相关，例如癌症、神经退化，以及心脑、代谢与炎症相关疾病等；组织与循环系统中 miRNA 表达水平还可用于诊断、治疗与预测患者在治疗过程中的变化。而且，miRNA 还能够用于表征包括 DDT、PFOA 等 POPs 在内的环境化学品的毒性效应，发挥生物标志物的功能 (Kappil and Chen, 2014; Vrijens et al., 2015; Sollome et al., 2016)。

miRNA 表达水平的控制已经较为明确。miRNA 的初级转录物的转录起始位点 (TSS) 约在成熟 miRNA 序列上游约 50k 核苷酸甚至更远的距离，这些 TSS 能够识别转录因子 (transcription factor, TF) 结合的启动区域从而便于初级转录物的转录。一些 TF 能够在正常与病理条件下参与 miRNA 的转录。例如，肿瘤促进基因 53 (p53) 能够调控 miR-24 的表达。因此 TF 可能是环境污染物诱发 miRNA 表达变化的调节因素。基于此研究背景，Sollome 等 (2016) 学者集中分析了现有研究中污染物导致的 miRNA 反应与转录因子在引物区域结合位点的关系。

在 128 个与环境因素相关的 miRNA 研究中，共涉及 13 种不同的环境污染物，这些研究涉及人类、小鼠、大鼠中的组织以及各种细胞系研究。图 5-5 集中体现了 13 种不同环境污染物对 miRNA 的效应。很显然，各种 miRNA 的表达水平在不同研究中变化范围很大，这可能与不同研究中采用的组织不同有关。进一步的分析表明，59% (75/128) 的 miRNA 只参与单个污染物的效应，41% 的 miRNA 参与到了多种污染物的毒性效应中。参与污染物效应最普遍的 miRNA 是 miR-21，涉及 6 种污染物的 15 例研究 (表 5-1)。其他 miRNA 中出现频率较高的包括 miR-146、miR-181a、miR-125b 以及 let-7e (Sollome et al., 2016)。

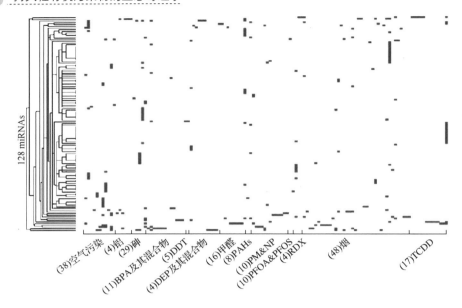

图 5-5　包含 POPs 等 13 种污染物诱发的 128 个与环境因素相关的 miRNA 表达模式热度分布图

括号内数字代表环境污染物导致表达发生变化的 miRNA 的数量。DEP：邻苯二甲酸二乙酯；PM：微颗粒物；

NP：纳米颗粒；RDX：三嗪类农药

表 5-1　miRNA 表达水平在环境污染物暴露中的效应

miR-21 表达	污染物	组织
增加 I	空气污染富含重金属的 PM	血液白细胞
增加	烟(体外)	人体鳞状癌细胞
增加	空气污染(体外)300 μg PM₂.₅/m³ DEP	外周血
减少	空气污染 PM₂.₅，黑炭、有机碳、硫酸盐	白细胞
增加	砷	HUVEC 细胞
减少	BPA	MCF-7 细胞
增加	DEP, 富含重金属的 PM	乳腺癌
增加	DEP, 富含重金属的 PM	胶质母细胞瘤
增加	DEP, 富含重金属的 PM	新内膜病变
增加	DEP, 富含重金属的 PM	心脏肥大，动脉粥样硬化
增加	纳米级炭黑 0.268 mg 或 0.162 mg	小鼠肺
减少	烟	2 型糖尿病人的血浆
减少	烟	胎盘
增加	烟	胃组织
增加	砷	血液样本

采用人类的 847 个 miRNA 启动子作为参考，判断上述 128 个 miRNA 转录因

子结合位点(transcription factor binding site, TFBS)的相对位置。在 128 个 miRNA 中, 只有 5 个没有在人类基因组中找到同源基因。其余 miRNA 的 TFBS 用于预测环境污染物诱发 miRNA 表达变化的常见位点。符合数据筛查原则的目标物质包括包含 DDT、PFOA、PFOS 等 POPs 在内的 10 种污染物的 121 个 miRNA 结果。基于 miRNA 启动子区域序列的分析结果中, 有 73 个特定的 TF 显著富集在 miRNA 启动子区域中(图 5-6)。绝大多数 TF(76.7%)参与在单个污染物诱发的 miRNA 效应中, 有 17 种 TF 参与到 2 个以上污染物诱发的 miRNA 效应中。值得注意的是, 在 miRNA 启动子在各种污染物中出现频率最高的 TF 依次为 SWI/SNF、与基质相关的、染色质依赖于肌动蛋白的调节子, a 亚族、3 号(SMARCA 3), 参与到 9 个污染物的毒性效应中, 该 TF 也是参与胚胎干细胞活性的 FOXP1 的剪切位点。

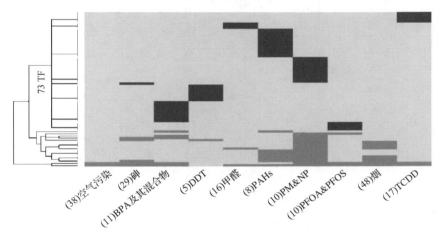

图 5-6 73 个特定的 TF 在 miRNA 启动子区域富集的热度分布图

其中 56 个 TF 只在单个 miRNA 启动子区域中出现, 17 个出现在多个 miRNA 启动子区域中

目前,已有针对人类开展的 POPs 对 miRNA 表达效应的研究。Woeller 等(2016)针对派遣军人的研究发现,前往含有 PCDDs/PCDFs 区域(露天燃烧坑位和环境暴露)的军人体内的血液和 miRNA 具有显著相关性,miRNA 在派遣与未派遣军人之间具有显著的差异。上述研究结果表明,血液中 miRNA 水平与 POPs 等环境暴露存在联系(Woeller et al., 2016)。

5.3 氯酚类污染物诱发基因点突变效应研究

5.3.1 氯酚类污染物

五氯酚(pentachlorophenol, PCP,分子式为 C_6Cl_5OH)及其钠盐(Na-五氯酚)作为一种高效、廉价的杀虫剂、抗菌剂、防腐剂及除草剂,自 20 世纪 30 年代以来,在世界范围内广泛使用，同时五氯酚也是一种重要的有机化工原料，用于造纸、制药、印染等行业中。由于氯酚的多种用途，1983 年全世界五氯酚的产量估计达5 万 t；我国年产五氯酚 10000 t(1983 年)，占世界产量的 1/5。20 世纪 50 年代以来，五氯酚及其降解产物多氯酚(例如 2,4,6-三氯酚，TCP)在我国血吸虫病防治工作中长期用以杀灭血吸虫的中间宿主——钉螺，在我国长江中下游 11 个省、直辖市、自治区约 1.48 万平方公里面积的稻田和池塘持续使用了几十年(顾颖，2006；朱含开，2009)。农业和卫生应用导致五氯酚直接进入水体和土壤；废水排放是水环境中五氯酚的主要来源之一。据报道，生产 2000 t 五氯酚或 Na-五氯酚，废水中会含有 18 t 五氯酚。我国五氯酚使用地区，湖泊中检测出五氯酚平均含量为 4.62 mg/g，而洞庭湖含量高出数百倍，长江水样中含量为 0.7～22 ng/L。加拿大 Maurice河中 TCP 含量高达 30 μg/L，南非 Isipingo 河中浓度为 1.6～26.6 μg/L，欧洲瑞典的多个河流沉积物中也均有检出。美国人群中 84%的尿液样本 TCP 含量超过 1.3 μg/L。2002～2003 年间，淮河(江苏段)水体中 TCP 环境检出最高浓度为 3.91 μg/L。五氯酚及 Na-五氯酚在自然界中降解缓慢，并可富集于底泥中，长期大量使用造成了环境污染和生物蓄积。虽然包括我国在内的许多国家已禁止了五氯酚的继续使用，但其残余效应将维持数年甚至数十年。目前五氯酚被 WHO 列为 I 级 b 类农药，属于美国环境保护署列的优先控制污染物、可疑性致癌物和可疑性遗传毒物，位列我国优先控制污染物(ATSDR, 1990, 2001；顾颖，2006；朱含开，2009)。

进入水体和土壤中的 TCP 和 PCP 被陆地和水生动植物所吸收，从而参与生态系统的物质循环、迁移和转化，继而进入生物体(EPA, 2005)。氯酚进入人体主要有两个途径：环境中直接暴露可经口、皮肤及呼吸道等进入人体(EPA, 2000)，从而对机体产生急、慢性毒害；亦可通过食物链进入体内，在肝、肾、脂肪等器官中蓄积(顾颖，2006；朱含开，2009)。氯酚发生蓄积的主要部位是肝、肾、血浆蛋白、大脑、脾和脂肪。在五氯酚使用地区，农作物、副产品及人体中均检测出五氯酚的残留和蓄积。美国检测出五氯酚使用地区农产品五氯酚浓度为 10～30 μg/kg，加拿大安大略湖鱼肉中五氯酚浓度为 0.3～2.4 μg/kg。在我国，五氯酚随饮水和采食进入奶牛体内并残留于牛奶中，其残留量达 1.21～40.08 mg/L，与荷兰五氯酚使用地区相当。日本人均尿液中的五氯酚含量为 50 μg/L。德国人均尿液中五氯酚的含量为 1.04 μg/L，最高值达到 19.1 μg/L，母乳中的含量则达到 2.8 μg/kg。我国南京地区成人每天五氯酚暴露量达到 0.57 μg/kg，婴儿每天从母乳中摄取五氯酚达1.7 μg(顾颖，2006；朱含开，2009)。作为一种诱变剂或辅诱变剂，五氯酚可能在遗传学上具有潜在危险性(Chhabra et al., 1999; Pavlica et al., 2001)。由于氯酚类物质在水环境中广泛存在，因此评价该类化合物对水生生物的遗传毒性效应具有更重要意义。从细菌学试验到果蝇伴性隐性致死试验，再到哺乳动物细胞体外培养试验等，科学家们从不同层次上对五氯酚是否诱导点突变进行了检测，但都未得到确证，因此，五氯酚一直被认为是一种有争议的致突变物质(顾颖，2006；朱含开，2009)。

5.3.2　未知点突变筛查技术研究

大部分化学物质的致突变及致癌过程是非常复杂的，涉及大量基因和相关通路。可想而知在对生物体内繁多的生化反应，生理过程尚没有完全了解的情况下，要阐明毒物的致突变、致癌机制是相当困难的。外来化合物作用于组织 DNA 后，导致 DNA 损伤，但这时 DNA 结构的改变并不是真正的基因型突变，而是"前突变"。前突变形成之后，经过细胞的修复，DNA 恢复到原来的正常结构。只有少数在进一步复制过程中按诱变机理中所说的那样转变为突变状态，即只有当修复无效或修复中出现错误时才表现突变或个体的死亡(顾颖，2006；朱含开，2009)。如能采用某些敏感的方法在核酸序列水平及时检测出 DNA 损伤，则对于环境致癌物的危险度评价和肿瘤的一级预防都有非常重要的意义。

基因点突变是导致遗传性疾病的重要原因之一，现已证明许多疾病就是由于基因的点突变造成的，点突变往往造成表达蛋白质氨基酸序列的紊乱，使得表达蛋白失去原有的功能，造成功能障碍。近几年来，检测基因点突变的方法得到了迅速发展，根据检测原理可将众多的基因点突变方法分为三大类。①物理方法：包括常用的单链构象多态性(SSCP)、变性梯度凝胶电泳(DGGE)和杂合双链分析(HTX)等技术；②裂解法：包括 RNA 酶裂解法(RNase)、化学错配裂解法(CCM)和酶错配裂解法(EMC)；③其他方法：包括毛细管凝胶电泳(CGE)、碱基切割序列扫描(BESST-ScanTM)、DNA 芯片(DNA chip)技术及相对准确、完美的测序法(sequencing)等。但上述这些技术在应用于环境有毒物质点突变的测定中均有一定的局限性。由于大多数环境化合物导致的基因突变多为低频、未知突变，因此，发展灵敏、快速、廉价的大规模基因突变筛查技术已成为环境化学物质遗传突变检测的研究热点之一(顾颖，2006；朱含开，2009)。

变性高效液相色谱(denaturing high-performance liquid chromatography, DHPLC)是自 1995 年发展起来的一种高通量、自动化的基因突变检测技术。其技术关键是依靠美国 Transgenomic 公司专利技术的 DNA SepCartridge 分离柱。DNA SepCartridge 分离柱中的基质为聚苯乙烯-二乙烯基苯(PS-DVB)交联聚合物微球体，固定相为碳-18 烷烃链，PS-DVB 微球体与碳-18 烷烃链之间形成碳碳共价键共同组成柱填料，填料是电中性、疏水性的，不易与核酸发生反应。三乙基铵醋酸盐(TEAA)是一种离子对试剂，既是疏水性的又带正电荷，既能与核酸主链上的磷酸基团的负电荷反应，同时 TEAA 的疏水基团又与固定相碳-18 链的疏水基团发生反应。这种离子对试剂是连接核酸和柱基质之间的桥梁，因此，它作为"桥分子"使 DNA 片段吸附在固定相上。通过改变流动相中乙腈及离子对试剂的浓度可实现 DNA 片段的分离。

DHPLC 进行基因突变检测的原理是基于异源双链的形成，含有突变位点的 PCR 扩增产物经变性、逐步降温退火后，将形成同源和异源双链(即一条为突变链，另一条为正常链)两种 DNA 分子(图 5-7)。在部分变性条件下，发生错配的异源双链 DNA 更易于解链为单链 DNA，其与 DNASep® 柱结合力降低，比同源双链 DNA 分子更易于被乙腈洗脱下来，从而与同源双链 DNA 分离。一般来说，含变异成分的 PCR 产物将在 DHPLC 图谱上比非变异 PCR 产物多 1~2 个峰型，因而两者可以被鉴别。

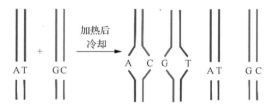

图 5-7　异源双链形成

DHPLC 已在医学、癌症、药物等研究领域开展应用，但该技术应用于环境遗传毒物致突变检测的报道较少。本节以已知序列的野生型和突变型含外显子 7 的斑马鱼 *p53* 基因 PCR 扩增片段为研究对象，探索利用 DHPLC 法检测斑马鱼 *p53* 基因点突变检测的实验条件，通过对 DHPLC 检测突变片段的敏感性和特异性分析，阐述 DHPLC 技术在环境化合物致突变检测中的可行性。

1. DHPLC 与各种电泳法的比较

O'Donovan 等应用 DHPLC 正确地检出了凝血因子Ⅸ基因和Ⅰ型神经纤维瘤病基因(NFI)的所有 48 种突变(O'Donovan et al., 1998)；而 Liu 等应用单链构象多态性(SSCP)技术在这些基因中仅检测出了 50% 的突变。随后，Liu 等又对原纤蛋白 fibrillin-1 的基因(*FBN-1*)突变进行了筛查，发现 DHPLC 不仅可找出 SSCP 检出的所有突变，而且还发现了 SSCP 漏检的 17 个突变(Liu et al., 1997)。Choy 等通过比较构象敏感凝胶电泳(CSGE)、SSCP 与 DHPLC 检测结节性硬化症基因 *TSC2* 突变的能力，发现对于 *TSC2* 单核苷酸变异的检出率，SSCP 和 CSGE 分别为 69% 和 54%，而 DHPLC 为 100%(Choy et al., 1999)。Gross 等在 *BRCA1* 基因的 113 个 DNA 片段中,发现 DHPLC 可检出所有的 14 个突变(检出率为 100%)，而 SSCP 的检出率为 94%。这些结果提示 DHPLC 优于 SSCP 和 CSGE，特别是在检出单核苷酸变异方面(Gross et al., 2000)。

已有研究比较了 DHPLC 方法和基于毛细管电泳的荧光单链构象多态性(F-SSCP)对基因突变的检测能力，结果 DHPLC 检出了 *EXT1* 和 *EXT2* 基因的 42 个变异中的 40 个，F-SSCP 检出了 39 个，表明它们的突变检出效能几乎相同。但是 SSCP 分析的片段长度有 164 bp～270 bp，而 DHPLC 对于 150 bp～700 bp 的 DNA 片段的检测灵敏度没有显著差异，并且在进行 F-SSCP 分析前，必须①对 PCR 产物进行荧光标记；②应用固相吸附法对 PCR 产物进行纯化；③对 PCR 产物进行定量；④将 PCR 产物与上样染料混和。这样，F-SSCP 增加了分析的复杂性与检测成本。

　　Skopek 等在 HPRT 基因中比较了 DHPLC 和变性梯度凝胶电泳(DGGE)对基因单核苷酸多态性(SNP)检测的有效性，发现 DHPLC 可有效地检出位于融解温度悬殊较大区域(65～69℃)的所有 SNP(HPRT 基因外显子 8 的 2 个 SNP)，而 DGGE 不能检出位于融解温度较高区域内的 SNP(Skopek et al., 1999)。

2. DHPLC 与 DNA 测序的比较

　　Arnold 等比较了直接测序与 DHPLC 法检测 BRCA1 基因突变的能力。在 BRCA1 基因中，DHPLC 检出了所有直接测序找到的变异体，但 DHPLC 成本约为直接测序成本的 1/10。虽然直接测序是突变分析的金标准，但直接测序不能有效检测低频率突变等位基因，同样也不宜用于检测异质性的线粒体 DNA 以及肿瘤中的 DNA 变异。但是，通过使用 DHPLC，van den Bosch 等在线粒体 DNA 中检测到频率仅为 0.5%的 SNP A8344G。Kwok 等认为对于频率高于 20%的变异，DHPLC 的检出率为 100%，而直接测序的检出率为 80%。最近发展的 DNA 芯片技术虽可实现高通量、自动化，但由于其检测结果假阳性率高，且成本也较高，所以应用受到限制。多数研究结果表明 DNA 芯片的灵敏度约为 85%～95%，在某些情况下，检测的特异性仅为 55%，对杂交信号进行计算机分析，虽然可使特异性提高到 100 %，但检测的灵敏度将有所下降。与基于 DNA 芯片的再测序相比，DHPLC 不仅成本低，而且灵敏度与特异性也比较高。这些研究表明，DHPLC 是检测基因组 DNA 序列变异敏感而且准确的手段(顾颖，2006；朱含开，2009)。

5.3.3　抑癌基因 p53 与斑马鱼 p53 基因结构

　　p53 是重要的肿瘤抑制基因，自从该基因在 1979 年被首次报道以来，美国国家生物技术信息中心(National Center for Biotechnology Information, NCBI)上有关研究论文可以查到 30679 篇，在短短的 10 多年里，人们对 p53 基因的认识经历了癌蛋白抗原、癌基因到抑癌基因 3 个认识的转变。p53 介导的细胞信号转导途径在调解细胞正常生命活动中起重要作用，它与细胞内其他信号转导通路间的联系非常复杂，其中 p53 参与调控的基因超过 170 种，这些基因形成了庞大的 p53 基因网络，协同调解细胞的生命活动(顾颖，2006；朱含开，2009)。p53 与其相关调节基因形成的基因网络正常时处于功能关闭状态(Vogelstein et al., 2000)，见图 5-8，只有在细胞应急或受损伤的情况下，其功能才会被激活，以阻止遗传信息遭受破坏的细胞进入细胞周期，促进其凋亡，从而防止癌变的产生。

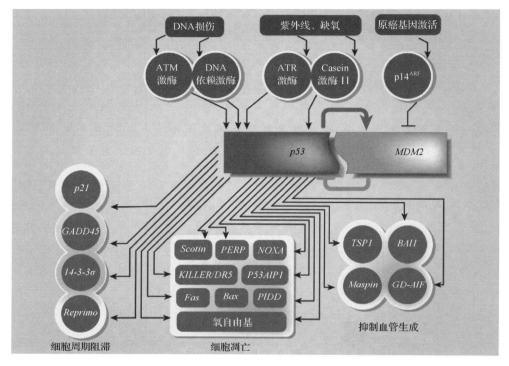

图 5-8 *p53* 基因网络结构

到目前为止，有关人、小鼠和大鼠 *p53* 基因克隆、结构及功能分析已有一些报道 (Lamb and Crawford, 1986; Soussi et al., 1987; Kazianis et al., 1998; Zheng et al., 2017)，通过比较非洲爪蟾、小鼠和人类 *p53* 基因得到 5 个高度保守区域 (Ⅰ～Ⅴ)。外显子 2、4、5、7、8 分别编码这五个保守区域，即第 13～19、117～142、171～192、236～258、270～286 编码区。这些区域与调节 DNA-蛋白质的相互作用以及维持蛋白质结构的稳定性有关 (Soussi et al., 1990; Erlanson and Verdine, 1994)，决定着 *p53* 基因的功能。

p53 正常功能的丧失，最主要的方式是基因突变，从蛤到人类的各种生物中，人们已经发现了 *p53* 基因的各种突变 3500 种，p53 蛋白的 393 个氨基酸中，有 280 个以上存在着突变 (Bullock and Fersht, 2001)。*p53* 基因的突变有 80% 以上发生于外显子 5～8 的突变热点区域内，且多为错义突变，突变型 p53 蛋白并非仅仅丧失了野生型 p53 的抑癌功能，而是获得了许多新的生物学特性，主要包括：①失去了与细胞核内特异性 DNA 结合部位结合的能力；②丧失了促进前 B 细胞分化的功能，从而引起细胞过度增殖；③获得显性负效应，致使核内正常 p53 蛋白的活

性受到抑制，导致细胞恶性转化；④某些突变型 *p53* 还获得显性正效应，即产生了癌基因的功能，导致细胞内肿瘤发生及侵袭力增加(de Vries et al., 2002)。通过人类肿瘤中大量的突变体分析，证实大部分突变是位于 4 个突变热点之一的错义突变。这 4 个突变热点是氨基酸 129~146、171~179、234~260、270~287，正对应于 *p53* 基因进化最保守区段。突变类型主要有两类：第 248 位及 273 位精氨酸突变频率最高，破坏了 *p53* 与 DNA 接触，使 *p53* 失去转录因子的功能；第二类突变发生于 175 位及 249 位精氨酸及 245 位甘氨酸，破坏了 β 片层的结构基础。肝癌 249 位点有高频率的 G→T 突变，结肠癌中常见 G:C→A 突变；紫外线可引起 G:C→T:T 突变，而吸烟则可能导致 G:C→T:A 突变(Sigal and Rotter, 2000)。

斑马鱼有体形小、易饲养等优点，被国内外认为是一种用来开展生态毒理学研究和环境有毒化合物筛选的理想模式动物(Langheinrich et al., 2002)。Genebank 已有斑马鱼 *p53* 基因全基因序列(NW_634667)、cDNA 序列(NM_131327)和对 *p53* 基因分段克隆和序列测定结果的收录，本节依据这些数据结果，对斑马鱼 *p53* 基因进行结构分析和序列保守性分析，构建 *p53* 蛋白基因家族成员进化树，并对 *p53* 基因在环境化合物遗传突变检测及生态毒理学领域的研究前景进行讨论。

1. 斑马鱼 *p53* 基因结构分析

先从 Genebank 里搜索到斑马鱼 *p53* 基因的 cDNA 序列(GenBank number: NM_131327)及全基因序列(GenBank number: NW_634667)，应用 Jellyfish 软件(Jellyfish, V3.1, LadVelocity Inc)分析其 cDNA 核苷酸序列以及翻译后的氨基酸(AA)序列；在 GenBank 斑马鱼基因组数据库比对分析网页(http://www.ncbi.nlm.nih.gov/genome/seq/DrBlast.html)下输入斑马鱼 cDNA 的核苷酸序列，作 Traces-WGS 的比对分析，以获得 Genebank 中收录的前人做过的 *p53* 基因的分段克隆测序结果。通过斑马鱼 *p53* 基因 cDNA 的 Traces-WGS 比对，共获得 161 条分段序列，如图 5-9 所示。用 Jellyfish 软件进行序列拼接，得到斑马鱼 *p53* 全基因结构，见图 5-10。

序列拼接结果表明，斑马鱼 *p53* 基因由 11 个外显子和 10 个内含子组成，外显子 1 和部分外显子 11 不参与编码蛋白质，各个外显子和内含子的大小见表 5-2。

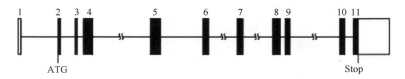

图 5-9　斑马鱼 *p53* 基因结构

■：编码外显子；□：非编码外显子；—：内含子；ATG：起始密码子；Stop：终止密码子

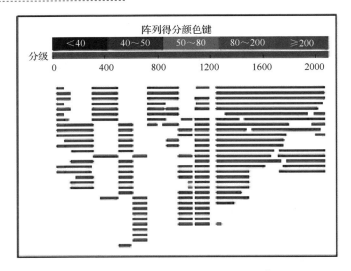

图 5-10　斑马鱼 *p53* 基因片段比对示意图

表 5-2　斑马鱼 *p53* 基因各外显子和内含子片段大小

外显子编号	大小(bp)	mRNA* (NM_131327)	gDNA** (NW_634667)	内含子编号	大小(bp)	gDNA** (NW_634667)
1	41	1-41	841558-841598	1	637	840921-841557
2	55	42-96	840866-840920	2	240	840626-840865
3	49	97-145	840577-840625	3	92	840485-840576
4	177	146-322	840308-840484	4	2692	837616-840307
5	184	323-506	837432-837615	5	713	836719-837431
6	113	507-619	836606-836718	6	1000	835606-836605
7	110	620-729	835496-835605	7	1102	834394-835495
8	140	730-869	834254-834393	8	73	834181-834253
9	95	870-964	834086-834180	9	2678	831408-834085
10	104	965-1068	831304-831407	10	136	831168-831303
11	1021	1069-2089	830146-831167			

*：在 cDNA 序列中的碱基位置；**：在全序列中的碱基位置。

2. 斑马鱼 *p53* 基因氨基酸序列保守性分析

应用 Jellyfish 软件的 Alignment 功能进行各种生物的 *p53* 基因氨基酸序列的比对分析，用作序列保守性分析的生物物种见表 5-3。

表 5-3　用于 *p53* 基因氨基酸序列保守性分析的物种

物种	分类	AA 数目	GenBank 收录编号
斑马鱼 zebrafish (*Danio rerio*)	鱼类	373	NP_571402
日本青鳉 medaka (*Oryzias latipes*)	鱼类	351	AAC60146
虹鳟鱼 rainbow trout (*Oncorhynchus mykiss*)	鱼类	396	AAA49605
欧洲川鲽 European flounder (*Platichthys flesus*)	鱼类	366	CAA70123
剑尾鱼 green swordtail (*Xiphophorus hellerii*)	鱼类	342	AAC31133
鲃鱼 barbel (*Barbus barbus*)	鱼类	369	AAD34212
红木瓜狗头鱼 congo puffer (*Tetraodon miurus*)	鱼类	367	AAD34213
非洲爪蟾 African clawed frog (*Xenopus laevis*)	两栖类	362	AAC60746
小鼠 mouse (*Mus musculus*)	哺乳类	390	BAA82344
兔子 rabbit (*Oryctolagus cuniculus*)	哺乳类	391	CAA62216
犬 dog (*Canis familiaris*)	哺乳类	381	BAA78379
人 human (*Homo sapiens*)	哺乳类	393	NP_000537

表 5-4 列出了斑马鱼 *p53* 氨基酸序列与其他 11 种脊椎动物氨基酸序列保守性的比较结果。与其他 11 种脊椎动物比较，斑马鱼 *p53* 基因的四聚体化区氨基酸序列的保守性较高，在 46.7 % 到 83.3 % 之间。斑马鱼 *p53* 基因的氨基酸序列和鲃鱼 (*Barbus barbus*) 的 *p53* 基因氨基酸序列最相似，总一致性为 77.5 %，其中 5 个进化保守性区域的一致性分别为 100.0 %、96.2 %、100.0 %、91.3 %、100.0 %，四聚体化区的一致性为 83.3 %。

表 5-4　斑马鱼与其他 11 种脊椎动物 *p53* 氨基酸序列保守性比较

物种	区域 I (%)	区域 II (%)	区域 III (%)	区域 IV (%)	区域 V (%)	四聚体化区 (%)	总保守性 (%)
日本青鳉 (*Oryzias latipes*)	75.0	80.8	72.7	95.7	94.1	53.3	48.0
虹鳟鱼 (*Oncorhynchus mykiss*)	-75.0	96.2	72.7	95.7	100.0	70.0	62.5
欧洲川鲽 (*Platichthys flesus*)	75.0	73.1	72.7	87.0	94.1	46.7	47.9
剑尾鱼 (*Xiphophorus hellerii*)	62.5	80.8	72.7	91.3	100.0	53.3	49.0
鲃鱼 (*Barbus barbus*)	100.0	96.2	100.0	91.3	100.0	83.3	77.5
红木瓜狗头鱼 (*Tetraodon miurus*)	62.5	76.9	81.8	91.3	100.0	56.7	48.2
非洲爪蟾 (*Xenopus laevis*)	75.0	96.2	90.9	100.0	94.1	56.7	52.6
小鼠 (*Mus musculus*)	75.0	92.3	100.0	100.0	94.1	50.0	48.5
兔子 (*Oryctolagus cuniculus*)	75.0	96.2	100.0	100.0	94.1	53.3	48.7
犬 (*Canis familiaris*)	87.5	92.3	100.0	100.0	94.1	56.7	50.1
人 (*Homo sapiens*)	75.0	92.3	100.0	100.0	94.1	56.7	48.3

5.3.4 DHPLC 检测斑马鱼 *p53* 基因点突变的方法

用于 DHPLC 突变检测的样本为含有斑马鱼 *p53* 基因外显子 7 片段的大肠杆菌阳性克隆 PCR 产物,长度为 173 bp,共 3 个样本,其中 Wt 为纯合野生型,M1、M2 为纯合突变型,突变位点分别为 49 bp、66 bp 和 145 bp。3 个样本的序列如图 5-11 所示。

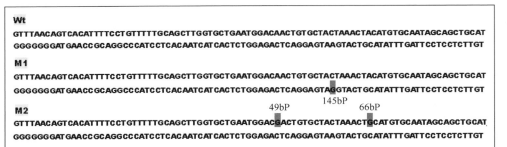

图 5-11　3 个样本的 DNA 序列

挑取上述 3 个样本的含有斑马鱼 *p53* 基因外显子 7 片段的阳性克隆,接种到 5 mL LB 液体培养基(含 100 μg/mL 氨苄青霉素)中 37℃振摇培养过夜;经过离心、去上清、再悬浮、振荡抽提后,直接取上清作为模板进行 PCR 反应(Yin et al., 2006)。取 1 μL PCR 产物于 1 %琼脂糖凝胶电泳检测进行初步确认后,进行 DHPLC 分析。

将 PCR 产物在 PCR 仪上 95℃起始变性 5 min,94.5℃变性 20 s,以后每 20 s 一个循环降低 0.5℃,缓慢降温到 25℃,以形成同源和异源双链 DNA 分子混合物。将 PCR 样品放入 DHPLC 进样室,输入被检测片段的序列。设定每次进样 5 μL,注入 DNASep 检测柱内。检测温度以 WAVEMAKER4.0 软件和斯坦福大学(http://insertion.stanford.edu/melt.html)提供的该序列片段的解链温度(T_m=59.25℃)为参照,在 T_m±2℃的范围内,选择 59℃、59.5℃、60℃、60.5℃为试柱温度。洗脱液由缓冲液 A(0.1 mol/L TEAA)和缓冲液 B(0.1 mol/L TEAA 和 25 %乙腈)组成,检测系统将自动按线性递增方式,以 0.9 mL/min 的流速将结合在 DNASep 检测柱上的 DNA 分子洗脱下来,在 260 nm 波长处读取吸光值,经系统自动处理后,信号被传送到监视屏上,形成 DHPLC 峰型图谱,供阳性片段分析鉴定。

1. DHPLC 检测斑马鱼 *p53* 基因外显子 7 点突变的柱温条件确定

图 5-12 为 WAVEMAKER4.0 软件预测的待测 173 bp 片段在 59℃、59.5℃、60℃、60.5℃、61.5℃和 62.5℃时的解链曲线。在片段突变区域的螺旋结构比例达到 50 %~99 %的温度条件下,能够通过异源双链在错配碱基两侧区域的提前变性

而分离同源和异源双链 DNA，两个突变样本的突变位点分别位于 49 bp、66 bp 和 145 bp，故选择 59℃、59.5℃、60℃、60.5℃为试验柱温。

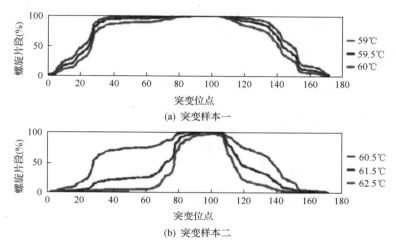

(a) 突变样本一

(b) 突变样本二

图 5-12　扩增片段在不同温度下的解链曲线

　　将 M1 和 M2 的 PCR 产物分别与 Wt 标准样本的 PCR 产物按 DNA 含量比 1：1 混合缓慢复性，产物用于 DHPLC 检测。实验结果如图 5-13(a～b)所示。由图 5-13(a) 可以看出，在四个温度下，同源双链和异源双链能很好地分开，此四个温度均可用于 M1 样本片段的突变检测，而且随着温度的升高，纯合双链也会部分变性，由于 A＝T 含有两个氢键，G≡C 含有 3 个氢键，前者变性程度比后者低，在图谱上就表现为右边的峰渐渐分离出两个小峰。由图 5-13(b)可以看出，同源双链和异源双链最佳分离温度为 60℃，因此 60℃最适合用于 M2 样本片段的突变检测，前后两峰面积相差很大的原因推测可能和突变点的位置有关。

　　同时选择 60℃柱温，分别将三个样本的 PCR 产物单独进行 DHPLC 检测。结果如图 5-13(c)～(e)所示，可以看出 3 个样品均呈一尖锐的单峰，表现出很高的特异性。因此可以证明没有非特异性扩增产物和其他非特异性异源双链存在。

　　当片段只有 1 个解链温度时，一般在该温度上下 1℃范围内，用 1 个温度条件即可检出该片段的点突变，但实际工作中可能需要更多的温度条件，特别是有 2 个解链温度的片段，则需要在两个或多个温度条件下进行分析(Jones et al., 1999)。能检出变异的柱温还取决于变异碱基类型及其邻近序列的影响，有的变异在 T_m 值上下 4～11℃均可检出，而有的变异只能在特定的柱温下才能被检出 (Gross et al., 2001)。本研究中的样本片段只有 1 个解链温度(T_m=59.25℃)，因此理论上只需要 1 个温度，即 60℃即可检出点突变。实验结果也表明，在 49 bp、66 bp 和 145 bp 处的点突变均可在 60℃被检测，该温度与斯坦福大学 T_m 计算网站的 Melt 软件所推荐的检测柱温一致，但是从预测解链曲线可以看出，60℃时 80 bp～110 bp 段处于完全未解链状态，理论上不能检出该区域的点突变，因此在实际应用 DHPLC 进行未知点突变筛检时亦应该采用 2 个或多个温度分析。现有的一些研究也建议在软件预测温度以外，再选择上下各 2℃ 的范围作检测以覆盖到全部的突变位点。

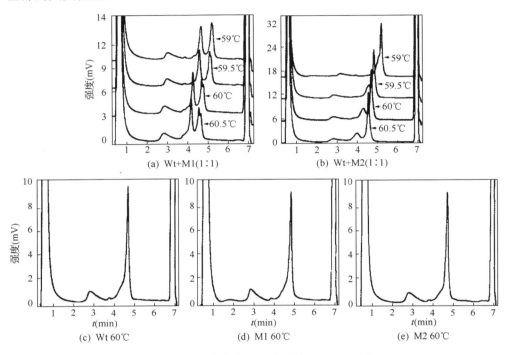

图 5-13　PCR 产物在各温度下的 DHPLC 图谱

2. DHPLC 检测斑马鱼 *p53* 基因外显子 7 点突变的敏感性分析

将 M1 和 M2 的 PCR 产物分别与 Wt 标准样本的 PCR 产物按 DNA 含量比 1∶1、1∶4、1∶9、1∶19、1∶99，即突变型片段含量为 50%、20%、10%、5%、1% 混合缓慢复性，产物用于 DHPLC 检测，选取检测柱温为 60℃，结果见图 5-14。峰面积定性地代表同源和异源双链 DNA 的含量。对于 M2 样本片段，DHPLC 能灵敏地检测出 PCR 混合物中 5% 的突变成分，检测率达到 95% 以上，对于 M1 样本片段，DHPLC 能检测出 PCR 混合物中 1% 的突变成分，检测率达到 99% 以上。

本研究结果表明，通过克隆测序方法检测出的点突变，用 DHPLC 同样可以检出，且 DHPLC 检测斑马鱼 *p53* 基因外显子 7 点突变的敏感性可以达到 95% 以上，与许多其他学者进行的 DHPLC 相关的方法学比较研究结果一致（Arnold et al.，

1999)，明显高于常用的 DGGE、CSGE、SSCP 等变异检测技术(Choy et al., 1999; Skopek et al., 1999; Jones et al., 2001)。PCR 产物质量是影响 DHPLC 检测效果的关键因素，此外，检测时柱温的选择、DNASep 柱质量以及流动相梯度等都可对 DHPLC 的灵敏性、特异性产生影响(Kuklin et al., 1997)，所以 DHPLC 的敏感性要完全达到 100 %可能还需要进一步优化。

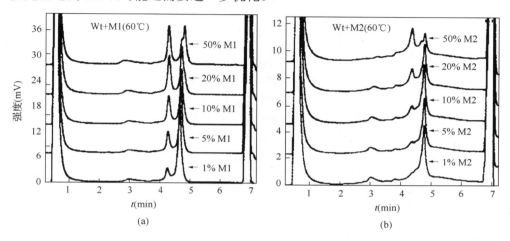

图 5-14　DHPLC 检测 *p53* 外显子 7 点突变敏感性分析

3. 影响 DHPLC 筛检基因突变灵敏度的因素

(1)PCR 产物的影响：PCR 扩增为高通量筛检查基因点突变提供了标本源，PCR 产物质量是影响 DHPLC 检测效果的关键因素，DHPLC 对 PCR 中的引物、试剂虽无特殊要求，而且也不必对 PCR 产物进行预处理，但是要尽量保证 PCR 扩增产物的忠实性，避免人为引入错配碱基。要优化引物和反应体系的条件，在设计引物时，尽管检测突变的 DNA 片段可长达 1 kb(有报道可达 1.5 kb)，但为了达到最好的精度，最适 DNA 片段大小应为 150 bp～600 bp，如果是已知序列，引物设计完成后，可用 WAVE 软件系统预测 T_m 值；对 Taq 酶的选择，当扩增的 DNA 片段较小时(<250 bp)，可使用 Taq 或 Taq Gold，而较大片段最好使用 Pfu DNA 聚合酶；此外还要避免循环数过多以减少非特异性扩增产物的出现。PCR 产物浓度必须足够大，如果样品浓度太低，因为信噪比下降，分析结果的可靠性也会随之下降。

(2)洗脱温度：温度是影响 DHPLC 检测基因突变成功与否的至关重要因素，如将检测温度提高 2℃后，就可在 RET 基因中发现两个漏检的 SNP，部分突变位点对温度不敏感，在较宽的温度范围内(悬殊 8℃左右)都可对其进行有效筛检，但有的突变对温度就要严紧一些，如 BRCA1 基因的 56134C/T 与 2640C/T，分别在 59℃ 与 57℃ 下方能被检测到。

(3) 固定相：目前，有几种不同的分离介质被用于 DHPLC 分析中，如美国 Transgenomic 公司应用大小为 2 μm 的无孔聚苯乙烯颗粒作为分离柱的材料，惠普公司则使用孔径为 3.5 μm 的硅胶作为分离柱介质，这两种柱的分辨率似乎相似，但寿命却大不相同，前者通常可分析 6000 个左右的样品，而后者仅可分析 1000～2000 个样品。最近，瓦里安公司（Walnut Creek, CA）开发出多聚物包被的碱性化硅胶柱，也有尝试将无孔聚苯乙烯与有孔硅胶结合，制成单片集成毛细管柱，可使柱效提高 40%。

(4) 流动相：流动相中离子对试剂 TEAA 的浓度对 DHPLC 分析的温度有显著影响，如果 TEAA 的浓度从 100 mmol/L 升高至 200 mmol/L，那么对应的最佳检测温度就要提高 4～4.5℃。流动相的 pH(6～9) 对检测效果几乎没有任何影响，但 pH 太高，将会使双链 DNA 完全变性，达不到检测目的，pH 太低，又会干扰 DNA 与 TEAA 的相互作用，影响检测效果(Shen et al., 2001)。

4. DHPLC 检测技术的应用与特点

表 5-5 为 DHPLC 的三种操作方式。DHPLC 检测技术的主要特点是①高通量检测：适合于大规模基因突变的筛查；②自动化程度高：提高检测效率；③灵敏度和特异度均较高：与直接测序相当，检测率可达 95% 以上；④快速：每份标本的检测时间不超过 10 min；⑤相对价廉：平均每检测一份标本的费用约为 5 元。但它也一些不尽如人意之处：①它只是提供了定性的信息，而无法得出具体的突变类型和突变位点，尚需测序等后续方法证实；②其结果判断通常是由操作者进行的，容易产生观察差异，不利于各实验室之间的灵敏度比较；③许多片段有多个主要解链温度，需要筛查的温度较多，增加了工作量。尽管如此，DHPLC 仍然是目前最先进的快速、高效、准确、经济及半自动化筛查基因突变的工具，优于测序等其他分子生物学方法，特别是对于低频未知基因突变的大通量筛选。

表 5-5　WAVE® DHPLC 分离系统的三种操作模式

执行模式	温度	应用
非变性	50℃	测量双螺旋 DNA 的大小(<2000 bp) PCR 质量检测及纯化 定量 RT-PCR 分析
部分变性	52～75℃	基因突变检测 单核苷酸多态性(SNP)分析 短片段串联重复序列(STR)分析
完全变性	75～80℃	寡核苷酸质量分析(DNA SepR 柱和 OLIGO SepR 柱) 寡核苷酸纯度(使用片段收集器)

综上所述，对已知序列的 3 个含外显子 7 的斑马鱼 *p53* 基因样本片段的

DHPLC 突变检测分析表明，通过克隆测序方法检测出的点突变，用 DHPLC 同样可以检出。DHPLC 对该片段的最优化检测柱温为 60℃，其特异性很好，检测敏感性大于 95%。结果表明，DHPLC 可以用来筛选斑马鱼 *p53* 基因的点突变，并可在将来发展为环境化学物质遗传突变的大通量筛查方法，在应用 DHPLC 检测点突变时，需要对 PCR 引物、PCR 反应体系以及柱温等参数进行优化选择。

5.3.5 五氯酚诱导斑马鱼 *p53* 基因点突变研究

1. 斑马鱼暴露与样品准备过程

根据急性毒性实验结果，设 0.5 μg/L、5 μg/L、50 μg/L 五氯酚（PCP）的 3 个暴露浓度，同时设置 0 浓度作为空白对照，对 1 岁龄成年斑马鱼进行为期 10 天的半静态暴露，每天更换 1/3 实验溶液。暴露前剪下两侧胸鳍标记并在–80℃冻存作为每条鱼的对照，暴露后分离鱼体肝脏。采用苯酚：氯仿：异戊醇提取法，提取每条鱼肝脏和暴露实验前剪下的鱼鳍的基因组 DNA（Yin et al., 2006）。根据斑马鱼 *p53* 基因全序列（GenBank number: NW_634667），选择长度为 173 bp、包含 *p53* 基因外显子 7 的片段为目标片段，设计引物，以提取的基因组 DNA 为模板进行 PCR 扩增（图 5-15）。

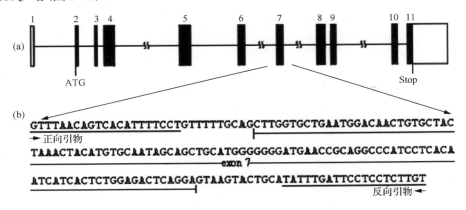

图 5-15 斑马鱼 *p53* 基因结构及扩增目标片段图

将所得 PCR 产物 20 μL 进行 1% 琼脂糖凝胶电泳，并用 QIAEXII DNA Gel Extraction 试剂盒进行切胶回收与纯化。纯化后的 PCR 产物与 PMD18-T 载体（图 5-16）在 4℃下连接过夜后，将 10 μL 连接产物加入 100 μL 大肠杆菌感受态细胞中，进行分子亚克隆（Yin et al., 2006）。挑取 LB +氨苄青霉素（ampicillin）平板上的白色克隆，接种入 1.5 mL LB +氨苄青霉素液体培养基中培养 6 h 后，进行菌体收集与处理，进行阳性克隆的 PCR 鉴定。如果克隆成功，则用外显子 7 的引物可以扩增出特异性的条带。

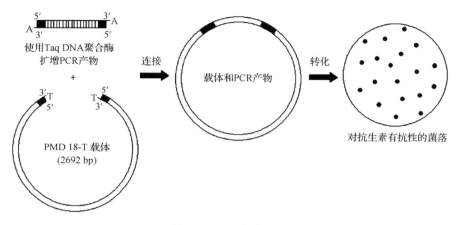

图 5-16 TA 克隆过程

以筛选到的插入目标片段的阳性克隆为模版，重新进行 PCR 扩增目标片段。每 4 个 PCR 产物为一组，等比混合，PCR 混合产物进行缓慢变性，条件为 95℃起始变性 5 min，94.5℃变性 20 s，以后每 20 s 一个循环降低 0.5℃，缓慢降温到 25℃，以形成同源和异源双链 DNA 分子混合物。将 PCR 样品放入 DHPLC 进样室，输入被检测片段的序列。设定每次进样 8 μL，注入 DNASep 检测柱内。选择检测柱温 60℃。如 DHPLC 峰型图谱显示，在混合样品中有异源双链存在，4 个样品将分别与标准片段的 PCR 样品混合，再次进行 DHPLC 分析，以确定发生目标片段基因突变的阳性克隆。根据 DHPLC 的筛选结果，将含有突变片段的阳性克隆菌液 1 mL，采用双向测序方式进行测序，应用 Jellyfish 软件对测序图谱进行比对分析。在 173 bp 的片段中，除去两端引物 41 bp 后的 132 个碱基中若发现突变碱基，则确定为突变克隆。克隆突变率=突变克隆数/筛查克隆数，碱基突变率=突变碱基数/(PCR 循环数×132×筛查克隆数)。实验结果用 SPSS 软件进行 ANOVA 统计分析。为了消除 Taq 酶在 PCR 过程中导致的碱基错配对结果造成的干扰，插入野生纯合型斑马鱼 p53 基因外显子 7 片段的质粒为模板扩增的 PCR 产物，进行分子亚克隆，挑取阳性克隆进行 DHPLC 检测分析，并送测序验证。

2. PCP 诱导斑马鱼肝脏 p53 基因碱基突变检测结果

DHPLC 检测分析表明，当检测样品中不存在突变位点时，DHPLC 的峰型图谱显示为一个尖锐的单峰[图 5-17(a)]，而含有突变成分的样品将在 DHPLC 图谱上出现两个或两个以上的峰型[图 5-17(b)～(d)]。

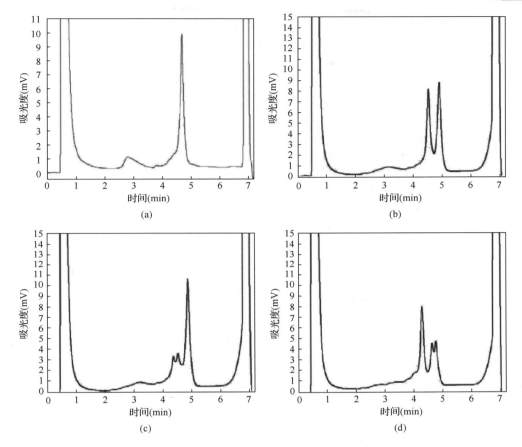

图 5-17　DHPLC 筛查突变峰型图

以肝脏基因组 DNA 为模板扩增的 PCR 产物中，发现了不同序列的目标片段 [图 5-17 (b)～(d)]，在检测的 1195 个阳性克隆子的 PCR 产物中，84 个被 DHPLC 检测到了碱基突变 (表 5-6)，经直接测序验证后，确认有 75 个在目标片段上发生了碱基突变 (表 5-6)，DHPLC 检测的假阳性率为 10.7 % (9/84)。在 50 μg/L、5 μg/L、0.5 μg/L 浓度 PCP 暴露组中，分别筛选了 250 个、310 个、313 个插入目标片段的阳性克隆进行点突变筛查，经 DHPLC 检测和测序验证得到的突变克隆数目为 28、28、12；而在空白浓度对照组筛查的 322 个阳性克隆中，只有 7 个检测到了突变，50 μg/L、5 μg/L、0.5 μg/L 和空白对照组中克隆突变率分别为 11.27%±0.62%、8.67%±2.13%、3.88%±1.20 % 和 2.16%±0.41 %。经统计学分析，结果表明 50 μg/L、5 μg/L PCP 处理组的克隆突变率与空白对照组的克隆突变率有显著性差异 ($p<0.05$)，0.5 μg/L PCP 处理组的克隆突变率与空白对照组的克隆突变率没有显著性差异 ($p>0.05$)；在 3 个暴露浓度之间，50 μg/L PCP 处理组的克隆突变率与 5.0 μg/L PCP 处理组的克隆突变率具有显著性差异（$p < 0.05$），50 μg/L、5.0 μg/L PCP 处理组的克隆突变率与 0.5 μg/L PCP 处理组的克隆突变率具有显著性差异（$p < 0.05$，图 5-18）。

表 5-6　斑马鱼肝脏 *p53* 基因外显子 7 片段突变的 DHPLC 与测序筛查结果

五氯酚浓度（μg/L）	斑马鱼编号	鱼鳍组织		肝脏组织		
		筛查克隆数	DHPLC 检测突变克隆数	筛查克隆数	DHPLC 检测突变克隆数	测序验证突变克隆数
0	A0	/	/	107	3	2
	B0	/	/	101	3	2
	C0	/	/	114	3	3
	合计	/	/	322	9	7
0.5	A1	40	2	104	4	3
	B1	48	1	96	5	5
	C1	52	1	113	5	4
	合计	140	4	313	14	7
5.0	A2	23	1	104	8	5
	B2	53	2	60	5	5
	C2	32	1	146	18	16
	合计	108	4	310	31	28
50	A3	40	1	104	11	11
	B3	20	0	61	7	7
	C3	20	0	85	12	10
	合计	80	1	250	30	28
合计		328	9	1195	84	75

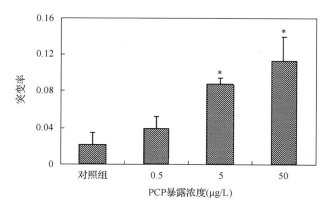

图 5-18　PCP 诱导斑马鱼 *p53* 基因外显子 7 片段点突变

*表示处理组与对照组具有显著性差异（$p < 0.05$）

经测序验证的 74 个克隆中(50 μg/L PCP 处理组 27 个，5 μg/L PCP 处理组 28 个，0.5 μg/L PCP 处理组 12 个，空白对照组 7 个)，分别发现了 86 个碱基突变(50 μg/L PCP 处理组 34 个，5 μg/L PCP 处理组 30 个，0.5 μg/L PCP 处理组 13 个，空白对照组 9 个)，具体的突变位点和突变类型见表 5-7。50 μg/L、5 μg/L、0.5 μg/L 浓度 PCP 处理组和空白对照组的目标片段碱基突变率分别为：$3.33 \times 10^{-5} \pm 0.69 \times 10^{-5}$、$2.33 \times 10^{-5} \pm 0.54 \times 10^{-5}$、$1.07 \times 10^{-5} \pm 0.45 \times 10^{-5}$、$0.71 \times 10^{-5} \pm 0.04 \times 10^{-5}$。在发生突变的 86 个碱基位点中，其中 A→G 和 T→C 的碱基突变率最高，均为 30%，有 42 个碱基的突变发生在 173 bp 中 110 bp 的外显子 7 范围中，其中有 29 个碱基突变造成了翻译后的氨基酸密码子的改变(表 5-7)。

表 5-7　突变克隆的突变位点和突变类型

五氯酚浓度(μg/L)	突变克隆编号	突变碱基数目	碱基突变		氨基酸突变	
			突变位置	突变类型	突变位置	突变类型
0	A0-7	1	116	A→G	29	T→A
	A0-17	2	25	T→C	N/A	N/A
			141	A→G	37	E→G
	B0-2	1	23	T→C	N/A	N/A
	B0-15	2	75	A→G	15	N→S
			137	C→T	36	Q→*
	C0-36	1	116	A→G	29	T→A
	C0-F	1	150	T→C	N/A	N/A
	C0-K	1	138	A→G	36	Q→R
0.5	A1-18	1	24	T→C	N/A	N/A
	A1-38	1	142	G→A	N/A	N/A
	A1-A	1	25	T→G	N/A	N/A
	B1-25	1	142	G→A	N/A	N/A
	B1-D	1	30	A→G	N/A	N/A
	B1-G	1	138	A→G	36	Q→R
	B1-H	2	59	C→G	10	L→V
			67	C→A	12	Y→*
	B1-J	1	55	G→A	8	/
	C1-24	1	121	C→T	30	/
	C1-25	1	145	A→G	N/A	N/A
	C1-B	1	143	T→C	N/A	N/A
	C1-I	1	141	A→G	37	E→G

续表

五氯酚浓度(μg/L)	突变克隆编号	突变碱基数目	碱基突变		氨基酸突变	
			突变位置	突变类型	突变位置	突变类型
	A2-5	2	61	A→G	10	/
			150	T→A	N/A	N/A
	A2-24	1	118	A→G	29	/
	A2-27	1	114	T→A	28	L→H
	A2-48	1	136	T→C	35	/
	A2-72	2	24	T→C	N/A	N/A
	A2-74	1	114	T→A	28	L→H
	A2-84	1	151	G→A	N/A	N/A
	B2-1	1	151	G→A	N/A	N/A
	B2-17	1	42	A→T	4	E→V
	B2-25	1	94	G 缺失	22	M→*
	B2-26	1	28	G→A	N/A	N/A
	B2-47	2	54	T→A	8	V→E
	C2-17	1	29	C→T	N/A	N/A
	C2-23	1	136	T→C	35	/
5.0	C3-36	1	150	T→C	N/A	N/A
	C3-5	2	27	T→C	N/A	N/A
			133	G→A	34	/
	C3-10	1	116	A→C	29	T→P
	C3-31	1	30	A→G	N/A	N/A
	C3-61	1	27	T→C	N/A	N/A
	C3-64	2	144	A→T	N/A	N/A
	C3-77	1	123	T→C	31	I→T
	C3-92	1	24	T→C	N/A	N/A
	C3-93	1	147	T→C	N/A	N/A
	C3-94	1	41	G→T	4	E→*
	C3-111	1	30	A→T	N/A	N/A
	C3-115	1	152	C→T	N/A	N/A
	C3-130	1	150	T→C	N/A	N/A
	C3-133	1	142	G→A	N/A	N/A
	A3-26	1	144	A→G	N/A	N/A
50	A3-32	1	42	A→T	4	E→V
	A3-33	1	147	T→C	N/A	N/A

续表

五氯酚浓度(μg/L)	突变克隆编号	突变碱基数目	碱基突变		氨基酸突变	
			突变位置	突变类型	突变位置	突变类型
			61	A→T	10	/
	A3-39	3	66	A→G	12	Y→C
			121	C→T	30	/
	A3-40	2	49	A→G	6	/
			66	A→G	12	Y→C
	A3-41	2	23	T→C	N/A	N/A
			60	T→A	10	L→Q
	A3-1	2	27	T→C	N/A	N/A
			133	G→A	34	/
	A3-2	1	27	T→C	N/A	N/A
	A3-3	2	71	T→C	14	C→R
			138	A→G	36	Q→R
	A3-4	1	131	G→T	34	E→*
	A3-5	1	134	A→G	35	T→A
	B3-8	1	118	A→G	29	/
50	B3-20	1	30	A→G	N/A	N/A
	B3-6	1	134	A→G	35	T→A
	B3-7	1	149	C→T	N/A	N/A
	B3-8	1	23	C→T	N/A	N/A
	B3-9	1	117	C→T	29	T→I
	B3-10	1	145	A→G	N/A	N/A
	C3-2	1	25	T→C	N/A	N/A
	C3-5	1	148	A→G	N/A	N/A
	C3-46	1	26	T→C	N/A	N/A
	C3-11	1	142	G→A	N/A	N/A
	C3-12	1	116	A→G	29	T→A
	C3-13	1	142	G→A	N/A	N/A
	C3-14	1	145	A→G	N/A	N/A
	C3-16	1	42	A→T	4	E→V
	C3-17	1	24	T→C	N/A	N/A
	C3-18	1	27	T→C	N/A	N/A

注：氨基酸位置和碱基位置均为在 173bp 的目标片段中。

N/A 表示碱基的突变发生在 173bp 的内含子片段部分；/表示无义突变；*表示终止密码子。

3. PCR 错配率实验结果

以暴露染毒前剪下的鱼鳍基因组 DNA 为模板扩增的 PCR 产物，进行分子亚克隆后，挑取阳性克隆进行的 DHPLC 检测分析表示，在检测的 328 个阳性克隆子的 PCR 产物中，9 个被 DHPLC 检测到了碱基突变(参见表 5-6)，突变率为 2.53%±1.76%。

PCR 错配率实验结果表示，应用含有野生纯合型斑马鱼 p53 基因外显子 7 片段的质粒为模板扩增的 PCR 产物，进行分子亚克隆后，在检测的 84 个阳性克隆子的 PCR 产物中，5 个被 DHPLC 检测到了碱基突变。经直接测序验证后，确认有 4 个碱基在目标片段上发生了突变，分子突变率为 4.76%，碱基突变率为 1.20×10^{-5}，这和文献所报道的 PCR 中 Taq 酶所造成的碱基错配率一致($10^{-5} \sim 10^{-6}$)(André et al., 1997)，由此可见，鱼鳍中检测到的碱基突变是由于 PCR 中的错配所致，而并非实验用鱼的自身突变，因此确定实验用鱼在目标片段内没有发生个体突变。

虽然五氯酚在大多数国家已被停止生产和使用，但是由于其难降解性，五氯酚在环境中仍大量存在，最近研究表明在德国人均尿液内五氯酚的含量为 1.04 μg/L，最高值达到 19.1 μg/L(Becker et al., 2003)。研究表明 PCP 的遗传毒性主要由其代谢产物四氯氢醌所产生的活性氧物质导致(Lin et al., 2001; Purschke et al., 2002)。五氯酚的代谢产物比五氯酚本身的毒性大很多，在浓度为 2～10 mg/mL 时，不仅可以引起 DNA 单链断裂，而且可以引起碱基突变(Dahlhaus et al., 1994; Dahlhaus et al., 1996)。环境中的许多其他化合物也是如此，它们的毒性效应主要由其代谢产物所导致(Tisch et al., 2005)，例如 2-甲氧基乙醇的代谢产物甲氧基乙醛是产生其遗传毒性的主要原因(Kitagawaa et al., 2000)。体内暴露实验的特点在于，它涵括了生物体内的代谢通路、DNA 修复机制，以及其他的生理生化反映，化合物在暴露的过程中参与机体的代谢过程，能更真实地反应外来化合物对机体产生的毒作用情况，在评价化合物的遗传毒性时具有很好的优势。

肝脏是机体内重要的代谢解毒器官，也是外来化合物及其代谢产物主要的攻击靶器官，肝脏细胞的代谢速率要远高于其他器官的细胞，因此一旦肝脏细胞受损，其损伤效应将比其他器官更快地遗传下来。因此，斑马鱼的肝脏是评价外来化合物遗传毒性的良好的实验材料。应用 DHPLC 与克隆测序相结合的方法，本研究发现，50 μg/L 和 5 μg/L PCP 处理的斑马鱼肝脏细胞 p53 基因含外显子 7 的 173 bp 的碱基片段的突变率要显著高于空白对照组($p < 0.01$)。在空白对照组和鱼鳍对照中，也检测到了一定比例的突变(克隆突变率分别为 2.16%±0.41% 和 2.53%±1.76%)，这可以解释为由 PCR 聚合酶链式反应中的错配导致的。本实

应用含有野生纯合型斑马鱼 *p53* 基因外显子 7 片段的质粒为模板扩增的 PCR 产物，进行 DHPLC 验证得到克隆突变率为 4.76%（碱基突变率为 1.20×10^{-5}）(Yin et al., 2006) 和文献报道的 PCR 错配率一致 (Amanuma et al., 2000)。因此，本研究首次报道了五氯酚能诱导斑马鱼基因组 DNA 的碱基突变。*p53* 基因的突变热点在其外显子 7 到外显子 9 之间 (Splading et al., 2000)。由于肿瘤的形成是一个涉及多个基因、多条通路的过程，本研究得到的结果表明 5 μg/L 浓度的 PCP 暴露就能诱导斑马鱼肝脏的 *p53* 基因外显子 7 片段发生碱基突变，揭示了五氯酚的致癌机理可能与其诱导功能基因突变有关。

5.3.6　三氯酚诱导斑马鱼 *p53* 基因点突变研究

斑马鱼暴露与样品准备过程基本同上述五氯酚研究方法。本研究中，2,4,6-三氯酚 (TCP) 暴露浓度为 0.5 μg/L、5.0 μg/L、50 μg/L。DHPLC 检测分析显示，在筛查的 3126 个克隆子的 PCR 产物中，DHPLC 系统检测到 96 个样品发生点突变（表 5-8）。经直接测序确定了 81 个含有点突变的阳性克隆子。DHPLC 分析系统的假阳性率为 15.6%(15/96)，这与笔者之前对于 PCP 的检测结果相一致 ($p > 0.05$，χ^2 检验) (Yin et al., 2006)。空白对照组扩增的 *p53* 基因目标片断的分子突变频率和碱基突变频率分别为 1.89%(7/371) 和 $1.84 \times 10^{-4}[9/(371 \times 132)]$（表 5-8），这与 PCR 过程中碱基错配率 $[3/394 = 0.76\%$ 或 $3/(394 \times 132) = 0.58 \times 10^{-4}]$ 相一致 ($p > 0.05$，χ^2 检验)。对照组的突变频率也与五氯酚实验所得结果近似。据报道斑马鱼基因组自发突变频率为 $(2 \sim 4) \times 10^{-5}$ (Amanuma et al., 2000)。因此，实验结果说明对照组中检测到的突变是由 PCR 过程或自发突变背景值所致。

经 0.5 μg/L、5.0 μg/L、50 μg/L TCP 暴露的斑马鱼样品中，扩增的 *p53* 基因目标片断的克隆突变率（均值 ± 标准差）分别为 $2.21\% \pm 1.47\%(n=3)$、$1.42\% \pm 1.77\%(n=3)$、$5.43\% \pm 1.22\%(n=3)$ 和 $3.66\% \pm 4.32\%(n=4)$，相应碱基突变率分别为 $(2.17 \pm 1.55) \times 10^{-4}$、$(1.41 \pm 1.31) \times 10^{-4}$、$(6.05 \pm 1.18) \times 10^{-4}$ 和 $(3.94 \pm 5.07) \times 10^{-4}$（表 5-8）。统计学分析结果表明，5 μg/L TCP 处理组的克隆突变率显著高于空白对照组和 0.5 μg/L TCP 处理组 ($p < 0.05$)，并且 0.5 μg/L 和 50 μg/L TCP 处理组的克隆突变率与空白对照组的克隆突变率没有显著差异 ($p > 0.05$)（图 5-19），50 μg/L TCP 处理组的克隆突变率标准差 (SD) 数值较大。这可能是由不同斑马鱼个体（不同的个体基因组，如单核苷酸多态性）对 50 μg/L 浓度 TCP 的遗传毒性效应敏感性不同所致 (Yin et al., 2009)。

表 5-8　基因点突变频率 DHPLC 与测序筛查结果

TCP暴露浓度(μg/L)	TCP暴露时间(d)	受试斑马鱼编号	分子检测总数	DHPLC检出突变分子数	测序检验的突变分子数		突变核酸	
					总计	突变率(%)	总计	突变率(×10⁴)
0	10	C1	149	3	2	1.34	3	1.53
	10	C2	145	2	2	1.38	2	1.04
	10	C3	77	3	3	3.90	4	3.94
		小计	371	8	7	$2.21\pm1.47^*$	9	$2.17\pm1.55^*$
0.5	10	D1	114	0	0	0.00	0	0.00
	10	D2	117	4	4	3.41	4	2.59
	10	D3	116	1	1	0.86	1	0.65
		小计	346	5	5	$1.42\pm1.77^*$	5	$1.41\pm1.31^*$
5	10	B1	113	11	7	6.19	11	7.37
	10	B2	199	11	8	4.02	15	5.71
	10	B3	164	11	10	6.09	11	5.08
		小计	476	33	25	$5.43\pm1.22^*$	36	$6.05\pm1.18^*$
	6	B61	111	1	1	0.90	1	0.68
	6	B62	112	2	1	0.89	1	0.68
	6	B63	114	3	3	2.63	3	1.99
		小计	347	6	5	$1.47\pm1.00^*$	5	$1.12\pm0.76^*$
	3	B31	112	0	0	0.00	0	0.00
	3	B32	120	0	0	0.00	0	0.00
	3	B33	112	2	2	1.78	2	1.35
		小计	344	2	2	$0.59\pm1.02^*$	2	$0.45\pm0.78^*$
	1	B11	110	3	2	1.82	2	1.38
	1	B12	114	1	1	0.88	1	0.66
	1	B13	117	1	1	0.85	1	0.65
		小计	341	5	4	$1.18\pm0.55^*$	4	$0.90\pm0.42^*$
50	10	A1	163	15	13	7.89	14	6.51
	10	A2	102	3	2	1.96	2	1.48
	10	A3	126	14	13	10.32	20	12.02
	10	A4	116	2	2	1.72	2	1.31
		小计	507	34	30	$3.66\pm4.32^*$	38	$3.94\pm5.07^*$
0	高保真酶	高保真酶质粒	394	3	3	0.76	3	0.58
总计			3126	96	81		102	

*表示数据表现形式为平均值±标准偏差。

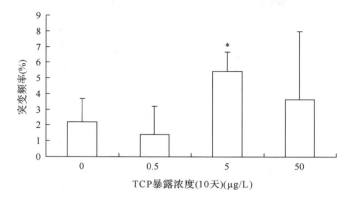

图 5-19　TCP 诱导斑马鱼 *p53* 基因外显子 7 片段点突变

*表示处理组与对照组具有显著性差异($p < 0.05$)

实验结果说明，5 μg/L TCP 暴露处理显著提高了斑马鱼肝脏 *p53* 基因点突变频率，而 50 μg/L TCP 暴露处理则引起不同斑马鱼个体的不同反应，这不同于 PCP 在 5 μg/L 和 50 μg/L 浓度时致点突变效应所呈现的剂量效应模式（Yin et al., 2006）。

具体的碱基突变位点和氨基酸密码子的改变列于表 5-9 中。如表所示，在 TCP 处理组发生突变的 99 个碱基中，25 个突变碱基发生在内含子范围中，其他 74 个突变碱基发生在外显子 7 范围中，其中 13 个突变碱基为无义突变，61 个为错义突变，其中包括 17 个造成提前终止密码子的碱基突变。结果表明 TCP 暴露处理并没有发生"热点"突变位点。

表 5-9　突变克隆的突变位点和突变类型

| PCP 暴露浓度(μg/L) | 暴露时间(d) | 突变分子 | 突变碱基数 | 碱基变化 | | 氨基酸残基变化 | |
				位置	变化	位置	变化
		C1-20	1	118	A→G	29	/
		C1-45	2	46	G→A	5	W→*
				48	C→A	6	T→K
0	10	C2-14	1	29	C→T	N/A	N/A
		C2-72	1	84	G→A	18	C→Y
		C3-43	2	120	T→C	30	I→T
				138	A→G	36	Q→R
0.5	10	C3-188	1	68	A→G	13	M→V
		C3-193	1	63	A→G	11	N→S

PCP 暴露浓度(μg/L)	暴露时间(d)	突变分子	突变碱基数	碱基变化 位置	变化	氨基酸残基变化 位置	变化
0.5	10	D2-28	1	29	C→T	N/A	N/A
		D2-76	1	135	C→T	35	T→I
		D2-109	1	94	G 缺失	22	**
		D2-118	1	107	C→T	26	P→S
		D3-12	1	133	G→A	34	/
5	1	B11-109	1	138	A→C	36	Q→P
		B11-111	1	27	T→C	N/A	N/A
		B12-61	1	103	C→T	24	/
		B13-65	1	94-95	G 插入	22	**
	3	B33-46	1	129	T→G	33	L→R
		B33-67	1	36	G→A	2	G→D
	6	B61-80	1	94	G 缺失	22	**
		B62-81	1	81	G→A	17	S→N
		B63-9	1	94	G 缺失	22	**
		B63-20	1	128	C→T	33	/
		B63-84	1	94	G 缺失	22	**
	10	B1-16	1	43	A 缺失	4	**
		B1-51	2	44	T→A	5	W→R
				23	T→G	N/A	N/A
		B1-77	3	27	T→C	N/A	N/A
				47	A→T	6	T→S
		B1-112	1	43	A 缺失	4	**
		B1-119	1	47	A→T	6	T→S
				23	T→G	N/A	N/A
		B1-163	3	27	T→C	N/A	N/A
				47	A→T	6	T-S
		B1-179	1	135	C→T	35	T→I
		B2-22	1	27	T→A	N/A	N/A
		B2-3	3	23	T→G	N/A	N/A
				27	T→C	N/A	N/A

续表

PCP 暴露浓度(μg/L)	暴露时间(d)	突变分子	突变碱基数	碱基变化		氨基酸残基变化	
				位置	变化	位置	变化
				47	A→T	6	T→S
		B2-66	1	81	G→A	17	S→N
		B2-90	1	106	G→A	25	/
		B2-160	1	64	C→T	11	/
				23	T→G	N/A	N/A
		B2-164	3	27	T→C	N/A	N/A
				47	A→T	6	T→S
		B2-190	2	44	T→C	5	W→R
				135	C→T	35	T→I
				23	T→G	N/A	N/A
		B2-191	3	27	T→C	N/A	N/A
5	10			47	A→T	6	T→S
		B3-40	1	124	C→T	21	/
		B3-46	1	41	G→A	4	E→K
		B3-5	1	148	A→G	N/A	N/A
		B3-23	1	94	G 缺失	22	**
		B3-26	1	116	A→G	29	T→A
		B3-36	1	124	C→T	31	/
		B3-5	1	120	T→C	30	I→T
		B3-6	1	106	G→A	25	/
		B3-25	1	66	A→T	12	Y→F
		B3-34	2	58	A→G	9	/
				136	T→C	35	/
		A1-32	1	95	A→G	22	M→V
		A1-62	1	31	G→T	N/A	N/A
50	10	A1-64	1	94	G 缺失	22	**
		A1-65	1	49	A→G	6	/

PCP 暴露浓度(μg/L)	暴露时间(d)	突变分子	突变碱基数	碱基变化		氨基酸残基变化	
				位置	变化	位置	变化
		A1-79	1	39	C→T	3	A→V
		A1-80	1	31	G→A	N/A	N/A
		A1-96	1	140	G→A	37	E→K
		A1-97	2	49	A→G	6	/
				66	A→G	12	Y→C
		A1-120	1	57	T→C	9	L→P
		A1-121	1	44	T→A	3	W→R
		A1-123	1	72	G→A	14	C→Y
		A1-134	1	75	A→G	15	N→S
		A1-027	1	55	G→A	8	/
		A2-4	1	140	G→A	37	E→K
		A2-58	1	84	G→A	18	C→Y
		A3-40	1	94	G 缺失	22	**
50	10	A3-46	1	63	A→G	11	N→S
		A3-47	1	94	G 缺失	22	**
		A3-61	2	128	G 缺失	33	**
				129	T 缺失		**
		A3-95	1	29	C→T	N/A	N/A
		A3-106	3	23	T→G	N/A	N/A
				27	T→C	N/A	N/A
				47	A→T	6	T→S
		A3-173	1	135	C→G	35	T→S
		A3-182	1	94	G 缺失	22	**
		A3-184	1	27	T→C	N/A	N/A
		A3-211	1	94	G 缺失	22	**
		A3-221	1	94	G 缺失	22	**
		A3-212	3	23	T→G	N/A	N/A
				27	T→C	N/A	N/A

续表

PCP 暴露浓度(μg/L)	暴露时间(d)	突变分子	突变碱基数	碱基变化		氨基酸残基变化	
				位置	变化	位置	变化
50	10	A3-214	3	47	A→T	6	T→S
				23	T→G	N/A	N/A
				27	T→C	N/A	N/A
				47	A→T	6	T→S
		A4-16	1	75	A→G	15	N→S
		A4-27	1	102	G→A	24	R→H
质粒	高保真酶	H88	1	94	G 缺失	22	**
		H145	1	103	C→T	24	/
		H359	1	94	G 缺失	22	**

注：氨基酸位置和碱基位置均为在 173 bp 的目标片段中。

N/A 表示碱基的突变发生在 173 bp 的内含子片段部分；/表示无义突变；*表示终止密码子。

一种普遍认同的致癌机制与致癌基因和肿瘤抑制基因突变的积累相关联。最近研究表明在乳腺癌或直肠癌患者中，9.4%的共有基因编码序列上存在一个以上非沉默突变(non-silent mutation)，其中大部分改变(92.7%)属于点突变。一般认为，$p53$ 基因抑制肿瘤发生，有 50%的人类肿瘤细胞中存在 $p53$ 基因突变，并且热点突变常常发生在外显子 7～9(Yin et al., 2009)。本研究中，证明了在 5 μg/L TCP 这样一个环境相关浓度(Galve et al., 2002; Bravo et al., 2005)的暴露条件下，体内暴露 10 天显著增加了斑马鱼肝脏 $p53$ 分子突变数目，说明 TCP 可能通过提高生物体点突变频率而导致对生物体的致癌作用。

据报道，TCP 能够在鱼体中积累，生物浓缩因子为 250～310(Galve et al., 2002)，提示了 TCP 对斑马鱼的基因毒性可能依赖于暴露时间。为了验证 TCP 致突变效应是否存在时间效应关系，本研究中对 5 μg/L TCP 暴露 1 天、3 天和 6 天的斑马鱼样品进行突变检测。结果如图 5-21 所示，1 天、3 天和 6 天处理组扩增的 $p53$ 基因目标片断的克隆突变率分别为 1.18±0.55(n=3)、0.59±1.02(n=3)和 1.47±1.00(n=3)，碱基突变频率分别为 (0.90±0.42)×10^{-4}、(0.45±0.78)×10^{-4} 和 (1.12±50.76)×10^{-4}(表 5-8)。统计分析表明，5 μg/L TCP 暴露 1 天、3 天和 6 天处理组克隆突变率与空白对照组的克隆突变率相似(p>0.05)，显著低于 10 天处理组(p>0.05)(图 5-20)。

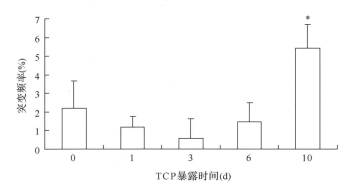

图 5-20　TCP 不同时间的暴露诱导斑马鱼 *p53* 基因外显子 7 片段点突变

*表示 10 天组与 1 天、3 天、6 天处理组具有显著性差异($p<0.05$)

　　结果显示 TCP 低浓度短期暴露(6 天内)没有明显的基因毒性,而长期暴露(10 天)可产生明显的毒性效应,揭示了 TCP 低浓度长期暴露有可能具有更大危害。这可能与其在斑马鱼体内代谢、DNA 修复等以及其他生理系统有关(Yin et al., 2009),TCP 对斑马鱼 *p53* 基因分子调控机制和致突变机理有待进一步研究。

5.4　多世代毒性效应

5.4.1　POPs 多世代毒性效应

　　POPs 等化学品暴露与出生缺陷、癌症、心脑血管疾病、免疫疾病、生殖损伤、神经异常均有相关。这些不良效应的产生机制,曾一度被认为是因为化学品能够直接对人类身体相关细胞的基因组-核中 DNA 产生损伤。随着近期毒性效应检测的理念与技术的发展,新的毒性机制对传统的毒性机制提出挑战。新的毒性机制并不否认与 DNA 损伤相关的突变体与人类遗传疾病或者体细胞疾病相关,而是提出,化学品暴露通过表观遗传机制或者通过影响子宫内胎儿体内干细胞的方式[即Barker 假说,或称 DOHaD(developmental origins of health and disease)理论]产生疾病终点。传统理念中,致癌多阶段性、多机制参与的生物学过程,以及癌症干细胞理论;较新的被忽视的理念,包括癌症干细胞与细胞间交流,将被用来从非致突变型致癌机制的角度判断化学品的毒性效应。

　　DOHaD 理论作为当前医学界最为前沿的研究领域,强调了孕期宫内环境对于胎儿长期甚至多代健康的影响。在前述涉及遗传信息与表观遗传调控环节的研究中,已有研究表明 POPs 能够产生在世代间传递的毒性效应,例如阿特拉津(ATZ)对小鼠组蛋白甲基化的效应(Hao et al., 2016)等。再如,Lyche 等(2013)从实际水体中分离获得 POPs 混合物,包括 PBDEs、PCBs、DDT 等物质;然后将该混合物对围产期的斑马鱼开展长达 3 个世代(F_0、F_1、F_2)的暴露,该长期暴露包含 F_1、

F_2 的生命早期阶段。针对 F_2 的检测结果表明，斑马鱼的胚胎产量显著减少、胚胎成活率显著下降；同时，与癌症($p53$)、生殖系统疾病、心脑血管疾病、脂肪与蛋白质代谢(ZP3)、小分子生物化学反应以及细胞周期等相关的基因的表达水平显著变化(Lyche et al., 2013)。

实际暴露环境中，POPs 等污染物的确能够穿过胎盘屏障，实现母亲-胎儿的传递；也能够通过母乳，实现母亲-婴儿的传递。例如，POPs 等化学品能够穿过胎盘屏障进入胎儿体内，也可分泌到母乳中(Perera et al., 2005)。POPs 等污染物在母亲血液与母乳中普遍存在(Todaka et al., 2008)，包括 DDT、HBCD、PFOS/PFOA、BDE 等在母乳中普遍存在(Croes et al., 2012)。有机氯农药(OCPs)和多氯联苯(PCBs)也能够在母乳中得到检出(Müller et al., 2017)。与此同时，有学者针对 POPs 在血液和母乳中的相关性开展了研究。例如，初产母亲血液中 PCDDs、PCDFs 和二噁英样 PCBs 的毒性当量浓度(TEQ)与母乳中的浓度表现出很好的相关性；多产母亲血液中二噁英样化学品中的 TEQ 浓度与其母乳中的浓度也表现出很好的相关性。母乳喂养的婴儿存在暴露于 PCBs 的较大风险。环境化学品(包括二噁英、呋喃、PCBs 等)儿童时期暴露，能够导致人体生命后期癌症发生(Carpenter and Bushkin-Bedient, 2013)。

上述研究结果表明，POPs 可以通过对遗传信息与表观遗传调控的生物学作用，以及跨越世代的化学传递等方式产生世代间可毒性效应的遗传表象。

5.4.2　多世代毒性效应研究受试生物——秀丽线虫

秀丽线虫(*Caenorhabditis elegans*)属于线形动物门、线虫纲动物，生活在世界各地的泥土中，以细菌为食，属于自由生活线虫。该模式生物具有生命周期短、体积小、容易培养等诸多优点，而且对人、动物和植物没有危害，不寄生，安全性高，易于在实验室中进行培养。它能感知气味和味道，对光线、温度有反应。因其短暂而精确的生命周期以及多种生物终点被广泛用于生态学研究(Anderson et al., 2001; Yu et al., 2017)。秀丽线虫对外界环境的变化非常敏感，在环境胁迫下秀丽线虫会改变它们的运动水平、生殖速度、生命周期以及其他发育特性。此外，秀丽线虫基因组全序列测定在 1998 年底完成，是第一个已知基因组全序列的多细胞动物。因此，无论是利用行为学、发育学的指标来检测毒物的毒性，还是在分子生物学水平对致毒机理进行分析，秀丽线虫都是可靠而有效的模式生物。

秀丽线虫广泛用于有机污染物毒性效应检测中。Sochová 等学者对七种有机物进行了毒性测试，包含喹啉、吖啶、吩嗪、1,10-邻二氮杂菲、短链聚氯乙烯、毒杀芬、六氯苯，采用三种媒介(土壤、培养基、水体)进行毒性测试，并且获得了能够将秀丽线虫作为测定持久性有机物(POPs)的模型生物的结论(Sochová et al., 2007)。秀丽线虫还应用于杀虫剂类物质，如毒死蜱(Roh and Choi, 2008)、吡虫啉和噻虫啉混合物的毒性研究(Gomez-Eyles et al., 2009)，以及除草剂(阿拉特津)、多氯联苯、荧蒽等(Menzel et al., 2005)，甚至用于有机磷引导的神经毒性的研究(Dengg and van Meel, 2004)。

秀丽线虫各生命阶段具有明确的划分(图 5-21)，不仅为研究不同生命阶段对受试物质的敏感性提供良好实验平台，也为进行不同类型的毒性暴露实验奠定了基础。采用传统方法制备好的"同步化卵液"(图 5-21 中"★"代表的生物阶段)(Emmons et al., 1979)，在本研究中主要用于其他生长阶段的秀丽线虫的培养，以及多世代暴露的毒性测试中。同步化卵液于 23℃恒温培养箱中培养 36 h 后(Van Gilst et al., 2005)，"同步化 L3 阶段秀丽线虫"(图 5-21 中"★★"代表的生命阶段)，不仅能够避免秀丽线虫在受到毒物刺激之后进入特殊的幼虫阶段(dauer larvae)而无法进行后续试验(Youds et al., 2009)，而且能够留下足够的生长空间，用于测定不同受试毒物对其生长状态的影响程度。同步化卵液于 23℃恒温培养箱中培养 48 h 后(Van Gilst et al., 2005)，"同步化成熟秀丽线虫"(图 5-21 中"★★★"代表的生命阶段)，主要用于测定受试物质对秀丽线虫的致死效应。

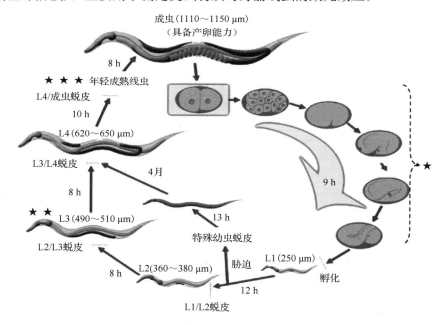

图 5-21　秀丽线虫生长周期示意图

在诸多的毒性试验中，秀丽线虫作为受试生物，其不同层次的特征均曾用作毒性的衡量指标，从生存能力(死亡与存活)，生长与发育，生殖能力，包括逆向运动的频率、身体弯曲频率在内行为学以及饮食能力等个体指标(Yu et al., 2016; Yu et al., 2017)，到生理生化层次，如过氧化氢酶(catalase，CAT)、超氧化物歧化酶(superoxide dismutase，SOD)(Yu et al.，2016)等，一直到分子层面诸如基因片段的指标、基因表达水平的变化(梁爽等，2015)等均有涉及。操作技术方面，也从简单的视觉观察，到繁杂的提取检测，一直到基因片段的内置和转基因线虫的改造，也是面面俱到。

可以看出，秀丽线虫作为毒性测试的受试生物，无论从技术、指标还是从用于比对的基础数据，都拥有着非常明显的优势，其作为各种毒性试验的模式受试生物的趋势日渐明显。

5.4.3　磺胺抗生素是一种假持久性有机污染物

磺胺类抗生素是使用最为普遍的抗生素之一(Sarmah et al.，2006)，其在 1999 年供食用动物中的施用比例占全部抗微生物药物的 50%以上(Mitema et al.，2001; Sarmah et al.，2006)。在诸多国家，包括美国、加拿大等，磺胺类药物用于牛、猪、鱼的疾病防治与生长促进剂(Mellon et al.，2001; Sarmah et al.，2006)。与其广泛的使用相一致的是，磺胺类药物也是检测频率最高的抗生素之一(Meyer et al.，2003; Sarmah et al.，2006)，例如磺胺甲噁唑等磺胺抗生素的检出频率高达 73% (Campagnolo et al.，2002; Watkinson et al.，2009; Santos et al.，2010)。磺胺类药物的检出媒介也相当广泛，包括地表水、土壤等。例如，在农业园区的地表径流中发现了磺胺类药物的残留(0.16 μg/L)(Sarmah et al.，2006)。靠近养猪场的地下水中也发现了磺胺类药物的存在(Campagnolo et al.，2002)。在采用粪液进行灌溉的区域中，其表层土壤中也发现了磺胺类药物的存在(约 2 μg/kg)(Hamscher et al.，2005)。甚至在经过磺胺类药物处理过的动物的可食用组织中也检测到了相应的抗生素的存在(Poirier et al.，1999)。有研究表明磺胺类药物在环境中的迁移能力很强(Boxall et al.，2002)，这也解释了磺胺类药物的普遍检出。

磺胺类药物能够对多种非靶生物产生负面影响。磺胺类药物能够在特定植物的根与茎中获得积累，积累浓度可达 13～2000 mg/kg 的水平，而且在根中的积累要高于茎中的积累；并且能够阻碍根、茎、叶(萝卜与豌豆)的生长(Migliore et al.，1995; Migliore et al.，1996)。磺胺类药物还能够抑制活性污泥中微生物的活性(Halling-Sørensen，2001; Halling-Sørensen et al.，2003)。

为了测定磺胺类药物对环境的潜在风险，其毒性的测试采用了包括发光菌(费氏弧菌，*Vibrio fischeri*)、藻类、无脊椎动物(大型溞，*Daphnia magna*)和鱼类在内的多种生物来进行(Kim et al.，2007; Park and Choi，2008)。这些研究大多数集中在急性毒性，而且相应的半数致死浓度(LC_{50})也都在 mg/L 的水平。例如磺胺甲噁唑(SMX)对费氏弧菌 15 min 的 EC_{50} 是 78.1 mg/L，对青鳉鱼 96 h 的 LC_{50} 是 562.5 mg/L；磺胺甲嘧啶(SMZ)对费氏弧菌 15 min 的 EC_{50} 是 344.7 mg/L(Kim et al.，2007)。再如磺胺类对大型溞(*D. magna*)运动的抑制效应(48 h)，其 EC_{50} 分别为

SMX：189.2 mg/L，磺胺嘧啶（SD）：212 mg/L，SMZ：202 mg/L 或 174.4 mg/L（Isidori et al., 2005; Kim et al., 2007; De Liguoro et al., 2009）。还有报道称 SMZ 在 12.5 mg/L 的浓度条件下对大型溞生殖能力的抑制效应为 100%，这与研究过程中大量卵的死亡相一致（De Liguoro et al., 2009）。有研究表明，磺胺类药物能够干扰绿藻对叶酸的合成（Eguchi et al., 2004），而藻类又是大型溞的食物来源，因此可能与相应的生殖毒性有关联。此外，对磺胺药物（SMZ 和 SMX）的光致毒性也有所研究，以大型溞 48 h 和 96 h 的运动作为指标，磺胺药物在额外的关照条件下毒性增强；实验室未考虑光照影响的研究可能会低估磺胺药物在实际环境中的毒性（Jung et al., 2008）。还有一些学者研究了磺胺类药物的慢性毒性。例如磺胺甲噁唑 SMX 对 *L. gibba* 的叶子数量与湿重 7 d 的 EC_{50} 值分别是 249 μg/L 和 81 μg/L（Brain et al., 2004）。

　　为了进一步确定磺胺类药物是否能够对人类产生负面的影响，诸多学者采用了与人类饮食有直接关系的家禽（鸡）以及与人类关系密切的哺乳动物作为受试生物进行毒性的测定。有的学者以鸡作为受试生物，进行 3 d 含有 SMZ 的食物的饲喂，发现细胞色素 P450 酶、谷胱甘肽 *S*-转移酶等的显著提高（150 mg/kg 体重）；SMZ 可能是混合功能氧化酶系统的作用底物，并能够刺激细胞色素 P450 酶的特殊形态（Kodam and Govindwar, 1995）。磺胺类药物相关的特异毒性在狗类中的症状包括发烧、关节痛、血液恶液质（中性粒细胞减少、血小板减少、溶血性贫血）、肝脏淤积或坏死、皮疹、葡萄膜炎或干燥性角结膜炎等，还有一些少见的症状，例如蛋白丢失性肾病、脑膜炎、胰腺炎、肺炎，以及面部神经麻痹等。SD 对大鼠静脉注射的半数致死剂量（LD_{50}）是 880 mg/kg，对小鼠口服、腹腔注射、皮下注射的 LD_{50} 分别是 1500 mg/kg、750 mg/kg、1600 mg/kg（MSDS, 2010）。磺胺吡啶（SP）对大鼠口服毒性较低，其 LD_{50} 是 15800 mg/kg（MSDS, 2003）。SMZ 对大鼠皮下注射的 LD_{50} 是 2000 mg/kg，对小鼠经口暴露、腹腔、皮下、静脉注射的 LD_{50} 分别是 50000 mg/kg、1060 mg/kg、1440 mg/kg、1776 mg/kg（MSDS, 2005）。

　　国际癌症研究机构还对磺胺类药物的致癌性及其对人类的损害进行了归纳与总结。对大鼠和小鼠的研究表明，SMZ 能够引起甲状腺瘤。SMZ 还减少了雄性和雌性小鼠的生育能力。SMZ 能够在大鼠和小鼠体内通过非基因毒性的机制产生甲状腺瘤（IARC, 2001）。SMZ 对人体的损害能够引起造血系统的紊乱以及过敏症状等（Hess et al., 1999; IARC, 2001）。SMZ 也能阻断由甲状腺过氧化物酶催化的酪氨酸的碘化，其半数抑制浓度约为 0.5 mmol/L（IARC, 2001）。

　　尽管磺胺类抗生素在环境中的浓度一般在 ng/L～μg/L 的水平（Yan et al., 2018），远低于上述毒性研究的浓度水平，但是它们依然因其相关环境中持续的排放而导致的"假持久性"（pseudopersistance）而获得越来越多的关注（Hernando et al., 2006; Yan et al., 2018）。已有报道说明环境中对磺胺类药物的抗性基因普遍检出（Yan et al., 2018）。这进一步增加了研究实际环境条件下磺胺类抗生素的环境毒性如何产生的重要性。笔者课题组针对磺胺抗生素的多世代毒性开展了系统研究。研究中的磺胺抗生素包括：磺胺嘧啶(SD)、磺胺吡啶(SP)、磺胺甲噁唑(SMX)、磺胺甲嘧啶(SMZ)，结构式如图 5-22 所示，均为实际环境中普遍检出的磺胺类抗生素(Hernando et al., 2006; Yan et al., 2018)。

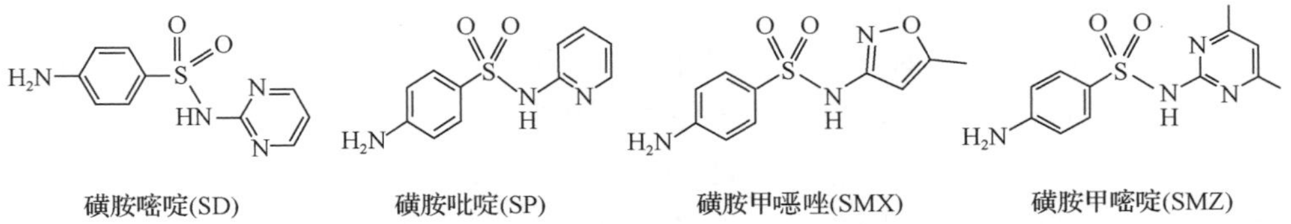

磺胺嘧啶(SD)　　　　磺胺吡啶(SP)　　　　磺胺甲噁唑(SMX)　　　　磺胺甲嘧啶(SMZ)

图 5-22　所选磺胺类抗生素的分子结构示意图

5.4.4　磺胺抗生素对秀丽线虫的世代间毒性效应

世代间毒性效应是研究多世代毒性效应早期阶段常用的方法。基于秀丽线虫常用培养方法(Brenner, 1974)与常规微生物实验操作方法(肖琳等, 2004)，分别培养秀丽线虫及其食物大肠杆菌(E. coli OP50)，根据世代间传递毒性测试方法步骤(图 5-23)进行暴露与指标检测。在 96 孔板中对 L3 线虫进行 24 h 暴露后，将部分暴露母代用于指标检测(F_0)，剩余母代用于传代进行后代指标检测(F_1)(Yu et al., 2011)。

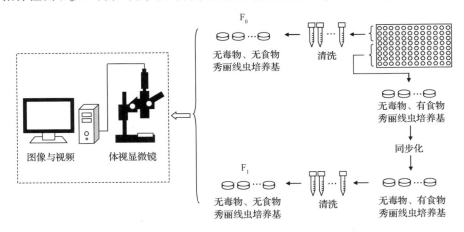

图 5-23　采用秀丽线虫进行传递毒性测试方法示意图(Yu et al.,2011)

采用 L3 阶段的秀丽线虫进行实验的理由如下：此阶段秀丽线虫，既能够避免秀丽线虫在受到毒物刺激之后进入特殊的幼虫(dauer larvae)阶段而无法进行后续试验(Youds et al., 2009)，又能够留下足够的生长空间，用于测定不同受试毒物对其生长状态的影响程度，而且染毒时间(96 h)涵盖了 L3/L4 的蜕皮阶段以及秀丽线虫的成熟阶段。该时间段正是秀丽线虫的精子、卵子以及受精卵的形成时间段(Hill and Al., 2006)，选择该时段进行试验能够确定在后代形成期间秀丽线虫母代所受到的暴露效应是否能够传递给子代。

磺胺嘧啶(SD)、磺胺吡啶(SP)、磺胺甲噁唑(SMX)、磺胺甲嘧啶(SMZ)等抗生素的最终暴露浓度为 100 mg/L、10 mg/L、1 mg/L、100 μg/L、10 μg/L 以及助溶剂对照。二甲基亚砜(dimethyl sulfoxide，DMSO)在所有处理中的浓度均为 0.5%(V/V)(Dengg and van Meel, 2004; Bhaiya et al., 2006)。直接暴露于 SD 之后的母代(F_0)秀丽线虫，其行为的损伤采用身体弯曲频率(BBF)、后退运动(RM)、Omega 转弯(OT)来表示，结果列于图 5-24 中。母代 F_0 表现出相对于空白的最小值，不同运动学指标的数值分别是 BBF：35.5%(EC_{50}=2999.6 μg/L)，RM：68.6%(EC_{50}>1.00E+5 μg/L)和 OT：94.0%(EC_{50}=3893.0 μg/L)。子代(F_1)对不同运动学指标的缺陷分别是 BBF：53.4%(EC_{50}>1.00E+5 μg/L)，RM：63.0%(EC_{50}>1.00E+5 μg/L)和 OT：69.4%(EC_{50}>1.00E+5 μg/L)。最高浓度 SD 暴露中，F_0 的体长表现出相对于空白的最低值，为 84.6%(EC_{50}>1.00E+5 μg/L)，后代 F_1 也表现出最严重的损伤，其体长相对于空白组秀丽线虫的比值为 89.0%(EC_{50}>1.00E+5 μg/L)。

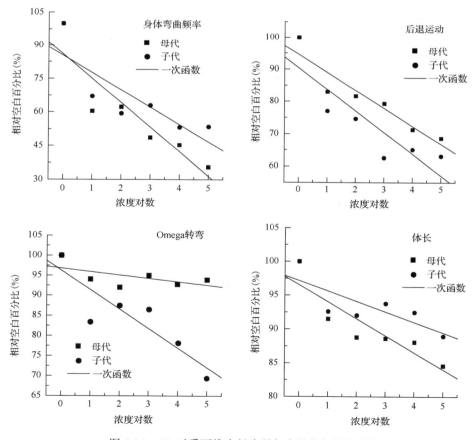

图 5-24　SD 对秀丽线虫行为学与生长指标的传递毒性

SP 结果列于图 5-25 中，母代 F_0 表现出相对于空白的最小值，不同运动学指标的数值分别是 BBF：41.0%（$EC_{50}=2870.8\ \mu g/L$），RM：55.8%（$EC_{50}>1.00E+5\ \mu g/L$）和 OT：87.8%（$EC_{50}=3893.0\ \mu g/L$）。子代（F_1）对不同运动学指标的缺陷分别是 BBF：59.0%（$EC_{50}>1.00E+5\ \mu g/L$），RM：74.9%（$EC_{50}>1.00E+5\ \mu g/L$）和 OT：68.0%（$EC_{50}>1.00E+5\ \mu g/L$）。SP 最高浓度暴露中，F_0 体长表现出相对于空白的最低值，为 81.4%（$EC_{50}>1.00E+5\ \mu g/L$），F_1 体长相对于空白组秀丽线虫的比值为 83.2%（$EC_{50}>1.00E+5\ \mu g/L$）。

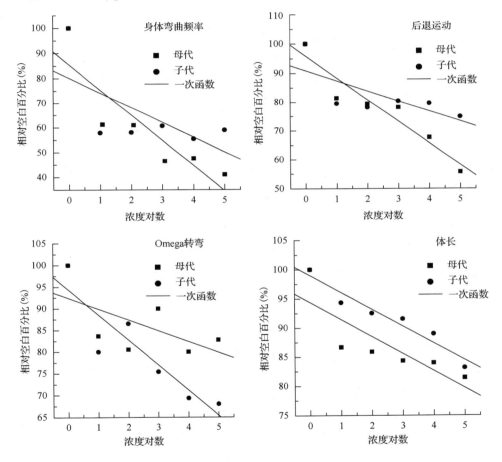

图 5-25　SP 对秀丽线虫行为学与生长指标的传递毒性

SMX 结果列于图 5-26 中，母代 F_0 表现出相对于空白的最小值，不同运动学指标的数值分别是 BBF：37.8%（$EC_{50}=2197.8\ \mu g/L$），RM：12.7%（$EC_{50}=213.1\ \mu g/L$）和 OT：45.8%（$EC_{50}=3893.0\ \mu g/L$）。子代（F_1）对不同运动学指标的缺陷分别是 BBF：55.8%（$EC_{50}=42698.2\ \mu g/L$），RM：24.1%（$EC_{50}=264.4\ \mu g/L$）和 OT：48.5%

（EC$_{50}$ = 15415.1 µg/L）。SMX 最高浓度暴露中，F$_0$ 的生长表现出相对于空白的最低值，为 70.1%（EC$_{50}$＞1.00E+5 µg/L），F$_1$ 也表现出最严重的损伤，其体长相对于空白组秀丽线虫的比值为 60.7%（EC$_{50}$＞1.00E+5 µg/L）。

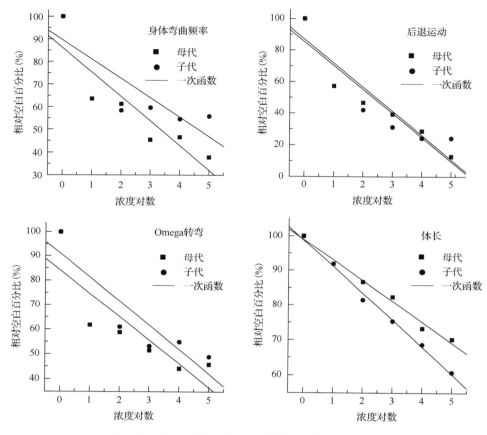

图 5-26　SMX 对秀丽线虫行为学与生长指标的传递毒性

SMX 对秀丽线虫的行为和生长均产生了与暴露浓度、暴露时间的依赖性。行为学指标的数据表现出与现有研究的相关性。SMX 对秀丽线虫运动学指标的 EC$_{50}$ 值与 *L. gibba* 的多种亚致死指标所表现出的 EC$_{50}$ 值相近（Brain et al., 2004）。SMX 导致的行为学损伤在大型溞（*D. magna*）和网纹水蚤（*C. dubia*）的研究中也有所报道（Isidori et al., 2005; Kim et al., 2007）。还有的报道曾证明，SMX 能够穿透人类的胎盘屏障，而且还能与甲氧苄啶（trimethoprim）共同作用而导致骨髓中微核的增加（IARC, 2001）。这些研究也都表明了 SMX 对行为与生长产生影响的可能性。而且，行为学指标表现出比生长更为敏感的效应，这也与文献报道相一致（Wang et al., 2007; Wang and Wang, 2008）。

SMZ 结果列于图 5-27 中，母代 F_0 表现出相对于空白的最小值，不同运动学指标的数值分别是 BBF：39.1%（EC_{50} =3121.0 μg/L），RM：41.5%（EC_{50} =13246.4 μg/L）和 OT：59.4%（EC_{50}＞1.00E+5 μg/L）。子代（F_1）中不同运动学指标的缺陷分别是 BBF：57.0%（EC_{50}＞1.00E+5 μg/L），RM：49.1%（EC_{50} = 31187.2 μg/L）和 OT：61.9%（EC_{50}＞1.00E+5 μg/L）。SMZ 最高浓度暴露中，F_0 的生长表现出相对于空白的最低值，为 73.0%（EC_{50}＞1.00E+5 μg/L），后代 F_1 体长相对于空白组秀丽线虫的比值为 72.0%（EC_{50}＞1.00E+5 μg/L）。

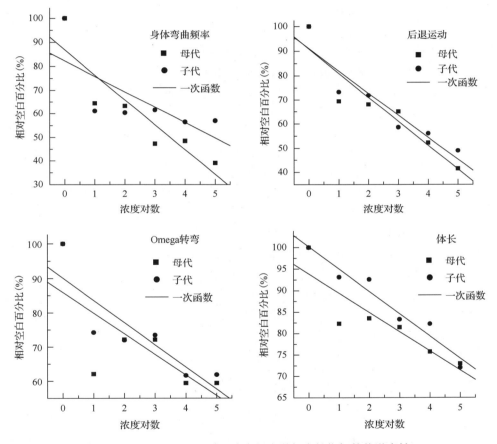

图 5-27　SMZ 对秀丽线虫行为学与生长指标的传递毒性

秀丽线虫的运动涉及 AVA、AVB、AVD 以及 PVC 等中间神经元介导的 A-和 B-型运动神经元（分别对应前进与后退运动），以及 D-型神经元（参与运动的协调）（Loria et al., 2004; Yu et al., 2013）。因此，磺胺抗生素对秀丽线虫运动的抑制效应很可能与上述神经元的损伤有关。上述结果还表明，秀丽线虫的运动学指标比生长指标更敏感，相似的结果已经广泛见于重金属对秀丽线虫的毒性效应报道

(Wang and Wang, 2008; Yu et al., 2013b)中。这些相似的结果表明，由神经网络调控的线虫行为与受到内部代谢活性和外部营养条件共同作用的生长更容易受到影响。在 SD、SP、SMZ 效应中，身体弯曲频率(BBF)表现出更强的敏感性，该结果与 SMX 效应中后退运动(RM)具有更强敏感性的结果不同。这种不同可能源自不同磺胺抗生素的结构差异。磺胺甲噁唑(SMX)含有由 1 个氧原子、1 个氮原子组成的五元环，但是 SD、SP、SMZ 含有由 1 或 2 个氮原子组成的六元环。这些不同的化学结构可能导致不同磺胺抗生素与线虫运动神经元的作用不同，继而产生不同的行为学结果(Yu et al., 2013a)。

磺胺抗生素对运动和生长的毒性效应也广泛存在于其他受试生物中。例如，SD 和 SMZ 抑制的大型溞(*D. magna*)和多刺裸腹水蚤(*M. macrocopa*)的运动(Wollenberger et al., 2000; Jung et al., 2008; Park and Choi, 2008)，SP 对瓦苇产生显著的形态学损伤，并伴随触须和茎秆的收缩(Quinn et al., 2008)。这些结果都表明，磺胺抗生素与有机体体表的直接接触或吸收能够对与生长密切的代谢产生影响。行为学与生长抑制效应的潜在机理尚需要进一步研究。

秀丽线虫的后代与母代相比，部分效应得以恢复，部分效应更加严重，结果表现出了磺胺抗生素的世代间可传递的效应。世代间效应的产生可能是因为暴露时间涵盖了产生子代(精子、卵子、受精卵、胚胎等)的全过程(Hill and Al., 2006)，因此生殖系统很可能是产生世代间毒性效应的关键通路。已有研究表明，量子颗粒(Qu et al., 2011)、石墨纳米血小板(Zanni et al., 2012)、二氧化硅纳米颗粒(Pluskota et al., 2009)以及荧光纳米金刚石(Mohan et al., 2010)都能够从肠道系统进入生殖系统，继而产生从母代到胚胎、新生幼虫的传递。与纳米颗粒相比，磺胺抗生素具有更小的尺寸(与对氨基苯甲酸盐相似，约 0.67 nm×0.23 nm)，可能具有更强的穿透、转运能力。与此同时，SD、SP 能够穿越胎盘屏障(MSDS, 2003；2010)，SD、SP 和 SMZ 能够进入母乳(MSDS, 2003；2005；2010)中，都表明磺胺抗生素能够产生母代-子代之间的传递性。

5.4.5　磺胺抗生素对秀丽线虫的多世代残留毒性效应

秀丽线虫进行暴露的同时，母代(F_0)受到直接暴露，子一代(F_1)受到胚胎暴露，子二代(F_2)受到生殖细胞系暴露，子三代(F_3)才是脱离暴露的第一代(Skinner, 2008; Yu et al., 2016)。为了更加深入、系统地探索磺胺抗生素的多世代残留效应，笔者以 SMX 为例，开展了母代暴露、连续多代观察的研究(Yu et al., 2017)。如图 5-28 所示，研究方法的主要步骤是：采用 24 孔板对秀丽线虫进行暴露；96 h后，将秀丽线虫收集、清洗，并根据当代指标测定、后代线虫准备等目的进行后续操作。当代指标包括寿命、每天生殖量、生殖时间、总生殖量等；后代线虫都在无 SMX 暴露的培养基中进行培养与传代。

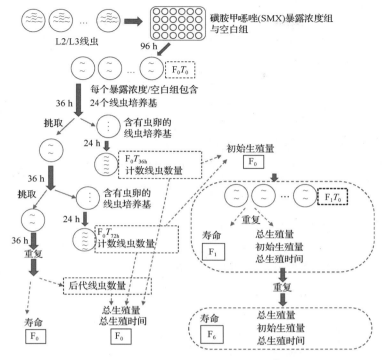

图 5-28　采用秀丽线虫进行世代毒性测试方法示意图（Yu et al., 2017）

　　寿命的研究结果表明，随着暴露浓度的增加寿命逐渐缩短，致死率相应增加。每一个世代中的半数致死时间（LT_{50}）都表现出随着暴露浓度增加逐渐减少的明显趋势（图 5-29）。而且，LT_{50} 表现出显著的世代变化。在 400 μmol/L SMX 暴露中，LT_{50} 数值在 $F_0 \sim F_6$ 各个世代中的相对空白百分比（POC）数值分别是 62%、37%、

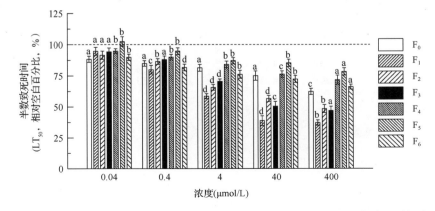

图 5-29　暴露于磺胺甲噁唑（SMX）的母代 F_0 及其后代 $F_1 \sim F_6$ 线虫的半数致死时间（LT_{50}）

a. 与空白组具有显著性差异；b. 在同一浓度下与空白、前一世代具有显著性差异；c. 在同一世代中与空白、前一浓度具有显著性差异；d. 与空白、前一浓度、前一世代均具有显著性差异；图 5-30～图 5-33 中字母含义同此

49%、47%、72%、78%和66%。该结果表明，$F_1 \sim F_3$ 中的寿命比 F_0 更短，并且 F_1 的寿命最短，表现出最强的致死性；$F_4 \sim F_6$ 线虫表现出一定的修复能力，最终表现出与 F_0 相似的抑制效应。

生殖的研究结果表明，F_0 中 0.04 μmol/L、0.40 μmol/L、4.0 μmol/L 暴露后，总生殖量的 POC 分别为 160%、133%、114%，表现出刺激效应；40.0 μmol/L、400.0 μmol/L 暴露后，总生殖量表现出抑制效应。这种依赖于暴露浓度的效应变化表明 SMX 对 F_0 的生殖量产生了显著的毒物兴奋效应(hormesis)，并且该效应在 F_1、F_5 中也显著存在。从世代变化的角度看，0.04 μmol/L SMX 暴露中，$F_0 \sim F_6$ 各世代线虫生殖量 POC 数值分别为 160%、146%、76%、95%、85%、108%和95%(图5-30)。该结果表明生殖量在 F_0 受到刺激、在 F_1 表现出的刺激效应有所减弱、在 F_2 中表现为抑制效应、在 F_3 中抑制效应有所减弱，在 F_4 中抑制效应增强，在 F_5 又转变为刺激效应，在 F_6 中转变为抑制效应。这种随着世代发生的变化表明秀丽线虫在各个世代之间尝试进行毒性效应的恢复。在 0.40 μmol/L 和 4.0 μmol/L SMX 暴露中(图5-30)，秀丽线虫表现出相似效应：F_0 中生殖量表现出的刺激效应，在 F_1 中减少、在 F_2 中变为抑制效应；在 $F_3 \sim F_6$ 中抑制效应波浪式减少。在 40.0 μmol/L 和 400.0 μmol/L SMX 中，F_0 中生殖量表现出的抑制效应，在 F_1 中减弱、在 F_2 中增强，在 $F_3 \sim F_6$ 中的抑制效应表现为波浪式减少。值得注意的是，在所有的浓度组中，F_2 中的生殖量受到的抑制效应最强。

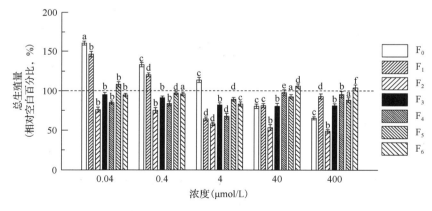

图5-30 暴露于磺胺甲噁唑(SMX)的母代 F_0 及其后代 $F_1 \sim F_6$ 线虫的总生殖量

初始生殖量的研究结果如图5-31所示。在 0.04 μmol/L SMX 暴露中，$F_0 \sim F_6$ 初始生殖量 POC 分别为 77%、78%、97%、121%、118%、106%和99%。该结果表明，初始生殖量在 F_0、F_1 中表现为抑制效应，在 F_3 中转变为刺激效应，在 $F_4 \sim F_6$ 中刺激效应逐渐降低并消失。因此，0.04 μmol/L SMX 暴露中初始生殖量在世代间的变化规律表现为倒"U"形。在 0.40 μmol/L 中，$F_0 \sim F_6$ 初始生殖量 POC

分别为 133%、92%、73%、58%、86%、88% 和 124%。该结果表明，初始生殖量在 F_0 中表现为刺激效应，在 F_1 中表现为抑制效应；抑制效应在 F_2、F_3 中增加，在 F_4、F_5 中减少，并在 F_6 中转变为刺激效应。因此，0.40 μmol/L SMX 暴露中初始生殖量在世代间的变化规律表现为 "U" 形。在 4.0 μmol/L 和 40.0 μmol/L SMX 暴露中，初始生殖量在世代间的变化规律也表现出与 0.40 μmol/L 结果相似的 "U" 形。但是，在 400.0 μmol/L SMX 暴露中，初始生殖量表现为 65%～81% 的抑制效应，没有表现出与世代相关的变化规律。在 0.4～400.0 μmol/L SMX 暴露结果中，F_3 表现出最低的初始生殖量。

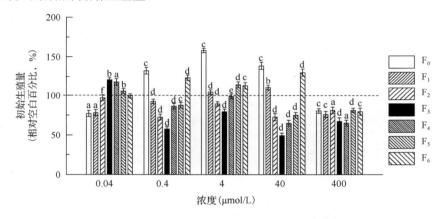

图 5-31　暴露于磺胺甲噁唑(SMX)的母代 F_0 及其后代 F_1～F_6 线虫的初始生殖量

生殖时间的研究结果如图 5-32 所示。在 40.0 μmol/L，F_0～F_6 生殖时间 POC 分别为 82%、89%、100%、110%、91%、89% 和 80%。换句话说，生殖时间在世代间表现出倒 "U" 形变化规律。在 F_0～F_3 世代中，生殖时间从抑制效应逐渐恢复到正常(空白)水平，在 F_3 中表现出显著的刺激效应；在 F_4 中再次表现出抑制效应，在 F_4～F_6 中抑制效应逐渐增强。在 400.0 μmol/L，生殖时间表现出相似的倒 "U" 形变化，即在 F_0 与 F_1 中抑制、在 F_2 中刺激、在 F_3 中刺激减少、在 F_4 中变为抑制、在 F_5 和 F_6 中抑制效应增强。在 40.0 μmol/L 和 400.0 μmol/L，生殖时间表现出的 "U" 形变化规律与初始生殖量的 "U" 形变化规律正好相反。在 0.04 μmol/L，生殖时间表现出的 "U" 形变化规律与初始生殖量的倒 "U" 形变化规律相反。

F_0～F_6 各世代中的种群生长率(r)如图 5-33 所示。在 0.04 μmol/L，r 的 POC 数值基本与空白相似，在 F_2 中小于 100%，表现出抑制效应。在 0.40 μmol/L，r 的 POC 数值在 F_0 中为 112%，在 F_2 中为 87%，在随后的世代中表现出与空白相似的水平。换言之，种群生长在各世代间表现出 "U" 形变化规律。在 4.0 μmol/L 和 40.0 μmol/L SMX 暴露下，种群生长表现出相似的 "U" 形变化，在 F_2 中数值最低。在 400.0 μmol/L SMX 暴露下，种群生长表现出抑制效应，没有显著的世代变化规律，但是最低的数值依然出现在 F_2 中。总之，在每一个浓度中，F_2 中表现出最显著的抑制效应。

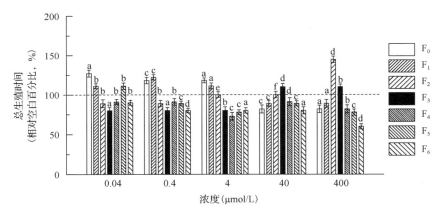

图 5-32　暴露于磺胺甲噁唑(SMX)的母代 F_0 及其后代 F_1～F_6 线虫的生殖时间

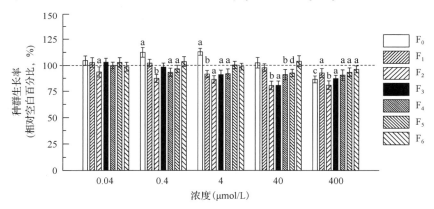

图 5-33　暴露于磺胺甲噁唑(SMX)的母代 F_0 及其后代 F_1～F_6 线虫的种群生长率

采用 L2/L3 线虫的研究结果表明，F_0 中的寿命都显著缩短。但是在之前采用 L4 线虫的研究结果表明，相同浓度的 SMX 增加了寿命(Liu et al., 2013)。这种因为不同生命阶段导致的不同结果，可能是因为 L3 线虫具有更强的敏感性(Yu et al., 2013b)，也为未来研究中分析生命阶段的影响提供了基础。本研究对 L2/L3 线虫进行 96 h 的暴露，涵盖了精子、卵子、胚胎形成的全过程(Hill and Al, 2006)，继而使 F_1、F_2 分别经历胚胎暴露、生殖细胞系暴露。值得注意的是，在所有的世代中，F_1 线虫表现出最短的寿命，F_2 线虫表现出最少的生殖量。该结果进一步表明胚胎和生殖细胞系暴露对后代寿命与生长的重要影响(Hanna et al., 2013)。

在未经过任何暴露的 F_3 以及后续的 $F_4 \sim F_6$ 世代中,线虫的寿命与生长都受到显著的抑制效应。该结果确认 SMX 产生了多世代残留效应。同时证明了关键生命阶段暴露对后代行为与健康的重要影响(Burton and Metcalfe, 2014),也证明了磺胺抗生素具有诱发非靶生物产生驯化或适应性响应的能力。因此,抗生素的生态危害,不能局限在其对抗性细菌的作用中(Daniel et al., 2015),也应该关注它们对细菌宿主的毒性效应。

研究表明,早期环境暴露对后代产生的效应中,表观遗传调控(例如组蛋白甲基化)发挥了关键作用(Ho and Burggren, 2010; Burton and Metcalfe, 2014)。采用拟南芥的研究表明,磺胺抗生素(如 SMZ)能够显著增加组蛋白甲基化水平(Zhang et al., 2012)。同时,秀丽线虫的组蛋白甲基化对生殖细胞发育过程中形成表观遗传基因至关重要(Furuhashi et al., 2010)。因而,我们推测表观遗传效应能够解释上述多世代残留效应,但尚需进一步研究。

我们的研究中还发现,SMX 对生殖总量和初始生殖量产生了毒物兴奋效应。前期研究表明,秀丽线虫的生殖与寿命之前存在此消彼长的交互作用(Saul et al., 2013; Tyne et al., 2015)。这种交互作用在多种生物效应以及秀丽线虫的多世代效应(Yu et al., 2016)中多有报道。然而,我们的研究效应中并没有发现这种交互作用。产生这种差异的原因很可能是本研究并没有能量限制条件,该条件往往是生命体征之间产生交互作用的前提(Adler et al., 2013)。值得注意的是,我们在 0.04 μmol/L,40.0 μmol/L 和 400.0 μmol/L 暴露结果中,发现了初始生殖量与生殖时间之间的互补关系。这种互补关系在鞣酸减少了初始生殖量、但未减少总生殖量的结果中已有涉及(Saul et al., 2011)。关于生物体如何调整了这些生存策略,尚需进一步研究。

5.4.6　林丹对秀丽线虫多世代诱胖效应

POPs 的脂溶性使其对脂肪代谢的影响及其后果肥胖症的研究日益受到关注(Vafeiadi et al., 2014; Long and Yu, 2016)。例如,脂溶性的林丹和双酚 A 等物质在环境生物甚至人体的脂肪组织中广泛存在(Guan et al., 2016; Lee et al., 2011; Boada et al., 2012),继而影响脂肪代谢。正如预期,林丹等脂溶性污染物与人类肥胖症表现出正相关,并被界定为环境诱胖剂(Hines et al., 2009; Lee et al., 2014; Madaj et al., 2017)。然而,这种诱胖效应的潜在机理尚需进一步研究。

在脂肪代谢中,乙酰辅酶 A 羧化酶(acetyl CoA carboxylase,ACC)和肉碱棕榈酰基转移酶(carnitine palmitoyltransferase, CPT)分别在脂肪酸的合成与氧化中发挥关键作用(Guan et al., 2016)。因此,ACC 和 CPT 可以作为探索污染物对脂肪代谢影响的关键指标。与此同时,非正常的脂肪代谢还与糖代谢失常以及胰岛素信号通路的功能紊乱密切相关。已有研究表明林丹暴露与胰岛素抗性之间具有相关性(Ruzzin et al., 2010; Lee et al., 2011; Lee et al., 2014)。也有研究表明,环境诱胖剂能够影响胰岛素分泌,继而增加糖尿病风险,在某种程度上解释了肥胖症与糖尿病之间的关联(Park et al., 2016)。到目前为止,环境诱胖剂对胰岛素信号通路上下游调控基因的影响尚需进一步研究。

在环境诱胖剂的健康后果方面,脂肪代谢紊乱能够限制影响精子生成过程(Sabari et al., 2017)、卵巢功能(ESHRE Capri Workshop Group, 2006; O'Connor et al., 2010)。因此,诱胖剂对脂肪代谢的影响必然能够影响到后代的健康。已有研究表明,孕期(F_0)暴露于环境诱胖剂之后能够显著增加后代(F_1)的体重与肥胖概率(Hines et al., 2009; Vafeiadi et al., 2014; Kim et al., 2016)。因此,环境诱胖剂的多世代效应对于阐述其长期暴露产生的健康效应至关重要。

多世代效应的研究具有两种实验方法。一种实验安排是多世代连续暴露、多世代效应研究的方法。例如,有学者将秀丽线虫暴露于金纳米材料长达 5 个连续的世代($F_0 \sim F_4$),发现秀丽线虫的生殖率在 F_2 中受到显著影响,在 F_3 和 F_4 中逐渐恢复(Kim et al., 2013)。另一种实验安排是母代暴露、多世代效应研究的方法。在这种方法中,孕期(F_0)暴露使子一代(与连续暴露有别,标记为 T_1)经受胚胎暴露、子二代(T_2)经受生殖细胞系暴露,子三代(T_3)等后代是未经暴露的世代(Chamorro-Garcia et al., 2013)。本书 5.4.5 节的相关内容即为此种研究方法(Yu et al., 2017)。然而,尚无研究将此两种方法相结合开展综合研究。

笔者选择秀丽线虫作为受试生物,研究具有诱胖效应的 POPs 林丹作为受试物质,对连续暴露的 $F_0 \sim F_3$ 进行多世代暴露毒性检测;对 F_0 非直接暴露后代 $T_1 \sim T_3$、F_3 非直接暴露后代 $T_1' \sim T_3'$ 进行多世代残留毒性检测(Chen et al., 2018),指标包括①脂肪存储量,用于表征诱胖效应;②ACC、CPT 和胰岛素,表明脂肪代谢相关的生化变化;③胰岛素类信号通路及其平行通路相关基因 *daf-16*、*akt-1*、*sgk-1*、*daf-2*、*nhr-49* 和 *sir-2.1* 等的表达变化(Viswanathan and Guarente, 2011; Zheng and Greenway, 2012; Chen et al., 2013)。

林丹 1.0ng/L 对 F_0 的暴露效应如图 5-34 所示,林丹能够增加脂肪积累,相对空白百分比(percentage of control, POC)数值高达 191.9%($p < 0.05$)。林丹也能够显著增加 ACC 和 CPT,其 POC 数值分别为 253.8%和 254.5%($p < 0.05$)。同时,林丹抑制了胰岛素水平,其 POC 数值为 83.5%。同时,林丹还下调了 *sir-2.1*、*nhr-49*、*daf-16* 和 *akt-1* 等基因的表达,其 POC 数值分别为 52.0%、82.5%、53.9%和 56.1%($p < 0.05$)[图 5-34(b)];同时,林丹上调了 *daf-2* 和 *sgk-1* 的表达,其 POC 数值分别为 3709.6%和 128.9%($p < 0.05$)。

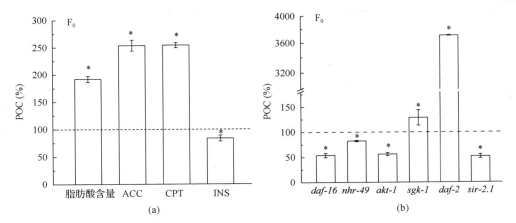

图 5-34　林丹(1.0ng/L)对暴露母代(F_0)的(a)脂肪酸含量(fatty mass)、ACC、CPT、胰岛素(INS)效应及其对(b)胰岛素信号通路调控基因表达水平的影响
数据表现形式为平均值±标准偏差，*表明在 0.05 水平的显著性差异(下图同)

　　林丹对连续暴露后代 F_1～F_3 的效应如图 5-35 所示。林丹显著增加了 F_1、F_2 中的脂肪酸含量，该刺激效应低于 F_0 中效应($p < 0.05$)。林丹对 F_3 脂肪酸含量的刺激效应显著高于 F_2 中效应($p < 0.05$)。为了进一步比较单世代暴露与四个世代连续暴露效应，笔者进一步检测了 F_3 中的生化指标，结果如图 5-35(b)所示。林丹抑制了 F_3 中 ACC、CPT 和胰岛素，其 POC 数值分别为 73.4%、92.5% 和 72.2%。该结果表明 F_0 中 ACC 和 CPT 表现出的刺激效应在 F_3 中转变为抑制效应，同时 F_0 中胰岛素表现出的抑制效应在 F_3 中更加严重($p < 0.05$)。F_3 中特定基因表达水平的结果如图 5-35(c)所示。林丹下调了 sir-2.1、nhr-49、daf-16 和 akt-1 的表达，上调了 daf-2 和 sgk-1 的表达。而且，F_3 中 daf-2 的上调低于 F_0 中结果($p < 0.05$)，F_3 中 sgk-1 的上调高于 F_0 结果($p < 0.05$)。

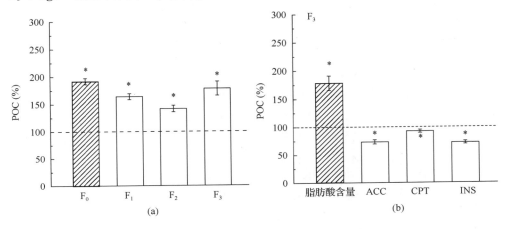

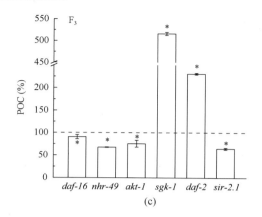

图 5-35　林丹(1.0ng/L)对(a)连续暴露的 F_0、F_1、F_2、F_3 秀丽线虫脂肪酸含量、F_3 中(b)ACC、
CPT、胰岛素(INS)和(c)胰岛素信号通路基因表达的效应
阴影数据为图 5-34 中 F_0 部分结果

　　林丹对 F_0 的非直接暴露后代 $T_1 \sim T_3$ 以及 F_3 的非直接暴露后代 $T_1' \sim T_3'$ 的效应如图 5-36、图 5-37 所示。林丹增加了 T_1 和 T_3 中的脂肪酸含量(图 5-36)，T_1 中的刺激效应高于 F_0 结果($p<0.05$)，F_3 中效应低于 F_0 结果($p<0.05$)。同时，林丹刺激了 T_1' 中脂肪酸含量[图 5-37(a)]，该刺激效应比 F_3 和 T_3 中结果更高。林丹也刺激了 T_3' 脂肪酸含量[图 5-37(c)]，该刺激效应低于 F_3 中结果($p<0.05$)。

　　在 T_1 中，林丹刺激了 ACC 和 CPT，该刺激效应低于 F_0 中结果($p<0.05$，图 5-36)；同时，林丹抑制了胰岛素水平。在 T_3 中，林丹刺激了 ACC，该刺激效应高于 T_1、低于 F_0；林丹对 CPT 和胰岛素未产生显著效应，该结果与 F_0 和 T_1 中结果不同。T_1' 中(图 5-37)，林丹抑制了 ACC 和 CPT，该抑制效应也见于 F_3 结果(图 5-35)中；林丹显著刺激了胰岛素，该刺激效应未见于 F_3 结果中。在 T_3' 中，林丹抑制了 ACC 和 CPT，该抑制效应也见于 F_3 和 T_1' 结果中。林丹还刺激了胰岛素水平，该刺激效应见于 T_1' 结果，但是未见于 F_3 结果中。总之，在 F_0-T_1-T_3 数据中，林丹刺激了 ACC 和 CPT；在 F_3-T_1'-T_3' 数据中，林丹抑制了 ACC 和 CPT。同时，林丹对 F_0 胰岛素产生抑制效应、在 T_1 中抑制效应减弱，在 T_3 中抑制效应消失，表现出逐代修复的效应。但是，林丹抑制了 F_3 中胰岛素水平、但刺激了 T_1' 和 T_3' 中胰岛素水平，表明多世代间的补偿响应。

　　林丹对 T_1、T_3 中基因表达水平的效应如图 5-36(b)、(d)所示。T_1 中，林丹下调了 sir-2.1、nhr-49 和 daf-16 基因表达水平。这些基因的普遍下调，也见于 F_0 结果(图 5-34)中。林丹并未显著影响 T_1、T_3 中 daf-2 基因的表达水平，尽管它显著增加了其在 F_0 中的表达水平。T_1、T_3 中，林丹显著上调了 akt-1 的表达水平、下调了 sgk-1 的表达水平，该结果与 F_0 中结果相反。在 T_3 中，林丹下调了 sir-2.1、nhr-49 和 daf-16，该效应也见于 F_0 和 T_1 中。林丹显著下调了 daf-2 的表达，该结果与 F_0、T_1 中结果不同。此外，林丹显著上调了 T_3 中 akt-1 基因表达水平，上调

水平显著高于 T_1 中结果。

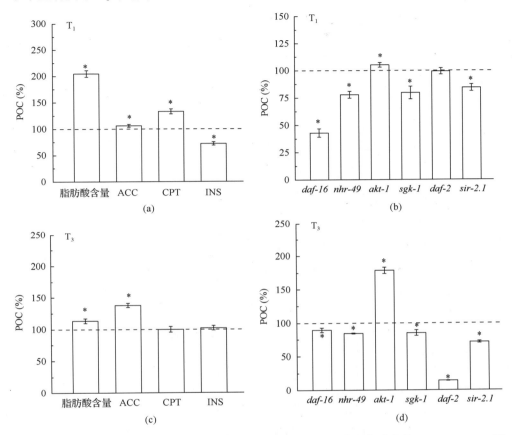

图 5-36　林丹 (1.0 ng/L) 对秀丽线虫 (a) F_0 的非连续暴露后代 T_1 的脂肪酸含量、ACC、CPT、胰岛素 (INS) 的效应，及其 (b) 对 T_1 胰岛素信号通路调控基因表达水平效应，(c) 对非连续暴露后代 T_3 生化指标、(d) 基因表达水平效应

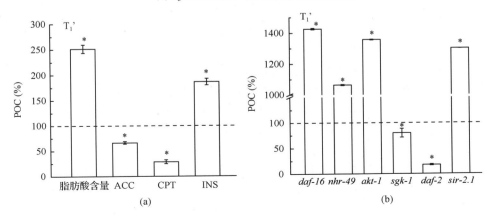

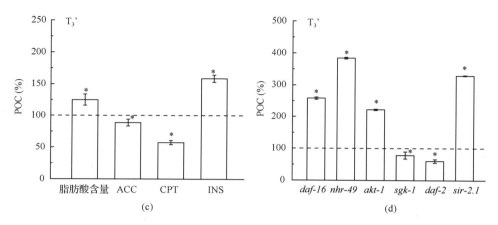

图 5-37　林丹(1.0ng/L)对秀丽线虫(a)F₃的非连续暴露后代 T₁'的脂肪酸含量、ACC、CPT、胰岛素(INS)的效应，及其(b)对 T₁'胰岛素信号通路调控基因表达水平效应，(c)对非连续暴露后代 T₃'生化指标、(d)基因表达水平效应

　　林丹对 T_1'、T_3' 中基因表达水平的效应如图 5-37(b)、(d)所示。在 T_1' 中，林丹显著上调了 *sir-2.1*、*nhr-49*、*daf-16* 和 *akt-1* 表达水平，该结果与 F₃ 中的下调结果相反(图 5-35)。林丹显著下调了 *daf-2* 和 *sgk-1* 表达水平，该结果与 F₃ 中结果相反。在 T_3' 中，林丹上调了 *sir-2.1*、*nhr-49*、*daf-16* 和 *akt-1* 的表达水平，上调水平低于 T_1' 中结果。林丹下调了 *daf-2* 和 *sgk-1* 表达水平，该效应也见于 T_1' 结果中。

　　略作总结如下，F₀-T₁-T₃ 和 F₃-T₁'-T₃' 两组数据随世代的变化既表现出相似性，也表现出不同点。在两组数据中，在母代(F₀、F₃)中林丹都上调了 *daf-2* 表达水平，在无暴露后代(T₃、T₃')中表现为下调。在母代(F₀、F₃)中林丹下调了 *akt-1* 表达水平、上调了 *sgk-1* 表达水平，在无暴露后代(T₃、T₃')中上调了 *akt-1* 表达水平、下调了 *sgk-1* 表达水平；表现出 *akt-1* 和 *sgk-1* 调控的相互作用。在 F₀-T₁-T₃ 结果中，林丹普遍下调了 *sir-2.1*、*nhr-49* 和 *daf-16* 的表达水平。在 F₃-T₁'-T₃' 结中，林丹下调了 F₃ 中这些基因的表达水平、上调了 T₁' 和 T₃' 中这些基因的表达水平；表明这些基因表达水平在母代经历一代和四代暴露的情况下具有不同的多世代残留效应。

　　林丹与人类肥胖症的相关性(Lee et al., 2014)，与笔者研究结果发现其对脂肪存储具有刺激效应的结果都证实其为环境诱胖剂。在脂肪代谢中，ACC 是脂肪酸合成的限速酶(Witting and Schmitt-Kopplin, 2016; Wei et al., 2018)，同时也调控脂肪氧化(Abu-Elheiga et al., 2001; Tomas et al., 2002)。同时，CPT 是线粒体脂肪酸 β-氧化的限速酶(Amengual et al., 2012; Naher et al., 2017)，表明其在脂肪酸消耗方面的功能。笔者研究结果表明，F₀ 中脂肪的积累伴随着 ACC 和 CPT 的同时增加。脂肪酸合成与消耗双方面的同时刺激效应也见于双酚 A 的结果中(Guan et al., 2016)。该结果表明林丹对脂肪代谢过程产生了整体性的增强作用，该作用中脂肪酸合成强于其消耗，最终促成了脂肪酸的积累。

　　胰岛素促进脂肪代谢相关酶的合成（Bluher et al., 2003）。较早的研究发现，林丹能够刺激胰岛素水平增加（Wang et al., 2010），并表现出与胰岛素抗性和代谢紊乱的相关性（Ruzzin et al., 2010）。笔者在 F_0 中的研究结果却表明，林丹抑制了胰岛素水平。各方研究结果虽然不同，但是都表明胰岛素及其信号通路在林丹扰乱代谢中的关键作用。在胰岛素信号通路（图 5-38）中，*daf-16* 作为核心调控因子参与代谢（Lee et al., 2009），*nhr-49* 是 *daf-16* 的上游、正向调控基因（Van Gilst et al., 2005; Atherton et al., 2008）。与预期相符的是，林丹对 *daf-16* 和 *nhr-49* 表达水平的影响一致为下调，与胰岛素抑制效应相一致。

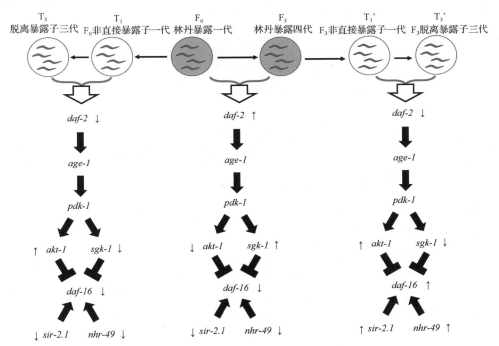

图 5-38 胰岛素信号通路关键基因表达水平在不同暴露世代设定下的变化

➡️：正向调控；⬛：反向调控；↑：表达水平上调；↓：表达水平下调

　　与此同时，*akt-1* 和 *sgk-1* 都是 *daf-16* 的上游、反向调控基因（图 5-38）。按照预期，林丹应该上调该两个基因的表达水平，从而与 *daf-16* 表达水平的下调相一致。在笔者的研究中，林丹上调了 *sgk-1* 的表达水平，却下调了 *akt-1* 的表达水平。研究已经表明，*sgk-1* 基因促进线虫对胁迫的耐受性，*akt-1* 基因功能促进线虫进入特殊幼虫阶段继而逃避胁迫（Chen et al., 2013）。换句话说，林丹暴露增强了线虫对环境胁迫的抵抗甚至反击能力，而不是促进其选择逃避策略。基因 *daf-2* 在 *akt-1* 和 *sgk-1* 的上游，是人类胰岛素类生长因子 1 受体的同源基因（Zheng and

Greenway, 2012)。笔者在 F_0 的研究结果表明，林丹上调了 *daf-2* 表达水平，与其上调 *sgk-1* 表达水平相一致。基于 *daf-2-sgk-1-daf-16* 的结果表明，胰岛素信号通路在林丹诱发脂肪积累中的关键作用。

值得注意的是，*sir-2.1* 基因功能与胰岛素信号通路并行并独立调控糖代谢 (Viswanathan and Guarente, 2011)。笔者在 F_0 的研究结果表明，林丹上调了 *sir-2.1* 表达水平，说明林丹的诱胖效应并非局限于胰岛素信号通路，还通过其他并行通路进行。

在连续暴露的 F_1 和 F_3 后代中，林丹刺激了脂肪积累，与 F_0 结果相似。然而，林丹在不同世代间产生了不同的生化响应。与 F_0 中 ACC 和 CPT 的刺激效应相反，林丹在 F_3 中对 ACC 和 CPT 产生了抑制效应，表明脂肪酸合成 (ACC) 环节比脂肪酸消耗 (CPT) 方面受到更大的抑制效应。该结果表明，连续暴露林丹四个世代产生了与暴露一代不同的毒性效应。这种随世代不同的效应在重金属 (Kafel et al., 2012; Li et al., 2015) 和金纳米材料 (Kim et al., 2013) 的多世代效应中也有报道。生命早期（例如子宫中）暴露或胁迫能够对后代的行为、代谢甚至疾病产生影响 (Godfrey and Barker, 2001)，而且该长期效应中，动物能够对环境中相同的不利条件产生适应性的变化从而促进生存 (Yu et al., 2016)。

在连续暴露的 F_3 后代中，林丹下调了 *sir-2.1*、*nhr-49*、*daf-16* 和 *akt-1* 表达水平，上调了 *daf-2* 和 *sgk-1* 表达水平。该结果与 F_0 结果相似，表明胰岛素信号通路 (*daf-2-sgk-1-daf-16*) 和平行调控通路 (*sir-2.1*) 的共同参与（图 5-38）。值得注意的是，F_3 中 *daf-2* 表达水平的上调显著低于 F_0 中结果，表明连续暴露四代产生了较弱的效应。而且，F_3 中 *sgk-1* 表达水平的上调显著高于 F_0 中结果，表现出对环境胁迫更强的抵抗能力 (Chen et al., 2013)。该结果表明，长期暴露确实增强了生物对环境的耐受性，该效应也见于微藻[如四鞭片藻 (*Tetraselmis suecica*)]农药敌草隆 (Stachowski-Haberkorn et al., 2013)、水稻对干旱 (Zheng et al., 2017) 以及线虫对重金属 (Schultz et al., 2016; Yu et al., 2016) 的适应效应中。笔者的研究为 POPs 多世代诱胖效应与潜在机理提供了最新的一手数据 (Chen et al., 2018)。

笔者对非直接暴露后代的研究结果还表明，林丹促进了 $T_1 \sim T_3$ 中脂肪存储量的增加。T_3 中的结果表明，林丹产生的诱胖效应能够传递给后代，即使其暴露已经越过直接暴露、胚胎暴露和生殖细胞系暴露，依然能够对无暴露的后代产生残留效应。有趣的是，T_3 中的刺激效应比 F_3 中的刺激效应低，表明脱离暴露条件能够产生一定的修复效应，该效应也见于重金属和大气颗粒物 $PM_{2.5}$ 的多世代效应 (Wang and Peng, 2007; Yu et al., 2011; Zhao et al., 2014) 中。值得注意的是，林丹在 T_3 中上调了 *akt-1* 表达水平（图 5-38），而非 F_0/F_3 中上调 *sgk-1* 表达水平的结果。该结果表明，脱离暴露的后代更倾向于采用逃避策略、形成特殊幼虫阶段，而非对胁迫的耐受策略 (Chen et al., 2013)。该结果进一步证明了不同世代暴露设定产生的不同效应(Vandegehuchte et al., 2010)。

有趣的是，祖代经历四代连续暴露的后代 $T_1'\sim T_3'$ 表现出的结果，不同于祖代只经历过一代暴露的后代 $T_1\sim T_3$。林丹在 $T_1'\sim T_3'$ 中的脂肪积累刺激效应显著高于 $T_1\sim T_3$ 中结果。nhr-49 和 daf-16 表达水平的上调也只见于 $T_1'\sim T_3'$ 结果中。在 $T_1'\sim T_3'$ 中胰岛素信号通路是 daf-2-sgk-1-daf-16，也显著不同于 $T_1\sim T_3$ 结果(图 5-38)，表明秀丽线虫对胁迫采用耐受策略(Chen et al., 2013)。而且，sir-2.1 表达水平只有在 T1' 和 T3' 中表现为上调。

祖代经历一代、四代暴露产生了不同的多世代残留效应，其潜在机理可能涉及胎儿编程(fetal programming)，该过程使得后代通过生物编程的方式提前适应母亲正在经历的环境(Marciniak et al., 2017)。该响应可能因为后代出生后未经历母亲所经历的环境(例如代谢紊乱)而产生过渡保护效应，继而对后代的疾病(例如肥胖症等)产生持久的、跨越世代的残留影响(Marciniak et al., 2017)。在胎儿编程中，表观遗传记忆是很关键的环节(Klosin et al., 2017)。已有研究表明，胰岛素信号通路(例如 daf-16)已经表现出与表观遗传调控的互动性(Su et al., 2018)。更有研究表明，DDT 等其他 POPs 产生肥胖多世代传递性的机制之一就是表观遗传调控(Skinner et al., 2013)。多世代毒性效应与表观遗传调控等内容，将在阐述 POPs 长期毒性效应及其潜在机理中受到越来越多的关注。

参 考 文 献

顾颖, 2006. 五氯酚(PCP)诱导斑马鱼基因组点突变及其筛查方法研究. 南京: 南京大学.

梁爽, 于振洋, 尹大强, 2015. 环境浓度下磺胺混合物对秀丽线虫(Caenorhabditis elegans)生长、饮食、抗氧化酶及其调控基因表达水平的影响. 生态毒理学报, 10(4): 88-95.

肖琳, 杨柳燕, 尹大强, 等, 2004. 环境微生物实验技术. 北京: 中国环境科学出版社: 259.

朱含开, 2009. 低剂量氯酚类化合物分子生态毒性研究. 南京: 南京大学.

Abu-Elheiga L, Matzuk M M, Abo-Hashema K A H, et al, 2001. Continuous fatty acid oxidation and reduced fat storage in mice lacking acetyl-CoA carboxylase 2. Science, 291: 2613-2616.

Adler M I, Cassidy E J, Fricke C, et al, 2013. The lifespan-reproduction trade-off under dietary restriction is sex-specific and context-dependent. Experimental Gerontology, 48(6): 539-548.

Amanuma K, Takeda H, Amanuma H, et al, 2000. Transgenic zebrafish for detecting mutations caused by compounds in aquatic environments. Nature Biotechnology, 18(1): 62-65.

Amengual J, Petrov P, Bonet M L, et al, 2012. Induction of carnitine palmitoyl transferase 1 and fatty acid oxidation by retinoic acid in HepG2 cells. International Journal of Biochemistry & Cell Biology, 44: 2019-2027.

Anderson G, Boyd W, Williams P, 2001. Assessment of sublethal endpoints for toxicity testing with the nematode Caenorhabditis elegans. Environmental Toxicology & Chemistry, 20(4): 833-838.

André P, Kim A, Khrapko K, et al, 1997. Fidelity and mutational spectrum of Pfu DNA polymerase on a human mitochondrial DNA sequence. Genome Research, 7(8): 843-852.

Anjum R, Malik A, 2013. Evaluation of mutagenicity of wastewater in the vicinity of pesticide industry. Environmental Toxicology and Pharmacology. 35(2): 284-291.

Ansari M I, Malik A, 2009. Genotoxicity of agricultural soils in the vicinity of industrial area. Mutation Research, 673(2): 124-132.

Arnold N, Gross E, Schwarz-Boeger U, et al, 1999. A highly sensitive, fast and economical technique for mutation analysis in hereditary breast and ovarian cancers. Human Mutation, 14(4): 333-339.

Asifa K P, Vidya P V, Chitra K C, 2016. Genotoxic effects of chlordecone in the cichlid fish, *Etroplus maculatus* (Bloch, 1795) using micronucleus test. Research Journal of Recent Sciences, 5(8): 16-20.

Atherton H J, Jones O A H, Malik S, et al, 2008. A comparative metabolomic study of NHR-49 in Caenorhabditis elegans and PPAR-alpha in the mouse. FEBS Letters, 582: 1661-1666.

ATSDR(Agency for Toxic Substances and Disease Registry), 1990. Toxicological profile for 2,4,6-trichlorophenol. US Public Health Service, US Department of Health and Human Services, Atlanta, GA, USA.

ATSDR(Agency for Toxic Substances and Disease Registry), 2001. Toxicological profile for pentachlorophenol. US Department of Health and Human Services Public Health Service.

Bajpayee M, Pandey A K, Zaidi S, et al, 2006, DNA damage and mutagenicity induced by endosulfan and its metabolites. Environmental and Molecular Mutagenesis, 47(9): 682-692.

Bastos S L, Kamstra J H, Cenijn P H, et al, 2013. Effects of endocrine disrupting chemicals on in vitro global DNA methylation and adipocyte differentiation. Toxicology in Vitro, 27(6): 1634-1643.

Baubec T, Schübeler D, 2014. Genomic patterns and context specific interpretation of DNA methylation. Current Opinion in Genetics & Development, 25 (4): 85-92.

Baylin S B, Esteller M, Rountree M R, et al, 2001. Aberrant patterns of DNA methylation, chromatin formation and gene expression in cancer. Human Molecular Genetics, 10(7): 687-692.

Becker K, Schulz C, Kaus S, et al, 2003. German Environmental Survey 1998 (GerES III): Environmental pollutants in the urine of the German population. Archives of Environmental Contamination and Toxicology, 205(4): 297-308.

Bhaiya P, Roychowdhury S, Vyas P M, et al, 2006. Bioactivation, protein haptenation, and toxicity of sulfamethoxazole and dapsone in normal human dermal fibroblasts. Toxicol Applied Pharmacol, 215(2): 158-167.

Bluher M, Kahn B B, Kahn C R, 2003. Extended longevity in mice lacking the insulin receptor in adipose tissue. Science, 299: 572-574.

Boada L D, Zumbado M, Henríquez-Hernández L A, et al, 2012. Complex organochlorine pesticide mixtures as determinant factor for breast cancer risk: a population-based case-control study in the Canary Islands (Spain). Environmental Health, 11: 28.

Bolognesi C, 2003. Genotoxicity of pesticides: A review of human biomonitoring studies. Mutation Research, 543(3): 251-272.

Bolognesi C, Morasso G, 2000. Genotoxicity of pesticides: Potential risk for consumers. Trends in Food Science & Technology, 11(4): 182-187.

Boxall A B, Blackwell P, Cavallo R, et al, 2002. The sorption and transport of a sulfonamide antibiotic in soil systems. Toxicology Letters, 131(1): 19-28.

Brain R, Johnson D J, Richards S M, et al, 2004. Microcosm evaluation of the effects of an eight pharmaceutical mixture to the aquatic macrophytes *Lemna gibba* and *Myriophyllum sibiricum*. Aquatic Toxicology , 70(1): 23-40.

Bravo R, Caltabiano L M, Fernandez C, et al, 2005. Quantification of phenolic metabolites of environmental chemicals in human urine using gas chromatography-tandem mass spectrometry and isotope dilution quantification.Journal of Chromatograohy B, 820(2): 229-236.

Brenneisen P, Reichert A S, 2018. Nanotherapy and reactive oxygen species (ROS) in cancer: A novel perspective. Antioxidants, **7**(2): 31.

Brenner S, 1974. The genetics of *Caenorhabditis elegans*. Genetics, 77(1): 71-94.

Bullock A N, Fersht A R, 2001. Rescuing the function of mutant *p53*. Nature Reviews Cancer, 1(1): 68-76.

Burton T, Metcalfe N B, 2014. Can environmental conditions experienced in early life influence future generations? Proceedings of the Royal Society B, 281(1785): 20140311.

Campagnolo E R, Johnson K R, Karoari, et al, 2002. Antimicrobial residues in animal waste and water resources proximal to large-scale swine and poultry feeding operations. Science of the Total Environment, 299(1): 89-95.

Carpenter D O, Bushkin-Bedient S, 2013. Exposure to chemicals and radiation during childhood and risk for cancer later in life. Journal of Adolescent Health, 52(5): S21-S29.

Casati L, Sendra R, Colciago A, et al, 2012. Polychlorinated biphenyls affect histone modification pattern in early development of rats: A role for androgen receptor-dependent modulation? Epigenomics, 4(1): 101-112.

Chamorro-Garcia R, Sahu M, Abbey R J, et al, 2013. Transgenerational inheritance of increased fat depot size, stem cell reprogramming, and hepatic steatosis elicited by prenatal exposure to the obesogen tributyltin in mice. Environmental Health Perspectives, 121: 359-366.

Chappell G A, Rager J E, 2017. Epigenetics in chemical-induced genotoxic carcinogenesis. Current Opinion in Toxicology, 6: 10-17.

Chen A T Y, Guo C F, Dumas K J, et al, 2013. Effects of *Caenorhabditis elegans sgk-1* mutations on lifespan, stress resistance, and DAF-16/FoxO regulation. Aging Cell, 12: 932-940.

Chen R, Yu Z Y, Yin D Q, 2018. Multi-generational effects of lindane on nematode lipid metabolism with disturbances on insulin-like signal pathway. Chemosphere, 210: 607-614.

Chhabra R S, Maronpot R M, Bucher J R, et al, 1999. Toxicology and carcinogenesis studies of pentachlorophenol in rats. Toxicological Sciences, 95(1): 14-20.

Choy Y S, Dabora S L, Hall F, et al, 1999. Superiority of denaturing high performance liquid chromatography over single-stranded conformation and conformation-sensitive gel electrophoresis for mutation detection in TSC2. Annals of Human Genetics, 63(5): 383-391.

Croes K, Colles A, Koppen G, et al, 2012. Persistent organic pollutants (POPs) in human milk: A biomonitoring study in rural areas of Flanders (Belgium). Chemosphere, 89(8): 988-994.

Dahlhaus M, Almstadt E, Appel K E, 1994. The pentachlorophenol metabolite tetrachloro-*p*-hydroquinone induces the formation of 8-hydroxy-2-deoxyguanosine in liver DNA of male B6C3F1 mice. Toxicology Letters, 74(3): 265-274.

Dahlhaus M, Almstadt E, Henschke P, et al, 1996. Oxidative DNA lesions in V79 cells mediated by pentachlorophenol metabolites. Archives of Toxicology, 70(7): 457-460.

Daniel D S, Sui M L, Dykes G A, et al, 2015. Public health risks of multipledrug-resistant *Enterococcus* spp. in Southeast Asia. Applied & Enviromental Microbiology, 81(18): 6090-6097.

de Vries A, Flores E R, Miranda B, et al, 2002. Targeted point mutations of *p53* lead to dominant negative inhibition of wild-type *p53* function. Proceedings of the National Academy of Sciences of the United States of America, 99(5): 2948-2953.

Dengg M, van Meel J, 2004. *Caenorhabditis elegans* as model system for rapid toxicity assessment of pharmaceutical compounds. Journal of Pharmacological and Toxicological Methods, 50(3): 209-214.

Dineshkumar V, Logeswari P, Nisha A R, et al, 2014. Assessment and evaluation of hexachlorocyclohexane (HCH) and dichlorodiphenyl trichloroethane (DDT) residues and extent of DNA damage in cattle of Kasargod district, northern Kerala, India. International Journal of Pharmaceutical Sciences and Research, 5(11): 4741-4750.

Eguchi K, Nagase H, Ozawa M, et al, 2004. Evaluation of antimicrobial agents for veterinary use in the ecotoxicity test using microalgae. Chemosphere, 57(11): 1733-1738.

Ellinger J, Gathen K P D, 2010. Global levels of histone modifications predict prostate cancer recurrence. Prostate, 70(1): 61-69.

Ellinger-Ziegelbauer H, Aubrecht J, Kleinjans J C, et al, 2009. Application of toxicogenomics to study mechanisms of genotoxicity and carcinogenicity. Toxicology Letters, 186(1): 36-44.

Emmons S, Klass M, Hirsch D, 1979. An analysis of the constancy of DNA sequences during development and evolution of the nematode *Caenorhabditis elegans*. Proceedings of the National Academy of Sciences of the United States of America, 76(3): 1333-1337.

EPA (Environmental Protection Agency), 2000. 2,4,6-Trichlorophenol (CAS RN 88-06-2). Environmental Protection Agency, Washington, DC, USA.

EPA (Environmental Protection Agency), 2005. Ecological soil screening levels for pentachlorophenol interim final. Office of Solid Waste and Emergency Response, NW Washington, DC, USA.

Erlanson D A, Verdine G L, 1994. Falling out of the fold: Tumorigenic mutations and *p53*. Chemistry & Biology, 1(2): 79-84.

ESHRE Capri Workshop Group, 2006. Nutrition and reproduction in women. Human Reproduction Update, 12: 193.

Evandri M G, Mastrangelo S, Costa L G, et al, 2003. *In vitro* assessment of mutagenicity and clastogenicity of BDE-99, a pentabrominated diphenyl ether flame retardant. Environmental and Molecular Mutagenesis, 42(2): 85-90.

Fadic X, Placencia F, Domínguez A M, et al, 2017. Tradescantia as a biomonitor for pesticide genotoxicity evaluation of iprodione, carbaryl, dimethoate and 4,4′-DDE. Science of the Total Environment, 575: 146-151.

Furuhashi H, Takasaki T, Rechtsteiner A, et al, 2010. Trans-generational epigenetic regulation of *C. elegans* primordial germ cells. Epigenetics & Chromatin, 3(1): 1-21.

Gajski G, Ravlic S, Capuder Z, et al, 2007. Use of sensitive methods for detection of DNA damage on human lymphocytes exposed to p,p'-DDT: Comet assay and new criteria for scoring micronucleus test. Journal of Environmental Science and Health, Part B, 42(6): 607-613.

Galve R, Sanchez-Baeza F, Camps F, et al, 2002. Indirect competitive immunoassay for trichlorophenol determination: Rational evaluation of the competitor heterology effect. Analytica Chimica Acta, 452(2): 191-206.

Gao P, He P, Wang A, et al, 2009. Influence of PCB153 on oxidative DNA damage and DNA repair–related gene expression induced by PBDE-47 in human neuroblastoma cells *in vitro*. Toxicological Sciences, 107(1): 165-170.

García-Alonso J, Greenway G M, Munshi A, et al, 2011. Biological responses to contaminants in the Humber Estuary: Disentangling complex relationships. Marine Environmental Research, 71(4): 295-303.

Gerić M, Cerajcerieć N, Gajski G, et al, 2012. Cytogenetic status of human lymphocytes after exposure to low concentrations of *p,p'*-DDT, and its metabolites (*p,p'*-DDE, and *p,p'*-DDD) *in vitro*. Chemosphere, 87(11): 1288-1294.

Godfrey K M, Barker D J, 2001. Fetal programming and adult health. Public Health Nutrition, 4: 611.

Gomez-Eyles J L, Lister S L, Hartin H, et al, 2009. Measuring and modelling mixture toxicity of imidacloprid and thiacloprid on *Caenorhabditis elegans* and *Eisenia fetida*. Ecotoxicology and Environmental Safety, 72(1): 71-79.

González-Mille D J, Ilizaliturru-Hernández C A, 2010. Exposure to persistent organic pollutants (POPs) and DNA damage as an indicator of environmental stress in fish of different feeding habits of Coatzacoalcos, Veracruz, Mexico. Ecotoxicology, 19(7): 1238-1248.

Gross E, Arnold N, Pferifer K, et al, 2000. Identification of specific BRCA1 and BRCA2 variants by DHPLC. Human Mutation, 16(4): 345-353.

Gross E, Kiechle M, Arnold N, 2001.Mutation analysis of *p53* in ovarian tumors by DHPLC. Journal of Biochemical and Biophys Methods, 47(1): 73-81.

Guan Y, Gao J, Zhang Y, et al, 2016. Effects of bisphenol A on lipid metabolism in rare minnow *Gobiocypris rarus*. Comparative Biochemistry and Physiology Part C: Toxicology & Pharmacology, 179: 144-149.

Halling-Sørensen B, 2001. Inhibition of aerobic growth and nitrification of bacteria in sewage sludge by antibacterial agents. Archives of Environmental Contamination & Toxicology, 40(4): 451-460.

Halling-Sørensen B, Sengeløv G, Ingerslev F, et al, 2003. Reduced antimicrobial potencies of oxytetracycline, tylosin, sulfadizine, strepromycin, ciprofloxacin, and olaquindox due to environmental processes. Archives of Environmental Contamination & Toxicology, 44(1): 7-16.

Hamscher G, Pawelzick H T, Höper H, et al, 2005. Different behavior of tetracyclines and sulfonamides in sandy soils after repeated fertilization with liquid manure. Environmental Toxicology and Chemistry, 24(4): 861-868.

Hanna M, Wang L, Audhya A, 2013. Worming our way in and out of the *C. elegans* germline and developing embryo. Traffic, 14(5): 471-478.

Hao C, Gelypernot A, Kervarrec C, et al, 2016. Exposure to the widely used herbicide atrazine results in deregulation of global tissue-specific RNA transcription in the third generation and is associated with a global decrease of histone trimethylation in mice. Nucleic Acids Research, 44(20): 9784-9802.

Hernando M, Mezcua M, Fernándezalba A R, et al, 2006. Environmental risk assessment of pharmaceutical residues in wastewater effluents, surface waters and sediments. Talanta, 69(2): 334-342.

Hess D A, Sisson M E, Suria H, et al, 1999. Cytotoxicity of sulfonamide reactive metabolites: Apoptosis and selective toxicity of CD8$^+$ cells by the hydroxylamine of sulfamethoxazole. FASEB Journal, 13(13): 1688-1698.

Hill R, Al E, 2006. Genetic flexibility in the convergent evolution of hermaphroditism in Caenorhabditis Nematodes. Developmental Cell, 10(4): 531-538.

Hines E P, White S S, Stanko J P, et al, 2009. Phenotypic dichotomy following developmental exposure to perfluorooctanoic acid (PFOA) in female CD-1 mice: Low doses induce elevated serum leptin and insulin, and overweight in mid-life. Molecular and Cellular Endocrinology, 304: 97-105.

Ho D H, Burggren W W, 2010. Epigenetics and transgenerational transfer: A physiological perspective. Journal of Experimental Biology, 213(1): 3-16.

IARC, 2001. Sulfamethoxazole, IARC monographs on the evaluation of carcinogenic risk to humans. International Agency for Research on Cancer, World Health Organization, 79: 361-378.

Ikegwuonut F I, Mehendale H M, 1991. Biochemical assessment of the genotoxicity of the *in vitro* interaction between chlordecone and carbon tetrachloride in rat hepatocytes. Journal of Applied Toxicology Jat, 11(4): 303-310.

Isidori M, Lavorgna M, Nardelli A, et al, 2005. Toxic and genotoxic evaluation of six antibiotics on non-target organisms. Science of the Total Environment, 346(1): 87-98.

Johansson F, Allkvist A, Erixon K, et al, 2004. Screening for genotoxicity using the DRAG assay: Investigation of halogenated environmental contaminants. Mutation Research, 563(1): 35-47.

Jones A C, Sampson J R, Cheadle P, 2001. Low level mosaicism detectable by DHPLC but not by direct sequencing. Human Mutation, 17(3): 233-234.

Jones AC, Austin J, Hansen N, et al, 1999. Optional temperature selection for mutation detection by denaturing HPLC and comparison to single-stranded conformation polymorphism and heteroduplex analysis. Clinical Chemistry, 45(1): 1133-1140.

Jones P A, 2012. Functions of DNA methylation: Islands, start sites, gene bodies and beyond. Nature Reviews Genetics, 13(7): 484-492.

Jung J, Kim Y, Kim J, et al, 2008. Environmental levels of ultraviolet light potentiate the toxicity of sulfonamide antibiotics in *Daphnia magna*. Ecotoxicology, 17(1): 37-45.

Kafel A, Zawisza-Raszka A, Szulinska E, 2012. Effects of multigenerational cadmium exposure of insects (*Spodoptera exigua* larvae) on anti-oxidant response in haemolymph and developmental parameters. Environmental Pollution, 162: 8-14.

Kajta M, Wnuk A, Rzemieniec J, et al, 2017. Depressive-like effect of prenatal exposure to DDT involves global DNA hypomethylation and impairment of GPER1/ESR1 protein levels but not ESR2 and AHR/ARNT signaling. Journal of Steroid Biochemistry & Molecular Biology, 171: 94-109.

Kappil M, Chen J, 2014. Environmental exposures *in utero* and microRNA. Current Opinion in Pediatrics, 26(2): 243-251.

Kazianis S, Gan L, Della C L, et al, 1998. Cloning and comparative sequence analysis of TP53 in *Xiphophorus* fish hybrid melanoma models. Gene, 212(1): 31-38.

Kim J, Sun Q C, Yue Y R, et al, 2016. 4,4′-Dichlorodiphenyltrichloroethane (DDT) and 4,4′-dichlorodiphenyldichloroethylene (DDE) promote adipogenesis in 3T3-L1 adipocyte cell culture. Pesticide Biochemistry and Physiology, 131: 40-45.

Kim S W, Kwak J I, An Y J, 2013. Multigenerational study of gold nanoparticles in *Caenorhabditis elegans*: Transgenerational effect of maternal exposure. Environmental Science & Technology, 47: 5393-5399.

Kim Y, Choi K, Jung J, et al, 2007. Aquatic toxicity of acetaminophen, carbamazepine, cimetidine, diltiazem and six major sulfonamides, and their potential ecological risks in Korea. Environment International, 33 (3): 370-375.

Kirchner S, Kieu T, Chow C, et al, 2010. Prenatal exposure to the environmental obesogen tributyltin predisposes multipotent stem cells to become adipocytes. Molecular Endocrinology, 24 (3): 526-539.

Kitagawaa K, Kawamoto T, Kunugita N, et al, 2000. Aldehyde dehydrogenase (ALDH) 2 associates with oxidation methoxyacetaldehyde: *In vitro* analysis with liver subcellular fraction derived from human and *Aldh2* gene targeting mouse. FEBS Letters, 476 (3): 306-311.

Klosin A, Casas E, Hidalgo-Carcedo C, et al, 2017. Transgenerational transmission of environmental information in *C. elegans*. Science, 356: 316-319.

Kodam K M, Govindwar S P, 1995. Effect of sulfamethazine on mixed function oxidase in chickens. Veterinary & Human Toxicology, 37 (4): 340-342.

Kuklin A, Munson K, Gjerde D, et al, 1997. Detection of single nucleotide polymorphisms with the WAVE DNA fragment analysis system. Genetic Testing, 1 (3): 201-206.

Kurdistani S K, 2007. Histone modifications as markers of cancer prognosis: A cellular view. British Journal of Cancer, 97 (1): 1-5.

Lamb P, Crawford L, 1986. Characterization of the human *p53* gene. Molecular & Cellular Biology, 6 (5): 1379-1385.

Langheinrich U, Hennen E, Stott G, et al, 2002. Zebrafish as a model organism for the identification and characterization of drugs and genes affecting *p53* signaling. Current Biology, 12 (23): 2023-2028.

Lee D H, Porta M, Jacobs J D, et al, 2014. Chlorinated persistent organic pollutants, obesity, and type 2 diabetes. Endocrine Reviews, 35: 557-601.

Lee D H, Steffes M W, Sjödin A, et al, 2011. Low dose organochlorine pesticides and polychlorinated biphenyls predict obesity, dyslipidemia, and insulin resistance among people free of diabetes. PLoS ONE, 6: e15977.

Lee S J, Murphy C T, Kenyon C, 2009. Glucose shortens the life span of *C. elegans* by downregulating DAF-16/FOXO activity and aquaporin gene expression. Cell Metabolism, 10: 379-391.

Lev M G, Yearim A, Ast G, 2015. The alternative role of DNA methylation in splicing regulation. Trends in Genetics, 31 (5): 274-280.

Li H Y, Shi L, Wang D Z, et al, 2015. Impacts of mercury exposure on life history traits of *Tigriopus japonicus*: Multigeneration effects and recovery from pollution. Aquatic Toxicology, 166: 42-49.

Liguoro M D, Fioretto B, Poltronieri C, et al, 2009. The toxicity of sulfamethazine to *Daphnia magna* and its additivity to other veterinary sulfonamides and trimethoprim. Chemosphere, 75 (11): 1519-1524.

Lin P H, Nakamura J, Yamaguchi S, et al, 2001. Oxidative damage and direct adducts in calf thymus DNA induced by the pentachlorophenol metabolites, tetrachlorohydroquinone and tetrachloro-1,4-benzoquinone. Carcinogenesis, 22 (4): 627-634.

Liu S, Saul N, Pan B, et al, 2013. The non-target organism *Caenorhabditis elegans* withstands the impact of sulfamethoxazole. Chemosphere, 93 (10): 2373-2380.

Liu W O, Oefner P J, Qian C, et al, 1997. Denaturing HPLC-identified novel FBN1 mutations, polymorphisms, and sequence variants in Marfan syndrome and related connective tissue disorders. Genetic Testing, 1 (4) : 237-242.

Long J, Yu L, 2016. Modification of PBDEs (BDE-15, BDE-47, BDE-85 and BDE-126) biological toxicity, bio-concentration, persistence and atmospheric long-range transport potential based on the pharmacophore modeling assistant with the full factor experimental design. Journal of Hazardous Materials, 307: 202-212.

Loria P M, Hodgkin J, Hobert O A, 2004. Conserved postsynaptic transmembrane protein affecting neuromuscular signaling in *Caenorhabditis elegans*. Journal of Neuroscience, 24 (9) : 2191-2201.

Lu Y C, Feng S J, Zhang J J, et al, 2016. Genome-wide identification of DNA methylation provides insights into the association of gene expression in rice exposed to pesticide atrazine. Scientific Reports, 6 (18985).

Ludewig G, Robertson L W, 2013. Polychlorinated biphenyls (PCBs) as initiating agents in hepatocellular carcinoma. Cancer Letters, 334 (1) : 46-55.

Lyche J L, Grześ I M, Karisson C, et al, 2013. Parental exposure to natural mixtures of POPs reduced embryo production and altered gene transcription in zebrafish embryos. Aquatic Toxicology, 126: 424-434.

Madaj R, Sobiecka E, Kalinowska H, 2017. Lindane, kepone and pentachlorobenzene: chloropesticides banned by Stockholm convention. International Journal of Environmental Science and Technology, 1-10.

Madakashira B P, Sadler K C, 2017. DNA Methylation, nuclear organization, and cancer. Frontiers in Genetics, 8: 76.

Marciniak A, Patro-Małysza J, Kimber-Trojnar Ż, et al, 2017. Fetal programming of the metabolic syndrome. Taiwanese Journal of Obstetrics & Gynecology, 56: 133-138.

Mellon M, Benbrook C, Benbrook K L, 2001. Hogging it—Estimates of antimicrobial abuse in livestock. Rwgistered Representative, 2.

Menzel R, Rödel M, Kulas J, et al, 2005. Xenobiotically induced gene expression in the nematode *Caenorhabditis elegans*. Archives of Biochemistry & Biophysics, 438 (1) : 93-102.

Meyer M T, Ferrell G, Bumganer J, et al, 2003. Occurrence of antibiotics in swine confined animal feeding operations lagoon samples from multiple states 1998—2002: Indicators of antibiotic use. *In*: 3rd International Conference on Pharmaceuticals and Endocrine Disrupting Chemicals in Water, National Ground Water Association, Minneapolis, 19-21.

Migliore L, Brambilla G, Casoria P, et al, 1996. Effect of sulphadimethoxine contamination on barley (*Hordeum disticum* L, Poaceae, Liliopsida). Agriculture Ecosystems & Environment, 60 (2) : 121-128.

Migliore L, Brambilla G, Cozzolino S, et al, 1995. Effect on plants of sulphadimethoxine used in intensive farming (*Panicum miliaceum*, *Pisum sativum* and *Zea mays*). Agriculture Ecosystems & Environment, 52 (2-3) : 103-110.

Mitema E S, Kikuvi G M, Wegener H C, et al, 2001. An assessment of antimicrobial consumption in food producing animals in Kenya. Journal of Veterinary Pharmacology Therapeutics, 24 (6) : 385-390.

Mohan N, Chen C S, Hsieh H H, et al, 2010. *In vivo* imaging and toxicity assessments of fluorescent nanodiamonds in *Caenorhabditis elegans*. Nano Letters, 10 (9) : 3694-3699.

Mouchet F, Gauthier L, Maihes C, et al, 2006. Biomonitoring of the genotoxic potential of aqueous extracts of soils and bottom ash resulting from municipal solid waste incineration, using the comet and micronucleus tests on amphibian (*Xenopus laevis*) larvae and bacterial assays (Mutatox® and Ames tests). Science of the Total Environment, 355(1): 232-246.

MSDS, 2003. Material safety data sheet for sulfapyridine. https://www.msdsdigital.com/sulfapyridine-msds.

MSDS, 2005.Material safety data sheet for sulfamethazine.https://www.msdsdigital.com/sulfameth azine-msds.

MSDS, 2010. Material safety data sheet for sulfadiazine. http://www.sciencelab.com/msds.php? msdsId=9925124.

Müller M H, Polder A, Brynildsrud O B, et al, 2017. Organochlorine pesticides (OCPs) and polychlorinated biphenyls (PCBs) in human breast milk and associated health risks to nursing infants in Northern Tanzania. Environmental Research, 154: 425-434.

Naher N, Nahar L N, Sultana S, et al, 2017. Carnitine palmitoyl transferase type 1 deficiency in fatty acid oxidation disorder: A case report. Journal of Shaheed Suhrawardy Medical College, 6: 38.

O'Connor A, Gibney J, Roche H M, 2010. Metabolic and hormonal aspects of polycystic ovary syndrome: The impact of diet. Proceedings of the Nutrition Society, 69: 628-635.

O'Donovan M C, Oefner P J, Roberts S C, et al, 1998. Blind analysis of denaturing high-performance liquid chromatography as a tool for mutation detection. Genomics, 52(1): 44-49.

Ohe T, Watanabe T, Wakabayashi K, 2004. Mutagens in surface waters: A review. Mutation Research, 567(2): 109-149.

Olga I K, Hecitt R, Ford K J, et al, 2004. Low dose induction of micronuclei by lindane. Carcinogenesis, 25(4): 613-622.

Park S, Choi K, 2008. Hazard assessment of commonly used agricultural antibiotics on aquatic ecosystems. Ecotoxicology, 17(6): 526-538.

Park S H, Ha E, Hong Y S, et al, 2016. Serum levels of persistent organic pollutants and insulin secretion among children age 7~9 years: A prospective cohort study. Environmental Health Perspectives, 124: 1924-1930.

Pavlica M, Klobučar G I V, Mojaš N, et al, 2001. Detection of DNA damage in haemocytes of zebra mussel using comet assay. Mutation Research, 490(2): 209-214.

Perera F P, Rauh V, Whyatt R M, et al, 2005. A summary of recent findings on birth outcomes and developmental effects of prenatal ETS, PAH, and pesticide exposures. Neurotoxicology, 26(4): 573-587.

Pérez-Maldonado I N, Athanasiadou M, Yáñez L, et al, 2006. DDE-induced apoptosis in children exposed to the DDT metabolite. Science of the Total Environment, 370(2): 343-351.

Pluskota A, Horzowski E, Bossinger O, et al, 2009. In *Caenorhabditis elegans* nanoparticle-bio-interactions become transparent: Silica-nanoparticles induce reproductive senescence. PLoS ONE, 4(8): e6622.

Poirier L A, Doerge D R, Gaylor D W, et al, 1999. An FDA review of sulfamethazine toxicity. Regulatory Toxicology & Pharmacology, 30(3): 217-222.

Purschke M, Jacobi H, Witte I, 2002. Differences in genotoxicity of H_2O_2 and tetrachlorohydroquinone in human fibroblasts. Mutation Research, 513(1): 159-167.

Qu Y, Li W, Zhou Y, et al, 2011. Full assessment of fate and physiological behavior of quantum dots utilizing Caenorhabditis elegans as a model organism. Nano Letters, 11(8): 3174-3183.

Quinn B, Gagné F, Blaise C, 2008. An investigation into the acute and chronic toxicity of eleven pharmaceuticals (and their solvents) found in wastewater effluent on the cnidarian, Hydra attenuate. Science of the Total Environment, 389(2): 306-314.

Rehana Z, Malik A, Ahmad M, 1996. Genotoxicity of the Ganges water at Narora (U.P.), India. Mutation Research, 367(4): 187-193.

Roh J, Choi J, 2008. Ecotoxicological evaluation of chlorpyrifos exposure on the nematode *Caenorhabditis elegans*. Ecotoxicology and Environmental Safety, 71(2): 483-489.

Rusiecki J A, Baccarelli A, Bollati V, et al, 2008. Global DNA hypomethylation is associated with high serum-persistent organic pollutants in Greenlandic Inuit. Environmental Health Perspectives, 116 (11): 1547-1552.

Ruzzin J, Petersen R, Meugnier E, et al, 2010. Persistent organic pollutant exposure leads to insulin resistance syndrome. Environmental Health Perspectives, 118: 465.

Sabari B R, Zhang D, Allis C D, et al, 2017. Metabolic regulation of gene expression through histone acylations. Nature Reviews Molecular Cell Biology, 18: 90-101.

Santos L H M L M, Araújo A N, Fachini A, et al, 2010. Ecotoxicological aspects related to the presence of pharmaceuticals in the aquatic environment. Journal of Hazardous Materials, 175(1): 45-95.

Sarmah A K, Meyer M T, Boxall A B, 2006. A global perspective on the use, sales, exposure pathways, occurrence, fate and effects of veterinary antibiotics (VAs) in the environment. Chemosphere, 65(5): 725-759.

Saul N, Pietsch K, Stürzenbaum S R, et al, 2011. Diversity of polyphenol action in *Caenorhabditis elegans*: Between toxicity and longevity. Journal of Nature Products, 74(8): 1713-1720.

Saul N, Pietsch K, Stürzenbaum S R, et al, 2013. Hormesis and longevity with tannins: Free of charge or cost-intensive? Chemosphere, 93(6): 1005-1008.

Schrader T J, Boyes B G, Maltula T I, et al, 1998. *In vitro* investigation of toxaphene genotoxicity in *S. typhimurium* and Chinese hamster V79 lung fibroblasts. Mutation Research, 413(2): 159-168.

Schultz C L, Wamucho A, Tsyusko O V, et al., 2016. Multigenerational exposure to silver ions and silver nanoparticles reveals heightened sensitivity and epigenetic memory in *Caenorhabditis elegans*. Proceedings of the Royal Society B-Biological Science, 283: 9.

Shao B, Zhu L, Dong M, et al, 2012. DNA damage and oxidative stress induced by endosulfan exposure in zebrafish (*Danio rerio*). Ecotoxicology, 21(5): 1533-1540.

Shen J, Wang R T, Xu X P, 2001. Screening unknown SNPs by denaturing high performance liquid chromatography (DHPLC). Foreign Medical Sciences (Section Genetics), 24(6): 341-344.

Sigal A, Rotter V, 2000. Oncogenic mutations of the *p53* tumor suppressor: The demons of the guardian of the genome. Cancer Research, 60(24): 6788-6793.

Skinner M K, 2008. What is an epigenetic transgenerational phenotype? F3 or F2. Reproductive Toxicology, 25(1): 2-6.

Skinner M K, Manikkam M, Tracey R, et al, 2013. Ancestral dichlorodiphenyltrichloroethane (DDT) exposure promotes epigenetic transgenerational inheritance of obesity. BMC Medicine, 11: 16.

Skopek T R, Glaab W E, Monroe J J, et al, 1999. Analysis of sequence alterations in a defined DNA region: Comparison of temperature-modulated heteroduplex analysis and denaturing gradient gel electrophoresis. Mutation Research, 430(1): 13-21.

Smolarz K, Berger A, 2009. Long-term toxicity of hexabromocyclododecane（HBCDD）to the benthic clam *Macoma balthica*（L.）from the Baltic Sea. Aquatic Toxicology, 95（3）: 239-247.

Sochová I, Hofman J, Holoubek I, 2007. Effects of seven organic pollutants on soil nematode *Caenorhabditis elegans*. Environment International, 33（6）: 798-804.

Sollome J, Martin E, Sethupathy P, et al, 2016. Environmental contaminants and microRNA regulation: Transcription factors as regulators of toxicant-altered microRNA expression. Toxicology and Applied Pharmacology, 312: 61-66.

Soussi T, Caron de F C, May P, 1990. Structural aspects of the *p53* protein in relation to gene evolution. Oncogene, 5（7）: 945-952.

Soussi T, Caron de F C, Mechali M, et al, 1987. Cloning and characterization of a cDNA from *Xenopus laevis* coding for a protein homologous to human and murine *p53*. Oncogene, 1（1）: 71-78.

Splading J W, French J E, Stasiewicz S, et al, 2000. Responses of transgenic mouse lines *p53+/−* and Tg AC to agents tested in conventional carcinogenicity bioassays. Toxicological Sciences, 53（2）: 213-224.

Stachowski-Haberkorn S, Jerome M, Rouxel J, et al., 2013. Multigenerational exposure of the microalga *Tetraselmis suecica* to diuron leads to spontaneous long-term strain adaptation. Aquatic Toxicology, 140: 380-388.

Su L P, Li H Y, Huang C, et al, 2018. Muscle-specific histone H3K36 dimethyltransferase SET-18 shortens lifespan of *Caenorhabditis elegans* by repressing daf-16a expression. Cell Report, 22: 2716-2729.

Takada H, Saito Y, Mituyama T, et al, 2014. Methylome, transcriptome, and PPAR（gamma）cistrome analyses reveal two epigenetic transitions in fat cells. Epigenetics, 9（9）: 1195-1206.

Terradas M, Martin M, Tusell L, et al, 2010. Genetic activities in micronuclei: Is the DNA entrapped in micronuclei lost for the cell? Mutation Research, 705（1）: 60-67.

Tisch M, Faulde M K, Maier H, 2005. Genotoxic effects of pentachlorophenol, lindane, transfluthrin, cyfluthrin, and natural pyrethrum on human mucosal cells of the inferior and middle nasal conchae. American Journal of Rhinology, 19（2）: 141-151.

Todaka T, Hirakawa H, Kajiwara J, et al, 2008. Concentrations of polychlorinated dibenzo-*p*-dioxins, polychlorinated dibenzofurans, and dioxin-like polychlorinated biphenyls in blood and breast milk collected from 60 mothers in Sapporo City, Japan. Chemosphere, 72: 1152-1158.

Tomas E, Tsao T S, Saha A K, et al, 2002. Enhanced muscle fat oxidation and glucose transport by ACRP30 globular domain: Acetyl-CoA carboxylase inhibition and AMP-activated protein kinase activation. Proceedings of the National Academy of Sciences of the United States of America, 99: 16309-16313.

Trosko J E, Upham B L, 2010. A paradigm shift is required for the risk assessment of potential human health after exposure to low level chemical exposures: A response to the toxicity testing in the 21st century report. International Journal of Toxicology, 29（4）: 344-357.

Tyne W, Little S, Spurgeon D J, et al, 2015. Hormesis depends upon the lifestage and duration of exposure: Examples for a pesticide and a nanomaterial. Ecotoxicology & Environmental Safety, 120: 117-123.

Vafeiadi M, Vrijheid M, Fthenou E, et al, 2014. Persistent organic pollutants exposure during pregnancy, maternal gestational weight gain, and birth outcomes in the mother-child cohort in Crete, Greece（RHEA study）. Environment International, 64: 116-123.

van den Dungen M W, Murk A J, Kok D E, et al, 2016. Comprehensive DNA methylation and gene expression profiling in differentiating human adipocytes. Journal of Cellular Biochemistry, 117(12): 2707-2718.

van den Dungen M W, Murk A J, Kok D E, et al, 2017. Persistent organic pollutants alter DNA methylation during human adipocyte differentiation. Toxicology in Vitro, 40: 79-87.

Van Gilst M R, Hadjivassiliou H, Jolly A, et al., 2005. Nuclear hormone receptor NHR-49 controls fat consumption and fatty acid composition in *C. elegans*. PLoS Biology, 3: 301-312.

Van Gilst M R, Hadjivassiliou H, Yamamoto K R, 2005. A *Caenorhabditis elegans* nutrient response system partially dependent on nuclear receptor NHR-49. Proceedings of the National Academy of Sciences of the United States of America, 102(38): 13496-13501.

Vandegehuchte M B, Vandenbrouck T, De Coninck D, et al, 2010. Gene transcription and higher-level effects of multigenerational Zn exposure in *Daphnia magna*. Chemosphere, 80: 1014-1020.

Velázquez A, Creus A, Xamena N, et al, 1984. Mutagenicity of the insecticide endosulfan in *Drosophila melanogaster*. Mutation Research, 136(2): 115-118.

Verma M, Maruvada P, Srivastava S. 2015. Epigenetics and cancer. Molecular Basis of Cancer. 18(19): 67-78.

Viswanathan M, Guarente L, 2011. Regulation of *Caenorhabditis elegans* lifespan by *sir-2.1* transgenes. Nature, 477: E1-E2.

Vogelstein B, Lane D, Levine A J, 2000. Surfing the *p53* network. Nature, 408(6810): 307-310.

Vrijens K, Bollati V, Nawrot T S, 2015. MicroRNAs as potential signatures of environmental exposure or effect: A systematic review. Environmental Health Perspectives, 123(5): 399-411.

Wang C X, Xu S Q, Lv Z Q, et al, 2010. Exposure to persistent organic pollutants as potential risk factors for developing diabetes. Science China-Chemistry, 53: 980-994.

Wang D Y, Peng Y, 2007. Multi-biological defects caused by lead exposure exhibit transferable properties from exposed parents to their progeny in *Caenorhabditis elegans*. Journal of Environmental Science, 19: 1367-1372.

Wang D, Shen L, Wang Y, 2007. The phenotypic and behavioral defects can be transferred from zinc-exposed nematodes to their progeny. Environmental Toxicology & Pharmacology, 24(3): 223-230.

Wang D, Wang Y, 2008. Nickel sulfate induces numerous defects in *Caenorhabditis elegans* that can also be transferred to progeny. Environmental Pollution, 151(3): 585-592.

Wang L, Wang Y, Liang Y, et al, 2014. PFOS induced lipid metabolismdisturbances in BALB/c mice through inhibition of low density lipoproteins excretion. Scientific Report, 4(1): 4582.

Wang Y, Hudak C, Sul H S, 2010. Role of preadipocyte factor 1 in adipocyte differentiation. Clinical Lipidology , 5(1): 109-115.

Watkins A M, Wood C R, Lin M T, et al, 2015. The effects of perfluorinated chemicals on adipocyte differentiation *in vitro*. Molecular & Cellular Endocrinology, 400: 90-101.

Watkinson A J, Murby E J, Kolpin D W, et al, 2009. The occurrence of antibiotics in an urban watershed: From wastewater to drinking water. Science of the Total Environment, 407(8): 2711-2723.

Wei Q, Mei L, Yang Y, et al, 2018. Design, synthesis and biological evaluation of novel spiro-pentacylamides as acetyl-CoA carboxylase inhibitors. Bioorganic & Medicinal Chemistry, DOI: 10.1016/j.bmc.2018.03.014.

Witting M, Schmitt-Kopplin P, 2016. The *Caenorhabditis elegans* lipidome: A primer for lipid analysis in *Caenorhabditis elegans*. Archives of Biochemistry and Biophysics, 589: 27-37.

Woeller C F, Thatcher T H, Twisk D V, et al, 2016. MicroRNAs as novel biomarkers of deployment status and exposure to polychlorinated dibenzo-*p*-dioxins/dibenzofurans. Journal of Occupational & Environmental Medicine, 58(S8): S89-S96.

Wollenberger L, Halling-Sørensen B, Kusk K O, 2000. Acute and chronic toxicity of veterinary antibiotics to Daphnia magna. Chemosphere, 40(7): 723-730.

Yan M, Xu C, Huang Y, et al, 2018. Tetracyclines, sulfonamides and quinolones and their corresponding resistance genes in the Three Gorges Reservoir, China. Science of the Total Environment, 631-632: 840-848.

Yáñez L, 2004. DDT induces DNA damage in blood cells. Studies *in vitro* and in women chronically exposed to this insecticide. Environmental Research, 94(1): 18-24.

Yin D Q, Gu Y, Li Y, et al, 2006. Pentachlorophenol treatment *in vivo* elevates point mutation rate in zebrafish *p53* gene. Mutation Research, 609(1): 92-101.

Yin D Q, Zhu H K, Hu P, et al, 2009. Genotoxic effect of 2,4,6-trichlorophenol on *p53* gene in zebrafish liver. Environmental Toxicology & Chemistry, 28(3): 603-608.

You J S, Jones P A, 2012. Cancer genetics and epigenetics: Two sides of the same coin? Cancer Cell, 22(1): 9.

Youds J L, Barber L J, Boulton S J, 2009. *C. elegans*: A model of Fanconi anemia and ICL repair. Mutattion Research-Fundamental and Molecular Mechanisms of Mutagenesis, 668(1-2): 103-116.

Yu Z Y, Chen X X, Zhang J, et al, 2013. Transgenerational effects of heavy metals on L3 larva of *Caenorhabditis elegans* with greater behavior and growth inhibitions in the progeny. Ecotoxicology and Environmental Safety, 88(2): 178-184.

Yu Z Y, Jiang L, Yin D Q, 2011. Behavior toxicity to *Caenorhabditis elegans* transferred to the progeny after exposure to sulfamethoxazole at environmentally relevant concentration. Journal of Environmental Science - China, 23(2): 294-300.

Yu Z Y, Sun G H, Liu Y, et al, 2017. Trans-generational influences of sulfamethoxazole on lifespan, reproduction and population growth of *Caenorhabditis elegans*. Ecotoxicology and Environmental Safety, 135: 312-318.

Yu Z Y, Zhang J, Chen X X, et al, 2013. Inhibitions on the behavior and growth of the nematode progeny after prenatal exposure to sulfonamides at micromolar concentrations. Journal of Hazardous Materials, 250-251(8): 198-203.

Yu Z Y, Zhang J, Yin D Q, 2016. Multigenerational effects of heavy metals on feeding, growth, initial reproduction and antioxidants in *Caenorhabditis elegans*. PLoS ONE, 11(4): e0154529.

Zanni E, Bellis G D, Bracciale M P, et al, 2012. Graphite nanoplatelets and *Caenorhabditis elegans*: Insights from an *in vivo* model. Nano Letters , 12(6): 2740-2744.

Zhang H, Deng X, Miki D, et al, 2012. Sulfamethazine suppresses epigenetic silencing in Arabidopsis by impairing folate synthesis. Plant Cell, 24(3): 1230-1241.

Zhao Y L, Lin Z Q, Jia R H, et al, 2014. Transgenerational effects of traffic-related fine particulate matter (PM$_{2.5}$) on nematode *Caenorhabditis elegans*. Journal of Hazardous Materials, 274: 106-114.

Zheng J, Greenway F L, 2012. *Caenorhabditis elegans* as a model for obesity research. International Journal of Obesity, 36: 186-194.

Zheng S, Koh X Y, Goh H C, et al, 2017. Inhibiting *p53* acetylation reduces cancer chemotoxicity. Cancer Research, 77(16): 4342-4354.

Zheng X G, Chen L, Xia H, et al, 2017. Transgenerational epimutations induced by multi-generation drought imposition mediate rice plant's adaptation to drought condition. Scientific Reports, 7: 13.

第 6 章　POPs 生殖发育毒性

本章导读

- 以宏观的生殖能力角度,从动物实验研究和人类流行病学研究两个方面介绍几类 POPs 物质对生物体产生的生殖毒性效应。

- 从原理方面介绍致畸性的影响因素,在从已有的研究和调查结果中介绍五类 POPs 物质对生物体产生的致畸效应。

- 介绍 POPs 在发育初期对生物发育进程的毒性效应,以及对生物体发育过程中关键性功能基因表达的影响。

- 以多溴二苯醚为例,介绍典型 POPs 对斑马鱼仔鱼视觉系统发育的影响及所诱导的鱼类行为学表型变化。

- 以类 POPs 物质——五氯酚为例,介绍其对于生物早期发育过程中能量代谢方式可能存在的影响及其机理。

动物生殖发育过程的关注最初来自于种群稳定的自然需求。根据生态学的经典理论,只有当种群内部的年龄结构以繁殖期和繁殖前期(幼体)为优势时,才能保证种群数量稳定或呈增长态势(孙儒泳, 1992);换句话说,具有生殖发育毒性的污染物往往最可能威胁种群的生存和发展。其后由于毒理学研究日趋向机制深入,生殖毒性逐渐成为内分泌干扰活性研究的分支内容,生殖与发育毒性的研究也开始分离。同时因为动物幼体发育与遗传事件的相关性,又出现了将发育毒性与遗传毒性并行讨论的做法。

然而,发育是生命从无到有并逐步走向成熟的多阶段系统性过程(Mammoto and Ingber, 2010),具有与生殖和遗传事件截然不同的鲜明特征:一方面生命体结构比较简单,系统机能也多处于雏形;另一方面基因表达随发育时序的变化远比成年之后明显,细胞行为多样且高度动态。因此目前普遍认为,污染物对生物体早期发育产生的轻微效应,都可能导致生物体成熟后的严重影响(Schardein, 2000)。具体说来,发育乃至发育毒性过程的研究尤需注意以下特征:①阶段性。绝大多数情况下,发育只是整个生命过程中一个短暂和特殊的时期。以典型水生模式动物斑马鱼为例,狭义的发育过程在出生后 48 h 即告基本结束。②动态性。发育时期内的生物体无论是外部形态还是微观的基因表达谱,始终在发生剧烈变化。另外某些信号通路如 BMP、FGF 信号等则可在该过程中发挥特定功用。③全局性。发育存在于生命的早期阶段,机体各系统之间的界限模糊。故而发育毒性无法如肝毒性、生殖毒性那样仅需关注于某一单独的系统,或者像细胞毒性、遗传/基因毒性那样仅需着眼于单一生物学水平;发育毒性研究应比其他任何系统毒理学分支都更强调机体各组件之间的关联。

由于发育事件的上述特征,发育生物学(包括发育毒理学)的视角不仅要顾及整个生物机体,往往还需要考虑时间序列的因素。通过传统的效应观察和某些表型指标测定,可以获取发育毒性相关的部分信息,但若希望研究效应背后隐藏的分子水平调控机制,以此理解发育进程并掌握异常发育的原因和模式,基于传统"低通量"分析手段的研究方法学则根本无力应对。因此对于发育生物学/毒理学而言,新兴的各类高通量技术是机制研究中高度建议的有力工具。

尽管《持久性有机污染物(POPs)研究系列专著》中已有专门介绍 POPs 内分泌干扰效应的专著,从毒理学研究完整性的角度考虑,本书依然设置了生殖毒性方面的内容;同时由于篇幅分配的原因,沿用了传统上生殖和发育毒性并立的做法。本章首先从 POPs 的生殖毒性开始,此处介绍的生殖毒性偏重于宏观的生殖能力损伤,以示与内分泌水平机制研究的区别。而关于发育效应,首先从传统的表型研究(致畸性)开始,再拓展至发育毒性中的机制性问题(发育进程)。最后两节取材于笔者课题组的研究实例,用以展示 POPs 发育毒性机制的研究思路,特别是利用高通量测试分析方法发掘发育毒性机制中的关键线索。

6.1 POPs 对生殖能力的影响

POPs 对健康的影响是复杂且又多方面的,除了具有最典型的"三致"(致癌、致畸、致突变性)效应外,还具有内分泌干扰作用,发挥类雌激素或类雄激素的作用。这些物质与其相应受体结合后不易解离分解排出,从而扰乱机体内正常的内分泌系统,对生殖健康产生影响。这种影响不仅限于生物体本身,还包括对后代生殖健康的影响。如图 6-1 所示,以日本青鳉为例评价生殖损伤的模型,污染物分为不同阶段暴露:(A)幼鱼阶段,(B)成鱼阶段再暴露,(C)F_0 代幼鱼成长为 F_1 代成鱼再暴露,通过考察不同生物终点的指示物来评价污染物的生殖毒性(Arcand-Hoy and Benson, 1998)。污染物的生殖毒性效应不仅限于生物个体,还会对生物体的种群水平产生影响,这种影响程度取决于生物体暴露时所处的生命阶段,例如,与青少年或成年个体受污染物暴露后对种群的影响相比,老年个体受污染物暴露后对种群的影响程度相对较弱。生物体的生殖周期分为不同阶段:配子的产生和成熟，生育，胚胎发生和器官发生，卵形成或胎儿生长，孵化或出生，幼体生长、发育，性成熟等，所有这些阶段都会成为污染物影响种群动力学的关键靶标[图 6-2（a）]。有报道指出，一些 POPs 可以干扰这一生殖周期的不同阶段，

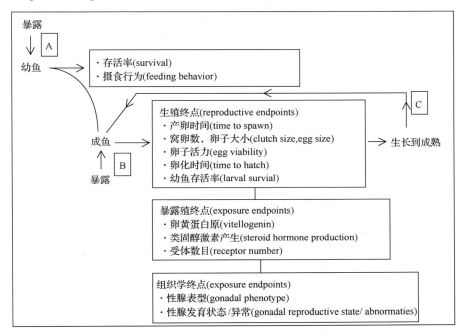

图 6-1　以日本青鳉为例的生殖损伤评价模型，分为不同阶段暴露：（A）幼鱼阶段，（B）成鱼阶段再暴露，（C）F_0 代幼鱼成长为 F_1 代成鱼再暴露（Arcand-Hoy and Benson, 1998）

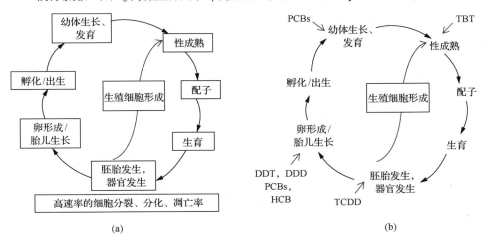

图 6-2　（a）生殖周期的不同阶段；（b）一些持久性有机污染物影响种群结构的关键靶阶段（Vasseur and Cossu-Leguille, 2006）

如 DDT 及其代谢物 DDE 能诱导蛋壳变薄，TCDD 可以扰乱野生动物和实验动物的器官形成并降低其生育能力，PCBs 会干扰胚胎发生和幼体发育等[图 6-2(b)]（Vasseur and Cossu-Leguille, 2006）。生殖健康对人类繁衍、人口素质乃至整个社会的发展都会产生深远影响，因此，POPs 的生殖毒性一直备受国际上大量研究者的关注。本节主要讨论几类典型 POPs 对生物体生殖能力的影响，并对存在的问题和今后的关注点进行总结。

6.1.1 有机氯农药

有机氯农药是一类典型的内分泌干扰物，可以通过模拟或拮抗内源性激素作用，扰乱内源性激素的合成和代谢以及扰乱激素受体的合成等，进而影响生殖发育系统（Amaral Mendes, 2002）。

1. 野外研究

在实际环境中，尽管施用农药的目的是针对个别靶标生物体，但是它的影响往往会波及更高水平的生态系统，如种群、群体和生态系统等（图 6-3）（Köhler and Triebskorn, 2013）。

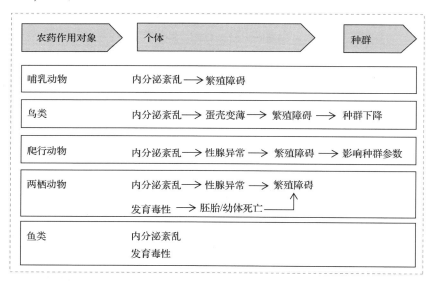

图 6-3　有机氯农药对于野生生物不同水平的内分泌效应
箭头均表示已报道和有证据支撑，可能有内在关系的效应之间没有用箭头连接

研究发现，DDT 及其代谢物会对猛禽的种群水平产生负面效应。例如，在对北美五大湖区（Great lakes）的野生生态毒理的研究中发现，DDT 及其代谢物 DDE 会造成该区域鸟类的蛋壳厚度减少多达 90%，并因此而破裂，甚至会影响两年前

从五大湖迁徙且以该区域鱼类为食的迁徙鹰(Colborn et al., 1993; Hamlin and Guillette, 2010)。在西班牙埃布罗三角洲的鸭和苍鹭中也发现有机氯农药类似的效应(Mañosa et al., 2001)。人们普遍认为是有机氯农药产生的内分泌效应进而导致种群水平的下降，但是，行为方面的效应包括神经毒性类农药的慢性暴露引起的受精和抚养小鸡行为受损等，尚未发现与种群下降有关。众所周知的一项事例指出，1980 年在佛罗里达州的 Apopka 湖中有机氯农药(DDT 及其代谢物，三氯杀螨醇，狄氏剂和毒杀芬)爆发，其内分泌效应与野生爬行动物的幼体种群密度和成年个体的死亡有关(Crain and Guillette Jr, 1998)。研究发现，雄性体类固醇发生紊乱、睾酮水平降低和阴茎长度受损，以及雌性幼年体内 17β-雌二醇水平升高等，会影响美国鳄鱼的种群参数进而对种群水平产生影响(Hamlin and Guillette, 2010)。有机氯农药对鱼类亚个体水平的效应研究有诸多报道，但对种群的影响则少有研究(Köhler and Triebskorn, 2013)。

2. 动物实验研究

卵巢是雌性生殖的重要器官，直接关系到雌性的生殖力，也是类固醇激素合成的内分泌器官。动物实验发现，有机氯农药会影响卵巢的卵泡发育、排卵、类固醇激素合成等功能，进而影响生殖能力(周京花等，2013)。高剂量的 o,p'-DDT、DDE 或甲氧滴滴涕(MXC)会影响雌性大鼠的动情周期，导致其多囊性卵巢或卵泡闭锁，排卵率下降，生育能力严重受损(Uzumcu et al., 2006; Holloway et al., 2007)。妊娠期大鼠口服 MXC 会导致其血清中孕酮水平降低，胚胎着床失败和流产比例增高(Cummings and Laskey, 1993)。Xi 等发现 DDT、三氯杀螨醇、硫丹和林丹这四种有机氯农药能显著降低淡水轮虫的种群增长率(Xi et al., 2007)。

有机氯农药还能导致雄性动物生殖器官畸形，影响精子浓度以及精子活力，进而影响生殖能力(周京花等，2013)。Ben 等的研究发现，对成年雄性大鼠连续 10 天给予 50 mg/kg、100 mg/kg 的 DDT，其睾丸重量减轻、附睾活动精子比例降低、输精管管腔内精子显著减少(Ben et al., 2001)。大鼠暴露林丹后，睾丸间质细胞合成睾酮的水平下降、睾丸组织解体、精子数量下降(Šimić et al., 2012)。Beard 等对雄性羔羊进行林丹染毒，结果发现染毒组与对照组相比生殖功能显著下降(Beard et al., 1999)。

动物实验结果显示，POPs 对雄性及雌性动物的生殖系统均有不同程度的毒性，导致精子或卵子产生过程受阻，影响其正常的生殖能力。

3. 流行病学研究

人类流行病学调查研究表明，有机氯农药会对人类的生殖能力产生影响。目前关于有机氯农药对女性生殖力影响的研究还比较少，对女性排卵率也无法直接监测，因此流行病学研究通过评估女性怀孕时间来度量女性生殖力（周京花等，2013）。有研究调查了 DDE 暴露与女性怀孕延迟的相关性，结果显示血液中 p,p'-DDE 的水平可能与女性怀孕延迟呈正相关，表明 p,p'-DDE 可能降低女性生殖力（Law et al., 2005; Axmon et al., 2006）。类似地，男性血液中 DDE 含量越高，精液量减少以及精子活力降低，精子畸形率增加等情况越显著（Dalvie et al., 2004）。亲代暴露有机氯农药，会影响到雄性子代的生殖力。母亲暴露于 DDT 会导致男性后代生育能力降低（Cohn et al., 2003），男性暴露有机氯农药会导致后代患隐睾症的风险上升（Pierik et al., 2004）。

6.1.2 二噁英

二噁英的毒性效应主要是通过芳香烃受体（aryl hydrocarbon receptor，AhR）介导，导致体内基因表达发生变化，从而产生多个毒性终点和内分泌干扰效应。二噁英物质的毒性因其氯原子的取代数量和取代位置不同而有差异，其中以 2,3,7,8-四氯代二苯并-对-二噁英（2,3,7,8-tetrachlorodibenzo-p-dioxin，TCDD）毒性最强。本节主要对 TCDD 的生殖毒性效应进行简单概述。

1. 动物实验研究

TCDD 暴露会改变鱼类的生殖行为、种群性别比例和/或性别选择（Kingheiden et al., 2012），这种改变会影响野生鱼类种群的群落结构、遗传多样性以及降低鱼的长期适应性（Keller and Waller, 2002; Guinand et al., 2003）。对于鱼类而言，性腺分化和成熟成年个体的繁殖阶段是 TCDD 易感性增强的阶段（Kingheiden et al., 2012），因为内分泌信号对于早期发育和性腺分化的调节非常重要，在个体发育的关键时间暴露 TCDD 会引起永久性的功能变化，从而导致后期生活中适应性和生殖能力降低（Bigsby et al., 1999; Segner, 2006）。TCDD 引起鱼类生殖毒性的可能机制是通过抑制类固醇合成酶的活性进而抑制鱼体内雌激素的生物合成（Hutz et al., 2006）。雌性成年斑马鱼通过饮食急性暴露 TCDD 会造成产卵量剂量依赖性降低，产卵活动完全受抑制，性腺发育停滞与卵母细胞闭锁（Wannemacher et al., 1992）。亚致死浓度 TCDD 暴露也会引起雌性斑马鱼生殖受损，造成产卵量下降，尽管卵巢发育没有受到显著影响，TCDD 也能诱导卵泡发育改变和血清中 17β-雌二醇和卵黄生成素浓度降低，引起生殖能力降低（Heiden et al., 2005; Heiden et al., 2006）。TCDD 会影响双壳软体动物的性腺发育，降低幼虫存活，这一定程度上可以解释在受 TCDD 污染的河口双壳软体动物不能自主维持其种群水平（Cooper, 2009）。

二噁英能透过血胎屏障，所以它不仅影响亲代的生育能力，还影响其子代的生殖功能。雌性小鼠暴露 TCDD 后体重和卵巢重量显著降低，同时产仔数减少

（Huang et al., 2011）。妊娠期仓鼠暴露低剂量 TCDD 后，其子代中雄性个体附睾和精子浓度减小，雌性个体卵巢重量减小、生育能力降低（Wolf et al., 1999）。母体大鼠在交配前的 90 天每天口服暴露低剂量 TCDD[0 μg TCDD/（kg·d）、0.001 μg TCDD/（kg·d）、0.01 μg TCDD/（kg·d）和 0.1 μg TCDD/（kg·d）]，期间并未表现出显著的毒性效应，结果表明，较高剂量 0.01 μg TCDD/（kg·d）和 0.1 μg TCDD/（kg·d）能显著影响大鼠连续 3 代的生殖能力，表现为生育力降低、出生时的窝仔数量减少、妊娠存活率（出生时活的幼崽比例）降低、新生儿的存活和生长减少（Murray, 1979）。

二噁英能损伤睾丸的功能和精子活力。TCDD 能诱导雄性大鼠产生氧化损伤，大鼠的精子活力和精子浓度显著降低（Beytur et al., 2012）。雄性大鼠在妊娠期暴露 TCDD 会导致雄性后代精子数量永久性地减少，精子畸形率上升（Faqi et al., 1998）。TCDD 的生殖效应也取决于暴露途径和暴露时间。如雄性大鼠在胚胎期、哺乳期或胚胎期和哺乳期同时暴露 TCDD，结果发现胚胎期暴露会延缓青春发育期，降低每天的精子产量；哺乳期暴露会使雄性后代性行为趋于雌性化；胚胎期或哺乳期暴露都能引起年轻成年大鼠血浆中睾酮浓度降低，前列腺和精囊重量、蛋白含量和 DNA 含量降低，以及附睾的精子储存降低（Bjerke and Peterson, 1994）。

2. 流行病学研究

人类流行病学研究表明，二噁英会对人类的生殖能力产生影响。一项跟踪调查研究发现，胚胎期暴露 PCDDs/PCDFs 会造成对子代女婴体内雌激素水平降低，进而损坏女孩的生殖系统的发育功能（Su et al., 2012）。二噁英对男性生殖力造成的危害尤其显著，在历史上有过惨痛的事故和教训。例如 1976 年意大利赛维索（Seveso）二噁英泄露事件。2002～2003 年的一项调查发现，在事故发生后 8 年期间出生的男性，尽管在胚胎期和哺乳期受到相对低浓度的二噁英暴露，他们的精子质量还是受到了永久性损伤（Barrett, 2011; Mocarelli et al., 2011）。

6.1.3　多氯联苯

作为一类典型的内分泌干扰物，PCBs 会对生物体的生殖健康产生影响。PCBs 主要通过生殖器官和性激素水平两方面影响雄性生殖系统，例如 PCBs 通过影响睾丸和附睾的大小、重量，破坏睾丸曲细精管，以及降低精子数量、活力等进而影响受精能力；PCBs 通过影响生殖激素如睾酮、孕酮、卵泡刺激素和黄体生成素等的水平而破坏机体的生殖机能。PCBs 对雌性生殖系统的影响也表现为对生殖器官如卵巢、输卵管、子宫和阴道，以及生殖激素水平等的影响。

1. 动物实验研究

多氯联苯可以影响野生鱼类的正常繁殖。有研究报道，北美五大湖区(Great lakes)湖鳟鱼(*Salvelinus namaycush*)孵化成功率降低和胚胎死亡率升高(Mac et al., 1993)，波罗的海(Baltic)鲱鱼(*Clupea harengus*)的孵化存活率降低(Hansen et al., 1985)及欧洲川鲽(*Platichthys flesus*)胚胎的发育和存活受损(von Westernhagen et al., 1981)，这些都与子宫和胚胎中高水平的PCBs有关。实验室研究发现，斑马鱼(*Danio rerio*)经口暴露多种PCBs混合物，其卵产量降低，幼鱼存活时间缩短(Örn et al., 1998)。成年雌性白鲈鱼(*Morone americana*)注射四氯联苯(3,3′,4,4′-tetrachlorobiphenyl，TCB)会损伤其生殖细胞形成和后代的存活(Monosson et al., 1994)。

PCBs可以通过影响生殖激素水平和生殖器官从而对生殖能力产生影响，处于胚胎期(或围产期)的生物体对于外来化学物的毒性作用更敏感。雄性大鼠腹腔注射PCB-126后，血清中睾酮的浓度显著降低，精子活力降低(Han et al., 2010)。新生雄性大鼠经腹腔注射低剂量(2 mg/kg)和高剂量(20 mg/kg)的PCBs，112天后发现大鼠双侧睾丸的重量明显增加，高剂量组大鼠表现出精子数量、运动能力、直线运动速率和精子穿透卵子的能力明显下降，卵泡刺激素(FSH)水平明显增加，但是血浆中睾酮、甲状腺激素以及催乳素的水平没有明显变化(Hsu et al., 2003; Hsu, 2004)。PCBs暴露处于发情周期的牛，会损害牛的卵巢功能和子宫收缩能力，显著抑制类固醇激素分泌，促进催产素分泌，刺激子宫肌宫缩，从而导致流产和早产(Kotwica et al., 2006)。

PCBs能在脂肪组织和母乳中富集，易穿过血胎屏障，因此哺乳动物在胎儿发育和母乳喂养过程中容易受到高浓度的PCBs暴露，对生殖健康产生影响(Colciago et al., 2006; 周京花等, 2013)。妊娠期大鼠暴露于低剂量的PCB-118会导致子代成年小鼠的睾丸、附睾以及精囊腺变小，精子的数量及日产精量下降(Kuriyama and Chahoud, 2004)。类似地，Wakui等的研究中也发现妊娠期大鼠暴露于高剂量(250 ng/kg)PCB-126会引起其仔鼠的附睾尾精子数降低(Wakui et al., 2010)。PCBs暴露母体产生的生殖毒性效应还会表现出代际传递效应。Pocar等研究了PCBs暴露胚胎期和哺乳期母鼠后对子代生殖健康的影响，结果表明F$_1$代雄性表现出输精管直径变短、精子活性降低和睾丸重量减轻，甚至对F$_3$代雄性仍有生殖毒性(Pocar et al., 2012)。

2. 流行病学研究

人类流行病学研究表明，多氯联苯会对人类的生殖能力产生影响。PCBs与女性流产和不育有一定的相关性。调查发现，母亲暴露不同PCBs同系物对女儿怀孕时间的影响不同，PCB-187、PCB-156和PCB-99会导致怀孕延迟，而PCB-105、

PCB-138 和 PCB-183 会导致怀孕缩短，而且怀孕延迟的女性患妊娠期流产和不育的比例升高 (Cohn et al., 2011)。Guo 等针对 1979 年我国台湾米糠油受到 PCBs 和 PCDFs 污染事件后的一项调查发现，在母亲怀孕期或出生后受到暴露的男婴，成年后部分男性表现出精子形态异常和精子活力降低 (Guo et al., 2004)。在美国纽约的一项调查中，对患有特发性少精症但有生育能力的男性精液样本分析结果表明，三种 PCBs 同系物 (2,4,5,2'4'5'-六氯联苯，2,4,5,2'3'4'-六氯联苯，2,4,5,3'4'-五氯联苯) 与精液中的精子浓度与精子活力呈负相关 (Bush et al., 1986)。Haugen 等的调查表明，挪威男性的血液中 PCB-135 的水平与精子浓度呈负相关 (Haugen et al., 2011)。

6.1.4　多环芳烃

PAHs 具有诱变性和致癌性，其及其代谢产物可能会引起生物体的生殖毒性。Bolden 等对 PAHs 与雌性生殖效应的研究综述结果表明，PAHs 会明确影响雌性生物体的生育能力和怀孕/胎儿的存活率 (Bolden et al., 2017)。苯并[a]芘 (benzopyrene, BaP) 作为 PAHs 家族中的典型化学物质，对它的生殖毒性效应研究得最多。大量的流行病学调查和动物实验表明，BaP 可以影响机体的生殖能力，如引起生育能力下降、不孕不育、流产、早产等不良的妊娠结局 (连立芬等，2013)。

1. 动物实验研究

BaP 对雌性生殖系统的卵巢和子宫、雄性的睾丸都有很强的毒性。BaP 会导致栉孔扇贝的精巢和卵巢发育缓慢，卵母细胞大量退化，精子数量降低，性腺发育延迟等 (张琳，2009)。雌性小鼠暴露 BaP 会引起卵巢衰竭，卵母细胞凋亡，且雌性后代卵泡发育能力显著降低 (Matikainen et al., 2002)。BaP 会诱导小鼠子宫细胞形态改变及子宫细胞凋亡而对子宫组织产生毒性 (Gao et al., 2011)。新生儿小鼠出生后 14 天内连续每天注射苯并[a]蒽 (benz[a]anthracene，BaA) 和苯并[k]荧蒽 (benzo[k]fluoranthene，BkF) (0.1 mg/kg、1.0 mg/kg 和 10.0 mg/kg)，结果表明不同剂量 BaA 和 BkF 均能导致大鼠子宫重量降低，子宫内 ER 的表达显著下调，引起子宫形态改变且功能紊乱 (Kummer et al., 2009)。雄性大鼠暴露 BaP 会导致血浆中睾酮水平降低，引起睾丸中生殖细胞凋亡，降低睾丸生成精子的功能 (Chung et al., 2011)。PAHs 容易透过血胎屏障，对胎儿发育以及后代生殖健康产生危害。小鼠妊娠期和哺乳期暴露苯并[k]荧蒽会引起 F_1 代雄性小鼠精子功能异常和精子质量降低 (Kim et al., 2011)。PAHs 及其衍生物会影响鱼类的雌激素活性，对鱼类的生殖健康产生危害 (Logan, 2007)。雌性欧洲川鲽 (*Platichthys flesus*) 暴露于菲，会改变血浆中类固醇水平，表现出抗雌激素活性从而损害生殖功能 (Monteiro et al., 2000a)。菲、苯并[a]芘和芘暴露雌性 *P. flesus*，会降低卵巢中类固醇的体外合成，可能扰乱鱼的生殖周期 (Monteiro et al., 2000b)。

2. 流行病学研究

人类流行病学研究表明，多环芳烃会对人类的生殖能力产生影响。PAHs 暴露会导致妊娠早期流产风险提高。中国武警医学院 Wu 等的一项调查发现，母亲血液中苯并芘-DNA 加合物的量高于中值水平时母亲早期流产的风险会提高 4 倍，由此认为，母亲受到高水平 PAHs 暴露时会导致妊娠早期流产风险提高(Wu et al.，2010)。Xia 等调查了男性尿液中 4 种 PAHs 代谢物 1-羟基萘(1-hydroxynapthalene，1-N)、2-羟基萘(2-hydroxynapthalene，2-N)、1-羟基芘(1-hydroxypyrene，1-OHP)和 2-羟基芴(2-hydroxyfluorene，2-OHF)与男性精子质量的相关性，结果发现较高含量 1-OHP 与精子浓度和数量呈负相关(Xia et al.，2009)。Hsu 等以 48 名炼焦炉的男性工人为研究对象，在对他们工作环境中的多环芳烃和尿液中 1-羟基芘浓度调查的基础上，对其精液进行了显微分析，结果发现职业暴露于高浓度的多环芳烃会使精子功能损伤的风险增加，此外，吸烟可能会加重暴露于高浓度多环芳烃工人的精子染色质结构的完整性(Hsu et al.，2006；戴群莹等，2014)。

6.1.5 多溴二苯醚

多溴二苯醚(PBDEs)作为一种重要的溴化阻燃剂被广泛用于多种工业产品中，是一类新型持久性有机污染物。关于 PBDEs 毒性的研究，以往主要集中在神经系统和内分泌系统，随着 Main 等的报道指出隐睾症患儿母乳中 PBDEs 浓度明显高于健康新生儿对照组(Main et al.，2007)，关于 PBDEs 的生殖毒性重新开始受到众多学者的关注。本节主要对近年来 PBDEs 的生殖毒性效应研究进行简单概述。

1. 动物实验研究

PBDEs 会对浮游和底栖生物的生殖健康产生影响，如 BDE-47、BDE-99 和 BDE-100 暴露能显著抑制桡足动物 *Nitocra spinipes* 的发育、增殖和种群增长速率(Breitholtz and Wollenberger，2003；Wollenberger et al.，2005)，BDE-47 还可以抑制大型溞(*Daphnia magna*)的生殖(Källqvist et al.，2006)。PBDEs 对雌性实验动物具有生殖毒性，母代暴露 PBDEs 会影响子代的生殖能力。妊娠期大鼠暴露高浓度的 PBDEs 能导致雌性后代青春期延迟，也能导致次生卵泡减少(Lilienthal et al.，2006)。大鼠在妊娠期暴露低浓度的 BDE-47，能导致其子代雌性的卵巢重量显著降低(Talsness et al.，2008)。PBDEs 对雄性实验动物也具有生殖毒性。BDE-47 暴露可导致雄性日本青鳉(*Oryzias latipes*)精液减少，而对雌性青鳉鱼效应不明显(Muirhead et al.，2006)。Wistar 大鼠从妊娠第 8 天直至出生后 21 天长期暴露于 0.2 mg/kg BDE-47，对出生 120 天后雄性子代的生殖健康调查显示，子代睾丸明显变小，每一睾丸重量产生的精子数量减少，形态异常精子百分比明显增高，精子头部尺寸增加；此外，母体暴露 BDE-47 也会导致睾丸转录组发生显著变化，包括抑制精子发生和免疫应答基因激活所必需的基因(Khalil, 2017)。类似地，Kuriyama 等的研究也认为，妊娠期大鼠暴露低剂量 BDE-99 会造成其子代雄鼠精子形成永久性损伤(Kuriyama et al., 2005)。BDE-209 暴露胚胎期斑马鱼，斑马鱼精子总活力和活跃精子的百分比显著降低,同时对精子激活也产生负面影响(白承连, 2009)。出生后的雄性小鼠暴露 BDE-209，会诱导精子产生氧化损伤，进而导致精子运动能力受损(Tseng et al., 2006)。

2. 流行病学研究

人类流行病学研究表明，多溴二苯醚会对人类的生殖能力产生影响。2007 年，Main 等对新生男童患隐睾症与母体母乳或胚胎中 PBDEs 的相关性分析发现，隐睾症患儿母体胚胎中 PBDEs 浓度与健康新生儿对照组没有明显差别，但是隐睾症患儿母乳中 PBDEs 浓度明显高于健康新生儿对照组，这是人类首次发现 PBDEs 暴露与人类生殖系统毒性存在关联(Main et al., 2007)。对男性生殖健康的调查认为，PBDEs 可能降低男性精子质量。一项对日本男性飞行员的调查发现，血清中 BDE-153 的含量与精子浓度和睾丸大小呈显著负相关(Akutsu et al., 2008)。加拿大的一项调查发现，成年男性血浆中 PBDEs 的含量与精子活力呈负相关(Abdelouahab et al., 2011)。目前关于 PBDEs 对女性生殖健康影响的研究还较少。2010 年美国的一项调查发现，女性血液中 BDE-47、BDE-99、BDE-100 和 BDE-153 的水平与女性怀孕延迟呈正相关，表明 PBDEs 可能降低女性生殖力(Harley et al., 2010)。

6.1.6　全氟化合物

全氟化合物(PFCs)是一种典型的环境激素，在众多的 PFCs 中，全氟辛酸(PFOA)和全氟辛基磺酸(PFOS)是绝大多数 PFCs 的最终代谢产物，所以多数关于 PFCs 暴露水平的研究都以 PFOA 和 PFOS 浓度水平为参照(陈致远, 2013)。

1. 动物实验研究

PFOS 会损害精子细胞的形态和功能，导致精子数量减少、活动力降低、精子畸形率增高。PFOS 长期暴露大鼠会引起大鼠睾丸组织中参与供能的两种标志酶——乳酸脱氢酶同工酶和山梨醇脱氢酶的活性降低，使能量供应不足，导致大鼠精子数量和活动度下降，精子畸形率增加(范轶欧等, 2005)。Oakes 等研究黑头呆鱼(*Pimephales promelas*)暴露一系列浓度 PFOA 持续 39 天后的生殖损伤及生化变化情况，结果发现血液中类固醇激素的水平明显降低，同时伴随着第一次排卵时间延长和排卵数量下降(Oakes et al., 2010)。孕期大鼠从妊娠期第 1~18 天连续口服暴露不同浓度 PFOA(1 mg/kg、3 mg/kg、5 mg/kg、10 mg/kg、20 mg/kg 和 40 mg/kg)，发现高浓度下大鼠出生率和子代存活率显著降低(Lau et al., 2006)。

2. 流行病学研究

人类流行病学调查研究发现，PFCs 具有生殖毒性。Toft 等对一个 588 人的队列调查发现，男性血清中 PFOS 浓度与精子形态呈负相关，表明 PFOS 会对精子质量产生负面影响，猜测可能是由 PFOS 干扰了机体的内分泌功能或影响了精子细胞膜功能所致(Toft et al., 2012)。Joensen 等在 2003 年对 105 名健康男性的研究发现，相比于血清中含低水平 PFOS-PFOA 的人而言，血清中含高水平 PFOS 和 PFOA 的人精液中含有较少的正常精子数(Joensen et al., 2009)。但是目前关于 PFCs 生殖毒性的研究结果还不尽一致。Joensen 等在 2013 年的研究发现，血清中 PFOS 水平与睾酮、游离雄激素指数、FSH/LH 等呈负相关性，但是与精子质量包括精子密度、总精子数、正常形态精子比例等无明显相关性(Joensen et al., 2013)。因此，关于 PFCs 的生殖毒性还有待进一步探讨。

6.1.7 五氯酚

五氯酚(pentachlorophenol, PCP)及其钠盐五氯酚钠(PCP-Na)作为灭螺药物广泛应用于农业，PCP-Na 进入生物体内后可分解为 PCP，PCP 作为一种环境内分泌干扰物具有弱雌激素作用，会对生物体的生殖健康产生影响(杨淑贞等, 2005)。

1. 动物实验研究

PCP 的弱雌激素作用对处于发育中的生殖器官和其他具有相同激素受体的器官可造成不可逆的永久性改变，影响后代的繁殖和发育(杨淑贞等, 2005; 周丽新等, 2014)。Bernard 等考察了 2 代 SD 大鼠长期经口暴露不同浓度 PCP[0 mg/(kg·d)、10 mg/(kg·d)、30 mg/(kg·d)和 60 mg/(kg·d)]的生殖毒性效应，结果发现最高剂量组暴露可导致性成熟时间滞后、精子数目减少、睾丸和前列腺缩小、胚胎植入能力减弱和生育力降低等(Bernard et al., 2002)。新生雌貂从出生到断乳期间每天口服暴露 1 mg/kg PCP，待性成熟后交配 2 次，交配时间间隔 7～8 天，结果发现雌貂接受第 1 次交配没有受到影响，但是接受第 2 次交配的比例和产崽率均降低(Beard et al., 1997)。公羊从胚胎期开始至第 28 周进行尸解期间连续每天用添加 1 mg/kg PCP 的饲料喂养，结果发现 PCP 处理可导致其甲状腺浓度降低、阴囊周缘增大、输精管萎缩数增加、附睾精子密度降低(Beard et al., 1999)。尹晓晨等的研究中用不同剂量(13.44 mg/kg、26.88 mg/kg 和 53.76 mg/kg)PCP-Na 经口染毒雄性小鼠，结果发现高剂量组表现出明显的生殖毒性，包括小鼠的精子畸形率显著增加，精子密度、睾丸和附睾重量显著下降等(尹晓晨等, 2008)。日本青鳉鱼(*Oryzias latipes*)母代暴露 PCP，母代雌鱼的繁殖力和平均生育力显著下降，雄鱼中出现睾丸-卵巢并存现象，F_1 代的孵化率和孵化时间也受到明显影响(Zha et al., 2006)。

2. 流行病学研究

人类流行病学调查显示，PCP 可能引起女性轻度卵巢和肾上腺功能不全，最终导致不孕(Gerhard et al., 1999)。Karmaus 和 Wolf 在 1995 年对日托中心的 398 位妇女的一项调查表明，长期接触 PCP 和林丹处理过的木材的母亲，除去胎次或多胎等因素的影响，其子女的出生体重及体长均明显下降(Karmaus and Wolf, 1995)。Dimich-Ward 等通过对 1952~1958 年英国哥伦比亚锯厂有 PCP 处理的木材接触史 1 年以上的 9512 位父亲进行了走访，分析发现他们的 19675 个子女中，虽然死胎、新生儿低出生体重、新生儿死亡等无明显增加，但无脑畸形、脊柱和生殖器异常等的发生率明显增加(Dimich-Ward et al., 1996)。

6.1.8　小结

近年来,国内外围绕 POPs 对生殖能力的影响开展了大量的研究工作,为 POPs 的环境风险评价提供了重要的科学依据(表 6-1)(周京花等, 2013; Rattan et al., 2017)。几类典型的 POPs 中，关于有机氯农药的生殖毒性研究和相关的流行病学调查数据较其他几类 POPs 更为全面，且从实验动物生殖毒性到人类流行病学调查的效应终点也有比较好的一致性。但是，目前关于 POPs 的研究还有待进一步完善：①关于其他几类 POPs 和新型 POPs 的生殖毒性研究和相关流行病学调查数据还相当缺乏；②实际环境往往是多种污染物复合存在共同作用于机体，因此需要研究不同污染物之间的联合毒性，包括不同类型 POPs 之间、同类 POPs 的不同同系物之间，以及与其他污染物之间。

表 6-1　POPs 对实验动物和人类生殖能力的影响

POPs		实验动物	人类
有机氯	雌性生殖	类固醇激素生成↓ 子宫增重↑ 卵泡发育↓ 排卵↓　胚胎着床↓ 生育力↓	类固醇激素生成↓ 生育力↓ 更年期平均年龄↓ 妊娠延迟↑ 早期流产↑
	雄性生殖	睾酮↓ 精子数量↓　精子活力↓ 精子畸形↑	睾酮↓ 精子数量↓　精子活力↓ 精子畸形↑
二噁英	雌性生殖	类固醇激素生成↓ 催乳素↓　孕酮↑ 排卵↓　卵巢滤泡成熟↓ 子宫功能↓　阴道发育↓ 胚胎着床↓　流产↑	怀孕时间↑ 雌激素↓ 子宫内膜异位 生育力↓ 阴道发育↓
	雄性生殖	睾酮↓ 精子数量↓　精子活力↓ 精子畸形↑	睾酮↓ 精子数量↓精子活力↓ 精子畸形↑

续表

POPs		实验动物		人类
PCBs	雌性生殖	早产↑ 流产↑ 排卵↓ 影响类固醇激素生成 子宫鳞状细胞癌的发病率↑ 子宫炎症 催产素↑孕酮↓		胚胎着床↓ 流产↑ 妊娠延迟↑ 生育力↓ 子宫内膜异位 子宫肌瘤
	雄性生殖	睾酮↓ 精子数量↓ 精子活力↓ 精子畸形↑		睾酮↓SHBG↓ 精子数量↓精子活力↓ 精子畸形↑
PAHs	雌性生殖	卵泡发育↓ 排卵↓ 子宫重量↓		早期流产↑
	雄性生殖	睾酮↓ 精子数量↓ 精子活力↓ 精子畸形↑		E₂、FSH、LH↑ 精子数量↓ 精子畸形↑
PBDEs	雌性生殖	卵泡发育↓卵巢重量↓ 胚胎发育↓		妊娠延迟↑
	雄性生殖	精子活力↓ 精子浓度↓ 睾丸重量↓ 生殖器畸形↑		精子活力↓ 精子浓度↓ 睾丸大小↓ 隐睾症↑

数据源自：周京花等，2013；Rattan et al., 2017。

6.2 致 畸 性

畸形是指胚胎在发育过程中，由于受到某种因素的影响，使胚胎的细胞分化和器官的形成不能正常进行，而造成组织器官层面上的缺陷，并出现可见的形态结构异常者。致畸作用(teratogenesis)是指能作用于妊娠的母体，干扰胚胎的发育，导致先天性畸形的毒性作用。能引起胚胎发生畸变的化学物质统称为化学致畸原(chemical teratogen)。尽管一般所说的畸形仅指代生物解剖结构异常，但生物学上的畸形也包括功能、行为、代谢与遗传的异常，本节的讨论范围主要为：不发育、发育不全、发育过度、骨骼发育异常、器官或组织非典型分化、副器官或者异位器官等形态学上可见的发育异常。

6.2.1 致畸性的影响因素

胚胎发育成为成熟个体是相当复杂且精细的过程。胚胎在生长发育过程中，由于存在细胞的迁移、分化、细胞和组织相互作用等因素，各种因素的组合须按正确顺序、正确时间、一定的方向部位，协调地实现发育过程。通常情况下，胚胎在分化前期对致畸原不敏感，分化早期对致畸原高度敏感，器官形成期，随着胚胎年龄增加，对致畸原敏感性逐渐降低，胚层形成期，大约是致畸敏感期的开始（Wilson, 1965）。

值得注意的是，生物体在此过程中，即使在不受外来因素的影响下，也有可能产生异常的结果，这通常与遗传性的基因或染色体异常或基因突变有关。但在更多时候，外在的环境因素对幼体正常发育的影响更大。20 世纪中期发生的八大公害事件，使人们开始意识到环境污染的危害。其中 POPs 作为几大事件主要的污染源，其毒理学效应被广泛研究。环境污染物的"三致"作用是用来评价环境污染对生物的潜在危害大小的指标之一。其中致畸性所表现的形态结构异常，可以通过出生后立即被发现，因此研究较多。

而关于其作用机理，大致可以从以下三类诱发因素理解。

1. 遗传因素方面

环境污染物作用于生殖细胞的遗传物质，使 DNA 上的核苷酸发生改变（置换、缺失、插入和移码）。生殖细胞突变有遗传性。化学物质作用于胚胎体细胞而引起的胚胎畸形是非遗传性的。其次，在生殖细胞分裂过程中出现异常现象也可能导致幼体畸形：一方面是抑制 DNA 合成或者阻碍纺锤体形成，干扰有丝分裂过程，使细胞分裂不能正常进行；另一方面是在细胞分裂中期成对染色体彼此不分离、断裂，以致子细胞中的染色质过多或者缺失。一般存在染色体畸变的子代多数不能存活，存活的子代也多数存在结构和功能的异常。染色体畸变的深层机理还需进一步探究。

2. 机体代谢方面

生物体内一些重要的酶类的合成受到抑制，在胚胎发育过程中需要许多具有专一性的酶。例如：核糖核酸二磷酸还原酶、葡萄糖-6-磷酸脱氢酶和 DNA 聚合酶等。体细胞突变引起的发育异常除了形态上的缺陷以外，有时还会产生代谢性疾病，如导致部分功能性酶的缺陷。如果酶受到抑制或者在结构和功能上遭到破坏，将会影响胚胎的正常发育，从而导致胚胎畸形。母体营养不足，胎盘运输障碍或抗代谢物的作用等诸多因素均可干扰母体正常代谢，使胚胎在发育过程中的生物合成缺乏必需的先质、基质和辅酶等物质，影响胚胎正常发育。

3. 生理方面

渗透压不平衡可以改变胚胎内外液体的渗透压和黏度而导致畸形。例如胚胎缺氧使得胚胎外渗透压降低，于是液体涌入胚胎，引起某些部分水肿、水泡及血肿、机械性压迫和组织缺血而导致这部分胚胎发育异常。生物膜通道性改变也可产生渗透压不平衡，导致胚胎房室间的离子转移改变，发生畸形；致畸原作用于胚胎可以损害胚胎细胞膜的超微结构。

6.2.2 典型持久性有机物的致畸性效应

1. 多氯联苯

虽然很多地区已经禁用多氯联苯(PCBs)，但是由于禁用前的广泛使用性，使其在自然环境中广泛分布。人可通过不同的暴露途径将其吸收并累积于体内，PCBs 主要通过食物的摄入进入人体。

现今对于 PCBs 的人体毒性效应了解，多数源于观察受多氯联苯污染的米糠油中毒患者出现的病状。虽然后来的研究证实米糠油毒性作用主要是因为氯化呋喃，但也不能排除部分毒性是源于 PCBs。PCBs 对某些动物具有较强的致畸性和生殖毒性，它对胎儿的存活率、畸胎率、胎儿肝胆管和外形发育均有影响。孕妇摄入大量 PCBs 会使腹中胎儿的生长停滞。

PCB-60 会导致斑马鱼胚胎孵化率降低，胚胎孵化困难，孵化时间延迟。胚胎在孵化时，出现脊柱畸形，严重弯曲，但这些畸形随发育慢慢消失。PCB-173 和 PCB-190 不会导致胚胎/幼鱼死亡率显著升高。PCB-173 注射导致胚胎形成水肿和一些脊柱畸形，而 PCB-109 注射后的斑马鱼胚胎出现生长速度缓慢和前部畸形(Billsson et al., 1998; Quilang and De Guzman, 2008)。PCBs 对鸟类的效应主要表现为心包囊肿、皮下水肿、肝脏损伤和喙畸形(Brunström, 1989)。David J. Hoffman 等报道了 PCBs 对三种鸟类(鸡、燕鸥和美洲隼)均可产生致畸效应与皮下水肿。对于 PCB-126，喙的缺陷是所有研究的鸟类中最常见的异常，包括喙缺陷、上部和下部的长度不等以及交叉喙，其中交叉喙现象在燕鸥中最普遍。PCB-77 对鸡和隼产生缺陷和水肿与 PCB-126 相似(图 6-4)。胚胎和幼体中的畸形似乎存在一定的剂量-效应关系，水肿的发生率也是如此。其他文献也有相关报道，对鸡卵进行 PCBs 注射后，孵化出来的小鸡存在类似的水肿和异常(Brunström and Andersson, 1988; Powell et al., 1996)。威斯康星州格林湾的濒临灭绝的福斯特燕鸥和五大湖地区的里海燕鸥以及五大湖上游地区的双峰鸬鹚也出现不完整的骨骼骨化作用和交叉喙(Hoffman et al., 1987; Hoffman et al., 2010b; Ludwig et al., 1993; Yamashita et al., 1993)。

(a)　　　　　　　(b)　　　　　　　(c)

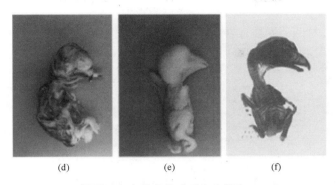

(d)　　　　　　　　(e)　　　　　　　　(f)

图 6-4　PCB-126 暴露后产生的鸟类畸形和水肿（Hoffman et al., 2010b）

上层（从左至右）：（a）对照组，（b）0.3 ng/g PCB-126 暴露组中小鸡出现喙缺陷与脑积水和（c）严重的皮下水肿；下层（从左至右）：（d）240 ng/g PCB-126 暴露组中燕鸥出现交叉喙和脑积水，（e）100 ng/g PCB-77 暴露使美洲隼出现无眼畸形、小眼畸形、喙缺陷与水肿和（f）骨架与骶/尾椎的不完全骨化和喙缺陷

　　研究表明，以 25 mg/kg PCBs 口给喂食兔子，21 天后可引起 25% 的兔子出现流产（Bookhout et al., 1972）。对孕期大鼠每天进行不同剂量（0.1～16 mg/kg）PCBs 口给喂食，畸胎率由 0.9% 上升至 60.6%，PCBs 的口饲剂量与大鼠的畸胎率之间存在明显的剂量-效应关系。Aroclor 1254（一种类二噁英多氯联苯的典型代表物质）的直接毒性作用导致小鼠生殖器官的结构异常、炎性反应及细胞的病理学变化，不能支持胚胎正常发育，影响卵裂的 2-细胞胚发育为桑椹胚和囊胚，导致发育停止或退化变性。对雌性恒河猴进行相对低剂量 PCBs 暴露（2.5～5.0 mg/kg）也可诱发妊娠问题，即使成功妊娠，幼猴的体重也相对较轻（Tryphonas et al., 1989）。Gutleb 等通过实验证明 PCB-126（50 mg/L）显著降低了青蛙和豹蛙幼虫的存活率，但没有引起肢体畸形（Gutleb et al., 1999）。PCB-126（0.2 mg/kg）和 Clophen A50（2200 mg/kg）的口服暴露均不会引起非洲爪蟾的肢体畸形（Gutleb et al., 2000）。基于这些有限的研究，Kati Loeffler 等得出结论，两栖动物似乎比哺乳动物和鸟类对多氯联苯对形态发生的影响不太敏感（Loeffler et al., 2001）。PCBs 的毒性在很大程度上取决于联苯环中氯原子的数量和位置（Brouwer et al., 1999）。不同的 PCBs 混合物和同类物可能具有不同的毒性作用。A. C. Gutleb 等报道 Clophen A50 暴露后的雌性非洲爪蟾产出的胚胎出现严重的心脏和腹部水肿，眼睛尺寸减小，圆形头部缩小，肠道不完全卷曲和复杂的轴向畸形。Clophen A50 暴露后的中国林蛙产出的胚胎出现类似的畸形现象（Gutleb et al., 1999）。PCBs 暴露后的泽蛙中出现前肢独臂畸形与先天性缺指畸形。Aroclor 1242、Aroclor 1254、PCB-3 和 PCB-5 暴露导致非洲爪蟾产生畸形前肢，使得肱骨和前臂总是保持一定的角度，不能改变相对位置。畸形的前肢结构完整但无法移动。由于雄性爪蟾必须依靠灵活的前肢掌握雌性爪蟾才能进行外部受精，前肢畸形的雄性爪蟾无法进行交配产

生后代，从而导致受污染生境中爪蟾个数的减少（图 6-5）（Qin et al., 2005）。但并非所有的 PCBs 对两栖四肢存在致畸作用。

图 6-5   多氯联苯引起非洲爪蟾与泽蛙的前肢畸形（Qin et al., 2005）

上层（从左至右）：(a) 在水中的正常非洲爪蟾，(b) 畸形非洲爪蟾的畸形前肢靠近腹部，不能自由移动，肱骨和前臂总是保持一定的角度，相对位置不能改变；下层：PCBs 暴露后，泽蛙出现 (c) 前肢独臂畸形与 (d) 先天性缺指畸形

2. 环戊二烯类杀虫剂

艾氏剂（aldrin）和狄氏剂（dieldrin）属于典型的氯化环戊二烯类杀昆虫剂。这类化合物大部分根据 Diels-Alder 反应原理合成，故而得名。氯化环戊二烯杀昆虫剂还包括异狄氏剂（endrin）、七氯（heptachlor）和氯丹（chlordane）等化合物。

生物体内的狄氏剂部分来自于艾氏剂的代谢。Treon 和 Cleveland 报道了对大鼠进行 2.5 ppm 或 12.5 ppm 狄氏剂处理后，妊娠的发生率下降，但并没有在后期交配过程中对妊娠产生显著影响（Treon and Cleveland, 1955）。对交配前 30 天的小鼠进行 120 天的 5 ppm 狄氏剂和艾氏剂口给暴露，发现狄氏剂没有引起亲代小鼠的死亡，但显著降低后代个体大小。而当艾氏剂引起亲代死亡时，则产生更加显著的幼小子代。Smith 等发现一定剂量的狄氏剂暴露可以引起已受精的鸡卵孵化率降低（Smith et al., 1970）。Keplinger 等通过对小鼠子代进行艾氏剂、狄氏剂、氯丹、DDT 和毒杀芬等五种杀虫药剂或之间联合暴露，发现它们可通过胎盘营养供给、摄食母乳以及摄食污染食物等方式吸收，从而引起毒性效应(Keplinger et al.，1968)。在喂食 25 ppm 毒杀芬、氯丹或 DDT 的小鼠中，经过 5～6 个世代，很少或没有发现不良效应。而在喂食 25 ppm 艾氏剂、狄氏剂以及这两种杀虫剂或其他杀虫药剂联合的亲代、第二代和它们的后代中，受精率、妊娠、成活率、哺乳等其他方面指数方面没有观察到显著的效应。而器官或组织的组织学研究发现，所有的试验动物肝脏存在改变，在大多数试验动物中的肾、肺和脑也存在病理变化。在其他的研究中，2.5 mg/kg 或 85%狄氏剂处理 Wistar 大鼠和瑞士小鼠，产生了胎儿畸形(Boucard et al.，1970)。Noda 等利用含异狄氏剂 0.58 mg/kg 的乳剂对雌性小鼠与大鼠进行口给暴露，处理后发现，处理组中小鼠和大鼠的胎儿死亡率均高于对照组，并且处理组小鼠中的畸形与未成熟胎儿数量显著高于对照(Kozatani et al.，1972)。其中小鼠最频繁的畸形是弯足。而处理组中大鼠的不良效应包括骨骼异常发生率(主要为延缓发生，并出现不正常的骨化现象)显著上升。对金色仓鼠妊娠的第 7 天、8 天或 9 天进行一次性口给溶于玉米油的半数致死剂量(LD_{50})的艾氏剂、狄氏剂和异狄氏剂后，可以引起较高的胎儿死亡率、先天畸形和生长延缓。出现畸形频率最高的主要是腭裂和蹼足，并经常伴随出现(Ottolenghi et al.，1974)。而对怀孕的 CD-1 小鼠，在妊娠的第 9 天，每种杀虫剂以与上例相等的口服剂量处理，胎儿死亡率及生长延缓等相似病理现象并没有显著上升。有研究报道狄氏剂可以诱发斑马鱼幼鱼心脏水肿、骨骼畸形和震颤(Sarty et al.，2017)。Xiong 等通过对斑马鱼胚胎进行氯丹暴露发现，暴露后斑马鱼幼鱼存活率显著降低，发育和孵化时间延迟。其中幼鱼的心率和血流量呈剂量依赖性下降(Xiong，2017)。而幼鱼的心率和血流量下降可能导致斑马鱼发育过程中出现心脏畸形(Jezierska et al.，2009; Andersen et al.，2014; Midgett and Rugonyi，2014)。

　　Markaryan 通过研究表明，溶在油液中的 DDT、狄氏剂、艾氏剂、七氯和六六六(暴露剂量约为 LD_{50} 的 4.0%～6.7%)对小鼠骨髓细胞核具有一定遗传效应。上述物质在腹腔内处理 21 小时后，增加了细胞核内染色体的重组、黏着，以及其他的核变化，包括空泡化核、核固缩、核破裂和溶解(Markaryan，1966)。同时有研究表明，对雄性大白鼠的睾丸进行 0.25 mg 异狄氏剂注射后，发现睾丸内细胞发生染色体断裂与畸变，同时由于染色质发生的改变导致形成无定形染色质团块从而产生无着丝点短片的双桥与单桥(Dikshith and Datta，1973)。以上研究证明了环戊二烯类杀虫剂具有高度的诱变性，以及导致的致畸性，使得我们迫切需要对不同各组织和器官的诱变特性和致畸性做进一步研究。

3. DDT

DDT 在环境中无处不在，在几乎所有生物和环境样本中均可分离出来。DDT 在食物链中的富集作用很强，并且由于 DDT 的高脂溶性使其更容易累积于生物体内的脂肪组织，并具有生物放大的特性。

早在 1946 年，人们通过在自然条件下(Mitchell, 1946)和实验室控制下(Somers et al., 1974; David, 1979)外加 DDT，研究 DDT 对鸟类的潜在胚胎毒性。由于条件的限制，确定的效应相对较少。通过实验证明，DDT 可以通过胎盘进入试验动物如小鼠(Bäckström et al., 1965)、狗(Finnegan et al., 1949)和兔子(Hart et al., 1972)的子体体内。DDT 可以通过人胎盘进行世代传递，有研究报道了在人流产的胎儿中发现 DDT 残余物(Wassermann et al., 1967)。Swati Kalra 等通过比较神经管畸形胎儿的母亲和对照组母亲血液中 γ-HCH、DDE 和硫丹水平，发现前组显著高于对照组，而神经管畸形胎儿血液中除了前面三种物质，DDT 的含量也显著高于对照组婴儿血液中水平。在 2000 年 11 月至 2004 年 2 月期间，莫桑比克和斯威士兰以及南非等地区采用室内滞留喷雾(IRS)进行疟疾媒介控制(Sharp et al., 2007)。然而 Riana Bornman 的研究报道了，由于 IRS 的喷洒，导致母体 DDT 暴露可能产生其子代中男性出现外部泌尿生殖系统天生缺陷(Bornman et al., 2010)。Berg 等和 Fry 等也报道了，o, p'-DDT 暴露可以诱导海鸥、鹌鹑和小鸡胚胎左部睾丸雌性化(Berg et al., 1998)。也有研究证明，o, p'-DDT 可以引起成年公鸡中泄殖腔畸形，导致收集时精液流动异常，即精液在槽两侧流动(Blomqvist et al., 2006)。p, p'-DDE 是 DDT 在环境和生物体内的主要代谢产物，它作为体内 DDT 的慢性暴露标志物，半衰期超过八年(Jaga and Dharmani, 2003)。在流产的雌雄海狮血液中，DDT 的含量高于正常妊娠的雌性海狮，并且在性早熟的幼体血液中 DDT 主要储存代谢产物(p, p'-DDE)含量高于正常发育幼体血液中含量(Gilmartin et al., 1976)。用 10 mg/kg 和 50 mg/kg 的 p, p'-DDE 处理孕期的新西兰白兔，发现子代早熟发生率增加，胎儿重吸收数目以及重吸收部位增加并且胎儿体重显著降低。在上述两种剂量暴露条件下，不能产生明显的致畸效应，但是在实验中也观察到一个畸形胎儿(Hart et al., 1972)。Johnson 和 Jalal 等报道了用 100～400 mg/kg 的 DDT 处理 BALB/C 小鼠，其中 150 ppm 或更高剂量的暴露组中小鼠出现明显的高百分率染色体畸形，这种畸形以中间段缺失、黏着，并且少数呈现环状或者中间着丝点染色体的形式出现(Johnson and Jalal, 1973)。

而由于哺乳动物中染色体损伤的诱导与畸胎发生存在一定相关性，因此 DDT 似乎是一种潜在的致畸原。并且，也有相关研究报道了 DDT 与其衍生物 DDE 对仓鼠细胞株的细胞遗传和诱变的效应。DDE 一方面总是显著增加诱变频率和多倍体细胞的数目，另一方面也导致明显的增加、交换和染色体断裂现象。而实验证明，DDT 并没有明显的诱变性(Kelly-Garvert and Legator, 1973)。DDE 对非洲爪蟾胚胎具有低致死性和致畸性，所以在胚胎发育中被认为几乎无毒。而 DDT 的另一种衍生物 DDD 的致死性和致畸性高于其母体化合物 DDT。观察到的非洲爪蟾主要畸形症状是轴向畸形(DDT 和 DDD)和不规则的肠道卷曲 (DDT) (Saka, 2004)。在已有的关于 DDT 的致癌性与致畸性研究领域中，存在混乱和矛盾的文献(表 6-2)，仍需进行大量有关深层机理的探讨。

表 6-2　三种农药的致畸性对不同生物致畸性

化合物	致畸性				
	小鼠	大鼠	仓鼠	兔	其他
艾氏剂	+[a,b]	+	+[c]	+	
狄氏剂	−[d]	+	+		−(猪)
DDT	−[e]	−[f]	−	−[g]	

文献来源：a. Ottolenghi et al., 1974；b. Georgian, 1975；c. Georgian, 1975；d. Dix et al., 1977；e. Ware and Good, 1967；f. Ottoboni, 1969；g. Hart et al., 1971。

4. 二噁英类物质

二噁英的影响不仅涉及生态环保、人体健康，也涉及社会、经济、政治等多个层面。一般缩写成的二噁英(dioxin)是两大类含氯化合物的统称，即多氯代二苯并-对-二噁英(ploychlorinated dibenzo-p-dioxins, PCDDs)和多氯代二苯并呋喃(polychlorinated dibenzofurans，PCDFs)。两大类化合物的苯环上的 8 个氢原子均可以被包括氯原子在内的卤元素原子取代，因此各有 8 种同类物。由于氯原子取代位置及数量的不同，氯化二噁英共有 75 种同类异构体，而氯化呋喃有 135 种同类异构体，总计有 210 种可能的氯化组合的氯化二噁英类物质。

PCDDs 或 PCDFs 本身不具有化学反应性，大部分的二噁英类物质在生物体内不易被代谢降解，具有生物蓄积与生物放大的作用，例如 TCDD 在人体的生物半衰期约为 7 年。二噁英能产生动物生殖发育障碍。其能影响雄老鼠的生殖，而对其他雄性生物的影响则包括：干扰体内正常激素合成、减少精子形成、降低血液中雄激素浓度、减少生殖器官的重量、改变睾丸的细胞形态、降低生殖能力等。二噁英对雌性动物的影响包括：生理周期激素的不正常变动、胎儿体形较小、宫内膜异位和降低生殖能力等。造成与其他环境激素不同的原因是二噁英物质具有抗雌激素性质。它们中的大多数是通过与细胞内受体蛋白质——芳香烃受体(aryl hydrocarbon receptor, AhR)结合从而产生效应(Schrenk and Cartus, 2012)。AhR 激活是 TCDD 干扰正常发育作用的关键过程。AhR mRNA 和蛋白表达水平与 TCDD 相关发育毒性的敏感性存在一定联系(Abbott et al., 1994)。Abbott 等发现 TCDD 诱导的基因表达变化包括：表皮生长因子(EGF)，转化生长因子 α(TGFα)、TGFβ1、

TGFβ2 和 EGF 受体的表达水平，这与 TCDD 诱导腭裂具有一定关联（Abbott and Birnbaum, 1989; Bello et al., 2004）。二噁英物质能被肝脏的"多功能单氧酶系统"转化为水溶性较高的代谢物，并再进一步进行第二阶段的代谢作用如与葡萄糖醛酸或谷胱甘肽的结合，而由胆液与肠道排出体外，极少量能由肾脏和尿液排出体外。另一较为显著的排除途径为泌乳（Patandin et al., 1997）以及胎盘运输（Jacobson et al., 1984），通过这两种方式能将母体内的二噁英传递给下一代，母体的 TCDD 含量降低（胎儿体内的负荷增加）。

二噁英具有致畸性，对试验动物进行一定剂量暴露后，试验动物中出现颚裂、外阴部和肾脏病变等不同程度的畸形。对鱼类，如鳟鱼和鲑鱼等，二噁英也可以导致幼鱼水肿、孵化率和存活率降低等。也有研究报道 TCDD 主要作用于斑马鱼幼鱼心血管系统，引起幼鱼心脏畸形、心包水肿（图 6-6），并导致心脏功能降低，显著抑制红细胞的生成和改变血管重塑（Henry et al., 1997; Belair et al., 2001; Antkiewicz et al., 2005; Xiong et al., 2008）。TCDD 影响斑马鱼与红鲷鱼早期发育过程中血管发育（Bello et al., 2004; Yamauchi et al., 2006）。TCDD 可以通过对 AhR/ARNT 信号通路超活化，显著诱导斑马鱼幼鱼脑静脉和前脑动脉血管畸形（Teraoka et al., 2010）。这种类似效应在其他脊椎动物如小鼠（Takeuchi et al., 2009）、大鼠（Ishimura et al., 2009）和鸡（Cheung et al., 1981）中均有类似报道。Xiong 等发现 TCDD 可以显著抑制斑马鱼幼鱼 *sox9* 基因表达，从而促使幼鱼发育中下颌畸形发生（Xiong et al., 2008）。TCDD 和相关化合物可以诱导猕猴（Mcnulty, 1977; Mcnulty et al., 1980; Mcnulty et al., 1981; Tryphonas et al., 1989）、兔耳（Kimmig and Schulz, 1957）和无毛小鼠（Hedli et al., 1998）产生类似的表皮变化。而在其他实验动物，如豚鼠、仓鼠、大鼠和小鼠中，一般没有观察到这些变化。在给予 TCDD 暴露的恒河猴，发现其皮肤上存在以下表皮变化：①毛发从脸部和胸部丢失；②手指和脚趾甲脱落；③眼睑的睑板腺变稠，曲折，角质化；④耳垢耳道腺体充满碎片角质。然而，TCDD 的口服给药并未对兔和猴产生上述的损伤（Vos and Beems, 1971; Allen et al., 1977）。在实验室研究中，将 10 ppt 2,3,7,8-四氯二苯并二噁英注射到鸡卵中，发现其具有胚胎毒性（Verrett, 1970）。Nosek 等也报道了二噁英类物质对小鸡和其他一些鸟类具有胚胎毒性，可能诱导畸形发生（Nosek et al., 2010）。TCDD 在鸟类中产生的最具特征的毒性反应是水肿、腹水和心包水（Sanger et al., 1958; Schmittle et al., 1958; Norback and Allen, 1973）。二噁英可以造成一些野生动物包括黑脊鸥、秃鹰、燕鸥、夜鹭等鸟类产生幼仔水肿（产生心包与颈部水肿）以及卵无法孵化或产生畸形后代，且其发生率高出自然正常频率的数百倍。TCDD 暴露后小鼠和猴子中也观察到皮下水肿（Allen et al., 1967; Mcconnell et al., 1978a; Mcconnell et al., 1978b; Mcnulty et al., 1981）。有文献报道，TCDD 暴露可导致大鼠产生胎儿死亡和吸收，并在小鼠中产生胎儿流失、胚胎毒性和畸形现象（Courtney and Moore, 1971; Sparschu et al., 1971; Smith et al., 1976），几乎没有肢体或头部异常(Neubert et al., 1973)。后续文献也有相关报道, 在 TCDD 对雌性小鼠进行暴露后, 可以通过 β-萘酚黄酮(一种 AhR 拮抗剂)单次给药或 6 天给药显著降低腭裂发生率。由 TCDD 引起的肾部病变也可以通过重复给药显著减弱(Jang et al., 2007)。Bryant 等使用 *Tgfα* 和 *Egf* 基因敲除小鼠研究了 TCDD 在胚胎小鼠中产生腭裂和肾盂积水的机制。他们对于 TCDD 导致肾盂积水可能的解释为: TCDD 破坏了胚胎上皮细胞中控制细胞增殖和分化的 EGF 和/或 TGFα 在组织特异性相关表达(Bryant et al., 2001)。TCDD 诱导小鼠胎儿输尿管腔上皮的增生, 导致输尿管腔狭窄且曲折。当尿液产生时, 无法正常排出形成肾盂积水(Abbott et al., 1987)。有研究报道 TCDD 对雌性仓鼠生殖系统发育存在不良影响, 可产生外生殖器畸形(Wolf et al., 1999)。

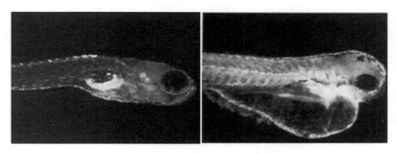

图 6-6　胚胎期 TCDD 暴露后引起斑马鱼幼鱼发育异常(Henry et al., 1997)
左图: 对照组; 右图: 8.2 ng/g TCDD 暴露组中斑马鱼幼鱼出现鼻缩短、嘴部畸形、心包水肿、卵黄囊水肿和鱼鳔未充气

六氯苯除了作为一种拌种杀菌剂, 也是一些常见的工业化学品如四氯化碳、五氯苯和三氯乙烯等生产加工副产物。需要指出的是, 一些含氯杀虫剂中也会含有一定量的六氯苯。常见六氯苯的暴露方式有农业生产和化学品加工过程。van Birgelen 等将六氯苯归为二噁英类物质(Van Birgelen, 1998)。国际癌症研究机构(IARC)研究认为六氯苯是一种可能(2B)的人类致癌物。1954~1959 年期间, 土耳其曾爆发大规模的六氯苯中毒事件, 除成人中毒症状以外, 怀孕的妇女通过脐带营养供给和哺乳的方式, 将污染物传递给胎儿与婴儿, 产生皮肤损伤、高烧、腹泻、虚弱、肝肿大、体重减轻等中毒症状。其中绝大多数的婴幼儿在出生后一年内因此而夭折。HCB 对 TCDD 的致畸性具有一定拮抗作用(Morrissey et al., 1992)。研究表明, 2,3,4,5,3′,4′-HCB 或 2,4,5,2′,4′,5′-HCB 与较低剂量的 TCDD 以一定比例联合暴露后, 可以减少 TCDD 诱导腭裂与肾盂积水现象(Birnbaum et al., 1985)。

5. 灭蚁灵和毒杀芬

灭蚁灵(Mirex), 即十二氯代八氢-亚甲基-环丁并[*c*,*d*]戊搭烯(1,1a, 2,2,3,3a,4,5, 5,5a,5b,6-dodecachlorooctahydro-1,3,4-metheno-1*H*-cyclobuta-[*c*,*d*]pentalene), 作为

一种杀虫剂，起初用于防治美国东南部的红火蚁，而在 20 世纪 70 年代末被禁止使用。但是作为一种化学原料，它也可以被添加到塑料、橡胶和电器设备中作为一种阻燃剂。灭蚁灵化学性质极为稳定，不与硫酸、硝酸、盐酸等常见物质反应。尽管如此，灭蚁灵可以通过和还原铁卟啉或更具有活性的维生素 B_{12} 还原脱氯（Schrauzer and Katz, 1978）。据美国环境保护署统计估计，1978 年在利用灭蚁灵施用地区的居民，灭蚁灵的每天吸入量约 0.4~0.8 ng（Mehendale et al., 1972）。一般来说，灭蚁灵可以通过食物的方式被人摄入体内，包括：鱼类、野生动物、畜禽肉类等。它也可以通过哺乳传递给婴儿，但母乳中灭蚁灵含量非常低或低于检测限制。

灭蚁灵对甲壳动物毒性很大，主要是导致其发育延迟和死亡。Ludke 等通过对克氏原螯虾进行直接和在实验室条件下灭蚁灵间接暴露发现，其处于第三幼虫期时，对灭蚁灵非常敏感（Ludke et al., 1971）。当处于亚急性毒性暴露水平（0.19~0.03 mg/kg 体重）的灭蚁灵暴露时，螃蟹在中等盐度的水中代谢率升高，肢体的自由运动受到抑制，出现甲壳变薄和一系列的异常行为（Bookhout et al., 1972）。Rajanna 等通过研究灭蚁灵对 6 种作物的植物毒性发现，随着灭蚁灵的浓度增加，作物的发芽率和出苗率显著下降（Armando and Rajanna, 1975）。同时也有研究报道，灭蚁灵可以在植物体内积累和转移（Mehendale et al., 1972），但没有灭蚁灵代谢转化的相关报道。灭蚁灵对鸟类的毒性不强，而关于灭蚁灵对鸟类的毒理学效应，大多数针对研究和监测灭蚁灵对生殖变量的影响。母鸡可通过摄食耐受高达 200 mg/kg 的剂量并对孵化率或雏鸡生长无不利影响，但会出现一些蛋壳异常现象（Waters, 1976）。以每天 300 mg/kg 或 600 mg/kg 的剂量喂食含灭蚁灵饲料 12 周后，母鸡的体重明显减轻。暴露于 600 mg/kg 的剂量也可引起鸡蛋孵化率和雏鸡存活率显著降低（Naber and Ware, 1965）。

毒杀芬（toxaphene）为不同氯化双环化合物，一般使用的毒杀芬通常含有 7~9 个氯，目前已分离成至少 177 种 C_{10}-多氯化合物，包括 Cl_6、Cl_7、Cl_8、Cl_9 和 Cl_{10} 衍生物。由于 20 世纪 40 年代滴滴涕和环戊二烯类杀虫剂成为禁用农药和减产农药，毒杀芬作为一种广谱性的有机氯杀虫剂以及上述两种农药的替代品，广泛用于害虫的防治及紧急处理，同时也可用于防治家禽和家畜的寄生虫及去除杂鱼等。毒杀芬可以被皮肤和肠道吸收，吸收程度及其毒性取决于传播方式。对毒杀芬在生物体内组织分布和储存情况的研究已经证明，脂肪是唯一显著存储毒杀芬的器官，其存储的程度相对较低（Patterson and Lehman, 1953）。

研究表明，在暴露于毒杀芬的工人的淋巴细胞中观察到染色体异常增加的频率（Yoder et al., 1973）。Hooper 等报道了在使用鼠伤寒沙门氏菌的测试中，毒杀芬具有致突变性，且无需添加肝匀浆激活（Hooper et al., 1979）。毒杀芬不会显著诱导小鼠产生致死性突变，但对雄性小鼠注射 36 mg/kg 和 180 mg/kg 毒杀芬后，并与未暴露组的雌性育种 8 周，经常会出现早期胎儿死亡和胚胎植入前丢失（Epstein et al., 1972)。在妊娠的第 7~16 天通过口服插管方式，对大鼠和小鼠进行暴露水平为每天 15~35 mg/kg 的毒杀芬暴露。最高剂量组中的大鼠和小鼠中产生了明显的小鼠脑膨出现象和显著增加的孕鼠死亡。其中各暴露组中毒杀芬均导致小鼠死亡率略有增加，胎儿体重减轻和数量减少。在 25 mg/kg 剂量组中观察到大鼠中一定数量的胸骨和尾部骨化中心。

6.3　POPs 对生物发育进程的影响

在上一节中，介绍了 POPs 的生物致畸性；我们可大致将 POPs 致畸性视作 POPs 发育毒性的表观性效应。尽管形态和器官发生是生物体发育过程中的重要内容，也因此成为发育毒性研究的重要内容，但具备发育毒性的 POPs 物质并非仅仅导致生物形态上的变化。发育延迟也是发育形态的一种重要表型；而致死效应和某些非显性效应则可能无法呈现出特定表型。欲全面考察 POPs 发育毒性效应以及效应的内在机制，须从分子和调控层面深入了解 POPs 对生物发育进程的影响。生物发育是一个高度程序化的进程，其间涉及多种信号转导机制，以及这些信号之间的相互作用；因为其间的高度复杂性，目前真正涉及发育进程的 POPs 毒理学研究依然较少。本节将结合现有主要研究成果，介绍 POPs 在发育初期对生物发育进程的毒性效应，以及对生物体发育过程中关键性功能基因表达的影响。

6.3.1　二噁英

一般认为二噁英的发育毒性主要是通过激活芳香烃受体(AhR)，进而影响下游功能基因的表达(Mimura et al., 2003)。AhR 在细胞分化、机体生长发育及生理性稳态的维持中起重要作用。其经典的作用机制为含芳香烃 POPs 通过被动扩散方式进入细胞与 AhR 结合，激活后者并使其得以进入细胞核，与核内芳香烃受体核转运蛋白(ARNT)结合，形成 AhR-ARNT 二聚体。该二聚体作为一种重要的转录因子，能够识别并结合位于 AhR 反应性基因启动子上游的外源性化学物调节元件(XRE)，通过 AhR 羧基末端(包括几个转录激活区)与邻近的启动子传递信息，引发其下游的目的基因转录及表达，产生相应的生物学效应，并进一步通过直接或间接的作用在基因或蛋白水平上影响多种靶基因的转录和表达(Pongratz et al., 1998)。AhR 及其所介导的下游信号通路在二噁英类及其他各种含芳香烃的 POPs 类物质的体内代谢、生物毒性或生理活性效应等方面发挥着重要作用。

基因敲除手段已经证实在斑马鱼体内 ARNT1 和 AHR2 同时存在是 TCDD 对斑马鱼产生毒性效应的基础(Prasch et al., 2006)。研究者将斑马鱼体内 *zfARNT1* 和 *zfAHR2* 基因分别敲除(MO)，得到了两种突变型斑马鱼；然后减掉幼鱼尾鳍并使用 TCDD 对斑马鱼幼鱼进行暴露，结果发现对照组斑马鱼(未经过基因敲除的)尾鳍并未再生(图 6-7),而两种突变型的斑马鱼尾鳍均再生,且在突变型斑马鱼的血管及上皮细胞中均未检测到 *CYP1A* 基因的表达(Andreasen et al., 2006)。该研究采用斑马鱼尾鳍再生作为毒性终点评价 TCDD 的毒性,阐明了 zfARNT1-zfAHR2 二聚体是 TCDD 激活 AhR 并阻碍组织再生的必要条件。

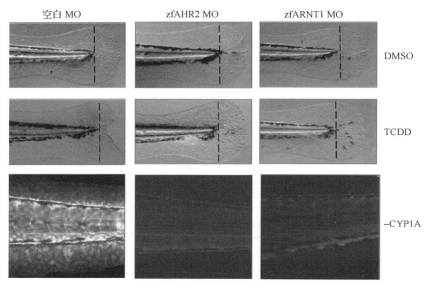

图 6-7   TCDD 抑制再生依赖 zfAHR2-zfARNT1 二聚体

科研人员使用 TCDD 连续对胚胎干细胞进行暴露,来探究 TCDD 对心肌细胞收缩性的影响(Wang et al., 2015)。在分化第 0~3 天,TCDD 影响了心肌细胞的收缩性,但在这个过程中 TCDD 也干扰了 TGFβ、BMP2/4 以及 Wnt 信号通路,抑制了 BMP4、WNT3a 和 WNT5a 等蛋白的分泌,并促进了 Activin A 的分泌。但是如果在分化的前 3 天向细胞培养基中加入 BMP4、WNT3a 以及 WNT5a,将不会出现 TCDD 诱导的心肌细胞收缩性损伤效应。

很多报道指出二噁英可以直接影响功能基因的表达。研究发现 TCDD 暴露可导致调控造血和心血管发展关键阶段的基因表达发生变化。体内暴露二噁英 10 天后导致 18 个涉及参与细胞骨架组成和生物转化、蛋白质运输和折叠以及与钙离子结合蛋白等相关基因的显著变化(Carpi et al., 2009)。二噁英可以通过影响与细胞凋亡相关的若干基因的转录来增强肿瘤坏死因子(TNF-α)诱导细胞凋亡的能力(Ruby et al., 2005)。同时基因芯片和荧光实时定量 PCR 分析显示二噁英暴露后与昼夜节律、胆固醇生物合成、脂肪酸合成以及葡萄糖代谢等有关的基因表达也发生了显著变化(Jennen et al., 2011)。南加州大学医学院 Narendra Singh、Mitzi Nagarkatti 和 Prakash Nagarkatti 研究团队证实,在怀孕期间暴露于 TCDD 下的实验小鼠，其保护胎儿抵抗感染作用的免疫细胞明显受到影响。此外，他们发现 TCDD 会改变 miRNA，进而影响 mRNA 的表达。该研究分析了 608 个 miRNA，其中 78 个 miRNA 在 TCDD 作用下发生显著突变。在这些 miRNA 中，有的基因在癌症的发生发展过程中起着一定作用。该团队推测 TCDD 可以改变这几个基因进而调控癌症发展。

许多其他生理系统也受到二噁英暴露的影响，包括生殖系统、消化系统、血液系统以及泌尿系统等(Singh et al., 2012)。基因芯片分析发现暴露于 TCDD 的乳腺癌细胞中有 98 个基因上调，其中 69 个基因与 AhR 和 ARNT 有关(Lo and Matthews, 2012)。此外，研究发现 TCDD 可以激活胞外信号调节激酶(ERK2)，并且提高 *CYP1A1*、纤溶酶原激活物抑制剂(*PAI-2*)以及人白细胞介素(*IL-1β*)等 mRNA 的表达。这些基因均与乳腺上皮细胞增殖和代谢密切相关，表明 TCDD 可能通过改变这些基因的表达诱导乳腺癌的发生(Ahn et al., 2005)。二噁英对胚胎暴露会改变睾丸中 113 个基因的表达和卵巢中 56 个基因的表达，其中有 7 个基因同时存在于这两个器官中(Magre et al., 2012)。在胎儿出生前经二噁英暴露后发现两种趋化因子基因(*Cxcl4* 和 *Cxcl7*)的表达分别上调(Mitsui et al., 2011)；其他研究也观察到纤维变性、炎症反应以及细胞组分破坏等现象，并且影响胎儿的后期发育(Arima et al., 2010)。Wu 等软骨细胞分化终点的标志性基因 *ColA2* 的表达也随之下调。该实验证实了 TCDD 也可以不经过对神经系统的作用直接对青鳉鱼胚胎的软骨组织的生长及分化产生影响(Wu et al., 2012)。

非酒精性脂肪肝是心血管疾病的病因之一。研究者使用小鼠作为实验模型，发现 Aroclor 1254 和 TCDD 联合作用能显著加剧小鼠动脉粥样硬化的形成并可同时诱导炎性因子 MCP-1、RIG-I 的表达，可以加重小鼠非酒精性脂肪肝的形成、肝脏坏死和炎症(单秋丽，2014)。采用基因芯片技术发现 Aroclor 1254 和 TCDD 联合作用可显著激活小鼠肝组织的 Nrf2 氧化应激信号通路。通过 miRNA 芯片技术发现，Aroclor 1254 和 TCDD 联合暴露可以显著下调调控动脉粥样硬化关键 miRNA：miRNA-26a-5p、miRNA-30c-5p、miRNA-193a-3p、miRNA-130a-3p 和 miRNA-376a-3p。实验结果证实了 Aroclor 1254 和 TCDD 联合暴露能显著地加剧动脉粥样硬化的形成，并且发现联合作用机制同 RIG-I 炎症反应信号通路和 Nrf2 氧化应激信号通路激活密切相关。

6.3.2　多氯联苯

多氯联苯共有 209 种同类物，其中有 12 种被称为类二噁英多氯联苯(dioxin-like polychlorinated biphenyls，dl-PCBs)。这 12 种多氯联苯因具有二噁英相似的共平面结构，因此对生物体的毒性效应具有二噁英类似的激活 AhR 的机制(Ulbrich and Stahlmann, 2004)。此外，dl-PCBs 能参与内源性激素的介导反应。dl-PCBs 进入细胞后与雌、雄激素受体结合，影响动物正常激素分泌，进而使生殖器官发生畸变。这类受体还有甲状腺激素受体、细胞膜激素受体等(伍吉云等，2005)。

PCBs 主要是通过破坏机体或细胞内平衡，使机体内某些基因表达异常，或者改变机体酶系统、受体系统以及破坏激素分泌系统等发挥其毒性作用。体外试验使用不同的多氯联苯同系物对外周血细胞进行暴露，可以观察到涉及肝中毒、免疫和炎症反应以及干扰脂质和胆固醇体内平衡等基因表达的变化。研究者使用不同浓度的 PCBs 对斑马鱼胚胎进行暴露，发现与骨形态生成蛋白(BMPs)相关的基因 *BMP-2* 和 *BMP-4* 的表达量都明显下降，进而造成了幼鱼脊柱畸形的发生，表明多氯联苯可能通过某种机制影响了斑马鱼幼鱼骨骼细胞的正常分化(鞠黎等，2011)。PCBs 还能改变第 2 信使的体内平衡，Aroclor 1254 影响钙的细胞内外平衡以及蛋白激酶 C 的活性，而蛋白激酶 C 活性的改变可能影响神经递质合成的限速步骤，从而损害大脑发育及神经内分泌(Kodavanti and Tilson, 2000)。实验发现 Aroclor 1242 能激活大鼠子宫肌细胞的 L 型钙通道，通道开放使细胞外钙流入细胞内，导致细胞膜去极化，随后增加的钙刺激子宫平滑肌收缩(Bae et al., 1999)。

Wnt 信号通路不仅在胚胎发育过程中具有至关重要的作用，而且还与众多不同的组织干细胞的自我更新和分化以及多种人类疾病的发生密切相关。从低等生物线虫、果蝇直至哺乳动物，Wnt 信号通路都具有高度同源性。研究发现 PCBs 可以通过影响 Wnt 信号通路进而影响雌性的生殖系统。科研人员对新生小鼠注射 Aroclor 1254，检测到 *Wnt7a* 基因表达下调，以及子宫肌层形态的改变，且形态改变在小鼠长大后更加明显，表明发育初期小鼠暴露于 PCBs 后生殖系统发生了永久病变(Ma and Sassoon, 2006)。PCB-153 通过引起 *Wnt3a* 基因重组抑制了 *Axin2* 的表达(Šimečková et al., 2009)。也有研究证实 PCB-95 可上调 *Wnt2a* 的表达(Wayman et al., 2012)。

研究表明 PCBs 可以干扰哺乳动物卵母细胞的成熟及之后的胚胎发育(Pocar et al., 2006)。细胞质成熟的常见特征是细胞器(包括皮质颗粒和线粒体)的迁移和再分布。Brevini 等表明暴露于 PCBs 混合物会改变猪卵母细胞成熟过程中的线粒体的迁移(Brevini et al., 2004)。此外，暴露于 Aroclor 1254 的牛卵母细胞皮质颗粒的迁移和分散被延迟；相当高比例的卵母细胞在精子穿透后不能释放皮质颗粒，并且伴随着多精子受精现象的增多(Pocar et al., 2001)。研究也观察到环境剂量的有机氯混合物(包括 PCBs)暴露诱导猪卵母细胞中皮质颗粒的电子密度的损失，同样也观察到了多精子受精的现象(Campagna et al., 2006)。PCBs 还可以通过影响相关 mRNA 转录调控来发挥其对卵母细胞的毒副作用。研究显示 Aroclor 1254 暴露可以干扰大量基因的聚腺苷酸化，显著导致多聚(A)尾部生理模式的破坏(Pocar et al., 2001)。有研究证实胚胎发育速率与特定聚腺苷酸化模式之间存在一定的关联(Brevini et al., 2002)，因此 Aroclor 1254 对卵母细胞母体 mRNA 稳定性的影响至少可以部分解释 PCBs 暴露引起的发育缺陷。

卵母细胞成熟过程与细胞间粘连通信关闭之间的解偶联可能是 PCBs 改变胚胎发育的原因之一。卵母细胞在成熟过程中与其周围的卵丘细胞之间存在密切联系。多层卵丘细胞可以外包卵母细胞，旨在保护发育中的卵母细胞，并通过卵丘细胞和卵母细胞的粘连通信为卵母细胞提供营养(Mori et al., 2000; Tatemoto et al., 2000)。在整个卵泡形成过程中，一些小分子如氨基酸、核苷酸和能量底物等均通过这些细胞间通信从卵丘细胞进入到卵母细胞(Eppig, 1991)。暴露 3 h 后，这种细胞间通信开始中断，并且在第一次减数分裂阶段(大约是整个成熟过程的一半)完全闭合。将猪卵母细胞和卵丘细胞复合物暴露于 Aroclor 1254，与对照组相比发现 Aroclor 1254 延迟了细胞间通信的闭合，导致相当多数量的卵母细胞处于第一次减数分裂阶段(Brevini et al., 2004)。因此，持续的卵母-卵丘细胞通信可能是由 PCBs 引起的毒理学损伤的机制之一。卵丘-卵母细胞复合物暴露于 Aroclor 1254，增加了卵丘细胞的细胞凋亡水平，并且上调了促凋亡基因 *Bax* 的表达，同时下调了抑制凋亡基因 *BCL-2* 的表达。值得注意的是，卵丘细胞凋亡的增加与卵母细胞中的线粒体聚集相关(Torner et al., 2004)，这与之前提到的 PCBs 会改变线粒体的迁徙分散相符。研究发现在没有卵丘细胞的情况下，Aroclor 1254 暴露后对卵母细胞负面影响降低(Pocar et al., 2005)。Greenfeld 等也观察到，在环境剂量 Aroclor 1254 暴露下，无卵丘细胞包围的小鼠卵母细胞的受精能力不受影响(Greenfeld et al., 1998)。有研究比较了共面或非共面结构的 PCBs 同系物的混合物暴露后对牛卵母细胞成熟期间的影响，结果表明只有共面结构的 PCBs 同系物才能影响卵母细胞的成熟，其诱导卵丘-卵母细胞通信中断及细胞凋亡等与 Aroclor 1254 机制相似。相比之下，非共面结构的 PCBs 既没有影响卵母细胞的成熟能力，也没有影响卵丘细胞凋亡的速率(Torner et al., 2004)。这些数据表明 Aroclor 1254 诱导的毒性可能主要由其中的共面结构的 PCBs 同系物引起。

6.3.3　全氟化合物

研究者使用 PFOS 对胎儿期小鼠进行暴露观察其在发育早期对小鼠肝脏的影响，发现 PFOS 可以影响脂肪酸和脂质的合成和代谢，导致胎儿期肝损伤及发育紊乱。并且在此过程中 Wnt/β-catenin、Rac 以及 TGF-β 等信号通路被激活(Lai et al., 2017)。运用罗非鱼肝细胞原代培养表明，PFOA、PFOS 等能够诱导卵黄蛋白原(VTG)的产生；采用幼年虹鳟鱼暴露试验、构效关系分析及雌激素受体转录激活试验发现，包括 PFOA、PFOS 在内的多种 PFCs 具有弱拟雌激素活性(Tomy et al., 2004)。PFOS 暴露可以导致成年雄性 SD 大鼠血清和睾丸间质细胞中睾酮水平降低、血清雌激素水平升高；同样也发现，暴露于该化合物的黑头呆鱼血清中睾酮浓度降低，雌二醇水平升高。与多数 POPs 一样，PFOS 也可以改变斑马鱼体内甲状腺激素的合成及相关基因的表达(Shi et al., 2008)。

过氧化物酶体增殖剂激活受体(peroxisome proliferator-activated recptor，PPAR)具有多种生物效应，在控制炎症反应、脂质代谢、细胞增生和分化等方面发挥重要作用。PPAR 属于核受体超家族，活化的 PPAR 与类视黄醇 X 受体(retinoid X receptor，RXR)结合，形成异二聚体，通过与特异的 DNA 反应元件(PPRE)相互作用而调控基因表达，可以激活某些与脂肪代谢有关的蛋白或酶基因。研究者采用受体介导的报告基因试验体系检测 PFOA、PFOS 的 ER、AR、TR、PPAR 激动或拮抗作用，结果显示 PFOA、PFOS 可以浓度依赖性地增加 ER 介导的转录活性，降低 TR 介导的转录活性，增加 PPAR 介导的转录活性。PFOA、PFOS 在 PPAR 介导的报告基因试验中表现出激活作用，表明它们可能对机体脂质合成代谢等过程产生影响。Bjork 等以 3.2 mg/(kg·d) PFOS 染毒 SD 母鼠，染毒时间起始于妊娠第 2 天，终止于 21 天，用基因芯片的方法测定了染毒后胎鼠肝脏的基因表达情况，14000 个转录体中 225 个基因表达下调，220 个基因表达上调，基因组聚类分析显示这些差异表达的基因主要包括与饱和脂肪酸的激活、转运及氧化途径相关的基因，肝脏过氧化物体增殖相关的基因，以及调节甲状腺基因发生改变的少数基因(Bjork et al., 2008)。

研究者采用基因芯片技术，从整体水平上研究 PFOS 暴露对斑马鱼幼鱼全基因组表达谱的影响。通过对基因表达谱结果进行分析发现，芯片结果显示斑马鱼多个通路的许多基因受到明显影响。结合生物学通路分析差异表达基因的功能，发现它们主要集中在 PPAR 通路、胰岛素信号通路、甘油磷脂代谢通路、凋亡通路、代谢通路、钙信号通路以及转录因子等。这些通路上相关基因的改变，可能是 PFOS 干扰内分泌过程及其他毒性效应中至关重要的因素所在。同时也提示我们该类物质可对机体造成潜在威胁，筛选出的差异基因可作为化学物暴露后的敏感生物标志物。但该类物质对各个通路的影响机制，目前尚无相关研究，有待进一步证实。

6.3.4 小结

基因敲除手段也应用到 POPs 对信号通路影响的研究中。研究者通过人体肝癌细胞 HepG2 和核受体 CAR(constitutive androstane receptor，组成型雄烷受体)基因敲除小鼠，从核受体 CAR 信号通路揭示芘的肝毒性机制(章幼玉，2015)。芘处理后，HepG2 细胞中报告基因荧光素酶活性显著上升，表明芘能激活人源核受体 CAR。芘暴露后，发现野生型小鼠核受体 CAR 在肝细胞核内蛋白表达量显著增加，肝脏出现损伤症状(肝细胞肿胀、肝功能酶 ALT 指标显著上升)、肝脏中谷胱甘肽含量显著下降、受 CAR 调控的小鼠肝代谢酶 CYP2B10、CYP3A11、GSTm1、GSTm3 的表达量显著增加，而 CAR 基因敲除小鼠芘暴露组未出现类似毒性现象。

该研究证明了芘是核受体 CAR 的激活剂，揭示了核受体 CAR 通路在芘引起的肝损伤中的重要作用。值得注意的是，芘也能激活人源 CAR，可通过激活 CAR 通路影响人体肝代谢酶的表达，进而扰乱人体正常的肝脏代谢功能。

　　研究已显示 POPs 具有生殖发育毒性，但 POPs 种类繁杂，其毒性机制还尚不完全清楚。有的 POPs 性质类似于二噁英，其作用通过 AhR 依赖机制介导；有的 POPs 通过与其他（如雌激素、雄激素或甲状腺素）受体结合或改变生物胺的浓度而起作用，与 AhR 无关；而有的 POPs 既可通过 AhR 依赖的机制，也可不通过此机制起作用。尽管目前在研究 POPs 对机体生殖发育毒性方面取得了一些进展，但是生物体内精子的发生、受孕、胚胎发育等是非常复杂的过程，整个发生过程任何相关因素的改变都可影响精子、胚胎的质量，从而影响生物体的生殖和发育。系统地研究 POPs 在分子、细胞和整体水平对机体的影响以及不同的化学物质究竟是通过怎样的途径干扰机体功能的，各类 POPs 又是如何通过影响细胞信号通路甚至是多条信号通路之间相互作用而引起机体形态和功能的各种病理性改变的，这些问题都有待科学界进一步探究。综上所述，研究 POPs 的生殖发育毒性、评价对人类健康风险的影响，将对 POPs 风险监测、毒性诊断和防治具有重要意义。接下来两节将以新兴的高通量技术为主要研究手段，分别介绍多溴二苯醚和五氯酚对斑马鱼早期发育过程的重要毒性影响。

6.4　多溴二苯醚对斑马鱼仔鱼视觉系统发育影响的案例研究

　　行为是指生物体对外界和内部环境变化的适应性反应。生物体感官系统对外源性刺激十分敏感。当感官系统感知到环境发生变化时，生物体会做出相应的行为回应（Cachat et al., 2010, Temizer et al., 2015）。鱼类行为学是研究鱼类行为规律的一门新兴学科。当污染物质进入水体，鱼类早期发育过程中感官系统容易受到损伤，将感知到的信息集中在中枢神经系统，引发继发性生理反应，最终体现在行为的改变（Graham and Katherine, 2004）。鱼类行为变化的机理十分复杂，涉及鱼体内多个系统的综合作用，且受到鱼的种类、污染物类型和暴露环境等多种因素的影响（Herbert and Steffensen, 2005）。

　　多溴二苯醚（PBDEs）常见的靶系统为神经系统、甲状腺系统和生殖系统。近年来有研究关注到 PBDEs 对感官系统的影响。斑马鱼是典型的白昼活动的鱼类，视觉功能良好。其视觉系统在群聚、捕食、躲避天敌等高级神经活动中都占有主导地位，且在受精后 4 天即具备基本的视觉能力。已有研究表明受精 6 天的斑马鱼仔鱼在高浓度 BDE-47 暴露后运动能力显著减退，且发生在光暗切换时期（Zhao et al., 2014）。进一步的研究还发现 BDE-47 可以影响视网膜的形态结构（Xu et al., 2015）。在分析探讨 BDE-47 暴露后对斑马鱼仔鱼 mRNA 表达谱造成的影响时，发现 BDE-47 诱导了仔鱼视黄醇代谢过程及抑制了感官系统的发育。以此为线索进一步研究了 BDE-47 暴露后对斑马鱼仔鱼的视觉系统损伤等，揭示了视觉系统是潜在的 BDE-47 毒性靶器官。

6.4.1　实验方案设计

本案例研究的技术路线见图 6-8。

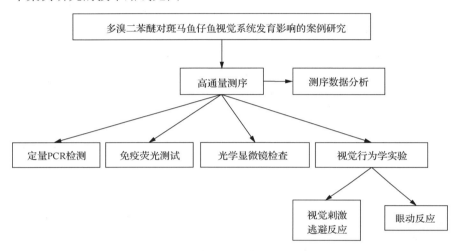

图 6-8　本案例研究技术路线

1）斑马鱼暴露及测序

选取 BDE-47 对斑马鱼胚胎进行暴露实验。暴露结束后对斑马鱼仔鱼进行麻醉，提取总 RNA 并反转录后，利用 Illumina 测序平台进行高通量测序。

2）测序数据分析

测序原始数据依次经过归一化处理、差异化分析和基因功能富集性分析后，得到具有显著性差异的富集性术语，筛选关键生物学功能，并绘制基因调控网路图。

3）定量 PCR 检测

选择视觉循环中关键代谢酶基因和视觉性视蛋白基因，通过实时荧光定量 PCR 检测相关基因的表达量，测试 BDE-47 对仔鱼不同波段光线感知能力的影响。

4）免疫荧光测试

利用视网膜发育标志蛋白的抗体 Anti-rhodopsin 和 ZPR-1 进行免疫荧光标记，通过共聚焦显微镜分辨 BDE-47 对仔鱼视杆细胞和视锥细胞发育的不同影响。

5）光学显微镜检查

利用立体显微镜，观察 BDE-47 对斑马鱼仔鱼视网膜在显微结构水平上的形态学变化，包括感光细胞层（PCL）、内核层（INL）、神经节细胞层（GCL）厚度及细胞排列等。

6）视觉行为学实验

通过选取两项重要的视觉导向性行为指标：眼动反应（OKR 试验）和逃避反应（looming 试验），考察 BDE-47 暴露对斑马鱼仔鱼视觉功能的损害效应。

6.4.2　高通量测序结果

1. 高通量测序结果分析

与较为传统的基因芯片相比，高通量测序可以为研究人员带来更加丰富的信息，但处理过程上也更加复杂一些。在测序的试验部分完成后，数据分析的第一步就是要用测序得到的序列与参考基因组序列进行比对，将这些序列定位到斑马鱼基因组组装 Zv9 上。经过标准化处理后，需要进行基因的差异化表达分析，这项工作利用 DEGseq 完成。基因的差异化表达定义为：显著性水平 $p < 0.05$，变化倍数阈值 $|FC| > 2$。在 500 μg/L BDE-47 暴露组中，筛选出 2235 种差异表达的转录本，其中有 1338 种转录本显著上调，897 种转录本显著下调。而在 5 μg/L BDE-47 暴露组中，仅筛选出 552 种差异表达的转录本，显著上调和下调的转录本数量分别为 155 种和 397 种（图 6-9）。不难看出在两种浓度的 BDE-47 暴露下，下调基因数的变化远远小于上调基因数的变化，因此 BDE-47 暴露浓度提高的主要影响便是增加了显著上调基因的数量。

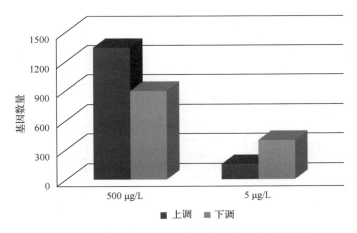

图 6-9　高低浓度 BDE-47 暴露的差异表达基因比较

根据结果按照基因表达随 BDE-47 暴露浓度的变化趋势，将所有在 BDE-47 暴露过程中出现过表达差异的基因分为 8 组讨论，并统计了每组的显著性水平和组内基因的数量(图 6-10)。趋势划分及命名规则为：高低浓度持续下调(组 0)，低浓度下调高浓度不变(组 1)，低浓度下调高浓度上调(组 2)，低浓度不变高浓度下调(组 3)，低浓度不变高浓度上调(组 4)，低浓度上调高浓度下调(组 5)，低浓度上调高浓度不变(组 6)，高低浓度持续上调(组 7)。其中组 4、组 3 和组 0 的 $p < 0.01$，为统计学意义显著的变化趋势。从趋势分析可看出，显著上调的基因主要发生在高浓度 BDE-47 暴露时；而且在这三种变化趋势所涉及的共计 2342 种基因中，有 2010 种基因在低浓度 BDE-47 暴露时没有发生表达的显著变化，再一次说明后续基因功能富集性分析宜围绕高浓度 BDE-47 暴露展开。下面针对组 4 和组 3 分别进行基因功能富集性分析，每组显著性最高的五项术语如图 6-11 所示。

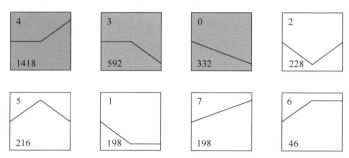

图 6-10　转录组表达趋势分析

折线表示基因表达量的暴露浓度变化趋势。其中折线左侧为溶剂对照组，中点为低浓度处理组，右侧为高浓度处理组，图中数字为该组所含的基因数

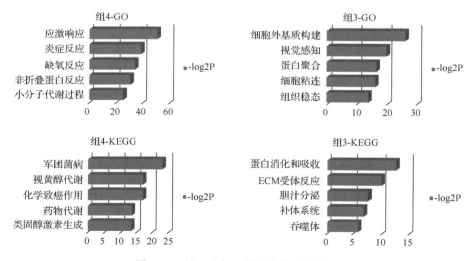

图 6-11　组 4 和组 3 的显著性分析结果

组 4 由仅在高浓度 BDE-47 暴露时上调的基因构成。在基于基因本体论(gene ontology，GO)数据库进行的富集性分析中，应激响应(GO:0006950)和炎症反应(GO:0006954)等术语显著性最高。而根据 KEGG(Kyoto Encyclopedia of Genes and Genomes，京都基因与基因组百科全书)定义的通路数据库中，视黄醇代谢(PATH:00830)、化学致癌作用(PATH:05204)、外源化合物的细胞色素 P450 代谢(PATH:00980)等通路则在显著性排序中居于前列。

组 3 由仅在高浓度 BDE-47 暴露时下调的基因构成。在 GO 分析中，显著变化的术语主要包括细胞外基质构建(GO:0030198)、视觉感知(GO:0007601)、细胞粘连 (GO:0007155)等。而在 KEGG 分析中则包含蛋白消化和吸收(PATH:04974)和胆汁分泌(PATH:04976)等术语。

2. BDE-47 暴露与视觉循环

富集性分析的结果中显示，BDE-47 暴露可能影响了仔鱼的视觉感知过程和视黄醇代谢过程。经典的视杆细胞视觉循环主要发生在视网膜上皮细胞中，如图 6-12 所示。不过 6 dpf 的斑马鱼仔鱼视杆细胞尚未完全发育，是典型的视锥主导型(Bilotta et al., 2001)，视觉循环可能发生在视网膜的 Müller 神经胶质细胞中(Saari, 2012)。视黄类物质在生物体内代谢转化的具体过程为，视黄醇经视黄醇脱氢酶(RDH)或醇脱氢酶(ADH)的作用氧化为视黄醛后，再由视黄醛脱氢酶(RALDH)的作用进一步氧化至主要活性形态：视黄酸(retinoic acid, RA)。其中前者过程可逆，而后者过程不可逆。在视觉形成的过程中，视黄醛和视黄醇之间的相互转化构成了视觉循环的主要内容。

不过，并非所有的视黄醛异构体都具有视觉活性，相关功能主要由 11-顺式视黄醛来执行。相应地，视黄醇脱氢酶(RDH)也有全反式视黄醛(at-RDH)和 11-顺式视黄醛(11-RDH)之分。以视杆视觉循环为例，RDH 作用于全反式视黄醛还原至全反式视黄醇，以及 11-顺式视黄醇氧化至 11-顺式视黄醛两个环节。其中作用于前者的 RDH8、RDH12 主要表现为 at-RDH 的作用，而 RDH5、RDH10、RDH11 则被认为是 11-RDH 的主要成员。在对 RDH 的使用方面，视锥和视杆视觉循环可能差别较小；不过视锥细胞有可能存在直接利用 11-顺式视黄醇为生色团的途径(Ala-Laurila et al., 2009)。在 BDE-47 暴露后，相关的几种 RDH 表达多数都发生了统计学显著的变化，见表 6-3。总体而言，11-RDH 倾向于表现出更强的活性。

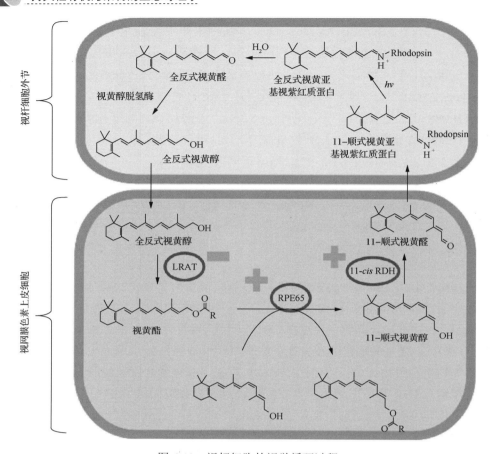

图 6-12　视杆细胞的视觉循环过程

源图引自 http://en.wikipedia.org/wiki/Visual_phototransduction

表 6-3　几种视黄醇脱氢酶编码基因的表达量变化

基因名称	基因编号	比对名称	变化倍数	上调/下调	p 值
rdh5	NM_001030101	RDH5	2.35	上调	3.54E−12
rdh10b	NM_201331	RDH10	3.27	上调	3.66E−71
LOC555864	XP_683600	RDH10	2.99	上调	8.28E−03
rdh12l	NM_001009912	RDH12	2.10	上调	2.47E−33
rdh8b	NM_200788	RDH8	0.37	下调	7.96E−46

　　全反式视黄醇通过视黄醇酰基转移酶(LRAT)的作用在视网膜上皮细胞中形成全反式视黄酯。LRAT 具有 2 种亚型，其中 lrata(FC=0.16)与视杆视觉循环相关，而 lratb(FC=2.41)则与 RALDH 互为拮抗，抑制 RA 形成(Isken et al., 2007)。在视锥视觉循环中，一般认为是甘油二酯酰基转移酶(ARAT)取代了 LRAT 的地位。同样筛选出一种 ARAT 编码基因 *dgat1b* 的上调(FC=2.60)(Muniz et al., 2009)。

6.4.3　BDE-47 暴露对斑马鱼仔鱼视蛋白的影响

视蛋白(opsins)是一类属于 G 蛋白偶联受体(GPCR)的蛋白家族。视蛋白最早发现于视网膜的光受体细胞层。目前已知各类视蛋白其实广泛分布于动物的神经系统，其感光能力所发挥的功用不仅仅限于视觉过程(Shichida and Matsuyama, 2009)。斑马鱼仔鱼体内已知的有 9 种编码视蛋白的基因，分别为 8 种视锥蛋白编码基因(*opn1sw1, opn1sw2, opn1mw1, opn1mw2, opn1mw3, opn1mw4, opn1lw1, opn1lw2*)和 1 种视杆蛋白编码基因(*rho*)。这些视蛋白与动物的视觉过程密切相关，主要负责将接收到的光子转化为电信号。不过并非所有存在于视网膜的视蛋白均与成像相关，例如黑视蛋白(melanopsin)，其主要生理功能可能涉及动物的昼夜节律和瞳孔反射(Hattar et al., 2002)。

BDE-47 暴露后对斑马鱼仔鱼上述 9 种视蛋白基因表达的影响结果见图 6-13 (视锥蛋白的最大吸收波长并非视色素)。可以看到，PCR 的结果在高表达的样本中具有很好的一致性。四种中短波长的视蛋白基因(紫外波段 *opn1sw1*、蓝光波段 *opn1sw2*、绿光波段 *opn1mw1* 和 *rho*)表达量发生了显著变化。已有研究也表明，DE-71 暴露后斑马鱼仔鱼中某些视蛋白基因的转录显著上调(如 *zfrho, zfgr1*)，且视紫质蛋白表达也显著增加(Chen et al., 2013; Xu et al., 2013)。其他几种基因由于背景值太低，此处不再做深入分析。高通量测序结果同样发现 *opn1sw1*、*opn1sw2* 和 *opn1mw1* 三种基因表达的变化，意味着仔鱼可能对中短波段的光线感应能力受到影响，且在紫外波段的受损尤其严重。

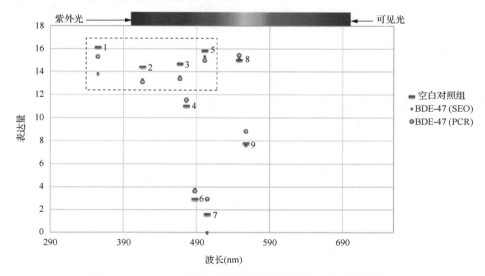

图 6-13　BDE-47 暴露对斑马鱼仔鱼视蛋白基因表达的影响

1: *opn1sw1*, 355 nm; 2: *opn1sw2*, 142 416 nm; 3: *opn1mw1*, 467 nm; 4: *opn1mw2*, 476 nm; 5: *opn1mw3*, 488 nm; 6: *rho*, 501 nm; 7: 143 *opn1mw4*, 505 nm; 8: *opn1lw2*, 548 nm; 9: *opn1lw1*, 558 nm

与哺乳动物松果腺的感光能力主要来自于视网膜的光受体细胞和神经节细胞不同，鱼类的松果腺自身即带有感光能力(Korf, 1994)。测序结果表明，松果腺内重要的视蛋白 Exorh 表达受到了高浓度 BDE-47 的抑制(FC=0.31)。自然条件下，Exorh 的表达水平随昼夜更替呈规律性的波动，白天较低黑夜偏高(Pierce et al., 2008)。因此 BDE-47 暴露可能为斑马鱼仔鱼的松果腺模拟出一个更明亮的环境，不利于仔鱼感知黑暗。在视蛋白家族中，还有一类比较特殊的非视觉视蛋白：神经视蛋白。虽然神经视蛋白主要表达在神经组织中，但 Tomonari 等(2008)发现其在鸡胚眼部视网膜的神经节细胞中也有较明显的表达。神经视蛋白可使哺乳类和鸟类具有感受紫外光的能力，而在非感光器官(如肾上腺)中则起到全反式视黄醛激动剂的作用(Ohuchi et al., 2012)。从测序数据中筛选出转录本 LOC100332167 发生显著上调(FC=2.94)。经 BLAST 同源比对发现，该序列对应于人类的神经视蛋白编码基因 *OPN5*。

6.4.4 BDE-47 暴露对斑马鱼仔鱼视网膜发育的影响

我们进而考察了斑马鱼仔鱼视觉能力受损的结构基础。从组织切片的结果来看，BDE-47 暴露导致仔鱼眼部视网膜结构形态发生了明显的变化。如图 6-14 所示，相比于对照组的光受体细胞层内视杆和视锥细胞排列紧密有序，BDE-47 处理组的视杆和视锥细胞则显得比较杂乱和弥散。除此之外，光受体细胞层内侧的双极细胞层、无长突细胞层和神经节细胞层的厚度都增加了。这证明了斑马鱼仔鱼视网膜的发育过程受到了严重干扰。

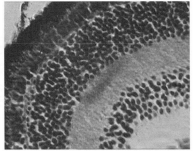

图 6-14　高浓度 BDE-47(500 μg/L)暴露后 6 dpf 斑马鱼仔鱼视网膜组织切片

左图为对照组仔鱼的视网膜切片；右图为高浓度 BDE-47 处理组仔鱼的视网膜切片。框线部分为光受体细胞层(视杆和视锥细胞)的显微结构为了进一步研究 BDE-47 暴露与视觉损伤的关系，采用免疫荧光染色法观察仔鱼暴露后感光细胞层（视杆细胞和视锥细胞）的完整性。利用特异性 rhodopsin 和 ZPR-1 抗体进行免疫标记后，以荧光共聚焦显微镜观察荧光的变化。在所有对照组仔鱼的视杆细胞外节中均可以观察到 rhodopsin（视杆细胞光感受器的标志物）的表达，但 BDE-47 暴露后的仔鱼视网膜 rhodopsin 的荧光值大幅降低[图 6-15(a)]。而在观察视锥细胞中的 ZPR-1（视杆细胞光感受器，特别是红绿双锥的标志物）表达时，我们发现所有组别的仔鱼视锥细胞外节均具有相似的荧光值[图 6-15(b)]。以上试验证明：BDE-47 对视杆影响严重，而对中长波段的视锥影响较小，此结果与视蛋白基因表达结果高度一致。

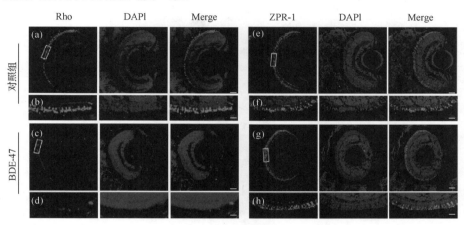

图 6-15　（a）和（b）空白组 6 dpf 斑马鱼仔鱼视网膜视紫质免疫染色；（c）和（d）BDE-47 暴露后 6 dpf 斑马鱼仔鱼视网膜视紫质免疫染色；（e）和（f）空白组 6 dpf 斑马鱼仔鱼 ZPR-1 免疫染色；（g）和（h）BDE-47 暴露后 6 dpf 斑马鱼仔鱼 ZPR-1 免疫染色

6.4.5　BDE-47 暴露对斑马鱼仔鱼视觉影响的行为学验证

眼动反应（optokinetic response，OKR）是斑马鱼仔鱼视觉行为中的一项传统测试（Huang and Neuhauss，2008）。将固定住的鱼体，放置于圆筒状光栅中央，使得光栅围绕斑马鱼移动，斑马鱼的眼睛追随光栅转动直至无法继续转动时，会迅速回转达到初始位置，开始下一次追随，如此反复（Fleisch and Neuhauss，2006；Neuhauss，2003）。斑马鱼仔鱼可以识别四种波段的颜色，分别为红光、蓝光、绿光以及紫外光。传统 OKR 试验中光源为黑白光栅，而白光由连续光谱组成，因此我们将白色部分分别拆分为红色、蓝色和绿色的单色光。因仪器光源限制，试验中未设置紫外波段。从图 6-16 中可以看出 BDE-47 暴露后斑马鱼仔鱼对蓝光的反应次数显著减少，但对中长波段光线（红光和绿光）的反应并没有明显变化。

此外在暴露后仔鱼左眼的运动次数相比右眼也有减少。有研究表明视黄酸信号通路在仔鱼发育过程中视觉形成及左右对称轴线建立起重要作用(Prabhudesai et al., 2005; Kawakami et al., 2005)。因此推测左右眼运动次数不对等可能与 BDE-47 暴露后视黄酸信号通路被干扰有关。此外分析软件还统计了仔鱼每次的扫视角度，但结果与对照组相比并没有显著性差异。

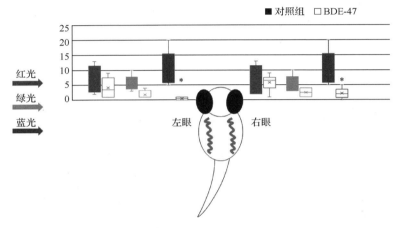

图 6-16　BDE-47 暴露后斑马鱼仔鱼对不同波段光的眼动反应次数
*$p < 0.05$，与对照组相比存在统计学差异

OKR 反应和视蛋白基因表达的试验结果均表明，BDE-47 暴露后影响了斑马鱼仔鱼的色觉能力。斑马鱼经常生活在水环境表层，偏好短波长环境及蓝绿色视野(Chinen et al., 2005)，依赖高表达的短波长视蛋白发现潜在的食物及捕食者(Oliveira et al., 2015)。从这个角度来看，BDE-47 暴露后仔鱼对蓝光的反应能力减弱有可能威胁其生存。

在视觉刺激逃避实验中，BDE-47 暴露后逃避反应的仔鱼数量较对照组明显减少(图 6-17)，表明 BDE-47 损伤了仔鱼视觉对周围感知刺激的能力(Temizer et al., 2015)。但是结果同时显示逃避与仔鱼视角无关，且反应速度也未受到影响，表明 BDE-47 对斑马鱼的影响仅是个体响应的数量，而并不是作用方式或者响应速度。这说明视网膜神经节细胞并没有受到损伤，从另外一个角度也反映出 BDE-47 引起的损伤可能是在信号通路参与视觉信息输入的前期，而不是对视网膜神经节细胞或信息输入后期的直接影响。

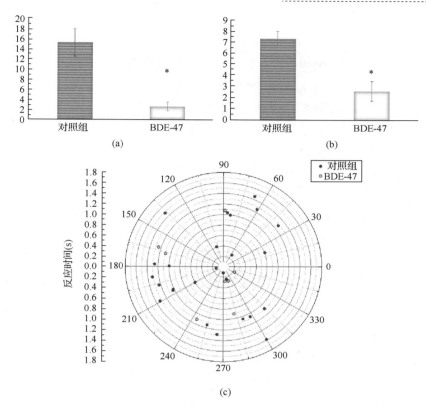

图 6-17　BDE-47 暴露后仔鱼视觉刺激逃避反应
(a)反应个体；(b)反应组别；(c)仔鱼视角与反应速度的相关性

6.4.6　小结

本节利用高通量测序技术，检测了高低两种不同浓度(高浓度 500 μg/L 和低浓度 5 μg/L)BDE-47 暴露后 6 dpf 斑马鱼仔鱼的转录组情况。在转录组结果分析中发现，BDE-47 诱导了视黄醇代谢及影响感官系统发育等与视觉系统相关的线索。继而设计实验探究 BDE-47 对斑马鱼仔鱼视觉系统的影响，包括视蛋白表达、视网膜发育以及视觉行为等。结果发现，BDE-47 暴露后损伤了斑马鱼仔鱼的视觉系统。具体表现在：BDE-47 暴露后相关视蛋白的基因表达均受到影响，仔鱼对中短波段的光线感应能力受到影响，且在紫外波段的受损尤其严重；同时 BDE-47 暴露后影响了视网膜的发育，并对光感受器造成损伤；此外眼动反应试验显示 BDE-47 暴露后的斑马鱼对蓝光反应灵敏性降低，视觉逃避刺激反应显示 BDE-47 暴露后损伤了仔鱼对外界刺激的感知能力。实验结果揭示了发育阶段的视觉系统是 BDE-47 毒性的靶系统之一。

6.5 五氯酚对斑马鱼胚胎发育影响的案例研究

五氯酚(PCP)不仅作为常见农药成分广泛使用，在化工方面也有着极为广泛的应用(Atlanta and Atlanta, 1997)。PCP 是世界卫生组织(WHO)认定的高毒性农药，还被国际癌症研究机构(IARC)列为可能的人类致癌物，表明其存在一定的致癌风险(Somers, 2009)。虽然很多国家已经全面禁止了 PCP 和三氯酚(trichlorophenol，TCP)的继续使用，但我国目前仍只规定限用(Hwang et al., 1986; Catallo and Shupe, 2008)。PCP 具有较高生物富集能力，因此 PCP 虽然不属于典型的持久性有机污染物(POPs)，但可能同样对生态环境具有较为持久的影响。有文献报道 PCP 可能为二噁英类化合物的中间产物，在自然条件下它可与二噁英类共存，并进一步加重氯酚污染问题的严重性(Laine et al., 1997; Tuppurainen et al., 2000)。PCP 长期暴露可能诱发贫血和白血病(Wood et al., 1983)。PCP 也可能影响水生生态系统中鱼类和两栖类的生殖、免疫、发育等生物学过程(Metcalfe et al., 2001; Zha et al., 2006; Duan et al., 2008)。有文献报道，PCP 可干扰斑马鱼胚胎甲状腺激素调节途径，干扰中枢神经系统发育时机与协调性，甚至导致发育畸形。鉴于 PCP 的环境风险，开展 PCP 的环境行为和毒性研究对国民健康和生态环境的保护具有重要意义。

目前对 PCP 在生物体内转化和致毒机制的认知主要有两点：一是通过单加氧酶 P450 代谢形成四氯氢醌，从而导致氧化应激反应(Naito et al., 1994)；二是发现 PCP 是氧化磷酸化(oxidative phosphorylation，OXPHOS)的一种强解偶联剂，影响生物体正常的氧化呼吸链(Fernandez et al., 2005)。氧化磷酸化是绝大多数真核细胞最主要的能量来源(Iotti et al., 2010)。而生物早期发育中，能量代谢起着举足轻重的作用。大量文献证实外源性物质可显著影响能量代谢过程(Hagenaars et al., 2008; Mazzio and Soliman, 2012; Pujolar et al., 2013)。糖酵解是除 OXPHOS 之外另一种对生命体具有特殊意义的供能方式。糖酵解途径过程简单，能够快速满足细胞的短期能量需求(Zheng, 2012)。糖酵解不仅被证实为多数癌细胞主要的代谢方式(Jose et al., 2011)，也被怀疑可能引发衰老相关的功能障碍(Hipkiss, 2011)。糖酵解的中间产物参与形成丙酮醛，与能量代谢过程中另一关键的参与者——氧气协作，诱导活性氧物质(ROS)的生成，造成机体的氧化损伤(Desai et al., 2010)。然而也有观点认为，缺氧条件下线粒体中的氧化呼吸链可能是 ROS 的潜在来源，而糖酵解的产物丙酮酸则是 H_2O_2 清除剂(Andreyev et al., 2005；Brand and Hermfisse, 1997)。ROS 与抗氧化酶的博弈导致了线粒体产能的波动(Aon et al., 2003)。目前对水生生物早期发育能量代谢研究较少。糖酵解是否仍然是鱼类原肠期重要的能量代谢途径还需要通过一系列的研究进行证实。

6.5.1 实验方案设计

本案例研究的技术路线可见图 6-18。

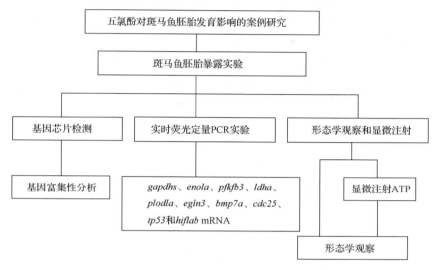

图 6-18 技术路线

1) 斑马鱼暴露及基因芯片测试

以野生型 Tuebingen 品系斑马鱼为受试生物，利用基因芯片技术检测 PCP 在斑马鱼原肠期暴露的基因表达谱变化。

2) 基因芯片数据分析

利用开源软件进行基因芯片的原始数据处理、差异化分析和基因功能富集性分析，得到具有显著性差异的富集性术语，筛选关键生物学功能，并绘制基因调控网路图。

3) 实时荧光定量 PCR 实验

通过对一些糖酵解和细胞周期等过程的关键基因进行实时荧光定量 PCR 检测，验证基因芯片数据的可靠性。荧光定量 PCR 测试的数据利用 $2^{-\Delta\Delta Ct}$ 进行相对定量。

4) 显微注射和形态学观察

在斑马鱼胚胎相应发育时期内进行胚胎注射。注射后的胚胎转移至 PCP 暴露液中，暴露至 8 hpf 和 10 hpf 后分别置于立体显微镜做形态学观察，用 QImaging 相机拍摄。

6.5.2 PCP 暴露对斑马鱼早期发育的影响

1. 基因芯片检测结果的富集性分析

高通量分析的关键是处理仪器检测得出的海量基因表达量数据，而数据分析的关键则是通过某些标准将基因归类集合成相应的基因集。基因本体论(gene ontology，GO)是迄今为止最为成功的基因集定义体系标准，它由基因本体论联合会所建立和推广(Ashburner et al., 2000; Rhee et al., 2008)。基因本体论是一种结构化的术语集，将基因划分为三大互相独立的域：细胞组分(cellular component，CC)，用以描述细胞部件及其存在环境；分子功能(molecular function，MF)，用以描述分子水平上基因产物的基本活性，如结合或催化；生物学过程(biological process，BP)，用以描述各种层级生物学单位功能事件的操作或集合。其中 BP 术语类由于能最为直接地反映生物事件中涉及的生物学过程，故而是功能富集性分析最常用和基本的 GO 术语。而 CC 类术语在某些富集性分析中也会采用，我们希望了解生物学过程发生的位置和环境，所以同时也关注了 CC 类术语的变化。基因功能使用 GO 的术语集(http://www.geneontology.org)进行定义和注释。

利用"最大均值"统计对 Subramanian 的基因集富集性分析进行了改进性分析(Subramanian et al., 2005)。分析结果根据 LS 假设的 p 值排序，基因集比较分析总共筛选出 41 种 BP 类 GO 术语，图 6-19 为部分差异术语的聚类图。前 5 位 GO 类别分别是前体代谢物质和能量的产生(GO:0006091)、葡萄糖代谢进程(GO:0006006)、葡萄糖分解代谢(GO:0006007)、己糖分解代谢(GO:0019320)和细胞糖类分解代谢进程(GO:0044262)。其后还包括糖类代谢、单糖代谢、醇类代谢、细胞大分子代谢、小分子代谢、蛋白质代谢、氧化还原等多种代谢过程。除了排在第 20 位的基因表达(GO:0010467)，其余均与动物的新陈代谢相关。如果进一步考虑 GO 类别之间的从属关系，不难得出结论，即大部分差异 GO 术语均涉及葡萄糖的代谢过程。

通过观测期望比分析，我们对基因集比较分析的筛选结果进行了一定扩充。其中最突出的变化就是出现了大量与细胞周期和分裂相关的 GO 类别，包括有丝细胞分裂 M 期(GO:0000087)、有丝分裂(GO:0000278)、细胞周期阶段(GO:0022403)、M 期(GO:0000279)、细胞分裂(GO:0051301)等。由于以上 GO 术语所包含的差异基因全部处于上调状态，这提示我们在较高浓度 PCP 的暴露下，8 hpf 斑马鱼胚胎的细胞周期相关行为对比正常发育状态要更活跃。另一些 GO 术语类别，如腹侧身份决定(GO:0048264)、背腹不对称性决定(GO:0048262)、内胚层形成(GO:0001706)以及细胞极性建立或维持(GO:0007163)等术语相关于胚胎发育

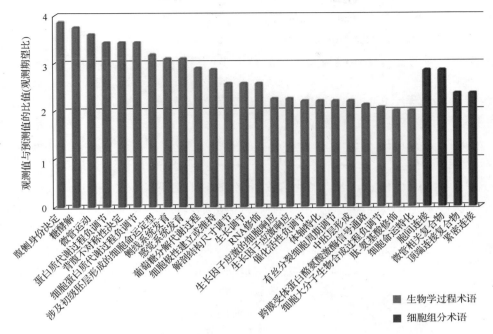

图 6-19　基因集比较分析筛选出差异表达的 BP 类基因集(50 μg/L PCP)

的图式形成过程,这些术语反映出胚胎细胞在原肠运动方面的某些变化。此外还有一些 GO 类别,如生长因子应激响应(GO:0070848)、感觉系统发育(GO:0048880)、RNA 修饰(GO:0009451)、催化活性负调节(GO:0043086)等,也受到了高浓度 PCP作用的影响。此外,观测期望比筛选的 4 个细胞组分(CC)类术语体现出了细胞连接相关的生物过程在 PCP 暴露下也发生了显著上调。

在观测期望比分析的结果中,我们认为最值得注意的是排在第 2 位的糖酵解(glycolysis)过程。之所以说需要引起重视,不仅仅是因为它具有除术语"腹侧身份决定"之外最高的观测/期望比,比值高达 3.88,更是出于另外两方面的考虑:一是糖酵解正是葡萄糖代谢的重要途径之一,这使得观测/期望比分析与 GSA 分析的结果对应起来;二是 PCP 细胞毒性机制的经典解释正是 PCP 对 OXPHOS 过程进行解偶联,而糖酵解恰恰是 OXPHOS 的重要备份途径,那么糖酵解的异常活跃很可能就与 OXPHOS 受限建立起关联,这使得富集性分析的结果又与已知的PCP 细胞毒性机制形成了良好呼应。

2. PCP 暴露与能量代谢相关基因

PCP 被认为是一种典型的 OXPHOS 解偶联剂而非抑制剂,它可以在线粒体中实现底物氧化与 ATP 合成的解偶联,将原本经由电子传递链、用于生产 ATP 的势能转化成热量（Fernandez et al., 2005）。因此，理论上 PCP 并不具备抑制 ATP 合成的能力。Sawle 等通过 6 dpf 斑马鱼幼鱼基因芯片的研究，证明了 PCP 暴露无法在转录组层面形成对 OXPHOS 过程的影响（Sawle et al., 2010）。我们注意到有多达 21 种该过程相关的基因存在表达下调的现象，达到下调基因总数的 1/10。这其中包括 6 种编码 ATP 合成酶的基因（*atp5d*、*atp5f1*、*atp5g1*、*atp5h*、*atp5j* 和 *atp5l*），9 种编码烟酰胺腺嘌呤二核苷酸（NADH）脱氢酶的基因（*ndufa2*、*ndufa6*、*ndufa11*、*ndufa12*、*ndufa13*、*ndufab1a*、*ndufb6*、*ndufb8* 和 *ndufs5*），3 种编码泛醌-细胞色素 C 还原酶的基因（*uqcrc1*、*uqcrh* 和 *uqcrq*），3 种编码细胞色素 C 氧化酶的基因（*cox7a3*、*cox10* 和 *cox14*），变化倍数由 0.4～0.71 倍不等。这些基因编码的同工酶依次传递 NADH 中的电子，推动质子跨越线粒体膜，最终将势能转化为 ATP 产物。因此这些基因 mRNA 含量的下降说明 PCP 暴露很可能破坏了胚胎的电子传递链，从而导致 OXPHOS 途径产能的困难。同时，研究结果显示几种线粒体膜相关基因表达的下调，包括线粒体膜（GO:0031966）、线粒体膜局部（GO: 0044455）和线粒体质子转运 ATP 合成酶复合体（GO:0005753）。由于线粒体是生物体执行呼吸、能量合成、凋亡和离子稳态等重要功能的场所（Meyer et al., 2013），这几个显著下调的术语表明 PCP 在原肠期内对于斑马鱼胚胎的影响可能不仅仅局限于对 OXPHOS 过程的解偶联，更起到了一种类似 OXPHOS 抑制剂的作用，这是不同于 PCP 效应传统观点的新发现。此研究结果同时说明，外源污染物对同一生物学过程的影响也可能随机体年龄的不同而呈现不同的特性。

如果我们进一步审视基因芯片结果中的绝对信号值就会发现，这些受到高浓度 PCP 影响的 OXPHOS 相关基因在对照组胚胎中，其表达量要远远高于糖酵解过程相关的基因。如表 6-4 所示，它们之间基本存在一个数量级水平的差距，显示出在斑马鱼的原肠期，正常状态下 OXPHOS 对胚胎可能具有更为关键的生物学意义，与哺乳类胚胎的能量供给方式有所不同（Kelly and West, 1996）。这种差异可以理解为与哺乳动物的胚胎发育时相对封闭的子宫环境不同，鱼类的胚胎是体外发育过程，环境相对开放，壳膜对气体交换几乎没有阻碍作用。但是经过 PCP 作用后，OXPHOS 相关基因表达被抑制，而糖酵解相关基因的表达被强烈诱导；尤其是糖酵解放能阶段的相关基因，其转录本含量基本达到与 OXPHOS 一致的水平，其生物学意义很可能是对 OXPHOS 受抑制而减少 ATP 合成的补偿。这一结果体现出高浓度 PCP 暴露对能量代谢的影响可能已经足以改变胚胎的优势代谢途径。

表 6-4 糖酵解和氧化磷酸化相关转录本信号的对数表达值

基因	探针编号	对照		50 μg/L PCP	
		平均值	标准误差	平均值	标准误差
OXPHOS					
atp5d	Dr.4272.1.S1_at	9.057	0.116	7.778	0.258
atp5f1	Dr.1246.2.S1_at	9.182	0.181	8.546	0.068
atp5g1	Dr.2860.1.S1_at	10.638	0.27	9.503	0.063
atp5h	Dr.3417.1.S1_at	8.582	0.071	7.482	0.092
atp5j	Dr.632.1.S1_at	9.631	0.225	8.589	0.172
atp5l	Dr.635.1.S1_at	9.019	0.152	7.787	0.182
cox7a3	Dr.4140.1.S1_at	10.098	0.182	8.792	0.153
cox10	Dr.21.1.A1_at	7.842	0.049	6.807	0.302
cox14	Dr.1002.1.S1_at	7.779	0.101	7.287	0.037
ndufa2	Dr.26378.1.S1_at	9.028	0.23	7.896	0.233
ndufa6	Dr.7751.1.S1_at	8.657	0.252	7.624	0.168
ndufa11	Dr.14279.1.S1_at	8.59	0.182	7.888	0.123
ndufa12	Dr.14478.1.S1_at	8.306	0.145	7.481	0.181
ndufa13	Dr.11045.1.S1_at	8.612	0.192	7.534	0.079
ndufab1a	Dr.8024.2.S1_a_at	9.055	0.062	8.397	0.14
ndufb6	Dr.14154.1.S1_at	9.417	0.21	8.513	0.186
ndufb8	Dr.4264.1.S1_at	9.09	0.154	8.197	0.047
uqcrc1	Dr.25502.1.S1_at	8.538	0.121	7.53	0.083
uqcrh	Dr.24476.1.S1_at	10.744	0.059	9.685	0.079
uqcrq	Dr.8389.1.S1_at	9.41	0.142	8.209	0.225
糖酵解（准备阶段）					
aldocb	Dr.19223.1.S1_at	4.265	0.243	5.927	0.239
aldocb	Dr.19223.1.S2_at	4.378	0.022	7.162	0.312
Gpia	Dr.11244.1.S1_at	6.446	0.177	8.637	0.377
pfkfb3	Dr.7626.1.A1_at	2.325	0.69	5.487	0.73
pfkfb3	Dr.7626.2.S1_at	2.866	1.014	5.212	0.349
pgm1	Dr.10215.1.A1_at	5.479	0.324	6.926	0.262
pgm1	Dr.10215.2.S1_at	4.893	0.152	6.229	0.086
tpi1a	Dr.11206.1.S1_at	4.79	0.121	5.8	0.18
糖酵解（放能阶段）					
eno1a	Dr.4724.1.S1_at	5.408	0.229	8.666	0.21
gapdhs	Dr.1194.1.S1_at	4.249	0.224	10.179	0.381

基因	探针编号	对照		50 μg/L PCP	
		平均值	标准误差	平均值	标准误差
糖酵解（放能阶段）					
gapdhs	AFFX-Dr-*GAPDH*-3_at	4.249	0.223	10.122	0.399
gapdhs	AFFX-Dr-*GAPDH*-5_at	6.22	0.24	9.404	0.396
gapdhs	AFFX-Dr-*GAPDH*-M_at	5.776	0.054	10.202	0.43
Ldha	Dr.4212.1.S1_at	3.077	0.105	6.436	0.789
pgam1a	Dr.945.1.S1_at	5.787	0.275	7.931	0.508
pgk1	Dr.898.1.S1_at	4.929	0.017	7.181	0.263
Pkma	Dr.7952.1.S1_at	5.557	0.418	7.532	0.118

糖酵解过程可以分为两个阶段：准备阶段和放能阶段。两个阶段以 3-磷酸甘油醛氧化生成 1,3-二磷酸甘油酸为界，在准备阶段中不仅没有净能量释放出，甚至还需要消耗 ATP 将葡萄糖转化成 2 个三碳糖；而此步骤开始有 NADH 放出，催化酶为甘油醛磷酸脱氢酶（GAPDH）。在筛选出的所有差异基因芯片中，GAPDH 酶的编码基因 *gapdhs* 具有 4 个转录本的探针。这 4 个探针的平均变化倍数为 28.84，其中最大值为 60.96，是所有转录本中表达变化量最大的。然而 GAPDH 在生物体内常具有两种亚型：*gapdh* 和 *gapdhs*，其中 *gapdh* 基因的表达量不容易被诱导或抑制，常作为定量 PCR 反应的管家基因（Tang et al., 2007）；而 *gapdhs* 则负责编码精子发生的特异性 GAPDH，目前的研究比较关注它与精子活动性的关联（Welch et al., 2006）。然而我们的芯片结果反映出 PCP 引起了 *gapdhs* 表达的强烈响应，却没有诱导 *gapdh* 的表达值变化。

除 GAPDH 外，参与糖酵解两阶段的催化酶还包括烯醇化酶、磷酸甘油酸激酶、磷酸甘油酸变位酶、葡萄糖磷酸异构酶、丙酮酸激酶和乳酸脱氢酶等，而它们所对应的基因 *eno1a*[FC（fold change）=9.56]、*pgk1*（FC=4.76）、*pgam1a*（FC=4.42）、*gpia*（FC=4.57）、*aldocb*（FC=6.89）和 *ldha*（FC=10.26）也发生了显著的表达上调（图 6-20）。同时，由磷酸果糖激酶 1（PFK1）催化形成葡糖-1-磷酸转化为葡糖-1,6-二磷酸，被认为是整个糖酵解过程的速率决定步骤。我们没有发现编码 PFK1 的基因表达发生变化；但观察到基因 *pfkfb3* 在 PCP 的作用下发生了较为显著的上调（FC=5.64），该基因编码的磷酸果糖激酶 2（PFK2）虽然不直接参与糖酵解，但却是 PFK1 酶的激活剂。有研究表明 PFK2 通过影响 PFK1 而保证糖酵解过程的高活性，沉默该基因将抑制糖酵解及导致细胞周期延迟（Chesney et al., 1999; Calvo et al., 2006）。显著上调的基因大量富集于糖酵解途径，而且基本集中在糖酵解的放能阶段，值得更深入研究探讨。

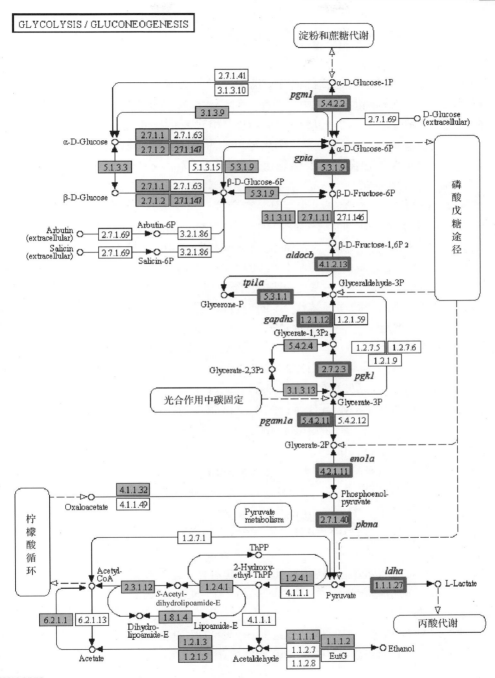

图 6-20　结合经典糖酵解(KEGG)通路分析 PCP 诱导相关基因表达的差异

改编自 https://www.kegg.jp/kegg-bin/show_pathway?org_name=dre&mapno=00010&mapscale=&show_description=show

3. PCP暴露与细胞行为相关基因

Vesterlund等利用高通量测序技术,选取斑马鱼胚胎从合子期至囊胚期的四个时间节点进行了基因表达谱的研究。结果发现在其中的单细胞、16细胞和512细胞期,*cldnd*、*cldng* 和 *ccna1* 均出现在相对表达最高的前十种转录本中,而在中期囊胚转换(MBT)后,以上基因在转录组中相对表达比重呈下降趋势(Per et al., 2011)。这意味着这些基因的表达变化很可能对胚胎早期的发育具有至关重要的意义,而且提示可以根据基因表达变化的趋势来筛选后续试验所关注基因的范围。

随着研究不断深入,人们对细胞周期及其调控机制的理解已经比较全面。周期素(cyclin)蛋白不具备酶活性,但是它们可与周期素依赖性激酶(CDK)相结合,形成一种名为M期促进因子(MPF)的复合物(Morgan, 1995)。周期素表达的波动将诱导 CDK 活性的波动,从而驱动细胞周期的顺利进行(图 6-21)。周期素A1(Cyclin A1)是胚胎中处于绝对优势的形态,特别是在受精后胚胎最早的卵裂期内,相应 *ccna1* 基因的表达量也非常高(Per et al., 2011)。而经过 MBT 后,成体形态的周期素 A2 就开始逐渐替代 A1 的地位。因此从表达谱的情况看,*ccna1* 的表达应处于降低的态势。然而芯片数据表明(图 6-22),*ccna1* 基因(FC=5.47)的表达较之对照组有明显提高,说明胚胎在细胞周期调控上的态势还停留在较早的发育时期。除 *ccna1* 外,周期素蛋白家族编码基因的另几种转录本,如 *ccng2*(FC=3.83)、*ccnb3*(FC=2.05)、*ccnb2*(FC=1.99)、*ccnt2a*(FC=1.83)、*ccnb1*(FC=1.78)也被发现出现显著上调,其中 Cyclin B 是已知 Cyclin 蛋白中在细胞周期调控中最关键的成员,其基因表达上调同样反映出细胞周期过程的活跃,并有进入细胞分裂期(M 期)的强烈倾向 (Murray, 2004)。

蛋白激酶 A(PKA)、CDC25 磷酸酶和 WEE1 蛋白激酶相互结合,以构成 MPF活性的双向调节回路(Dekel, 1996)。虽然编码 WEE1 的主要基因 *wee1* 表达相对较为稳定,但结果表明在 PCP 的作用下,另一种保守亚型 *wee2* 的表达却发生了比较显著的变化,几种探针中最大 FC 值达到 9.56。有文献报道 *wee2* 可以阻止小鼠和猴的卵母细胞进入减数分裂期(Hanna et al., 2010),但它在胚胎期的功能却基本没有研究。而 *cdc25* 基因可以促进细胞进入有丝分裂期,意味着 *cdc25a* 在胚胎原肠期可能在细胞周期进程中充当限速的环节(Nogare et al., 2007)。另一种细胞分裂周期蛋白 Cdc34 也具有类似的功能,主要通过参与泛素介导的蛋白降解来控制细胞增殖的速率(Yew and Kirschner, 1997)。PCP 暴露组斑马鱼的转录本 *cdc25*(FC=2.90)和 *cdc34a*(FC=2.79)均发生了统计学上显著的表达上调。这些结果说明经过高浓度 PCP 暴露后,斑马鱼胚胎的细胞周期相关基因维持了一个相对较高的表达水平,而此时正常胚胎的细胞周期基因表达应开始出现下降,这更加凸显 PCP 诱导的细胞周期分裂活性呈现有悖于胚胎正常生长的趋势。另一方面,CC

类术语蛋白酶体复合体(GO:0000502)是降解周期素蛋白，促使细胞周期退出的关键因素，相关编码基因 *psma1*、*psmb1*、*psmb2* 等的表达下调则是对这种趋势的最佳注脚。

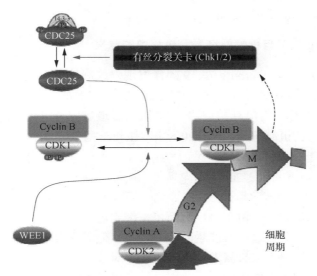

图 6-21　细胞周期调控部分过程示意图(Davidson and Niehrs, 2010)

CDC25: cell division cycle 25，细胞分裂周期蛋白；Cyclin A/B：细胞周期蛋白 A/B；CDK1/2：细胞周期蛋白依赖性激酶 1/2；WEE1：WEE1 蛋白激酶；G2：(有丝分裂间期)DNA 合成后期；M：有丝分裂中期

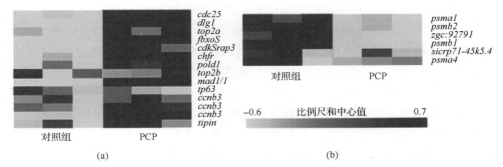

图 6-22　基因集比较分析筛选出差异表达的生物学过程(BP)类基因集(50 μg/L PCP)

(a)细胞周期调控；(b)蛋白酶体

GSA 分析和观测期望比分析都筛选出了一些细胞粘连相关的 GO 术语，包括细胞间粘连(GO:0016337)等 BP 类术语，以及细胞间连接(GO:0005911)、紧密连接(GO:0005923)等 CC 类术语。造成这些术语变化的最主要原因是，编码 Claudin 蛋白家族的两种重要基因 *cldng*(FC=6.96)和 *cldnd*(FC=7.91)对 PCP 的暴露产生了显著的上调响应。现有研究成果表明，Claudin 蛋白是最重要的细胞组分，它们构

建起细胞间的壁垒，控制细胞间隙内分子的流动，从而调节细胞运动性(Gonzalez-Mariscal et al., 1998; Gupta and Ryan, 2010)。在斑马鱼正常发育过程中，*cldnd* 和 *cldng* 在卵裂期和囊胚期表现出了极高的活性，但从外包进程开始起它们的表达量出现急剧下降(Mathavan et al., 2005; Per et al., 2011)。

6.5.3 Warburg 效应与糖酵解在发育过程中的意义

德国生理学家 O. Warburg 在 1924 年发现癌细胞偏爱采取糖酵解为其优先能量代谢方式，哪怕在体系并非处于缺氧状态时亦是如此。后人称这一现象为 Warburg 效应(亦称为有氧糖酵解)。该效应自发现后曾经引起广泛重视和争议，也一直缺乏有力的机制解释。而在 2009 年，Heiden 等在期刊 *Science* 上发表论文，指出癌细胞的能量和物质代谢过程必须在提供更多能量还是提供更多细胞物质之间做出取舍(Heiden et al., 2009)。如果更多的葡萄糖被转化为 ATP，则必然伴随着大量的碳元素以 CO_2 的形式流失。而当葡萄糖没有完全转化为 ATP 时，碳元素就可以以乳酸的形式被保留下来，从而可被细胞进一步利用。癌细胞具有细胞分裂速度快的特点，分裂过程对能量的需求较小，但需要大量的营养源，因此糖酵解模式更能满足癌细胞生长需求。Heiden 等从能量和物质平衡的角度对 Warburg 效应提出了新颖和令人信服的解释，不过他们仍然无法回答为何有些癌细胞更倾向于 OXPHOS 的供能方式。Du 等又发现癌细胞在 p73 的作用下刺激葡萄糖-6-磷酸脱氢酶(G6PD)的大量表达，从而激活磷酸戊糖途径(Du et al., 2013)。这些发现说明，在某些特定情况下(如癌细胞需要高速分裂维持增长)，细胞可能会牺牲过量的能量产出，而转向于采取更注重能量和物料平衡，并提高产能速率的策略。

除了释放出少量的 ATP 和 NADH，糖酵解将葡萄糖中的碳源主要以有机酸的形式保留下来。丙酮酸是严格意义上糖酵解过程的终产物，在正常细胞中，丙酮酸进入三羧酸循环(TCA)，进而在线粒体膜上被完全氧化；而 Warburg 效应细胞中的有氧糖酵解过程主要具有两个特点，一是其后续过程更倾向以乳酸发酵代替常规的三羧酸循环，所以在乳酸发酵中起核心作用的乳酸脱氢酶及其编码基因 *ldha* 的表现会异常活跃。由于乳酸发酵过程能重生维持糖酵解所必需的辅酶 NAD^+，我们认为这种现象可能对糖酵解有放大作用。在本芯片试验中，高浓度 PCP 暴露导致 *ldha* 基因表达具有 10.26 的 FC 值。二是有氧糖酵解丙酮酸激酶倾向于从成体形态转变为胚胎 M2 亚型(Christofk et al., 2008)。而作为转录组水平的证据，我们发现在基因芯片的数据中 *pkma* 的表达量同样发生了 FC 达到 3.93 的显著上调。低氧斑马鱼心脏的表达谱分析中发现了另一种丙酮酸激酶的基因 *pmlr* 的表达变化(Marques et al., 2008)，不过该基因没有出现在本次芯片分析的显著性结果中。

6.5.4　PCP 发育延迟效应的 ATP 拯救

　　PCP 暴露后，对其作用下斑马鱼胚胎的发育状况进行观察。由图 6-23 可知，使用浓度较低的 20 μg/L PCP 暴露[图 6-23(b)]时，胚胎发育状态与对照组[图 6-23(a)]相比差异很小，基本处于同一胚胎期。而较高浓度(50 μg/L)的 PCP 暴露，在原肠期内对斑马鱼胚胎的发育造成了肉眼可见的延迟效应，延迟程度在 1 h 左右[图 6-23(c)]。对比对照组胚胎的发育状态，高浓度 PCP 在原肠期中期(8 hpf)的效应主要表现为外包程度未达正常的 75% 外包状态，实际外包程度约在 60% 不到；而一直到咽胚期初期(10 hpf)时，高浓度 PCP 处理组的胚胎外包过程也尚未完全结束，大约进展到 90%，未能像正常胚胎那样出现尾芽。实验说明，50 μg/L PCP 暴露能对斑马鱼胚胎造成延迟表型的发育毒性，且 PCP 造成的发育延迟效应具有一定的剂量依赖性。

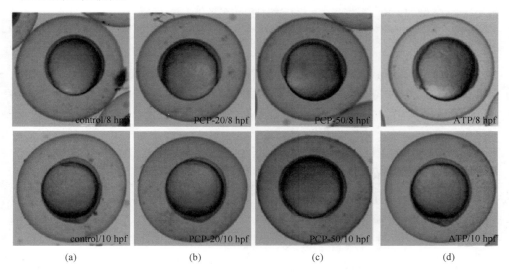

图 6-23　PCP 斑马鱼胚胎发育毒性的形态学观察及 ATP 对发育的拯救
(a)对照组胚胎发育状况；(b)20 μg/L PCP 暴露后胚胎发育状况；(c)50 μg/L PCP 暴露后胚胎发育状况；
(d)50 μg/L PCP 暴露组进行 ATP 注射后胚胎发育状况

　　由于糖酵解过程产能的效率较低，因此该过程的异常激活可能造成的后果自然就是 ATP 产量的降低。ATP 是生物机体内高能磷酸化合物的代表物质，当其磷酰键水解时，能释放出大量的自由能，用以为各种生命活动提供能量供给。ATP 可以通过多种途径进行生物合成，但需氧细胞主要还是依赖 OXPHOS 过程来合成 ATP。如果 PCP 果真通过诱导糖酵解，影响葡萄糖代谢产能效率而导致胚胎发育延迟，那么提供额外的 ATP 补偿应该可以在一定程度上缓解这种延迟。考虑到 ATP 的均衡分布，显微注射的操作宜在胚胎发生的 1 hpf 以内进行。然而由于 ATP

的化学结构高度不稳定，在胚胎体内半衰期较短，因此实验可能需要注射入过量的 ATP 以保证经代谢后足量。

进行注射 ATP 后，我们再度对两个时间节点的胚胎进行了形态学观察，并与 PCP 处理组对比。由图 6-23(d) 可知，经 ATP 注射的高浓度 PCP 处理组胚胎在原肠期中期的外包程度更加近似于正常胚胎。而且注射 ATP 的斑马鱼胚胎发育至 10 hpf 时，也基本顺利地从原肠期进入咽胚期。胚胎的外包过程已经完结，在图中的底部尾芽清晰可见。ATP 显微注射的形态学观察证明了外源性的 ATP 补充可在一定程度上缓解 PCP 暴露所造成的发育延迟，意味着这种发育延迟可能与胚胎供能不足有关。

6.5.5 PCP 通过糖酵解影响胚胎发育的机制假说

综上所述，PCP 阻断 OXPHOS 进程后的最直接后果很可能就是激活糖酵解过程，而糖酵解过程能提供更多的细胞物质而不是能量，因此无法支持胚胎正常的原肠运动，反而刺激了细胞分裂行为的进行，这在宏观上就体现为斑马鱼胚胎的发育迟缓。

生物胚胎发育过程中的细胞行为与癌细胞行为也存在某些类似之处。以斑马鱼胚胎为例，在卵裂期和囊胚期中期以前，胚胎细胞呈高速、同步的分裂状态 (Kane et al., 1992)。套用 Vander Heiden 等的观点，此时期胚胎细胞无需过多的能量供给，胚胎生长也比较稳定。然而从 MBT 开始，合子基因开始表达，细胞分裂的速度趋缓，同步性逐渐消失，胚胎细胞展开外包、内卷、聚合和延伸等进程，逐步进入原肠运动 (Bonneton et al., 1999)。因此如果在发育时序处于 MBT 之后的胚胎中由于某种原因，细胞保持相对较高的分裂活性，那在表观上就可能表现为一种延迟效应。相对于单纯的有丝分裂，大量细胞的剧烈时空位移需要更多的能量。如果没有足够的 ATP，细胞之间剧烈的时空位移很可能无法进展。另一方面，有研究利用 FGF-1 处理 NBT-II 兔肾脏癌细胞系，观察到 FGF-1 刺激可以诱导除 G2/M 期之外的细胞出现迁移活动，此结果说明细胞周期与迁移之间存在某种关系的相互制约 (Bonneton et al., 1999)。这样能量、细胞行为和发育延迟之间就建立起联系。

6.5.6 小结

PCP 暴露可导致斑马鱼胚胎发育出现延迟，通过外源性的 ATP 补充实验，验证了 PCP 诱发的发育延迟可能与胚胎供能不足有关。我们依据糖酵解和细胞分裂相关术语在芯片数据中的显著上调，以及多数癌细胞倾向于糖酵解代谢方式的 Warburg 效应，推断出 PCP 暴露导致糖酵解过程在斑马鱼胚胎代谢的途径中占据一定优势，进而促使细胞分裂行为异常活跃，呈现出发育延迟的表观效应(图 6-24)。

结合转录组中呈现的信息，我们认为这种效应具有 Warburg 效应的主要特征。由于糖酵解过程是作为 OXPHOS 的重要替代机制，该发现可认为与已知的 PCP 致毒机制存在共通之处(Xu et al., 2014)。另一方面，传统观点认为 PCP 仅仅是 OXPHOS 作用的解偶联剂，而我们则发现至少在原肠期内 PCP 的毒性作用呈现出对 OXPHOS 的抑制作用。这种抑制作用对于鱼类的损害可能大于哺乳动物，因为基因芯片的结果反映出与哺乳动物的不同，OXPHOS 是鱼类在原肠期时重要的能量代谢模式。

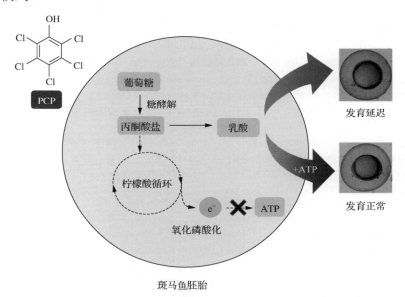

图 6-24　PCP 在原肠期影响斑马鱼胚胎发育的机制解释

参 考 文 献

白承连, 2009. 十溴联苯醚对斑马鱼(*Danio rerio*)的胚胎发育和生殖毒性影响. 温州: 温州医学院.

陈致远, 2013. 珠江三角洲地区男性全氟化合物暴露与生殖健康效应的研究. 广州: 华南理工大学.

戴群莹, 彭娟, 董旭东, 2014. 多环芳烃对人类健康影响的研究进展. 重庆医学, 43: 2811-2813.

范轶欧, 金一和, 麻懿馨, 等, 2005. 全氟辛烷磺酸对雄性大鼠生精功能的影响. 卫生研究, 34: 37-39.

鞠黎, 楼跃, 王艳萍, 等, 2011. 多氯联苯暴露对斑马鱼脊柱形态及 BMP-2、BMP-4 基因表达的影响. 南京医科大学学报(自然科学版),(9): 1277-1281.

连立芬, 陈亚琼, 侯海燕, 2013. 苯并芘的生殖毒性机制研究进展. 国际生殖健康/计划生育杂志, 32: 450-453.

单秋丽. 2014. POPs 暴露对动脉粥样硬化的影响及其相关分子机制的研究. 北京: 中国科学院生态研究中心.

孙儒泳, 1992. 动物生态学原理(第二版). 北京: 北京师范大学出版社.

伍吉云, 万祎, 胡建英. 2005. 环境中内分泌干扰物的作用机制. 环境与健康杂志, 22(6): 494-497.

杨淑贞, 韩晓冬, 陈伟, 2005. 五氯酚对生物体的毒性研究进展. 环境与健康杂志, 22: 396-398.

尹晓晨, 曾明, 王春香, 等, 2008. 五氯酚钠对雄性小鼠的生殖毒性作用. 生态毒理学报, 3: 241-244.

张琳, 2009. 苯并[α]芘对栉孔扇贝生殖毒性效应的研究. 青岛: 中国海洋大学.

章幼玉, 2015. 菲和芘的心脏发育毒性及其机制的研究. 厦门: 厦门大学.

张淑芸, 2015. 基于核受体 CAR 信号通路 4 环多环芳烃芘的肝毒性机制研究. 中国毒理学会湖北科技论坛.

周京花, 马慧慧, 赵美蓉, 等, 2013. 持久性有机污染物(POPs)生殖毒理研究进展——从实验动物生殖毒性到人类生殖健康风险. 中国科学:化学, 43: 315-325.

周丽新, 陈晓红, 金米聪, 2014. 五氯酚对人体的毒性及防治研究进展. 卫生研究, 43: 338-342.

Abbott B D, Birnbaum L S, 1989. TCDD alters medial epithelial cell differentiation during palatogenesis. Toxicology & Applied Pharmacology, 99: 276-286.

Abbott B D, Birnbaum L S, Pratt R M, 1987. TCDD-induced hyperplasia of the ureteral epithelium produces hydronephrosis in murine fetuses. Teratology, 35: 329.

Abbott B D, Perdew G H, Birnbaum L S, 1994. Ah receptor in embryonic mouse palate and effects of TCDD on receptor expression. Toxicology & Applied Pharmacology, 126: 16-25.

Abdelouahab N, Ainmelk Y, Takser L, 2011. Polybrominated diphenyl ethers and sperm quality. Reproductive Toxicology, 31: 546-550.

Ahn N S, Hu H, Park J S, et al, 2005. Molecular mechanisms of the 2,3,7,8-tetrachlorodibenzo-*p*-dioxin-induced inverted U-shaped dose responsiveness in anchorage independent growth and cell proliferation of human breast epithelial cells with stem cell characteristics. Mutation Research/Fundamental and Molecular Mechanisms of Mutagenesis, 579(1): 189-199.

Akutsu K, Takatori S, Nozawa S, et al, 2008. Polybrominated diphenyl ethers in human serum and sperm quality. Bulletin of Environmental Contamination and Toxicology, 80: 345-350.

Ala-Laurila P, Cornwall M C, Crouch R K, et al, 2009. The action of 11-*cis*-retinol on cone opsins and intact cone photoreceptors. Journal of Biological Chemistry, 284: 16492-16500.

Allen J R, Barsotti D A, Van Miller J P, et al, 1977. Morphological changes in monkeys consuming a diet containing low levels of 2,3,7,8-tetrachlorodibenzo-*p*-dioxin. Food & Cosmetics Toxicology, 15: 401.

Allen J R, Carstens L A, Allen J R, et al, 1967. Light and electron microscopic observations in *Macaca mulatta* monkeys fed toxic fat. Semin Dermatol, 28: 54-64.

Amaral Mendes J J, 2002. The endocrine disrupters: A major medical challenge. Food & Chemical Toxicology, 40: 781-788.

Andersen T A, Troelsen K L, Larsen L A, 2014. Of mice and men: Molecular genetics of congenital heart disease. Cellular & Molecular Life Sciences, 71: 1327-1352.

Andreasen E A, Mathew L K, Tanguay R L, 2006. Regenerative growth is impacted by TCDD: Gene expression analysis reveals extracellular matrix modulation. Toxicological Sciences, 92(1): 254-269.

Andreyev A Y, Kushnareva Y E, Starkov A A, 2005. Mitochondrial metabolism of reactive oxygen species. Biochemistry Biokhimiia, 70: 200-214.

Antkiewicz D S, Burns C G, Carney S A, et al, 2005. Heart malformation is an early response to TCDD in embryonic zebrafish. Toxicological Sciences, 84: 368.

Aon M A, Cortassa S, Marbán E, et al, 2003. Synchronized whole cell oscillations in mitochondrial metabolism triggered by a local release of reactive oxygen species in cardiac myocytes. Journal of Biological Chemistry, 278: 44735.

Arcand-Hoy L D, Benson W H, 1998. Fish reproduction: An ecologically relevant indicator of endocrine disruption. Environmental Toxicology and Chemistry, 17: 49-57.

Arima A, Kato H, Ise R, et al, 2010. *In utero* and lactational exposure to 2, 3, 7, 8-tetrachlorodibenzo-*p*-dioxin (TCDD) induces disruption of glands of the prostate and fibrosis in rhesus monkeys. Reproductive Toxicology, 29 (3): 317-322.

Armando A, Rajanna B, 1975. Mirex incorporation in the environment: Uptake and distribution in crop seedlings. Bulletin of Environmental Contamination and Toxicology, 14: 38-42.

Ashburner M, Ball C A, Blake J A, et al, 2000. Gene Ontology: Tool for the unification of biology. Nature Genetics, 25: 25-29.

Atlanta G A, Atlanta G A, 1997. Agency for toxic substances and disease registry. Asian American & Pacific Islander Journal of Health, 5: 121.

Axmon A, Thulstrup A M, Rignellhydbom A, et al, 2006. Time to pregnancy as a function of male and female serum concentrations of 2,2'4,4',5,5'-hexachlorobiphenyl (CB-153) and 1,1-dichloro-2,2-bis (*p*-chlorophenyl) -ethylene (*p,p'*-DDE). Human Reproduction, 21: 657-665.

Bäckström J, Hansson E, Ullberg S, 1965. Distribution of C_{14}-DDT and C_{14}-dieldrin in pregnant mice determined by whole-body autoradiography. Toxicology and Applied Pharmacology, 7: 90-96.

Bae J, Stuenkel E L, Loch-Caruso R, 1999. Stimulation of oscillatory uterine contraction by the PCB mixture Aroclor 1242 may involve increased $[Ca^{2+}]i$ through voltage-operated calcium channels. Toxicology and Applied Pharmacology, 155 (3): 261-272.

Barrett J R, 2011. Window for dioxin damage: Sperm quality in men born after the Seveso disaster. Environmental Health Perspectives, 119: A219.

Beard A P, Bartlewski P M, Chandolia R K, et al, 1999. Reproductive and endocrine function in rams exposed to the organochlorine pesticides lindane and pentachlorophenol from conception. Journal of Reproduction and Fertility, 115: 303-314.

Beard A P, Mcrae A C, Rawlings N C, 1997. Reproductive efficiency in mink (*Mustela vison*) treated with the pesticides lindane, carbofuran and pentachlorophenol. Journal of Reproduction & Fertility, 111: 21.

Belair C D, Peterson R E, Heideman W, 2001. Disruption of erythropoiesis by dioxin in the zebrafish. Developmental Dynamics an Official Publication of the American Association of Anatomists, 222: 581.

Bello S M, Heideman W, Peterson R E, 2004. 2,3,7,8-Tetrachlorodibenzo-*p*-dioxin inhibits regression of the common cardinal vein in developing zebrafish. Toxicological Sciences, 78: 258.

Ben R K, Tébourbi O, Krichah R, et al, 2001. Reproductive toxicity of DDT in adult male rats. Human & Experimental Toxicology, 20: 393-397.

Berg C, Halldin K, Brunström B, et al, 1998. Methods for studying xenoestrogenic effects in birds. Toxicology Letters, 102: 671-676.

Bernard B K, Hoberman A M, Brown W R, et al, 2002. Oral (gavage) two-generation (one litter per generation) reproduction study of pentachlorophenol (penta) in rats. International Journal of Toxicology, 21: 301.

Beytur A, Ciftci O, Aydin M, et al, 2012. Protocatechuic acid prevents reproductive damage caused by 2, 3, 7, 8-tetrachlorodibenzo-*p*-dioxin (TCDD) in male rats. Andrologia, 44: 454-461.

Bigsby R, Chapin R E, Daston G P, et al, 1999. Evaluating the effects of endocrine disruptors on endocrine function during development. Environmental Health Perspectives, 107: 613-618.

Billsson K, Westerlund L, Tysklind M, et al, 1998. Developmental disturbances caused by polychlorinated biphenyls in zebrafish (*Brachydanio rerio*). Marine Environmental Research, 46: 461-464.

Bilotta J, Saszik S, Sutherland S E, 2001. Rod contributions to the electroretinogram of the dark-adapted developing zebrafish. Developmental Dynamics, 22: 564-570.

Birnbaum L S, Weber H, Harris M W, et al, 1985. Toxic interaction of specific polychlorinated biphenyls and 2,3,7,8-tetrachlorodibenzo-*p*-dioxin: Increased incidence of cleft palate in mice. Toxicology & Applied Pharmacology, 77: 292-302.

Bjerke D L, Peterson R E, 1994. Reproductive toxicity of 2,3,7,8-tetrachlorodibenzo-*p*-dioxin in male rats: Different effects of *in utero* versus lactational exposure. Toxicology & Applied Pharmacology, 127: 241.

Bjork J A, Lau C, Chang S C, et al, 2008. Perfluorooctane sulfonate-induced changes in fetal rat liver gene expression. Toxicology, 251 (1): 8-20.

Blomqvist A, Berg C, Holm L, et al, 2006. Defective reproductive organ morphology and function in domestic rooster embryonically exposed to *o,p'*-DDT or ethynylestradiol. Biology of Reproduction, 74: 481.

Bolden A L, Rochester J R, Schultz K, et al, 2017. Polycyclic aromatic hydrocarbons and female reproductive health: A scoping review. Reproductive Toxicology, 73: 61-74.

Bonneton C, Sibarita J B, Thiery J P, 1999. Relationship between cell migration and cell cycle during the initiation of epithelial to fibroblastoid transition. Cell Motility & the Cytoskeleton, 43: 288.

Bookhout C, Wilson A, Duke T, et al, 1972. Effects of mirex on the larval development of two crabs. Water, Air, & Soil Pollution, 1: 165-180.

Bornman R, Jager C D, Worku Z, et al, 2010. DDT and urogenital malformations in newborn boys in a malarial area. BJU International, 105: 1327-1329.

Boucard M, Beaulaton I, Mestres R, et al, 1970. Experimental study of teratogenesis: Influence of the timing and duration of the treatment. Therapie, 25: 907.

Brand K A, Hermfisse U, 1997. Aerobic glycolysis by proliferating cells: A protective strategy against reactive oxygen species. The FASEB Journal, 11 (5): 388-395.

Breitholtz M, Wollenberger L, 2003. Effects of three PBDEs on development, reproduction and population growth rate of the harpacticoid copepod *Nitocra spinipes*. Aquatic Toxicology, 64: 85-96.

Brevini T A L, Lonergan P, Cillo F, et al, 2002. Evolution of mRNA polyadenylation between oocyte maturation and first embryonic cleavage in cattle and its relation with developmental competence. Molecular Reproduction & Development, 63: 510-517.

Brevini T A, Vassena R, Paffoni A, et al, 2004. Exposure of pig oocytes to PCBs during *in vitro* maturation: Effects on developmental competence, cytoplasmic remodelling and communications with cumulus cells. European Journal of Histochemistry, 48: 347.

Brouwer A, Longnecker M P, Birnbaum L S, et al, 1999. Characterization of potential endocrine-related health effects at low-dose levels of exposure to PCBs. Environmental Health Perspectives, 107: Suppl 4, 639.

Brunström B, 1989. Toxicity of coplanar polychlorinated biphenyls in avian embryos. Chemosphere, 19: 765-768.

Brunström B, Andersson L, 1988. Toxicity and 7-ethoxyresorufin *O*-deethylase-inducing potency of coplanar polychlorinated biphenyls (PCBs) in chick embryos. Archives of Toxicology, 62: 263-266.

Bryant P L, Schmid J E, Fenton S E, et al, 2001. Teratogenicity of 2,3,7,8-tetrachlorodibenzo-*p*-dioxin (TCDD) in mice lacking the expression of EGF and/or TGF-α. Toxicological Sciences, 62: 103-114.

Bush B, Bennett A H, Snow J T, 1986. Polychlorobiphenyl congeners, *p, p'*-DDE, and sperm function in humans. Archives of Environmental Contamination and Toxicology, 15: 333-341.

Cachat J, Stewart A, Grossman L, et al, 2010. Measuring behavioral and endocrine responses to novelty stress in adult zebrafish. Nature Protocols, 5(11): 1786.

Calvo M N, Bartrons R, Castaño E, et al, 2006. PFKFB3 gene silencing decreases glycolysis, induces cell-cycle delay and inhibits anchorage-independent growth in HeLa cells. Febs Letters, 580: 3308-3314.

Campagna C, Bailey J L, Sirard M A, et al, 2006. An environmentally-relevant mixture of organochlorines and its vehicle control, dimethylsulfoxide, induce ultrastructural alterations in porcine oocytes. Molecular Reproduction & Development, 73: 83.

Carpi D, Korkalainen M, Airoldi L, et al, 2009. Dioxin-sensitive proteins in differentiating osteoblasts: Effects on bone formation *in vitro*. Toxicological Sciences, 108(2): 330-343.

Catallo W J, Shupe T F, 2008. Hydrothermal treatment of mixed preservative-treated wood waste. Holzforschung, 62: 119-122.

Chen L G, Huang Y B, Huang C J, et al, 2013. Acute exposure to DE-71 causes alterations in visual behavior in zebrafish larvae. Environmental Toxicology & Chemistry, 32: 1370-1375.

Chesney J, Mitchell R, Benigni F, et al, 1999. An inducible gene product for 6-phosphofructo-2-kinase with an AU-rich instability element: Role in tumor cell glycolysis and the Warburg effect. Proceedings of the National Academy of Sciences of the United States of America, 96: 3047.

Cheung M O, Gilbert E F, Peterson R E, 1981. Cardiovascular teratogenicity of 2,3,7,8-tetrachlorodibenzo-*p*-dioxin in the chick embryo. Toxicology & Applied Pharmacology, 61: 197-204.

Chinen A, Matsumoto Y, Kawamura S. 2005. Spectral differentiation of blue opsins between phylogenetically close but ecologically distant goldfish and zebrafish. Journal of Biological Chemistry, 280(10): 9460.

Christofk H R, Vander Heiden M G, Harris M H, et al, 2008. The M2 splice isoform of pyruvate kinase is important for cancer metabolism and tumour growth. Nature, 452(7184): 230.

Chung J Y, Kim Y J, Kim J Y, et al, 2011. Benzo[*a*]pyrene reduces testosterone production in rat Leydig cells via a direct disturbance of testicular steroidogenic machinery. Environmental Health Perspectives, 119: 1569.

Cohn B A, Cirillo P M, Sholtz R I, et al, 2011. Polychlorinated biphenyl(PCB) exposure in mothers and time to pregnancy in daughters. Reproductive Toxicology, 31: 290-296.

Cohn B A, Cirillo P M, Wolff M S, et al, 2003. DDT and DDE exposure in mothers and time to pregnancy in daughters. Lancet, 361: 2205.

Colborn T, Vom Saal F S, Soto A M, 1993. Developmental effects of endocrine-disrupting chemicals in wildlife and humans. Environmental Health Perspectives, 101: 378.

Colciago A, Negri-Cesi P, Pravettoni A, et al, 2006. Prenatal Aroclor 1254 exposure and brain sexual differentiation: Effect on the expression of testosterone metabolizing enzymes and androgen receptors in the hypothalamus of male and female rats. Reproductive Toxicology, 22: 738-745.

Cooper K R, Wintermyer M, 2009. A critical review: 2,3,7,8-tetrachlorodibenzo-*p*-dioxin (2,3,7,8-TCDD) effects on gonad development in bivalve mollusks. Journal of Environment Science and Health, Part C, 27: 226-245.

Courtney K D, Moore J A, 1971. Teratology studies with 2,4,5-trichlorophenoxyacetic acid and 2,3,7,8-tetrachlorodibenzo-*p*-dioxin. Toxicology & Applied Pharmacology, 20: 396-403.

Crain D A, Guillette Jr. L J, 1998. Reptiles as models of contaminant-induced endocrine disruption. Animal Reproduction Science, 53: 77-86.

Cummings A M, Laskey J, 1993. Effect of methoxychlor on ovarian steroidogenesis: Role in early pregnancy loss. Reproductive Toxicology, 7: 17-23.

Dalvie M A, Myers J E, Thompson M L, et al, 2004. The long-term effects of DDT exposure on semen, fertility, and sexual function of malaria vector-control workers in Limpopo Province, South Africa. Environmental Research, 96: 1.

David D, 1979. Gas chromatographic study of the rate of penetration of DDT into quail eggs at different stages of their development. Bulletin of Environmental Contamination and Toxicology, 21: 289-295.

Davidson G, Niehrs C, 2010. Emerging links between CDK cell cycle regulators and Wnt signaling. Trends in Cell Biology, 20: 453.

Dekel N, 1996. Protein phosphorylation/dephosphorylation in the meiotic cell cycle of mammalian oocytes. Reviews of Reproduction, 1: 82-88.

Desai K M D M, Chang T C, Wang H W, et al, 2010. Oxidative stress and aging: Is methylglyoxal the hidden enemy? Canadian Journal of Physiology & Pharmacology, 88: 273.

Dikshith T, Datta K, 1973. Endrin induced cytological changes *in albino* rats. Bulletin of Environmental Contamination and Toxicology, 9: 65-69.

Dimich-Ward H, Hertzman C, Teschke K, et al, 1996. Reproductive effects of paternal exposure to chlorophenate wood preservatives in the sawmill industry. Scandinavian Journal of Work Environment & Health, 22: 267-273.

Dix K, Van Der Pauw C, McCarthy W, 1977. Toxicity studies with dieldrin: Teratological studies in mice dosed orally with HEOD. Teratology, 16: 57-62.

Du W, Jiang P, Mancuso A, et al, 2013. TAp73 enhances the pentose phosphate pathway and supports cell proliferation. Nature Cell Biology, 15: 991.

Duan Z, Zhu L, Zhu L, et al, 2008. Individual and joint toxic effects of pentachlorophenol and bisphenol A on the development of zebrafish (*Danio rerio*) embryo. Ecotoxicology and Environmental Safety, 71: 774-780.

Eppig J J, 1991. Intercommunication between mammalian oocytes and companion somatic cells. Bioessays, 13: 569-574.

Epstein S S, Arnold E, Andrea J, et al, 1972. Detection of chemical mutagens by the dominant lethal assay in the mouse. Toxicology and Applied Pharmacology, 23: 288-325.

Faqi A S, Dalsenter P R, Merker H J, et al, 1998. Reproductive toxicity and tissue concentrations of low doses of 2,3,7,8-tetrachlorodibenzo-*p*-dioxin in male offspring rats exposed throughout pregnancy and lactation. Toxicology and Applied Pharmacology, 150: 383-392.

Fernandez F P, Jm L V M, Hazen M J, 2005. Cytotoxic effects in mammalian Vero cells exposed to pentachlorophenol. Toxicology, 210: 37-44.

Finnegan J, Haag H, Larson P, 1949. Tissue distribution and elimination of DDD and DDT following oral administration to dogs and rats. Proceedings of the Society for Experimental Biology and Medicine, 72: 357-360.

Fishbein L, 1978. Overview of potential mutagenic problems posed by some pesticides and their trace impurities. Environmental Health Perspectives, 27: 125.

Fleisch V C, Neuhauss S C F, 2006. Visual behavior in zebrafish. Zebrafish, 3 (2) : 191-201.

Gao M, Li Y, Sun Y, et al, 2011. Benzo[a]pyrene exposure increases toxic biomarkers and morphological disorders in mouse cervix. Basic & Clinical Pharmacology & Toxicology, 109: 398-406.

Georgian L, 1975. The comparative cytogenetic effects of aldrin and phosphamidon. Mutation Research/Environmental Mutagenesis and Related Subjects, 31: 103-108.

Gerhard I, Frick A, Monga B, et al, 1999. Pentachlorophenol exposure in women with gynecological and endocrine dysfunction. Environmental Research, 80: 383.

Gilmartin W G, Delong R L, Smith A W, et al, 1976. Premature parturition in the California sea lion. Journal of Wildlife Diseases, 12: 104-115.

Gonzalez-Mariscal L, Betanzos A, Nava P, et al, 1998. Tight junction proteins [Review]. Biochimica et Biophysica Acta, 1448: 1-11.

Graham R S, Katherine A S, 2004. The effects of environmental pollutants on complex fish behavior: Integrating behavioural and physiological indicators pf toxicity. Aquatic Toxicology, 68 (4) : 369-392.

Greenfeld C R, Xiongqing W, Dukelow W R, 1998. Aroclor 1254 does not affect the IVF of cumulus-free mouse oocytes. Bulletin of Environmental Contamination & Toxicology, 60: 766-772.

Guinand B, Scribner K T, Page K S, et al, 2003. Genetic variation over space and time: Analyses of extinct and remnant lake trout populations in the Upper Great Lakes. Proceedings Biological Sciences, 270: 425.

Guo Y L, Hsu P C, Hsu C C, et al, 2004. Semen quality after prenatal exposure to polychlorinated biphenyls and dibenzofurans. Lancet, 356: 1240-1241.

Gupta I R, Ryan A K, 2010. Claudins: Unlocking the code to tight junction function during embryogenesis and in disease. Clinical Genetics, 77: 314 - 325.

Gutleb A C, Appelman J, Bronkhorst M C, et al, 1999. Delayed effects of pre- and early-life time exposure to polychlorinated biphenyls on tadpoles of two amphibian species (Xenopus laevis and Rana temporaria) . Environmental Toxicology & Pharmacology, 8: 1-14.

Gutleb A C, Appelman J, Bronkhorst M, et al, 2000. Effects of oral exposure to polychlorinated biphenyls (PCBs) on the development and metamorphosis of two amphibian species (Xenopus laevis and Rana temporaria) . Science of the Total Environment, 262: 147-157.

Hagenaars A, Knapen D, Meyer I J, et al, 2008. Toxicity evaluation of perfluorooctane sulfonate (PFOS) in the liver of common carp (Cyprinus carpio) . Aquatic Toxicology, 88: 155-163.

Hamlin H J, Guillette Jr. L J, 2010. Birth defects in wildlife: The role of environmental contaminants as inducers of reproductive and developmental dysfunction. Systems Biology in Reproductive Medicine, 56: 113-121.

Han D Y, Kang S R, Park O S, et al, 2010. Polychlorinated biphenyls have inhibitory effect on testicular steroidogenesis by downregulation of P45017α and P450scc. Toxicology and Industrial Health, 26: 287-296.

Hanna C B, Yao S, Patta M C, et al, 2010. WEE2 is an oocyte-specific meiosis inhibitor in rhesus macaque monkeys. Biology of Reproduction, 82: 1190-1197.

Hansen P D, Von Westernhagen H, Rosenthal H, 1985. Chlorinated hydrocarbons and hatching success in Baltic herring spring spawners. Marine Environmental Research, 15: 59-76.

Harley K G, Marks A R, Chevrier J, et al, 2010. PBDE concentrations in women's serum and fecundability. Environmental Health Perspectives, 118: 699.

Hart M M, Whang-Pen J, Sieber S M, et al, 1972. Distribution and effects of DDT in the pregnant rabbit. Xenobiotica, 2: 567-574.

Hart M, Adamson R, Fabro S, 1971. Prematurity and intrauterine growth retardation induced by DDT in the rabbit. Archives Internationales de Pharmacodynamie et de Therapie, 192: 286.

Hattar S, Liao H W, Takao M, et al, 2002. Melanopsin-containing retinal ganglion cells: Architecture, projections, and intrinsic photosensitivity. Science, 295: 1065-1070.

Haugen T B, Tefre T, Malm G, et al, 2011. Differences in serum levels of CB-153 and p, p'-DDE, and reproductive parameters between men living south and north in Norway. Reproductive Toxicology, 32: 261-267.

Hedli C C, Snyder R, Kinoshita F K, et al, 1998. Investigation of hepatic cytochrome P‐450 enzyme induction and DNA adduct formation in male CD/1 mice following oral administration of toxaphene. Journal of Applied Toxicology, 18: 173-178.

Heiden T K, Carvan M J, Hutz R J, 2006. Inhibition of follicular development, vitellogenesis, and serum 17β-estradiol concentrations in zebrafish following chronic, sublethal dietary exposure to 2,3,7,8-tetrachlorodibenzo-p-dioxin. Toxicological Sciences An Official Journal of the Society of Toxicology, 90(2): 490-499.

Heiden T K, Hutz R J, Carvan M J, 2005. Accumulation, tissue distribution, and maternal transfer of dietary 2,3,7,8,-tetrachlorodibenzo-p-dioxin: Impacts on reproductive success of zebrafish. Toxicological Sciences, 87: 497-507.

Henry T R, Spitsbergen J M, Hornung M W, et al, 1997. Early life stage toxicity of 2,3,7,8-tetrachlorodibenzo-p-dioxin in zebrafish(*Danio rerio*). Toxicology & Applied Pharmacology, 142: 56-68.

Herbert N A, Steffensen J F, 2005. The response of Atlantic cod, *Gadus morhua*, to progressive hypoxia: fish swimming speed and physiological stress. Marine Biology, 147: 1403-1412.

Hipkiss A R, 2011. Energy metabolism and ageing regulation: Metabolically driven deamidation of triosephosphate isomerase may contribute to proteostatic dysfunction. Ageing Research Reviews, 10: 498-502.

Hoffman D J, Melancon M J, Klein P N, et al, 2010a. Comparative developmental toxicity of planar polychlorinated biphenyl congeners in chickens, American kestrels, and common terns. Environmental Toxicology & Chemistry, 17: 747-757.

Hoffman D J, Rattner B A, Sileo L, et al, 1987. Embryotoxicity, teratogenicity, and aryl hydrocarbon hydroxylase activity in forster's terns on green bay, lake michigan. Environmental Research, 42: 176-184.

Hoffman D J, Smith G J, Rattner B A, 2010b. Biomarkers of contaminant exposure in common terns and black-crowned night herons in the Great Lakes. Environmental Toxicology & Chemistry, 12: 1095-1103.

Holloway A, Petrik J, Younglai E, 2007. Influence of dichlorodiphenylchloroethylene on vascular endothelial growth factor and insulin-like growth factor in human and rat ovarian cells. Reproductive Toxicology, 24: 359-364.

Hooper N K, Ames B N, Saleh M A, et al, 1979. Toxaphene, a complex mixture of polychloroterpenes and a major insecticide, is mutagenic. Science, 205: 591-593.

Hsu P C, Chen I, Pan C H, et al, 2006. Sperm DNA damage correlates with polycyclic aromatic hydrocarbons biomarker in coke-oven workers. International Archives of Occupational & Environmental Health, 79: 349-356.

Hsu P C, Guo Y L, Li M H, 2004. Effects of acute postnatal exposure to 3,3′,4,4′-tetrachlorobiphenyl on sperm function and hormone levels in adult rats. Chemosphere, 54: 611-618.

Hsu P C, Li M H, Guo Y L, 2003. Postnatal exposure of 2,2′,3,3′,4,6′-hexachlorobiphenyl and 2,2′,3,4′,5′,6-hexachlorobiphenyl on sperm function and hormone levels in adult rats. Toxicology, 187: 117-126.

Huang L, Huang R, Ran X R, et al, 2011. Three-generation experiment showed female C57BL/6J mice drink drainage canal water containing low level of TCDD-like activity causing high pup mortality. The Journal of Toxicological Sciences, 36: 713-724.

Huang Y Y, Neuhauss S C F, 2008. The optokinetic response in zebrafish and its applications. Frontiers in Bioscience : A Journal and Virtual Library, 13: 1899−1916.

Hutz R J, Carvan M J, Baldridge M G, et al, 2006. Environmental toxicants and effects on female reproductive function. Trends in Reproductive Biology, 2: 1-11.

Hwang H M, Hodson R E, Lee R F, 1986. Degradation of phenol and chlorophenols by sunlight and microbes in estuarine water. Environmental Science & Technology, 20: 1002-1007.

Iotti S, Borsari M, Bendahan D, 2010. Oscillations in energy metabolism. Biochimica et Biophysica Acta (BBA)-Bioenergetics, 1797: 1353-1361.

Ishimura R, Kawakami T, Ohsako S, et al, 2009. Dioxin-induced toxicity on vascular remodeling of the placenta. Biochemical Pharmacology, 77: 660.

Isken A, Holzschuh J, Lampert J M, et al, 2007. Sequestration of retinyl esters is essential for retinoid signaling in the zebrafish embryo. Journal of Biological Chemistry, 282(2): 1144-1151.

Jacobson J L, Fein G G, Jacobson S W, et al, 1984. The transfer of polychlorinated biphenyls (PCBs) and polybrominated biphenyls (PBBs) across the human placenta and into maternal milk. American Journal of Public Health, 74: 378-379.

Jaga K, Dharmani C, 2003. Global surveillance of DDT and DDE levels in human tissues. International Journal of Occupational Medicine and Environmental Health, 16: 7-20.

Jang J Y, Shin S, Choi B I, et al, 2007. Antiteratogenic effects of alpha-naphthoflavone on 2,3,7,8-tetrachlorodibenzo-p-dioxin (TCDD) exposed mice in utero. Reproductive Toxicology, 2: 303-309.

Jennen D, Ruiz-Aracama A, Magkoufopoulou C, et al, 2011. Modes-of-action of 2,3,7,8-tetrachlorodibenzo-p-dioxin (TCDD) in HepG2 cells. BMC Systems Biology, 5(1): 139.

Jezierska B, Ługowska K, Witeska M, 2009. The effects of heavy metals on embryonic development of fish (a review). Fish Physiology & Biochemistry, 35: 625.

Joensen U N, Bossi R, Leffers H, et al, 2009. Do perfluoroalkyl compounds impair human semen quality? Environmental Health Perspectives, 117: 923-927.

Joensen U N, Veyrand B, Antignac J P, et al, 2013. PFOS (perfluorooctane sulfonate) in serum is negatively associated with testosterone levels, but not with semen quality, in healthy men. Human Reproduction, 28: 599.

Johnson G A, Jalal S, 1973. DDT-induced chromosomal damage in mice. Journal of Heredity, 64: 7-8.

Jose C, Bellance N, Rossignol R, 2011. Choosing between glycolysis and oxidative phosphorylation: A tumor's dilemma? Biochimica et Biophysica Acta, 1807: 552.

Källqvist T, Grung M, Tollefsen K E, 2006. Chronic toxicity of 2,4,2′,4′-tetrabromodiphenyl ether on the marine alga *Skeletonema costatum* and the crustacean *Daphnia magna*. Environmental Toxicology and Chemistry, 25: 1657-1662.

Kane D A, Warga R M, Kimmel C B, 1992. Mitotic domains in the early embryo of the zebrafish. Nature, 360: 735.

Karmaus W, Wolf N, 1995. Reduced birthweight and length in the offspring of females exposed to PCDFs, PCP, and lindane. Environmental Health Perspectives, 103: 1120-1125.

Kawakami Y, Raya A, Raya R M, et al, 2005. Retinoic acid signalling links left-right asymmetric patterning and bilaterally symmetric somitogenesis in the zebrafish embryo. Nature, 435(7039): 165-171.

Keller L F, Waller D M, 2002. Inbreeding effects in wild populations. Trends in Ecology & Evolution, 17: 230-241.

Kelly A, West J D, 1996. Genetic evidence that glycolysis is necessary for gastrulation in the mouse. Developmental Dynamics, 207: 300-308.

Kelly-Garvert F, Legator M S, 1973. Cytogenetic and mutagenic effects of DDT and DDE in a Chinese hamster cell line. Mutation Research/Fundamental and Molecular Mechanisms of Mutagenesis, 17: 223-229.

Keplinger M, Deichmann W B, Sala F, 1968. Effects of combinations of pesticides on reproduction in mice. IMS, Industrial Medicine and Surgery, 37: 525-525.

Khalil A, Parker M, Brown S E, et al, 2017. Perinatal exposure to 2,2′,4′4′ -tetrabromodiphenyl ether induces testicular toxicity in adult rats. Toxicology, 389: 21-30.

Kim A, Park M, Yoon T K, et al, 2011. Maternal exposure to benzo[*b*]fluoranthene disturbs reproductive performance in male offspring mice. Toxicology Letters, 203: 54-61.

Kimmig J, Schulz K H, 1957. Occupational acne (so-called chloracne) due to chlorinated aromatic cyclic ethers. Dermatologica, 115: 540.

King Heiden T, Carvan M J, Hutz R J, 2005. Inhibition of follicular development, vitellogenesis, and serum 17β-estradiol concentrations in zebrafish following chronic, sublethal dietary exposure to 2,3,7,8-tetrachlorodibenzo-*p*-dioxin. Toxicological Sciences, 90: 490-499.

Kingheiden T C, Mehta V, Xiong K M, et al, 2012. Reproductive and developmental toxicity of dioxin in fish. Molecular & Cellular Endocrinology, 354: 121-138.

Kodavanti P R S, Tilson H A, 2000. Neurochemical effects of environmental chemicals: *In vitro* and *in vivo* correlations on second messenger pathways. Annals of the New York Academy of Sciences, 919(1): 97-105.

Köhler H-R, Triebskorn R, 2013. Wildlife ecotoxicology of pesticides: Can we track effects to the population level and beyond? Science, 341: 759-765.

Korf H W, 1994. The pineal organ as a component of the biological clock: Phylogenetic and ontogenic considerations. Annals of the New York Academy of Sciences, 719: 13-42.

Kotwica J, Wróbel M, Młynarczuk J, 2006. The influence of polychlorinated biphenyls (PCBs) and phytoestrogens *in vitro* on functioning of reproductive tract in cow. Reproductive Biology, 6: 189-194.

Kozatani J, Okui M, Noda K, et al, 1972. Cefazolin, a new semisynthetic cephalosporin antibiotic. V. Distribution of cefazolin-^{14}C in mice and rats after parenteral administration. Chemical and Pharmaceutical Bulletin, 20: 1105-1113.

Kummer V, Mašková J, Matiašovic J, et al, 2009. Morphological and functional disorders of the immature rat uterus after postnatal exposure to benz[*a*]anthracene and benzo[*k*]fluoranthene. Environmental Toxicology & Pharmacology, 27: 253.

Kuriyama S N, Chahoud I, 2004. *In utero* exposure to low-dose 2,3′,4,4′,5-pentachlorobiphenyl (PCB 118) impairs male fertility and alters neurobehavior in rat offspring. Toxicology, 202: 185-197.

Kuriyama S N, Talsness C E, Grote K, et al, 2005. Developmental exposure to low-dose PBDE-99: Effects on male fertility and neurobehavior in rat offspring. Environmental Health Perspectives, 113: 149.

Lai K P, Li J W, Cheung A, et al, 2017. Transcriptome sequencing reveals prenatal PFOS exposure on liver disorders. Environmental Pollution, 223: 416-425.

Laine M M, Ahtiainen J, Wågman N, et al, 1997. Fate and toxicity of chlorophenols, polychlorinated dibenzo-*p*-dioxins, and dibenzofurans during composting of contaminated sawmill soil. Environmental Science & Technology, 31 (11): 3244-3250.

Lau C, Thibodeaux J R, Hanson R G, et al, 2006. Effects of perfluorooctanoic acid exposure during pregnancy in the mouse. Toxicological Sciences, 90: 510.

Law D C G, Klebanoff M A, Brock J W, et al, 2005. Maternal serum levels of polychlorinated biphenyls and 1,1-dichloro-2,2-bis (*p*-chlorophenyl) ethylene (DDE) and time to pregnancy. American Journal of Epidemiology, 162: 523.

Lilienthal H, Hack A, Roth-Härer A, et al, 2006. Effects of developmental exposure to 2,2′,4,4′,5-pentabromodiphenyl ether (PBDE-99) on sex steroids, sexual development, and sexually dimorphic behavior in rats. Environmental Health Perspectives, 114 (2): 194-201.

Lo R，Matthews J, 2012. High-resolution genome-wide mapping of AhR and ARNT binding sites by ChIP-Seq. Toxicological Sciences,130 (2): 349-361.

Loeffler I K, Stocum D L, Fallon J F, et al, 2001. Leaping lopsided: A review of the current hypotheses regarding etiologies of limb malformations in frogs. Anatomical Record, 265: 228-245.

Logan D T, 2007. Perspective on ecotoxicology of PAHs to fish. Human and Ecological Risk Assessment, 13: 302-316.

Ludke J L, Finley M, Lusk C, 1971. Toxicity of mirex to crayfish, *Procambarus blandingi*. Bulletin of Environmental Contamination and Toxicology, 6: 89-96.

Ludwig J P, Auman H J, Kurita H, et al, 1993. Caspian tern reproduction in the Saginaw Bay ecosystem following a 100-year flood event. Journal of Great Lakes Research, 19: 96-108.

Ma R, Sassoon D A, 2006. PCBs exert an estrogenic effect through repression of the Wnt7a signaling pathway in the female reproductive tract. Environmental Health Perspectives, 114 (6): 898.

Mac M J, Schwartz T R, Edsall C C, et al, 1993. Polychlorinated biphenyls in Great Lakes lake trout and their eggs: Relations to survival and congener composition 1979~1988. Journal of Great Lakes Research, 19: 752-765.

Magre S, Rebourcet D, Ishaq M, et al, 2012. Gender differences in transcriptional signature of developing rat testes and ovaries following embryonic exposure to 2, 3, 7, 8-TCDD. PloS ONE, 7 (7): e40306.

Main K M, Kiviranta H, Virtanen H E, et al, 2007. Flame retardants in placenta and breast milk and cryptorchidism in Newborn Boys. Environmental Health Perspectives, 115: 1519-1526.

Mammoto T, Ingber D E，2010. Mechanical control of tissue and organ development. Development, 137 (9): 1407-1420.

Mañosa S, Mateo R, Guitart R, 2001. A review of the effects of agricultural and industrial contamination on the Ebro delta biota and wildlife. Environmental Monitoring and Assessment, 71: 187-205.

Markaryan D, 1966. Cytogenetic effect of some chlororganic insecticides on mouse bone marrow cell nuclei. Genetika, 2: 132-137.

Marques I J, Leito J T D, Spaink H P, et al, 2008. Transcriptome analysis of the response to chronic constant hypoxia in zebrafish hearts. Journal of Comparative Physiology B, 178(1): 77-92.

Mathavan S, Lee S G, Mak A, et al, 2005. Transcriptome analysis of zebrafish embryogenesis using microarrays. Plos Genetics, 1: 260-276.

Matikainen T M, Moriyama T, Morita Y, et al, 2002. Ligand activation of the aromatic hydrocarbon receptor transcription factor drives Bax-dependent apoptosis in developing fetal ovarian germ cells. Endocrinology, 143: 615-620.

Mazzio E, Soliman K, 2012. Whole genome expression profile in neuroblastoma cells exposed to 1-methyl-4-phenylpyridine. Neurotoxicology, 33: 1156-1169.

Mcconnell E E, Moore J A, Dalgard D W, 1978a. Toxicity of 2,3,7,8-tetrachlorodibenzo-*p*-dioxin in rhesus monkeys (*Macaca mulatta*) following a single oral dose. Toxicology & Applied Pharmacology, 43: 175-187.

Mcconnell E E, Moore J A, Haseman J K, et al, 1978b. The comparative toxicity of chlorinated dibenzo-*p*-dioxins in mice and guinea pigs. Toxicology & Applied Pharmacology, 44: 335.

Mcnulty W P, 1977. Toxicity of 2,3,7,8-tetrachlorodibenzo-*p*-diozin for rhesus monkeys: Brief report. Bulletin of Environmental Contamination & Toxicology, 18: 108-109.

Mcnulty W P, Becker G M, Cory H T, 1980. Chronic toxicity of 3,4,3′,4′- and 2,5,2′,5′-tetrachlorobiphenyls in rhesus macaques. Toxicology & Applied Pharmacology, 56: 182-190.

Mcnulty W P, Pomerantz I, Farrell T, 1981. Chronic toxicity of 2,3,7,8-tetrachlorodibenzofuran for rhesus macaques. Food & Cosmetics Toxicology, 19: 57-65.

Mehendale H, Fishbein L, Fields M, et al, 1972. Fate of mirex-^{14}C in the rat and plants. Bulletin of Environmental Contamination and Toxicology, 8: 200-207.

Metcalfe C D, Metcalfe T L, Kiparissis Y, et al, 2001. Estrogenic potency of chemicals detected in sewage treatment plant effluents as determined by in vivo assays with Japanese medaka (*Oryzias latipes*). Environmental Toxicology & Chemistry, 20: 297-308.

Meyer J N, Leung M C K, Rooney J P, et al, 2013. Mitochondria as a target of environmental toxicants. Toxicological Sciences, 134(1): 1-17.

Midgett M, Rugonyi S, 2014. Congenital heart malformations induced by hemodynamic altering surgical interventions. Frontiers in Physiology, 5: 287.

Mimura J, Fujii-Kuriyama Y, 2003. Functional role of AhR in the expression of toxic effects by TCDD. Biochimica et Biophysica Acta (BBA)-General Subjects, 1619(3): 263-268.

Mitchell R, 1946. Effects of DDT spray on eggs and nestlings of birds. The Journal of Wildlife Management, 10: 192-194.

Mitsui T, Taniguchi N, Kawasaki N, et al, 2011. Fetal exposure to 2,3,7,8-tetrachlorodibenzo-*p*-dioxin induces expression of the chemokine genes Cxcl4 and Cxcl7 in the perinatal mouse brain. Journal of Applied Toxicology, 31(3): 279-284.

Mocarelli P, Gerthoux P M, Needham L L, et al, 2011. Perinatal exposure to low doses of dioxin can permanently impair human semen quality. Environmental Health Perspectives, 119(5): 713.

Monosson E, Fleming W J, Sullivan C V, 1994. Effects of the planar PCB 3,3′,4,4′-tetrachloro-biphenyl(TCB) on ovarian development, plasma levels of sex steroid hormones and vitellogenin, and progeny survival in the white perch (*Morone americana*). Aquatic Toxicology, 29: 1-19.

Monteiro P R R, Reis-Henriques M A, Coimbra J, 2000a. Plasma steroid levels in female flounder (*Platichthys flesus*) after chronic dietary exposure to single polycyclic aromatic hydrocarbons. Marine Environmental Research, 49: 453-467.

Monteiro P R R, Reis-Henriques M A, Coimbra J, 2000b. Polycyclic aromatic hydrocarbons inhibit in vitro ovarian steroidogenesis in the flounder(*Platichthys flesus* L.). Aquatic Toxicology, 48: 549-559.

Morgan D O, 1995. Principles of CDK regulation. Nature, 374: 131-134.

Mori T, Amano T, Shimizu H, 2000. Roles of gap junctional communication of cumulus cells in cytoplasmic maturation of porcine oocytes cultured *in vitro*. Biology of Reproduction, 62: 913.

Muirhead E K, Skillman A D, Hook S E, et al, 2006. Oral exposure of PBDE-47 in fish: Toxicokinetics and reproductive effects in Japanese medaka(*Oryzias latipes*) and fathead minnows (*Pimephales promelas*). Environmental Science & Technology, 40: 523-528.

Muniz A, Betts B S, Trevino A R, et al, 2009. Evidence for two retinoid cycles in the cone-dominated chicken eye. Biochemistry, 48: 6854-6863.

Murray A W, 2004. Recycling the cell cycle: Cyclins revisited. Cell, 116: 221.

Murray F J, Smith F A, Nitschke K D, et al, 1979. Three-generation reproduction study of rats given 2,3,7,8-tetrachlorodibenzo-*p*-dioxin(TCDD) in the diet. Toxicology & Applied Pharmacology, 50: 241-252.

Naber E C, Ware G W, 1965. Effect of kepone and mirex on reproductive performance in the laying hen. Poultry Science, 44: 875-880.

Naito S, Ono Y, Somiya I, et al, 1994. Role of active oxygen species in DNA damage by pentachlorophenol metabolites. Mutation Research/fundamental & Molecular Mechanisms of Mutagenesis, 310: 79-88.

Neubert D, Zens P, Rothenwallner A, et al, 1973. A survey of the embryotoxic effects of TCDD in mammalian species. Environmental Health Perspectives, 5: 67-79.

Neuhauss S C F, 2003. Behavioral genetic approaches to visual system development and function in zebrafish. Journal of Neurobiology, 54 (1): 148-160.

Nogare D E, Arguello A, Sazer S, et al, 2007. Zebrafish cdc25a is expressed during early development and limiting for post-blastoderm cell cycle progression. Developmental Dynamics, 236: 3427-3435.

Norback D H, Allen J R, 1973. Biological responses of the nonhuman primate, chicken, and rat to chlorinated dibenzo-*p*-dioxin ingestion. Environmental Health Perspectives, 5: 233-240.

Nosek J A, Craven S R, Sulliva J R, et al, 2010. Embryotoxicity of 2,3,7,8-tetrachlorodibenzo-*p*-dioxin in the ring-necked pheasant. Environmental Toxicology & Chemistry, 12: 1215-1222.

Oakes K D, Sibley P K, Solomon K R, et al, 2010. Impact of perfluorooctanoic acid on fathead minnow(*Pimephales promelas*) fatty acyl-CoA oxidase activity, circulating steroids, and reproduction in outdoor microcosms. Environmental Toxicology & Chemistry, 23: 1912-1919.

Ohuchi H, Yamashita T, Tomonari S, et al, 2012. A non-mammalian type opsin 5 functions dually in the photoreceptive and non-photoreceptive organs of birds. PloS ONE, 7: e31534.

Oliveira J, Silveira M, Chacon D, et al, 2015. The zebrafish world of colors and shapes: Preference and discrimination. Zebrafish, 12(2): 166-173.

Örn S, Andersson P, Förlin L, et al, 1998. The impact on reproduction of an orally administered mixture of selected PCBs in zebrafish(*Danio rerio*). Archives of Environmental Contamination and Toxicology, 35: 52-57.

Ottoboni A, 1969. Effect of DDT on reproduction in the rat. Toxicology and Applied Pharmacology, 14: 74-81.

Ottolenghi A D , Haseman J K, Suggs F, 1974. Teratogenic effects of aldrin, dieldrin, and endrin in hamsters and mice. Teratology, 9: 11-16.

Patandin S, Weisglas-Kuperus N, De Ridder M A, et al, 1997. Plasma polychlorinated biphenyl levels in Dutch preschool children either breast-fed or formula-fed during infancy. American Journal of Public Health, 87: 1711-1714.

Patterson W, Lehman A, 1953. Pesticides: Some chemical considerations and toxicological Interpretations. Ouart. Bull. Assoc. Food u. Drug Offic. US 17: 3-12.

Per U, Hong J, Liselotte V, et al, 2011. The zebrafish transcriptome during early development. Bmc Developmental Biology, 11: 30.

Pierce L X, Noche R R, Ponomareva O, et al, 2008. Novel functions for Period 3 and Exo-rhodopsin in rhythmic transcription and melatonin biosynthesis within the zebrafish pineal organ. Brain Research, 1223: 11-24.

Pierik F H, Burdorf A, Deddens J A, et al, 2004. Maternal and paternal risk factors for cryptorchidism and hypospadias: A case—Control study in Newborn Boys. Environmental Health Perspectives, 112: 1570-1576.

Pocar P, Brevini T , Antonini S, et al, 2006. Cellular and molecular mechanisms mediating the effect of polychlorinated biphenyls on oocyte *in vitro* maturation. Reproductive Toxicology, 22: 242.

Pocar P, Brevini T A, Perazzoli F, et al, 2001. Cellular and molecular mechanisms mediating the effects of polychlorinated biphenyls on oocyte developmental competence in cattle. Molecular Reproduction & Development, 60(4), 535 – 541.

Pocar P, Fiandanese N, Secchi C, et al, 2012. Effects of polychlorinated biphenyls in CD-1 mice: Reproductive toxicity and intergenerational transmission. Toxicological Sciences, 126: 213-226.

Pocar P, Nestler D, Risch M, et al 2005. Apoptosis in bovine cumulus-oocyte complexes after exposure to polychlorinated biphenyl mixtures during *in vitro* maturation. Reproduction, 130: 857.

Pongratz I, Antonsson C, Whitelaw M L, et al. 1998. Role of the PAS domain in regulation of dimerization and DNA binding specificity of the dioxin receptor. Molecular and Cellular Biology, 18(7): 4079-4088.

Powell D C, Aulerich R J, Meadows J C, et al, 1996. Effects of 3,3',4,4',5-pentachlorobiphenyl(PCB 126) and 2,3,7,8-tetrachlorodibenzo-*p*-dioxin(TCDD) injected into the yolks of chicken (*Gallus domesticus*) eggs prior to incubation. Archives of Environmental Contamination & Toxicology, 31: 404.

Prabhudesai S N, Cameron D A, Stenkamp D L, 2005. Targeted effects of retinoic acid signaling upon hotoreceptor development in zebrafish. Developmental Biology, 287(1): 157-167.

Prasch A L, Tanguay R L, Mehta V, et al, 2006. Identification of zebrafish ARNT1 homologs: 2,3,7,8-tetrachlorodibenzo-*p*-dioxin toxicity in the developing zebrafish requires ARNT1. Molecular Pharmacology, 69(3): 776-787.

Pujolar J M, Milan M, Marino I A, et al, 2013. Detecting genome-wide gene transcription profiles associated with high pollution burden in the critically endangered European eel. Aquatic Toxicology, 132: 157-164.

Qin Z F, Zhou J M, Cong L, et al, 2005. Potential ecotoxic effects of polychlorinated biphenyls on *Xenopus laevis*. Environmental Toxicology & Chemistry, 24: 2573.

Quilang J P, De Guzman M C, 2008. Effects of polychlorinated biphenyls (PCBs) on root meristem cells of common onion (*Allium cepa* L.) and on early life stages of zebrafish (*Danio rerio*). Philippine Journal of Science, 137: 141-151.

Rattan S, Zhou C, Chiang C, et al, 2017. Exposure to endocrine disruptors during adulthood: Consequences for female fertility. Journal of Endocrinology, 233.

Rhee S Y, Wood V, Dolinski K, et al, 2008. Use and misuse of the gene ontology annotations. Nature Reviews Genetics, 9: 509.

Ruby C E, Funatake C J, Kerkvliet N I, 2005. 2,3,7,8-Tetrachlorodibenzo-*p*-dioxin (TCDD) directly enhances the maturation and apoptosis of dendritic cells *in vitro*. Journal of Immunotoxicology, 1 (3-4): 159-166.

Saari J C, 2012. Vitamin A metabolism in rod and cone visual cycles. Annual Review of Nutrition, 32: 125-146.

Saka M, 2004. Developmental toxicity of *p, p'*-dichlorodiphenyltrichloroethane, 2,4,6-trinitrotoluene, their metabolites, and benzo[*a*]pyrene in *Xenopus laevis* embryos. Environmental Toxicology & Chemistry, 23: 1065-1073.

Sanger V L, Scott L, Hamdy A, et al, 1958. Alimentary toxemia in chickens. Journal of the American Veterinary Medical Association, 133: 172-176.

Sarty K I, Cowie A, Martyniuk C J, 2017. The legacy pesticide dieldrin acts as a teratogen and alters the expression of dopamine transporter and dopamine receptor 2a in zebrafish (*Danio rerio*) embryos. Comparative Biochemistry & Physiology Toxicology & Pharmacology: CBP, 194: 37.

Sawle A D, Wit E, Whale G, et al, 2010. An information-rich alternative, chemicals testing strategy using a high definition toxicogenomics and zebrafish (*Danio rerio*) embryos. Toxicological Sciences an Official Journal of the Society of Toxicology, 118: 128.

Schardein J L, 2000. Chemically induced birth defects, vol. 3. NewYork: Marcel Dekker, Inc.

Schmittle S C, Edwards H M, Morris D, 1958. A disorder of chickens probably due to a toxic feed: Preliminary report. Journal of the American Veterinary Medical Association, 132: 216-219.

Schrauzer G, Katz R N, 1978. Reductive dechlorination and degradation of Mirex and Kepone with vitamin B12s. Bioinorganic Chemistry, 9: 123-142.

Schrenk D, Cartus A, 2017. Chemical contaminants and residues in food. Woodhead Publishing.

Segner H, 2006. Comment on "Lessons from endocrine disruption and their application to other issues concerning trace organics in the aquatic environment". Environmental Science & Technology, 40: 1084.

Sharp B L, Kleinschmidt I, Streat E, et al, 2007. Seven years of regional malaria control collaboration— Mozambique, South Africa, and Swaziland. American Journal of Tropical Medicine & Hygiene, 76: 42.

Shi X, Du Y, Lam P K, et al, 2008. Developmental toxicity and alteration of gene expression in zebrafish embryos exposed to PFOS. Toxicology and Applied Pharmacology, 230 (1): 23-32.

Shichida Y, Matsuyama T, 2009. Evolution of opsins and phototransduction. Philosophical Transactions of the Royal Society B, 364: 2881-2895.

Šimečková P, Vondráček J, Procházková J, et al, 2009. 2, 2′, 4, 4′, 5, 5′-Hexachlorobiphenyl (PCB 153) induces degradation of adherens junction proteins and inhibits β-catenin-dependent transcription in liver epithelial cells. Toxicology, 260(1): 104-111.

Šimic′ B, Kmeti I, Murati T, et al, 2012. Effects of lindane on reproductive parameters in male rats. Veterinarski Arhiv, 82: 211-220.

Singh N P, Singh U P, Guan H, et al, 2012. Prenatal exposure to TCDD triggers significant modulation of microRNA expression profile in the thymus that affects consequent gene expression. PloS ONE, 7(9): e45054.

Smith F, Schwetz B, Nitschke K, 1976. Teratogenicity of 2,3,7,8-tetrachlorodibenzo-p-dioxin in CF-1 mice. Toxicology and Applied Pharmacology, 38: 517-523.

Smith S I, Weber C, Reid B, 1970. Dietary pesticides and contamination of yolks and abdominal fat of laying hens. Poultry Science, 49: 233-237.

Somers E, 2009. International agency for research on cancer. Berlin Heidelberg: Springer.

Somers J, Moran E, Reinhart B, et al, 1974. Effect of external application of pesticides to the fertile egg on hatching success and early chick performance 1. Pre-Incubation Spraying with DDT and Commercial Mixtures of 2,4-D: Picloram and 2,4-D: 2,4,5-T. Bulletin of Environmental Contamination and Toxicology, 11: 33-38.

Sparschu G L, Dunn F L, Rowe V K, 1971. Teratogenic study of 2,3,7,8-tetrachlorodibenzo-p-dioxin in the rat. Food & Cosmetics Toxicology, 9: 405-412.

Su P H, Huang P C, Lin C Y, et al, 2012. The effect of *in utero* exposure to dioxins and polychlorinated biphenyls on reproductive development in eight year-old children. Environment International, 39: 181-187.

Subramanian A, Tamayo P, Mootha V K, et al, 2005. Gene set enrichment analysis: A knowledge-based approach for interpreting genome-wide expression profiles. Proceedings of the National Academy of Sciences, 102(43): 15545-15550.

Takeuchi A, Takeuchi M, Oikawa K, et al, 2009. Effects of dioxin on vascular endothelial growth factor (VEGF) production in the retina associated with choroidal neovascularization. Investigative Ophthalmology & Visual Science, 50: 3410-3416.

Talsness C E, Kuriyama S N, Sterner-Kock A, et al, 2008. *In utero* and lactational exposures to low doses of polybrominated diphenyl ether-47 alter the reproductive system and thyroid gland of female rat offspring. Environmental Health Perspectives, 116: 308.

Tang R Y, Dodd A, Lai D, et al, 2007. Validation of zebrafish (*Danio rerio*) reference genes for quantitative real-time RT-PCR normalization. Acta Biochimica et Biophysica Sinica, 39(5), 384-390.

Tatemoto H, Sakurai N, Muto N, 2000. Protection of porcine oocytes against apoptotic cell death caused by oxidative stress during *in vitro* maturation: Role of cumulus cells. Biology of Reproduction, 63: 805-810.

Temizer I, Donovan J C, Baier H, et al, 2015. A visual pathway for looming-evoked escape in larval zebrafish. Current Biology Cb, 25(14):1823−1834.

Teraoka H, Ogawa A, Kubota A, et al, 2010. Malformation of certain brain blood vessels caused by TCDD activation of AhR2/Arnt1 signaling in developing zebrafish. Aquatic Toxicology, 99: 241-247.

Toft G, Jönsson B A, Lindh C H, et al, 2012. Exposure to perfluorinated compounds and human semen quality in Arctic and European populations. Human Reproduction, 27: 2532.

Tomonari S, Migita K, Takagi A, et al，2008. Expression patterns of the opsin 5-related genes in the developing chicken retina. Developmental Dynamics: An Official Publication of the American Association of Anatomists, 237(7)：1910-1922.

Tomy G T, Tittlemier S A, Palace V P, et al, 2004. Biotransformation of N-ethyl perfluorooc-tanesulfonamide by rainbow trout (Onchorhynchus mykiss) liver microsomes. Environmental Science & Technology, 38(3): 758-762.

Torner H, BrüSsow K P, Alm H, et al, 2004. Mitochondrial aggregation patterns and activity in porcine oocytes and apoptosis in surrounding cumulus cells depends on the stage of pre-ovulatory maturation. Theriogenology, 61: 1675-1689.

Treon J, Cleveland F, 1955. Pesticide toxicity, toxicity of certain chlorinated hydrocarbon insecticides for laboratory animals, with special reference to aldrin and dieldrin. Journal of Agricultural and Food Chemistry, 3: 402-408.

Tryphonas H, Hayward S, O'Grady L, et al, 1989. Immunotoxicity studies of PCB(Aroclor 1254) in the adult rhesus (Macaca mulatta) monkey—Preliminary report. International Journal of Immuno- pharmacology, 11: 199-206.

Tseng L H, Lee C W, Pan M H, et al, 2006. Postnatal exposure of the male mouse to 2, 2′,3, 3′,4, 4′,5, 5′,6, 6′-decabrominated diphenyl ether: Decreased epididymal sperm functions without alterations in DNA content and histology in testis. Toxicology, 224: 33-43.

Tuppurainen K A, Ruokojärvi P H, Asikainen A H, et al, 2000. Chlorophenols as precursors of PCDD/Fs in incineration processes: Correlations, PLS modeling, and reaction mechanisms. Environmental Science & Technology, 34: 4958-4962.

Ulbrich B, Stahlmann R, 2004. Developmental toxicity of polychlorinated biphenyls(PCBs)：A systematic review of experimental data. Archives of toxicology, 78(5): 252-268.

Uzumcu M, Kuhn P E, Marano J E, et al, 2006. Early postnatal methoxychlor exposure inhibits folliculogenesis and stimulates anti-mullerian hormone production in the rat ovary. Journal of Endocrinology, 191: 549-558.

Van Birgelen A, 1998. Hexachlorobenzene as a possible major contributor to the dioxin activity of human milk. Environmental Health Perspectives, 106: 683.

Vasseur P, Cossu-Leguille C, 2006. Linking molecular interactions to consequent effects of persistent organic pollutants(POPs) upon populations. Chemosphere, 62: 1033-1042.

Verrett M, 1970. Hearings before the Subcommittee on Energy. Natural resources and the environment of the Committee on Commerce, US Senate. Serial, 91-60.

von Westernhagen H, Rosenthal H, Dethlefsen V, et al, 1981. Bioaccumulating substances and reproductive success in Baltic flounder Platichthys flesus. Aquatic Toxicology, 1: 85-99.

Vos J G, Beems R B, 1971. Dermal toxicity studies of technical polychlorinated biphenyls and fractions thereof in rabbits. Toxicology & Applied Pharmacology, 19: 617-633.

Wakui S, Muto T, Motohashi M, et al, 2010. Testicular spermiation failure in rats exposed prenatally to 3, 3′, 4, 4′, 5-pentachlorobiphenyl. The Journal of Toxicological Sciences, 35: 757-765.

Wang Q, Kurita H, Carreira V, et al, 2015. Ah receptor activation by dioxin disrupts activin, BMP, and WNT signals during the early differentiation of mouse embryonic stem cells and inhibits cardiomyocyte functions. Toxicological Sciences, 149(2): 346-357.

Wannemacher R, Rebstock A, Kulzer E, et al, 1992. Effects of 2,3,7,8-tetrachlorodibenzo-p-dioxin on reproduction and oogenesis in zebrafish (Brachydanio rerio). Fish Physiology & Biochemistry, 36: 637.

Ware G W, Good E E, 1967. Effects of insecticides on reproduction in the laboratory mouse: II. Mirex, Telodrin, and DDT. Toxicology and Applied Pharmacology, 10: 54-61.

Wassermann M, Wassermann D, Zellermayer L, et al, 1967. Storage of DDT in the people of Israel. Pesticide Monitoring Journal 1.

Waters E, 1976. Mirex: I. An overview. II. An abstracted literature collection, 1947—1976. Toxicology Information Response Center, Oak Ridge, Tenn.(USA).

Wayman G A, Bose D D, Yang D, et al, 2012. PCB-95 modulates the calcium-dependent signaling pathway responsible for activity-dependent dendritic growth. Environmental Health Perspectives, 120(7): 1003.

Welch J E, Barbee R R, Magyar P L, et al, 2006. Expression of the spermatogenic cell-specific glyceraldehyde 3-phosphate dehydrogenase(GAPDS) in rat testis. Molecular Reproduction & Development, 73: 1052.

Wilson J G, 1965. Embryological considerations in teratology. Annals of the New York Academy of Sciences, 123: 219-227.

Wolf C, Ostby J, Gray Jr. L, 1999. Gestational exposure to 2,3,7, 8-tetrachlorodibenzo-*p*-dioxin (TCDD) severely alters reproductive function of female hamster offspring. Toxicological Sciences: An Official Journal of the Society of Toxicology, 51: 259-264.

Wollenberger L, Dinan L, Breitholtz M, 2005. Brominated flame retardants: Activities in a crustacean development test and in an ecdysteroid screening assay. Environmental Toxicology and Chemistry, 24: 400-407.

Wood S, Rom W N, White J G L, et al, 1983. Pentachlorophenol poisoning. Journal of Occupational Medicine Official Publication of the Industrial Medical Association, 25: 527.

Wu D, Hinton D E, Kullman S W, 2012. TCDD disrupts hypural skeletogenesis during medaka embryonic development. Toxicological Sciences An Official Journal of the Society of Toxicology, 125: 91.

Wu J, Hou H, Ritz B, et al, 2010. Exposure to polycyclic aromatic hydrocarbons and missed abortion in early pregnancy in a Chinese population. Science of the Total Environment, 408: 2312-2318.

Xi Y L, Chu Z X, Xu X P, 2007. Effect of four organochlorine pesticides on the reproduction of freshwater rotifer Brachionus calyciflorus pallas. Environmental Toxicology and Chemistry, 26: 1695-1699.

Xia Y, Han Y, Zhu P, et al, 2009. Relation between urinary metabolites of polycyclic aromatic hydrocarbons and human semen quality. Environmental Science & Technology, 43: 4567-4573.

Xiong J, 2017. Toxicity of chlordane at early developmental stage of zebrafish. BioRxiv, 119248.

Xiong K M , Peterson R E, Heideman W, 2008. Aryl hydrocarbon receptor-mediated down-regulation of sox9b causes jaw malformation in zebrafish embryos. Molecular Pharmacology, 74: 1544.

Xu T, Chen L G, Hu C Y, 2013. Effects of acute exposure to polybrominated diphenyl ethers on retinoid signaling in zebrafish larvae. Environmental Toxicology & Pharmacology, 35: 13-20.

Xu T, Zhao J, Hu P, et al, 2014. Pentachlorophenol exposure causes Warburg-like effects in zebrafish embryos at gastrulation stage. Toxicology & Applied Pharmacology, 277: 183-191.

Xu T, Zhao J, Yin D, et al, 2015. High-throughput RNA sequencing reveals the effects of 2,2′,4, 4′-tetrabromodiphenyl ether on retina and bone development of zebrafish larvae. BMC genomics, 16(1): 23.

Yamashita N, Tanabe S, Ludwig J P, et al, 1993. Embryonic abnormalities and organochlorine contamination in double-crested cormorants (*Phalacrocorax auritus*) and caspian terns (*Hydroprogne caspia*) from the upper Great Lakes in 1988. Environmental Pollution, 79: 163-173.

Yamauchi M, Kim E Y, Iwata H, et al, 2006. Toxic effects of 2,3,7,8-tetrachlorodibenzo-*p*-dioxin (TCDD) in developing red seabream (*Pagrus major*) embryo: An association of morphological deformities with AHR1, AHR2 and CYP1A expressions. Aquatic Toxicology, 80: 166.

Yew P R, Kirschner M W, 1997. Proteolysis and DNA replication: The CDC34 requirement in the *Xenopus* egg cell cycle. Science, 277: 1672-1676.

Yoder J, Watson M, Benson W, 1973. Lymphocyte chromosome analysis of agricultural workers during extensive occupational exposure to pesticides. Mutation Research/Environmental Mutagenesis and Related Subjects, 21: 335-340.

Zha J, Wang Z, Schlenk D, 2006. Effects of pentachlorophenol on the reproduction of Japanese medaka (*Oryzias latipes*). Chemico-Biological Interactions, 161: 26-36.

Zhao J, Xu T, Yin D Q, 2014. Locomotor activity changes on zebrafish larvae with different 2,2′,4,4′-tetrabromodiphenyl ether (PBDE-47) embryonic exposure modes. Chemosphere, 94, 53-61.

Zheng J, 2012. Energy metabolism of cancer: Glycolysis versus oxidative phosphorylation (Review). Oncology Letters, 4: 1151-1157.

第 7 章 POPs 神经毒性

本章导读
- 简单概述神经系统组成及神经毒性作用的表现形式，从神经炎性、神经凋亡和神经传导等方面介绍了持久性有机污染物的神经毒性作用。
- 在流行病学和动物实验研究基础上，重点介绍不同类别持久性有机污染物暴露引发神经细胞毒性的作用机理，并对不同类别持久性有机污染物的神经行为毒性和神经发育毒性研究做了概述。

7.1 神经系统与神经毒性

7.1.1 神经系统概述

1. 神经系统

神经系统 (nervous system) 是人和高等动物生命活动中起主导作用的调节系统，在有机体维持其内环境相对稳定及适应外环境中起主要作用。脊椎动物的神经系统分为中枢神经系统 (central nervous system，CNS) 和周围神经系统 (peripheral nervous system，PNS) 两大部分 (李继硕，2002)。

CNS 由脑 (脑干、小脑、间脑和大脑) 和脊髓组成，是神经系统最主体的部分。脑是中枢神经系统的头端膨大部分，位于颅腔内，可分为脑干 (延髓、脑桥、中脑)、小脑、间脑和大脑四部分。CNS 负责接受全身各处的传入信息，经它整合、加工后成为协调的运动性传出，或者储存在中枢神经系统内成为学习、记忆的神经基础。其中，脑干是脊髓与大脑间的上下通路，对维持呼吸、心跳、血压、消化等生理功能有重要意义；小脑主要调节感觉感知、协调性和运动控制；间脑控制内分泌系统、维持新陈代谢、调节体温、控制情绪等；大脑是脑的最高级部位，每个半球表层的大脑皮层是神经系统的最高中枢，它不仅是感觉、运动控制和自主神经活动的高级中枢，而且是学习、记忆、语言和思维活动的结构基础。脊髓的主要功能是接收并处理躯干及大部分内脏器官的感觉信息，以及完成一些基本的反射活动。由此可见，人体的 CNS 构造复杂而完整，特别是大脑皮层不仅进化成为调节控制的最高中枢，而且进化成为能进行思维活动的器官，保证了机体各器官的协调活动，以及机体与外界环境间的统一和协调。

PNS 是联络中枢神经与外周器官的神经末梢之间的外周神经，由神经、神经节、神经丛、神经末梢等构成，主要成分是神经纤维，包括躯体神经系统和自主神经系统两个系统。其中躯体神经系统为支配躯干和四肢躯体性结构的周围神经，包括与脑相连的 12 对脑神经和与脊髓相连的 31 对脊神经。自主神经系统，又称内脏神经系统，主要支配平滑肌、心肌的运动和腺体的分泌，以及向中枢传递内脏、心血管所感受的传入冲动。将来自外界或体内的各种刺激转变为神经信号向中枢内传递的纤维称为传入神经纤维，由这类纤维所构成的神经称为传入神经或感觉神经；向周围的靶组织传递中枢冲动的神经纤维称为传出神经纤维，由这类神经纤维所构成的神经称为传出神经或运动神经。PNS 分布于全身，把脑和脊髓与全身其他器官联系起来，使中枢神经系统既能感受内外环境的变化(通过传入神经传输感觉信息)，又能调节体内各种功能(通过传出神经传达调节指令)，以保证人体的完整统一及对环境的适应。

2. 神经元

神经元(neuron)是一种高度特化的细胞，是神经系统的基本结构和功能单位，具有感受刺激和传导兴奋的功能。神经元之间的连接形成神经回路及神经网络，控制生物体的感知及行为(万选才等，1999；寿天德，2001)。

神经元种类繁多，形状各异，典型的神经元在结构上大致可分成细胞体和神经突起两部分。细胞体的中央有细胞核，核的周围为细胞质，胞质内除有一般细胞所具有的细胞器如线粒体、内质网等外，还含有神经元特有的神经原纤维及尼氏体。神经突起根据形状和机能又分为树突(dendrite)和轴突(axon)。树突较短但分支较多，与胞体共同构成传入信号的接受面，各类神经元树突的数目多少不等，形态各异。轴突从胞体向远处延伸，将胞体产生的冲动向下一个神经元或效应器传递，每个神经元只发出一条轴突，长短不一，其末端与另外的神经元连接，形成突触。根据突起的数目，可将神经元从形态上分为假单极神经元、双极神经元和多极神经元三大类。根据轴突的长短，树突上有无树突棘和树突的分支模式等，又可将神经元分为高尔基体(Golgi)Ⅰ型和Ⅱ型。神经元根据其功能的不同也可分为三类：感觉神经元、运动神经元和中间神经元。此外，根据神经元的电生理特性，还可将神经元分为兴奋性神经元和抑制性神经元；根据神经元释放的递质不同，可将神经元分为胆碱能神经元、肾上腺素能神经元、去甲肾上腺素能神经元、多巴胺能神经元、5-羟色胺能神经元等。

神经元较长的突起(主要为轴突)及套在外面的鞘状结构总称为神经纤维(nerve fibers)。CNS 中神经纤维主要构成白质，PNS 中神经纤维构成神经。髓鞘是围在轴突周围的呈规则的螺旋形排列、高度特化的多层膜性结构，由蛋白质和脂质组成，主要成分有胆固醇、磷脂和糖脂。在 CNS 内，髓鞘由少突胶质细胞构成，PNS 内的髓鞘则是由施万(Schwann)细胞构成。根据有无髓鞘，神经纤维可分为有髓神经纤维和无髓神经纤维。神经纤维的基本生理特性是具有高度的兴奋性和传导性，其主要功能是传导兴奋。神经纤维按功能不同，可分为感觉神经纤维和运动神经纤维。感觉神经纤维又称传入纤维，可以将感受器的兴奋传向脑和脊髓，而运动神经纤维即传出纤维又将兴奋从 CNS 传至外周效应器。

3. 神经胶质

神经胶质(neuroglia)，也称胶质细胞，是广泛分布于神经系统内的非神经元细胞。神经胶质数目是神经元的 10～50 倍，也具有突起，但无树突、轴突之分，胞体较小，胞浆中无神经原纤维和尼氏体，不具有传导冲动的功能。神经胶质可以通过控制神经元的微环境来调节神经元的功能，对神经元起保护、支持、绝缘和修复等作用，并参与构成血脑屏障(李继硕，2002)。

中枢神经系统胶质细胞主要包括星形胶质细胞、少突胶质细胞、小胶质细胞、室管膜细胞及脉络丛上皮细胞等。周围神经系统胶质细胞主要包括 Schwann 细胞和卫星细胞。

4. 脑脊液与血-脑屏障

1)脑脊液

脑脊液(cerebro-spinal fluid，CSF)，无色透明的液体，循环于各脑室、蛛网膜下腔和脊髓中央管内。正常成年人的 CSF 约 100～150 mL(其中 1/5 在脑室系统内，约 4/5 在蛛网膜下腔)，相对密度约 1.007，含微量重金属、氨基酸、维生素等，呈弱碱性，不含红细胞，但每立方毫米中约含 1～3 个单核细胞或淋巴细胞，此外还含有极少量的神经胶质细胞、类组织细胞和接触脑脊液神经元(朱长庚，2009)。

CSF 主要由脑室的脉络丛产生，与血浆和淋巴液的性质相似，略带黏性，属于细胞外液。CSF 完全在脑和脊髓内部合成和循环，其在脉络丛生成后，通过脑室间孔进入第三脑室，在此加入第三脑室脉络丛产生的少量 CSF，而后经中脑水道流入第四脑室，又加入第四脑室脉络丛产生的 CSF，随后流入小脑延髓池和小脑桥脑三角池，一部分流入大脑半球表面的蛛网膜下隙，另一部分向脊髓蛛网膜下隙流动，然后再返回脑底诸池和脑表面蛛网膜下隙，CSF 按此通路不断产生又不断被吸收回流。正常 CSF 具有一定的化学成分和压力，可缓冲脑和脊髓的压力，对维持颅压的相对稳定有重要作用。若 CSF 产生过多或循环路径受阻，将会导致颅内压力增高。CSF 在 CNS 中起着淋巴液的作用，它供应脑细胞一定的营养，运走脑组织的代谢产物，调节 CNS 的酸碱平衡。若 CNS 发生病变，神经细胞代谢紊乱，将使 CSF 的性状和成分发生改变。

2）血-脑屏障

血-脑屏障（blood-brain barrier，BBB）位于 CNS 内，是脑毛细血管与脑组织以及脑脊液之间的一种选择性地阻止某些物质由血进入脑的"屏障"。通常认为，BBB 分为三层：脑和脊髓内的连续毛细血管内皮及其细胞间的紧密连接；毛细血管基膜；胶质膜（毛细血管基膜外的星形胶质细胞的细胞膜）。BBB 具有选择通透性，可以阻止血液中有害物质和大分子进入脑组织，避免脑受到化学传导物质的影响。另一方面，BBB 的存在也使脑免受病菌的感染，从而保持脑组织内环境的基本稳定，对维持 CNS 正常生理状态具有十分重要的生物学意义（朱长庚，2009）。

5. 神经传导

1）神经传导基本概念（寿天德，2001）

神经传导可概括为两个过程：①神经纤维动作电位的产生、传递以及恢复；②神经元间的传导。

静息状态时，神经纤维膜处于极化状态，膜外为正电位，膜内为负电位，膜两侧形成短暂稳定的电位差，即静息电位，该电位差一般为 $-50\sim-90$ mV。接受刺激后，神经纤维膜通透性发生变化，Na^+ 大量从膜外流入，从而引起膜电位的逆转，使膜电位从原来的外正内负变为外负内正，形成短暂稳定的电位差，即动作电位（action potential），该电位差一般约为 +30 mV。动作电位对邻近点产生局部电流，引起邻近点的去极化作用，导致电位沿着神经纤维传播，与此同时，由于 Na^+-K^+ 泵存在，通过主动运输使膜内的 Na^+ 流出，膜外的 K^+ 流入，Na^+、K^+ 的分布得到恢复。同时由于膜内存在不能渗出的有机物负离子，从而使膜的外正内负的静息电位得到恢复。

神经元之间的传导，主要是突触传递，根据信息传递机制可分为化学突触传递和电突触传递。神经递质在细胞之间传递信息的突触是化学突触，其由突触前膜、突触间隙、突触后膜三部分组成。当动作电位（神经冲动）由神经纤维传递至末梢时，突触前膜产生动作电位，引起去极化，激活突触前膜的电压门控 Ca^{2+} 通道，使得细胞外的 Ca^{2+} 进入神经末梢内，诱发神经末梢内含神经递质的突触囊泡和突触前膜融合。在此过程中，突触囊泡借助一系列囊泡膜蛋白和突触膜蛋白的相互作用完成入坞、启动、融合和出胞过程（寿天德，2001），这就是著名的 SNARE（SNAP receptor，SNAP 受体）假说。它的概念最早是由 Sollner 等科学家提出来的。SNAP 来源于酵母分泌所需的可溶性 NSF 附着蛋白（soluble NSF-attachment protein，SNAP），NSF 是 *N*-乙基马来酰亚胺敏感因子（*N*-ethylmaleimide-sensitive factor）。因为 NSF 和 SNAP 是介导多种细胞内膜融合的重要可溶性蛋白，所以作为 SNAP 受体的 SNARE 蛋白与突触小泡的胞裂外排有直接的联系。此外，有研究表明 SNARE 蛋白也可以抑制神经递质的释放。这些结论证明 SNARE 蛋白在神经递质释放过程中起重要作用。

Ca^{2+} 依赖性的神经递质被释放到突触间隙后，扩散到突触后膜，与突触后膜特异受体结合，导致突触后膜对一些离子的通透性改变，发生离子的跨膜运动，产生的跨膜离子电流可改变突触后膜的膜电位（去极化或超极化）。这样，突触前膜的神经电信号通过电信号-化学信号-电信号的传递方式，传递给下一个神经元。根据释放递质的不同，突触后电位可分为兴奋性突触后电位（excitatory postsynaptic potential，EPSP）和抑制性突触后电位（inhibitory postsynaptic potential，IPSP）。电突触也称为缝隙链接，与化学突触传递的区别在于电突触可以直接通过电耦合进行电信号的传递，突触一侧神经元的电位变化可直接通过缝隙链接通道传入另一侧神经元，进而完成电信号的传递。神经元间的传导除了突触传递，还存在非突触性传递。这类神经元的轴突末梢有许多分支并存在大量的念珠状曲张体，这些曲张体内由于含大量的囊泡而成为递质释放的部位，一个神经元的轴突末梢可有多达 30000 个曲张体。由于曲张体不与效应细胞形成经典的突触联系，当神经冲动到达曲张体时，递质从曲张体释放出来，通过弥散到达效应细胞引起反应。

2）突触可塑性

突触可塑性是指突触的形态和功能可发生较为持久改变的特性或现象，包括结构可塑性和功能可塑性。突触结构可塑性是其功能可塑性的物质基础。结构可塑性具体可分为以下四类：①突触前修饰，包括神经递质（transmitter）的合成、储存、释放等的改变；②突触后修饰，包括神经递质受体的修饰，受体激活后第二信使、调控蛋白及产生磷酸化和脱磷酸化等各种反应酶的变化；③突触形态的修饰，如突触前末梢大小或形状的变化，树突棘、突触界面及突触后致密物质等的变化；④非神经元的修饰，如胶质细胞及其与神经元相互作用的变化。突触功能可塑性，目前研究比较多的是长时程增强（long-term potentiation，LTP）和长时程抑制（long-term depression，LTD），它们被认为是某些学习记忆活动在细胞水平的神经生物学基础。LTP 与记忆的形成和储存有关，而 LTD 与记忆的整合、遗忘和恢复等有关，二者共同组成一个完整的神经网络系统（Nikoletseas，2010；唐玲等，2012）。此外，小脑 LTD 还是小脑运动性学习记忆的神经生物学基础，起着不断纠正操作错误和使运动协调的重要作用。随着有关研究的深入，现已发现突触可塑性还参与了感觉、心血管调节等其他重要的生理或病理过程。

3）神经递质

神经递质是神经末梢分泌的能够跨过突触间隙，作用于突触后膜相应受体的特定化学物质。神经递质一般在突触前合成，储存于囊泡中，并在神经冲动传到末梢时，从囊泡中释放出来，扩散到突触间隙，作用于突触后膜上对应的受体发挥其生理作用。完成信息传递的递质，会被突触前膜重新摄入，或者被相应的分解酶系统分解。神经系统中存在多种多样的神经递质，按其生理功能可分为兴奋性神经递质和抑制性神经递质。按化学性质可以分为四类，即生物原胺类、氨基酸类、肽类和其他类。生物原胺类神经递质是最先发现的一类，包括：多巴胺、去甲肾上腺素、肾上腺素、5-羟色胺。氨基酸类神经递质包括：γ-氨基丁酸、甘氨酸、谷氨酸、组胺、乙酰胆碱。肽类神经递质分为：内源性阿片肽、P 物质、神经加压素、生成抑素、血管加压素和缩宫素、神经肽。其他神经递质分为：核苷酸类、花生酸碱、内源性气体类物质一氧化碳(CO)、一氧化氮(NO)等(施荣富等，2004)。

4) 离子通道

离子通道是神经、肌肉、腺体等许多组织细胞膜上的基本兴奋单元，它们产生和传导电信号，发挥着重要的生理功能。在神经系统中，离子通道介导的带电离子跨膜的易化扩散所产生的跨膜电流，是神经元电信号产生和传播的基础。例如，神经元静息电位的维持、动作电位的产生就是由 Na^+、K^+ 等离子通道的选择性开放导致的。另外，突触神经递质的释放大部分都是 Ca^{2+} 依赖性的。离子通道的开放和关闭，称为门控。根据门控机制的不同，可将离子通道分为三大类：

(1) 电压门控性通道，又称电压依赖性或电压敏感性离子通道，是膜电位变化时，通道中的电压敏感区在电场作用下发生位移，进而导致通道开闭的内在过程。电压门控性通道，一般以最容易通过的离子命名，如钾、钠、钙、氯通道。

(2) 配体门控性通道，又称化学门控性离子通道，由递质与通道蛋白质受体分子上的结合位点结合而开启。其以递质受体命名，常见的有乙酰胆碱受体通道、谷氨酸受体通道、门冬氨酸受体通道等非选择性阳离子通道。

(3) 机械门控性通道，又称机械敏感性离子通道，是一类感受细胞膜表面应力变化，实现胞外机械信号向胞内转导的通道。根据通透性，其可分为离子选择性和非离子选择性通道；根据功能作用，其可分为张力激活型和张力失活型离子通道。感觉神经组织、压力受体、肌梭、血管内皮等都有这类通道的分布，细胞生长的调节也是通过这样的通道建立起来的系统来感受细胞大小和形状等生理变化的。癌细胞的无限生长是建立在机械信号转导崩溃基础上的。

7.1.2　神经毒性作用概述

神经毒性是指由暴露于天然或外源性有毒物质(神经毒素)引起的对生物体神经系统功能或结构的损伤作用，这种毒性反应可以发生在神经系统的发育或成熟阶段(林巍，2012)。症状包括肢体虚弱或麻木、头痛、视力丧失、记忆和认知功能损伤、不可控制的强迫症或强迫行为、行为功能障碍、性功能障碍、抑郁、流感样症状等。此外，神经毒性还可诱发其他病症，包括慢性疲劳综合征、注意力缺陷多动障碍、慢性鼻窦炎和哮喘，以及类似于某些自身免疫性疾病如肠易激综合征或类风湿性关节炎的症状。在机体受到外界因素刺激时，神经毒性症状可能立即出现，也可能需要数月或数年才能显现。神经毒素的特征、人体暴露的剂量、毒素代谢和排泄的能力、作用机制和结构恢复的能力以及细胞靶标的脆弱程度等均会对神经毒性作用的发生发展产生影响。在某些情况下，暴露水平或暴露时间可能至关重要，某些物质在特定剂量或时间段内才会具有神经毒性。

1. 神经性毒物的作用特点

神经性毒物的作用特点(赵超英等，2009；郝丽英和吕莉，2011)：①毒性物质作用于神经系统后，神经损伤效应出现较早，且表现多样，通常以功能性改变为主，表现为大脑功能紊乱或传导功能障碍。②发育中的神经系统对某些类型的损伤非常敏感。神经毒性可发生在生命周期中的任何阶段，而化学物质对发育中神经系统的损害可能在发育成熟后才表现出来(窦婷婷，2013)。③直接和间接损伤。神经系统不仅受外源化合物的直接作用发生功能和形态的改变，也可因低氧、缺血、低血糖等因素而间接受到损害。④神经元的不可修复性。神经元一旦受毒物损害死亡，则损伤持续存在，其功能不能由其他神经元所代替。⑤轴突的修复不全性。中枢神经轴突受毒物损害再生效果很差，周围神经系统中轴突再生也十分缓慢，且再生后功能也不完全。⑥长神经干的修复需要较长时间。⑦不同剂量下，神经系统可产生不同的反应。如抗抑郁药在低剂量下产生兴奋作用，具有良好的治疗作用，但在高剂量下则产生抑制作用，甚至威胁生命。⑧累积性毒性效应。多种神经毒物/药物会产生累积性毒性效应，如铅等重金属中毒。

2. 神经毒性作用表现

根据神经毒素作用靶点的不同，毒性作用可以分为四类：①神经元病变；②靶向轴突并引起轴突病变；③髓鞘病变；④神经传导功能障碍(Anthony et al., 2001)。

(1)神经元病变。许多化学物质会直接作用于神经元,引起神经元坏死或凋亡，最终导致神经元病变。这种神经元损伤是不可逆的，一旦发生，或可使神经元亚群丧失特定的功能，或引发全局性脑病。例如，1-甲基-4-苯基-1,2,3,6-四氢吡啶可通过引起黑质中多巴胺能神经元的退化，导致帕金森病样症状 (Smeyne and Jackson-Lewis，2005)；三甲基锡能够靶向海马、杏仁核和梨状皮质神经元，导致认知障碍 (Fieldman et al.，1993)。此外，化学品还可以通过多种机制引起神经元细胞死亡，包括破坏细胞骨架、诱导氧化应激、钙超载或损伤线粒体。

(2)轴突病变。轴索为毒性原发部位产生的神经障碍称轴索病(郝丽英和吕莉，2011)。毒物直接作用于轴突本身，导致轴突变性，包裹它的髓鞘随之消失。中枢神经系统的轴突变性后不能再生，外周神经系统的轴突损伤后可以再生，其功能可全部或部分恢复。轴突变性的临床后果最常见的是外周神经元的病变，症状表现为肢体末端感觉异常和运动能力下降(赵超英等，2009)。

(3)髓鞘病变(赵超英等，2009)。髓鞘在神经元、轴突与树突之间起着绝缘体的作用，它的消失可以导致神经冲动在细胞突之间的传导减慢，甚至发生传导异常。较为常见的髓鞘病变为脱髓鞘，即毒物作用于髓鞘，使髓鞘发生水肿继而导致髓鞘板的分离，在某些部位产生髓鞘丢失的病理改变。

(4)神经传导功能障碍。通过改变神经递质的质及量、递质合成酶或影响神经递质重摄取，不引起神经系统的结构变化而导致精神行为异常。

3. 神经毒性作用的研究方法(徐蓓和杜冠华，2008)

1)功能观察及神经系统检查

首先通过观察机体是否出现异常的身体姿势、活动水平、步态，异常行为如强迫性地撕咬、自残、打圈、倒退行走、惊厥、抽搐、震颤、流涎、腹泻、尖叫，以及感觉、运动功能的改变，初步判定神经毒性作用的发生。随后通过神经系统检查，如颅神经的检查，运动神经功能检查，包括肌力、萎缩、自发性收缩、强直、震颤等，反射功能检查，如腱反射、巴彬斯奇反射，以及步态检查，进一步对神经毒性进行判定。

2)形态学检查

神经病理形态或组织化学改变是确认神经损害及其病变可逆性程度的重要手段，也是确认神经毒性的最经典方法。一般的研究思路为，先进行肉眼观察，并辅以脑的绝对和相对质量；其次，在光学显微镜下观察基本病变，确定病变的脑区后，可进一步取材做电镜检查。为了确认神经毒性的细胞特异性及某些特殊生化过程的影响，需用神经系统组织化学等方法检查。

3)生物化学方法

化合物的神经毒性作用可能通过改变特异的酶、神经递质、受体或通道产生。对特定神经毒性作用通路中的某一环节或靶点进行监测即可确定化合物是否存在相应的毒性作用。神经生物化学的改变可用于判断毒性化合物对某一靶标的作用，有利于在分子水平对毒性作用机制的研究。由于毒性作用机制各不相同，生物化学的检测指标也各有不同，具体检测终点的确定需要依据具体的情况进行选择。由于神经细胞内各种合成、降解神经递质的酶都可能成为毒性化合物攻击的目标，因此可对脑组织或体外培养脑片组织中某些酶活性进行检测，如乙酰胆碱酯酶(acetylcholinesterase，AChE)、一氧化氮合酶(nitric oxide synthase，NOS)、ATP酶、蛋白激酶C(protein kinase C，PKC)等，从而判断化合物有无神经毒作用。同时，还可对某些神经递质含量或重要信使分子含量进行测定，如脑组织中乙酰胆碱、Ca^{2+}、多巴胺、NO、单细胞游离钙等。也可进一步检测神经递质的代谢，如递质合成、包装储存、递质代谢酶活性，以及递质重摄取。谷氨酸是神经系统主要的兴奋性神经递质，在突触间的过量堆积将产生神经系统的兴奋性毒性。采用免疫印迹的方法对谷氨酸转运体的表达进行定量，使用 ^3H 标记谷氨酸测定其在突触体内的聚集来确定谷氨酸转运体的功能活性，都是评价谷氨酸转运体相关神经毒性作用的方法。此外，可通过同位素、生物素或荧光标记等方法对胞浆-轴突转运功能进行检测。

4) 电生理检查

神经电生理学指标在实验和人群的临床研究中都得到了较为广泛的应用，可使用脑电图、感觉诱发电位、肌电图等测试神经系统的电活动，离体的单个神经细胞可用斑片钳、膜片钳技术评价单个细胞的单个离子通道及其受体的电活动。

7.1.3 POPs 神经毒性概述

持久性有机污染物(POPs)指化学性质稳定，在环境中能持久残留，易于在人体、生物体和沉积物中积累并能致癌、致畸的有机化学物质。POPs 具有抗光解性、化学分解和生物降解性、高亲油性和高憎水性、高流动性，在低浓度时也会对生物体造成损伤，而对位于生物链顶端的人类来说，这些损伤放大到了 7 万倍。近年来 POPs 在人类和生态系统健康相关领域受到广泛关注。尽管多数国家已禁止使用大部分持久性有机污染物，使得近年来一些持久性有机污染物如多氯联苯 (polychlorinated biphenyls，PCBs) 的环境水平呈下降趋势，但是新型持久性有机污染物如多溴二苯醚(polybrominated diphenyl ethers，PBDEs)的环境应用却大幅增加，这可能会导致邻近地区甚至整个世界的环境污染。POPs 释放于环境后长期在环境中积累，因而其生物毒性仍是不可忽视的问题。研究表明，POPs 的暴露不仅会影响生物的生殖系统、发育系统、免疫系统等，也具神经毒性。

目前，POPs 在环境浓度暴露下的神经毒性在人群和动物研究中均已得到了证实。例如，在曾经闻名世界的日本和中国台湾米糠油污染事件中，PCBs 污染导致周围居民产生包括氯痤疮、麻木、四肢无力、外周神经传导速度减慢、发育迟缓、语言障碍等健康问题，使用了米糠油的母亲其子代表现出亢奋、行为异常、智力低下等神经疾病症状。除了典型的污染事件外，有关 POPs 的流行病学数据也证实了产前、产后、生长发育期以及成年期等各个时期 POPs 暴露的神经毒性。例如，产后母乳喂养会使儿童血液中 PCBs 的含量增加，而儿童大脑发育尤其是运动神经发育障碍主要是由于产前低剂量 PCBs 的暴露 (Patandin et al., 1999)。对 150 名怀孕期间食用了有机氯污染的鱼的女性进行跟踪随访发现，其后代与一般孩子相比，出生体重轻、脑袋小，7 个月时认知能力较一般孩子差，4 岁时读写和记忆能力较差，11 岁时 IQ 值较低，读、写、算和理解能力较差(Jacobson and

Jacobson，1996）。除了人群研究，在对猴子、鱼、大鼠和小鼠等的动物实验中也发现了 POPs 暴露所导致的行为异常和认知损伤。例如，先天、后天或者围产期暴露于 PCBs 的动物常表现出许多注意缺陷多动障碍的症状。子宫内暴露 POPs 会导致小鼠运动活性增加以及学习能力受损（Agrawal et al.，1981），产前和产后暴露POPs也会导致大鼠运动活性增加并影响其视觉辨别学习（Storm et al.，1981）。在妊娠期和哺乳期暴露 POPs，猕猴子代产生多动症状（Kodavanti，2006）。

　　到目前为止，有关 POPs 的神经毒性作用机制的研究主要集中在神经炎性、神经凋亡和神经传导等方面。

1. POPs 的神经炎性作用

　　炎症反应是机体抵御感染和损伤的复杂的级联过程，神经炎性是神经退行性疾病最主要的病变特点。临床研究和动物实验的证据表明，脑内神经炎症与多种急慢性神经退行性疾病如帕金森病（Parkinson disease，PD）、阿尔茨海默病（Alzheimer-like senile dementia，AD）和多发性硬化（multiple sclerosis，MS）等的发生和发展密切相关。流行病学数据表明，抑制脑部神经的炎症有益于神经退行性疾病的预防与治疗。

　　神经炎性主要与小胶质细胞和星形胶质细胞的增生与活化、炎症细胞的浸润有关。不管是激活的小胶质细胞还是星形胶质细胞均能产生细胞因子，产生和维持脑部炎症。胶质细胞原纤维酸性蛋白（glial fibrillary acidic protein，GFAP）是星形胶质细胞的细胞骨架成分，损伤敏感蛋白 S100-β 是轴突的生长因子，由神经系统胶质细胞分泌。GFAP 和 S100-β 表达增多是星形胶质细胞活化的标志，活化的星形胶质细胞能产生多种细胞因子如肿瘤坏死因子-α（tumor necrosis factor-α，TNF-α）、白介素-1β（Interleukin-1β，IL-1β）和白介素-6（Interleukin-6，IL-6），这些因子对神经元细胞具有破坏性作用，涉及许多机体病理学改变，特别是神经退行性疾病，包括 AD 和 PD 等多种神经性疾病。星形胶质细胞反应性增生后，过度表达的 S100-β 也可导致神经炎症和神经功能紊乱。

　　体外实验研究表明，四氯苯醌可通过活性氧（reactive oxygen species，ROS）引起神经系统炎性（Fu et al.，2016）。全氟辛基磺酸（PFOS）能够上调星形胶质细胞 S100-β 的表达，引起神经炎性诱导神经损伤的发生。体内研究也发现，SD 大鼠在孕期前 20 天（gestation day 0～20，GD_0 到 GD_{20}）暴露 PFOS 可导致幼鼠星形胶质细胞反应性增生，GFAP 和 S100-β 表达增多，并伴随着炎症因子（IL-1β，TNF-α）和致炎症转录因子[环腺苷酸环化酶应答元件结合蛋白（cAMP-response element binding protein，CREB）、激活蛋白 1（activator protein 1，AP-1）和核因子 κB（NF-κB）]的表达增加，使脑组织产生炎症反应（曾怀才，2010）。此外，产前 PFOS 暴露增加幼鼠大脑皮层、海马炎症因子(IL-1β 和 TNF-α)和炎症转录因子的表达(Zeng et al., 2011)。

2. POPs 促神经凋亡作用

细胞凋亡是动物的高度进化保守途径,其过程的异常与诸多疾病的发生和发展存在密切的联系,而且与许多外源化合物质的毒性作用有重要关系。

活性氧(ROS)是一种很强的细胞凋亡诱导剂,以 ROS 增加形式呈现的氧化应激是细胞凋亡级联反应中的始发因素,涉及多种急性和慢性神经变性疾病,包括中风、PD 和 AD。一些神经细胞体外研究证实,POPs 可能改变神经细胞内氧化/抗氧化平衡,诱导氧化应激,继而诱导神经细胞凋亡,引起神经元结构和功能的改变,产生神经毒性作用。实验研究发现,PBDEs 衍生物 PBDE-99 可诱导星形细胞瘤细胞发生凋亡,从而对细胞产生明显的毒性作用(Madia et al., 2004);PBDE-47 可致原代新生大鼠海马细胞氧化应激诱导细胞 DNA 损伤和凋亡,呈现一定的神经毒性(Wang, 2008)。PFOS 暴露导致神经细胞的自由基水平和脂质过氧化剂量依赖性增加,而自由基清除酶 GPX(glutathione peroxidase,谷胱甘肽过氧化物酶)活力则剂量依赖性降低,破坏细胞内氧化与抗氧化系统平衡,进而诱发细胞受损和凋亡,表明 PFOS 的神经毒性与氧化应激和凋亡密切相关(陈娜, 2014)。此外有研究报道 PBDE-47、PBDE-99 和 DE-71 诱导海马体神经元、人类神经母细胞瘤、星形细胞瘤、小脑粒细胞等出现细胞凋亡,而抗氧化剂对细胞有明显的保护作用(宿丽丽等, 2016)。PBDEs 可能通过激活酪氨酸激酶、PI-3 激酶、蛋白激酶、磷酯酶 C,以及细胞内钙浓度的增加而导致 NADPH 氧化酶的激活,进而使得细胞氧爆发,诱导产生 ROS,引起脂质过氧化以及细胞凋亡(Costa et al., 2014)。

细胞凋亡以不同的形态变化为特征,如质膜突起、细胞收缩、线粒体去极化、染色质凝聚和 DNA 碎片等。胱天蛋白酶(caspase)是参与真核细胞凋亡最主要的蛋白家族,caspase 分为三大类:凋亡启动因子(apoptotic initiators)、凋亡执行因子(apoptotic executioners)和炎症介导因子(inflammatory mediators),构成了级联放大效应。凋亡启动因子在级联反应的上游,包括 caspase-2、caspase-8、caspase-9、caspase-10 等,能在其他蛋白辅助下发生自我活化并识别和激活下游的 caspase。其中,caspase-8 几乎能激活所有凋亡级联反应下游的 caspase 而诱发凋亡。凋亡执行因子在级联反应的下游,包括 caspase-3、caspase-6 和 caspase-7 等,作用于其特异性底物并导致细胞凋亡。caspase-3 是 caspase 家族中的最重要的凋亡执行者之一,是细胞凋亡过程中的主要效应因子,它的活化是凋亡进入不可逆阶段的标志。目前已知的三个主要凋亡信号通路是:①线粒体通路(内源性通路);②死亡受体通路(外源性通路);③内质网通路。其中前两者是经典凋亡途径,内质网应激途径是近年才发现的一种新的凋亡通路。这三条信号通路都能激活凋亡执行者 caspase-3，通过水解多种细胞成分而使细胞凋亡。研究报道，POPs 可通过以上三种凋亡通路诱导神经细胞凋亡的发生(岳原亦等，2000)。

1)线粒体通路

线粒体是细胞能量合成和储存及物质代谢、能量转化的重要场所，不仅能诱导细胞凋亡，还是细胞凋亡的执行者。在此过程中，与凋亡相关的活性物质，如细胞色素 C(cytochrome C，CytC)、凋亡诱导因子、B 细胞淋巴瘤基因-2(Bcl-2)等从线粒体释放到膜间隙中，使线粒体膜通透性转换孔(mitochondrion permeability transition pore，MPTP)开放，削弱线粒体膜两侧的质子梯度，导致线粒体膜电位降低，诱导细胞凋亡。同时线粒体内的 Bcl-2 家族对细胞凋亡具有调节作用。线粒体是 ROS 的主要来源之一，过量的 ROS 可能损害线粒体膜电位(mitochondrial membrane potential，MMP)引起细胞凋亡。PFOS 可引起线粒体膜势能降低，膜通透性改变，进而导致线粒体功能障碍，释放 CytC 等凋亡因子进入胞质，同时产生过量的 ROS。ROS 通过氧化线粒体心磷脂，线粒体 DNA 和线粒体重要的蛋白质，对线粒体造成氧化损伤，进而诱导细胞凋亡。研究报道，PBDE-47 和 PBDE-209 能增加促凋亡蛋白 Bax(BcL-2 associated X，凋亡调节因子)的 mRNA 表达水平，提高 Bax/Bcl-2 比值，降低 Neuro-2a 细胞 MMP，增加胞质中 CytC 蛋白表达水平，增加 caspase-9 的活性，最后激活 caspase-3，通过线粒体通路诱导 Neuro-2a 细胞凋亡(陈红梅，2015)。此外，一定剂量的 PBDE-47 可导致人神经母细胞瘤细胞(SH-SY5Y 细胞)存活率显著下降，乳酸盐脱氢酶(lactate dehydrogenase，LDH)漏出、Ca^{2+} 和凋亡率明显上升，胞浆内死亡相关蛋白激酶(death associated related protein kinase，DAPK)、capspase-3、caspase-12 和 CytC 的 mRNA 及蛋白表达水平显著性增加，而线粒体内 CytC 和 Pro-caspase3 蛋白表达水平明显下降，表明 PBDE-47 可通过引起线粒体膜通透性转换孔开放和 CytC 的释放介导 SH-SY5Y 细胞凋亡(胡锴等，2010)。

2)死亡受体通路

死亡受体通路是一种细胞外信号传导通路，由适当配体与细胞膜中的死亡受体结合触发。死亡受体家族的胞内部分含有约 80 个氨基酸残基组成的介导凋亡区域，即死亡结构域(death domain，DD)，其家族成员包括 Fas / CD95(Fas cell surface death receptor)、DR5 (death receptor 5)、DR4、DR3 和 TNFRl (tumor necrosis factor receptor type 1)。细胞凋亡的死亡受体通路为：靶细胞表面的死亡受体与配体结合导致死亡结构域(DD)与连接蛋白 FADD(Fas-associated death domain protein，Fas 相关死亡结构域蛋白)C 末端的 DD 结合进而激活 caspase-8 以及下游的 caspase-3，引起细胞凋亡(刘洪娟等，2009)。PCBs 进入神经细胞后产生的 ROS，一方面与 Fas 受体结合 capspase-8 前体，促进 capspase-8 表达进而激活 caspase-3 引起细胞凋亡；另一方面，在线粒体内促凋亡蛋白 Bax 的促进下诱导 CytC 表达，CytC 与 caspase-9 前体结合，进而激活 caspase-9 促进 caspase-3 同样引起细胞凋亡（Sánchez-Alonso et al.，2004）。PBDE-47 和 PBDE-209 可增加受体蛋白 Fas 的 mRNA 和 FADD 的 mRNA 表达水平，同时增加 caspase-8 蛋白活性，最后增加 caspase-3 蛋白活性，通过死亡受体通路诱导 Neuro-2a 细胞凋亡（Chen et al.，2016）。

3）内质网通路

内质网通路是细胞凋亡三条经典通路之一。内质网是细胞进行蛋白质的正确折叠、组装和运输的场所。当细胞受到体内外不同强度刺激后，如氧化应激，内质网将产生未折叠蛋白/错误折叠蛋白积聚，诱发内质网发生不同程度的内质网应激，激活未折叠蛋白反应的信号通路。持续或过强的内质网应激，可引起内质网内环境的紊乱，从而通过未折叠蛋白反应（unfolded protein response，UPR）信号通路活化相关分子而介导细胞凋亡。最新研究发现，PBDEs 染毒大鼠海马神经元的内质网出现病理性改变，PBDEs 的代谢产物可使染毒细胞 UPR 信号通路相关基因如葡萄糖调节蛋白 78（glucose regulated protein 78，GRP78）、生长抑制和 DNA 损伤诱导家族基因 153 及 X 盒结合蛋白 1 的表达发生改变（马儒林等，2016）。PBDE-47 可能通过增加细胞内 ROS 产生而引起细胞氧化应激，并导致内质网应激发生和激活 UPR，通过内质网凋亡通路对 SH-SY5Y 细胞产生神经毒性作用（姜春阳，2012）。UPR 信号转导通路中的内质网膜感应蛋白 IRE1（inositol-requiring enzyme 1，肌醇酶）通过上调 XBP1s（X-Box Binding Protein 1）、JNK（c-Jun NH_2-terminal kinase，c-Jun 氨基末端激酶）和 CHOP/DDIT3（DNA damage inducible transcript 3）的表达激活相关细胞信号通路，从而对细胞具有抵抗内质网应激和促进细胞凋亡的双重作用；Bax/Bcl-2 比值显著升高是敲除 IRE1 后 PBDE-47 引起 SH-SY5Y 细胞凋亡增加的重要原因（Jiang et al.，2012）。此外，使用原代海马神经元细胞和海马神经元细胞系 HT-22 探索 PBDE-209 诱导小鼠海马神经元细胞凋亡的潜在机制发现，氧化应激和内质网应激可能参与 PBDE-209 诱导的海马神经元细胞凋亡过程（刘婷，2014）。PBDE-47 和 PBDE-209 能增加 GRP78 和 CHOP 的 mRNA 表达，并且增加 caspase-12 活性通过内质网通路诱导 Neuro-2a 细胞凋亡（陈红梅，2015）。

4）其他通路

除此三条经典凋亡通路外，Ca^{2+} 作为细胞内的第二信使对维持细胞正常生理功能具有重要意义，在外界刺激下细胞内钙稳态的改变则会诱导细胞凋亡，细胞内钙离子浓度升高是细胞凋亡过程中普遍存在的事件。线粒体膜电位下降与细胞内钙超载有关，是细胞凋亡早期的标志性事件；此外，谷氨酸（glutamic acid，Glu）过度释放引起胞浆中钙离子浓度升高是细胞凋亡的启动因素。PFOS 能显著增加大鼠中枢神经系统中 Glu 阳性细胞的表达。过量 Glu 过度激动其受体、发挥其兴奋性神经毒作用的同时可能诱发神经元的凋亡。谷氨酸过度释放引起胞浆中钙离子浓度升高，胞内 Ca^{2+} 浓度的升高可以激活 Ca^{2+} 依赖性的 DNA 内切酶，使 DNA 降解，发生片断化，从而诱发细胞凋亡(李莹，2004)。也有研究证实 ROS 水平升高可引起小脑颗粒细胞 ROS 依赖性 PKC 表达水平升高(李玲等，2013)。PKC 可激活多种蛋白激酶级联启动细胞凋亡信号，同时转位至线粒体诱导 CytC 等凋亡因子的释放，核转位启动核内凋亡通路诱导细胞凋亡。PFOS 暴露后，海马神经细胞凋亡率增加，并引起 Glu 的增加和多巴胺(dopamine，DA)的减少，PKC 和细胞外信号调节蛋白激酶(ERK)在 PFOS 诱导的小脑颗粒细胞凋亡过程扮演着凋亡前体蛋白的作用(张川等，2015)。用 PBDE-99 染毒的人星形细胞瘤细胞、星形胶质细胞、巨噬细胞和 PC12 细胞中均观察到 PKC 活化和$[Ca^{2+}]$升高(陈义虎，2012)。

3. POPs 的神经传导毒性

越来越多的研究发现，POPs 会产生神经传导毒性，因此其又可以称为神经抑制类药剂。一般来说，正常的神经传导是由细胞膜内外离子浓度差波动所引起的电势改变而产生。POPs 可通过影响细胞膜上离子通道的改变、神经递质的释放(加强或者抑制神经递质与突触后膜的结合)，以及神经元细胞膜受体或相关酶的功能三个方面来影响神经传导过程。

1) 改变细胞膜离子通道功能

电压门控离子通道在动物组织中分布极其广泛，主要存在于可兴奋细胞，包括神经元、肌肉和心脏细胞等，在非兴奋性细胞上也有少量的表达。神经系统中，电压门控离子通道是神经元电信号产生和传播的主要基础，兴奋以电信号的形式在神经纤维上进行传导的过程使得人体或动物体神经细胞受到刺激产生神经冲动。神经冲动的产生是在神经细胞膜上的钠-钾泵和离子通道的作用下，通过离子的跨膜运输，导致膜内外离子浓度的不同，从而引发膜电位的产生。同时，当神经冲动抵达末梢时，末梢产生动作电位和离子转移，Ca^{2+} 由膜外进入膜内，使一定数量的突触小泡与突触前膜紧贴融合起来，接着黏合处出现破裂口，突触小泡内递质和其他内容物随之释放到突触间隙内(刘善贤，2013)。因此，这些离子的变化会直接影响到神经传导过程，从而引发神经毒性。

一方面，有机氯类杀虫剂滴滴涕(dichlorodiphenyltrichloroethane，DDT)可通过与膜受体结合引起膜通透性改变从而影响神经传导。在神经元细胞轴突膜上存在一类 DDT 受体，DDT 的三氯乙烷基与细胞膜的类脂部分受体发生物理结合后，改变了膜的三维结构，从而改变了膜的通透性。DDT 引发的这种通透性的改变，使神经传导发生混乱，造成动物机体出现肌肉抽搐及强直性痉挛，最终导致昆虫麻痹、死亡。另一方面，DDT 可抑制 Ca^{2+}ATP 酶的活性，引起膜内外 Ca^{2+} 的浓度失衡进而影响膜电位。在神经元细胞膜的外表存在着 Ca^{2+}ATP 酶，ATP 水解产生能量，Ca^{2+}ATP 酶运用这些能量调节膜外表的 Ca^{2+} 量。当膜外 Ca^{2+} 浓度较低时，

Ca^{2+} ATP 酶被活化以增加膜外 Ca^{2+} 浓度，使膜内外 Ca^{2+} 浓度保持动态平衡。而 DDT 会抑制 Ca^{2+} ATP 酶的活性，使其不能及时增加膜外 Ca^{2+} 的浓度，从而使膜内外电位失衡，更容易产生一系列的电位波动，即重复后放，阻断神经传导，使昆虫致死(李孟楠等，2011)。

利用原代培养大鼠海马神经元细胞的研究发现，在细胞无外源性 Ca^{2+} 时，PFOS 和全氟辛酸(PFOA)均可以显著诱导海马神经元细胞内 Ca^{2+} 浓度升高(刘晓晖，2010)。当 Ca^{2+} 由膜外进入膜内的数量增多时，一方面，直接关系到神经递质的过度释放，导致过度兴奋，出现痉挛的中毒现象；另一方面，对其下游信号分子钙调蛋白依赖性蛋白激酶 II (Ca^{2+}/calmodulin-dependent protein kinase II，CaMK II α)以及 CREB 的表达产生异常调节，从而影响神经系统的功能(刘晓晖，2010)。

研究表明，PCB-95 能破坏 PC12 神经细胞内 Ca^{2+} 信号，从而加速细胞代谢，可能通过影响内质网和线粒体间的信号而产生神经毒性(Wong et al.，2001)。此外，邻位氯代的 PCBs 同系物也能引起神经细胞内 Ca^{2+} 的增加，从而诱发神经传导毒性。

2) 影响神经递质的释放

常见的神经递质包括乙酰胆碱、儿茶酚胺、5-羟色胺(5-hydroxytryptamine，5-HT)、氨基酸递质以及多肽类神经活性物质(李陕区等，2010)。突触囊泡在 Ca^{2+} 的作用下通过与神经元突触前膜融合，破裂张开，释放上述神经递质，这些神经递质能特异性地作用于突触后膜上的各类受体，从而产生神经冲动。

DDT 在毒性作用机制上属于乙酰胆碱酯酶抑制剂。AChE 是神经传导中的一种关键酶，主要位于突触后膜，能降解乙酰胆碱，终止神经递质对后膜的刺激作用，保证神经冲动在突触间的正常传导。研究发现 DDT 分子的苯环结构使其容易与神经元细胞表面的膜蛋白分子结合，如乙酰胆碱酯酶，随后发生不规则的重复后放，造成昆虫痉挛的中毒现象，直至麻痹、死亡。此外，研究表明昆虫神经受 DDT 刺激后可产生一种毒素，其主要成分是酪胺，该毒素主要作用于胆碱刺激的神经传导以及覃毒碱样的乙酰胆碱受体。昆虫接触 DDT 后，血淋巴中酪胺量增加，而酪胺对昆虫神经、血液循环及消化系统均可产生抑制作用，最终导致昆虫死亡(Costa et al.，2008)。

六六六(hexachlorocyclohexane，HCH)，又称六氯环己烷，其中毒征象也是兴奋、痉挛、麻痹，而后死亡。不同的是，这些化合物的作用部位不是 AChE 而是乙酰胆碱，不是轴突而是突触前膜。它们通过促使突触前膜过多地释放乙酰胆碱，引起典型的兴奋、痉挛、麻痹等症状，最后导致昆虫死亡。HCH 作用于神经元细胞膜上，是神经递质 γ-氨基丁酸受体的抑制剂，HCH 中毒后此类神经递质会过度释放，增加神经系统的兴奋性，引起动物抽搐、痉挛甚至死亡。

PBDE-47 进入生物体内后会和乙酰胆碱酯酶结合，致使神经传导中的乙酰胆碱不能水解而积累，神经过度兴奋，引起神经功能紊乱，导致生物体中毒，甚至死亡(宿丽丽等，2016)。有实验证明，乙酰胆碱酯酶的活性与暴露浓度相关，当鱼类暴露在浓度为 0.0125 mg/L 的 PBDE-47 时，体内乙酰胆碱酯酶活性明显升高，而在 1.25 mg/L 的浓度下，乙酰胆碱酯酶活性则被显著抑制(Key et al.，2009)。除此之外，PCB 对神经元的毒性作用还表现在短时间内促进神经细胞的死亡，长期接触可改变海马中乙酰转移酶和乙酰合成酶的活性，进而明显改变海马的结构及功能。Provost 等(1999)采用新生大鼠低剂量 PCBs 暴露(1.25 mg/kg 或 12.5 mg/kg)模型研究发现，30 天时新生大鼠乙酰胆碱转移酶活性降低。已有研究证明 PCBs 不仅能抑制大鼠摄取多巴胺到脑突触囊泡，导致纹状体多巴胺水平的长时间降低，而且还能使参与单胺类递质分解代谢的单胺氧化酶活性升高，加速单胺类递质的分解代谢，从而影响神经传导功能引起神经毒性(汤飞鸽等，2005)。同样，Mariussen 等观察到 PCBs 通过混合性竞争和非竞争的方式抑制谷氨酸以及 γ-氨基丁酸(γ-aminobutyric acid，GABA)的摄取，并且还可加速此类神经递质的失活(Mariussen and Fonnum，2001)。

3) 影响神经元细胞膜受体或相关酶的功能

在中枢神经系统中，突触传递最重要的方式是神经化学传递。神经递质由突触前膜释放后立即与相应的突触后膜受体结合，产生突触去极化电位或超极化电位，导致突触后神经兴奋性升高或降低(李陕区等，2010)。突触后膜受体包括 NMDA 受体(N-methyl-D-aspartic acid receptor，N-甲基-D-天冬氨酸受体)和 AMPA 受体(α-amino-3-hydroxy-5-methyl-4- isoxazole-propionic acid receptor，α-氨基-3-羟基-5-甲基-4-异噁唑丙酸受体)两大类(张兵和李扬，2014)。NMDA 受体包括 NR1、NR2、NR3 三个亚基，它们的激活需要同时结合谷氨酸和甘氨酸两种递质。NMDA 受体是一种对单价阳离子以及 Ca^{2+} 有高度通透性的一种配体型离子通道，NMDA 受体的激活一方面会导致神经元胞外 Ca^{2+} 大量内流，影响突触囊泡中神经递质的释放，从而影响神经传导过程；另一方面，Ca^{2+} 内流后会激活胞内的钙调蛋白依赖激酶 II(CAMPII)，而它是神经传导过程中重要因素长时程增强(LTP)的关键初级开关。AMPA 受体是由 GIuRl 到 GluR4 四种亚基组成的聚合体，每个聚合体包含 4~5 个亚基，介导中枢神经系统快速兴奋性突触传递。这两类受体在突触后膜的动态表达过程中与长时程增强(LTP)、长时程抑制(LTD)的诱发和维持有关，并参与调节学习记忆活动(张若曦等，2012)。多余的神经递质作用可通过两个途径中止：一是再回收抑制，即通过突触前载体的作用将突触间隙中多余的神经递质回收至突触前神经元并储存于囊泡；另一途径是酶解，以多巴胺(DA)为例，它经由位于线粒体的单胺氧化酶和位于细胞质的儿茶酚胺邻位甲基转移酶的作用被代谢而失活(范德宇，2014)。持久性有机污染物暴露后使得这个过程加强或抑制，从而导致神经传导功能的紊乱。

PCBs 能够影响树突的生长和突触可塑性的变化，从而对神经传导产生毒性。对大鼠进行 PCBs 染毒的研究表明，PCBs 可通过鱼尼丁（兰尼碱）受体（RyR）依赖的分子信号通路影响树突的生长和突触可塑性的变化，从而对神经传导产生毒性。RyR 激活后可通过钙调蛋白依赖性蛋白激酶-环腺苷酸环化酶应答元件结合蛋白-Wnt（CaMKI-CREB-Wnt2）信号通路导致树突的结构重塑，从而产生神经传导障碍（Wayman et al., 2012）。大量研究已证实，PCBs 作用的主要靶分子之一是 NMDA 受体。PCBs 能选择性抑制 NMDA 受体通道电流，是 NMDA 受体的非竞争性拮抗剂，既能破坏受体也能激活受体通道。有报道称，PCB-95 通过修饰功能相关的 FK506 结合蛋白（KBP12）/RyR 复合体，增强 NMDA 和 AMPA 介导的 Ca^{2+} 信号，使培养中的小脑颗粒细胞谷氨酸信号放大，从而加重神经元的损伤（Gafni et al., 2004）。另外，动物实验结果表明，PCBs 暴露能显著减少大鼠大脑皮层的 LTP，从而影响神经传导（Ozcan et al., 2004）。

PBDEs 的分子构象类似于 PCBs 和四氯双苯环二噁英（2,3,7,8-tetrachlorodibenzo-*p*-dioxin，TCDD）。细胞实验研究表明，PBDEs 暴露减少了体外培养海马神经元突起的长度和分支数，降低了树突上突触后致密蛋白 95（postsynaptic density protein 95，PSD-95）的表达水平，表明 PBDEs 对神经元的生长发育，包括突起生长和分叉、突触的形成和功能具有明显的抑制作用（廖春阳等，2007）。PBDE-99 能显著升高神经调节因子生长关联蛋白 43（growth associated protein-43，Gap-43）的表达水平，而降低大脑中细胞周期调节蛋白抑微管装配蛋白（stathmin）的表达水平，而 Gap-43 和 stathmin 的表达与突起的生长密切相关，还能够引起大鼠脑细胞中 NMDA 受体和钙调蛋白表达量的升高（Alm et al., 2008）。PBDEs 暴露之后，功能性突触形成和发育的数目显著减少了，这势必会影响神经元细胞之间的突触联系和正常信号的传导。此外，PBDEs 对神经传导系统的损害也发生在突触后结构。细胞生化实验结果表明，PBDE-47 对突触后多种蛋白的表达都有影响，如 NMDA 受体、AMPA 受体、钙调蛋白（CaMKII）、突触后致密蛋白（PSD-95）等（Costa et al., 2016）。此外，PBDEs 暴露还能够降低谷氨酸信号受体关键蛋白（GluR1~4）的表达，干扰 Glu-NO-cGMP 通路，影响脑源性神经生长因子以及各种烯醇酶的表达，引发神经毒性（张璟，2013）。

7.2　体外研究中的神经细胞毒性

7.2.1　神经元毒性研究基础

神经元是由细胞体和细胞突起构成的，具有长突起的细胞，是构成神经系统结构和功能的基本单位。细胞体位于脑、脊髓和神经节中，是细胞含核的部分，其形状大小有很大差别，直径约 4～120 μm。核大而圆，位于细胞中央，染色质少，核仁明显。细胞质内有斑块状的核外染色质(旧称尼尔小体)，还有许多神经元纤维。细胞突起是由细胞体延伸出来的细长部分，可延伸至全身各器官和组织中，分为树突和轴突。每个神经元可以有一个或多个树突，可以接受刺激并将兴奋传入细胞体。每个神经元只有一个轴突，可以把兴奋从胞体传送到另一个神经元或其他组织(李正平和刘保国，2012)。

1. 自由基(ROS 和 RNS)在神经元毒性中的重要作用

ROS 可以在线粒体、内质网(endoplasmic reticulum，ER)、质膜和细胞质中产生(Li et al., 2013)。在线粒体中，细胞通过氧代谢过程不断产生 ROS。在正常条件下，1%～2%的电子来自于线粒体电子传递链，并在线粒体内膜通过辅酶与 O_2 形成超氧自由基($O_2^{\cdot-}$)。作为 ROS 最普遍的存在形式，$O_2^{\cdot-}$ 是氧气分子的单电子还原产物，主要存在于线粒体呼吸链的复合体 I 和 III。其他 $O_2^{\cdot-}$ 的来源有 α-酮戊二酸脱氢酶，黄嘌呤氧化酶催化的次黄嘌呤氧化，磷脂酶 A2 依赖性环加氧酶和脂氧合酶途径以及质膜 NADPH 氧化酶。尽管 $O_2^{\cdot-}$ 容易与特定化学物质发生反应，但主要是通过与超氧化物歧化酶[SOD：线粒体 Mn-SOD(锰 SOD)或胞质 Cu/Zn-SOD(铜/锌 SOD)]发生歧化反应将 $O_2^{\cdot-}$ 转化生成过氧化氢(H_2O_2)而使其失活(Fernandez-Fernandez et al., 2012)。

ROS 涉及包括细胞存活、迁移和增殖等多种细胞信号通路，研究表明低/中浓度的 ROS 在正常生理过程和身体防御中起重要作用，但是 ROS 过量会引起多种神经退行性疾病(Li et al.，2013)。ROS 可以激活 JNK 和 p38，并使蛋白磷酸酶 2A(protein phosphatase 2A，PP2A)失活；而 JNK 和 p38 的磷酸化进而促进 Tau[微管相关蛋白(microtubule associated protein)]的表达，同时会被 PP2A 抑制。JNK 和 p38 的活化进一步刺激 AβPP 切割酶 1(beta-site APP cleaving enzyme 1，BACE1)的表达，引起 β-淀粉样蛋白(amyloid β-protein，Aβ)1-42 积累。而 Aβ 能激活 NADPH 依赖性氧化酶等促氧化酶，产生 $O_2^{\cdot-}$；同时 Aβ 的沉积会直接导致 H_2O_2 的产生。Aβ 诱导的 ROS 积累导致脂质过氧化，随后产生 4-羟基壬烯酸(4-hydroxynonenal，HNE)细胞毒性。Aβ 还通过干扰 Ca^{2+} 内稳态引起神经毒性。有研究(Xiang et al.，2013)发现神经元暴露于 4-羟基-2-壬烯醛修饰的 αSyn(4-hydroxy-2-nonenal，HNE-αSyn)可触发细胞内 ROS 的产生，促进神经元细胞死亡；而抗氧化剂处理后，能够有效地保护神经元细胞免受 HNE-αSyn 引发的损伤。ROS 能调控突变型杭丁顿蛋白(mutant huntingtin protein，mHtt)诱导 mHtt-PC12 细胞产生神经毒性效应，mHtt 还可以抑制抗氧化蛋白过氧化物还原酶 1(peroxiredoxin 1，Prx1)的表达而间接引起 ROS 升高(Pitts et al.，2012)。ROS 也可以调控 TAR DNA 结合蛋白(TAR DNA binding protein，TDP-43)诱导的线粒体功能紊乱和氧化应激。有证据表明(Duan et al.，2010)，表达 TDP-43 的酵母细胞中，氧化应激、凋亡和坏死的标记物的表达显著上升。综上所述，这些化学物质(JNK、p38、Tau、Aβ1-42、Nox、HNE-αSyn、mHtt、TDP-43)的积累均会进一步引起 ROS 上升，导致神经元细胞功能紊乱以及死亡，最终引起不同神经退行性疾病。

除 ROS 外，活性氮中间体(reactive nitrogen intermediate，RNI)也被认为是重要的自由基(Garthwaite et al., 1988; Knowles and Moncada, 1994)，包括不同形式的氮氧自由基(NO·)、硝酰基阴离子(NO⁻)、亚硝基阳离子(NO⁺)和过氧亚硝基阴离子(ONOO⁻)。L-精氨酸(L-Arg)在一氧化氮合酶(NOS)的作用下可生成 NO·，而通过线粒体 NOS(mtNOS)，以 NO 和 $O_2^{·-}$ 为底物，生成 ONOO⁻。NO 对神经细胞的两种截然相反作用的原因与其两种不同氧化还原状态有关：还原型的 NO(NO⁻)能与 O^{2-} 形成 ONOO⁻，ONOO⁻ 及其毒性更强的分解产物羟自由基能引起脂质过氧化，具有细胞毒性；而氧化型的亚硝酸离子(NO⁺)能与 NMDA 受体上的氧化还原调节部位的巯基反应，使之形成二硫键。这样一方面可下调 NMDA 受体调控的 Ca^{2+} 通道，避免细胞内 Ca^{2+} 超载所致的细胞毒性，同时防止 NO⁺ 向 NO⁻ 转变，从而阻止了 NO⁻ 与 O^{2-} 反应产物(ONOO⁻)的神经毒性作用。

NMDA 受体与神经元 NOS 通过突触后致密蛋白 PSD-95 联结，因此它们的活化能导致毒性 NO 的产生。细胞内 NO 浓度的增加一方面引起甘油醛 3-磷酸脱氢酶(glyceraldehyde-3-phosphate dehydrogenase，GAPDH)的 *S* 亚硝基化，进而诱导 GAPDH 与一种 E3 泛素连接酶(E3 ubiquitin protein ligase)Siah1 的结合。GAPDH/Siah1 复合体能够进入细胞核，引起促凋亡因子 *p53* 的转录，最终发生细胞凋亡。谷氨酸兴奋毒性导致 Ca^{2+} 介导的 NO 生成进而引起线粒体功能障碍，产生超氧化物，通过电压门控阴离子通道释放到细胞质中。NO 超氧化物相互作用可以产生 ONOO⁻，ONOO⁻ 可引起脂质过氧化、DNA 损伤和蛋白质功能障碍，引起半胱天冬酶介导的细胞凋亡(Kritis et al., 2015)。

2. Ca^{2+} 以及谷氨酸在神经元毒性中的重要作用

在中枢神经系统中，Ca^{2+} 作为通用的细胞信使除了参与动作电位的产生、神经递质的释放和神经兴奋性的调节外，还与细胞的分化、突触的可塑性、神经元的凋亡关系密切，在细胞正常机能活动中起重要作用。在通常情况下，由于 Ca^{2+} 的外排作用和细胞膜对 Ca^{2+} 的非通透性，神经元内的游离 Ca^{2+} 浓度很低，其浓度仅有细胞外的 1/10。胞浆内 Ca^{2+} 主要来源于两个方面：内源性内质网的钙释放和外源性细胞外液的钙内流(Simons, 1988)。细胞内钙信号传播具有时空特性，胞浆内某一局部的 Ca^{2+} 跃升，能够以一种周期性瞬变的方式在细胞中传递，这种钙浓度的周期性变化称为钙振荡。胞浆内钙浓度波动幅度、变化频率以及波动时空方式的多样性等方面是神经元的钙振荡的表现形式。当胞浆内钙振荡超出了正常范围，将对神经细胞轴突与树突的生长、神经细胞增殖和发育以及分泌等生理功能产生影响(薛一雪，2012)。

细胞外 Ca^{2+} 能通过多种机制进入细胞内，这些机制包括离子型谷氨酸受体、烟碱乙酰胆碱受体和瞬时受体电位 C 型离子通道。Ca^{2+} 通过质膜钙 ATP 酶和钠钙交换剂从细胞溶质中排出 (Grienberger and Konnerth，2012)。细胞内的 Ca^{2+} 主要由肌醇三磷酸盐受体和兰诺定受体介导，并通过细胞内储存细胞器(主要是内质网)释放，而肌醇三磷酸可以在神经元中(例如通过代谢型谷氨酸受体的活化)产生。ER 内的高浓度 Ca^{2+} 由肌钙蛋白 ATP 酶(sarcoendoplasmic reticulum Ca^{2+}-ATPase，SERCA)维持稳定，而 SERCA 可以将 Ca^{2+} 从胞质溶胶输送到 ER 的内腔。除 ER 之外，线粒体对神经元 Ca^{2+} 稳态也有重要作用。线粒体可以作为钙缓冲液，在细胞溶质钙升高期间通过钙离子通道摄取 Ca^{2+}，然后通过钠钙交换缓慢释放回胞质溶胶。有研究表明，许多有毒物质的作用很大程度上依赖于细胞外钙，这些有毒物质可能通过扰乱胞质中钙的正常调节，导致游离 Ca^{2+} 浓度持续上升从而诱导神经元损伤。

兴奋性氨基酸(excitative amino acid，EAA)广泛存在于哺乳动物的中枢神经系统中(Watkins and Evans，1981；Mayer and Westbrook，1987)，起传递兴奋性信息的作用，同时 EAA 也是一种神经毒素，这类兴奋性氨基酸以谷氨酸和天冬氨酸(aspartate，Asp)为代表，在神经元毒性中具有重要作用。其中，Glu 是中枢神经系统中含量最多的氨基酸，在大脑皮层和海马中含量最高。正常情况下，Glu 和 Asp 主要存在于神经末梢内的囊泡内，当末梢因膜去极化而兴奋时，Glu 和 Asp 被释放到细胞间隙。谷氨酸是 CNS 的主要兴奋性神经递质之一，它有助于正常的神经传递、神经细胞发育、分化和神经细胞可塑性。然而，过高浓度的胞外谷氨酸可导致神经元不受控制地连续去极化，这个去极化毒性过程被称为兴奋性神经毒性，而兴奋性神经毒性最终能引起神经元死亡。在病理刺激下，神经细胞过量释放谷氨酸，随后过度激活 Glu，最终导致细胞内 Ca^{2+} 流入的增加，引起神经细胞损伤。此外，谷氨酸积累也可以通过改变胱氨酸(cystine，CySS)/谷氨酸逆向转运蛋白(Xc^-)的作用抑制 CySS 摄取，引起自由基的积累。不存在谷氨酸受体的情况下，谷氨酸可以通过该逆向转运蛋白促进非 Ca^{2+} 依赖性且非受体介导的氧化性谷氨酸毒性(Yan and Qin，2010; Lai et al.，2014)。综上，谷氨酸通过引起神经变性和细胞死亡分子途径发挥其毒性作用。

3. 线粒体在神经元毒性中的作用

线粒体是细胞进行能量转换的主要场所，线粒体的异常往往会引起能量代谢异常，而能量代谢异常又会对其他细胞器甚至整个细胞产生影响。同时，线粒体本身含有少量遗传物质，当线粒体 DNA 发生损伤后，线粒体合成 ATP 的关键部位氧化磷酸化系统中酶活性发生改变，从而影响能量的产生，而这些改变最后能够引起细胞死亡。线粒体通透性转换是在不利条件(如线粒体 Ca^{2+} 增多)下发生的一种现象，具体过程是指线粒体膜通透性转换孔(mitochondrial permeability transition pore，MPTP)开放，线粒体膜电位改变，呼吸链断裂，导致细胞能量缺失。研究表明 MPTP 的形成可引起线粒体膜结构缺失并释放细胞色素 C，上述过程又可以引发细胞程序性死亡(Zoratti and Szabò，1995; Crompton，1999)。

"线粒体穿梭系统"假说认为分布于神经元轴突、树突末梢的线粒体需要周期性地回到细胞胞体，以获取需要细胞核 DNA 编码的线粒体蛋白质，该过程依靠轴浆转运系统完成，微管相关蛋白 2(microtubule-associated protein-2，MAP2)、胞质动力蛋白、驱动蛋白是这一系统的重要组成部分(Anesti and Scorrano，2006)。研究发现线粒体障碍主要由上述蛋白活性的下降引起，而线粒体穿梭系统功能异常又会引起蛋白合成障碍，能量产生衰竭，最终导致神经元细胞死亡。此外，神经细胞线粒体上有独立于胞浆的 L-Arg(L-精氨酸)/NO 系统，能将胞浆 L-Arg 转入线粒体，在线粒体一氧化氮合酶(mtNOS)催化下生成 L-胍氨酸和 NO。线粒体过度摄取 Ca^{2+} 后，可以激活 mtNOS。NO 介导的线粒体损伤是 NO 产生神经毒性的主要作用机制。呼吸链功能可被 NO 抑制，造成能量缺失，从而引起神经元坏死。同时，线粒体中细胞色素 C 等促凋亡蛋白也可因 NO 生成增多而释放，并由此诱导神经元发生凋亡(Navarro and Boveris，2008; Brown，2010)。

4. 细胞凋亡在神经元毒性中的重要作用

细胞凋亡(apoptosis)是机体生长发育、细胞分化和病理状态中细胞自主性死亡的过程，是细胞内由基因编码调控的、按严格程序执行的细胞自杀过程，又称程序性死亡(programmed cell death，PCD)(Elmore，2007)，广泛存在于各种细胞中。凋亡发生时，细胞染色质致密、核间小体 DNA 片段形成、胞浆膜发泡、凋亡小体(被周围健康细胞吞噬)出现，通常不伴随炎症反应发生。神经元的死亡过程更多的是以凋亡形式表现，其凋亡机制十分复杂。

Bcl-2 基因是一种癌基因，具有抑制凋亡的作用，是凋亡分子机制研究的主要靶分子(Cory and Adams，2002)。目前已经发现的 Bcl-2 蛋白家族按功能可分为两类，一类像 Bcl-2 一样具有抑制凋亡作用，如哺乳动物的 Bcl-XL、Bcl-W、Mcl-1 和 A1 等，而另一类具有促进凋亡作用，如 Bax、Bcl-Xs、Bik/Nbk、Bid 和 Harakiri 等。在受到刺激信号后，细胞是否存活取决于 Bcl-2/Bax 的比率，比值越高，细胞存活率越高；反之则细胞凋亡率越高。

Fas 是神经生长因子受体家族的细胞表面分子，也是凋亡信号传导通路的核心调控子(Elmore，2007)。Fas 是 I 类跨膜受体蛋白，Fas 受体是 II 类跨膜蛋白。Fas-L(Fas 配体)到 Fas 的链接反应会加重 Fas-L 调控的细胞凋亡并导致 caspase-3

激活，另一方面该链接反应也会激活核因子 NF-κB。NF-κB 是 p65 和 p50 蛋白复合体，正常状态下由 IκB 抑制。神经细胞受到外部刺激后 IκB 被抑制，从而激活 NF-κB。外源及内源凋亡通路都归结于 caspase-3，其通过激活内切酶引起 DNA 断裂，从而引起细胞凋亡的发生。

p53 是肿瘤抑制基因，其产物主要存在于细胞核内，能够与单链或双链 DNA 结合，可通过影响 Bcl-2 和 Bax 的平衡来调控细胞的凋亡。有研究表明 DNA 损伤可以诱导 *p53* 蛋白的表达，其通过对 Bcl-2 家族因子的调节，使细胞色素 C 从线粒体转移至胞质，引发 caspase 家族级联反应（Schuler and Green，2001）。

近年来研究发现多种 caspase 在神经元凋亡中发挥重要作用，是神经元凋亡的最终效应因子（Cohen，1997）。caspase 分类较复杂，通常根据蛋白酶序列的相似性分为三个亚族：caspas-1 亚族（caspase-1，-4，-5，-13）；caspase-2 亚族（caspase-2，-9）和 caspase-3 亚族（caspase-3，-6，-7，-8，-10）。其中在神经元凋亡中研究最多、作用最明显、最重要的是 caspase-1 和 caspase-3。一个细胞的凋亡有多种 caspase 参与，不同细胞、不同刺激可启动不同的 caspase 激活方式，表现为级联反应过程：TNF、Fas 等与信号蛋白结合激活 caspase-8，引起 caspase 级联反应，最后激活 caspase-3，caspase-3 是细胞凋亡的最后执行者，由它完成 DNA 断裂；细胞色素 C 从线粒体释放至胞浆，在 dATP 的存在下与凋亡蛋白酶激活因子 1（apoptotic protease activating factor-1，Apaf-1）结合，激活 caspase-9 引起级联反应，进而激活 caspase-3 导致染色体断裂及细胞凋亡（Elmore，2007）。有证据显示，PD 与 AD 等多种神经系统疾病都与 caspase 诱导的神经元凋亡相关。

5. 其他分子机制在神经毒性中的作用

多种胞外信号（如激素和神经递质）能激活磷脂酶 C（phospholipase C，PLC），活化的 PLC 将磷脂酰肌醇-4,5-二磷酸（phosphatidylinositol-4,5-bisphosphate，PIP2）分解为二酰基甘油（diacyl glycerol，DG）和 1,4,5-三磷酸肌醇（inositol phosphate，IP3），然后分别激活两个信号通路。IP3 作用于内质网膜上的 IP3 受体，促使内质网内 Ca^{2+} 释放，胞内 Ca^{2+} 水平升高。DG 产生后在 Ca^{2+} 的协同作用下可激活 PKC（Matthies et al.，1987；Majewski and Iannazzo，1998）。PKC 是由至少 12 种在脑细胞中差异分布的同工酶组成的磷脂依赖性酶，是涉及神经元功能和发育最关键的信使分子之一。活化 C 激酶受体（receptor for activated C kinase 1，RACK-1）是将活化的 PKC 锚定在转位部位的衔接蛋白之一，在 PKC 活化中起关键作用。PKC 催化各种蛋白质底物上的丝氨酸或苏氨酸残基，使其磷酸化。多种胞外信号（如缓激肽、凝血酶等）可通过 G 蛋白、PLC 和 Ca^{2+} 通路激活磷脂酶 A2（phospholipase A2，PLA2），进而水解胆碱和磷脂酰乙醇胺，产生花生四烯酸（arachidonic acid，AA）。多种激素和生长因子可通过其信号通路中的 G 蛋白、Ca^{2+} 和 PKC 激活磷脂酶 D，活化的磷脂酶 D 水解磷脂酰胆碱产生磷脂酸(phosphatidic acid，PA)。PA 可激活 Raf-1 激酶(Raf-1 proto-oncogene serine/threonine kinase，Raf-1)，进而启动丝裂原激活蛋白激酶级联(mitogen-activated protein kinase cascade，MAPK cascade)反应。MAPK 信号通路被激活后，能够介导多种细胞凋亡信号通路，从而引起神经元细胞凋亡。

7.2.2 POPs 的神经细胞毒性研究

1. POPs 诱导神经细胞氧化损伤

PCBs 可以选择性地产生细胞色素 P450s，P450s 是 ROS 或许多外源性及内源性物质氧化物的来源。PCBs 主要通过与芳香烃受体的相互作用产生氧化应激，激活 1A 类细胞色素 P450s。其主要途径是 PCBs 进入神经细胞后，与细胞内的 AhR-p23- hsp90-Xap2(芳香烃受体-热激蛋白 90)复合体相结合形成 PCB-AhR 复合体，PCB-AhR 复合体进而进入细胞核，与细胞核中的芳香烃受体核转位蛋白(ARNT)结合在 DNA 链上，最终促进细胞色素 P450 表达。在细胞色素 P450 的催化作用下，PCBs 氧化生成单羟基或者双羟基 PCBs 代谢物，这些羟基代谢物通过自氧化或者酶催化氧化形成半醌以及醌类物质，最终这些半醌以及醌类物质经过氧化还原反应生成 ROS。$O_2^{\cdot-}$、$\cdot OH$ 以及 H_2O_2 等 ROS 会造成过氧化脂的形成(Selvakumar et al., 2013)。线粒体是 ROS 的主要来源之一，过量的 ROS 可能损害线粒体膜电位(MMP，$\Delta\psi_m$)。据报道，PBDEs 可诱导人类神经母细胞瘤细胞、海马神经元和小脑颗粒细胞产生 ROS 并引起氧化应激(Chen et al., 2016)。

2. POPs 引发神经细胞谷氨酸毒性

PCBs 诱导的认知功能障碍可能与 NMDA 受体相关的谷氨酸-一氧化氮(NO)-cGMP(环磷鸟嘌呤核苷)通路有关(Piedrafita et al., 2008)。Llansola 等的研究表明，PCB-153 以及 PCB-126 暴露会损害原代小脑神经元中谷氨酸-NO-cGMP 的功能。但是，PCB-153 和 PCB-126 影响该通路的机制是不同的。PCB-153 主要是通过 NO 降低鸟苷酸环化酶的激活，而 PCB-126 主要是通过降低细胞内 NMDA 诱导的钙离子的增加来损害原代小脑神经元中谷氨酸-NO-cGMP 的功能(Llansola et al., 2009)。

每种 PCB 都会通过多种途径来损害谷氨酸-NO-cGMP 通路的功能，但是每种 PCB 的影响程度不同。PCB-180 和 PCB-138 在纳摩尔浓度下会损害谷氨酸-NO-cGMP 途径的功能，而 PCB-52 在微摩尔浓度下才会损害谷氨酸-NO-cGMP 通路的功能。同时，不同 PCBs 损害谷氨酸-NO-cGMP 通路的机制也是不同的(Llansola et al., 2009)。暴露于 PCBs 会改变细胞内钙离子、NO 和 cGMP 的基础浓度。PCB-180、PCB-138、PCB-52 都会通过降低 NOS 的活化来增加 NO 的浓度。而 PCB-52 和

PCB-138 会增加 cGMP 的基础浓度，PCB-180 则会降低 cGMP 的浓度。PCB-52 和 PCB-138 通过 NO 减少可溶性鸟苷酸环化酶的活化，而 PCB-180 则增加它的活化（Llansola et al., 2010）。

3. POPs 改变神经细胞内钙离子稳态

PFOS 能够穿过血脑屏障，引起细胞内钙离子浓度非正常性升高，并对脑组织造成损害。凋亡关联基因-2（apoptosis-linked gene-2，ALG-2）是一种促凋亡钙结合蛋白，参与钙介导的信号传导过程从而调控细胞死亡。DAPK2 基因是一种丝氨酸/苏氨酸钙调蛋白激酶，与凋亡信号相关。暴露于 PFOS，能引起 ALG-2 以及 DAPK2 基因表达的上调，促进神经细胞凋亡的发生（Wang et al., 2015b）。通过内质网、线粒体以及胞质外 Ca^{2+} 流，羟基 PBDEs 能够引起细胞内 Ca^{2+} 浓度上升。内质网、线粒体调控的 Ca^{2+} 平衡与电压门控 Ca^{2+} 通道密切相关，而通过电压门控 Ca^{2+} 通道调控的 Ca^{2+} 电流由 PKC、PKA 以及 Ca^{2+}/钙调蛋白依赖性蛋白激酶、磷酸酶调控，这些激酶和磷酸酶也参与肌醇三磷酸（IP3）受体和兰诺定受体介导的由内质网释放的 Ca^{2+}（Catterall，2000; Ran et al., 2007; Dai et al., 2009; Vanderheyden et al., 2009）。纳摩尔浓度的狄氏剂时间依赖性和浓度依赖性地抑制了 Ca^{2+} 的流入。PC12 细胞共同暴露于狄氏剂和林丹的混合物中，对 Ca^{2+} 的流入抑制作用增强，而狄氏剂会抑制林丹诱导的 Ca^{2+} 的增加。综合发现表明，狄氏剂和有机氯的混合物在低于普遍接受的效应浓度并接近人体内部剂量水平的情况下能够影响 Ca^{2+} 的浓度（Heusinkveld and Westerink，2012）。

4. POPs 造成神经细胞线粒体功能异常

PBDE-49 作为电子传递和 ATP 合成的解偶联剂，当用低浓度（<0.1 nmol/L）PBDE-49 处理神经元祖细胞时可以解偶联线粒体，而在较高浓度（>1 nmol/L）下，它作为线粒体复合体 IV 和 V 的抑制剂，能够破坏线粒体形态和极化，并增加氧化/氮化应激。根据线粒体和细胞中细胞色素氧化酶 C 的酶动力学常数 K_i，PBDE-49 在神经元中的积累能达到平常的 400 倍（Napoli et al., 2013）。尽管解偶联和抑制电子传递链是不同的过程，但两者都趋于相同的结果，即可以通过增加 ROS 的产生而增强能量的产生。此外，PBDE-49 可能影响解偶联蛋白（uncoupling protein，UCP）的活性。低浓度的 PBDE-49 可能间接增加 UCP2 的活性，有利于电子传递和 ATP 合成的解偶联，该解偶联可以降低/抑制线粒体 ROS 产生，提示低浓度下 PBDE-49 具有抗氧化应激保护作用，但是在高浓度下没有这种作用（Hoang et al., 2012）。PBDE-49 一方面可以通过复合体 IV 和 V 抑制电子传递，另一方面也可以通过影响 ATP 在非催化部位结合，降低对 ATP 的亲合力。此外，PBDE-49 可能影响细胞色素 C 与复合物 IV 上对接位点的结合，通过插入脂质双层影响线粒体膜结构的改变，进而影响线粒体 ATP 的生成，引起细胞能量缺失，最终导致神经元功能障碍(Napoli et al., 2013)。

5. POPs 诱导神经细胞凋亡

凋亡主要通过细胞内通路和细胞外通路介导,分为外源性凋亡以及内源性凋亡(Elmore, 2007)。凋亡受体通路是一种细胞外信号传导通路,由适当配体与细胞膜中的凋亡受体结合触发。PCBs 进入神经细胞后能够产生 ROS, ROS 一方面使 Fas 受体结合 pro-caspase-8,促进 caspase-8 表达进而激活 caspase-3,引起细胞凋亡。另一方面,ROS 作用于线粒体,在 Bax 作用下促进 Cyt C 的表达,Cyt C 与 pro-caspase-9 作用,进而激活 caspase-9,促进 caspase-3 的表达,同样引起细胞凋亡。类似地,PBDE-47 和 PBDE-99 通过线粒体凋亡通路激活人神经母细胞瘤细胞的 caspase-9 和 caspase-3 从而诱导凋亡(Yu et al., 2008; Zhang et al., 2013b)。此外,PBDE-47 引起的 ROS 的过量产生也被认为参与了该通路,已被认为是调节放大凋亡信号的过程。

有研究显示,PBDE-153 能损伤海马细胞的形态结构,引起海马细胞数量减少、细胞体积减小、细胞核周空间扩大。在透射电子显微镜下,观察到细胞核收缩,染色质在核膜附近凝聚、聚集,细胞中尼氏小体和其他细胞器减少,空泡变质甚至消失以及内质网膨胀溶解。此外,随着 PBDE-153 染毒剂量的增加,表征凋亡细胞数量的 TUNEL 阳性细胞、凋亡率均显著增加(Zhang et al., 2013a)。内质网可能在 PBDE-153 诱导的海马细胞死亡中起重要作用。研究报道,PBDEs 可以诱导体外神经细胞或神经母细胞瘤细胞凋亡(Zhang et al., 2007; He et al., 2008),同时,PBDEs 诱导的神经元发育过程中的快速自然凋亡被认为是 PBDEs 发育神经毒性的可能机制(Olney et al., 2000; Olney, 2002)。

6. POPs 对神经细胞的其他毒性效应

PKC 是影响神经元功能和发育的关键信使分子之一,而 PKC 信号通路被认为是学习和记忆过程中的重要因素(Walaas and Greengard, 1991; Huang and Huang, 1993)。有机卤素化合物如 PCBs 和 PBDEs 已经证实能引起 PKC 信号通路相关分子表达的改变(Kodavanti et al., 2005),虽然关于 PFOS 对 PKC 信号通路的影响仍不清楚,但前期研究表明 PFOS 的神经发育毒性与 PBDEs 相似(Johansson et al., 2008)。研究表明,全氟化合物(perfluorinated compounds, PFCs)可能会通过 PKC 信号通路引起细胞凋亡。其分子机制可能是由于 PFCs 进入细胞后,一方面引起 ROS 的产生以及 DNA 碎片化,另一方面促进细胞 PKC 表达上升,进而引起 caspase-3 的表达上调,从而导致细胞凋亡(Lee et al., 2012)。

同时,有研究分析了 TCDD 对出生后第 7 天大鼠脑小脑颗粒细胞 PKC 信号通路的影响(Kim et al., 2007)。小脑颗粒细胞的细胞质和膜中能检测到 PKC-α、-βII、-δ、-ε、-λ 和-ι 等多种 PKC 亚型,但 PKC-γ 低于可检测水平。TCDD 诱导

PKC-α、-βII 和-ε 从细胞质到膜的转位和 PKC-δ 的高剂量边缘易位，RACK-1（PKC 的衔接蛋白）的含量剂量依赖性增加。TCDD 暴露后引起内钙水平的剂量依赖性增加，激活选择性 PKC 同工酶和 RACK-1 参与 TCDD 介导的信号通路，这可能是 TCDD 暴露诱导神经元细胞毒性的分子靶标。

环氧化酶-2（cyclooxygenase 2，COX-2）是花生四烯酸代谢为前列腺素和血栓素 A2 过程中重要的限速酶，其信号介导化学物质引发的神经毒性和认知损伤在很多研究中均得到了证实。用原代培养皮层神经元和 Wistar 大鼠建立体外和体内暴露模型发现，BaP 暴露引起的神经损伤是由自由基攻击发起，导致 COX-2 衍生的前列腺素 E2（prostaglandin E2，PGE2）释放，并作用于其 PGE2 受体 2（prostaglandin E receptor 2，EP2）/EP4 受体和级联的 cAMP/PKA 信号通路（郭琳，2015）。

7.3　神经行为毒理学效应

7.3.1　神经行为毒理学概述

动物和人类行为的发生依赖于相互联系的神经细胞群内发生的信号处理过程。在原始动物（例如某些水母）体内，神经元呈现扩散的网络形式，而在高等动物体内，神经细胞集中在脑、神经节腹侧或脊髓等特定的结构中。神经元通过对信号的处理产生针对特定肌肉组织进行的电子流，肌肉群可根据中枢神经系统的指令收缩，并按照时空顺序产生协调的运动模式，即神经行为。神经行为是机体的重要功能，是整个神经系统的终点表现。行为功能的改变是神经系统内在损伤的外在表现，此时受累机体尚未出现明显的症状、体征及病理形态学等改变（孙涛等，2014），主要表现为感觉、运动、情绪及认知障碍上的偏倚（依沃特，1986）。因此，检测神经行为功能改变可能是评价化学品神经毒性的一个重要指标。

1. 神经行为毒理学

近二三十年来，随着工艺技术的进步和劳动条件的改善，典型的、有明显临床症状的严重污染所致中枢神经系统疾病已极少发生，而较低水平、长期接触所引起的慢性、潜在性影响，即亚临床改变（常表现为轻度神经功能性变化）则日益突出（王静等，2011）。因此，亟需发展可靠而灵敏的指标和方法，及早筛检出受累人群，以防发展为不可逆性神经损伤。神经行为毒理学就是在这一"土壤"中脱颖而出的（梁友信和陈自强，1999）。

神经行为毒理学是研究环境中有害因素对正在发育的、成熟的和老化的神经系统产生不良影响的一门学科。中枢神经系统对外界有害因素极为敏感，当受到外来化学物质的刺激后，往往在各脏器系统出现明显病理损害之前，中枢神经系统功能性的改变就已显现；而神经行为功能性改变反过来也反映了神经系统受到的内在损害(王舜钦和张金良，2006)。因此，神经行为异常可作为反映外源性化学物质对机体损害作用，特别是对中枢神经系统亚临床改变的较为合适的表征指标之一(钟格梅和唐振柱，2006)。由于此类指标灵敏、操作简便、对受试者无创伤性损害，且可反复多次测定，故可以作为指征来确定外来化合物的阈剂量，也可以为制定卫生限量标准提供较为灵敏的、早期的、严格的检测手段和试验依据(肖俊和石清明，2011；王舜钦等，2007)。

2. 神经行为毒理学研究方法

行为是动物各系统功能相互配合的一种综合表现，行为的任何改变都可反映出神经系统的功能状况。神经行为测试主要包括：一般行为、学习能力、感觉功能、活动能力、药理学反应性、神经运动能力等 6 个方面。但由于神经系统结构的复杂性及中枢神经系统较强的代偿能力，单一的行为测试不足以揭示某种毒物对机体行为的影响，必须采用成组的行为试验(张铣和刘毓谷，1997)。国际上常用的成组试验包括感觉、运动、认知、行为等不同测试方法的合理组合(OECD，2004)。按照受试对象的不同，神经行为毒理学的测试方式可分为对人的观察和动物实验两类。

1) 对人的观察

人的神经行为毒理学是毒理学和应用心理学的交叉学科，是建立在心理学、神经行为科学和毒理学的理论与方法基础上，反映不同类型神经行为功能状态的"测试组合"。20 世纪 60 年代中期，芬兰临床心理学家 Haninnen 首先应用成套毒理心理学测试组合(toxicopsychological test battery)，研究接触铅、苯、二硫化碳、汽油等对工人认知、运动、感觉、情感、人格等神经行为功能及心理状态的影响，并在此基础上发展成用于现场研究的毒理-心理测试组合(behavioral test battery for toxicopsychological studies)(冯伟英和姚耿东，2003)。此后，欧美以及澳大利亚学者在传统心理学基础上，发展了各有侧重的神经行为测试组合。为进一步优化组合，提高研究结果的可比性，世界贸易组织(WTO)会同美国国家职业安全与卫生研究院(National Institute for Occupational Safety and Health，NIOSH)及其他国际专家，于 1986 年推出较具有可信度及灵敏度，且文化背景影响较小的"WHO神经行为核心测试组合"(WHO-recommend Neurobehavioral Core Test Battery，WHO-NCTB)。该组合包含 6 项行为功能测试和 1 项情感状态问卷，每一项测验各自测试一个方面的功能，共同构成了测量整个神经行为功能的测试组合(孙荣昆和梁友信，1990；谭琳琳等，2003)。

虽然 WHO-NCTB 将神经行为检测的统一标准和结果可比性推进了一大步，但仍未完全克服人工测试原有的缺点。20 世纪 80 年代中期，美国的 Baker、Letz

等发展了计算机化神经行为评价系统(computer-administratered neurobehavioral evaluation system，NES)，实现了测试的标准化、程序化以及数据处理的智能化，进一步提高了测试的可信度和有效度(冯伟英，2003)。随着多媒体技术的发展，90 年代以来，又先后推出了第二代(NES2)和第三代(NES3)测试系统(冯伟英，2003)。此外，为研究环境污染物对少年儿童神经系统的影响，Amler 设计和开发了适用于 1～16 岁儿童的计算机化神经行为组合测试(pediatric environmental neurobehavioral test battery，PENTB)。该系统由对儿童父母的询问、对儿童本人的问卷和对儿童的操作测试 3 部分组成。

20 世纪 90 年代以来，关于人类神经行为测试组合的选择与拓展仍按敏感、有效、省时和易被接受的原则进行。在 WHO-NCTB 的基础上将人工测试与计算机测试联用，可达到"优势互补"的效果。应用这些测试组合对环境有害因素进行危险度评价，不仅解决了环境流行病学研究的难点，还为环境流行病学研究开辟了新方向(马宁和徐海滨，2009)。

2)动物神经行为毒理学试验方法

进行动物神经行为试验时，原则上应选择生理学和动物学上的分类与人类更接近，同时也容易获得且经济的动物，如狗、兔、鼠等作为试验动物。目前国际上最通用的动物是大鼠和小鼠(买文丽等，2008)。除此之外，斑马鱼被推荐为新的替代动物，成为 21 世纪新型毒性评价模型，并得到国际标准化组织、经济合作与发展组织等权威组织的认可(邹苏琪等，2009)。理想试验动物的选择除了考虑其与人的同源性，也要注意受试动物对化学物质敏感性问题。

通常，动物神经行为测试主要包括感觉功能、运动功能和认知功能等方面的检测。感觉系统包括视觉、听觉、味觉、嗅觉、体温调节、自体感觉(压力、轻触、四肢位置)和伤害性知觉(痛性刺激)，针对不同的感觉指标设计专门的仪器设备并采用不同的测试方法(王翘楚等，2012)。动物运动功能的研究包括动物的体格发育、反射及感觉功能、神经运动协调能力、躯体感觉运动、神经肌肉成熟、活动度测试等(曹佩和徐海滨，2011；王翘楚等，2012)。认知行为包括学习和记忆两个方面，它是人和动物不可缺少的大脑功能。通过实践获得新信息，并对行为模式进行指导的行为称为学习；对过去已感知的事物及思考过程的印象仍保留在脑中，在一定条件下重现的过程称为记忆(OECD test guideline，1995)。为了解学习记忆的机制，人们设计出多种测试方法。Morris 水迷宫是目前世界公认的较为客观的学习记忆功能评价方法。此外还有放射状迷宫、Barnes 迷宫、T 型迷宫、Y 型迷宫等，均可用于研究动物的认知功能(曹佩和徐海滨，2011)。

3)动物神经行为测试组合和评价

神经行为是机体各生理系统相互配合的一种综合表现，目前很难使用行为毒理学方法中的某一种或单个实验来评价化学物质诱导产生的感觉、运动或认知功能损伤。研究者应根据测试物质的特性及测试目的，选择受试动物对毒性效应终点最敏感的测试方法，并针对不同的受试物质使用不同的神经行为试验组合。表 7-1 是一些化学物质神经行为毒性检测的试验组合（OECD，2004）。在个案研究中，行为毒理学所选择的测试方法组合应该与国际上现行的相关实验指南相符；在应用组合试验评价毒性效应时，应考虑其测试结果能否外推到人类，若不能，应考虑选择其他行为测试方法或暴露途径，或选用其他模式生物（曹佩和徐海滨，2011）。

表 7-1　化合物神经毒性的行为学测试组合例子

化学物质	感觉功能	运动功能	认认知功能
甲基汞	视觉辨别试验、听觉惊吓反射试验	负驱地性试验、平面翻正试验	Y 型迷宫、Barnes 迷宫
二甲基甲酰胺	—	自主活动能力	Morris 水迷宫、避暗箱试验、穿梭箱试验
丙烯酰胺	热板试验、触觉辨别试验	转棒试验、后肢支撑力试验、抓力试验	—
甲苯	听觉辨别试验	自主活动能力	Morris 水迷宫

引自文献：曹佩和徐海滨，2011。

神经行为学方法近年来发展迅速，特别是在影像化、数字化以及高通量化方面取得了长足进步，使得评价参数的多样性和客观性有了进一步的提升（孙涛等，2014）。通过动物神经行为学试验可以发现神经系统表现的相关敏感终点，其广泛的应用有利于揭示化学物质对神经系统的潜在影响及可能的作用机制。

7.3.2　POPs 的神经行为毒性

神经损伤、神经发育疾病和神经退行性疾病患病人数在全球范围持续增加。自 1999 年至 2010 年间，精神和行为障碍人数增加了 37%以上，帕金森病患病率增加了 75%，阿尔茨海默症增加了一倍。流行病学研究将此类神经系统疾病的增加归因于外源性有毒化学物质的环境暴露（李祥婷和蔡定芳，2016）。其中，亲脂性化学物质暴露已被证实可导致神经功能障碍、神经发育疾病和神经退行性疾病。

POPs 中 PCBs、OCPs、PBDEs、PFCs、二噁英/呋喃等属于外源亲脂性化合物，容易渗透到磷脂细胞膜的亲脂尾巴并积聚在其中，导致磷脂双分子层膨胀、膜流动性增加、初级离子泵抑制，以及质子和金属离子的渗透性增强。这些变化影响细胞膜内嵌酶的活性，降低对外源性物质积累的抑制作用，可使多种 POPs 穿透血脑屏障细胞膜进入生物体。

除了改变内皮细胞膜结构外，POPs 还可以通过"开放"内皮细胞间的紧密黏合处，改变脑微血管内皮细胞的通透性来穿过血脑屏障。脑微血管内皮细胞之间的紧密连接是由闭合蛋白和紧密连接蛋白构成的，在维持高内皮电阻和低细胞渗透率方面起到重要作用，是血脑屏障的结构和功能基础。研究发现，POPs 暴露可改变人脑微血管内皮闭合蛋白和紧密连接蛋白-5 的表观分布，降低内皮电阻，增加内皮细胞的渗透率，损伤血脑屏障。POPs 穿过血脑屏障进入生物体脑组织后，可诱发氧化应激、内分泌干扰、神经递质传递异常、细胞内信号传导改变及表观遗传改变等毒性作用模式，进一步引起中枢神经系统损伤及退行性病变。

流行病学研究表明，POPs 暴露可引起神经系统损伤患病率增加，导致多种神经系统疾病发生。表 7-2 总结了神经功能损伤和神经退行性疾病与多种 POPs 的相关性结果。

表 7-2　亲脂性 POPs 暴露与神经系统疾病

	多氯联苯 (PCBs)	有机氯农药 (OCPs)	多溴二苯醚 (PBDEs)	二噁英 /呋喃	全氟化合物 (PFCs)
神经功能损伤					
认知损伤	*	*	*	*	*
运动缺陷	*	*	*		*
感觉缺失	*	*	*	*	
周围神经系统疾病	*	*		*	
神经退行性疾病					
阿尔兹海默症		*		*	
帕金森症	*	*	*	*	
肌萎缩性侧索硬化症		*		*	

引自文献：Zeliger，2013。
*表示二者相关。

1. PCBs 的神经行为毒性

1968 年日本的"米糠油"事件及 1979 年我国台湾的"油症"事件是历史上两个主要的 PCBs 中毒事件。在这两起事件中，人们发现 PCBs 可导致一系列健康问题，包括氯痤疮、麻木、四肢无力、周围神经传导速度减慢、发育迟缓及语言障碍等。自此，PCBs 的神经毒性受到广泛关注。PCBs 不仅可加速正常老龄化形成的认知及运动功能障碍，还可引发中年及老年人神经系统疾病。

有学者评估了生活在纽约哈德逊河 PCBs 污染区域的成年人的神经心理状态和低水平 PCBs 暴露的相关性，结果发现，接触 PCBs 可能与 55～74 岁成年人的学习记忆障碍和抑郁相关(Fitzgerald et al.，2008)。在对 PCBs 职业暴露人员的神经认知功能研究中发现，暴露于 PCBs 老年人群(平均年龄 65 岁)，其认知能力不受血清中 PCBs 含量影响；然而在暴露停止后的 25 年内，女性暴露者帕金森的标准化死亡率增加(Seegal et al., 2013)。Steenland 等(2006)使用几乎相同的群体，证明了仅在女性暴露者中出现帕金森标准化死亡率增加的现象。妇女对此类神经毒素的易感性更强，可能是由于绝经后的女性卵巢激素的神经保护作用丧失，从而易受神经毒性物质影响。

在 PCBs 暴露与实验动物的神经系统损伤相关研究中，可在猴子、大鼠和小鼠中观察到行为变化及学习缺陷。急性 PCBs 暴露后，成年动物表现出神经行为变化；神经发育期的动物暴露于 PCBs，除了影响大鼠、非人类灵长类和小鼠的认知功能外，还会降低其运动功能。Holene 等(1998)报告称，暴露于 PCB-126 和 PCB-153 可影响大鼠的视觉辨别学习。Aroclor 1254 是一种典型的 PCBs，将健康新生 SD 大鼠暴露于低剂量(2 mg/kg)、中剂量(4 mg/kg)和高剂量(8 mg/kg)的 Aroclor 1254，在其出生四周后进行 Morris 水迷宫实验，与对照组相比，各染毒组大鼠的逃避潜伏期相对较高，穿越平台的次数显著降低，且 Aroclor 1254 暴露所导致的学习记忆能力下降存在剂量-效应关系(刘承芸等，2013)。另一研究表明，非人类灵长类动物暴露于商业 PCBs 混合物(Aroclor 1016 或 Aroclor 1248)可导致认知功能的变化。同时，出生后第 10 天暴露于 PCB-52 的小鼠表现为学习和记忆力不足。此外，鱼类捕食能力下降是行为异常的一个重要体现，可用于评估 PCBs 暴露对水生生物行为能力的影响。研究结果发现，5 ng/g PCB-126、PCB-77 和 72 µg/g Aroclor 1254 均能抑制鱼类的取食能力和效率(穆希岩等，2015)。

2. PBDEs 的神经行为毒性

PBDEs 是新型的环境污染物，在人体血液、血清、脂肪组织、母乳、胎盘组织和大脑中均有发现。PBDEs 在化学性质上类似于 PCBs，可作为内分泌干扰物和神经毒素，导致神经发育和甲状腺功能障碍，增加帕金森病的患病风险。Fitzgerald 等(2012)在评估居住在纽约州哈德逊河上游的老年人 PBDEs 暴露与神经心理功能之间的关系时发现，PBDEs 和 PCBs 可相互作用，共同影响 55~74 岁居民的口头记忆和学习能力。Eriksson 等(1996，2002，2006)在动物实验中发现类似结果，PBDE-99 与 PCB-52 可产生协同作用导致雄性小鼠神经行为缺陷。

PBDEs 的神经毒性主要表现为运动和认知行为的改变，尤其是在生物体脑生长发育阶段，PBDEs 暴露可引起新生儿学习和记忆功能损伤，导致多动症和认知障碍。口服不同剂量 PBDEs 的新生小鼠或大鼠动物实验发现，所有 PBDEs 同类物或其混合物(PBDE-47、99、153、183、203、209)都能使动物的长期运动行为发生改变，造成适应能力下降、极度活跃、焦虑紧张等症状。除此之外，该研究组还发现小鼠出生后暴露于某些 PBDEs，可导致海马区烟碱胆碱受体数量减少，使得海马区长时程增强效应和痉挛后增强效应减弱，同时引起谷氨酸受体信号的关键蛋白表达减少(李岩，2009；颜世帅等，2010)。此外，研究发现 PBDE-47 可以引起大鼠 CA1(cornu ammonis 1)区神经元的病理改变，在 5 mg/kg PBDE-47 暴露浓度下，处理组出现内质网肿胀、扩张和脱颗粒现象，而在 10 mg/kg 浓度下，处理组神经元出现严重病变(李晋和王爱国，2009；刘俊晓和霍霞，2008)。

对绝大多数鱼类而言，需要依靠游动完成多种生命活动过程，因此游动能力是行为研究的最重要部分。活跃度变化和游动减少是鱼类行为毒性的两种主要症状。Timme-Laragy 等(2006)研究发现 DE-71 在 0.001～0.01 μg/L 剂量下能够引起大西洋鳉(*Fundulus heteroclitus*)仔鱼活跃度下降，并伴有惊吓反应异常等症状，但当暴露浓度升高到 0.1～1.0 μg/L 后，仔鱼活跃度和惊吓反应则与对照组趋于一致，该结果表明低剂量 POPs 处理后可能会引起鱼类出现应激行为。Chou 等(2010)研究表明，对斑马鱼幼鱼进行 643.6 ng/g PBDE-47 饲喂处理后，其最大游动速度并未变化，但其总游动距离和活跃程度与对照组相比均明显下降。研究发现，32 μmol/L 的 PBDE-49 处理后，出生后 6 天的斑马鱼仔鱼的触碰逃离反应明显下降(Mcclain et al., 2012)。

3. OCPs 的神经行为毒性

有机氯农药(OCPs)作为高效、杀虫谱广、成本低、使用方便的农药，曾在全球范围内大量生产和广泛应用。越来越多的研究表明 OCPs 暴露与神经行为功能持续下降和精神病症状增加有关。帕金森病是最常见的神经退行性疾病之一，影响全球 2%年龄在 60 岁以上的老人(曾鸿鹄等，2014)。国内外多项研究均已显示，OCPs 暴露与帕金森的患病风险相关。研究发现，早期接触 OCPs 的农民患帕金森的概率是普通农民的 3 倍；帕金森患者血清中狄氏剂(OCPs 的一种)含量高于普通人群，提示狄氏剂暴露很可能是帕金森病的病因之一(Freire and Koifman，2012)。硫丹是一种高毒有机氯杀虫剂。Moses 和 Peter(2010)在回顾了 1999～2007 年间因急性硫丹中毒入院患者的临床特征时发现，在 16 例硫丹中毒患者中，出现神经系统毒性症状的患者占主导地位，绝大多数表现为感觉中枢感知能力低下(81%)和全身性癫痫发作(75%)，包括癫痫持续状态(33%)。Sharma 等(2010)检测狄氏剂和林丹对多巴胺能神经元的作用，发现狄氏剂和林丹可通过诱导氧化应激，导致多巴胺能神经元功能性障碍，而多巴胺能神经元发生功能性障碍是帕金森病的主要病因。流行病学研究还发现，暴露于 OCPs 时间越长，神经系统越容易衰退；Parrón 等(2011)研究则发现早期长期接触 OCPs 的农民晚年时记忆衰退、视神经萎缩、老年痴呆等症状均高于普通农民。

硫丹(2.6 μg/kg)、毒死蝉(5.2 μg/kg)、萘(0.023 μg/kg)和苯并芘(0.002 μg/kg)的混合物暴露于成年 Wistar 雌鼠，暴露浓度为混合物的浓度及其 10 倍、100 倍，暴露后的第 75 天进行行为学测试。Morris 水迷宫结果显示，所有暴露组穿越平台的次数和在平台停留的时间均呈下降趋势,且存在剂量-效应关系。自发活动试验和明暗箱试验的结果显示,暴露组大鼠的自主活动作用显著减少,运动的总路程和在明暗室的穿梭次数也减少。以上 3 种行为学测试所得到的结果一致说明慢性暴露于 POPs 混合物会引起 Wistar 雌性大鼠神经行为异常(Lahouel et al., 2016)。

OCPs 污染导致鱼类运动能力的变化,将潜在地影响其多种行为表现,如取食、逃避捕食者、求偶展示、洄游、寻找最适生境等。研究发现,硫丹能够影响鱼类对温度的适应能力,硫丹处理 10 天后虹鳟鱼和东方虹鳟鱼对温度的耐受能力下降,对两种鱼产生该效应的最低可观测效应水平分别为 0.5 μg/L 和 1.0 μg/L(Patra et al., 2007)。Njiwa 等(2004)发现,5~50 μg/L DDT 慢性处理后的雄性斑马鱼游动明显减少,对异性的兴奋程度也明显下降。Nandan 和 Nimila(2012)发现,经 2~5 μg/L 林丹处理后,花斑腹丽鱼会出现过度兴奋、突发性游动、抽搐及痉挛等多种行为异常,且这些毒性症状的出现频率随药剂浓度升高和暴露时间延长而增强。五氯苯和毒杀芬短时间处理后,能引起虹鳟鱼和食蚊鱼游动失衡。

研究还发现,OCPs 可对细小色矛线虫的运动、摄食和产卵行为产生毒性作用。久效磷和林丹单独暴露均显著抑制了细小色矛线虫的运动行为,导致细小色矛线虫身体弯曲频率、头部摆动频率、摄食率以及产卵率在各个观察时间均呈现显著性降低,而久效磷和林丹联合暴露对细小色矛线虫运动行为的影响更为严重。OCPs 的行为毒性与其对胆碱酯酶活性的抑制力呈正相关,通过对胆碱酯酶的抑制和促进乙酰胆碱的释放都会造成突触后乙酰胆碱的积累。由于乙酰胆碱是神经肌肉接头处刺激性的神经递质,过量的乙酰胆碱能够导致肌肉过度收缩而麻痹,进而导致运动迟缓(李长安,2011)。

OCPs 虽已停用 30 多年,但由于其生物富集性以及不易降解特性,在环境中持久性存在。迄今,国内外关于 OCPs 神经毒性的研究大多数集中于单个 OCPs 的毒性,多种 OCPs 联合或 OCPs 与其他 POPs 联合毒性研究甚少,且其联合毒性机理尚不明确。因此,通过研究其机制确定多种 OCPs 的联合效应和易感性生物标志物,构建 OCPs 混合物有害效应的预警体系,或可成为今后的研究重点。

4. 二噁英类物质的神经行为毒性

二噁英类物质具有非常大的潜在毒性,长期接触则会造成免疫系统、发育中的神经系统、内分泌系统以及生殖功能的损害。无论在二噁英类暴露的人群还是实验动物中都发现二噁英类污染可以对脑的高级功能产生影响,甚至造成长期功能障碍。

流行病学研究证实二噁英暴露与认知损伤、感觉缺失、周围神经系统疾病及神经退行性疾病相关。对来自农药生产厂的 156 名多 PCDDs 暴露的工作人员进行临床和神经生理学检查(包括腓神经的运动传导速度,腓肠肌和尺神经的感觉传导速度)，发现二噁英暴露的工作人员有明显的感觉神经病临床症状和神经生理异常，表明 PCDDs 对周围神经系统具有轻微的毒性作用，在少数暴露最严重的人群中表现为轻度的感觉神经病变(Thomke et al.，1999)。Urban 等(2007)检查除草剂生产工厂 13 名工作人员二噁英中毒 30 年后其血液中二噁英水平和神经系统异常的相关性，发现血浆中二噁英水平高的前工人中，分别有 23%、54%和 31%的工人观察到异常肌电图、脑电图和视觉诱发电位。研究结果支持二噁英可损害神经系统的假设，提示二噁英暴露与认知功能受损相关。在探寻多氯代二苯并-对-二噁英/呋喃(PCDD/Fs)对颅神经功能的可能影响时，对农药生产厂的 121 名 PCDD/Fs 暴露的工人进行临床和神经生理学检查，检查指标包括视觉和脑干听觉诱发电位及眨眼反射。结果显示，在 PCDD/Fs 暴露的工人中观察到视觉和脑干听觉诱发电位异常。Barrett 等(2011)对 1962 年至 1971 年在越南从事空中除草剂喷雾的退伍军人进行 Halstead-Reitan 成套神经心理学测试，用以评估暴露于二噁英污染物的空军退伍军人的认知功能。以同一时期在东南亚服役，但没有参与喷洒除草剂的空军退伍军人作为对照组。与对照组相比，虽然未发现二噁英暴露对认知功能的全面影响，但结果证实，在二噁英暴露组的退伍军人中，有关记忆功能的几项指标检测数值降低，且二噁英暴露水平最高的人员中，记忆功能障碍更加明显。

根据对动物的电生理及行为毒理学研究，人们也发现二噁英可造成不同程度的认知功能和学习记忆能力的下降。据报道，围产期暴露于 TCDD 会改变大鼠在径向臂迷宫的空间学习能力(吴景欢，2010)，影响底鳉和大西洋鳕的捕食能力(Rigaud et al.，2013；Rigaud et al.，2014)，1.8～90.0 ng/kg 的 TCDD 长期饲喂处理后，虹鳟鱼出现游动减少和食欲下降的症状。

5. PFCs 的神经行为毒性

PFOS 和 PFOA 是两种最具代表性的 PFCs，主要积累在哺乳动物的肝脏、血清和脑中，可引起发育毒性、免疫毒性、肝毒性、内分泌干扰和神经毒性。由于神经系统对外源性化合物比较敏感，毒性效应也较其他系统严重和持久。

动物实验表明，PFOS 和 PFOA 可透过胎盘屏障和血脑屏障富集于胚胎和脑组织中，引起乳鼠认知功能、运动功能及空间记忆功能损伤，并且导致行为缺陷，这种毒性作用可持续至成年期(Onishchenko et al.，2011)。暴露于 PFOS 的成年大鼠出现惊厥和易激惹症状(李玲等，2013)。25 mg/kg PFOS 染毒后的大鼠脑组织中兴奋性氨基酸(氨基丁酸、甘氨酸)总量下降，使大鼠行为表现为嗜睡、行动迟缓(王烈等，2007；杨小湜等，2008)。高浓度 PFOS 对秀丽线虫具有明显致死效应，较低浓度 PFOS 暴露 48 h 导致线虫生长受到抑制，体长和体宽均明显低于对照组；而更低浓度(20 μmol/L)的 PFOS 暴露虽不影响生长发育，但导致线虫向前运动频率、身体弯曲和头部摆动频率均显著降低。观察线虫绿色荧光标记的胆碱能神经元、多巴胺能神经元和 ASE 感化性神经元，发现 PFOS 慢性暴露显著影响感觉神经元 ASE 的荧光强度和范围，而胆碱能神经元和多巴胺能神经元荧光强度均未见明显变化。有证据表明，PFOA 也可导致实验动物多种神经行为毒性效应，包括小鼠自发性行为异常、多动症和探索行为损伤，鸡的印记行为受损以及斑马鱼幼鱼运动紊乱(陈娜，2014)。

尽管动物实验证实，PFCs 可能会影响甲状腺系统、钙稳态、突触可塑性和细胞分化，诱发神经发育毒性，然而来自流行病学的数据显示，血清中 PFCs 含量与老年人认知障碍呈负相关，血清中一定浓度的 PFCs 并未引起老年人认知能力的改变。同时，多项研究发现 PFCs 暴露未引起神经退行性疾病如帕金森病患病率的增加。其原因可能是，PFCs 可激活体内过氧化物酶体增殖剂激活受体(peroxisome proliferator-activated receptor，PPAR)，其中 PPARγ 是 PPAR 三种亚型之一，可作为神经退行性疾病的潜在治疗靶点,因而,体内 PFOS 和 PFOA 可通过激活 PPARγ 信号通路防止认知障碍发生。

POPs 的种类繁多，致病机理复杂多样，目前国内外已有多项研究涉及 POPs 的毒理机制，并试图通过寻找特征性分子标记物探讨 POPs 引起神经行为毒性的作用机制，但其神经行为毒性机制并不十分明确。因此，研究 POPs 的毒性作用方式及对生物体的危害仍然十分必要，其可为正确处理 POPs 物质、预防和减少 POPs 的污染、提高机体的防御机能、减少 POPs 的危害提供科学依据。

7.4　神经发育毒性

7.4.1　神经系统发育

神经系统发育开始于胚胎发育的早期，直到大约青春期时完成，经历了极其精密和复杂的构筑过程，具有高度的复杂性和精确性。神经系统包括中枢神经系统和周围神经系统，神经系统起源于神经外胚层，由神经管与神经嵴分化而来。

神经系统的早期发育首先是神经细胞的发生和增殖，其次是神经细胞的分化与迁移，二者共同构成神经系统组织发生的核心。神经系统功能的实现还依赖于神经元之间形成精密的回路，以及神经元与靶组织之间精密的连接，涉及神经细胞突起的发育、轴突和突触的形成。由于其发育的复杂性，极小的干扰可能会通过级联效应在神经系统发育后期放大毒性效应。

在人类(或任何常见的实验室物种)出生时，神经元的生产并不停止，在出生后第一年大部分时间内仍然继续，大部分神经发育在胚胎或胎儿阶段完成。尽管胶质细胞在不断分裂，神经系统发育、成熟和修复所涉及的神经元细胞却不能更新，因此成年人的神经系统损伤修复能力受到了严重制约(Council，1992)。

1. 神经管的形成

神经系统发育的第一步是神经管(neural tube)的形成。当受精卵细胞经过一系列卵裂成为囊胚之后，会经过一段称为原肠形成的型态发生过程，之后形成原肠胚(邹立军，2011)。原肠胚形成后，脊索上方的外胚层(ectoderm)增厚，从前到后中线细胞增殖较快，形成神经板(neural plate)，最外侧的部分神经板会引起神经嵴(neural crest)。之后神经板下凹形成神经沟(neural groove)，神经沟两侧细胞聚拢融合形成神经管(方舒，2009；倪宇昕，2014)。

2. 神经管的分化

神经系统发育的第二步是神经管的继续分化。神经管分化期间，中枢神经系统的各个区域以三种不同的方式同时进行。在解剖水平上，神经管前段膨大，衍化为脑；后段较细，衍化为脊髓。在组织水平，神经管壁内的细胞群重排，最终分化为脑和脊髓的不同功能区域。在细胞水平上，神经上皮细胞分化成神经细胞(神经元)和支持性细胞(胶质细胞)。

早期哺乳动物的神经管是一个直的结构。在神经管后半部形成以前，神经管的前端首先发生了急剧的变化。神经管前部形成三个膨大，即脑泡(brain vesicle)，由前向后分别为前脑泡(prosencephalon)、中脑泡(mesencephalon)、菱脑泡(rhombencephalon)，此为三脑泡阶段。随着脑泡的形成和演变，同时出现了几个不同方向的弯曲(王芳春，2007；陶国伟，2008；常清贤，2013)。

身体背腹轴指身体从背到腹部的体轴，背部主要是接受外界感觉神经元的输入，而腹部则是运动神经所在地，而中部是由负责联络两者的中间神经元所主导。脑壁的演化与脊髓相似，其侧壁上的神经上皮细胞增生并向侧迁移，分化为成神经细胞和成胶质细胞，形成套层。由于套层的增厚，使侧壁分成了翼板和基板。端脑和间脑的侧壁大部分形成翼板，基板甚小。端脑套层中的大部分都迁至外表面，形成大脑皮质；少部分细胞聚集成团，形成神经核。中脑、后脑和末脑中的套层细胞多聚集成细胞团或细胞柱，形成各种神经核(Siegel et al.，2006)。翼板中的神经核多为感觉中继核，基板中的神经核多为运动核(张晖，2009；常清贤，2013)。

3. 中枢神经系统组织的建立

中枢神经系统在神经管分化之后，逐渐形成具有各种功能的组织结构。而这一过程主要包括神经细胞的迁移、脊髓和延髓的组织生成、小脑和大脑的组织生成和神经干细胞形成。

4. 轴突的生长

轴突为神经元的输出通道，在神经系统中，轴突是主要的信号传递渠道。神经轴突生长的执行机构是生长锥，它位于轴突的尖端，是一种高度能动的细胞结构特化形式。生长锥同时也是一个感觉器官，细胞膜表面布满了不同的感受器和黏接分子。生长锥膜上的受体和目的细胞膜上的配体相结合，提供粘连和导向作用，通过受体-配体的匹配程度和分布密度决定其走向(寿天德，2001)。依赖于细胞表面的相互作用，即通过黏接分子起到聚集分类和导向，生长锥膜上的黏接分子可与先行的神经纤维表面或者胶质细胞表面的同类分子黏接，以保证它们沿着一个正确方向前进。而膜上黏接分子可分为两类：一类是 cadherin 家族，即钙离子依赖的细胞黏附素家族；另一类是类免疫球蛋白的黏接分子。当生长锥到达终点后，在抑制因子 semaphorin 与其受体因子 neuropilin、plexin 的相互作用下，停止生长，生长锥崩塌，进而导致神经轴突生长的终止(Franze，2013)。

5. 突触的形成和再生

突触(synapse)是神经元传递的重要结构，它是神经元与神经元之间，或神经元与非神经细胞之间的一种特化的细胞连接，通过传递作用实现细胞与细胞之间的通信。在神经元之间的连接中，最常见是一个神经元的轴突终末与另一个神经元的树突、树突棘或胞体连接，分别构成轴-树(axodendritic)、轴-棘(axospinous)、轴-体(axosomatic)突触。此外还有轴-轴(axoaxonal)和树-树(dendrodendritic)突触等。突触可分为化学突触(chemical synapse)和电突触(electrical synapse)两大类(奚正蕊，2007)。化学突触以化学物质(神经递质)作为通信媒介；电突触以电流(电信号)传递信息。哺乳动物神经系统以化学突触占大多数，通常所说的突触是指化学突触(寿天德，2001)。

突触小泡内含神经递质或神经调质。突触前膜和后膜比一般细胞膜略厚，这是由于其胞质面附有一些致密物质。突触小泡表面附有突触小泡相关蛋白，称突触素Ⅰ(synapsinⅠ)，使突触小泡集合并附在细胞骨架上。突触前膜上富含电位门控通道，突触后膜上则富含受体及化学门控通道。当神经冲动沿轴膜传至轴突终末时，触发突触前膜上的电位门控钙通道开放，细胞外的 Ca^{2+} 进入突触前膜，在 ATP 的参与下使突触素Ⅰ发生磷酸化，促使突触小泡移附在突触前膜上，通过出胞作用释放小泡内的神经递质到突触间隙内(郝丽云，2011)。其中部分神经递质与突触后膜上相应受体结合，引起与受体偶联的化学门控通道开放，使相应离子进出，从而改变突触后膜两侧离子的分布状况，出现兴奋或抑制性变化，进而影响突触后神经元(或非神经细胞)的活动(李国荣和鲍立威，1995；张召峰，2010)。使突触后膜发生兴奋的突触称兴奋性突触(excitatory synapse)，使突触后膜发生抑制的称抑制性突触(inhibitory synapse)(Gilbert，2000)。突触的兴奋或抑制，取决于神经递质及其受体的种类。

7.4.2　POPs 的神经发育毒性

神经系统的发育过程中任何一个环节受干扰都将改变后续进程，进而导致长期的不良效应。神经发育毒性是指个体在发育过程中暴露于某些神经毒性物质后引起的神经系统结构和功能的异常改变，这种改变可以发生在生命周期的任何阶段。但是，由于发育中的中枢神经系统对于外源性污染物具有较强的易感性，且血脑屏障尚未发育完全，某些毒剂在发育幼体中的积累量会高于成人，因而处于发育关键时期的神经系统更易受到环境有害因素的影响从而引发持久的神经功能障碍。

国内外研究显示，多数 POPs 是潜在神经发育毒物。母体妊娠期或子代生命早期暴露于 POPs 可引起子代认知能力、视觉空间能力、记忆力、注意力、执行力和运动功能的改变，诱发多种神经发育疾病，包括自闭症谱系障碍(autism spectrum disorder，ASD)、注意缺陷多动障碍(attention deficit hyperactivity disorder，ADHD)、智力发育迟缓、脑瘫、神经管缺陷等。

1. PCBs 的神经发育毒性研究

已有足够的证据表明 PCBs 暴露可产生神经发育毒性(表 7-3)。通过对出生于 1978 年 6 月至 1985 年 3 月期间的 118 个孩子的认知发育情况进行测试(他们的母亲曾食用过受 PCBs 污染的米糠油)，发现产前 PCBs 暴露的儿童认知能力发育较差，并在后续调查中出现生长障碍、发育缓慢、缺乏耐力、动作笨拙等症状(Chen and Hsu，1994)。此外，Jacobson(1996)认为，儿童学习记忆能力不足与母亲怀孕期摄入被 PCBs 污染的鱼相关；同时，来自德国的研究也表明，PCBs 暴露与 7 个月龄以下儿童的精神和运动缺陷相关(Walkowiak et al.，2001；Winneke et al,，1998)。

表 7-3　PCBs 暴露导致人与动物神经发育损伤

多氯联苯(PCBs)混合物/同系物	人	猴子	大鼠	小鼠
PCBs 混合物	精神运动不良 周围神经传导速率降低 发育迟缓 言语问题	运动过度活跃 认知功能改变	LTP 异常 径向臂迷宫表现受损 低频听力受损 功能观察测试中瞬时变化异常	运动活性增加 学习能力下降
PCBs 同系物	多动		极度活跃 冲动	多动 视觉学习能力下降 自发行为持续畸变

文献来源：Kodavanti，2006。

动物实验研究支持流行病学观察到的结果。目前，已经在猴子、大鼠和小鼠中观察到 PCBs 暴露所导致的子代行为损伤和认知缺陷(Storm et al.，1981)。例如，孕期暴露 PCBs 可导致小鼠的运动活动增加及学习受损；产前和产后暴露导致大鼠视觉辨别学习减少(Agrawal et al.，1981)；在哺乳期间暴露于 PCB-153 的雄性大鼠变得过度活跃和冲动(Holene et al.，1998)；在整个妊娠和哺乳期暴露 PCBs 恒河猴在其生命的第一年显示出运动性多动症(Bowman et al.，1981)；在发育阶段暴露于 PCB-28 和 PCB-52 的小鼠在自发行为中表现出持续的畸变(Eriksson and Fredriksson，1996)；围产期暴露于 Aroclor 1254 可导致子代功能性观察测试中某些指标的暂时变化(Bushnell et al.，2002)。

除了对运动活动的影响外，PCBs 还可降低大鼠、非人灵长类动物和小鼠的认知功能。Holene 等(1995)报道，在不产生母体或胎儿毒性的剂量下暴露于 PCB-126 和 PCB-118 可干扰子代大鼠视觉辨别学习能力。妊娠和哺乳期暴露于 Aroclor 1254 损害了雄性大鼠在径向臂迷宫的表现，并影响了海马组织的长时程增强作用 (Roegge et al.，2000)。在非人灵长类动物中，发育期暴露于 PCBs 混合物(Aroclor 1016 或 Aroclor 1248)可导致子代认知功能的长期变化(Schantz et al.，1989)。这些动物研究清楚地表明，发育期的神经系统对 PCBs 暴露极其敏感，生命早期 PCBs 暴露可引起子代认知功能障碍及运动缺陷(Kodavanti，2006)。

2. PBDEs 的神经发育毒性研究

据报道，成年人 PBDEs 的血液水平为纳摩尔范围(30~100 ng/g 脂质)，但是婴儿的体负荷和幼儿的体负荷要高得多，可达成人的 3~9 倍。婴幼儿 PBDEs 的高体负荷引起了人们对其潜在的发育毒性和神经毒性的担忧。动物研究表明，在产前和/或出生后接触不同的 PBDEs 会导致长期的行为异常，特别是在运动活动和认知领域(Costa et al.，2014)。流行病学证据也提示 PBDEs 具有发育毒性。来自我国台湾的研究表明，母乳中 PBDEs 含量的升高与出生体重、长度、头围和胸围较低，以及认知发育迟缓相关(Chao et al.，2007；Chao et al.，2011)；针对加利福尼亚西班牙裔人群的研究发现，产前暴露或生命早期暴露于 PBDEs 影响 5 岁和 7 岁儿童的注意、运动协调和认知能力(Eskenazi et al.，2013)；此外，多项出生队列研究发现，产前 PBDE 暴露可影响儿童的精神和身体发育，与儿童早期的活动增加/冲动行为有关(Herbstman et al.，2010；Hoffman et al.，2012)。酶活性的改变直接影响神经递质生物合成、释放、摄取、失活等过程。乙酰胆碱酯酶(AChE)存在于胆碱能神经末梢突触间隙，其功能主要在于能够迅速水解乙酰胆碱(ACh)，防止 ACh 堆积引起神经功能紊乱。PBDEs 孕期暴露还可导致斑马鱼子代 AChE 活性明显受到抑制，AChE 活性降低可能导致 ACh 减少，损害斑马鱼子代乙酰胆碱介导的神经传递(Chen et al.，2012)。此外，研究表明母源性 PBDE-209 暴露可造成仔鼠学习记忆能力下降，降低仔鼠海马突触后致密物组成成分 CaMK II 的含量及生长关联蛋白 43 (neural-associated protein-43，GAP-43)、脑源性细胞营养因子(brain-derived neurotrophic factor，BDNF)的表达，从而影响神经元的生长、发育及突触形成。PBDEs 及其代谢物在结构上和甲状腺激素非常相似，体外研究证实了其羟基化的代谢物与甲状腺激素转移蛋白有很高的亲和力，也能与甲状腺激素受体结合，导致体内甲状腺激素平衡紊乱(万斌和郭良宏，2011)。动物实验发现，在发育期和成年期暴露 PBDEs 均能干扰甲状腺系统的功能，间接损害幼体神经系统的发育(张照祥和霍金霞，2009)。

3. OCPs 的神经发育毒性研究

OCPs 类毒物如 DDT 等可穿过胎盘屏障或通过母乳进入胎儿体内，导致后代神经发育障碍。Roberts 等(2007)研究表明，妊娠前三个月母亲接触 OCPs 的儿童，患自闭症谱系障碍(ASD)的风险高达 6.1 倍。越来越多的证据显示，出生前和出生后接触 OCPs 与子代神经发育障碍(包括精神运动发育障碍、记忆丧失、焦虑和自闭症)相关(Saravi and Dehpour，2016)。母亲血清中存在 DDT 及其分解产物 DDE，与 12 个月和 24 个月大的婴儿精神发育减缓相关(Eskenazi et al.，2006)。

暴露于十氯酮的患者表现出行为障碍(即焦虑、抑郁和烦躁)、记忆丧失、言语异常、震颤、过度惊吓等症状(Faroon et al.，1995；Guzelian，1992)。产前十氯酮暴露与儿童精神运动障碍有关。动物研究发现，产前暴露于十氯酮导致大鼠/小鼠出生低体重、脑发育异常、震颤、应激反应改变和记忆功能损伤(Chernoff and Rogers，1976；Mactutus et al.，1982；Mactutus and Tilson，1984；Tilson et al.，1982)。此外，在妊娠和哺乳期间接触硫丹、七氯、林丹和狄氏剂均可引发胎儿神经发育异常，导致黑质纹状体多巴胺能神经元的损伤和GABA能信号传导的破坏，诱发后代出现癫痫、自闭症及过度兴奋症状(Saeedi Saravi and Dehpour，2016)。

4. 二噁英类物质的神经发育毒性研究

作为持久性有机污染物的典型代表，二噁英类污染物的毒理学研究一直被全世界所关注。在二噁英类污染物对人类健康的诸多负面影响中，对神经系统发育和脑高级功能的影响正在受到越来越多的重视。无论在二噁英类的暴露人群还是暴露后的实验动物中都发现二噁英类污染物可以对脑的高级功能造成影响甚至造成长期功能障碍。围产期二噁英暴露对越南南部前美国空军基地附近的学龄前儿童神经发育造成影响，包括运动协调和高认知能力(Tran et al.，2016)；产前二噁英异构体暴露可能会影响 6 个月大婴儿的运动发育(Nakajima et al.，2006)；在荷兰出生队列研究中发现，产前较高水平的 PCBs/二噁英暴露导致孩童在 3 个月龄时期精神运动发育指数较低，18 个月龄时出现神经系统发育异常，42 个月时认知评分较低(Koopmanesseboom et al.，1996；Lanting et al.，1995；Patandin et al.，1999)。

动物的电生理实验及行为毒理学研究发现二噁英可以造成不同程度的认知功能及学习记忆能力的下降。斑马鱼暴露于环境当量浓度的 TCDD，可降低胚胎脑发育能力，导致出生后 168 小时的仔鱼脑中总神经元数量减少 30%(Hill et al.，2003)。哺乳期暴露于低剂量 TCDD，可以使仔鼠的学习记忆能力下降、危险回避能力受损、运动协调能力降低、肌张力减退、神经发育迟缓，并且暴露量越大，蓄积量越多，对神经发育的影响越明显(Zhang et al.，2018；Haijima et al.，2010)。

5. PFCs 的神经发育毒性研究

虽然有流行病学研究提出母亲血液中 PFOS 或 PFOA 水平与儿童早期的运动或心理发育之间没有明确的关联，然而有研究报道，产前 PFOA 暴露可能会影响6 个月龄女性儿童的心理发育(Forns et al.，2015)。在两项评估儿童血液 PFCs 水平与 ADHD 之间的关系时发现，儿童患 ADHD 的概率与其血液中 PFCs 含量呈正相关(Hoffman et al.，2010)。

近年来，国内外学者利用不同种属实验动物检测了不同发育阶段动物的多种神经和自主行为，证实 PFCs 具备神经发育毒性。在整个妊娠期间对小鼠进行0.3 mg/kg PFOS 或 PFOA 的膳食暴露，可导致后代的运动活动水平、昼夜节律分布、肌肉力量和运动协调发生改变(Onishchenko et al.，2011)。对出生前或出生后的大鼠/小鼠进行 PFOS 染毒，均可导致后代空间记忆功能损伤以及行为缺陷。例如，Wistar 母鼠通过饮水暴露于 PFOS，将仔鼠建立交叉哺育模型，研究发现 PFOS能通过干扰转录后和翻译过程，抑制仔鼠神经发育关键蛋白神经细胞黏附因子(neural cell adhesion molecule1，NCAM1)、神经生长因子(nerve growth factor，NGF)、GAP-43、BDNF 等的表达，导致发育神经系统损伤，影响仔鼠的神经行为(Wang et al.，2015a)。PFOS 处理鸡受精卵，发现出生时小鸡印记行为发生改变(Pinkas et al.，2010)。金鱼幼体暴露于不同浓度 PFOS，48 h 后随着染毒剂量的升高，幼鱼的运动距离减少，静止时间增多(Xia et al.，2013)。另外，体外细胞暴露模型也证实 POPs 具有神经发育毒性。用 PFOS 染毒分化和未分化的 PC12 细胞，发现 PFOS 能够诱导 PC12 细胞远离多巴胺型而趋向于分化成乙酰胆碱型的神经细胞(Slotkia et al.，2008)。

现阶段，POPs 在生产生活中的广泛应用，使得人类不可避免地暴露其中，并深受其害。众多研究证实，POPs 能够通过胎盘屏障进入胚胎，或以母乳喂养途径进入幼体，并通过血脑屏障在胚胎和脑组织中富集，损害发育期生物体的中枢神经系统，引起幼体认知功能、运动功能及空间记忆功能损伤，并且导致行为缺陷，因此孕期和生命早期 POPs 暴露引起的神经发育损害效应备受关注。然而，目前有关 POPs 神经发育毒性机制的研究主要集中在干扰细胞内信号传导、损害神经递质系统、内分泌干扰及氧化应激等，对其相关机制的深入探讨十分迫切。

参 考 文 献

曹佩, 徐海滨, 2011. 神经行为毒理学的研究内容和实验组合. 毒理学杂志, 4: 304-306.
常清贤, 2013. 产前胎儿侧脑室扩张病因和预后研究及与婴幼儿神经系统发育关系的前瞻性研究. 广州: 南方医科大学.

陈红梅, 2015. 两种多溴联苯醚(BDE-47 和 BDE-209)诱导 Neuro-2a 的细胞毒性与细胞凋亡及分子调控机制研究. 青岛: 中国海洋大学.

陈娜, 2014. 基于在体与离体研究全氟辛烷磺酸慢性暴露诱发的神经毒性及其作用机理. 上海: 华东师范大学.

陈义虎, 2012. [Ca^{2+}]i 在 PBDE-47 致细胞凋亡过程中的作用及机制研究. 武汉: 华中科技大学.

陈自强, 汪根盛, 梁友信, 1999. 我国神经行为毒理学研究概况与进展. 卫生毒理学杂志, 4: 234-238.

窦婷婷, 2013. 百草枯对人胚胎神经干细胞氧化损伤机制的研究. 上海: 复旦大学.

范德宇, 2014. 电针对脑缺血再灌注损伤大鼠海马组织中 β-内啡肽含量的影响. 北京: 北京中医药大学.

方舒, 2009. 丙溴磷对小鼠胚胎的毒性研究. 杭州: 浙江工业大学.

冯伟英, 2003. NES-C3 在噪声作业人员神经行为测试中的应用. 杭州: 浙江大学.

冯伟英, 姚耿东, 2003. 噪声对作业工人神经行为功能的影响. 浙江预防医学, 15(12): 58-59.

郭琳, 2015. PM_{10} 及其代表性多环芳烃诱导中枢神经系统损伤及其分子机制. 太原: 山西大学博士学位论文.

郝丽英, 吕莉, 2011. 药物毒理学. 北京: 清华大学出版社.

郝丽云, 2011. 孕期炎症刺激对子代大鼠认知能力的影响及其初步机制研究. 重庆: 第三军医大学.

胡锴, 刘好朋, 万婷, 2010. 线粒体与细胞凋亡的关系. 中国畜牧兽医, 2010, 37(12): 86-88.

姜春阳, 2012. ERS 和 UPR 信号通路在 PBDE-47 神经毒性中的作用及其机制研究. 武汉: 华中科技大学.

李长安, 2011. 久效磷和林丹对细小色矛线虫的行为毒性研究. 青岛: 中国海洋大学.

李国荣, 鲍立威, 1995. 一种新型的通用神经网络模型. 生物医学工程研究, (z1): 16-21.

李继硕, 2002. 神经科学基础. 北京: 高等教育出版社.

李晋, 王爱国, 2009 多溴二苯醚的神经毒性作用机制研究进展. 环境与健康杂志, 26(10): 937-939.

李玲, 赵康峰, 李毅民, 等, 2013. 全氟辛烷磺酸和全氟辛酸神经毒性机制研究进展. 环境卫生学杂志, 3(2): 167-169.

李孟楠, 雷磊, 刘欣, 2011. DDT 毒性及毒理机制的研究进展. 绿色科技, (10): 114-116.

李陕区, 杨博, 许昌泰, 2010. 神经递质 5-羟色胺研究现状. 临床医学工程, 17(5): 145-147.

李祥婷, 蔡定芳, 2016. 环境化合物与帕金森病的研究进展. 中华预防医学杂志, 50(10): 922-926.

李岩, 2009. 多溴二苯醚毒性体外研究. 保定: 河北大学.

李莹, 2004. 全氟辛磺酸(PFOS)对大鼠神经毒作用的实验研究. 沈阳: 中国医科大学.

李正平, 刘保国, 2012. 科学魔力之手. 合肥: 安徽人民出版社.

梁友信, 陈自强, 1999. 行为神经毒理学方法的回顾与展望. 中华劳动卫生职业病杂志, 2: 4-6.

廖春阳, 段树民, 江桂斌, 2007. 多溴二苯醚对体外培养海马神经元生长的影响. 中国科学, 37(5): 477-482.

林巍, 2012. 硫酸黏菌素致小鼠神经毒性初探及其毒代动力学研究. 哈尔滨: 东北农业大学.

刘承芸, 白文琳, 陈浔, 等, 2013. 多氯联苯引起幼年大鼠学习记忆损伤及对 CREB 信号通路的影响. 中国毒理学会第六届全国毒理学大会论文摘要.

刘洪娟, 汲晨锋, 高世勇, 等, 2009. 死亡受体介导细胞凋亡的研究进展. 中草药, s1: 48-51.

刘俊晓, 霍霞, 2008. 多溴二苯醚对哺乳动物的毒性作用及机制. 癌变·畸变·突变, 20(6): 496-499.

刘善贤, 2013. 颅咽管瘤术后血钙紊乱与癫痫的相关性研究. 银川: 宁夏医科大学.

刘婷, 2014. 内质网应激通路在十溴联苯醚致小鼠海马神经元细胞系HT-22细胞凋亡中作用. 合肥: 安徽医科大学.

刘晓晖, 2010. PFOS对大鼠脑海马钙离子信号转导通路影响及机制研究. 大连: 大连理工大学.

马宁, 徐海滨, 2009. 神经行为毒理学测试方法的现状和进展. 中国食品卫生杂志, 21(1): 63-67.

马儒林, 张舜, 李蓓, 等, 2016. 内质网应激介导的凋亡在PBDE-47致大鼠海马损伤中的作用. 生态毒理学报, 11(2): 387-393.

买文丽, 王琼, 刘新民, 等, 2008. 小鼠自主活动实验中的评价指标. 中国实验动物学报, 16(3): 172-175.

穆希岩, 罗建波, 黄瑛, 等, 2015. 持久性有机污染物对鱼类生态毒性研究进展. 安徽农业科学, 31(33): 125-132.

倪宇昕, 2014. MicroRNA对人毛囊神经嵴干细胞向Schwann细胞分化影响的实验研究. 长春: 吉林大学.

施荣富, 厉红, 王克玲, 2004. 气体类神经递质与神经系统疾病. 中华儿科杂志, 42(9): 679-680.

寿天德, 2001. 神经生物学. 北京: 高等教育出版社.

宿丽丽, 孙维娜, 阎希柱, 2016. 2,2′,4,4′-四溴联苯醚毒性效应及其致毒机理. 水产研究, 3(3): 34-41.

孙荣昆, 梁友信, 1990. 计算机化神经行为评价系统的研究与进展. 职业医学, 2: 109-113.

孙涛, 曾贵荣, 姜德建, 2014. 神经行为学在药理毒理评价中的应用. 中南药学, 12(08): 732-734.

谭琳琳, 戴自祝, 甘永祥, 2003. 神经行为功能评价系统及其应用. 中国卫生工程学, 3: 51-54.

汤飞鸽, 颜崇淮, 沈晓明, 2005. 多氯联苯影响学习记忆的研究进展. 环境卫生学杂志, 32(6): 350-354.

唐玲, 唐荣伟, 唐晶, 等, 2012. 突触可塑性与学习记忆关系的研究进展. 川北医学院学报, 2012, 27(1): 89-92.

陶国伟, 2008. 超声联合MRI对胎儿中枢神经系统的应用研究. 济南: 山东大学.

万斌, 郭良宏, 2011. 多溴联苯醚的环境毒理学研究进展. 环境化学, 30(1): 143-152.

万选才, 杨天祝, 徐承寿. 1999. 现代神经生物学. 北京: 北京医科大学中国协和医科大学联合出版社.

王芳春, 2007. RT97识别的神经丝蛋白在斑马鱼视网膜和脑发生过程中表达的免疫组化研究. 兰州: 西北师范大学.

王静, 王丹, 史文宝, 2011. 神经行为功能核心测试方法在职业危害因素评价中的应用. 中华预防医学会石油系统分会预防医学学术交流会.

王烈, 杨小混, 金一和, 等, 2007. 全氟辛烷磺酸对大鼠兴奋性氨基酸影响. 中国公共卫生, 5: 639-640.

王翘楚, 娄丹, 常秀丽, 等, 2012. 动物神经行为测试方法的研究现状. 中国预防医学杂志, 13(12): 943-946.

王舜钦, 张金良, 2006. 我国环境流行病学研究中的神经行为功能评价方法. 环境与健康杂志, 6: 565-567.

王舜钦, 张金良, 王圣淳, 等, 2007. 泉州市机动车尾气污染对儿童神经行为功能影响初探. 环境与健康杂志, 1: 12-16.

吴景欢, 2010. 亚慢性接触 TCDD 对成年大鼠空间学习和记忆及海马 CA1 区长时程增强的影响. 汕头: 汕头大学.

奚正蕊, 2007. 精神分裂症候选基因在中国汉族人群中的关联研究分析. 上海: 上海交通大学.

肖俊, 石清明, 2011. 神经行为毒理学概述. 中国社区医师(医学专业), 13(10): 127.

徐蓓, 杜冠华, 2008. 化学物的神经毒性体外评价方法. 中国药理学与毒理学杂志, 22(4): 311-315.

薛一雪, 2012. 基础神经生物学. 沈阳: 辽宁大学出版社.

颜世帅, 徐海明, 秦占芬, 2010. 多溴二苯醚毒理学研究进展及展望. 生态毒理学报, 5(5): 609-617.

杨小湜, 王烈, 金一和, 等, 2008. 全氟辛烷磺酸对大鼠兴奋性氨基酸影响. 中国公共卫生, 7: 870-871.

依沃特 J P, 1986. 神经行为学——行为的神经生理学基础概论. 龙新华等译. 北京: 科学出版社.

岳原亦, 张扬, 张一奇, 2000. Caspase 家族与细胞凋亡. 医学分子生物学杂志, 6(3): 163-169.

曾鸿鹄, 覃如琼, 莫凌云, 等, 2014. 有机氯农药对人体健康毒性研究进展. 桂林理工大学学报, 34(3): 549-553.

曾怀才, 2010. 全氟辛烷磺酸盐的神经发育毒性研究. 武汉: 华中科技大学.

张兵, 李扬, 2014. 针对谷氨酸能系统的抗抑郁药物的研究进展. 中国药理学通报, 30(9): 1197-1200.

张川, 黄绪琼, 张丽, 2015. 全氟辛烷磺酸的海马神经毒性研究进展. 环境与职业医学, 32(5): 491-494.

张晖, 2009. 四种发育调控因子 mRNA 在早期鸡胚中的分布及其在胚胎发育中的作用研究. 南京: 南京农业大学.

张璟, 2013. 两种多溴联苯醚对褶皱臂尾轮虫生殖与发育毒性效应及其作用机制的初步研究. 青岛: 中国海洋大学.

张若曦, 朱维莉, 陆林, 2012. 氯胺酮抗抑郁作用快速起效机制及发展前景. 中国药物依赖性杂志, 21(4): 249-253.

张铣, 刘毓谷, 1997. 毒理学. 北京: 北京医科大学中国协和医科大学联合出版社.

张召峰, 2010. 视网膜网络的数值模拟及分析. 广州: 华南理工大学.

张照祥, 翟金霞, 2009. 多溴联苯醚神经发育毒性的研究进展. 中国工业医学杂志, (4): 278-282.

赵超英, 姜允申, 叶洋, 杜宏举, 2009. 神经系统毒理学. 北京: 北京大学医学出版社.

钟格梅, 唐振柱, 2006. 我国环境中镉、铅、砷污染及其对暴露人群健康影响的研究进展. 环境与健康杂志, 6: 562-565.

朱长庚, 2009. 神经解剖学. 北京: 人民卫生出版社.

邹立军, 2011. JNKs 在斑马鱼胚胎发育过程中的分化表达及功能研究. 长沙: 湖南师范大学.

邹苏琪, 殷梧, 杨昱鹏, 等, 2009. 斑马鱼行为学实验在神经科学中的应用. 生物化学与生物物理进展, 36(1): 5-12.

Agrawal A K, Tilson H A, Bondy S C, 1981. 3,4,3′,4′-Tetrachlorobiphenyl given to mice prenatally produces long-term decreases in striatal dopamine and receptor binding sites in the caudate nucleus. Toxicology Letters, 7: 417-424.

Alm H, Kultima K, Scholz B, et al, 2008. Exposure to brominated flame retardant PBDE-99 affects cytoskeletal protein expression in the neonatal mouse cerebral cortex. Neurotoxicology. 29(4): 628-637.

Anesti V, Scorrano L, 2006. The relationship between mitochondrial shape and function and the cytoskeleton. Biochimica et Biophysica Acta（BBA）-Bioenergetics, 1757（5-6）: 692-699.

Anthony D C, Montine T J, Graham D G, 2001. Toxic responses of the nervous system. Casarett and Doull's Toxicology the Basic Science of Poisons, 5: 463-486.

Barrett D H, Morris R D, Akhtar F Z, et al, 2001. Serum dioxin and cognitive functioning among veterans of operation ranch hand. Neurotoxicology, 22（4）: 491-502.

Bowman R E, Heironimus M P, Barsotti D A, 1981. Locomotor hyperactivity in PCB-exposed rhesus monkeys. Neurotoxicology, 2: 251-268.

Brown G C, 2010. Nitric oxide and neuronal death . Nitric Oxide, 23（3）: 153-165.

Bushnell P J, Moser V C, MacPhail R C, et al, 2002. Neurobehavioral assessments of rats perinatally exposed to a commercial mixture of polychlorinated biphenyls. Toxicological Sciences, 68: 109-120.

Catterall W A, 2000. Structure and regulation of voltage-gated Ca^{2+} channels. Annual Review of Cell and Developmental Biology, 16: 521-555.

Chao H R, Tsou T C, Huang H L, et al, 2011. Levels of breast milk PBDEs from Southern Taiwan and their potential impact on neurodevelopment. Pediatric Research, 70: 596-600.

Chao H R, Wang S L, LeeW J, et al, 2007. Levels of polybrominated diphenyl ethers（PBDEs）in breast milk from central Taiwan and their relation to infant birth outcome and maternal menstruation effects. Environment International, 33: 239-245.

Chen H M, Tang X X, Zhou B, et al, 2016. Mechanism of Deca-BDE-induced apoptosis in Neuro-2a cells: Role of death-receptor pathway and reactive oxygen species-mediated mitochondrial pathway. Journal of Environmental Sciences, 46（8）: 241-251.

Chen L, Yu K, Huang C, et al, 2012. Prenatal Transfer of polybrominated diphenyl ethers（PBDEs）results in developmental neurotoxicity in zebrafish larvae. Environmental Science Technology, 46（17）: 9727-9734.

Chen Y J, Hsu C C, 1994. Effects of prenatal exposure to PCBs on the neurological function of children: a neuropsychological and neurophysiological study. Developmental Medicine and Child Neurology, 36: 312-320.

Chernoff N, Rogers E H, 1976. Fetal toxicity of kepone in rats and mice. Toxicology and Applied Pharmacology, 38（1）: 189-194.

Chou C T, Hsiao Y C, Ko F C, et al, 2010. Chronic exposure of 2,2',4,4'-tetrabromodiphenyl ether（PBDE-47）alters locomotion behavior in juvenile zebrafish（*Danio rerio*）. Aquatic Toxicology, 98（4）: 388-395.

Cohen G M, 1997. Caspases: The executioners of apoptosis. The Biochemical journal, 326: 1-16.

Cory S, Adams J M, 2002. The Bcl2 family: regulators of the cellular life-or-death switch. Nature Reviews Cancer, 2（9）: 647-656.

Costa L G, Giordano G, Guizzetti M, et al, 2008. Neurotoxicity of pesticides: A brief review. Front Biosci, 13: 1240-1249.

Costa L G, Laat R D, Tagliaferri S, et al, 2014. A mechanistic view of polybrominated diphenyl ether（PBDE）developmental neurotoxicity . Toxicology Letters, 230（2）: 282-294.

Costa L G, Tagliaferri S, Roqué P J, et al, 2016. Role of glutamate receptors in tetrabrominated diphenyl ether（BDE-47）neurotoxicity in mouse cerebellar granule neurons. Toxicology Letters, 241:159-166.

Council N A O S N, 1992. Environmental neurotoxicology. Washington, DC: National Academy Press.

Crompton M, 1999. The mitochondrial permeability transition pore and its role in cell death. Biochemical Journal, 341: 233-249.

Dai S, Hall D D, Hell J W, 2009. Supramolecular assemblies and localized regulation of voltage-gated ion channels. Physiological Reviews, 89(2): 411-452.

Duan W, Li X, Shi J, et al, 2010. Mutant TAR DNA-binding protein-43 induces oxidative injury in motor neuron-like cell. Neuroscience, 169: 1621-1629.

Elmore S, 2007. Apoptosis: A review of programmed cell death. Toxicologic Pathology, 35(4): 495-516.

Eriksson P, Fischer C, Fredriksson A, 2006. Polybrominated diphenyl ethers, a group of brominated flame retardants, can interact with polychlorinated biphenyls in enhancing developmental neurobehavioral defects. Toxicological Sciences, 94(2): 302-309.

Eriksson P, Fredriksson A, 1996. Developmental neurotoxicity of four ortho-substituted polychlorinated biphenyls in the neonatal mouse. Environmental Toxicology and Pharmacology, 1: 155-165.

Eriksson P, Viberg H, Jakobsson E, et al, 2002. A brominated flame retardant, 2,2′,4,4′,5-pentabromodiphenyl ether: Uptake, retention, and induction of neurobehavioral alterations in mice during a critical phase of neonatal brain development. Toxicological Sciences, 67(1): 98-103.

Eskenazi B, Chevrier J, Rauch S A, et al, 2013. In utero and childhood polybrominated diphenyl ether(PBDE) exposures and neurodevelopment in the CHAMACOS study. Environmental Health Perspectives, 12: 257-262.

Eskenazi B, Marks A R, Bradman A, et al, 2006. In utero exposure to dichlorodiphenyltrichloroethane (DDT) and dichlorodiphenyldichloroethylene(DDE) and neurodevelopment among young Mexican American children. Pediatrics, 118(1): 233-241.

Faroon O, Kueberuwa S, Smith L, et al, 1995. ATSDR evaluation of health effects of chemicals. II. Mirex and chlordecone: Health effects, toxicokinetics, human exposure, and environmental fate. Toxicology and Industrial Health, 11(6): 1-203.

Fernandez-Fernandez S, Almeida A, Bolaños J P, 2012. Antioxidant and bioenergetic coupling between neurons and astrocytes. Biochemical Journal, 443(1): 3-11.

Fieldman R G, White R F, Eriator I, 1993 Trimethyltin encephalopathy. Archives of Neurology, 50(12): 1320-1324.

Fitzgerald E F, Belanger E E, Gomez M I, et al, 2008. Polychlorinated biphenyl exposure and neuropsychological status among older residents of upper Hudson River communities. Environmental Health Perspectives, 116(2): 209-215.

Fitzgerald E F, Shrestha S, Gomez M I, et al, 2012. Polybrominated diphenyl ethers(PBDEs), polychlorinated biphenyls(PCBs) and neuropsychological status among older adults in New York. Neurotoxicology, 33(1): 8-15.

Forns J, Iszatt N, White R A, et al, 2015. Perfluoroalkyl substances measured in breast milk and child neuropsychological development in a Norwegian birth cohort study. Environment International. 83: 176-182.

Franze K, 2013. The mechanical control of nervous system development. Development, 140(15): 3069-3077.

Freire C, Koifman S, 2012. Pesticide exposure and Parkinson's disease: Epidemiological evidence of association. Neurotoxicology, 33(5): 947-971.

Fu J, Shi Q, Song X, et al, 2016. Tetrachlorobenzoquinone exhibits neurotoxicity by inducing inflammatory responses through ROS-mediated IKK/IκB/NF-κB signaling. Environmental Toxicology and Pharmacology, 41: 241-250.

Gafni J, Wong P W, Pessah I N, 2004. Non-coplanar 2,2',3,5',6-pentachlorobiphenyl(PCB-95) amplifies ionotropic glutamate receptor signaling in embryonic cerebellar granule neurons by a mechanism involving ryanodine receptors. Toxicological Sciences. 77(1): 72-82.

Garthwaite J, Charles S L, Chess-Williams R, 1988. Endothelium-derived relaxing factor release on activation of NMDA receptors suggests role as intercellular messenger in the brain. Nature, 336(6197): 385-388.

Gilbert S F, 2000. Developmental Biology. 7th Edition. Sunderland(MA): Sinauer Associates.

Grienberger C, Konnerth A, 2012. Imaging calcium in neurons. Neuron, 73(5): 862-885.

Guzelian P S, 1992. The clinical toxicology of chlordecone as an example of toxicological risk assessment for man. Toxicology Letters, s 64-65(2): 589-596.

Haijima A, Endo T, Zhang Y, et al, 2010. *In utero* and lactational exposure to low doses of chlorinated and brominated dioxins induces deficits in the fear memory of male mice. Neurotoxicology, 31: 385-390.

He P, He W, Wang A, et al, 2008. PBDE-47-induced oxidative stress, DNA damage and apoptosis in primary cultured rat hippocampal neurons. Neurotoxicology, 29(1): 124-129.

Herbstman J B, Sjodin A, Kurzon M, et al, 2010. Prenatal exposure to PBDEs and neurodevelopment. Environmental Health Perspectives, 118: 712-719.

Heusinkveld H J, Westerink R H S, 2012. Organochlorine insecticides lindane and dieldrin and their binary mixture disturb calcium homeostasis in dopaminergic PC12 cells. Environmental Science & Technology, 46(3): 1842-1848.

Hill A, Howard C U, Cossins A, 2003. Neurodevelopmental defects in zebrafish(*Danio rerio*)at environmentally relevant dioxin(TCDD)concentrations. Toxicological Sciences, 76(2): 392-399.

Hoang T, Smith M D, Jelokhaniniaraki M, 2012. Toward understanding the mechanism of ion transport activity of neuronal uncoupling proteins UCP2, UCP4, and UCP5. Biochemistry, 51(19): 4004-4014.

Hoffman K, Adgent M, Goldman B D, et al, 2012. Lactational exposure to polybrominated diphenyl ethers and its relation to social and emotional development among toddlers. Environmental Health Perspectives, 120: 1438-1442.

Hoffman K, Webster T F, Weisskopf M G, et al, 2010. Exposure to polyfluoroalkyl chemicals and attention deficit/hyperactivity disorder in U.S. children 12-15 years of age. Environmental Health Perspectives, 118(12): 1762-1767.

Holene E, Nafstad I, Skaare J U, et al, 1995. Behavioral effects of pre-and postnatal exposure to individual polychlorinated biphenyl congeners in rats. Environmental Toxicology and Chemistry, 14: 967-976.

Holene E, Nafstad I, Skaare J U, et al, 1998. Behavioural hyperactivity in rats following postnatal exposure to sub-toxic doses of polychlorinated biphenyl congeners 153 and 126. Behavioural Brain Research, 94(1): 213-224.

Huang K P, Huang F L, 1993. How is protein kinase C activated in CNS. Neurochemistry International, 22(5): 417-433.

Jacobson J L, Jacobson S W, 1996 Intellectual impairment in children exposed to polychlorinated biphenyls *in utero* . The New England Journal of Medicine, 335: 783-789.

Jiang C, Zhang S, Liu H, et al, 2012. The role of the IRE1 pathway in PBDE-47-induced toxicity in human neuroblastoma SH-SY5Y cells in vitro. Toxicology Letters, 211(3): 325-333.

Johansson N, Fredriksson A, Eriksson P, 2008. Neonatal exposure to perfluorooctane sulfonate (PFOS) and perfluorooctanoic acid(PFOA) causes neurobehavioral defects in adult mice. Neurotoxicology, 29(1): 160-169.

Key P B, Hoguet J, Chung K W, et al, 2009 Lethal and sublethal effects of simvastatin, irgarol, and PBDE-47 on the estuarine fish, *Fundulus heteroclitus*. Journal of Environmental Science & Health Part B, 44(4): 379-382.

Kim S Y, Lee H G, Choi E J, et al, 2007. TCDD alters PKC signaling pathways in developing neuronal cells in culture. Chemosphere, 67(9): S421-S427.

Knowles R G, Moncada S, 1994. Nitric oxide synthases in mammals. Biochemical Journal, 298(Pt 2): 249-258.

Kodavanti P R S, 2006. Neurotoxicity of persistent Organic pollutants: Possible mode(s) of action and further considerations. Dose-Response, 3(3): 273-305.

Kodavanti P R, Ward T R, Ludewig G, et al, 2005. Polybrominated diphenyl ether(PBDE) effects in rat neuronal cultures: ^{14}C-PBDE accumulation, biological effects, and structure-activity relationships. Toxicological Sciences, 88 (1): 181-192.

Koopmansseboom C, Weisglaskuperus N, Ridder M A J D, et al, 1996. Effects of polychlorinated biphenyl/dioxin exposure and feeding type on infants' mental and psychomotor development. Pediatrics, 97(5): 700-706.

Kritis A A, Stamoula E G, Paniskaki K A, et al, 2015. Researching glutamate-induced cytotoxicity in different cell lines: A comparative/collective analysis/study . Frontiers in Cellular Neuroscience, 9: 91.

Lahouel A, Kebieche M, Lakroun Z, et al, 2016. Neurobehavioral deficits and brain oxidative stress Induced by chronic low dose exposure of persistent organic pollutants mixture in adult female rat. Environmental Science & Pollution Research, 23(19): 19030-19040.

Lai T W, Zhang S, Wang Y T, 2014. Excitotoxicity and stroke: Identifying novel targets for neuroprotection . Progress in Neurobiology, 115(2): 157-188.

Lanting C I, 1995. Neurological condition in 18-month-old children perinatally exposed to polychlorinated biphenyls and dioxins. Early Human Development, 43(2): 165.

Lee H G, Lee Y J, Yang J H, 2012. Perfluorooctane sulfonate induces apoptosis of cerebellar granule cells via a ROS-dependent protein kinase C signaling pathway. Neurotoxicology, 33(3): 314-320.

Li J, Wuliji O, Li W, et al, 2013. Oxidative stress and neurodegenerative disorders. International Journal of Molecular Sciences, 14(12): 24438-24475.

Llansola M, Montoliu C, Boix J, et al, 2010. Polychlorinated biphenyls PCB 52, PCB 180, and PCB 138 impair the glutamate-nitric oxide-cGMP pathway in cerebellar neurons in culture by different mechanisms. Chemical Research in Toxicology, 23(4): 813-820.

Llansola M, Piedrafita B, Rodrigo R, et al, 2009. Polychlorinated biphenyls PCB 153 and PCB 126 impair the glutamate-nitric oxide-cGMP pathway in cerebellar neurons in culture by different mechanisms. Neurotoxicity Research, 16: 97-105.

Mactutus C F, Tilson H A, 1984. Neonatal chlordecone exposure impairs early learning and retention of active avoidance in the rat. Neurobehavioral Toxicology and Teratology, 6(1): 75.

Mactutus C F, Unger K L, Tilson H A, 1982. Neonatal chlordecone exposure impairs early learning and memory in the rat on a multiple measure passive avoidance task. Neurotoxicology, 3(2): 27.

Madia F, Giordano G, Fattori V, et al, 2004. Differential *in vitro* neurotoxicity of the flame retardant PBDE-99 and of the PCB Aroclor 1254 in human astrocytoma cells. Toxicology Letters, 154(1): 11-21.

Majewski H, Iannazzo L, 1998. Protein kinase C: A physiological mediator of enhanced transmitter output. Progress in Neurobiology, 55(5): 463-475.

Mariussen E, Fonnum F, 2001. The effect of polychlorinated biphenyls on the high affinity uptake of the neurotransmitters, dopamine, serotonin, glutamate and GABA, into rat brain synaptosomes. Toxicology, 159 (1-2): 11-21.

Matthies H J, Palfrey H C, Hirning L D, 1987. Down regulation of protein kinase C in neuronal cells: Effects on neurotransmitter release. Journal of Neuroscience, 7(4): 1198-1206.

Mayer M L, Westbrook G L, 1987. The physiology of excitatory amino acids in the vertebrate central nervous system. Progress in Neurobiology, 28(3): 197-276.

Mcclain V, Stapleton H M, Gallagher E, 2012. BDE 49 and developmental toxicity in zebrafish. Comparative Biochemistry and Physiology, 155(2): 253-258.

Moses V, Peter J V, 2010. Acute intentional toxicity: Endosulfan and other organochlorines. Clinical Toxicology (Philadelphia, Pa.), 48(6): 539-544.

Nakajima S, Saijo Y, Kato S, et al, 2006. Effects of prenatal exposure to polychlorinated biphenyls and dioxins on mental and motor development in Japanese children at 6 months of age. Environmental Health Perspectives, 114(5): 773-778.

Nandan S B, Nimila P J, 2012. Lindane toxicity: Histopathological, behavioural and biochemical changes in *Etroplus maculatus*, (Bloch, 1795). Marine Environmental Research, 76(2): 63-70.

Napoli E, Hung C, Wong S, et al, 2013. Toxicity of the flame-retardant BDE-49 on brain mitochondria and neuronal progenitor striatal cells enhanced by a PTEN-deficient background. Toxicological Sciences, 132(1): 196-210.

Navarro A, Boveris A, 2008. Mitochondrial nitric oxide synthase, mitochondrial brain dysfunction in aging, and mitochondria-targeted antioxidants. Advanced Drug Delivery Reviews, 60(14): 1534-1544.

Nikoletseas M M, 2010. Behavioral and neural plasticity: A Learning textbook. Createspace Independent Publication.

Njiwa J R, Müller P, Klein R, 2004. Binary mixture of DDT and Arochlor 1254: Effects on sperm release by *Danio rerio*. Ecotoxicology and Environmental Safety, 58(2): 211-219.

OECD test guideline, 1995. Organisation for Economic co-operation and development OECD guideline for testing of chemicals; Reproduction/developmental toxicity screening test.

OECD, 2004. Series on testing and assessment No.20 guidance document for neurotoxicity testing. OECD Environment, Health and Safety Publications, 11.

Olney J W, 2002. New insights and new issues in developmental neurotoxicology. Neurotoxicology, 23(6): 659-668.

Olney J W, Farber N B, Wozniak D F, et al, 2000. Environmental agents that have the potential to trigger massive apoptotic neurodegeneration in the developing brain. Environmental Health Perspectives, 108(Suppl 3): 383-388.

Onishchenko N, Fischer C, Ibrahim W N W, et al, 2011. Prenatal exposure to PFOS or PFOA alters motor function in mice in a sex-related manner. Neurotoxicity Research, 19(3): 452-461.

Ozcan M, Yilmaz B, King WM, et al, 2004. Hippocampal long-term potentiation (LTP) is reduced by a coplanar PCB congener. Neurotoxicology, 25(6): 981-988.

Parrón T, Requena M, Hernández A F, et al, 2011. Association between environmental exposure to pesticides and neurodegenerative diseases. Toxicology and Applied Pharmacology, 256(3): 379-385.

Patandin S, Lanting C I, Mulder P G H, et al, 1999. Effects of environmental exposure to polychlorinated biphenyls and dioxins on cognitive abilities in Dutch children at 42 months of age. European Journal of Pediatrics, 134: 33-41.

Patra R W, Chapman J C, Lim R P, et al, 2007. The effects of three organic chemicals on the upper thermal tolerances of four freshwater fishes. Environmental Toxicology and Chemistry, 26(7): 1454-1459.

Piedrafita B, Erceg S, Cauli O, et al, 2008. Developmental exposure to polychlorinated biphenyls PCB153 or PCB126 impairs learning ability in young but not in adult rats. European Journal of Neuroscience, 27(1): 177-182.

Pinkas A, Slotkin T A, Brick-Turin Y, et al, 2010. Neurobehavioral teratogenicity of perfluorinated alkyls in an avian model. Neurotoxicology and Teratology, 32(2): 182-186.

Pitts A, Dailey K, Newington J T, et al, 2012. Dithiol-based compounds maintain expression of antioxidant protein peroxiredoxin 1 that counteracts toxicity of mutant huntingtin. Journal of Chemical Biology, 287: 22717-22729.

Provost T L, Juárez L M, Zender C, et al, 1999. Dose- and age-dependent alterations in choline acetyltransferase (ChAT) activity, learning and memory, and thyroid hormones in 15- and 30-day old rats exposed to 1.25 or 12.5 ppm polychlorinated biphenyl (PCB) beginning at conception. Progress in Neuro-psychopharmacology & Biological Psychiatry, 23 (5): 915-928.

Ran Z, Lehnart S E, Marks A R, 2007. Modulation of the ryanodine receptor and intracellular calcium. Annual Review of Biochemistry, 76: 367-385.

Ribas-Fitó N, Torrent M, Carrizo D, et al, 2006. In utero exposure to background concentrations of DDT and cognitive functioning among preschoolers. American Journal of Epidemiology, 164(10): 955-962.

Rigaud C, Couillard C M, Pellerin J, et al, 2013. Relative potency of PCB126 to TCDD for sublethal embryotoxicity in the mummichog (Fundulus heteroclitus). Aquatic Toxicology, s 128-129: 203-214.

Rigaud C, Couillard C M, Pellerin J, et al, 2014. Applicability of the TCDD-TEQ approach to predict sublethalembryotoxicity in Fundulus heteroclitus. Aquatic Toxicology, 149(2): 133-144.

Roberts E M, English P B, Grether J K, et al, 2007. Maternal residence near agricultural pesticide applications and autism spectrum disorders among children in the California Central Valley. Environmental Health Perspectives, 115(10): 1482-1489.

Roegge C S, Seo B W, Crofton K M, et al, 2000. Gestational-lactational exposure to Aroclor 1254 impairs radial-arm maze performance in male rats. Toxicological Sciences, 57: 121-130.

Sánchez-Alonso J A, López-Aparicio P, Recio M N, et al, 2004. Polychlorinated biphenyl mixtures(Aroclors) induce apoptosis via Bcl-2, Bax and caspase-3 proteins in neuronal cell cultures. Toxicology letters, 2004, 153(3): 311-326.

Saravi S S S, Dehpour A R, 2016. Potential role of organochlorine pesticides in the pathogenesis of neurodevelopmental, neurodegenerative, and neurobehavioral disorders: A review. Life Sciences, 145: 255-264.

Schantz S L, Levin E D, Bowman R E, et al, 1989. Effects of perinatal PCB exposure on discrimination-reversal learning in monkeys. Neurotoxicology and Teratology, 11: 243-250.

Schuler M, Green D R, 2001. Mechanisms of *p53*-dependent apoptosis. Biochemical Society Transactions, 29: 684-688.

Seegal R F, Fitzgerald E F, McCaffrey R J, et al, 2013. Tibial bone lead, but not serum polychlorinated biphenyl, concentrations are associated with neurocognitive deficits in former capacitor workers. Journal of Occupational and Environmental Medicine, 55(5): 552-562.

Selvakumar K, Krishnamoorthy G, Venkataraman P, et al, 2013. Reactive oxygen species induced oxidative stress, neuronal apoptosis and alternative death pathways. Advances in Bioscience and Biotechnology, 4(1): 14-21.

Sharma H, Zhang P, Barber D S, et al, 2010. Organochlorine pesticides dieldrin and lindane induce cooperative toxicity in dopaminergic neurons: ROLE of oxidative stress . Neurotoxicology, 31(2): 215-222.

Siegel G J, Albers R W, Brady S T, et al, 2006. Basic neurochemistry: Molecular, cellular, and medical aspects. Elsevier Academic Press.

Simons T J, 1988. Calcium and neuronal function. Neurosurgical Review, 11(2): 119-129.

Slotkia T A, Mackillop E A, Melnick R L, et al, 2008. Developmental neurotoxicity of perfluorinated chemicals modeled in vitro. Environmental Health Perspectives, 6(6): 716-722.

Smeyne R J, Jackson-Lewis V, 2005 The MPTP model of Parkinson's disease. Molecular Brain Research, 134(1): 57-66.

Steenland K, Hein M J, Cassinelli R T, et al, 2006. Polychlorinated biphenyls and neurodegenerative disease mortality in an occupational cohort. Epidemiology, 17(1): 8-13.

Storm J E, Hart J L, Smith R F, 1981. Behavior of mice after pre- and postnatal exposure to Aroclor 1254. Neurobehavioral Toxicology Teratology, 3: 5-9.

Thomke F, Jung D, Besser R, et al, 1999. Increased risk sensory neuropathy in workers with chloracne after exposure to 2,3,7,8-tetrachlorodibenzo-*p*-dioxins and furans. Acta Neurologica Scandinavica, 100(1): 1-5.

Tilson H A, Squibb R E, Burne T A, 1982. Neurobehavioral effects following a single dose of chlordecone (KeponeR) administered neonatally to rats. Neurotoxicology, 3(1982): 45-52.

Timme-Laragy A R, Levin E D, Di G R, 2006. Developmental and behavioral effects of embryonic exposure to the polybrominated diphenylether mixture DE-71 in the killifish(*Fundulus heteroclitus*). Chemosphere, 62(7): 1097-1104.

Tran N N, Tai T P, Ozawa K, et al, 2016. Impacts of perinatal dioxin exposure on motor coordination and higher cognitive development in vietnamese Preschool Children: A Five-Year Follow-Up. Plos ONE, 11(1): e0147655.

Urban P, Pelclová D, Lukás E, et al, 2007. Neurological and neurophysiological examinations on workers with chronic poisoning by 2,3,7,8-TCDD: Follow-up 35 years after exposure. European Journal of Neurology, 14(2): 213-218.

Vanderheyden V, Devogelaere B, Missiaen L, et al, 2009. Regulation of inositol 1,4,5-trisphosphate-induced Ca^{2+} release by reversible phosphorylation and dephosphorylation. Biochimica et Biophysica Acta (BBA)-Molecular Cell Research, 1793(6): 959-970.

Walaas S I, Greengard P, 1991. Protein phosphorylation and neuronal function. Pharmacological Reviews, 43: 299-349.

Walkowiak J, Wiener J A, Fastabend A, et al, 2001. Environmental exposure to polychlorinated biphenyls and quality of the home environment: effects on psychodevelopment in early childhood. Lancet, 358: 1602-1607.

Wang A, 2008. PBDE-47-induced oxidative stress, DNA damage and apoptosis in primary cultured rat hippocampal neurons. Neurotoxicology, 29(1): 124-129.

Wang Y, Liu W, Zhang Q, et al, 2015a. Effects of developmental perfluorooctane sulfonate exposure on spatial learning and memory ability of rats and mechanism associated with synaptic plasticity. Food and Chemical Toxicology, 76: 70-76.

Wang Y, Zhao H, Zhang Q, et al, 2015b. Perfluorooctane sulfonate induces apoptosis of hippocampal neurons in rat offspring associated with calcium overload . Toxicology Research, 4: 931-938.

Watkins J C, Evans R H, 1981. Excitatory amino acid transmitters. Annual Review of Pharmacology and Toxicology, 21 (21): 165-204.

Wayman G A, Bose D D, Yang D, et al, 2012. PCB-95 modulates the calcium-dependent signaling pathway responsible for activity-dependent dendritic growth. Environmental Health Perspectives, 120 (7): 1003-1009.

Winneke G, Bucholski A, Heinzow B, et al, 1998. Developmental neurotoxicity of polychlorinated biphenyls (PCBs): Cognitive and psychomotor functions in 7-month old children. Toxicology Letters, 102-103: 423-428.

Wong P W, Garcia E F, Pessah I N, 2001. ortho-substituted PCB95 alters intracellular calcium signaling and causes cellular acidification in PC12 cells by an immunophilin-dependent mechanism. Journal of Neurochemistry, 76 (2): 450-463.

Xia J, Fu S, Cao Z, et al, 2013. Ecotoxicological effects of waterborne PFOS exposure on swimming performance and energy expenditure in juvenile goldfish (Carassius auratus). Journal of Environmental Sciences (China), 25 (8): 1672-1679.

Xiang W, Schlachetzki J C, Helling S, et al, 2013. Oxidative stress-induced posttranslational modifications of alpha-synuclein: Specific modification of alpha-synuclein by 4-hydroxy-2-nonenal increases dopaminergic toxicity. Molecular and Cellular Neuroscience, 54: 71-83.

Yan W, Qin Z H, 2010. Molecular and cellular mechanisms of excitotoxic neuronal death. Apoptosis, 15 (11): 1382-1402.

Yu K, He Y, Yeung L W Y, et al, 2008. DE-71-induced apoptosis involving intracellular calcium and the Bax-mitochondria-caspase protease pathway in human neuroblastoma cells in vitro. Toxicological Sciences, 104 (2): 341-351.

Zeliger H I, 2013. Exposure to lipophilic chemicals as a cause of neurological impairments, neurodevelopmental disorders and neurodegenerative diseases. Interdisciplinary Toxicology, 6 (3): 103-110.

Zeng H C, Zhang L, Li Y Y, et al, 2011. Inflammation-like glial response in rat brain induced by prenatal PFOS exposure . Neurotoxicology, 32 (1): 130-139.

Zhang H J, Liu Y N, Xian P, et al, 2018. Maternal exposure to TCDD during gestation advanced sensory-motor development, but induced impairments of spatial learning and memory in adult male rat offspring. Chemosphere, 212: 678-686.

Zhang H, Li X, Nie J, et al, 2013a. Lactation exposure to BDE-153 damages learning and memory, disrupts spontaneous behavior and induces hippocampus neuron death in adult rats. Brain Research B, 1517 (26): 44-56.

Zhang M, He W H, He P, et al, 2007. Effects of PBDE-47 on oxidative stress and apoptosis in SH-SY5Y cell. Chinese Journal of Industrial Hygiene and Occupational Diseases, 25 (3): 145-147.

Zhang S, Kuang G, Zhao G, et al, 2013b. Involvement of the mitochondrial p53 pathway in PBDE-47-induced SH-SY5Y cells apoptosis and its underlying activation mechanism. Food and Chemical Toxicology, 62 (6): 699-706.

Zoratti M, Szabò I, 1995. The mitochondrial permeability transition. Biochimica et Biophysica Acta (BBA) -Reviews on Biomembranes, 1241 (2): 139-176.

第 8 章　POPs 免疫毒性

本章导读

- 介绍免疫系统与免疫毒性，概述免疫系统的构成、固有免疫系统和适应性免疫系统的细胞组成和功能。
- 简要介绍免疫毒性的评价方法、检测方法以及四种类型的免疫毒性作用机制。
- 简要介绍免疫-内分泌-神经系统交互作用的调节机制。
- 重点介绍几类典型持久性有机污染物的免疫毒性研究进展，包括二噁英、农药、塑化剂、多环芳烃、多溴二苯醚、甲基汞等。
- 介绍免疫系统的抗肿瘤机制，以及持久性有机污染物的免疫毒性与其致癌性的潜在关系。

8.1　免疫系统与免疫毒性

8.1.1　免疫系统概述

1. 免疫系统

免疫系统(immune system)是机体防卫外界威胁最有效的武器，它能够区分"自己"和"非己"的生物及分子，发现并清除异物、外来病原微生物等引起内环境波动的因素，保护机体的完整性。机体的免疫功能主要包括三方面：①防御功能，用以防御外界有害因素入侵；②自身稳定功能，保持体内组织细胞成分的相对一致，清除衰老或受损细胞成分；③免疫监视功能，防止体内变异细胞出现。

免疫系统由若干不同类型的细胞、组织和器官构成。对免疫系统调节起关键作用的是机体内的淋巴器官或腺体。以哺乳动物为例，淋巴器官主要包括中枢淋巴器官(胸腺和骨髓)和外周淋巴器官(脾脏、淋巴结和黏膜相关淋巴组织)。这些淋巴器官内含有大量免疫活性细胞，并通过血液循环相联系。虽然免疫系统的许多细胞是彼此分离的，但它们通过细胞接触和由它们分泌的分子保持通信，相互配合，共同对免疫系统进行精密而平衡的调节。

　　机体自身有物理(表皮、黏膜等)、化学(如酸性 pH 环境)和生物学(如共生微生物)几类屏障防御微生物和毒性分子的入侵。当这些屏障结构被破坏，就会激活保护机体的两道免疫防线。"第一道免疫防线"是固有免疫系统(innate immune system)，可以迅速地起作用，引起急性炎症反应，又称非特异性免疫或先天性免疫。当固有免疫系统不能应对外界刺激时，则机体启动"第二道免疫防线"即适应性免疫系统(adaptive immune system)，该系统通常需要较长时间方可得以发展，具有高度特异性，又称特异性免疫。

　　固有免疫和适应性免疫系统涉及不同的分子和细胞，有些是该系统独有的，而有些同时参与固有免疫和适应性免疫。固有和适应性免疫系统通过直接的细胞接触及通过与化学介质、细胞因子和趋化因子的相互作用一起工作。这两类免疫系统的最大差异在于，固有免疫系统的分子和细胞对每一次进入机体特定刺激的反应都与初次反应相同，而适应性免疫可通过免疫记忆对相同的特定刺激再次接触时的应答进行改变或调整。

2. 固有免疫系统

　　固有免疫系统的细胞包括来源于髓系细胞的巨噬细胞、树突细胞、肥大细胞、嗜酸/碱性粒细胞等，以及来源于淋巴谱系的自然杀伤细胞等。这些细胞表面表达的受体和病原体表面分子的结合可以使其被激活，迅速执行免疫效应，其作用过程不需要经历克隆扩增，因而不会产生免疫记忆。固有免疫应答包括快速破坏感染有机体、活化吞噬细胞，以及局部保护性应答，称为炎症。

　　吞噬细胞(phagocyte)有两种类型：嗜中性粒细胞(neutrophil)和巨噬细胞(macrophages)。吞噬细胞来源于髓系前体细胞，是进入组织的单核细胞。单核细胞和巨噬细胞是机体的清道夫，它们吞噬或摄取细胞碎片、外源细胞及颗粒，并用酶将其降解。单核吞噬细胞系统是广泛分布的、受组织约束的吞噬细胞系统，主要功能是通过吞噬过程除掉微生物和死的体细胞，是吞噬细胞、巨噬细胞的前体细胞。

　　树突细胞(dendritic cells，DCs)因其分支样细胞质突起而得名，主要有三种，即朗格汉斯细胞、交错突细胞和滤泡树突细胞。树突细胞能主动吞噬环境中的细胞和颗粒，并可通过分泌不同的细胞因子参与固有和适应性免疫，充当二者的信使(Banchereau and Steinman, 1998)。这类的作用是通过先天受体来识别抗原，并将它们加工的肽呈递给适应性免疫系统的 T 细胞,对 T 细胞的成熟具有关键性作用。

　　粒细胞是含有明显浆胞颗粒的白细胞，这些细胞具有多叶核和含有胺(嗜碱性染色)、碱性蛋白质(嗜酸性染色)或两者(中性染色)的胞浆颗粒。其中，中性粒细胞因其细胞核多分叶(2～5 个)，也被称为多形核细胞(polymorphonuclear neutrophils,

PMNs），在杀菌方面非常有效；嗜碱粒细胞的酸性胞浆颗粒含有血管活性胺（如组胺），当这些双叶核细胞存在于外周血中或停留在组织中，则被称为肥大细胞，这类细胞在适应性免疫应答的过敏反应中非常重要；嗜酸粒细胞的胞浆颗粒含有碱性蛋白，是抗寄生虫感染的固有免疫和适应性免疫应答的积极参与者。

自然杀伤细胞（natural killer cells，NK cells）也称 NK 细胞，是体积大、无吞噬功能、含颗粒的淋巴细胞，因能够自发杀伤异常的宿主细胞而得名。NK 细胞在骨髓中产生并遍及全身组织，占循环淋巴细胞总数的 5%~15%，具有多种细胞表面受体，其在机体抗肿瘤和早期抗病毒或胞内寄生菌感染的免疫过程中具有重要作用（Cederbrant et al.，2003）。其数量及活性变化对免疫系统的功能变化具有重要指示作用。

3. 适应性免疫系统

适应性免疫系统具有的"特异性"是指由抗原识别分子与抗原的小组分联结，抗原是诱导免疫应答的物质，包括蛋白质、碳水化合物、脂质和核酸。抗原分子可含有若干个不同的抗原决定簇，针对这些抗原决定簇能产生独特的抗体或 T 细胞应答。大的抗原（如蛋白质）具有免疫原性，可直接诱导特异性免疫应答，而较小的抗原分子要先与大分子载体结合后才能有应答。适应性免疫应答的重要特点是具有免疫学记忆能力，由于适应性免疫系统的细胞对威胁或刺激的初级应答可以影响对相同威胁或刺激的再次应答的强弱，最终表现为在它再次遇到相似抗原时，免疫应答出现得更快更强，这也是它不同于固有免疫系统的显著特征之一。

参与适应性免疫应答的细胞多数来源于淋巴系细胞（淋巴细胞和浆细胞）。淋巴细胞有两种主要类型：T 淋巴细胞（T lymphocytes，T 细胞）和 B 淋巴细胞（B lymphocytes，B 细胞）。生物个体内可产生大量的 T 细胞和 B 细胞，骨髓来源的 B 细胞和胸腺来源的 T 细胞在发育过程中产生不同的受体，每个淋巴细胞通过基因重排和再连接，形成编码受体的"组合"基因，随机产生一个独特的受体。通过多基因重组，生物个体产生大量的 T 细胞和 B 细胞，每个细胞具有独特的受体，而适应性免疫系统则通过表达表位特异性 T 细胞和 B 细胞受体进行识别。适应性免疫应答包括体液免疫和细胞免疫，T 和 B 细胞群及抗原呈递细胞在特异性免疫过程中互相作用，特别是 T 细胞的亚群调节（如辅助）体液和细胞的免疫应答。

体液免疫（humoral immunity）是指存在于血浆、淋巴和组织液等体液中的抗体与相应的抗原特异性结合并发挥免疫效应的过程。B 细胞主要在骨髓的影响下成熟，在与抗原接触时，引起淋巴细胞群体增生并分化成浆细胞，从而产生对抗原具有特异性并能中和或消除抗原的可溶性体液因子（抗体，即免疫球蛋白）。浆细胞来源于分化了的成熟 B 细胞，可以合成和分泌免疫球蛋白。B 细胞和浆细胞，是唯一能合成免疫球蛋白的细胞。

细胞免疫(cellular immunity)主要指 T 细胞介导的免疫应答。T 细胞在发育过程中形成了两类辅助性 T 细胞：Th1 细胞表达 CD4 分子，又称 CD4$^+$ T 细胞，可识别 pMHC II 类分子复合物，对 B 细胞的生长和分化提供帮助；Th2 细胞表达 CD8，又称 CD8$^+$ T 细胞，可识别 pMHC I 类分子复合物，可识别和杀伤病毒感染的细胞。

8.1.2　免疫毒理学的定义和发展

免疫毒理学是毒理学或卫生毒理学的一门分支学科，是系统毒理学的组成之一。免疫毒理学这一名词于 1979 年首次应用于国际性杂志《药物化学毒理学》上，标志着免疫毒理学从免疫学归入毒理学领域。同年，Jack Dean 等提出研究化学物质对免疫系统作用的分级实验程序，并用此程序研究环磷酰胺的免疫毒性作用。1984 年 11 月 6~9 日，国际化学品安全规划署在卢森堡召开的"免疫系统是毒性损伤靶"的研讨会上第一次提出免疫毒理学的定义：毒理学研究外源性化学物质与免疫系统相互作用引起的不良效应的分支学科。该定义的出现是免疫毒理学发展史的转折点，促进了免疫毒性评价和免疫毒性危险度评估的发展。我国的《毒理学辞典》(吴中亮等，2005)将"免疫毒理学"定义为"一门研究外源物(化学性、物理性和生物性)对机体免疫系统的不良影响及其作用机制的学科。它是随着毒理学和免疫学的迅速发展和相互渗透而形成的边缘学科，是毒理学的重要分支"。该定义将免疫毒理学的研究对象明确为包括化学性、物理性和生物性等 3 种因素。

免疫毒性(immunotoxicity)是指化学物质暴露引起机体正常免疫应答出现抑制(免疫抑制)或增强(免疫刺激)的不良效应。对免疫系统各个组成部分和免疫应答的干扰及对整个免疫系统平衡的破坏都可能造成免疫功能过度或不足，从而对机体产生不利甚至致命的影响。因此，免疫毒性被定义为：无论最终结果是否改变了宿主的抵抗力，只要对免疫系统或者其组成部分产生有害作用即为免疫毒性。免疫毒性分类主要包括免疫抑制、免疫刺激、超敏反应和自身免疫。关于免疫毒理学的研究在早期一直专注于免疫抑制方面，直到 20 世纪 80 年代研究范围才扩展到更多层面(如变态反应、超敏反应等)。免疫毒理学与其他毒理学研究方向最大的不同在于它常采用低于毒性反应的剂量研究外源物质对机体免疫功能的影响，是评价外源物质毒性最敏感的指标。

8.2　免疫毒性的评价和作用机制

8.2.1　免疫毒性评价方法

免疫系统是容易受到攻击的靶器官，在其他器官系统尚未观察到毒性作用时可能已经受到损害，如免疫病理学改变、细胞免疫异常、体液免疫异常、特异性免疫改变或宿主抵抗力下降等。因此，免疫系统的效应变化是毒理学安全性评价中较为敏感的指标。然而，由于免疫系统的组成和功能具有高度复杂性、免疫毒性作用的靶细胞和靶分子具有多样性，且免疫系统又与其他生理系统密切相关，使得其成为毒性评价中最为艰巨的一项内容。20 世纪 80 年代初，许多国家的相关部门相继尝试制定免疫毒性的评价策略，包括欧洲(欧盟、荷兰等)和美国[美国环境保护署(EPA)、美国国家毒理学规划(NTP)和美国食品药品监督管理局(FDA)等]都进行了早期的免疫毒性试验指南的制定。目前免疫毒性评价已被纳入多个安全评价体系(表 8-1)。

表 8-1　不同国家/组织涉及免疫毒性的评价体系

地区	发布时间	机构	评价对象
美国	1982	美国食品药品监督管理局(FDA)	食品添加剂、药品、生物制品等
	1999	美国 FDA 医疗器械和放射健康中心(CDRH)	医疗器械
	2002	美国 FDA 药品评价与研究中心(CDER)	新药
	1982	美国环境保护署(EPA)	农药和有毒有害物质
	1988	美国国家毒理学规划(NPT)	外源性化学物质和药物
欧洲	1998	欧洲医药评价署(EMEA)	药物
日本	2004	日本厚生劳动省(MHLW)	药物
国际组织	1997	国际协调委员会(ICH)	人用药物
	2010	世界卫生组织(WHO)	人群免疫毒性

目前，国际上一般采用一组试验多项指标来进行综合评价，分级筛选的试验方案逐渐被多家国际机构所认可，成为免疫毒理学安全评价的精髓。例如，美国环境保护署(EPA)最早于 1982 年出台了农药免疫毒性评价指引，要求对新农药按照两级筛选程序进行评价，并在随后多次进行修订。以 EPA 在 1996 年修订后的针对农药和有毒有害物质的免疫毒理学安全性评价为例，该指南仅限于免疫抑制，包括 I 级(OPPTS 880.3550)和 II 级筛选试验(OPPTS 870 7800)。其中，I 级筛选试验包括标准毒性试验和免疫功能测试，推荐的首选受试动物是小鼠和大鼠，具体内容见表 8-2。当 I 级筛选试验中细胞免疫或体液免疫出现任何一项阳性结果，且结果无法解释并有资料显示该受试物质具有免疫毒性或其结构相关物质具有免疫毒性，则必须进行 II 级筛选试验，试验的内容包括宿主抵抗力试验和多项其他试验。

尽管不同类别的免疫毒性已经受到越来越多的关注，然而目前国际上成熟的免疫评价体系依然仅侧重于免疫抑制。近年来，随着免疫刺激、自身免疫和超敏反应被列入免疫毒理学的范畴，逐渐纳入各国制定免疫毒性指南的考虑范围，但目前尚没有一种免疫毒理学试验方法能够从整体、细胞和分子水平全面反映外源性化学物质对整个免疫系统的影响。

表 8-2　美国环境保护署针对农药和有毒有害物质免疫毒理学安全评价指南内容

试验类别		指标类型	试验内容
I 级筛选试验	标准毒性测试	血液学指标	白细胞、红细胞数、血小板、血红蛋白
		临床生化指标	球蛋白、白蛋白
		组织病理学	胸腺、脾脏、淋巴结、骨髓等
	免疫功能测试	体液免疫	抗体空斑形成试验、血清免疫球蛋白测定
		细胞免疫	细胞毒性 T 细胞杀伤实验、迟发型变态反应、混合淋巴细胞实验
II 级筛选试验		非特异性免疫	NK 细胞活性检测、巨噬细胞活性测定
		宿主抵抗力试验	宿主对特殊类比感染因子或肿瘤细胞易感信息
		其他试验	淋巴细胞增殖反应、淋巴细胞亚群分析、细胞因子测定、粒细胞功能测定、血清补体、巨噬细胞发育等

8.2.2　免疫毒性检测方法

　　免疫毒性评价是化学物质和其他有害因素安全性评价的重要组成部分，其评价方法是建立在一系列体内、体外试验的基础上来评价外源性化合物对免疫系统的作用，以及细胞和分子水平上的作用机制。免疫抑制一直是免疫毒理学研究的重点，因而针对免疫抑制建立起来的检测方法和动物模型目前相对较完善。以免疫抑制为例，其评价方法主要包括以下几个方面：

　　免疫病理学检查：病理学主要观察胸腺、脾脏、淋巴结和骨髓的组织结构和细胞类型，同时要注意检查局部黏膜相关淋巴组织，包括鼻黏膜相关淋巴组织、支气管黏膜相关淋巴组织、肠黏膜相关淋巴组织、皮肤黏膜相关淋巴组织等。常用于检测总体免疫系统功能的方法包括脏器重量检测、血液学检测以及临床生化检测。

　　巨噬细胞功能检测：可通过测定体内对异物的清除率、体内和体外对细菌及细胞的吞噬能力、对肿瘤细胞生长的抑制能力来评价巨噬细胞的功能。此外还有炭粒廓清试验、巨噬细胞溶酶体酶测定、巨噬细胞促凝血活性测定和巨噬细胞表面受体检测。

　　自然杀伤细胞活性测试：主要是观察 NK 细胞对敏感肿瘤细胞(小鼠 NK 细胞敏感的 YAC-1 细胞株或 NK 细胞敏感的 K562 细胞株)的溶细胞作用。常用的方法有放射性核素释放法和乳酸脱氢酶释放法两种。

　　淋巴细胞增殖检测：淋巴细胞增殖性能与细胞免疫或体液免疫通常具有很好的相关性，几乎包括在所有外源物质免疫毒性研究中，是测定 T 细胞和 B 细胞功能活性的简便方法，且重复性好。T 细胞功能体内检测方式还有经典的迟发型超敏反应(DTH)。

体液免疫功能检测：可通过观察抗体形成细胞数或抗体生成量来评价体液免疫功能。试验方法包括空斑形成细胞试验、酶联免疫吸附测定(ELISA)、免疫电泳法、血凝法等直接测定血清抗体浓度。

细胞免疫功能评价：可用细胞毒性 T 细胞杀伤试验(CTL)、T 淋巴细胞增殖试验、混合淋巴细胞反应(MLR)、迟发型超敏反应(DTH)等进行评价。此外，还可做 T 细胞亚群分析，若发现 $CD4^+/CD8^+$ 降低，说明机体免疫受到抑制。其分析方法主要是用荧光素标记法进行鉴定探测和计数分析。

细胞因子测定：细胞因子在免疫系统功能调节的机制中发挥着重要作用，是免疫系统与其他系统之间联系的纽带。目前开展的细胞因子研究方法有基于生物分析、免疫分析、mRNA 基因表达、流式细胞术等的角质细胞系中变应原活性分析、全血细胞因子测定以及荧光细胞芯片测定法等。

宿主抵抗力试验：在动物身上进行的整体实验，检测机体在暴露于化学物质或其他有害因素后，对细菌、病毒、寄生虫及可移植肿瘤的和自发肿瘤的抵抗力。通常认为，B 细胞缺损，机体对细菌敏感性升高；T 细胞缺损，则对病毒、寄生虫和肿瘤的敏感性升高。

8.2.3 免疫毒性作用机制

免疫毒性根据其效应的不同，可分为四种类型：免疫抑制、免疫刺激、超敏反应和自身免疫。免疫毒性表现为机体正常免疫应答出现抑制(免疫抑制)或增强(免疫刺激)的不良效应，而超敏反应和自身免疫反应是免疫应答增强的表现，但不属于正常免疫应答的"免疫刺激"。当机体受到污染物暴露刺激后，可能会引发出现免疫抑制或免疫增强效应(图 8-1)。免疫抑制通常伴随着免疫系统相关器官、细胞或分子的功能下降，从而造成非特异性免疫应答的降低，增强机体对外界感染/刺激的敏感性。免疫刺激则可能有三类不同的表现：①非特异性免疫应答增强，

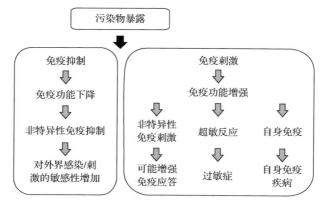

图 8-1 污染物对机体的免疫毒性作用机制示意图

表现为机体免疫系统对抗原的应答能力增强；②引发超敏反应，使得机体对外界物质(通常为抗原或半抗原)变得敏感，而诱发过敏症；③使得机体对自身分子的耐受及适应性消失，引发自身免疫疾病，进而对机体的某些组织、器官造成损伤。

1. 免疫抑制

免疫抑制(immunosuppression)表示免疫应答的降低，严格来说只能应用于免疫应答全部消除的情况，如免疫应答只有一定程度的降低，应该称为免疫低下。免疫抑制产生的机制，可以是单独的、非特异性的或特意性的免疫应答，也可以是二者的协同作用。免疫抑制一直是免疫毒理学研究的主要领域，已有很多研究表明各类化学物质的暴露会引起免疫功能抑制，包括：药物(环磷酰胺、糖皮质激素等)、金属(铅、镉、甲基汞等)、农药(氯丹、DDT、PAHs 等)、添加剂(酒精、尼古丁等)、大气污染物(臭氧、二氧化氮等)。免疫抑制潜能的测试评估方法通常分多步进行评价，具体见 8.2.1 节。

化学物质作为免疫抑制剂对机体的毒性作用机制可能与其具有一些细胞和分子的作用靶点有关，从而对免疫系统产生抑制效应，如影响淋巴细胞增殖功能以及影响 T 细胞在胸腺中的成熟等。化学物质还能与连在细胞表面的受体配基相互作用，从而影响调节免疫反应的基因转录的信号级联反应。

2. 免疫刺激

免疫刺激(immunostimulation)是指免疫应答发生增高的现象。由于目前大多数的免疫毒理学研究着力于免疫抑制研究，较少有关于化学物质或药物表现出免疫刺激作用的报道。

免疫刺激在药物的毒性研究方面相对较多，免疫刺激物质所导致的作用取决于免疫刺激性物质不同的基线水平和作用强度。一方面，研究发现适量的基本营养物质(蛋白质、脂肪酸、维生素、微量元素等)和生物活性营养物质(如活性多糖、生物活性肽等)的摄入可以对机体产生有利的免疫刺激，最终增强机体免疫功能；此外，一些化学合成药物(如左旋咪唑、西咪替丁等)可以激发免疫系统，增强体液免疫和细胞免疫等功能。另一方面，免疫刺激也可能导致机体出现不良反应，如引发类流感反应、自身免疫性疾病以及对药物代谢酶产生抑制作用等。目前关于免疫刺激的非临床免疫毒性评价策略的资料较少，用于免疫抑制研究的动物模型和试验是否适用于免疫刺激研究尚缺乏实验室验证。有报道认为淋巴器官的组织学检查可以提示免疫刺激的改变，如骨质增生、单核细胞渗透、淋巴结及脾肿大等。

3. 超敏反应

超敏反应(hypersensitivity)是指长时间或反复暴露于某种抗原导致的过度或

不适当的免疫应答，有时会引起宿主的组织损伤。超敏反应是指释放的区划或活化细胞的化学物质及诱导炎症产生的因子所引起的组织损伤。根据组织损伤机制不同可分成四种类型。

Ⅰ型超敏反应，又称过敏反应，是由结合在肥大细胞和嗜碱细胞表面的抗原特异性细胞亲和性抗体(通常是 IgE)介导，通常发生在暴露于抗原的数分钟之内，又称介导型过敏、变态反应或速发型超敏反应。当过敏原与这些细胞结合型抗体结合并交联 IgE 分子，引起介导因子(如组胺和过敏性休克缓慢反应物)的释放。介导因子随后引起血管扩张，液体渗漏到组织并刺激感觉神经，可引起发痒、打喷嚏、咳嗽等症状，进一步能触发过敏性哮喘、鼻炎和湿疹等反应，最严重时能导致过敏性休克。

Ⅱ型超敏反应指细胞抗原(如红细胞)或表面自身抗原的抗体是由抗体(IgM 或 IgG)通过调理作用、溶解作用或抗体依赖的细胞毒性而引起损伤，又称细胞毒性超敏反应。抗体单独或与补体一起均能引起Ⅱ型超敏反应，此反应引起的疾病常涉及红细胞(引起贫血)和自身细胞(引起自身免疫病，如重症肌无力等)。

Ⅲ型超敏反应是抗原-抗体免疫复合物(IgG)在组织或血液循环中累积，导致吞噬细胞和补体介导的组织损伤。组织损伤是补体活化导致嗜中性粒细胞趋化作用和由脱粒的嗜中性粒细胞释放分解酶的结果。当急性免疫复合物在局部沉积，引发血管炎症从而导致组织坏死，被称为阿蒂斯(Arthus)反应。抗原-抗体免疫复合物(通常是小分子)长期遍布全身，还可以引起全身免疫复合物病，有时称为血清病。

Ⅳ型超敏反应是由于活化的 T 细胞释放细胞因子引起巨噬细胞的累积和活化，从而引发局部损伤，通常发生在与抗原接触 24 小时之后。一些小分子质量的化学物质(如重金属镍)及某些植物产品(如毒葛)经皮肤吸收后，与自身蛋白质结合形成具有免疫原性的新抗原，诱导特异性 CD4$^+$ T 细胞应答，所产生的细胞因子诱发皮肤局部红肿，即接触性皮炎。当致敏个体非局部再次接触抗原时，则诱导发生迟发型超敏反应(DTH)应答。

上述四种类型的超敏反应性应答均在再次暴露或慢性暴露于抗原时发生，只有Ⅳ型超敏反应是抗体非依赖性的。Ⅰ型超敏反应通常可用主动皮肤过敏试验、主动全身过敏试验、被动皮肤过敏试验、血清特异 IgE 应答检测等方法检测。Ⅳ型超敏反应中接触性致敏常用豚鼠最大化试验、封闭斑贴试验、小鼠耳肿胀试验、小鼠局部淋巴结试验等检测。对于Ⅱ型和Ⅲ型超敏反应尚无标准的试验方法。

4. 自身免疫

自身免疫(autoimmunity)是对自身抗原产生的获得性免疫反应。免疫系统通常对所有的分子或细胞都具有免疫应答能力，但多数情况下这类应答引起耐受或无反应性。机体这种防止和阻抑自身免疫应答的机制包括自身反应 B 和 T 细胞的失活或缺失、细胞或细胞因子的主动抑制、独特型/抗独特型相互作用，以及免疫抑制肾上腺素（糖皮质激素）。当阻抑机制不足或过累而导致自身耐受丧失，可引起从器官特异性疾病（如甲状腺炎和 I 型糖尿病等）到全身性（如系统性红斑狼疮和类风湿性关节炎等）的自身免疫疾病。自身免疫疾病的发生是多因素的，通常是诱发因素及促进因素联合作用的结果。关于自身免疫的具体机制很复杂，尚有很多并未阐明，但可能包括：分子模拟、由 Th1 和 Th2 细胞产生的抗自身应答的调节有缺陷、多克隆活化、自身抗原经微生物及药物的修饰、自身抗原效应性的变化及独特型网络失调。此外，目前研究发现了一些可诱发和促进自身免疫病发生的协同因素，包括：遗传、性别、年龄、感染和自身抗原的性质等。

对于自身免疫反应相关试验，目前还没有非常合适的动物模型来研究此类疾病，有 4 种筛选方法：①检测有自身免疫疾病倾向的啮齿类动物的发病频率和比例；②用免疫组织化学法鉴定免疫球蛋白或免疫球蛋白复合物沉积；③检测血清中自身抗体水平的提高；④采用报告抗原的窝淋巴结试验。

8.3　免疫-内分泌-神经系统交互作用

机体内广泛分布的神经、内分泌和免疫系统是生物长期进化形成的对生物生长、发育、防御进行调节的复杂机制。20 世纪 80 年代，Blalock 发现这三个系统相互之间有着紧密的联系，两两之间互相影响，互相调节，并提出了神经免疫内分泌学的概念，这三个系统之间的调节网络被称为"神经免疫内分泌网络"。不同系统之间能通过激素、细胞因子、神经肽、神经递质等传导到其他系统，并引起相应的毒性效应（图 8-2）。

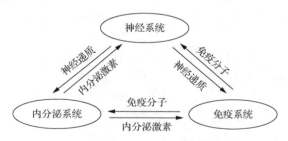

图 8-2　免疫-内分泌-神经系统交互作用示意图

8.3.1　神经系统与免疫系统相互作用

神经系统可通过神经末梢释放神经递质调节免疫器官及其功能。神经递质包括乙酰胆碱、去甲肾上腺素、多巴胺、谷氨酸、5-羟色胺和 γ-氨基丁酸等。骨髓、胸腺、脾脏、淋巴结等一级及二级淋巴器官都直接受到交感神经支配，且免疫活性细胞上有多种类型的神经递质的受体。当免疫系统受到刺激时，具有免疫调制活性的神经递质就会从这些免疫器官的交感神经终端释放出来,并影响免疫功能。例如：释放出的儿茶酚胺结合至免疫活性细胞的受体上时，会影响淋巴细胞的循环和增殖以及调制淋巴因子的产生；神经终端产生和分泌的神经肽也可调制免疫功能，如 P 物质和阿片肽等可提高 T 细胞数量、增加抗体的生成、增强巨噬细胞吞噬能力等。神经递质对免疫应答产生影响需要符合以下四点(陈成章，2008)：①淋巴器官与特殊神经纤维之间必须有关联；②神经递质必须为免疫功能细胞所利用；③靶细胞一定表达相应的受体；④神经递质的免疫调节特性必须得到明确的鉴定。

免疫系统也可通过细胞因子对神经系统进行调节。细胞因子对中枢神经系统神经元、胶质细胞的生长分化及生理功能具有调控作用，并且可能参与了某些神经损伤或损伤后的修复过程，如 IL-1β 可促进神经生长和修复；IL-4 能抑制小胶质细胞产生 TNF-α，促进神经元的分化和增殖，对神经系统有保护作用。一些细胞因子对中枢神经系统神经元的作用比较复杂，如 IL-2 在体外可促进胶质细胞增殖和促进交感神经元突起的生长，但也可引起机体神经元数目减少和神经系统症状。关于细胞因子对神经系统调节的相关机制目前仍不清楚，有待进一步研究。

8.3.2　内分泌系统与免疫系统相互作用

内分泌系统与免疫系统通过内分泌激素和免疫因子相互联系。内分泌系统对免疫系统的调节作用与激素的类别有很大关联。大多数激素对免疫起抑制作用，如肾上腺皮质激素、雄激素、胰岛素、前列腺素等，其中糖皮质激素几乎对所有的免疫细胞都有抑制作用。也有少数激素可以增强免疫应答反应，如甲状腺素对细胞免疫和体液免疫均有增强作用，而生长激素几乎对所有免疫细胞都具有促进分化和加强功能的作用。

细胞因子对内分泌腺体的作用广泛而多样。研究表明，细胞因子可显著影响下丘脑-垂体轴的激素分泌，如：IL-1 可以刺激促肾上腺皮质激素释放因子释放，而抑制生长激素释放因子的释放；IL-2 可引起垂体细胞 POMC 基因表达增高；IL-6 可刺激促肾上腺皮质激素和促甲状腺激素的释放。

8.3.3　神经系统与内分泌系统相互作用

神经系统和内分泌系统主要通过激素的作用而紧密联系、相互影响和调控。一方面，神经系统对内分泌系统的调控作用主要体现在下丘脑-腺垂体-靶细胞调节系统：下丘脑分泌促垂体激素作用于腺垂体，导致腺垂体分泌促激素作用于靶腺的分泌细胞，使其分泌激素，同时下丘脑作为神经冲动接受者受到更高级中枢(如海马、大脑皮层等)的调节(张凌燕，2006)。另一方面，内分泌系统通过自身分泌的激素对神经系统的功能活动产生影响。内分泌系统产生的性激素和甲状腺激素对下丘脑、海马和皮层等中枢神经系统的分化与功能起关键作用。例如，性激素 E_2 可通过影响脑垂体促性腺释放激素系统而影响生殖，可促进脑皮层神经元与神经胶质细胞的分化和存活（Bansal and Zoeller，2008），还可通过降低单胺氧化酶活力来促进 5-羟色胺和去甲肾上腺素的表达和功能的发挥从而增强学习和记忆能力（陈龙等，2010）。甲状腺激素可调节机体的生长发育和分化，并对大脑的发育有至关重要的作用。研究表明，总三碘甲状腺原氨酸(T3)、甲状腺素(T4)可影响神经细胞的增殖、迁移和分化，还会影响突触的生长（Gussekdoo et al.，2004; Steinberg et al.，2008）。

内分泌系统和神经系统通过激素相互影响，共同调节机体的各种代谢过程及生理功能，因而，当其中一个系统受到化学物质影响时，很可能会促使内分泌系统发育异常。例如：PBDEs 可以干扰甲状腺素(T4)稳态平衡，由于甲状腺素在大脑发育中起着重要的作用，甲状腺机能减退常伴随着大量的神经学变化和行为改变。T4 的减少能导致海马体和小脑结构异常以及细胞凋亡，因而可间接损害幼体神经系统的发育。行为学研究显示，甲状腺功能低下会引起学习能力下降，习惯性行为减少，出现焦虑以及多动等症状（Negishi et al.，2005）。

8.4　典型持久性有机污染物的免疫毒性研究进展

自 20 世纪 70 年代以来，科研人员逐渐开始关注污染物的免疫毒性，并利用多种模式生物开展研究，已发现众多环境污染物可对水生生物及陆生生物产生免疫毒性效应。在水生生态系统中，关于污染物免疫毒性的研究涉及的水生生物物种较广泛，包括脊椎动物(如非哺乳动物的鱼类及哺乳动物的鲸鱼、海豹等)和无脊椎动物(贝类等)。其中，由于鱼类具有免疫系统较完善、对污染物敏感性高、生物个体大小选择范围较广、易于获得且易操作等优势，常被用作研究水生生物免疫毒理学的模式生物，相关研究已较为系统和深入。针对陆生生态系统污染物的免疫毒性研究，通常采用啮齿类动物(如鼠类、兔子等)以及大型家养哺乳动物(如羊等)。其中，啮齿类动物，尤其是鼠类，由于与人类免疫系统高度类似，相关动物模型研究已十分完善，常被用于深入研究污染物的免疫毒性效应及机理研究。此外，近年来环境污染物对人体免疫系统的健康风险也越来越受到关注，然而目前大多研究仍停留在建立污染物暴露与人体免疫疾病或健康指标的相关性层面，机理探索还有待于基于模式生物研究的进一步深入。

8.4.1　二噁英的免疫毒性

免疫系统是对二噁英最主要和最敏感的靶系统之一，而其他毒性的发挥几乎都与二噁英导致的免疫抑制效应有关。以目前研究最为系统的 2,3,7,8-四氯代二苯并-对-二噁英(2,3,7,8-tetrachlorodibenzo-*p*-dioxin, TCDD)为例，多种动物试验表明，TCDD 的免疫毒性主要表现为胸腺萎缩、体液免疫和细胞免疫功能下降、机体抵抗力下降等。

早在 20 世纪 70 年代，科研人员就通过动物模型观察到了 TCDD 暴露引起的胸腺损伤(Vos et al., 1973)。此后，体外和体内试验研究发现 TCDD 暴露可导致胸腺萎缩和胸腺内细胞减少，且对胸腺细胞的毒性作用是一种快速可逆的过程(Deheer et al., 1994)。TCDD 对细胞免疫的影响主要表现在对 T 细胞的抑制作用，尤其是可明显抑制杀伤性 T 细胞的产生和活性(Clark et al., 1981)。此外，TCDD 对骨髓、肝脏、肺脏中的淋巴干细胞、T 细胞分化及 NK 细胞等具有一定毒性作用(Frazier et al., 1994; Ross et al., 1997)。TCDD 暴露可对哺乳动物体液免疫产生抑制作用且受到染毒动物的品系和染毒方式的影响。Webster 幼鼠经母鼠胎盘吸收少量 TCDD 即可导致胸腺萎缩和脾脏空斑形成细胞对绵羊红细胞反应降低，而血清中抗 SRBC 抗体滴度和淋巴细胞对刀豆蛋白 A 和脂多糖的反应不变(Thomas and Hinsdill, 1979)。当接触较大剂量 TCDD 时，能抑制对破伤风类毒素和 SRBC 的初次和再次体液免疫应答，且降低循环中 IgG 水平和破伤风类毒素介导的 IgE 产生，这种反应在幼鼠中表现出更明显的剂量-效应关系。已有较多研究利用机体对细菌、病毒、寄生虫和肿瘤的易感性检测来评估 TCDD 对机体免疫功能的影响，发现 TCDD 染毒可以损害机体的天然和获得性免疫功能，抑制机体的防御机制而致使感染发病率和死亡率增加，而易感性的增加与 TCDD 对体液免疫功能的抑制和血清中补体尤其是 C3 水平下降有关(王刚垛，2000)。此外，TCDD 还可对机体内的一些细胞因子产生影响，包括：引起表皮生长因子结合能力的下降,同时伴随着蛋白激酶 K 活性的增高，这可能是由 TCDD 诱导转化生长因子的超表达所致(Madhukar et al., 1984)。TCDD 可引起小鼠血清肿瘤坏死因子增加并呈剂量-效应关系(Clark et al., 1991)，而血清肿瘤坏死因子的增加可以抑制小鼠抗 SRBC 抗体的产生(Moos and Kerkvliet, 1995)；另外，TCDD 还可增加白细胞介素在肝、肺和胸腺中的表达(Vogel et al., 1997)。

TCDD 的免疫毒性机制分为芳香烃受体(AhR)依赖性和非 AhR 依赖性机制。AhR 是细胞浆内的可溶性蛋白，可以与配体结合，具有受体的所有属性。AhR 在胸腺、脾脏、T 淋巴细胞中都有分布，与 TCDD 有特异的高亲和力，研究表明 TCDD 引起的胸腺萎缩、细胞免疫功能抑制以及体液免疫抑制均与 AhR 相关。此外，有研究表明 TCDD 的免疫毒性与蛋白磷酸化、机体内钙的含量、激素作用(包括皮质激素、雌激素和催乳素)也可能相关(王刚垛，2000)。

8.4.2　农药的免疫毒性

农药已被证实可对水生动物、陆生动物、哺乳动物以及人类的免疫系统在体液免疫、细胞免疫、非特异性免疫等方面产生影响(陆娴婷等，2007)。如表 8-3 所示，有机磷杀虫剂和拟除虫菊酯类杀虫剂对哺乳动物及人体的免疫组织和器官、体液免疫功能、细胞免疫功能、非特异性免疫、宿主抵抗力等方面均可产生不同程度的毒性作用。一方面，农药可同时引发多方面的免疫毒性。例如，马拉硫磷可使小鼠基础抗体应答减弱，抗体空斑形成细胞数量减少，产生 T 细胞介导的细胞毒性，以及导致自身免疫毒性等。另一方面，农药对机体的免疫毒性还受到暴露剂量、暴露方式以及受试动物种类和发育时期等因素影响。例如，给小鼠经皮给予 220～1100 mg/kg 的氯菊酯后，可使小鼠的胸腺和脾脏的重量和细胞数量均大幅减少，且呈现出浓度依赖性(Garg et al., 2004)，而剂量为 160 mg/kg 的氯菊酯经腹腔注射瑞士小鼠后，其脾脏的组织形态学并未产生明显变化(Roma et al., 2012)。氟氯菊酯连续经口给予青春期 ICR 雄性小鼠 21 天后，其胸腺和脾脏重量下降，但同样暴露情况下对成年小鼠无明显影响(Jin et al., 2014)。目前关于农药免疫毒性的研究结果大多来源于啮齿动物，也有研究表明农药对鱼类也具有显著免疫抑制作用。溴氰菊酯可抑制虹鳟鱼的固有免疫功能和获得性免疫功能(Siwicki et al., 2010)，马拉硫磷暴露可引起青鳉鱼的体液免疫应答显著减弱(Beaman et al., 1999)，二嗪农等农药暴露可改变尼罗罗非鱼的接种应答(Khalaf-Allah, 1999)。

表 8-3　多种农药的免疫毒性表现

毒性表现	作用对象	农药
免疫病理方面		
淋巴器官重量下降	小鼠	对硫磷
脾、胸腺、淋巴细胞病理损伤	小鼠	二嗪农
抑制免疫母细胞分化	人、大鼠	甲基对硫磷、氯氰菊酯
免疫细胞总数下降	人	氯吡硫磷
体液免疫方面		
总 IgG 和 IgM 下降	小鼠	二嗪农
体液空斑形成细胞应答	小鼠	灭害威
基础抗体应答和抗体空斑形成细胞数量下降	小鼠	马拉硫磷、对硫磷
抗体生成量下降	山羊	氰戊菊酯
IL-6、TNF-α	大鼠	氰戊菊酯
IgM	猕猴	毒杀芬
细胞免疫方面		
T 细胞介导细胞毒性	大鼠、小鼠	毒死蜱、马拉硫磷
迟发性变态反应降低	大鼠	氯氰菊酯

续表

毒性表现	作用对象	农药
非特异性免疫		
巨噬细胞游离基形成和 NK 细胞活性下降	小鼠	甲基对硫磷
中性粒细胞和单核细胞趋化功能降低	猴	七氯、氯丹、毒杀芬
补体活性下降	人	多种有机磷化合物
穿孔素、颗粒溶素、颗粒酶 A 表达降低	人	敌敌畏
抵抗力		
过滤性毒菌感染增加	小鼠	对硫磷
细菌感染增加	兔	甲基对硫磷
白血病发生率增加	人	多种有机磷化合物
癌症发生率增加	大鼠乳腺细胞系	对硫磷
超敏反应		
接触性皮炎、荨麻疹	人	马拉硫磷、对硫磷
哮喘	人	多种有机磷化合物
自身免疫		
自身抗体升高	小鼠	马拉硫磷
狼疮样自身免疫	人	氯吡硫磷
其他		
细胞凋亡加剧	人	氯吡硫磷
淋巴细胞姐妹染色单体互换频率升高	人	甲氟磷酸异丙酯合成副产物

　　大多数农药化学性质活泼，其代谢过程中会产生有害代谢物，并引发活性氧簇，进而损伤脂类、蛋白质和 DNA 等细胞组分，导致免疫细胞损伤，影响机体的免疫功能。农药暴露导致的氧化压力还会干扰机体氧化还原稳态，进而可能干扰免疫细胞内信号通路及其功能。此外，已有较多研究针对不同类别农药的免疫毒性机制进行了深入探索。有机磷类杀虫剂损伤机体免疫系统的潜在机制包括（Galloway et al., 2003）：①抑制免疫系统中的丝氨酸水解酶，包括补体成分以及可影响免疫功能的凝血酶系统；②抑制单核细胞和淋巴细胞膜上的酯酶，并导致免疫细胞结构和功能改变；③可诱导氧化磷酸化从而导致淋巴组织病理损伤；④通过调节信号转导途径调节免疫细胞的活性和增殖。有机磷类杀虫剂显著抑制 NK 细胞和细胞毒性 T 淋巴细胞（cytotoxic T lymphocyte，CTL）的活性的机制包括：损伤 NK、CTL 细胞的胞吐途径和 FasL/Fas 途径，以及诱导这两类免疫细胞凋亡（夏秋媛和李芳秋，2009）。此外，由于免疫系统受到不同激素的严格调控，因而具有内分泌干扰效应的农药可以通过影响激素来干扰免疫稳态和免疫功能。例如，拟除虫菊酯类杀虫剂可能通过影响糖皮质激素受体功能、抗雄激素和抗雌激素效应，

以及通过调控下丘脑-垂体-甲状腺轴相关基因的表达干扰甲状腺激素功能，从而影响或调控机体的免疫功能(汪霞等，2017)。

8.4.3 藻毒素的免疫毒性

藻毒素作为藻类的次级代谢产物，在发生水华现象时大量存在，从而威胁水生生态系统健康。目前已发现多种藻毒素，以微囊藻毒素(microcystin，MC)和鱼腥藻毒素(anatoxin-a，AnTX-a)最为典型，其相关的毒性研究也较为系统。MC 已被确认为一类具有高度特异性的肝毒素，能抑制细胞内蛋白磷酸酶 1 和 2A 的活性，引起细胞上的骨架因过磷酸化而变性，进而细胞发生形变而丧失功能最终造成肝出血或肝功能变化(Fan et al., 2014)。MC 包含超过 90 种亚型，其中 MC-亮氨酸精氨酸(MCIR)是 MC 中含量最丰富且毒性最强的亚型。AnTX-a 被认为是神经毒素的代表，其分子具有乙酰胆碱类似结构，可与乙酰胆碱受体结合但不能被酶所降解，具有很强的神经肌肉去极化阻断作用，可导致肌肉麻痹甚至窒息死亡(Codd et al., 2005)。近年来，大量研究发现这两类藻毒素可能扰乱免疫细胞和免疫分子间内稳态的平衡，对机体的免疫系统产生毒性效应。

在水生生态系统中，水生生物可以通过皮肤、呼吸器官等吸收藻毒素并蓄积在体内产生毒性，因而关于藻毒素的免疫毒性研究更多侧重于对水生动物的研究。MC 可以引起作为鱼体重要免疫组织器官的脾脏细胞密度降低、淋巴细胞核变形细胞质凝集(Trinchet et al., 2011; Chen et al., 2016)，以及含有大量淋巴组织的鱼鳃和肠道黏膜上皮细胞受损(Drobac et al., 2016; 李莉等，2014)。MC 还可直接抑制鱼体内免疫细胞(如吞噬细胞、中性粒细胞、淋巴细胞等)的活性及功能(Palikova et al., 2004; Sieroslawska et al., 2007)，抑制鱼脾脏和头肾中免疫因子(如 TNF-α、IFN I、IgM 等)的表达(Wei et al., 2009)。AnTX-a 也被证明能够抑制鱼体内淋巴细胞增殖、白细胞吞噬功能、诱导免疫因子调节异常等(Rymuszka et al., 2010; Rymuszka et al., 2011; Rymuszka et al., 2012)。此外，关于藻毒素对人类和动物的免疫毒性研究也表明，MC 和 AnTX-a 的免疫毒性主要集中在中性粒细胞、巨噬细胞、淋巴细胞、骨髓细胞等免疫细胞，可使得这些细胞活力降低并导致氧化损伤、细胞凋亡、DNA 损伤等，还可促炎/抑炎细胞因子之间内稳态失衡等，进而影响机体的免疫功能(熊珊珊等, 2017)。

尽管大量研究已证实藻毒素的免疫毒性，有关免疫毒性机制的研究还相对缺乏。较多研究认为藻毒素免疫毒性的作用机制可能与其诱导细胞的氧化应激有关，细胞氧化代谢过程(尤其是吞噬细胞的呼吸爆发过程)中会释放活性氧物质，可能导致了脂质过氧化、DNA 损伤以及细胞死亡。有研究表明 MC 对鱼类的免疫毒性机制可能与其影响了免疫细胞的信号转导通路有关，尤其是丝裂原活化蛋白激酶信号通路(Wei et al., 2008)。然而，目前关于不同藻毒素结构与其免疫毒性的相关性尚不清楚，依然有待未来在蛋白质或分子水平上筛选出灵敏且特异性的指标做进一步研究。

8.4.4 多环芳烃的免疫毒性

关于多环芳烃(PAHs)的免疫毒性已有较多研究,动物实验及体外测试均表明,高剂量 PAHs 暴露可引起动物的胸腺、脾脏、淋巴结等淋巴组织萎缩。一般而言,具致癌性的 PAHs 亦可引起免疫抑制作用,而非致癌性 PAHs 无明显免疫毒性。PAHs 暴露对动物的体液免疫和细胞免疫均可产生显著影响。体液免疫方面,致癌性 PAHs 如苯蒽、二苯蒽、3-甲基胆蒽等对动物染毒后可抑制 T 细胞依赖性抗原的抗体产生(樊晶光, 1997),苯并芘可影响鱼类吞噬细胞的吞噬能力和呼吸爆发活动(Carlson et al., 2002)。细胞免疫方面,大多数 PAHs 都能引起淋巴细胞毒性。研究表明,二甲基苯蒽引起的细胞介导免疫抑制程度要高于苯并芘。苯并芘可显著抑制哺乳动物和鱼体内淋巴细胞的增殖,降低机体的宿主抵抗力(贾旭淑等,2012)。二甲基苯蒽染毒可抑制 T 淋巴细胞增殖、减弱迟发型超敏反应,降低宿主对单核细胞增多性李斯特氏菌的抵抗力,抑制细胞毒性 T 淋巴细胞和自然杀伤细胞活性。

目前关于 PAHs 的免疫抑制机制并未完全阐明,已有研究表明 PAHs 可通过其本体化合物或代谢物引起毒性作用。以苯并芘为代表的一些 PAHs,在细胞质中与芳香烃受体结合后,由细胞质进入细胞核内,与芳烃转位蛋白形成二聚体,此类二聚体可诱导 I 相代谢酶(如细胞色素 P450 氧化酶)或 II 相反应代谢酶(如谷胱甘肽还原酶)基因的表达,从而促进 PAHs 代谢转化为其他有毒物质。如苯并芘的免疫抑制作用就主要由其代谢产物苯并芘 7,8-双羟基酮-9,10-还氧化物所导致的,并可能导致机体癌变(Kawabata and White, 1989; Mounho and Burchiel, 1998)。对二甲基苯蒽的研究表明,其免疫抑制作用与细胞色素 P450 氧化酶相关,呈现出非 AhR 依赖,并可能与辅助性 T 细胞或 T 淋巴细胞识别错误抗原能力改变有关(陈成章,2008)。苯并芘和 3-甲基胆蒽等 PAHs 暴露可抑制淋巴细胞增殖同时伴随生物体内钙离子浓度快速持久升高,意味着其对淋巴细胞功能的免疫抑制作用可能通过干扰细胞内钙的动态平衡而实现。PAHs 对钙稳态的干扰主要有两方面的作用：诱导酪氨酸的磷酸化和三磷酸肌醇的形成来影响信号传递通道,以及抑制 Ca^{2+}-ATP 酶活性从而阻断滑面内质网对钙的摄取。此外,近年来的研究进一步表明,多环芳烃的免疫毒性机制与其对机体内多种信号通路(如丝裂原活化蛋白激酶信号通路)的影响相关。

8.4.5 多溴二苯醚的免疫毒性

多溴二苯醚(PBDEs)的神经毒性和内分泌毒性较早已被确认,而近年来的研究证据显示其也具有免疫毒性，可以引起生物体内胸腺萎缩、淋巴细胞分化异常以及增加疾病的易感性等毒性效应(万斌和郭良宏，2011)。PBDEs 对水生生物的免疫毒性研究表明，PBDEs 污染与海洋鲸类的胸腺萎缩显著相关且伴随着未成熟胸腺细胞和 B 细胞的流失以及外周血 T 细胞减少(Beineke et al., 2005; Beineke et al., 2007)，多种 PBDEs(BDE-47、BDE-99 和 BDE-153)暴露可引起海豹作为天然免疫细胞的粒细胞发生氧化胁迫且吞噬能力降低(Frouin et al., 2010)，大马哈鱼经 PBDEs 暴露后其对鳗利斯顿氏菌感染的抵抗力下降(Arkoosh et al., 2010)，BDE-47 暴露对鱼体的免疫抑制效应还呈现出性别差异(Frouin et al., 2010)。哺乳动物相关研究表明，BDE-209 暴露不仅可显著影响母代大鼠的免疫功能，还可降低子代大鼠的出生体重、胸腺重量以及影响其细胞免疫功能和抗肿瘤反应(周俊等，2006)。此外，受人类柯萨奇病毒 B3 感染后的小鼠暴露于 PBDEs 后，导致其分泌的白介素、炎症因子、趋化因子等水平严重下降，说明 PBDEs 可选择性阻碍免疫信号传递，从而影响生物对疾病的易感性(Lundgren et al., 2009)。目前关于 PBDEs 对人体的影响研究较欠缺，有报道发现人血中淋巴细胞的体外增殖和免疫球蛋白合成不受 PBDEs 体外短期暴露的影响(Fernlöf et al.,1997)，然而 PBDEs 长期暴露的免疫毒性，尤其是在婴儿和胚胎期暴露情况下的免疫毒性效应，还有待未来进一步研究。

关于多溴二苯醚的免疫毒性的制毒机制研究刚起步。近年，有研究者利用原代培养的小鼠腹腔巨噬细胞(peritoneal macrophages，PMQ)为模型，发现 BDE-47 和 BDE-209 暴露均可激活线粒体凋亡通路和死亡受体凋亡通路等，并引起细胞内活性氧升高以及谷胱甘肽活性降低，从而导致 PMQ 细胞凋亡，表明 PBDEs 的免疫毒性可能与通过诱导免疫细胞凋亡相关(Lv et al., 2015)。此外，由于免疫系统与神经和内分泌系统紧密相关，PBDEs 的免疫毒性机制可能也与其神经毒性和内分泌毒性的作用机制有关，还需要更多的研究工作来揭示。

8.4.6　甲基汞的免疫毒性

甲基汞作为重金属汞的主要有机形态，具有极强的生物累积性(Wang et al., 2010)，环境中微量的甲基汞可随食物链传递和放大，且能穿过生物体的血脑屏障，对机体产生毒性效应。自 20 世纪 50 年代发生由汞污染导致的水俣病事件之后，大量的研究集中在汞的神经毒性效应，直到近二十年关于汞的免疫毒性的研究才逐渐引起重视。

汞的免疫毒性比大多数金属更为复杂，其毒性效应的表现受到试验物种以及实验条件的影响，可能表现为免疫抑制、免疫刺激、自身免疫反应以及超敏反应(Schwenk et al., 2009)。已有较多研究表明，汞暴露可能引发鱼体造血功能降低、吞噬细胞功能降低、免疫球蛋白降低、染色体损伤、免疫细胞凋亡等不同层面的免疫毒性效应（Sweet and Zelikoff, 2001），还可导致鱼体免疫细胞活性降低，对机体感染的敏感性增加（Gill and Pant, 1985）。汞的免疫毒性效应与暴露浓度紧密相关，有研究发现低浓度汞暴露可能对鱼类表现出免疫刺激效应，而高浓度表现为免疫抑制效应（MacDougal and Johnson, 1996; Low and Sin, 1998）。此外，不同鱼类对汞暴露的敏感性和耐受性存在较大差异，表现出不同程度的免疫毒性效应，然而关于鱼类的种间差异还有待进一步研究。相较而言，关于汞对啮齿动物的免疫毒性研究更为系统和深入。关于啮齿类动物对汞暴露敏感性的种间差异已有较系统的对比研究，发现挪威棕鼠等物种对汞暴露较为敏感（Kosuda et al., 1993），因而常被用作研究汞免疫毒性的模式生物。已有研究表明，无机汞或甲基汞暴露可诱导对汞暴露不敏感的啮齿类动物（如路易鼠）产生免疫抑制效应，进而降低对外界感染（如利什曼病、子孢子感染等）的免疫防御能力（Bagenstose et al., 2001; Silbergeld et al., 2000）。然而，汞暴露敏感物种（如挪威棕鼠）则可被诱导产生免疫刺激效应，表现为促进免疫分子合成和分泌，如免疫球蛋白 IgE 抗体、白细胞介素 IL-2 和 IL-4、干扰素 IFN-α 等（Heo et al., 1996; Hultman et al., 1998）。此外，甲基汞或无机汞均可诱发不同生物物种（包括对汞暴露敏感及不敏感的动物）产生自身免疫反应（Bjørklund et al., 2017），且可能诱发人体出现自身免疫疾病，如多发性硬化症、脂泄病等（Prochazkova et al., 2004; Stejskal, 2015; Kamycheva et al., 2017）。汞诱发自身免疫的机理依然不明确，已有部分研究表明可能与诱导自身抗体和自身反应性 T 细胞过量生成有关（Silbergeld et al., 2005）。

目前关于汞的毒性机制依然不够明确，一些研究认为汞与生物体内蛋白质所含巯基相结合，从而影响蛋白功能的表达而诱发毒性（Massaro, 1997），且汞的毒性机制可能与汞暴露导致机体产生氧化胁迫效应、体内钙稳态失衡和改变谷氨酸盐平衡等有关（Marcusson and Jarstrand, 1998; Garg and Chang, 2006; Dreiem and Seegal, 2007）。还有研究初步推测汞的免疫毒性可能由汞在生物体内被当作半抗原，并可以与生物大分子结合后形成抗原而引发（Vas and Monestier, 2008）。汞在生物体内易与含巯基的氨基酸等生物大分子结合，而生物体内汞与硒的结合常数为 10^{45}，是汞与硫结合常数 10^{39} 的百万倍（Dyrssen and Wedborg, 1991），因而硒与汞的致毒机制存在紧密联系，硒也被称为汞的天然拮抗剂。硒对汞毒性的解毒作用于 1972 年首次在 *Science* 杂志上被报道，之后生物体内硒-汞拮抗效应逐渐在各类生物中被证实。随着相关研究的不断深入，研究者发现汞能参与机体内硒蛋白合成和分解的循环（图 8-3，Ralston and Raymond, 2010），从而影响硒相关酶和蛋白的生理功能，并进而提出汞毒性的"SOS"机制，认为汞的毒性是由汞-硒络合后抑制了硒相关酶（尤其是以硒为活性中心的抗氧化酶）的合成和活性所引起，表现为硒缺乏而引起的毒性，因而适量补硒可以弥补汞络合导致的硒缺乏毒性（Ralston, 2008; Ralston and Raymond, 2010）。

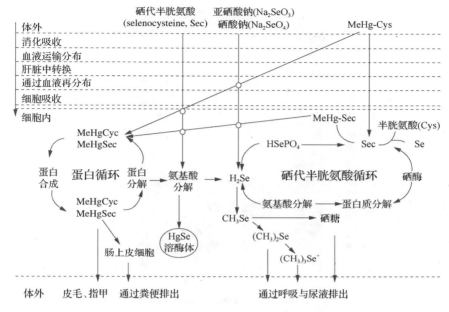

图 8-3　甲基汞参与硒蛋白循环过程示意图

基于这一假设，近年来有研究者以小鼠作为模式生物，就硒对汞的免疫毒性的影响开展了系统性研究，进而探索汞的免疫毒性机制。研究发现，无机汞和甲基汞暴露对小鼠体内免疫细胞的增殖性能和杀伤活性有明显抑制作用，且可抑制小鼠血清中细胞因子 IL-2 和 TNF-2 分泌量(李玄等，2014)。小鼠饮食中硒的添加可显著影响汞诱导的免疫抑制效应，且与硒的形态、暴露浓度及硒/汞摩尔比有关。小鼠饮用水中添加亚硒酸钠对无机汞和甲基汞诱导的免疫抑制效应有显著影响，低浓度时表现为解毒作用且随硒-汞摩尔比升高而增强，而高浓度时由于亚硒酸钠自身的免疫毒性被诱导而表现出来免疫毒性的协同作用(如图 8-4 所示，Li et al.，2014)。小鼠食物中富硒酵母的添加也能显著减缓甲基汞的免疫抑制效应，且以有机硒为主要硒形态的富硒酵母自身的免疫毒性比无机硒更低。进一步就硒对汞免疫毒性的拮抗机制进行探索发现，甲基汞暴露可对小鼠胸腺和脾脏的抗氧化系统产生明显干扰，显著降低以硒活性中心的谷胱甘肽过氧化氢酶(GPx)和非硒活性中心的超氧化物歧化酶(SOD)的活性，导致免疫器官细胞脂质过氧化和蛋白氧化的发生并诱导细胞凋亡，而硒的摄入则弥补由于汞暴露导致的硒缺乏，增强硒相关抗氧化酶的活性，恢复免疫器官氧化和抗氧化的平衡并消除氧化损伤，从而恢复甚至增强免疫功能(Li et al.，2014)。以上研究结果支持 "SOS" 机制假设，表明汞的免疫毒性与机体内硒-汞络合后抑制硒相关酶的合成和活性有关。

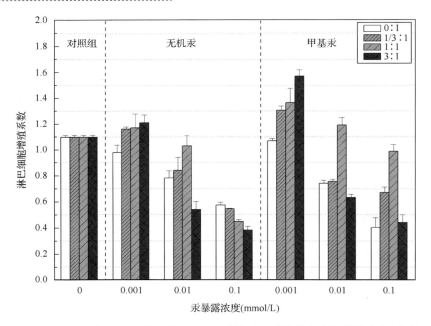

图 8-4　不同浓度及硒-汞摩尔比下,亚硒酸钠对汞诱导的免疫抑制效应(以小鼠
脾脏 T 淋巴细胞增殖性能为例)的解毒作用

8.5　持久性有机污染物的免疫毒性与致癌性

8.5.1　免疫系统的抗肿瘤机制

　　免疫系统不仅可以识别肿瘤细胞,还可以通过细胞免疫机制杀伤肿瘤细胞,从而有效阻止肿瘤细胞在机体内的生存和增殖(陈成章,2008)。肿瘤免疫学早在 20 世纪初就被提出,至今已经历百年的螺旋式发展,其科学根本在于肿瘤细胞中存在与正常组织不同的抗原成分,从而可诱发针对肿瘤抗原的免疫反应。20 世纪 70 年代,免疫监视学说被正式提出(Burnet, 1970),认为机体每天都有大量细胞发生突变,其中有些可转变为肿瘤细胞,而正常的免疫监视功能可以通过免疫活性细胞来识别并清除这些突变细胞,以防肿瘤的发生。20 世纪 90 年代,特异性 T 细胞识别的人类恶性黑色素瘤抗原 MAGE-1 被首次成功分离并确定基因结构(Traversari et al., 1992),成为肿瘤免疫研究新的里程碑。之后,研究者在免疫监视学说基础上进一步发展提出了肿瘤免疫编辑理论(Dunn et al., 2000),认为肿瘤免疫经历肿瘤免疫监视、肿瘤免疫相持和肿瘤免疫逃逸三个阶段。近十年来,随着肿瘤学、免疫学和分子生物学等学科的飞速发展和交叉渗透,肿瘤免疫治疗已成为继手术、放射治疗和化学治疗后一种重要的抗肿瘤治疗手段。2011~2015 年

间，用于治疗肿瘤的 Sipuleucel-T、抗 CTLA-4 抗体、抗 PD-1 抗体、T-Vec 溶瘤病毒等先后在美国、日本等国问世，标志着肿瘤免疫时代的到来(黄波，2016)。2013年，肿瘤的免疫治疗被 *Science* 杂志评为年度最重要的科学突破。

在免疫系统抗肿瘤过程中，免疫细胞，包括 T 淋巴细胞、NK 细胞、巨噬细胞、DC 细胞、B 细胞参与并发挥了重要作用。目前认为 T 细胞是唯一能够特异性杀伤肿瘤细胞的细胞。研究已发现肿瘤组织或癌前病变组织中有大量的以 T 细胞为主的淋巴细胞浸润，而肿瘤抗原特异性 T 细胞，可以识别肿瘤抗原经过加工产生的肽段与 MHC I/II 类分子形成复合体，再提呈给 T 细胞受体产生抗原识别信号，进而特异性地杀伤表达肿瘤抗原的肿瘤细胞。目前已有相对成熟的针对 T 细胞的肿瘤免疫治疗方法(郭振红和曹雪涛，2016)，主要包括两大类：一类是 T 细胞过继疗法，即从患者肿瘤细胞中提取出的肿瘤特异性 T 细胞，体外扩增之后再回输(Rosenberg et al.，1988)；另一类是通过基因修饰方法，在正常 T 细胞表面表达能够识别肿瘤抗原的受体，包括 T 细胞受体基因修饰 T 细胞和嵌合抗原受体修饰 T 细胞(Kochenderfer et al.，2010)。相对于 T 细胞而言，B 细胞在肿瘤免疫中的研究属于起步阶段。研究显示 B 细胞可以通过以下三方面途径参与肿瘤免疫：①肿瘤组织中存在浸润的 B 细胞，可以产生特异性 IgG 抗体来识别肿瘤组织中的抗原，从而对肿瘤的生长起到一定抑制作用(Li et al.，2009)；②B 细胞本身作为抗原呈递细胞，可通过其表面的免疫球蛋白 Smlg 将外源蛋白(尤其是低浓度的抗原)呈递给 T 细胞，参与肿瘤免疫应答(Shen et al.，2007)；③淋巴细胞亚群“调节性 B 细胞”(Breg)可诱导释放多种调节性细胞因子，使得各种免疫细胞都可能成为 Breg 作用的靶细胞，从而参与肿瘤免疫调节，与肿瘤的发生、发展与转移等密切相关(DiLillo et al.，2010)。DC 细胞作为专职抗原提呈细胞，负责对抗原进行加工处理后提呈给 T 细胞，诱发 T 细胞(包括 CD4[+]辅助性 T 细胞和 CD8[+]杀伤性 T 细胞)的活化和增殖，激发有效的免疫应答。DC 在免疫应答过程中处于核心地位，目前也已成为肿瘤免疫治疗中的重要方式。2010 年全球首例抗肿瘤 Provenge DC 疫苗获得美国 FDA 批准。DC 疫苗主要分为两种(Palucka and Banchereau，2012)：一种是 DC 体外荷载抗原后，回输到患者体内；另一种是诱导 DC 在体内摄取肿瘤抗原，两者均通过最大程度活化肿瘤抗原特异性 T 细胞，从而发挥抗肿瘤效应。NK 细胞作为固有免疫细胞，能够非特异性地杀伤被感染的细胞以及肿瘤细胞。NK 细胞功能的发挥受到杀伤细胞活化受体(KAR)和杀伤细胞抑制受体(KIR)的调控，当正常情况下与 KIR 结合的细胞表面 MHC I 类分子的表达降低或缺失，抑制性信号功能减弱，NK 细胞则被活化，杀伤目标细胞。最新研究表明，应用 PD-1 单抗可以恢复 NK 细胞的抗肿瘤效应(Benson et al.，2010)，联合应用溶瘤病毒和 CTLA-4 阻断抗体证实 NK 细胞参与抗肿瘤效应(Zamarin et al.，2014)。

8.5.2 持久性有机污染物致癌性中的免疫因素

国际癌症研究机构在 20 世纪 70 年代就指出：80%～90%的人类癌症和环境因素有关，其中化学因素(包括环境污染物)占 90%以上。现已确定有强致癌作用的环境污染物大多为有机化合物，包括：多环芳烃、芳香胺、亚硝胺、偶氮化合物、芳香硝基化合物、卤代烃等。化学致癌物按照致癌过程可分为两大类：①不经过生物体内代谢活化就可致癌(如 N-烷基亚硝胺衍生物等甲基化剂)；②需要在体内经过酶的活化作用，形成代谢物并成为终致癌物而诱发癌症(如多环芳烃、苯酚等)。尽管这些致癌有机化合物在化学结构和性质上不尽相同，但通常这类物质或其终致癌物具有很强的亲电性(杨文襄，1983)。关于环境污染物等化学物质致癌机制尚未完全阐明，但较为公认机制是一个长期的、多基因参与的多阶段过程，目前已发现的致癌机制包括：引起 DNA 核苷酸序列编码信息改变而导致永久性的细胞突变，造成基因水平上的遗传性变化；引起无核酸序列改变的 DNA 基因外改变(如 DNA 甲基化状态)，破坏基因调节区和改变染色体结构，从而改变基因的正常转录活性，称为表观遗传机制(陈家堃等，2007)；对 DNA 外靶子起作用的非突变致癌机制，如影响细胞间连接通信、信号传导系统、纺锤丝系统等。

持久性有机污染物除了可能通过上述突变或非突变机制诱发癌症之外，还可能通过影响免疫系统对肿瘤细胞的监视功能，从而诱发癌症的发生。如上节所述，正常的免疫系统具有监视功能，免疫应答通常在肿瘤发生的早期即开始响应，在肿瘤出现临床表现之前就可以杀灭大部分突变细胞，消除或延缓肿瘤生长。而污染物则可通过诱发免疫抑制效应，削弱免疫系统的监视功能，从而增加癌症发生的概率。例如，基于动物试验和人类流行病学调查发现，长期接触农药与淋巴癌、骨髓癌、白血病等癌症的发生风险增加有关(胡洁等，2009)。而在长期低剂量农药暴露过程中，机体的免疫监视功能也可能受到损伤，包括 NK 细胞和 CTL 活性的损伤等，进而使得肿瘤细胞能够逃脱免疫系统的监测和清除，导致肿瘤发生(汪霞等，2017)。尽管持久性有机污染物的免疫毒性和致癌性已经普遍得到证实，但目前的生态毒理学研究鲜有针对污染物的免疫毒性和致癌性之间相互关联的直接验证。免疫系统的监视功能在肿瘤免疫学上已取得长足发展，且在抗肿瘤方面已取得突破性进展，然而免疫监视在污染物的致癌机制中的潜在作用依然缺乏系统性研究。由于化学致癌的机制具有整体性和综合性，其过程包含了诸多关键要素，如：污染物致 DNA 损伤过程、癌基因的启动和关闭、癌细胞的形成、免疫监视的消除过程、癌细胞的扩散等。这些关键要素相互联系、相互作用，共同影响癌症的发生和发展。然而目前生命科学、医学、免疫学、生态毒理学等领域往往仅侧重于部分致癌要素，缺乏考虑化学致癌系统的综合性和整体性的研究。因而，关于持久性有机污染物的致癌性与其免疫毒性的相互关联的深入认识还有待于未来开展系统性、整体性、多层次的污染物致癌机制研究。

参 考 文 献

陈成章, 2008. 免疫毒理学. 郑州: 郑州大学出版社.

陈家堃, 纪卫东, 吴中亮, 等, 2007. 化学致癌的表观遗传机制. 环境与职业医学, 24(5): 533-536.

陈龙, 蒋莉, 陈恒胜, 等, 2010. 邻苯二甲酸二丁酯对子代大鼠海马神经细胞发育的影响. 中华劳动卫生职业病杂志, 28(7): 530-533.

樊晶光, 1997. 多环芳烃的免疫毒性及其机理. 国外医学:卫生学分册, 24(2): 80-81.

郭振红, 曹雪涛, 2016. 肿瘤免疫细胞治疗的现状及展望. 中国肿瘤生物治疗杂志, 23(2): 149-160.

胡洁, 王以燕, 许建宁, 2009. 农药致癌性的研究进展. 农药, 48(10): 708-711.

黄波, 2016. 肿瘤免疫: 肿瘤治疗的新希望. 科技导报, 34(20): 18-24.

贾旭淑, 宋超, 陈家长, 2012. 苯并芘对鱼类免疫毒性作用的研究进展.中国农学通报, 2012, 28(23): 98-103.

李莉, 雷和花, 侯杰, 等, 2014. 微囊藻毒素在银鲫肠道中的累积及其病理学影响.生态毒理学报, 9(6): 1189-1196.

李玄, 王锐, 尹大强, 2014. 饮用水汞暴露对小鼠免疫系统的毒性, 环境化学, 33(9): 1427-1432.

陆娴婷, 赵美蓉, 刘维屏, 2007. 农药的免疫毒性研究. 生态毒理学报, 2(1): 10-17.

万斌, 郭良宏, 2011. 多溴二苯醚的环境毒理学研究进展. 环境化学, 30(1): 143-152.

汪霞, 邰兴利, 何炳楠, 等, 2017. 拟除虫菊酯类农药的免疫毒性研究进展. 农药学学报, 19(1): 1-8.

王刚垛, 2000. TCDD 免疫毒性研究进展 I: TCDD 对免疫功能的影响. 国外医学: 卫生学分册, 27(2): 73-77.

吴中亮, 夏世钧, 吕伯钦, 2005. 毒理学辞典. 湖北: 湖北科学技术出版社.

夏秋媛, 李芳秋, 2009. 有机磷杀虫剂的免疫毒性及其机制的研究进展. 医学研究生学报, 22(1): 83-86.

熊珊珊, 宋天宇, 蒋辉, 2017. 鱼腥藻毒素与微囊藻毒素的免疫毒性研究. 公共卫生与预防医学, 28(3): 1-5.

杨文襄, 1983. 有机致癌物的化学结构与致癌性(上). 环境化学, 2(1): 1-16.

张凌燕, 2006. 神经系统与内分泌系统的相互影响与协同作用. 生物学通报, 41(7): 24-25.

周俊, 陈敦金, 廖秦平, 等, 2006. 孕期、哺乳期暴露十溴联苯醚对 3 代大鼠免疫功能的影响. 南方医科大学学报, 26(6): 738-741.

Arkoosh M R, Boylen D, Dietrich J, et al, 2010. Disease susceptibility of salmon exposed to polybrominated diphenyl ethers (PBDEs). Aquatic Toxicology, 98: 51-59.

Bagenstose L M, Mentink-Kane M M, Brittingham A, et al, 2001. Mercury enhances susceptibility to murine leishmaniasis. Parasite Immunol, 23: 633-640.

Banchereau J, Steinman R M, 1998. Dendritic cells and the control of immunity. Nature, 392(6673): 245-252.

Bansal R, Zoeller R T, 2008. Polychlorinated biphenyls (Aroclor 1254) do not uniformly produce agonist actions on thyroid hormone responses in the developing rat brain. Endocrinology, 149(8): 4001-4008.

Beaman J R, Finch R, Gardner H, et al, 1999. Mammalian immunoassays for predicting the toxicity of malathion in a laboratory fish model. Journal of Toxicology and Environmental Health, 56: 523-542.

Beineke A, Siebert U, McLachlan M, et al, 2005. Investigations of the potential influence of environmental contaminants on the thymus and spleen of harbor porpoises (*Phocoena phocoena*). Environmental Science & Technology, 39: 3933-3938.

Beineke A, Siebert U, Stott J, et al, 2007. Phenotypical characterization of changes in thymus and spleen associated with lymphoid depletion in free-ranging harbor porpoises (*Phocoena phocoena*). Veterinary Immunology and Immunopathology, 117: 254-265.

Benson D M, Bakance J R, Mishra A, et al, 2010. The PD-1/PD-L1 axis modulates the natural killer cell versus multiple myeloma effect: A therapeutic target for CT-011, a novel monoclonal anti-PD-1 antibody. Blood, 116(13): 2286-2294.

Bjørklund G, Dadar M, Mutter J, et al, 2017. The toxicology of mercury: Current research and emerging trends. Environmental Research, 159: 545-554.

Burnet F M, 1970. The concept of immunological surveillance. Progress in Experimental Tumor Research, 13: 1-27.

Carlson E A, Li Y, Zelikoff J T, 2002. Exposure of Japanese medaka (*Oryzias latipes*) to benzo[*a*]pyrene suppresses immune function and host resistance against bacterial challenge. Aquatic Toxicology, 56(4): 289-301.

Cederbrant K, Marcusson-Ståhl M, Condevaux F, et al, 2003. NK-cell activity in immunotoxicity drug evaluation. Toxicology, 185(3): 241-250.

Chen C Y, Liu W J, Wang L, et al, 2016. Pathological damage and immunomodulatory effects of zebrafish exposed to microcystin-LR. Toxicon, 118: 13-20.

Clark D A, Gauldie J, Szewczuk M R, et al, 1981. Enhanced suppressor cell activity as a mechanism of immunosuppression by 2,3,7,8-tetrachlorodibenzo-*p*-dioxin. Proceedings of the Society for Experimental Biology and Medicine, 168: 290-299.

Clark G C, Taylor M J, Tritscher A M, et al, 1991. Tumor necrosis factor involvement in 2,3,7,8-tetrachlorodibenzo-*p*-dioxin-mediated endotoxin hypersensitivity in C57BL6J mice congenic at the Ah locus. Toxicology and Applied Pharmacology, 111: 422-431.

Codd G A, Morrison L F, Metcalf J S, 2005. Cyanobacterial toxins: Risk, management for health protection. Toxicology and Applied Pharmacology, 203: 264-272.

Deheer C, Verlaan A P J, Penninks A H, et al, 1994. Time course of 2,3,7,8-tetrachlorodibenzo-*p*-dioxin (TCDD)-induced thymic atrophy in the wistar rat. Toxicology and Applied Pharmacology, 128: 97-104.

DiLillo D J, Matsushita T, Tedder T F, 2010. B10 cells and regulatory B cells balance immune responses during inflammation, autoimmunity, and cancer. Annals of the New York Academy of Sciences, 183(1): 38-57.

Dreiem A, Seegal R F, 2007. Methylmercury-induced changes in mitochondrial function in striatal synaptosomes are calcium-dependent and ROS-independent. Neurotoxicology, 28: 720-726.

Drobac D, Tokodi N, Lujić J, et al, 2016. Cyanobacteria and cyanotoxins in fishponds and their effects on fish tissue. Harmful Algae, 55: 66-76.

Dunn G P, Bruce A T, Ikeda H, et al, 2002. Cancer immunoediting: From immunosurveillance to tumor escape. Nature Immunology, 3: 991-998.

Dyrssen D, Wedborg M, 1991. The sulphur-mercury (II) system in natural waters. Water, Air, & Soil Pollution, 56: 507-519.

Fan H, Cai Y, Xie P, et al, 2014. Microcystin-LR stabilizes c-myc protein by inhibiting protein phosphatase 2A in HEK293 cells. Toxicology, 319(1): 69-74.

Fernlöf G, Gadhasson I, Pödra K, et al, 1997. Lack of effects of some individual polybrominated diphenyl ether (PBDE) and polychlorinated biphenyl (PCB) congeners on human lymphocyte functions *in vitro*. Toxicology Letters, 90(2/3): 189-197.

Frazier D E, Silverstone A E, Gasiewicz T A, 1994. 2,3,7,8-tetrachlorodibenzo-*p*-dioxin-induced thymic adrophy and lymphocyte stem-cell alterations by mechanisms independent of the estrogen-receptor. Biochemical Pharmacology, 47: 2039-2048.

Frouin H, Lebeuf M, Hammill M, et al, 2010. Effects of individual polybrominated diphenyl ether (PBDE) congeners on harbour seal immune cells *in vitro*. Marine Pollution Bulletin, 60: 291-298.

Galloway T, Handy R, 2003. Immuno toxicity of organo phosphorous pesticides. Ecotoxicology, 12(1-4): 345-363.

Garg T K, Chang J Y, 2006. Methylmercury causes oxidative stress and cytotoxicity in microglia: Attenuation by 15-deoxy-delta, 14-prostaglandin J(2). Journal of Neuroimmunology, 171: 17-28.

Garg U K, Pal A K, Jha G J, et al, 2004. Haemato-biochemical and immuno-pathophysiological effects of chronic toxicity with synthetic pyrethroid, organophosphate and chlorinated pesticides in broiler chicks. International Immunopharmacology, 4(13):1709-1722.

Gill T S, Pant J C, 1985. Mercury-induced blood anomalies in the fresh water teleost *Barbus conchonius*. Water, Air & Soil Pollution, 24: 165-171.

Gussekdoo J, Van Exel E, De Craen A J, et al, 2004. *Thyroid status*, disability and cognitive function, and survival in old age. Journal of the American Medical Association, 292(21): 2591-2599.

Heo Y, Parsons P J, Lawrence D A, 1996. Lead differentially modifies cytokine production *in vitro* and *in vivo*. Toxicology and Applied Pharmacology, 138: 149-152.

Hultman P, Lindh U, Horsted-Bindslev P, 1998. Activation of the immune system and systemic immune-complex deposits in brown norway rats with dental amalgam restorations. Journal of Dental Research, 77: 1415-1425.

Jin Y X, Pan X H, Fu Z W, 2014. Exposure to bifenthrin causes immunotoxicity and oxidative stress in male mice. Environmental Toxicology, 29(9): 991-999.

Kamycheva E, Goto T, Camargo C A, 2017. Blood levels of lead and mercury and celiac disease seropositivity: The US National Health and Nutrition Examination Survey. Environmental Science and Pollution Research, 9: 1-7.

Kawabata T T, White K L, 1989. Benzo[*a*]pyrene metabolism by murine spleen microsomes. Cancer Research, 49: 5816-5822.

Khalaf-Allah S S, 1999. Effect of pesticide water pollution on some haematological, biochemical and immunological parameters in *Tilapia nilotica* fish. Deutsche Tierarztliche Wochenschrift, 106: 67-71.

Kochenderfer J N, Wilson W H, Janik J E, et al, 2010. Eradication of B-lineage cells and regression of lymphoma in a patient treated with autologous T cells genetically engineered to recognize CD19. Blood, 116(20): 4099-4102.

Kosuda L L, Greiner D L, Bigazzi P E, 1993. Mercury-induced renal autoimmunity: Changes in RT6+ T-lymphocytes of susceptible and resistant rats. Environmental Health Perspectives, 101: 178-185.

Li Q, Song H, Teitz-Tennenbaum S, et al, 2009. *In vivo* sensitized and *in vitro* activated B cells mediate tumor regression in cancer adoptive immunotherapy. Journal of Immunology, 183(5): 3195-3203.

Li X, Yin D-Q, Li J,Wang R, 2014. Protective effects of selenium on mercury induced immunotoxic effects in mice by way of concurrent drinking water exposure. Archives of Environmental Contamination and Toxicology, 67, 104-114.

Li X, Yin D-Q, Yin J-Y, Chen Q, et al, 2014. Dietary selenium protect against redox-mediated immune suppression induced methylmercury exposure. Food and Chemical Toxicology, 72: 169-177.

Low K W, Sin Y M, 1998. Effects of mercuric chloride and sodium selenite on some immune responses of blue gourami, *Trichogaster trichopterus* (Pallus). Science of the Total Environment, 18: 153-164.

Lundgren M, Darnerud P O, Blomberg J, et al, 2009. Polybrominated diphenyl ether exposure suppresses cytokines important in the defence to coxsackievirus B3 infection in mice. Toxicology Letters, 184(2): 107-113.

Lv Q Y, Wan B, Guo L H, et al, 2015. *In vitro* immune toxicity of polybrominated diphenyl ethers on murine peritoneal macrophages: Apoptosis and immune cell dysfunction. Chemosphere, 120: 621-630.

MacDougal K C, Johnson M D, Burnett K G, 1996. Exposure to mercury alters early activation events in fish leukocytes. Environmental Health Perspectives, 104: 1102-1106.

Madhurar B V, Brewster D W, Matsumura F, 1984. Effects of *in vivo*-administered 2,3,7,8-tetrachlorodibenzo-*p*-dioxin on receptor-binding of epidermal growth-factor in the hepatic plasma-membrane of rat, Guinea-pig, mouse and hamster. Proceedings of the National Academy of Sciences of the United States of America, 83: 7404-7411.

Marcusson J A, Jarstrand C, 1998. Oxidative metabolism of neutrophils *in vitro* and human mercury tolerance. Toxicology In Vitro, 12: 383-388.

Massaro E J, 1997. Tissue uptake and subcellular distribution of mercury. //Handbook of human toxicology, ed. Boca Raton, FL: CRC Press: 285-301.

Moos A B, Kerkvliet N I, 1995. Inhibition of tumor necrosis factor activity fails to restore 2,3,7,8-tetrachlorodibenzo-*p*-dioxin (TCDD)-induced suppression of the antibody response to sheep red blood cells. Toxicology Letters, 81: 175-181.

Mounho B J, Burchiel S W, 1998. Alterations in human B-cell calcium homeostasis by polycyclic aromatic hydrocarbons: Possible associations with cytochrome P450 metabolism and increased protein tyrosine phosphorylation. Toxicology and Applied Pharmacology, 149: 80-89.

Negishi T, Kawasaki K, Sekiguchi S, et al, 2005. Attention deficit and hyperactive neurobehavioral characteristics induced by perinatal hypothyroiddism in rats. Behaviour Brain Research, 159:323-331.

Onles M J, Verma M, Kurl R N, 1994. 2,3,7,8-tetrachlorodibenzo-*p*-dioxin-mediated gene expression in the immature rat thymus. Experimental and Clinical Immunogenetics, 11: 102-109.

Palikova M, Navratil S, Krejci R, et al, 2004. Outcomes of repeated exposure of the carp (*Cyprinus carpio* L.) to cyanobacteria extract. Acta Veterinaria Brno, 73(2): 259-265.

Palucka K, Banchereau J, 2012. Cancer immunotherapy via dendritic cells. Nature Reviews Cancer, 12(4): 265-277.

Prochazkova J, Sterzl I, Kucerova H, et al, 2004. The beneficial effect of amalgam replacement on health in patients with autoimmunity. Neuroendocrinology Letters, 25: 211-218.

Ralston N V C, 2008. Selenium health benefit values as seafood safety criteria. EcoHealth, 5: 442-455

Ralston N V C, Raymond L J, 2010. Dietary selenium's protective effects against methylmercury toxicity. Toxicology, 278: 112-123.

Roma G C, De Oliveira P R, Bechara G H, et al, 2012. Cytotoxic effects of permethrin on mouse liver and spleen cells. Microscopy Research and Technique, 75(2): 229-238.

Rosenberg S A, Packard B S, Aebersld P M, et al, 1988. Use of tumor-infiltrating lymphocytes and interleukin-2 in the immunotherapy of patients with metastatic melanoma. A preliminary report. The New England Journal of Medicine, 319(25): 1676-1680.

Ross P S, de Swart R L, van der Vliet H, et al, 1997. Impaired cellular immune response in rats exposed perinatally to Baltic Sea herring oil or 2,3,7,8-TCDD. Archives of Toxicology, 71: 563-574.

Rymuszka A, Adaszek L, 2012. Pro- and anti-inflammatory cytokine expression in carp blood and head kidney leukocytes exposed to cyanotoxin stress—An *in vitro* study. Fish and Shellfish Immunology, 33(2): 382-388.

Rymuszka A, Sieroslawska A, 2010. Study on apoptotic effects of neurotoxin anatoxin-a on fish immune cells. Neuro Endocrinology Letters, 31: 11-15.

Rymuszka A, Sieroslawska A, 2011. Effects of neurotoxin-Anatoxin—A on common carp (*Cyprinus carpio* L.) innate immune cells *in vitro*. Neuro Endocrinology Letters, 32: 84-88.

Schwenk M, Klein R, Templeton D M, 2009. Immunological effects of mercury (IUPAC Technical Report). Pure and Applied Chemistry. 81: 153-167.

Shen S, Xu Z, Qian X, et al, 2007. Autogeneic RNA-electroporated CD40-ligand activated B-cells from hepatocellular carcinoma patients induce CD8$^+$ T-cell responses *ex vivo*. Experimental Oncology, 29(2): 137-143.

Sieroslawska A, Rymuszka A, Bownik A, et al, 2007. The influence of microcystin-LR on fish phagocytic cells. Human & Experimental Toxicology, 26(7): 603-607.

Silbergeld E K, Sacci Jr. J B, Azad A F, 2000. Mercury exposure and murine response to *Plasmodium yoelii* infection and immunization. Immunopharmacology and Immunotoxicology, 22: 685-695.

Silbergeld E K, Silva I A, Nyland J F, 2005. Mercury and autoimmunity: Implications for occupational and environmental health. Toxicology and Applied Pharmacology, 207: 282-292.

Sims R B, 2012. Development of sipuleucel-T: Autologous cellular immunotherapy for the treatment of metastatic castrate resistant prostate cancer. Vaccine, 30(29): 4394-4397.

Siwicki A K, Terech-majewsja E, Grudniewska J, et al, 2010. Influence of deltamethrin on nonspecific cellular and humoral defense mechanisms in rainbow trout (*Oncorhynchus mykiss*). Environmental Toxicology and Chemistry, 29(3): 489-491.

Steinberg R M, Walker D M, Juenger T E, et al, 2008. The effects of perinatal PCBs on adult female rat reproduction: Development, reproductive physiology, and second gene rational effects. Biology of Reproduction, 78(6): 1091-1101.

Stejskal V, 2015. Allergy and autoimmunity caused by metals: A unifying concept. //Shoenfeld Y, Agmon-Levin N, Tomljenovic L, (Eds). Vaccines and Autoimmunity. Hoboken: Wiley: 57-63.

Sweet L I, Zelikoff J T, 2001. Toxicology and immunotoxicology of mercury: A comparative review in fish and humans. Journal of Toxicology and Environmental Health, Part B: Critical Reviews, 4: 161-205.

Thomas P T, Hinsdill R D, 1979. The effect of perinatal exposure to tetrachlorodibenzo-*p*-dioxin on the immune response of young mice. Drug and Chemical Toxicology, 2: 77-98.

Traversari C, van der Bruggen P, Luescher I F, et al, 1992. A nonapeptide encoded by human gene MAGE-1 is recognized on HLA-A1 by cytolytic T lympho‑cytes directed against tumor antigen MZ2-E. Journal of Experimental Medicine, 176: 1453-1457.

Trinchet I, Djediat C, Huet H, et al, 2011. Pathological modifications followings sub-chronic exposure of medaka fish (*Oryzias latipes*) to microcystin-LR. Reproductive Toxicology, 32(3): 329-340.

Vas J, Monestier M, 2008. Immunology of mercury. Annals of the New York Academy of Sciences, 1143: 240-267.

Vogal C, Donat S, Döhr O. et al, 1997. Effect of subchronic 2,3,7,8-tetrachlorodibenzo-*p*-dioxin exposure on immune system and target gene responses in mice: Calculation of benchmark doses for CYP1A1 and CYP1A2 related enzyme activities. Archives of Toxicology, 71: 372-382.

Vogel C, Donat S, Döhr O, et al, 1997. Effect of subchronic 2,3,7,8-tetrachlorodibenzo-*p*-dioxin exposure on immune system and target gene responses in mice: calculation of benchmark doses for CYP1A1 and CYP1A2 related enzyme activities. Archives of Toxicology, 71: 372-382.

Vos J G, Moore J A, Zinkl J G, 1973. Effect of 2,3,7,8-tetrachlorodibenzo-*p*-dioxin on the immune system of laboratory animals. Environmental Health Perspectives, 5: 149-162.

Wang R, Wong M H, Wang W X, 2010. Mercury exposure in the freshwater tilapia *Oreochromis niloticus*. Environmental Pollution, 158: 2694-2701.

Wei L L, Sun B J, Chang M X, et al, 2009. The effects of cyanobacterial toxin microcystin-LR on the transcription of immune-related genes in grass carp (*Ctenopharyngodon idella*). Environmental Biology of Fishes, 85(3): 231-238.

Wei L L, Sun B, Song L, et al, 2008. Gene expression profiles in liver of zebrafish treated with microcystin-LR. Environmental Toxicology and Pharmacology, 26(1): 6-12.

Ye R R, Lei E N, Lam M H, et al, 2011. Gender-specific modulation of immune system complement gene expression in marine medaka *Oryzias melastigma* following dietary exposure of BDE-47. Environmental Science and Pollution Research International, 19: 2477-2487.

Zamarin D, Holmgaard R B, Subudhi S K, et al, 2014. Localized oncolytic virotherapy overcomes systemic tumor resistance to immune checkpoint blockade immunotherapy. Science Translational Medicine, 6 (226): 226-232.

第9章 高通量测试技术与有害结局路径

本章导读

- 介绍大量化学品的毒性测试需求、高通量测试技术和有害结局路径的基本概念和原理。

- 集中介绍了基于"芳香烃受体(AhR)-胚胎发育毒性"有害结局路径(AOP)的主要组成部分,包括分子启动事件(与 AhR 结合并激活)、关键事件(*CYP1A* 基因的过表达等)和有害结局(胚胎发育毒性)。

- 以 AhR-AOP 为例,在解析传统的持久性有机污染物(POPs)、二噁英和类二噁英化合物(DLCs)致毒机制的基础上,构建基于 AhR-AOP 的新型环境污染物对生物敏感生命阶段毒性的预测模型,并组建包含 3D-QSAR、高通量体外筛选、高内涵胚胎测试和物种间遗传与进化分析等的集成性测试技术体系。

- 针对在我国长江中下游检出的具有类二噁英结构的新型污染物[多溴二苯醚(PBDEs)、多氯联苯硫醚(PCDPSs)等],从中筛选出一批高活性物质,揭示 PBDEs 等新型污染物分子致毒机制,预测并验证 6-OH-BDE-47 等物质的胚胎毒性,为新型污染物的生态风险评估提供了新的解决方案。

随着社会生产的发展,人类生产和使用化学品的种类及规模在不断扩大,据统计,截至 2018 年,人类合成并注册的物质多达 1.36 亿,并且每四秒就会增加至少 1 种(https://www.cas.org/)。在这些化学物质中,真正做过严格毒理学实验的物质只是很少一部分,大部分化学物质的潜在健康和生态危害并不清楚,因此这些物质进入环境后有可能对人体健康和生态安全构成风险。为了降低环境化学污染危害人体和动物健康的风险,及时开展化学污染物的生物毒性研究是非常有必要的。

传统的生物毒性测试方法是以动物实验为主的体内测试。例如国际管理毒理学中,经常使用鸟类急性毒性试验作为保护生态物种最常用的动物试验之一。在世界经济合作与发展组织(OECD)的指导准则中,鸟类急性毒性试验是用来评估农药等有机化学品生态安全性的标准化方法。在这一标准试验中,需要将鸟类暴露于化学物质长达 21 天；除了对照组以外，需要设定多达 34 只鸟，测试所得的结果是鸟类半致死的浓度(LD_{50})。这样的方法虽然简单，却有很多局限性：不仅需要大量的试验生物，而且需要高浓度的受试毒物并产生很多废物；而且所得结果也很难预测低浓度、长期暴露下的生物负效应。由于动物试验成本高、测试时间长，以及对动物权力的考虑，发展体外试验方法，建立快速、具有成本效益的替代毒性测试技术是当前毒理学研究的热点之一。大量的现有化学物质和新型环境污染物缺乏系统的毒性评估，亟需对现有的化学物质毒性评估方法和策略进行创新。

有机污染物的从源头到结局路径(source to outcome pathway，STO)或者有害结局路径(adverse outcome pathway，AOP)的概念框架，论述了化学品从生产、使用、暴露到宏观尺度产生有害效应的中间一系列生物大分子、细胞、组织、器官的各生物水平逐级链式响应。其中 AOP 框架将化学品管理中关心的毒性终点及其毒性机制联系起来，从系统生物学的角度概括了外源化学物质与生物大分子相互作用开始，触发后续细胞信号响应，组织和器官水平病变，最终产生个体和种群水平危害的因果关联。在 STO 或 AOP 框架指导下，成千上万的化学品如果能通过一系列经济、高效、替代毒性测试技术获取框架中反映化学品在分子、细胞、组织等水平上所发生反应的数据，就可以联合 STO 或 AOP 框架有效预测化学品可能产生的个体乃至种群水平毒性效应。因而，STO 或 AOP 框架的提出为化学品的筛选毒性测试与预测提供了新的思路和方案。

近年来，分子生物学、生物技术和计算科学等领域的快速发展极大地改善了化合物毒性评估的方法和方式。尤其是基因组学、生物信息学、系统生物学、发育遗传学和计算毒理学的发展使毒性测试可以从以动物试验为基础转变成为开始依赖体外试验方法(Browne et al., 2015)。新近涌现的生态毒性替代测试研究方法包括：计算方法如化合物定量构效关系(QSAR)，基于体外方法的高通量测试和高内涵测试。这些研究和尝试虽然在短期内还不能彻底取代动物毒性试验的使用，但是利用替代毒性测试方法进行毒性筛选可以减少、优化甚至取代一些动物毒性试验的使用。

9.1 高通量测试技术

本节重点从定量结构活性关系、体外测试和组学技术三个方面介绍在化学品测试中的高通量测试技术。

9.1.1 定量构效关系

定量构效关系(quantitative structure activity relationship, QSAR)是一种将污染物的分子结构与其理化性质、环境行为和毒理学参数(统称为活性)关联起来的定量预测模型。该模型可以实现基于分子结构预测污染物活性的目的，比实验测试更加快速且廉价，在预测污染物活性方面发挥了重要作用(Soffers et al., 2001)。

1. QSAR 研究进展及主要方法

QSAR 研究始于 20 世纪 30 年代，两种定量预测方法——Hansch-Fujita 方法和 Free-Wilson 方法的提出标志着 QSAR 时代的到来。Hansch 和 Fujita 以疏水性参数、Hammet 参数、Taft 参数和分子折光度作为自变量，以多元线性回归(multiple linear regression, MLR)方法建立了线性自由能关系(linear free energy relationship, LFER)模型(Hansch et al., 1962)。Free 和 Wilson 通过分析母体化合物可能的取代位点和可能的取代基，利用回归分析建立取代基团贡献模型(Free and Wilson, 1964)。此后，QSAR 主要应用于化学和药物学领域，在定量药物设计研究中起了重要作用。20 世纪 70 年代，由于对进入环境中的大量有机化合物的生态风险评价的需要，QSAR 开始在环境科学中得到应用，并得到快速发展(陈景文和全燮，2009)。

QSAR 研究的主要方法是二维 QSAR(2D-QSAR)和三维 QSAR(3D-QSAR)。2D-QSAR 是一种比较传统的方法，计算化合物的结构描述符时不考虑化合物的三维活性构象。常见的 2D-QSAR 方法主要有 Hansch-Fujita 方法、Free-Wilson 加和模型、LFER(Hansch, 1973)、线性溶剂化能相关(linear solvation energy relationship, LSER)法(Kamlet et al., 1986)、分子连接性指数(molecular connectivity index, MCI)法(Kier and Hall, 1990)等，其中应用最为广泛的是 Hansch-Fujita 方法。

Hansch-Fujita 方法的基本观点是化合物的生物活性与化合物的电子性质、立体性质和疏水性三种理化参数有关，因此化合物的电子性质、立体性质和疏水性中某些或全部的变化会影响化合物的生物活性，而且这三种效应的贡献是独立的且可以加和的：

$$\lg \frac{1}{C} = a \lg P + b E_{\mathrm{s}} + \rho \sigma + d \tag{9-1}$$

式中，$\lg P$、E_{s}、σ 和 d 分别代表疏水性、立体性质、电子性质和其他因素；C 为化合物产生指定生物效应的物质的量浓度；a、b、ρ 为常数。

3D-QSAR 方法是新发展起来的 QSAR 研究方法，它考虑到分子活性构象的影响，能准确反映化合物与受体之间的非键作用特征。从 1979 年距离几何(distance geometry, DG)方法的提出开始，已经有多种 3D-QSAR 方法问世，包括分子形状分析(molecular shape analysis, MSA)(Hopfinger, 1980)、比较分子力场分析(comparative molecular field analysis, CoMFA)(Cramer et al., 1988)、比较分子相似性指数分析(comparative molecular similarity indices analysis, CoMSIA)(Klebe et al., 1994)等，其中应用较广泛的是 CoMFA 和 CoMSIA 方法，目前，这两种研究方法已经商业化。CoMFA 方法由 Cramer 等于 1988 年提出。该方法的基本思想是具有某种生物活性的化合物与受体间存在范德华相互作用、静电相互作用等多种相互作用，这些作用可以由分子的作用能来描述。通过研究这些分子作用能与生物活性之间的关系来预测结构类似化合物的生物活性强度和设计新化合物。CoMFA 方法采用两种分子场：立体场和静电场，采用 Lennard-Jones 势能函数和 Coulomb 势能函数来计算两种分子场的作用能。1994 年出现的 CoMSIA 方法是 CoMFA 的改进，该方法采用五种分子场（立体场、静电场、疏水场、氢键供体场和氢键受体场）作为描述化合物分子与受体间作用的参数，由于该方法采用与距离相关的高斯函数作为势能函数，使得能量能够自动收敛于确定值，因此不用人为定义能量阈值。

2. QSAR 构建方法

QSAR 在污染物生态风险评价中可以发挥弥补基础数据的缺失、降低昂贵的测试费用、减少动物试验等方面的作用(Cronin et al., 2003)。世界各国的科研部门或管理部门，包括 OECD、欧洲化学品管理署(ECHA)、美国环境保护署(EPA)等，纷纷开发和应用面向毒害有机物生态风险评价与管理的 QSAR 技术。其中，OECD 围绕化学品的安全性问题开展了 QSAR 技术的应用研究，并于 2007 年颁布了 QSAR 模型构建和验证的导则(OECD)。该导则要求建立的 QSAR 应满足以下五点准则：①明确的环境指标，即能够用于建模的可测量的物理、化学、生物或者环境效应；②清晰的算法；③定义模型的应用域；④对模型的拟合优度、稳健性和预测能力进行恰当表征；⑤尽可能地进行机理解释。

构建 QSAR 模型主要包括 4 个基本步骤：①收集目标化合物相应的生物活性数据或化合物的性质数据，包括目标化合物的名称、CAS 号以及对应的生物活性效应或者化合物的性质数据。这里需要注意，数据来源的不同可能会引入一些假阳性或者假阴性的数据，针对这个问题，有研究者在进行雌激素活性预测时，利用数学模型将化合物的体外(*in vitro*)数据整合后，计算了一个变化范围在 0~1 的曲线下面积(area under curve，AUC)值，通过对 AUC 数值设置标准，将化合物定义为激动剂、拮抗剂或者是无活性化合物(Mansouri et al.,2016)。②构建化合物的分子结构并进行预处理，获取最优化构象，进而计算分子结构描述符(例如，亲电性、分子片段、氢键结合等)或者相关的理化性质参数(例如，lg$P$ 等)。③建立描述符与生物活性之间的函数关系，这种函数关系的建立是通过各种统计算法，包括一元回归、多元线性回归、偏最小二乘回归等，由于化合物的类型和活性不同，函数关系也不尽相同。④模型的检验和应用，为评价模型的准确性和稳定性，必须对所建模型进行验证。

3. QSAR 的应用

在环境科学领域，QSAR 模型应用于有机化学品环境行为参数预测和生物活性（包括毒性）预测这两个方面。其中，有机化学品环境行为参数预测包括对蒸气压（P_L）、正辛醇/空气分配系数 K_{OA}、土壤（沉积物）吸附系数、微生物降解性、生物富集因子（BCF）、大气中化学物质与·OH 反应速率常数以及大气环境中有机污染物被·OH 氧化降解途径等的预测（李雪花，2008；Chen et al.，2014；Li et al.，2014；孙露等，2015；赵文星等，2015；李雪花等，2016）。为了预测大气环境中有机污染物被·OH 氧化降解途径，研究人员以短链氯化石蜡（SCCPs）、二氧化碳捕获剂乙醇胺、二噁英和农药异丙威为代表性化合物，采用量子化学方法和变分过渡态理论对·OH 引发的大气环境中的降解机理和动力学做了研究，为降解模型的建立提供了理论基础和部分基础数据（Li et al.,2014）。此外，关于有机污染物 BCF 的预测，有研究收集了 780 种有机化合物的生物富集因子数据，其中训练集 624、验证集 156，依照 OECD 中 QSAR 模型构建和使用导则，通过多元线性回归算法构建了具有良好的拟合效果、稳健性和预测能力的 QSAR 模型（李雪花等，2016）。

QSAR 对于有机化学品生物活性（包括毒性）的预测主要包括在分子水平上与基因（蛋白）的反应和在个体水平上的效应。在分子水平上的典型应用包括利用 QSAR 预测化学品与蛋白亲合力的预测（Vandegehuchte et al.，2010）。其中，对激素受体活性干扰的预测是目前化学品 QSAR 模型应用比较多的研究领域，包括雌激素受体（estrogen receptor, ER）、雄激素受体（androgen receptor, AR）、甲状腺激素受体（thyroid hormone receptor, TR）等。例如，研究人员计算了 517 种有机化合物的 705 个分子描述符，并选取其中的 13 个分子描述符建立雌激素效应的 QSAR 模型，发现有机分子的雌激素活性主要与分子尺寸、形状特征、电负性和范德华体积等相关（Li et al.，2009）。随着研究的深入，研究人员发现除了干扰物与核受体的结合，核受体与其他蛋白质的相互作用，如与共调节因子作用、二聚现象等，也是影响内分泌干扰效应产生的重要过程，因此 QSAR 与分子对接、分子动力学模拟结合可以提高模型的预测准确性，并且是近几年来计算毒理学发展的趋势。有研究团队通过分子动力学模拟发现，共调节因子在化合物甲状腺激素干扰活性产生过程中具有重要作用，抗甲状腺激素干扰物与 TR 结合能促进共抑制因子而不是共激活因子与 TR 结合，从而导致抗性的产生（Chen et al.， 2016）。在识别雄激素受体拮抗剂的研究中，研究人员首先利用分子动力学模拟定性识别出具有雄激素受体活性的化合物，并通过 3D-QSAR 进一步定量 PBDEs 的雄激素受体活性（Wu et al.，2016）。

在个体水平上，比较成熟的应用包括利用 QSAR 预测污染物急性毒性，例如对水生生物(黑头呆鱼、大型溞、绿藻)的急性毒性(Lyakurwa，2014；刘羽晨，2015)，以及利用 QSAR 预测啮齿类动物致癌性(王铭义，2013)；OECD-QSAR toolbox[①]基于疏水性参数(例如 K_{OW})能准确麻醉性化学品(narcotics)对水生生物的急性毒性，而对于非麻醉性化学品，预测的急性毒性往往低于实际急性毒性，预测能力较差，这是因为模型中未考虑非麻醉性化学品进入生物体内与氨基酸蛋白残基或特异性受体结合诱导毒性等毒性机制。此外，QSAR 还能够作为快速且可靠的基因毒性筛选工具来评估现有的或者新的化学品的基因毒性，并且关于基因毒性预测的终点也有很多文献可以参考(Garber et al., 2011)。然而对于那些涉及许多作用机制的复杂毒性，比如发育毒性、器官毒性，QSAR 模型还不具有很好的预测能力。随着高通量体外测试和其他能反映分子机制信息的测试技术的发展，越来越多的 QSAR 模型开始纳入体外测试的指标，来提高毒性预测的能力。

QSAR 方法已发展得较为成熟，但在建模过程中仍然有一些关键问题需要深入探讨，比如用于建模的化合物分子的构象选择标准问题。首先，传统的分子最低能量构象能否代表化合物的活性构象没有统一的结论；其次，基于分子最低能量构象建立的模型是否符合实际情况，能否指导化合物的设计值得深入分析。除此之外，对所构建的 QSAR 模型及其建模参数进行深入的解释是一件非常棘手的事情，因此这就需要在建立模型时，充分地理解化合物的作用模式及其产生生物效应的作用机制。同时理解化合物的作用模式/机制能够有助于筛选合适的分子描述符或者与生物活性相关的理化性质参数，也有助于更加合理地划分训练集数据，从而达到提高模型预测能力的目的。

目前 QSAR 模型应用域受限，精准的 QSAR 模型构建是需要在确保输入高质量数据的同时，充分考虑化合物诱导生物效应的致毒机制，体外高通量测试技术为 QSAR 模型数据输入提供来源，组学技术能够帮助更好地理解化学品致毒机制。

9.1.2 体外高通量测试技术

体外高通量测试技术是以分子水平(如酶、受体)和细胞水平的实验方法为基础，以微孔板作为实验工具载体，实现在分子或者细胞层面快速评估大量化合物的某一特定类型的生物活性，例如：遗传毒性、内分泌干扰物效应和细胞损伤效应等(Fan and Wood，2007)。这项测试技术通常在 96 孔板、384 孔板、1536 板上操作，通过自动化操作系统高效地检测样品和处理实验数据，并以相应的数据库支持整个技术体系正常运转，根据结果从大量的样品中筛选出具有特定生物活性的化合物(Inglese et al., 2007)。体外高通量测试技术最早应用于药物的研发，随后被引入环境领域，主要用于鉴定化学品可能调节的特有生物路径，因此通过这些

---

① http://www.oecd.org/chemicalsafety/risk-assessment/oecd-qsar-toolbox.htm

方法获得的结果为理解化合物在一个特定的生物过程中所扮演的角色以及其生物化学作用提供了最初的信息。

1. 体外高通量测试技术方法

高通量测试技术主要可以划分为两大类：生物化学检测分析技术(biochemical assays)和基于细胞的检测技术(cell-based assays)。生物化学检测分析技术具有很强的靶向性，主要是基于分子标记物的测试。分子标记物是一些生物体内的大分子，其变化能够指示外源物质暴露与刺激，如细胞色素 P450 亚酶 CYP1A，可以用于指示不同浓度的 PAHs 或 PCBs；还可以指示生物个体水平上的毒害作用和功能改变，为生物受到胁迫和环境扰动提供预警，如卵黄蛋白原(VTG)可以反映内分泌干扰和生殖效应。这项技术包括酶活性的评估(例如，激酶、蛋白酶、转移酶等)、受体-配体结合(G 蛋白偶联受体)、离子通道和蛋白质-蛋白质相互作用。虽然这种测试方法能够针对特定的靶标分子进行检测，但是它存在的局限性是并非所有的靶标分子都能被纯化得到用于生物检测，另外，小分子的生物活性在重建的体外测试中可能会发生改变。相比于生物化学检测分析技术，基于细胞水平的检测技术是基于整体细胞的高通量筛选模型，通常不会预先假设一个直接的分子靶标，而是通过鉴定整体细胞活性的表达，来反映受试化合物的生物活性。其中，报告基因实验是研究最多的一项基于细胞层面的高通量测试技术，它用于鉴定那些能够调节细胞通路的化合物，并且由于不同工程细胞系之间细胞表面受体以及细胞内信号通路类型和数量的差异，选择一株合适的细胞系来反映信号通路的细胞环境是非常有必要的。

2. 体外高通量测试技术的应用

利用体外高通量技术，可以检测化学品急性细胞毒性、遗传毒性和不同类型的内分泌干扰效应等。急性细胞毒性试验是生物学评价筛选试验最常用的项目之一，一般列为首选和必选项。传统细胞毒性测试采用人工血球计数的方法测定存活细胞个数，受人为操作、试验环境等因素的影响导致误差大，试验周期长。相比之下，由 Mosmamn 首创的 MTT 法通过哺乳动物细胞线粒体酶活性的定量测试来反映存活细胞的数量及其生命活性，具有操作简便、试验周期短等优点，比传统方法能更准确地反映污染物的细胞毒性。遗传毒性试验作为化学品安全性评价的一部分在保障人类健康以及生态多样性方面起到了重要作用，评价污染物遗传毒性的体外高通量试验包括：Ames II 试验、报告基因试验检测法、体外单细胞凝胶电泳试验(彗星试验)、荧光原位杂交(FISH)和寡核苷酸引物原位 DNA 合成法(PRINS)、转基因细胞试验系统等。内分泌干扰效应是近年来受到极大关注的一类有害生物活性，具有内分泌干扰效应的物质可以在极低浓度下就会产生显著健康和生态危害，例如，人类胚胎畸形、儿童肥胖、性早熟、生殖系统癌症(乳腺癌、卵巢癌、前列腺癌)以及鱼类、两栖类等低等脊椎动物雄性个体雌性化。体外高通量测试技术为快速筛选具有内分泌干扰效应的物质提供了有效的方法，并且针对不同类型的内分泌干扰效应(甲状腺干扰效应、雄激素受体干扰效应、雌激素受体干扰效应、维甲酸受体干扰效应)有不同的测试体系。受体报告基因试验也称受体转录激活试验，是 EPA 推荐的用于环境内分泌干扰物筛选的体外方法之一。研究表明，这种方法既可检测化学物质与受体的结合能力，又可检测结合后引起的生物学效应，而且能够区分激动剂和拮抗剂，与受体结合试验相比可提供更多的信息，因此成为内分泌干扰物筛选的有力工具。

体外高通量测试技术开发与应用是目前化学品风险评估与管理的主流应用。除欧盟发起的 AcuteTox 合作项目外，21 世纪化学品管理的重要策略是美国发起的 TOX21 计划，包括 2007 年开展的 ToxCast 研究计划，用高通量生物测试技术寻找作为化学品潜在靶标的关键生物事件和路径，来研究化学品与疾病如癌症、生殖毒性和先天畸形等之间的关联，为化学品测试时选择一系列准确合适的生物测试方法提供信息和支持。ToxCast 生物测试数据库有 13 个平台，总共包含 875 个指标，分为 9 大类，19 个小类，利用不同物种和指标对化合物进行生物测试分析。在 ToxCast 第一阶段，总共有 310 个化合物(大部分属于杀虫剂)的生物活性通过中、高通量的筛选方法得到了检测，而在那个时期，相比于传统的毒性测试数据集，310个化合物已经是一个相当大的数据库了，这些毒性数据已经正式总结在 2010 年 1 月份发表的 ToxCast 数据集中；ToxCast 第二阶段将化学品筛选的数量扩充到 1878 种，并且数据正式总结在 2013 年 12 月份发表的 ToxCast 数据集中；目前，ToxCast 已经进入了毒性预测的第三个阶段，化学品筛选的数量超过了 3800 种。这些数据被用于探讨化学毒性的分子机制或有害结局路径(AOP)(Zhu et al., 2014)。

3. 展望

虽然体外测试不能完全替代体内测试作为评估毒性效应终点的测试方法，但是已有大量研究证实了体外数据具有对毒性效应终点的预测能力。例如基于雌激素活性相关体外高通量测试数据，构建了识别具有雌激素活性化学品的分类模型(Norinder and Boyer，2016)；基于 TOXCast 第一阶段 309 个化合物体外高通量测试结果，构建线性判别分析模型，预测大鼠生殖毒性(Shah and Greene，2014)；此外，美国 EPA 内分泌干扰筛选部门提倡利用一系列体外高通量试验筛选优先测试化学品名单，再进行进一步哺乳动物或者非哺乳动物的体内测试。然而，研究化学品对生物的毒害作用，需要评估化学品在生物体内的吸收、代谢和引起病理的全过程，生物标记物不能系统地说明这一过程。并且高通量体外测试的试验方法是基于假设驱动下的靶向检测方法，选择受限于已知的有限毒性终点，无法全面地评估化学品致毒机制。

随着人类基因组计划（Human Genome Program，HGP）的完成，有人提出后基因时代，科学家可以集中研究基因的表达、功能和生物学意义，那么生命现象将在分子水平上得到解释。基因组研究的重心正从阐明结构向基因组功能转变，随之发展起来的生物信息技术及生物芯片技术已成为高通量的检测技术。

9.1.3　组学技术

毒理基因组学（Toxicogenomics）是一个涉及采集、解释和存储生物机体特定细胞或组织对有毒物质刺激产生的基因和蛋白活性响应信息的学科，是将毒理学与基因组学或其他高通量分子分析技术如转录组学、蛋白质组学和代谢组学相结合。毒理基因组学技术（如转录组学）能够检测化学品在全基因组范围内引起的生物学响应，从基本生命活动的分子生物学通路上识别出合成化学物质的干扰效应和强力，在解决成千上万种化学品物质的毒害性测试和环境风险评估问题上，被寄予厚望。国际上普遍认为毒理基因组学可以为化学品的危险和风险评估提供这样的工具：①提高对致毒机制的了解；②发现化学品致毒和暴露的生物标志物；③减少化学品的分组评估、QSAR、毒性的物种间外推等方面的不确定性；④为化学物质毒性筛选，污染风险因子的辨识和表征提供替代方法。当前世界经济合与发展组织（OECD）正在积极研究和推动以分子为基础的高通量筛选（HTS）和高内涵筛选（HCS）技术在化学品毒性测试和监管方面的应用，然而在我国该领域的发展还相对滞后。

按照组学技术检测的分子类型，毒理基因组学可以是生物体蛋白组、代谢组、基因组以及转录组的变化响应。蛋白组可以高通量地反映基因的功能表达，包括蛋白与肽的反应和蛋白之间的相互作用，与生物信息分析结合可以评估生物机体功能生化反应对环境中污染物刺激的响应。一般认为蛋白组在生态效应评估中更为准确可靠，但缺点在于所测样本量较大，分析困难。代谢组通过考察生物体系（细胞、组织或生物体）受刺激或扰动后（特定的基因变异或者环境变化），其代谢产物的变化或其随时间的变化。然而代谢组技术受到代谢物丰度的影响，其分辨率较低且应用范围受限制。转录组是组织或细胞水平在特异阶段下转录出来的所有RNA 集合。主要用于探查生物过程的基因表达和关联的生化通路变化，可以捕捉分子水平上的生理响应，虽不及蛋白组与代谢组准确，但在关联生物体响应和环境影响时灵敏度很高。已有研究揭示了环境浓度下转录组效应的评估对解释污染物在较高浓度下造成生物体毒性和种群损害的机制的重要性。它可以为传统毒理学检测筛选更多的生物学标志物,解释有毒物质的致毒机理,降低风险评价的不确定性。在毒理基因组学技术中转录组学是一种在检测技术、生物信息分析方法、毒理学研究上的应用等方面最成熟的组学分析,下面以转录组学为例,介绍其检测技术平台、应用及发展前景。

目前转录组学数据主要依赖传统生物芯片技术(genechip)和转录组测序技术RNA-seq,RNA-seq 的出现提高了测序准确性、通量,缩短实验周期。RNA-seq目前常用的技术有 Illumina、Ion Proton 测序平台。RNA-seq 技术和传统的生物芯片技术相比有以下几个优点:①基于序列比对的结果准确性要高于传统生物芯片的荧光信号,并且避免了生物芯片相邻基因荧光信号之间的干扰;②一次测序获得的数据量更多,与生物芯片相比通量更高;③不受限于传统芯片对检测基因的限制,测序结果能够通过比对,对整个基因组所有基因的表达情况有一个完整的了解;④测序结果通过深入挖掘能够有新发现,例如新的转录本或可变剪切位点等。

转录组学技术已经成功应用于化学品毒害风险评估及高危化学品筛选,特别是在制药行业中药物合成前期对人体健康危害评估。基于分子水平响应的剂量-效应曲线模型识别差异表达基因并通过 KEGG、GO 数据库及人类的 Hallmark 基因集进行生物学通路分析,获取不同潜在毒性效应终点及对应毒性效能值,对污染物风险评估至关重要,尤其是基于全剂量范围测试,特别是包含较低的环境浓度时,其作用价值巨大。多剂量的组学研究不仅可以识别新的生物标志物,而且可以帮助预测化学品风险评价中的危害阈值(危害发生浓度起始点,point of departure,POD)。例如,大量研究表明,内分泌干扰物低浓度暴露后生物体内的基因随剂量变化呈现非单调变化,这就表明其中存在新的分子机制。另外,有研究利用斑马鱼胚胎进行多剂量基因转录检测并基于分子水平剂量效应曲线分析可以有效识别出雄激素响应基因,识别新的雄激素效应的生物标志物。然而,目前大量研究只是基于单一暴露剂量和暴露时间,利用多剂量基因组数据进行生物学通路响应分析在危害识别中的应用仍然不多。

组学技术成本高昂,且没有"标准化"的毒理基因组学技术与生物信息学分析流程,这些都限制组学技术广泛应用于大量化学品毒性风险评估。使用"简化基因集"即少部分的基因可以替代整个通路中基因的表达信息的"简化基因组"概念提出为毒理基因组学的广泛应用提供了新的机遇。近年来,美国国家计算毒理学研究中心(NCCT)初步开发了基于 TempoSeq 靶向测序技术测试的"简化基因组"1500 个人类关键基因(S1500)。本研究团队采用 Ampliseq 靶向测序策略,分别建立了基于 1200 个人类关键基因(RHT)和 1637 个斑马鱼关键基因(RZT)的"简化基因组"技术(Zhang et al., 2018;Wang et al., 2018;Xia et al., 2017)。RHT 和

RZT 基因集覆盖 95% 以上的生物学路径，利用 RHT 和 RZT 技术结合全剂量范围转录组测试分析，能够定量地识别单化学品及环境样品的低浓度敏感生物响应路径，结果与其表型毒性一致，并且能够定量地区分不同污染程度环境水样的毒性潜力（Wang et al.，2008；Xia et al.，2017）。"简化基因组"技术的开发大大降低了转录组测试成本，提高了测试通量，以获取多细胞多组织和模式生物全局表达谱响应，来"批量"预测化学品的毒性效应。这些高效、经济的组学方法开发，为当前化学品毒性风险评估及其生态和健康危害预测提供新的方法（Zhang et al.，2018）。

9.2　有害结局路径

9.2.1　有害结局路径概念与发展

近年来，有害结局路径（adverse outcome pathway, AOP）的概念为化学品的毒性筛选测试与预测提供了新的思路和方案。AOP 是基于现有的知识，把直接的分子启动事件与风险评估相关的生物学水平上的负效应连接起来，形成概念性框架（图 9-1）。其中，分子启动事件（molecular initiating event, MIE）指的是外源性化合物和特定的生物分子之间的反应。而关键事件（key event, KE）是连接 MIE 和有害结局（adverse outcome, AO）之间的多个层次生物组织上的有因果关系或者某种相关关系的事件，这些数据的获得可能来自体外、体内试验或计算模拟系统。有害结局路径基于化学品的性质，从系统生物学的角度概括了化学品所诱导的分子效应，以及在该分子响应水平上细胞、组织、器官的毒性效应，并进而推导出在个体、种群上的有害结局。由于反映化学品在分子、细胞、组织等水平上所发生反应的数据可能来自计算（QSAR），以及体外或体内的高通量与高内涵分析方法，因而联合 AOP 框架和高通量测试技术为环境化学品的毒性预测和风险评估提供了新的解决方案（张家敏等，2017）。

图 9-1　化合物的有害结局路径

2012 年，OECD 在本身已有的数据和准则的基础上开始发展 AOP 项目，用于指导化学品及其他潜在毒害物质的毒性测试。2014 年，AOP 知识库发布 (AOP-KB, https://aopkb.org/)。AOP-KB 由 OECD、EPA、欧洲委员会联合研究中心 (JRC)、美国陆军研究工程师研究和发展中心 (ERDC) 共同参与。AOP-KB 作为一个技术平台，帮助研究者将分子启动事件、关键事件、有害结局及化学物质拟构建一个 AOP，并获取专家团队反馈。AOP-KB 包含以下模块：①AOP Wiki 数据库 (https://aopwiki.org)；2014 年 9 月发布，采取互动及虚拟化百科全书方式，在 OECD 测试指南的基础上收纳 AOP 模板，总结关键事件及其关系信息。②Effectopedia (http://www.effectopedia.org/)；2016 年发布的 Effectopedia 是以一种图形模式直接整合 AOP 网络，共享和评议 AOP 信息，便于研究与法规决策。③AOP-Xplorer (http://aopxplorer.org/)；2016 年发布的一款软件工具，研究者可以根据已知 KE 及其相互关系，生成 AOP 网络，整合 AOP 推论性信息，利用生物信息学工具进行 AOP 研究。④Intermediate Effects Database (JRC 组织开发)；通过国际统一化学品信息数据库 (IUCLID) 软件构建 AOP-KB 和 OECD 化学品筛选信息数据集的联系，该模块仍在开发中。

目前 AOP Wiki 数据库 (https://aopwiki.org/) 中总结了逾 100 个已发展健全或正在发展的 AOP。根据证据充分程度可分成 3 个阶段：设定 (putative) 阶段、正式提交 (formal) 阶段和定量 (quantitative) 阶段。设定阶段主要是定义 AOP 的概念和种类，利用 AOP Xplorer 数据库中的信息可以草拟 AOP 的通路。目前超过 100 个 AOP 都处于设定阶段，大多数都是只有定义没有积极推进开发的 AOP。正式提出的 AOP 指的是正在评估过程中的 AOP，按照 AOP Wiki 的结构，不断补充证据确定分子启动事件、关键事件和有害结局间的联系。目前只有 1 个 AOP (蛋白质共价结合导致皮肤敏化作用) 通过审核，还有 18 个正式提出阶段的 AOP 正在 OECD 审核中。定量阶段即定量地描述 AOP，目前只有 5 个 AOP 可以进行定量描述，通常利用 Effectopedia 数据库中的工具和信息来定量描述 AOP。

9.2.2　有害结局路径的构建

有害结局路径 (AOP) 构建首先需要明确 AOP 构建基本原则。原则如下：①AOP 不具有化学品特异性，任意胁迫因子或化学品一旦诱导分子启动事件就可能引发下游一系列关键事件，最后引发有害结局。②AOP 由两个基本单元组成：关键事件 (KE) 和关键事件联系 (key event relationship，KER)，通常在多个 AOP 中共享。③单一 AOP 是 AOP 构建和评估的功能性单元，AOP 目的不在于完全反映复杂生物学过程，而是通过简单的、结构化的框架，概括毒性诱导过程中的关键信息。④多个 AOP 构成的网络(AOP-network)很可能是在大多数情况下预测化学品毒性的功能性单元。实际上基于作用机制或 AOP 预测有害结局通常需要考虑多个 AOP。⑤AOPs 不是静态的，它们是"活文件"，随新知识不断完善。这些原则可解决 AOP 框架的不确定性，提高构建 AOP 的一致性。

9.2.3 定量有害结局路径

定量有害结局路径(quantitative adverse outcome pathway，qAOP)是指在 AOP 框架基础上定义分子、细胞、组织、器官、个体及种群间(分子启动事件、关键事件、有害结局)的定量关系，以期提供更为准确的风险评估，属于 AOP 发展的后期阶段。AOP 应用的潜在假设是分子启动事件受到严重干扰(足够的时间和剂量累积)就足以引发最终有害结局。qAOP 的构建意味着评定 AOP 分子启动事件、关键事件和有害结局之间的科学性联系，这一过程能帮助识别一个 AOP 中不足和空白区域，评估 AOP 应用于(生态)毒性预测的准确程度。而 AOP 概念的提出正是源于应用 QSAR、体外高通量测试、高内涵筛选和计算生物信息学等技术预测化学品暴露的潜在有害影响，减少活体动物实验测试，极大提高毒性测试的通量和产出的想法。如果能将 MIE、KE、AO 之间基于数学模型联系起来构建定量 AOP(qAOP)，或者尽可能量化 MIE、KE、描述阈值和响应-响应(response-to-response)的关系，就可以实现通过体外化学物质与受体的结合效力，预测体内个体水平的有害结局。

qAOP 构建需要建立在明确的毒性机制下，目前信息资源匮乏，qAOP 模型的构建尚处于初期发展阶段。现阶段研究关注某关键事件到下一个关键事件关系的定量，并明确调控二者关系的关键因素，多个关联结合，就已足够通过分子启动事件定量预测诱导负效应的可能性和严重性。这种定量的关系需要基于各关键事件的剂量、时序响应数据，通过非线性的、动态复杂生物模型获取，模型充分考虑内部、外部调节因子，回路反馈，自适应，补偿与修正机制等复杂因素。例如，基于 CYP19A 抑制剂法 Fadrazole 暴露于黑头呆鱼的大量剂量和时序的效应响应数据初步构建了 CYP19A 抑制(MIE)诱导黑头呆鱼种群水平下降的定量有害结局路径(qAOP)，此 qAOP 将涉及的 8 个事件分成 3 个定量计算模型(图 9-2)：①雌性黑头呆鱼的下丘脑-垂体-性腺轴的定量计算模型,CYP19A 酶抑制降低睾酮到雌二醇的转化，进而减少了卵黄蛋白(VTG)的合成；②依赖 VTG 的产卵行为；③依赖于生殖能力的种群数量波动。

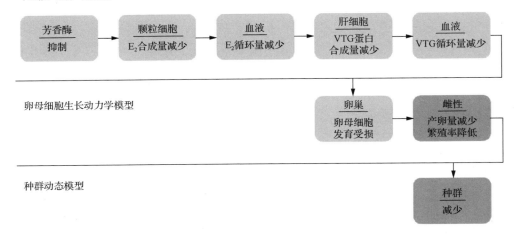

下丘脑–垂体–性腺轴

卵母细胞生长动力学模型

种群动态模型

图 9-2　CYP19A 的抑制诱导黑头呆鱼种群水平下降的定量有害结局路径(qAOP)

9.2.4　有害结局路径网络

　　虽然构建的 AOP 是以分子启动事件(MIE)到有害结局(AO)的线性路径形式存在，但是在实际化学品诱导有害结局时，一个 MIE 可能与多个 KE 相关，并导致同一个 AO 或多个 AO 的发生，并且不同的 MIE 可以导致相同的 AO 产生，这时，众多 AOP 交互连接形成庞大的 AOP 网络(AOP-network)。AOP 网络是指存在至少 1 个共同事件的一组 AOP 组成的网络，它能更真实地反映外源物质进入生物体后诱导有害结局的过程，同时通过了解 AOP 之间的相互影响从而揭示生物路径之间未被发现的联系。例如，有研究者就详细概括了将近 12 个导致鱼体年存活率下降的线性 AOP，并发现这些 AOP 交汇的关键事件：鱼鳔膨胀受损，基于鱼鳔膨胀受损这一关键事件构建 AOP 网络，基于这一 AOP 网络可以发现 7 种不同的酶(MIE)中的任意一个受到抑制或者 3 条重要发育信号中任何一条受到影响都会导致鱼体年存活量下降。AOP 网络是由多个线性 AOP 基于共享事件构建而成。AOP-KB(AOP knowledge base，有害结局路径知识库)使得单一 AOP 无法完全捕捉的复杂毒理学信息在一个统一的平台下得以汇集，帮助构建 AOP 网络，进行更完备、更精确的毒理学评价。图 9-3 以鱼的生殖毒性和发育毒性为例来说明具体的一个 AOP 网络的构建。首先从 AOP-Wiki 中搜集到 12 条与鱼生殖毒性和发育毒性相关 AOP，并通过比较分析 AOP 中事件获取 5 条 AOP：AOP 21、23、25、29 和 30(表 9-1)用于构建 AOP 网络(图 9-3)。在这个例子中，卵巢颗粒细胞中雌二醇合成减少与两个不同的分子起始事件有关，同时肝细胞中卵黄蛋白合成减少会涉及三个不同的分子起始事件，而卵泡膜细胞中睾酮浓度的降低与雄激素受体激动作用有独特的联系。就鱼卵的产量和胚胎存活率来说，这三个关键事件都能够导致雌鱼生育能力下降(AO)，但是由于它们连接的分子启动事件不同，因而会特异性地引发一系列的关键事件。总之，AOP 网络为指导能够识别不同程度的特异性毒理学作用模式提供了潜在的可能性。

表 9-1　AOP-Wiki 中与生殖毒性和发育毒性相关的 AOP

AOP	MIE	AO	物种	状态
21	AhR 激活	胚胎毒性	鱼	完善中
23	雄激素受体激动	生殖功能障碍	鱼	评论
25	芳香酶抑制	生殖功能障碍	鱼	评论
29	雌激素受体激动	生殖功能障碍	鱼	完善中
30	雌激素受体拮抗	生殖功能障碍	鱼	完善中
22	AhR 激活	发育影响，胚胎毒性	鸟	评论
7	PPARγ 激活	减弱雄性生殖能力	啮齿动物	完善中
18	PPARα 激活	减弱雄性生殖能力	啮齿动物	完善中
19	雄激素受体拮抗	损害雄性生殖能力	哺乳动物	完善中
28	环氧酶抑制	繁殖障碍	鸟	完善中
29	雌激素受体激动	生殖功能障碍	鸟，鱼，两栖	完善中
24	雄激素受体拮抗	生殖功能障碍		完善中

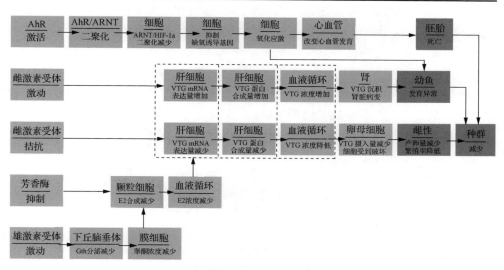

图 9-3　基于 5 条与生殖毒性和发育毒性相关的 AOP 组成的 AOP 网络
绿色代表分子启动事件，橘色代表关键事件，红色代表有害结局

　　尽管单个的 AOP 不能反映生物的复杂性而缺乏对毒性结果的有效预测，但是单一 AOP(或 qAOP)组成的 AOP 网络能更真实地反映生物体受到化学混合物或者

单一物质扰动时表现出的多重生物效应，成为更有效的预测工具。此外，基于逻辑上的设想，将 qAOP 与 AOP 网络概念融合，构建的 qAOP-network 将成为实际情况下化学品毒性预测的功能单元，评估诱导有害结局的效能。

9.3 AhR-AOP 与集成测试技术

9.3.1 基于 AhR 受体的有害结局路径(AhR-AOP)

随着对二噁英及类二噁英物质(DLCs)分子毒理学的深入研究,其致毒机制和模式逐渐清晰。这些研究的积累勾画出二噁英及 DLCs 通过激活芳香烃受体(AhR)诱导毒性的有害结局路径。此 AOP 作为连接分子启动事件和有害结局之间的框架,可为预测新型化合物的毒性及建立以生物物种保护为目标的环境基准提供指导。

1. 经典二噁英物质的致毒机制

二噁英(dioxins)和类二噁英化合物(dioxin-like compounds,DLCs)等有机污染物所造成的环境生物危害,是半个多世纪以来最受关注的环境问题之一。二噁英和 DLCs 是典型的持久性有机污染物(POPs),主要包括多氯代二苯并-对-二噁英(polychlorinated dibenzo-p-dioxins,PCDDs)、多氯代二苯并呋喃(polychlorinated dibenzofurans,PCDFs)和多氯联苯(polychlorinated biphenyls,PCBs)等持久性有机污染物,分别有 75 种、135 种、208 种异构体,不仅可以在各种环境介质(水、土壤、底泥和生物体内)中富集,并且能够通过大气和水循环进行远距离传播,具有高毒性(图 9-4)。虽然很多国家已经明令禁止二噁英和 DLCs 的生产、销售和使用,但由于其持久性和垃圾焚烧等污染源,环境检出浓度仍然很高。尽管已有大量针对二噁英和 DLCs 的研究,但是环境中是否存在其他类二噁英毒性的污染物结构仍然是广受关注的问题。

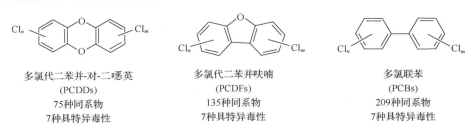

多氯代二苯并-对-二噁英　　　　　多氯代二苯并呋喃　　　　　　多氯联苯
(PCDDs)　　　　　　　　　　(PCDFs)　　　　　　　　　(PCBs)
75种同系物　　　　　　　　135种同系物　　　　　　　209种同系物
7种具特异毒性　　　　　　　7种具特异毒性　　　　　　7种具特异毒性

图 9-4　传统二噁英和典型类二噁英化合物结构

1976 年,首次发现了 2,3,7,8-四氯代二苯并-对-二噁英(TCDD)的毒性主要是由于其可与 AhR 特异性地结合。其后大量研究表明,具有高毒性的二噁英及 DLCs

的作用主要是通过激活 AhR，进而引起各种相关毒性。并且二噁英及 DLCs 在不同物种间和物种内的毒性存在着敏感性差异，这是由于 AhR 经过长期的复制和多样化，产生了各种差异，虽然同一物种的 AhR 结构特性有着广泛的保守性，但结构上细微的差异会导致功能上巨大的不同。

　　AhR 属于碱性螺旋-环-螺旋(basic helix-loop-helix，bHLH)PER-ARNT-SIM 同源域(PER-ARNT-SIM，PAS)蛋白超家族。AhR 是一个依赖配体激活的转录因子，主要由 DNA 结合域(DNA-binding domain，DBD)、配体结合域(ligand binding domain，LBD)和反式激活域(transactivation domain，TAD)组成。AhR 在无脊椎动物中并没有结合二噁英及 DLCs 的能力，但在脊椎动物中能够结合二噁英类物质，并且 AhR 基因经过长期的复制和多样化，导致产生了至少三个 AhR 基因家族——AhR1、AhR2 和芳香烃受体抑制因子(AhRR)。AhR1 最先在 C57BL/6 小鼠的肝中被发现，后来发现在所有的脊椎动物中都含有 AhR1 并均具有转录活性。和哺乳动物(包括人类)只有 AhR1 不同，其他脊椎动物不只有 AhR1，还有 AhR2，只是在不同物种中两者的表达活性不同。鸟类的 AhR1 和 AhR2 虽然都具有转录活性，但 AhR2 转录活性低，即 AhR1 在鸟中占主导。而对于鱼来说，二噁英通过 AhR 介导的毒代动力学更复杂。鱼至少有三个 AhR(AhR1、AhR2 和 AhR3)，并且每个 AhR 又都包括多个亚型。AhR1、AhR2 最初在鳟鱼中被确认，大多数硬骨鱼类中，AhR2 显示是活化型，而 AhR1 不能被二噁英类化合物结合和激活。后来发现 AhR1 的亚型 AhR1B 邻近 AhR2，并且在斑马鱼胚胎中可表达，而这与二噁英类化合物无关，即 AhR1B 在斑马鱼的胚胎发育中起着重要的生理作用。另外 AhR3 的作用至今还没有确认，仅仅知道在一些软骨鱼类中可以表达。AhRR 是 AhR 作用的抑制因子，AhRR 本身不结合 AhR 受体，但 AhRR 和 AhR 在 bHLH 和 PAS-A 域有着高度的序列一致性。AhRR 有些功能与 AhR 类似，在卤代和非卤代芳香烃化合物激活 AhR1 或者 AhR2 后，其表达可被诱导，与 AhR 竞争可用的 ARNT 结合位点，形成没有转录活性的 AhRR/ARNT 二聚体，并可以结合 DRE 来抑制 DRE 启动子。另外鳟鱼的 AhRR 可以抑制 AhR1 和 AhR2 的反式激活作用。AhRR 功能在鱼类和哺乳动物的进一步表征，可有助于理解在暴露于芳香烃化合物后，引起物种间及细胞类型差异的机制。

　　AhR 活性的毒性机制研究由来已久，其毒性调控过程主要包括四个步骤：胞浆复合物形成、AhR 转运、AhR 异源二聚化及 CYP1A 的诱导表达。但由于 AhR 基因经过长期的复制和多样化，导致其在不同物种中的形态和功能产生一定差异，再加上 AhR 的作用通路与其他通路交叉的多样和混杂性，试图描述清楚 AhR 的机制比较困难。但根据 AhR 结构特性的广泛保守性，仍存在着一个经典的核受体机制，具体如下：正常情况下存在于细胞质中的 AhR 处于不活跃状态，因为 AhR 与热休克蛋白(Hsp 90)、前列腺素 E 合成酶 3(prostaglandin E synthase，p23)单聚体及乙型肝炎病毒 X 蛋白 2 (hepatitis B virus X-associated protein 2，XAP 2) 形成多蛋白复合体，参与屏蔽核定位信号；当外源性配体进入细胞后，与 AhR 结合；接着进入细胞核，AhR 从 Hsp 90 复合体上解离下来，再与 ARNT 形成异质二聚体；而由于 Hsp 90 复合体的解离使得 AhR 的 DNA 结合位点暴露出来，此 DNA 结合位点可特异性地识别结合 DNA 上的 DRE，从而 AhR/ARNT 异质二聚体结合在 DRE 上并启动下游靶基因，如编码 CYP1A1、醌还原酶的基因表达，由此诱导相应的生物毒性。

2. AhR-AOP 的构建

AhR-AOP 建立是在 AOP 构建基本原则下，根据 OECD 开发和评价有害结局路径的指南进行，包括初步建立、AOP 的评定和 AOP 可信度评估。

第一步，AOP 框架初步构建。已知二噁英和类二噁英化合物是强效的 AhR 配体，构建该 AOP 的大量证据来自于二噁英及其类似化合物毒性案例。第一步是对二噁英及类二噁英毒性研究进行案例分析，获取大量已有知识和生物学过程。参考 AOP 知识库，根据 OECD AOP 模板绘制初步 AOP，例如 AOP：AhR 持续激活导致鸟类胚胎发育过程呈现急性毒性死亡 (Becker et al., 2015)，已知二噁英和类二噁英化合物可以导致鸟类胚胎发育毒性，通过整合二噁英及相关化合物的毒性数据作为案例研究，提出一种可能作用方式：由持续 AhR 的活化开始，导致 AhR/ARNT 的二聚及相关 I 相和 II 相代谢酶的诱导，接着引起细胞、器官、个体上的一连串效应，最终对整个种群产生影响。

第二步，AOP 评定。AOP 评定的第一个阶段是通过数据总结对每一个关键的步骤进行科学的论证和评价。最终通过一个流程图将不同的 AOP 信息模块有序地呈现出来，例如第一步将确定拟作用方式，进行确定和划分为三个关键事件：①AhR 持续激活；②细胞生长和内稳态的改变；③胚胎发育受阻出现急性死亡。另一阶段是关键事件最终确定需要利用希尔标准 (Hill criteria) 评定 AOP 因果关系的权重。在评估中要明确以下准则 (Free and Wilson, 1964)：①剂量-反应关系的一致性；②关键事件和有害作用间时序的一致性；③有害作用与起始事件关联的强度、可重复性和特异性；④生物学合理性、连贯性和实验证据的一致性；⑤逻辑上反映自身的替代机制，便于在一定程度上能够从假定的 AOP 中分离出来；⑥不确定性、不一致性和数据缺口。

第三步，AOP 可信度评估。AOP 框架构建的最后一步是可信度的说明，即回答 OECD 提出的关键问题：①AOP 的 MIE 是否能很好地表征？②有害结局是否能很好地表征？③MIE 和其他关键事件及有害结局是否有明确的因果联系？④支持 AOP 的证据有无缺口？⑤AOP 对机体的某些组织、生命阶段或年龄段是否有特异性？⑥在物种间 MIE 和其他关键事件的保守程度如何？

目前 AOP-Wiki(http://aopwiki.org)中 AhR-AOP 总共有 4 条。AhR-AOP 框架总结了二噁英及 DLCs 通过 AhR 介导的分子效应以及其在细胞、器官、个体或者群体水平上观察到的有害结局。即二噁英及 DLCs 首先激活 AhR 这一分子启动事件，导致 AhR/ARNT 的二聚及相关 I 相和 II 相代谢酶的诱导，接着引起细胞、器官、个体上的一连串效应，最终对物种种群产生影响。

9.3.2 集成测试技术

AOP 为指导化学物质的测试提供了框架。要预测一个化合物是否能够诱导类二噁英毒性，存在以下几种假设：①分子启动事件，化合物能够结合和激活 AhR；②需要有显著的效能；③分子启动事件激活是高度专一的，且是最敏感的内源性分子事件；④由于 AhR 蛋白(序列和构象)基因多样性，生态物种间对二噁英的毒性敏感性是有差异的。按照"AhR-胚胎毒性"AOP 框架来预测化合物毒性，需要确定化合物是否满足上述假设，高通量与高内涵测试技术为测试和验证化合物提供了有效的手段。基于"AhR-胚胎毒性"AOP 的预测模型，组建了包含 3D-QSAR、高通量体外筛选、转录组测试和高内涵胚胎测试的集成性测试技术体系(图 9-5)。

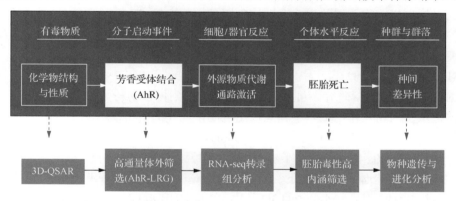

图 9-5 芳香烃受体有害结局路径(AhR-AOP)的预测毒理学模型以及对应的 AhR-AOP 的集成性毒性筛选策略与测试技术体系

1. 定量构效关系

近年来越来越多的有机污染物因具有类二噁英的分子结构而受到广泛的关注，判断化合物是否是 AhR 的配体或激动剂，有助于理解该化合物的毒理学作用。当今新型有机污染物的种类和数量逐年急剧增加，其生态危害和环境风险具有很高的不确定性。利用 QSAR 技术并结合分子对接与分子动力学模拟，研究人员能够快速且经济地理解或预测污染物的 AhR 活性。目前，有关 AhR 的 QSAR 研究主要涉及对某一类有机污染物 AhR 活性预测以及通过分子对接与 3D-QSAR 的结合进一步揭示影响污染物与 AhR 结合的可能原因，并从结构生物学角度，探究物种种间敏感性差异的原子水平原因。

对于评估某一类结构类似物[如多溴二苯醚(PBDEs)、多氯联苯(PCBs)及其羟基化产物]的 AhR 活性，QSAR 预测模型的建立需要四步完成。首先，收集尽可能多的化合物以及 AhR 活性[相对结合能力(RBA)]，并将数据集以一定的比例划分为训练集和测试集；第二步，利用软件计算分子描述符，表示化合物的结构信息；第三步，选择机器学习算法建立化合物分子描述符与其 AhR 活性之间的关系；最后，利用测试集和交叉验证法验证模型的准确性和稳定性。研究人员通过收集 18 种多溴二苯醚(PBDEs)的 AhR 活性数据，构建了基于 PLS 算法的 QSAR 模型用于预测 PBDEs 的 AhR 活性，该模型指出除了化合物的拓扑性质影响 AhR 的结合能力，静电相互作用也起到了关键作用(Gu et al., 2012)。

分子对接可以为 QSAR 模型的建立提供毒性机制解释，因此分子对接与 3D-QSAR 的结合可以进一步揭示影响污染物与 AhR 结合的原因。在分子对接前，由于 AhR 受体是没有晶体结构实验数据的蛋白质，通过同源建模的方式可以得到其三维结构；在分子对接过程中，采用自动搜索方法确定受体中与配体小分子结合的对接口袋，将获得的生物活性构象用于接下来的 3D-QSAR 研究；分子叠合是 3D-QSAR 研究的基础，分子力场的计算都是基于分子叠合的结果，以活性为因变量，各个分子力场为自变量，采用偏最小二乘法(PLS)进行统计分析、去一法(LOO)进行交叉验证。为了研究 PCBs、PCDDs 和 PCDFs 与 AhR 受体结合引发的毒性效应机制，研究人员通过分子对接观察到化合物与 AhR 受体之间存在氢键和疏水键的相互作用，基于相互作用机制，构建的 3D-QSAR 模型具有很好的稳健性(Q^2_{CUM} = 0.907)和预测性(Q^2_{EXT} = 0.863)(Li et al., 2011)。

物种种间敏感性差异的原子水平原因的研究方法如下，首先获取应用于分子动力学模拟的复合体。方法如下：①ChemDraw 10.0 和 Powell 方法构建并优化 OH-/MeO-PBDEs 化合物小分子的 3D 结构。②从 UNIPROT(http://www.uniprot.org/)中获得研究物种的 AhR1 的氨基酸序列，并在 SWISS-MODEL(http://swissmodel.expasy.org/workspace/)服务器上构建其 AhR1 配体结合域的蛋白结构。③采用 Sybyl 软件中的 Surflex-Dock 模块将小分子对接到 AhR1s 蛋白的活性位点(Wang et al., 2013)。通过分子对接得到 9 个复合体用于分子动力学模拟。然后，采用 Gromacs 4.0 分子模拟软件进行分子动力学模拟，计算均方根偏差(RMSD)以衡量一系列原子在两个时间点的平均距离。对整个体系的结构随时间变化的情况进行分析，探究解释活性有无的关键结构。最后，通过比较不同物种间的关键结构差异来探究种间敏感性差异的原子水平原因。

2. 受体报告基因法

AhR 受体报告基因法是根据 AhR 受体与配体相互作用模式发展起来的体外细胞测试法，与细胞色素 P450 亚酶 CYP1A1 诱导法（ethoxyresorufin-O-deethylase，EROD）相比，其灵敏度和检测速度都更有优势，适合大量样品的筛选和半定量测定（Qiu et al., 2009），能为快速发现这些新型二噁英物质提供有效的技术支撑，故目前得到了更广泛的应用。受体报告基因法的原理是利用基因重组技术，从体外把合成的报告基因（哺乳动物细胞色素 P450 基因和萤火虫荧光酶）重组到真核细胞内，当二噁英及 DLCs 进入细胞和 AhR 结合后，经过一系列过程激活下游的荧光合成酶基因表达（Browne et al., 2015）。该测定系统合成的荧光素酶表达量及荧光强度与加入的二噁英及 DLCs 的量成正比，最终测定结果以毒性当量（relative potency, ReP）表示。ReP 通常表示为标准物质 TCDD 的 EC 值除以化合物的 EC 值，如公式（9-2）所示。效应浓度（effect concentration，EC），如 EC_{50} 表示为化合物能引起的二噁英效应为标准物质 TCDD 最大效应的 50%所对应的浓度。

$$\text{ReP} = \text{EC}_{\text{标准物质 TCDD}} / \text{EC}_{\text{化合物}} \qquad (9\text{-}2)$$

对于含有多种污染物的混合体系，基于生物分析的总毒性效应，用 TCDD 毒性当量（TCDD equivalents，TCDD-EQ）来表示，即将引起某种毒性的混合体系换算成能引起相同水平毒性的标准物质的浓度，其计算过程如公式（9-2）。对一个混合体系基于多种化学物质化学分析的总毒性效应，则引入毒性当量（toxic equivalent quantity，TEQ）的概念，表示为每种化合物的浓度 C_i 与其毒性当量因子（toxic equivalency factor，TEF）的乘积的总和，其计算公式如式（9-3）所示。世界卫生组织定义以对生物体毒性最强的 TCDD 的 TEF 值作为参考标准值 1，其他二噁英类化合物的 TEF 以此为标准折算。目前，国际通用的毒性当量因子包括 7 种 PCDDs、10 种 PCDFs 和 12 种 PCBs。

$$\text{TEQ} = \sum_{i=1}^{n} C_i \times \text{TEF}_i \qquad (9\text{-}3)$$

对于一个混合体系，当 TCDD-EQ = TEQ 时，说明所测化学物质是体系二噁英活性贡献的来源；当 TCDD-EQ＞TEQ 时，说明所检测到的化学物质不能贡献体系的二噁英活性，体系中有其他未知的二噁英类物质存在，或各化合物之间存在协同效应；当 TCDD-EQ＜TEQ 时，说明各化合物之间存在拮抗作用。

H4IIE-luc 细胞受体报告基因法和鸟类 AhR-LRG 法是两种基于不用来源的 AhR 受体的荧光素酶报告基因检测法。H4IIE-luc 报告基因法是通过稳定转染报告基因的大鼠肝癌细胞（H4IIE）实现对受试物 AhR 活性测试的一种报告基因法。该测试方法目前有一套标准操作程序，包括种板、染毒、检测三步，实验周期为 5 天。第一天，按 $4×10^4$ cell/mL 的细胞密度将 H4IIE-luc 细胞接种至 384 孔板中；细胞培养 24 小时后，此时细胞长至 70%～80% 满孔，加入不同浓度组样品受试物，并设置溶剂对照；待细胞染毒 72 小时，弃去 384 孔板中的培养液，加入细胞裂解液，使细胞完全裂解，最后，加入荧光素酶检测试剂，采用多功能酶标仪检测荧光素酶的表达。利用这种测试方法，可以在短期内完成对大批量化学品以及环境样品的 AhR 活性的评估，为筛选优先控制的化合物提供了参考依据。

鸟类 AhR-LRG 法是在 COS-7 细胞中瞬时转染鸟类的 AhR 质粒、萤火虫荧光素酶报告质粒以及 ARNT1 质粒，当受试物与 AhR、ARNT1 受体结合形成复合物后，可以启动荧光素酶报告基因的表达，从而通过检测荧光量达到 AhR 活性测试的一种方法。这种测试方法已经在鸡、环颈雉、日本鹌鹑、鸬鹚、黑足信天翁和游隼中得到应用，并表现出显著的敏感性差异。受体报告基因法与高通量测试技术结合，为快速探索环境介质中大量存在的潜在二噁英活性物质提供了更加有效的支撑(Su et al., 2012, Xia et al., 2014)。

3. 转录组测试技术

组学技术作为系统生物学集成测试技术的一部分，基于有害结局路径框架，能够有效评估化学品的生态与人体健康风险的这一观点已获得国内外科学家的广泛认同。首先，转录组在帮助完善 AOP 框架发挥巨大作用。①转录组技术能够提高对致毒机制的理解，甚至构建新有害结局路径(AOP)或者完善已有 AOP。以乙酰胆碱酯酶抑制为例，转录组数据能够帮助获取已知分子启动事件(MIE)及其与关键事件(KE)之间的联系，这些关键事件包括神经突触中乙酰胆碱积聚和失控的肌肉抽搐。又如，利用 20 多种化学品大型溞的转录组数据，基于系统生物学方法数据挖掘，构建钙离子信号(MIE)诱导大型溞麻醉毒性(baseline-toxicity)的联系(假定 AOP)，并在 2015 年被 OECD 收录到 AOP 发展项目中。②转录组技术帮助理解化学品对不同物种的分子启动事件或关键事件的影响差异，这对于化学品生态风险评估很有必要。虽然维持生命基础的生物系统，例如生殖、代谢、解毒，在物种间具有保守性，但是细微的结构和功能上的改变都会导致对化学品敏感性的差异，这一现象在鸟类和鱼类中得到证实，鸟类和鱼类对二噁英类化学品敏感性差异显著。目前环境中成千上万物种的风险评估方法主要依赖于标准实验室模式生物风险的外推。基于选择多种测试物种应用于组学研究(例如，modENCODE Consortium,2010)帮助研究者准确预测化学品不同物种间敏感程度提供知识，并且能够评价靶标的保守性。其次，用 AOP 框架来预测环境中新型污染物是否能够诱导二噁英毒性，前提是化合物能够结合和激活 AhR，具有显著的效能；AhR 的激活是其关键的分子启动事件。转录组技术在 AhR-AOP 框架的指导下能够进一步验证 AhR-AOP 是否是化学品致毒关键通路,更准确定义分子启动事件(MIE)和选择评价生物效应的生物标志物,并且帮助预测化学品风险评价中的危害阈值。具体应用流程如下:

转录组实验选择高通量测序(RNA-sequencing, RNA-seq)技术进行研究。RNA-seq 的原理是通过对 mRNA 的高通量测序,进而对生物体基因表达进行定量描述(Garber et al., 2011)。RNA-seq 实验测试流程如下:①化学品暴露实验,选取细胞(例如,大鼠肝癌细胞 H4IIE 细胞)或胚胎(例如鸡胚胎)暴露,下述相关实验采用如下设计,细胞暴露的测试浓度选取 H4IIE-luc 实验中导致 50%阳性对照最大效应的对应浓度和 DMSO 溶剂对照,暴露 72 h,三个批次细胞重复,每次重复每个处理组设置两个平行。胚胎暴露测试选取从最低致死剂量(LOEL)开始 3 倍逐级稀释的 4 个剂量浓度和 DMSO 溶剂对照,暴露 18 d,每个处理组设置两个或四个平行。②RNA 提取,去除 DNA,测定 RNA 浓度和完整性。③进行文库构建和上机测序。目前 RNA-seq 测序数据获取流程主要分为两种:①针对有基因组注释信息的物种;②针对没有基因组注释信息的物种。针对有基因组注释信息的物种,首先将测序获得的核酸序列比对到含有注释信息的基因组上,从而获得每个基因的比对数,即相对表达量;然后对相对表达量进行归一化并进行生物信息学分析。而针对没有基因组注释信息的物种,首先对测序获得的序列进行组装(assembly),然后对组装获得的通用基因(unigene)与数据库进行比对,获得通用基因的功能注释;然后再将所有测序获得的序列比对到注释好的通用基因上,进而进行定量分析以及下游的生物信息学分析。

生物信息学分析流程如下:①单剂量多重复的实验数据处理(以大鼠肝癌细胞 H4IIE 细胞暴露实验为例),上述比对后的基因及对应 Reads 数,用 R 语言中的 EdgeR 软件包进行差异表达的测定。显著性差异定义为假阳性率(FDR)q 值<0.1 及表达倍数差异(fold-change)≥1.5 或≤0.667。基于差异表达基因的基因网络互作,使用 GeneMania server(http://genemania.org/)进行分析,参数按照网站上默认参数进行。网络分析的结果和差异表达的结果共同导入 Cytoscape software 3.2.0 软件进行可视化和进一步的处理。R 软件中的 Gage 软件包和 Pathview 软件包用来进行基因集合富集分析(gene set enrichment analysis, GSEA)。假阳性率<0.1 的 KEGG 信号通路定义为受影响的通路。②多剂量实验数据处理(以鸟胚胎暴露实验为例),比对后的基因 Reads 数利用 R 语言基础函数"lm"对每个基因进行剂量(实测浓度)线性拟合,拟合获取的 P 值进行多重假设检验(Benjamini-Hochberg 方法)获得校正后 P 值。校正 P 值<0.01 定义为显著差异基因(DEGs)。各处理组所有显著差异基因的基因表达量除以对照组平均基因表达量平均值作为各暴露剂量下的"转录组效应值",进而利用 R 语言广义线性模型进行剂量-效应曲线拟合,选取拟合曲线 P 值<0.05 和最低赤池信息量准则(Akaike information criterion, AIC)

值的模型绘制剂量-效应曲线，利用拟合的剂量-效应曲线计算 DMSO 对照组 "转录组效应值"的平均值+3 倍的标准差对应的剂量作为无转录组效应剂量 (NOTEL)，利用 NOTEL 除以不确定因子 10 计算其风险熵 (risk quotients，RQs)，评估化学品生态风险。此外，剂量线性模型 (linear model) 拟合的显著差异基因 (DEGs) 和高、中、低名义暴露浓度分组分析 (group analysis) 通过上述单剂量多重复数据处理分析得到差异表达基因 (FDR<0.05) 及两种方法共有差异表达基因进行基因集合富集分析获取化学品暴露影响的生物学通路信息。

4. 胚胎毒性测试

胚胎毒性测试是一种广泛应用的毒性试验，不仅测试化学物质对处于敏感生命阶段的生物发育的影响，同时还可用于预测对成体动物的毒性。发育毒性指化合物具有干扰核酸的翻译和表达功能因而影响个体发育过程。发育毒性的具体表现有以下四种：①生长迟缓，即胚胎与胎仔的发育过程在外来化合物影响下，较正常的发育过程缓慢。②致畸作用，由于外来化合物干扰，活产胎仔胎儿出生时，某种器官表现形态结构异常。致畸作用所表现的形态结构异常，在出生后立即可被发现。③功能不全或异常。即胎仔的生化、生理、代谢、免疫、神经活动及行为的缺陷或异常。功能不全或异常往往在出生后一定时间才被发现，因为正常情况下，有些功能在出生后一定时间才发育完全。④胚胎或胎仔致死作用。某些外来化合物在一定剂量范围内，可在胚胎或胎仔发育期间对胚胎或胎仔具有损害作用，并使其死亡。具体表现为天然流产或死产、死胎率增加。在一般情况下，引起胚胎或胎仔死亡的剂量较致畸作用的剂量为高，而造成发育迟缓的剂量往往低于胚胎毒性作用剂量，但高于致畸作用的剂量。一般的发育毒性的研究指标有致畸率、死亡率、受试生物的基本参数，例如体重、体长、可观测的形态学上的变化的严重程度，以及分子水平上的变化等。

鸟类胚胎注射试验是一种在国外使用广泛、方法成熟的毒性试验方法 (张俊江等，2016)。传统研究鸟类胚胎发育毒性的方法是母代暴露，然后通过富集传递给子代进行。这种方法不仅试验周期长，而且进入鸟蛋中的浓度也具有不确定性，需要通过化学分析进行。而鸟类胚胎注射试验能够明显缩短试验周期，保证试验的平行性，并且，针对一些不便养殖的野生鸟类，我们也可以通过收集野生鸟蛋进行注射的方法进行毒性试验，这对化学品的生态风险评估具有很大的推动作用。有文献报道，与成鸟暴露试验相比，鸟类胚胎注射试验的敏感性强 (Browne et al.，2015)。鸟类胚胎注射试验研究的是从受精卵开始发育到幼体的过程，而这个过程在哺乳类动物中很难进行研究，试验成本很高，同时，鸟类又是与哺乳类动物在进化上最接近的物种，鸟类的胚胎注射结果能够近似体现哺乳类动物的结果。鸟类的胚胎注射的常见方式主要有两种，一种是卵黄注射，一种是气室注射，胚胎注射试验操作流程如图 9-6 所示。有研究表明胚胎注射的样品的量会引起胚胎孵化率的变化。而对于孵化条件的细节变化，例如是否翻蛋等，也能引起孵化结果的明显改变。美国环境保护署在 2001 年的报告中详细描述了鸟类胚胎注射试验在二噁英类似物的生态风险评估中的应用。而 2006 年发布 *Study Plan For Avian Egg Injection Study*（http://www.dec.ny.gov/docs /wildlife_pdf/ wpavwldin.pdf）一文中对野生鸟蛋的采集与孵化条件以及暴露方式有详尽的描述。但目前在国内，很少有研究使用鸟类胚胎注射的方法进行化学品的生态风险评估。

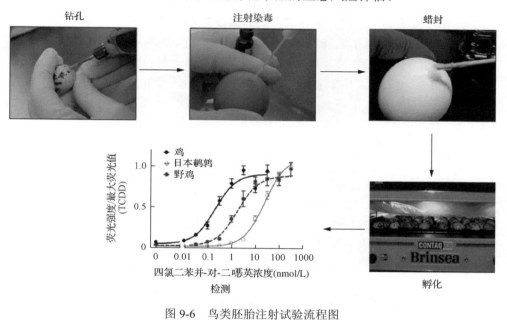

图 9-6　鸟类胚胎注射试验流程图

9.4　新型类二噁英化合物的毒性预测与验证

随着仪器检测技术的发展，新型有机污染物的种类和数量每年不断增长，同时越来越多的化学物质被发现具有类似二噁英的结构。本节重点分析了其中的两类化学物质，即多氯代二苯硫醚（polychlorinated diphenyl sulfides，PCDPSs）和甲氧基化多溴二苯醚（methoxylated polybrominated diphenyl ethers，MeO-PBDEs）与羟基化多溴二苯醚（hydroxylated polybrominated diphenyl ethers，OH-PBDEs）。

PCDPSs、MeO-PBDEs 和 OH-PBDEs 有众多的同系物，且具有明显的类二噁英分子结构，其生态危害和环境风险具有很高的不确定性。其中一个重要的科学问题是这些物质中是否会导致类似二噁英的高生物毒性。以往对二噁英及 DLCs 毒性的测试主要是通过模式生物来开展的，而证据显示野生动物对二噁英及 DLCs

的毒性反应表现出显著的差异。但对环境中大量的新型化学污染物开展传统的动物测试毫无现实性。因此，有效利用有害结局路径框架和新型的测试技术来识别出具有高毒性的新型污染物结构具有重要的现实意义。

9.4.1 新型有机污染物中的类二噁英结构

1. 多氯代二苯硫醚

PCDPSs 是一组包含 209 种同系物的氯代芳烃化合物，两个氯代苯环由一个硫原子相连(图 9-7)，结构与多氯二苯醚和多溴二苯醚(PBDEs)相似，具有类二噁英结构。PCDPSs 可用作燃气涡轮和蒸汽机的耐高温润滑剂、防火和绝缘介质等。某些 PCDPSs 可以在铝冶炼厂和汽车粉碎厂高温处理过程产生的灰渣中检出，也可以在垃圾焚烧炉的烟道废气中检出(triCDPSs 和 tetraCDPSs)，这说明高温过程可能会导致 PCDPSs 的意外生成。环境水体暴露水平调查表明，triCDPSs(如 2,4,4′-triCDPS 等)可在纸浆漂白废水中检出，4,4′-diCDPS 可在德国易北(Elbe)河底泥中检出。在我国长江下游水和表层底泥中也检测出多种 PCDPSs。这说明，有意合成和无意生成的 PCDPSs 已经通过各种途径进入到各种环境基质中(如大气、水和底泥)。基于高斯模型的定量构效关系(QSAR)模拟研究表明，PCDPSs 具有亲脂性，倾向于在生物体内富集并在高营养级生物体内累积(Shi et al., 2012)。环境转运和归趋多基质模型研究也表明，除了生物富集性外，大部分 PCDPSs 的环境持久性和远距离传播能力也很强，这表明 PCDPSs 具有潜在的环境危害性(Mostrag et al., 2010)。对 PCDPSs 的毒性进行试验研究已证实其生物危害性。通过对昆明种小鼠进行 11 种 PCDPSs 的灌胃试验，急性毒性结果证实了 PCDPSs 的致死毒性，亚慢性试验则证明 PCDPSs 能在小鼠体内引起氧化应激反应，造成肝脏脏器系数的升高和肾脏脏器系数的降低，引起肝脏水肿、发炎和坏死。鲫鱼(*Carassius auratus*)的暴露试验也表明，PCDPSs 可以诱导肝脏氧化应激反应。此外基于报告基因 H4IIE-*luc*(重组大鼠肝肿瘤细胞)试验检测了 19 种 PCDPSs，证实了它们对大鼠具有类二噁英毒性。

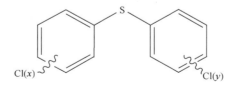

图 9-7 PCDPSs 的分子结构示意图

2. 甲氧基化和羟基化多溴二苯醚(MeO-/HO-PBDEs)

PBDEs 是一类很重要的溴代阻燃剂，从 20 世纪 70 年代开始，出于阻燃的考虑，主要有三种 PBDEs 混合物，即 pentaBDE、octaBDE 和 decaBDE 被广泛应用于各种商用和家居产品中，如：pentaBDE 主要用于家具的聚氨酯泡沫塑料和纺织品中，octaBDE 和 decaBDE 主要用于电子产品和其他塑料制品中。由于持久性、远距离转运性和高生物富集性，因此，PBDEs 在环境中广泛分布。时间趋势研究表明，PBDEs 在人体内的浓度在 20 世纪 70 年代至 21 世纪初的前 20 年呈不断增长并在接下来十几年内有所下降趋势。PBDEs 高剂量暴露会扰乱人类和动物内分泌调节、影响神经系统的发育和生殖等。因此，2003～2004 年，美国加利福尼亚州政府制定法律禁止了 pentaBDE 和 octaBDE 的商业化生产，美国国家政府也决定 2013 年之前逐步淘汰 decaBDE，欧洲从 2008 年开始也限制了 decaBDE 的商业化生产和使用，2009 年《斯德哥尔摩公约》也将 pentaBDE 和 octaBDE 列为优控 POPs 来控制。

最近几年，PBDEs 的结构类似物 HO-PBDEs 和 MeO-PBDEs（图 9-8）成为学术界、政府和公众关注的一类有机污染物，这是因为 HO-/MeO-PBDEs 在海洋生物（藻类、蚌类、鱼和海洋哺乳动物）、北极熊、鸟类、人类血液和母乳、底泥、地表水和降水中都有检出，且检出浓度经常比 PBDEs 的高，尤其是 MeO-PBDEs，在动物（如北极圈和北大西洋的鲸）体内的检出浓度有时比 PBDEs 高几百倍。HO-PBDEs 的 $\log K_{OW}$ 为 4.5～10.7，因此应该是亲脂性的，但也有研究指出，HO-PBDEs 是亲蛋白的，主要通过与蛋白结合而被保留在体内。而血清/血液是很复杂的基质，蛋白和脂肪含量都很高，也许正因如此，血液/血清中 HO-PBDEs 的检出率和检出浓度都较高。但针对海洋食物网的研究表明，HO-PBDEs 的生物富集性没有 PBDEs 和 MeO-PBDEs 高，且没有明显的生物放大效应，但 MeO-PBDEs 具有一定的生物放大效应，这说明 HO-PBDEs 可能更容易被生物转化。另外，MeO-PBDEs 的亲脂性比 HO-PBDEs 强，主要富集在动物脂肪组织中。有研究表明，HO-PBDEs 的某些毒性（如甲状腺激素调节紊乱、性激素合成异常和神经毒性等）比 PBDEs 和 MeO-PBDEs 的更强。另有研究表明，PBDEs 的某些毒性如甲状腺激素调节紊乱等，是通过动物体内羟基化形成 HO-PBDEs 来间接起作用的。虽然 MeO-PBDEs 的某些毒性比 HO-PBDEs 低，但 MeO-PBDEs 可在动物体内发生去甲基化生成更毒的 HO-PBDEs；且在 H295R 细胞中，MeO-PBDEs 对类固醇合成酶 mRNA 表达的影响比 PBEDs 和 HO-PBDEs 更大。H4IIE-luc 试验表明，HO-/MeO-PBDEs 对大鼠还具有类二噁英毒性，且有的 HO-/MeO-PBDEs 的类二噁英毒性比某些 PCBs 还要高。另外，由于 PBDEs 能在人和动物体内高度富集，且大量动物（大鼠、小鼠、鸡和鱼等）试验和人类肝微粒体体外试验证实，PBDEs 可在动物体内代谢（CYP 家族酶作用下）转化为 HO-PBDEs，并经甲基化生成 MeO-PBDEs（Wan et al.，2010），这也增加了 HO-/MeO-PBDEs 给人类和野生动物健康带来的威胁。

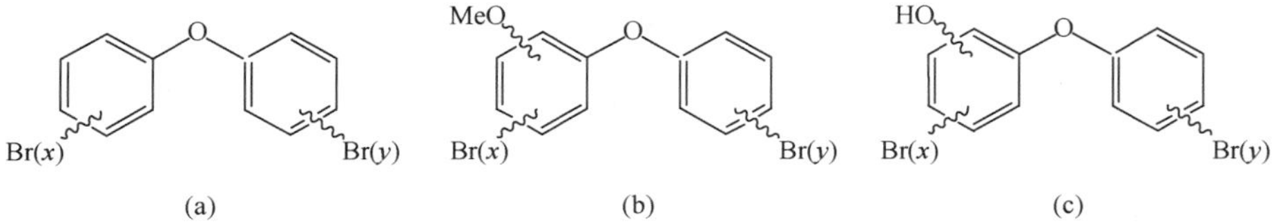

图 9-8　PBDEs(a)、MeO-PBDEs(b)和 HO-PBDEs(c)的分子结构示意图

中国是世界上最大的纺织品、塑料、电子产品和家用电器的生产和消费国，大量溴代阻燃剂作为添加剂加入到这些产品中以满足严格的防火规定。据估计，2005～2010 年，每年需要约 8 万 t 的溴代阻燃剂用于这些产品的生产，年均增长率为 7%～8%。另外，来自世界各国的大量废旧电子产品经进口进入国内拆解回收，这些电子垃圾中含有大量的溴代阻燃剂。例如，2002 年约 1.45 亿 t 的废旧电子产品在广东省拆解回收，而这些电子垃圾中估计含有约 26 万 t 的 PBDEs。在拆解回收过程中，这些 PBDEs 很可能被释放到环境中，并在人类和野生动物体内富集。现有研究表明，中国淡水野生鸟类/鸟蛋中 PBDEs 的浓度从几十到几万 ng/g lw，而海洋野生鸟类/鸟蛋从几到几千 ng/g lw。中国北京地区茶隼肝脏中 PBDEs 检出浓度最高，为 40900 ng/g lw，比世界其他地区野生鸟类组织中的检出浓度高出 1～3 个数量级。

MeO-PBDEs 和 HO-PBDEs 是多溴二苯醚的甲氧基化和羟基化衍生物。它们也是一种新型的环境有机类污染物，近年来越来越受到社会各界的广泛关注。PBDEs 作为常见的添加型溴代阻燃剂，在环境中被大量检出。尽管 PBDEs 与二噁英类化合物结构极为相似，但这类化合物并不能像二噁英一样激活芳香烃受体，即使在一些测试中 PBDEs 表现出微弱的 AhR 效应，也被证明是由其他杂质造成的。而后来研究发现 PBDEs 的衍生物 MeO-PBDEs 和 HO-PBDEs 具有二噁英类活性，并且发现它们的二噁英活性对不同鸟类具有敏感性差异。

9.4.2　AhR-AOP 指导下 PCDPSs 毒性预测与验证

1. H4IIE-luc 高通量测试筛选出活性和无活性的物质

利用大鼠肝癌细胞 H4IIE-luc 受体报告基因法，对 19 种 PCDPSs 的毒性进行筛选，其中 15 种 PCDPSs 表现出了芳香烃受体活性。

对具有显著二噁英活性的 8 种 PCDPSs 进行进一步研究，得到各自的浓度-效应曲线(图 9-9)，通过浓度-效应曲线获得其相对毒性当量。其中，2,4,4′,5-TCDPS 和 2,2′,3,3′,4,5,6-hepta-CDPS 的芳香烃受体活性最高，ReP 值分别为 3.2×10^{-5}、1.2×10^{-5}，与 WHO 公布的单邻位 PCBs 相当。另外，这 19 种 PCDPSs 的二噁英活性规律与 PCDD/Fs、PCBs 相似，低于四氯取代的 PCDD/Fs、PCBs 均不会激活芳香烃受体活性，推测这可能与 AhR-LBD 域氨基酸残基通过疏水作用所形成的口袋有关。

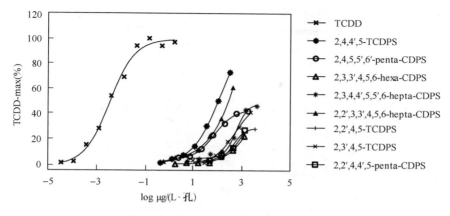

图 9-9　8 种 PCDPSs 的浓度-效应曲线

2. 用鸟类报告基因法识别出不同敏感性的物种

鸟类 AhR1-LRG 试验对 18 种 PCDPSs 的二噁英活性进行了分析，证实了它们能够诱导二噁英类活性，且具有很大的种间敏感性差异。并发现 PCDPSs 对鸡、环颈雉和日本鹌鹑的毒性效力均随着氯代水平的提高呈现上升趋势。部分 PCDPSs 类二噁英毒性的鸟类种间敏感性排序与典型二噁英的情况不同，这可能与鸟类 AhR1-LBD 域氨基酸序列的差异及配体化合物结构的差异有关。

图 9-10 是 18 种 PCDPSs 诱导的鸟类 AhR1-LRG 试验的剂量-效应关系曲线。基于 ReP 值、LRG 试验剂量-效应曲线以及 LRG 试验毒性终点的显著性差异分析结果的综合分析，PCDPSs 对三大类鸟类的毒性效力大小排序基本一致。但 PCDPS 17 和 19 的毒性效力在三大类鸟之间存在较大差异：PCDPS 17 对鸡型来说属于高毒性效力化合物，但对于环颈雉型和日本鹌鹑型则属于低毒性效力化合物；PCDPS 19 对于鸡型来说属于中高毒性效力化合物，而对于环颈雉型和日本鹌鹑型则属于低毒性效力组。虽然对于三大鸟类 AhR1s 来说，除了 PCDPS 17 和 19 外，其余 PCDPSs 的毒性效力排序基本一致，但环颈雉 AhR1-LRG 试验推导的 ReP_{avg} 值是鸡的 2～34 倍，日本鹌鹑 AhR1-LRG 试验推导的 ReP_{avg} 值是鸡的 4～400 倍，差异很大。另外，试验结果表明，随着氯代水平的提高，PCDPSs 对三大鸟类的毒性效力均呈现上升趋势。

基于 PC_{10} 和 EC_{50} 计算 $ReS_{PC_{10}}$ 和 $ReS_{EC_{50}}$，其值基本相等。由 TCDD 诱导的 LRG 活性推导的 ReS 值表明，鸡 AhR1 是最敏感的，环颈雉敏感性低于鸡(约为其 1/22)，而日本鹌鹑 AhR1 的敏感性显著低于鸡(约为其 1/110)和环颈雉(约为其 1/5)。对于 PCDPSs 4、7、10、11、17′，鸡比环颈雉的敏感性强(约为其 1/2.3～1/11)，但环颈雉和日本鹌鹑的敏感性却基本一致(PCDPS 4)，甚至环颈雉比日本

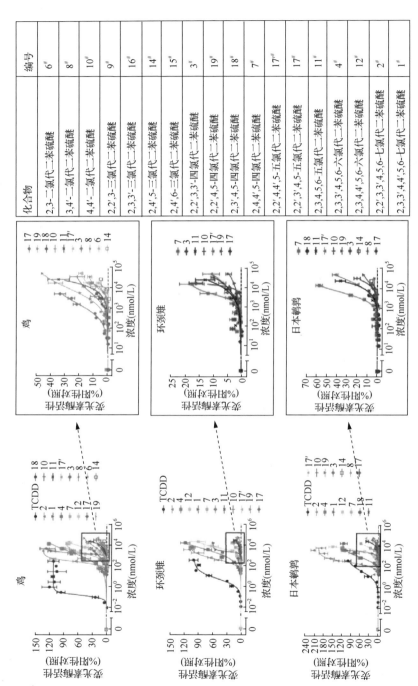

化合物	编号
2,3-二氯代二苯硫醚	6[#]
3,4-二氯代二苯硫醚	8[#]
4,4'-二氯代二苯硫醚	10[#]
2,2',3-三氯代二苯硫醚	9[#]
2,3,3'-三氯代二苯硫醚	16[#]
2,4,5-三氯代二苯硫醚	14[#]
2,4',6-三氯代二苯硫醚	15[#]
2,2',3,3'-四氯代二苯硫醚	3[#]
2,2',4,5-四氯代二苯硫醚	19[#]
2,3',4,5-四氯代二苯硫醚	18[#]
2,4,4',5-四氯代二苯硫醚	7[#]
2,2',4',5-五氯代二苯硫醚	17[#]
2,2',3',4,5-五氯代二苯硫醚	17[#]
2,3,4,5,6-五氯代二苯硫醚	11[#]
2,3,3',4',6-六氯代二苯硫醚	4[#]
2,3,4,5,6-六氯代二苯硫醚	12[#]
2,2',3,3'4,5,6-七氯代二苯硫醚	2[#]
2,3,3',4',5,6-七氯代二苯硫醚	1[#]

图9-10 TCDD和多氯代二苯硫醚(PCDPSs)在经鸡、环颈雉和日本鹌鹑的芳香化酶受体AhR1表达质粒转染的COS-7细胞中，诱导荧光素酶活性的剂量-效应关系。效应数据以阴性对照比(300 nmol/L TCDD)百分比的形式呈现。当PCDPSs诱导的荧光素酶活性相对于二甲基亚砜(DMSO溶剂对照呈浓度依赖的显著升高时，其剂量-效应曲线才能画出。图中每个点均是经阳性对照标准化的荧光素酶比值的算数平均值，每个点表征三个单独的试验(生物平行)，每次试验四个技术平行。误差棒代表标准误差(S.E.)。

鹌鹑弱(约为其 1/1.8~1/5.5)；PCDPSs 7、10、11、17')，尤其是对于 PCDPS 17'，日本鹌鹑的敏感性基本与鸡一致。对于 PCDPSs 1，鸡和日本鹌鹑的敏感性一致，比环颈雉略高。对于 PCDPSs 2 和 12，敏感性强弱与 TCDD 完全相反，为日本鹌鹑＞环颈雉＞鸡。对于 PCDPS 19，鸡比日本鹌鹑敏感性强(14 倍)。对于 PCDPS 3，鸡与环颈雉的敏感性基本一致。对于 PCDPS 14，鸡比环颈雉敏感性高(2.5 倍)。可见，并不是所有的化合物毒性都是鸡＞环颈雉＞日本鹌鹑的，这充分说明了类二噁英化合物鸟类种间敏感性差异的复杂性。

3. 转录组验证 CYP1A1 通路是最敏感性通量

由于 PCDPSs 与二噁英结构上的相似性，被认为是潜在类二噁英污染物，且上述研究表明，这类化合物能够通过 AhR 介导产生类二噁英毒性，而且大鼠、鸟类等生物的致死毒性也可能是通过 AhR-AOP 诱导的。但是在使用 AhR-AOP 概念时有一个前提就是 AhR 激活是高度专一的，且是最敏感的内源性分子事件。而转录组测序技术能够在基因组尺度上快速、高效、定量地来帮助回答这个问题。

根据大鼠 H4IIE-luc 受体报告基因试验筛选出的相对致毒潜力最大的两个 PCDPSs 同系物 2,2',3,3',4,5,6-hepta-CDPS 和 2,4,4',5-tetra-CDPS，进一步利用大鼠肝癌细胞 H4IIE 细胞暴露，获取的样品进行 RNA-seq 测试，研究并证实了 AhR 调控毒性通路是否在 PCDPS 类化合物转录组水平上的毒性通路中起到主导作用。

通过 RNA-seq 研究发现，2,2',3,3',4,5,6-hepta-CDPS 和 2,4,4',5-tetra-CDPS 两个处理组共有的差异表达基因包括，*CYP1A1*、*CYP1A2*、*ENSRNOG00000047433*(比对结果显示和 *CYP1B1* 类似)、*Nqo1* 和 *Gsta2*，都是已知的 AhR 调控基因。这五个基因也在所有的差异表达基因中由于较低的 FDR 值和较高的差异倍数排名靠前。其中 *CYP1A1* 和 *CYP1A2* 基因在两个处理组中都是差异倍数最大的上调基因，而这两个基因也是已知的 AhR 调控基因，并且经常用来作为类二噁英物质暴露的生物标记物(Kim et al., 2009)。一些其他的细胞或者生物暴露在 TCDD(Boverhof et al., 2006; Ovando et al., 2010)或者其他像 PCBs(Carlson and Ckoganti, 2009; Ovando et al., 2010)、TCDF、4-Pe-CDF(Rowlands et al., 2007)类二噁英物质的转录组研究中，CYP1 稳定地被检测出是差异倍数最大，显著性最强的差异表达基因。

通路分析(图 9-11)显示，PCDPS 在不产生细胞毒性浓度的暴露下，AhR 调控的通路是最显著的分子应答。并且，PCDPS 是通过 AhR-AOP 中诱导相 I 和相 II 反应酶的活性产生下游生物负效应。这支持了 AhR，至少在肝细胞中是最敏感的与 PCDPS 暴露引起的毒性相关的分子启动事件。这个结果暗示哺乳动物中，通过 AhR-AOP，能够预测 PCDPSs 暴露相关危害，尤其是那些效应更强的同系物。这些结果还表明，基于 AhR-AOP 的荧光报告基因试验对于鉴别 PCDPS 的毒性效应是一个可靠并且敏感的工具。

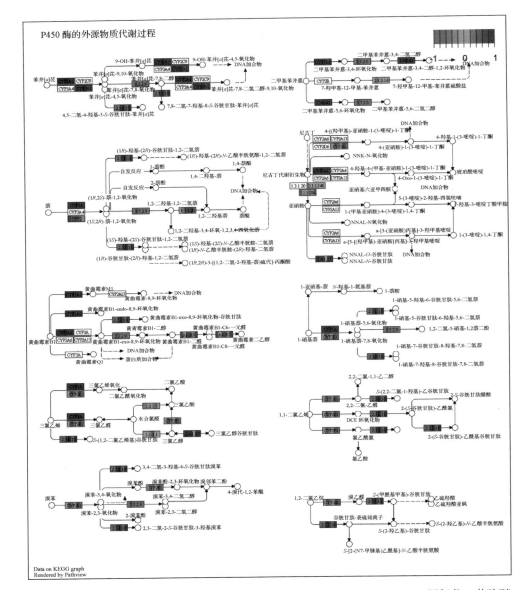

图 9-11　2,2′,3,3′,4,5,6-七氯代二苯硫醚(2,2′,3,3′,4,5,6-hepta-CDPS)和 2,4,4′,5-四氯代二苯硫醚
(2,4,4′,5-tetra-CDPS)诱导外源物质代谢通路中基因的表达情况

每个小格中左边三个色块代表 2,2′,3,3′,4,5,6-hepta-CDPS 组中三个样品,右边三个代表 2,4,4′,5-tetra-CDPS 组。

绿色代表下调,红色代表上调

9.4.3　AhR-AOP 指导下 MEO-/HO-PBDEs 毒性预测与验证

1. H4IIE-luc 筛选出活性和无活性的物质

利用报告基因法将 34 种 PBDEs 衍生物(15 种 MeO-PBDEs 和 19 种 HO-PBDEs)暴露于 H4IIE-luc 细胞,二噁英活性结果如表 9-2 所示,该研究首次发现了 PBDEs 衍生物能够诱导显著的 AhR 活性,34 种测试物质有 19 种表现出二噁英活性,如表9-2所示,包括13种HO-PBDEs(6′-Cl-2′-HO-BDE-7,2′-HO-BDE-28,2′-HO-BDE-68,6-HO-BDE-47,5-Cl-6-HO-BDE-47,6-HO-BDE-85,6-HO-BDE-90,2-HO-BDE-123,4-HO-BDE-90,6-HO-BDE-137,3-HO-BDE-100,2′-HO-BDE-66 和 2′-HO-BDE-25)和 6 种 MeO-PBDEs(2′-MeO-BDE-28,6-MeO-BDE-47,5-Cl-6-MeO-BDE-47,6-MeO-BDE-85,2-MeO-BDE-123 和 6-MeO-BDE-13)。19 种二噁英活性物质的最大效应百分比(%TCDD-max)在 5.0%～101.8%之间,有 4 种最大 TCDD 效应(maximum response caused by 2,3,7,8 - tetrachlorodibenzo-p-dioxin,TCDD-max)甚至超过50%,分别为 6-HO-BDE-47、5-Cl-6-HO-BDE-47、6-HO-BDE-137 和 5-Cl-6-MeO-BDE-47,其中 5-C1-6-HO-BDE-47 的相对毒性效力(relative potency,ReP)最大,与八氯代二苯并二噁英(OCDD)和八氯代二苯并呋喃(OCDF)的毒性当量因子(TEF)相当;通过比较 5 对 PBDEs 衍生物(HO-和 MeO-PBDEs)活性数据(图 9-12),包括 6-HO-BDE-47 和 6-MeO-BDE-47、5-Cl-6-HO-BDE-47 和 5-Cl-6-MeO-BDE-47、6-HO-BDE-85 和 6-MeO-BDE-85、2-HO-BDE-123 和 2-MeO-BDE-123、6-HO-BDE-137 和 6-MeO-BDE-137,可以看出,相同浓度下,HO-官能团和 MeO-官能团相比,可以诱导更大的 AhR 活性,这和其他文献报道(Canton et al., 2005; Wahl et al., 2008)的 MeO-和 HO-官能团的加入会大大加强化合物的 AhR 效应的结果相一致。可见 HO-和 MeO-官能团的加入使得 PBDEs 具有了极强的二噁英活性。

表 9-2　部分具有 AhR 活性的 PBDEs 衍生物相对于 2,3,7,8-TCDD 的最大效应值及其相对当量因子(ReP$_{H4IIE-luc}$)

受试化合物	最高测试浓度(ng/mL)	TCDD-max	ReP$_{H4IIE-luc}$
TCDD		100.00%	
DMSO 对照组	0	0%	
6′-Cl-2′-HO-BDE-7	2500	13.20%	5.40×10^{-05}
2′-HO-BDE-28	2500	12.70%	1.30×10^{-06}
2′-HO-BDE-68	10000	5.00%	1.27×10^{-10}
6-HO-BDE-47	2500	52.70%	7.63×10^{-05}
5-Cl-6-HO-BDE-47	10000	101.80%	4.00×10^{-04}
6-HO-BDE-85	2500	42.20%	2.20×10^{-04}
6-HO-BDE-90	10000	6.80%	7.35×10^{-12}

受试化合物	最高测试浓度(ng/mL)	TCDD-max	ReP$_{H4IIE-luc}$
2-HO-BDE-123	10000	31.30%	3.32×10^{-06}
4-HO-BDE-90	10000	16.40%	7.23×10^{-07}
6-HO-BDE-137	10000	56.20%	1.91×10^{-04}
3-HO-BDE-100	10000	18.10%	8.96×10^{-07}
2′-HO-BDE-66	10000	35.20%	3.92×10^{-06}
2′-HO-BDE-25	10000	9.80%	1.99×10^{-07}
2′-MeO-BDE-28	10000	25.70%	2.18×10^{-06}
6-MeO-BDE-47	10000	14.50%	1.71×10^{-07}
5-Cl-6-MeO-BDE-47	10000	59.40%	6.48×10^{-05}
6-MeO-BDE-85	10000	37.10%	2.56×10^{-05}
2-MeO-BDE-123	10000	9.60%	2.23×10^{-08}
6-MeO-BDE-137	10000	28.00%	2.68×10^{-06}

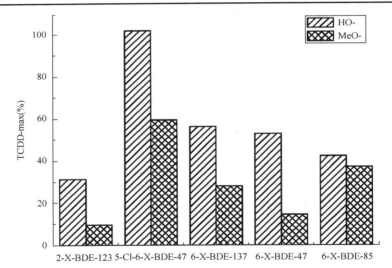

图 9-12　HO-PBDEs 与 MeO-PBDEs 芳香烃受体活性对比

X 代表不同官能团，左为 HO-，右为 MeO-

2. 基于鸟类报告基因法识别出不同敏感性的物种

用鸟的 AhR1-LRG 报告基因法(Zhang et al., 2013)对 19 种 MeO-/HO-PBDEs 二噁英活性的鸟类种间敏感性进行了研究，结果表明：

(1)不同鸟对同一 MeO-/HO-PBDEs 的敏感性不同；见表 9-3，LRG 诱导活性的各毒性终点值显示，3-HO-BDE-100 在鸡、环颈雉和日本鹌鹑 AhR1 表达质粒转

表 9-3　经鸡、环颈雉和日本鹌鹑芳烃受体（AhR1）表达质粒转染的 COS-7 细胞暴露于四氯二苯并-对-二噁英（TCDD）和羟基化/甲氧基化多溴二苯醚（HO-/MeO-PBDEs）20 h 后，LRG 诱导活性的各毒性终点值*及大鼠肝癌细胞荧光报道基因法（H4IIE-luc）试验推导羟基化/甲氧基化多氯二苯醚的毒性当量值[§]

化合物	ReS_{EC50} (AhR1 质粒)			$ReSp_{C10}$ (AhR1 质粒)			$EC_{50}\pm SE$ (nmol/L)			ReP_{avg}
	鸡	环颈雉	日本鹌鹑	鸡	环颈雉	日本鹌鹑	鸡	环颈雉	日本鹌鹑	H4IIE-luc
TCDD	1.0^a	0.029^a	0.0063^b	1.0^a	0.095^b	0.028^c	$1.61\times10^{-1}\pm3.2\times10^{-3a}$	5.57 ± 0.50^a	25.4 ± 4.0^a	1
5-Cl-6-HO-BDE-47	1.0^a	NC	0.84^a	$1.0a^b$	0.77^b	1.4^b	300 ± 5.3^b	NC	358 ± 28^{ab}	6.5×10^{-6}
5-Cl-6-MeO-BDE-47	1	NC	NC	1.0^a	0.70^b	0.97^b	NC	NC	1151 ± 98.7^b	1.1×10^{-6}
2'-MeO-BDE-28	1	NC	NC	1.0^a	NC	0.090^b	NC	641 ± 16^b	NC	3.2×10^{-8}
2'-HO-BDE-66	1.0^a	0.35^b	0.76^a	1	NC	NC	428 ± 40^{bc}	1235 ± 32.2^c	566 ± 104^{ab}	4.8×10^{-8}
6-MeO-BDE-85	1	NC	NC	1.0^a	1.7^b	3.6^c	NC	NC	615 ± 85^{ab}	1.2×10^{-6}
2'-BDE-28	1	NC	NC	1.0^a	0.15^c	0.38^b	NC	NC	NC	3.9×10^{-8}
6-MeO-BDE-47	1	NC	NC	1.0^a	0.12^c	0.24^b	NC	NC	NC	3.3×10^{-8}
6-HO-BDE-47	1	NC	NC	1.0^a	0.57^b	0.65^b	NC	NC	NC	9.8×10^{-7}
6-HO-BDE-137	1	NC	NC	1.0^a	1.5^b	1.4^b	NC	NC	NC	9.7×10^{-7}
6-MeO-BDE-137	1	NC	NC	1.0^a	0.37^c	1.2^a	NC	NC	3597 ± 41.4^d	6.9×10^{-8}
4-HO-BDE-90	1	NC	NC	1.0^a	0.91^b	1.6^b	NC	NC	NC	4.8×10^{-8}
2-MeO-BDE-123	1	NC	NC	1.0^a	NC	1.5^a	NC	NC	NC	NA
2-HO-BDE-123	1	NC	NC	1.0^a	NC	0.58^a	NC	2595 ± 311^d	1607 ± 257^c	7.2×10^{-8}

续表

化合物	ReS$_{EC50}$ (AhR1 质粒)			ReS$_{PC10}$ (AhR1 质粒)			EC$_{50}$±SE (nmol/L)			ReP$_{avg}$
	鸡	环颈雉	日本鹌鹑	鸡	环颈雉	日本鹌鹑	鸡	环颈雉	日本鹌鹑	H4IIE-luc
2'-HO-BDE-68	1	NC	NC	1	NC	NC	NC	NC	NC	NA
6-HO-BDE-85	1.0[a]	NC	0.14[b]	1	NC	NC	217±71[b]	NC	1519±549[c]	$4.6×10^{-6}$
3-HO-BDE-100	1	NC	NC	1	NC	NC	>17220.89	>17220.89	>17220.89	$2.4×10^{-8}$
6'-Cl-2'-HO-BDE-7	1.0[a]	<0.019	1.0[a]	1	NC	NC	492±107[c]	>26423.78	474±7.34[ab]	$3.7×10^{-8}$
6-HO-BDE-90	1	NC	NC	1	NC	NC	>17220.89	NC	NC	NA
2'-HO-BDE-25	1	NC	NC	1	NC	NC	>23646.36	>23646.36	NC	NA

§ 基于 LRG 试验 PC$_{10}$ 和 EC$_{50}$ 计算的 ReS$_{PC10}$ 和 ReS$_{EC50}$ 在表中给出。如果 LRG 活性未被诱导，将鸡 AhR1-LRG 试验推导的 EC$_{50}$ 值以相应化合物的最大受试浓度作为 ReS$_{EC50}$ 的估计值。‡ 字母上标表示在同一受试物暴露中，不同 AhR1s-LRG 试验推导的 PC$_{10}$ 值之间存在显著性差异。NC：由于 PC$_{10}$ 或 EC$_{50}$ 值无法计算，因此相应的 ReS$_{PC10}$ 和 ReS$_{EC50}$ 无法计算，ReS$_{EC50}$ 值无法计算。

*EC$_{50}$ 以三个生物学平行（来自于三张不同的 96 孔板）的算术平均值±标准误差的形式给出。† LRG 活性值经阳性对照（300 nmol/L TCDD）标准化。除非另有说明，否则最大效应值均通过曲线拟合推导获得。对于同一 AhR1，字母上标表明各处理组间存在显著性差异（$p<0.05$）。

NA：没有 ReP$_{avg}$ 值可用于计算 ReP$_{avg}$。

注：ReP$_{avg}$ 值对应的 ReP$_{PC10}$、ReP$_{PC20}$、ReP$_{PC50}$ 和 ReP$_{PC80}$ 计算获得。

染的 COS-7 细胞中均不能诱导产生显著的 LRG 活性；2'-HO-BDE-25 在鸡和环颈雉，6-HO-BDE-90 在鸡，6'-Cl-2'-HO-BDE-7 在环颈雉 AhR1 表达质粒转染的 COS-7 细胞中，均不能诱导产生显著的 LRG 活性。其余检测的 HO-/MeO-PBDEs 均能在相应 AhR1 表达质粒转染的 COS-7 细胞中，诱导产生显著的 LRG 活性。5-Cl-6-HO-BDE-47 和 5-Cl-6-MeO-BDE-47 在鸡、环颈雉和日本鹌鹑 AhR1s-LRG 试验中，诱导产生的最大效应值/最大可观测到效应值均大于/等于 TCDD，这与 PCDPSs 2、4 和 2,3,4,7,8-PeCDF 的情况有些相似。

（2）部分 MeO-/HO-PBDEs 二噁英毒性的鸟类种间敏感性排序与典型二噁英化合物也不一致；由 TCDD 诱导的 LRG 活性推导的 ReS 值可以看出，鸡 AhR1 是最敏感的，环颈雉敏感性低于鸡（11~34 倍），而日本鹌鹑 AhR1 的敏感性显著低于鸡（36~159 倍）和环颈雉（3~5 倍）。但对于很多 HO-/MeO-PBDEs（6-HO-BDE-85、2-HO-BDE-123 和 2'-MeO-BDE-28 除外）来说，鸡、环颈雉和日本鹌鹑的相对敏感性并不与 TCDD 的情况一致，这与某些单邻位 PCB 同系物（如 PCB 105 和 PCB 118），Aroclors 1260、1016、1221 以及 PCDPSs 等（Manning et al., 2013; Zhang et al., 2013）的情况类似：日本鹌鹑型的敏感性比环颈雉型（6'-Cl-2'-HO-BDE-7、2'-HO-BDE-28、6-HO-BDE-47、2'-HO-BDE-66、6-MeO-BDE-47 和 5-Cl-6-MeO-BDE-47）甚至鸡型的还要强（5-Cl-6-HO-BDE-47、4-HO-BDE-90、2-MeO-BDE-123 和 6-MeO-BDE-137），或敏感性与 TCDD 的情况完全相反（6-HO-BDE-137 和 6-MeO-BDE-85）。这可能是因为，当不同化合物作为配体与同一 AhR1 受体结合后，配体-受体构象存在差异；另外，不同 AhR1 受体氨基酸序列的差别导致同一化合物作为配体与不同 AhR1s 受体结合后，配体-受体构象之间也存在差异（Abnet et al., 1999, Zhou et al., 2003）。

（3）从鸟类 AhR1s-LRG 和 H4IIE-luc 试验推导的 $RePavg$ 值看出，基于 H4IIE-luc 试验推导的 MeO-/HO-PBDEs 的毒性效力比鸟类毒理试验得到的小 1~4 个数量级，这与典型二噁英化合物的情况一致。

9.4.4　6-HO-BDE-47 的毒性预测与验证

AhR-AOP 提供了一个针对潜在类二噁英物质生态风险评估的工具，按照"AhR-胚胎毒性"AOP 框架来预测环境中新型污染物是否能够诱导二噁英毒性，需要满足的假设是：化合物能够结合和激活 AhR，具有显著的效能；AhR 的激活是其关键的分子启动事件，且需要考虑 AhR 蛋白基因的物种间的敏感差异性。

上述提及的高通量测试技术如 H4IIE-luc 报告基因法和鸟类 AhR-LRG（荧光素酶报告基因）法的发展为基于 AhR-AOP 预测环境中是否具有能诱导二噁英毒性的污染物提供了有效的检测手段。利用这两种高通量测试技术发现了 3 种重要的新型二噁英物质，甲氧基化多溴二苯醚（methoxylated polybrominated diphenyl ethers, MeO-PBDEs)、羟基化多溴二苯醚(hydroxylated polybrominated diphenyl ethers, HO-PBDEs)和多氯代联苯硫醚(polychlorinated diphenyl sulfides, PCDPSs)，这些新型污染物在水体和沉积物中广泛检出。其中利用 H4IIE-luc 报告基因法将 32 种 PBDEs 衍生物(15 种 MeO-PBDEs 和 17 种 HO-PBDEs)暴露于 H4IIE-luc 细胞，首次发现了 PBDEs 衍生物能够诱导显著的 AhR 活性。此外使用 H4IIE-luc 受体报告基因法，对 19 种 PCDPSs 的毒性进行研究发现 15 种 PCDPSs 具有类二噁英活性。进一步使用鸟类 AhR-LRG 试验分别对 19 种 MeO-/HO-PBDEs 和 18 种 PCDPSs 的二噁英活性及鸟类种间敏感性进行了研究，证实了它们能够诱导类二噁英活性且具有较大的种间敏感性差异，结果发现，三种鸟类中原鸡的敏感性最强，具有较高相对毒性潜力是 6-HO-BDE-47(图 9-13)。同时，已有研究报道 6-HO-BDE-47 在环境介质与生物体(如鱼类、野生鸟类、北极熊、海洋哺乳和人体血液)中广泛检出。根据已构建的 AhR-AOP，我们预测 6-HO-BDE-47 可能会通过激活 AhR 致毒通路对生态物种如鸟类的胚胎发育造成危害，该类物质对生物体的毒性及其生态风险亟需进一步深入研究(Peng et al., 2016)。

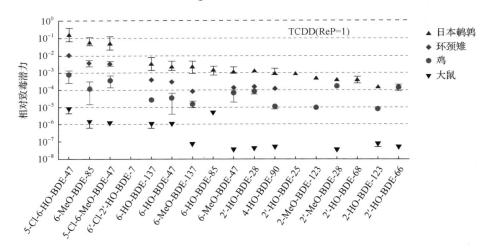

图 9-13　羟基、甲氧基化多溴二苯醚(HO-/MeO-PBDE)在鸟类 AhR 荧光报道基因(AhR1-LRG)和大鼠肝肿瘤细胞荧光报告基因(H4IIE-luc)法中的相对致毒潜力

为了验证 6-HO-BDE-47 是否会导致鸟类胚胎发育毒性，选取 6-HO-BDE-47 为研究对象，通过胚胎注射试验验证其对鸟类个体的胚胎毒性，并在转录组水平上对 AhR 致毒通路进行研究，同时还测定了肝脏中 6-HO-BDE-47 的实际暴露浓度，将体外测试方法与体内测试结果进行了探讨(图 9-14)。研究结果发现，鸟类胚胎在 6-HO-BDE-47 暴露 18 d 后出现死亡，呈现出一定剂量效应关系(LD$_{50}$= 1.940 nmol/g egg) [图 9-15(a)]，胚胎质量(embryo mass)随着暴露浓度的增加而下降，最高浓度暴

露组(0.474 nmol/g egg)的胚胎重量显著小于对照组($p<0.05$)，肝脏指数(hepatic somatic index, HSI)随着暴露浓度的增加而上升，呈现出一定的剂量效应关系($r = 0.67$, $p<0.01$)[图 9-16(b)]，最高浓度暴露组的 HSI 显著大于对照组($p<0.05$)(表 9-4)。这些结果证实了通过 AhR-LRG 体外测试发现的具有高二噁英毒性的 6-HO-BDE-47 确实能够导致鸟类个体的胚胎毒性，且该结果与通过体外测试结果推算的鸡胚胎 LC_{50}(8.12 nmol/g egg)数值相近。

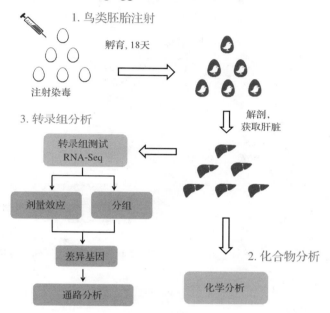

图 9-14　6-HO-BDE-47 的毒性预测与验证实验流程图

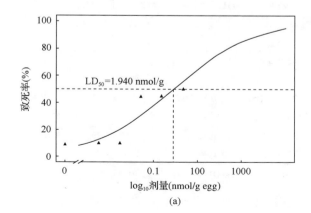

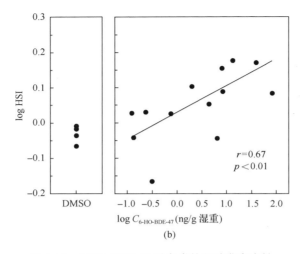

图 9-15　6-HO-BDE-47 对鸟类的胚胎发育毒性

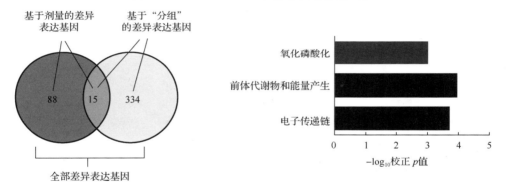

图 9-16　6-HO-BDE-47 暴露导致鸡胚胎肝脏的差异表达基因的通路富集分析

表 9-4　6-HO-BDE-47 暴露对鸡胚胎的形态学影响

暴露组浓度 (nmol/g egg)	胚胎质量 (g)[a]	肝脏质量 (g)	跗骨长度 (mm)	头尾比值 (mm)	肝脏指数 (%)[b]
DMSO	42.19 ± 0.96	0.39 ± 0.01	22.62 ± 0.64	28.61 ± 1.26	0.93 ± 0.03
0.006	36.87 ± 0.61	0.34 ± 0.02	20.91 ± 0.71	28.00 ± 1.69	0.91 ± 0.05
0.018	37.18 ± 1.51	0.38 ± 0.04	23.21 ± 0.83	27.56 ± 0.73	1.02 ± 0.12
0.053	36.27 ± 1.35	0.41 ± 0.02	22.12 ± 0.67	29.78 ± 0.70	1.15 ± 0.09
0.158	38.30 ± 1.21	0.51 ± 0.04	22.80 ± 0.76	28.92 ± 1.16	1.32 ± 0.09
0.474	33.19 ± 2.23*	0.49 ± 0.04	23.30 ± 0.79	28.37 ± 0.63	1.49 ± 0.11 *

a.平均值±标准误差(SE)；b.肝脏指数(HSI)；*表示 $p<0.05$。

同时根据 6-HO-BDE-47 暴露鸟类胚胎的肝脏实测浓度，在转录组水平上对差异表达基因(differently expressed genes，DEGs)进行富集和通路分析，揭示了

6-HO-BDE-47 对鸟类胚胎的分子致毒过程。线性模型分析得到具有剂量效应关系的 103 个 DEGs，其基因网络揭示了显著的具有剂量效应关系的蛋白质交互作用（$p<0.01$），DEGs 被富集到 2 条 KEEG 通路中（FDR<0.05），包括氧化磷酸化和代谢通路，同时还富集到 62 条 GO terms 上（FDR<0.05）。

　　另一方面，高、中、低实测浓度分组结果发现胚胎肝脏在不同浓度暴露组具有显著的差异表达，其基因网络显示 DEGs 显著富集到蛋白之间的相互作用和两条 KEGG 通路（碳代谢通路和嘌呤代谢通路）。最后，对两种不同 DEGs 分析得到 15 个相同的差异表达基因进行通路富集分析，发现 6-HO-BDE-47 可能是通过扰乱生物体内线粒体的功能与产能导致一系列的毒性效应，其中涉及的生物学过程包括氧化磷酸化、前体物质代谢的生成与产能以及电子传递链等（图 9-16）。此外，研究还发现与 AhR 致毒通路密切相关的鸡胚胎肝脏 CYP1A4 在转录水平上与 6-HO-BDE-47 的暴露水平呈正相关（$R^2 = 0.5233$，$p = 0.0078$）（图 9-17），该结果证明 CYP1A4 可能是 6-HO-BDE-47 激活 AhR 致毒通路的关键分子启动事件，与胚胎发育毒性密切相关，进一步验证和完善了 AhR-AOP 对 DLCs 物质的预测能力。

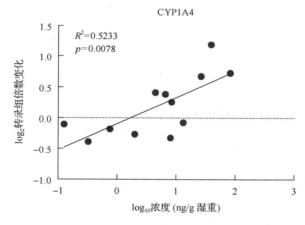

图 9-17　6-HO-BDE-47 暴露鸡胚胎肝脏 CYP1A4 转录水平与浓度间关系

　　为评估 6-HO-BDE-47 对鸟类的生态风险，通过该物质在环境中野生鸟类的检出浓度与预测无效应浓度来计算其风险熵（risk quotients，RQs），研究中的预测无效应浓度是分别通过转录水平上的差异表达基因的 NOTEL（transcriptional no observed effect level）和 NOEL（no observed effect level）除以不确定因子（10）得到，结果发现 RQ$_{NOTEL}$ 比 RQ$_{NOEL}$ 显示出更为敏感的预测能力（表 9-5），根据目前的环境检出浓度，6-HO-BDE-47 可能会对野生鸟类造成危害。

表9-5　6-HO-BDE-47 对不同区域野生鸟类的风险熵

物种(学名)	组织	环境浓度	RQ NOEL [a]	RQ NOEL [b]	地域	参考文献
北极鸥 (Larus hyperboreus)	血液	0.05 ng/g ww [c]	0.346	63.2	挪威	(Verreault et al., 2005)
白头海雕 (Haliaeetus leucocephalus)	血液	0.38 ng/g ww	2.628	480.1	北美洲	(McKinney et al., 2006)
游隼 (Falco peregrinus)	血液	1.11 ng/g ww	10.979	1402.3	加拿大	(Fernie and Letcher, 2010)
池鹭(Ardeola bacchus)	血清	0.96 ng/g lw [d]	0.980	—	中国南部	(Liu et al., 2010)
针尾沙锥 (Gallinago stenura)	血清	0.49 ng/g lw	0.500	—	中国南部	(Liu et al., 2010)
白胸苦恶鸟 (Amaurornis phoenicurus)	血清	1.41 ng/g lw	1.439	—	中国南部	(Liu et al., 2010)
长尾鸭(Clangula hyemalis)	肝脏	0.2 ng/g ww	1.383	252.7	波罗的海	(Dahlberg et al., 2016)
夜鹭 (Nycticorax nycticorax)	蛋	3.4 ng/g lw	3.469	—	中国长江三角洲	(Zhou et al., 2016)
须浮鸥 (Chlidonias hybrida)	蛋	2.0 ng/g lw	2.041	—	中国长江三角洲	(Zhou et al., 2016)
黑尾鸥 (Larus crassirostris)	肌肉	4.3 pg/g ww	0.043	5.4	中国辽东湾	(Zhang et al., 2012)
红嘴鸥 (Larus ridibundus)	肌肉	4.6 pg/g ww	0.045	5.8	中国辽东湾	(Zhang et al., 2012)

a. RQ_NOEL= 环境浓度/PNEC NOTEL, PNEC NOTEL =NOTEL/10, NOTEL =1.011 ng/g wet weight 或 9.800 ng/g lipid weight; b. RQ_NOEL= 环境浓度/PNEC NOEL, PNEC NOEL =NOEL/10, NOEL = 79.158 ng/g egg 或 0.158 nmol/g egg; c. ww = wet weight; d. lw = lipid weight。

这一系列的研究结果表明，高通量体外测试方法与整体动物实验具有较好的一致性，且高通量体外测试方法在胚胎毒性预测中显示出较高的灵敏性和特异性，充分体现了该方法的可靠性。其作为一种快速、高效和通量化体外细胞受体报告基因法，在复杂的污染条件下可筛选具有二噁英毒性的新型污染物，为其相关的风险评估提供新的评价手段。

9.5　小　　结

虽然目前对二噁英及 DLCs 的毒理学的研究由来已久，包括一个经典的核受体机制。但由于在物种漫长的进化过程中，AhR 经过了各种变异，虽然 AhR 结构特性有着广泛的保守性，但是试图将其具体致毒机制描述清楚仍比较困难，并且二噁英及 DLCs 的各种毒性数据还不齐全，故基于此建立的 AOP 还需要进一步完善，从而为更好的风险评估提供有效的支持。

二噁英及 DLCs 在不同的物种间存在显著的敏感性差异，找到最敏感性物种是生态毒理研究的一个重要任务，而要在我国进行二噁英及 DLCs 对环境污染物的生态评估，必须加强本土物种的研究，建立基于本土物种的二噁英及 DLCs 毒性数据，从而为风险评价及基准和标准的制定提供更加有效的数据支持。

本章介绍了最近几年所发现的环境中的新型二噁英物质。而目前环境中的污染物数量巨大，并且一小部分物质具有相关的毒性数据，而大部分物质的毒性数据非常缺乏。故应该进一步开展新型物质的毒性筛查工作，探索新型二噁英物质。

环境中有大量的有机污染具有潜在二噁英类毒性和生态风险。基于物种特异性的报告基因技术，不仅可以用于检测复合暴露条件下有机污染物的二噁英类物质的 TEQ，还可以 EDA 方法来鉴别关键有毒物质；此外，采用本土敏感性物种的报告基因法的检测策略，还可以预测二噁英类毒性物质的生态风险。

参 考 文 献

陈景文, 全燮, 2009. 环境化学. 大连: 大连理工大学出版社.

李雪花, 2008. 有毒有机污染物正辛醇/空气分配系数(K_{OA})的定量预测方法. 大连: 大连理工大学.

李雪花, 王雅, 乔显亮, 等, 2016. 采用定量结构-活性关系模型预测有机化合物的土壤或沉积物吸附系数的方法. CN201310442993.3.

刘羽晨, 2015. 基于综合毒性作用模式分类构建有机化合物对大型蚤急性毒性 QSAR 模型. 大连: 大连理工大学.

孙露, 陈英杰, 吴曾睿, 等, 2015. 有机化合物生物富集因子的计算机预测研究. 生态毒理学报10(2): 173-182.

王铭义, 2013. 环境化合物毒性定量构效关系建模方法研究. 哈尔滨: 哈尔滨理工大学.

张家敏, 彭颖, 方文迪, 等, 2017. 有害结局路径(AOP)框架在水体复合污染监测研究中的应用. 生态毒理学报, 12(1): 1-14.

张俊江, 张效伟, 于红霞, 2016. 三氯乙基磷酸酯阻燃剂对日本鹌鹑胚胎的发育毒性. 生态毒理学报, 11(1): 167-172.

赵文星, 李雪花, 傅志强, 等, 2015. 有机化学品不同温度下(过冷)液体蒸气压预测模型的建立与评价. 生态毒理学报, 10(2): 159-166.

Abnet C C, Tanguay R L, Heideman W, et al, 1999. Transactivation activity of human, zebrafish, and rainbow trout aryl hydrocarbon receptors expressed in COS-7 cells: Greater insight into species differences in toxic potency of polychlorinated dibenzo-*p*-dioxin, dibenzofuran, and biphenyl congeners. Toxicology and Applied Pharmacology, 159(1): 41-51.

Boverhof D R, Burgoon L D, Tashiro C, et al, 2006. Comparative toxicogenomic analysis of the hepatotoxic effects of TCDD in Sprague Dawley rats and C57BL/6 mice. Toxicological Sciences, 94(2): 398-416.

Browne P, Judson R S, Casey W M, et al, 2015. Screening chemicals for estrogen receptor bioactivity using a computational model. Environmental Science & Technology, 49(14): 8804-8814.

Canton R F, Sanderson J T, Letcher R J, et al, 2005. Inhibition and induction of aromatase(CYP19) activity by brominated flame retardants in H295R human adrenocortical carcinoma cells. Toxicological Sciences, 88(2): 447-455.

Carlson E A, Ckoganti M C, 2009. Divergent transcriptomic responses to aryl hydrocarbon receptor agonists between rat and human primary hepatocytes. Toxicological Sciences, 112(1): 257-272.

Chen G, Li X, Chen J, et al, 2014. Comparative study of biodegradability prediction of chemicals using decision trees, functional trees, and logistic regression. Environmental Toxicology and Chemistry, 33(12): 2688-2693.

Chen Q, Wang X, Shi W, et al, 2016. Identification of thyroid hormone disruptors among HO-PBDEs: *In vitro* investigations and coregulator involved simulations. Environmental Science & Technology, 50(22): 12429-12438.

Cramer R D, Patterson D E, Bunce J D, 1988. Comparative molecular field analysis (CoMFA). 1. Effect of shape on binding of steroids to carrier proteins. Journal of the American Chemical Society, 110(18): 5959-5967.

Cronin M T D, Jaworska J S, Walker J D, et al, 2003. Use of QSARs in international decision-making frameworks to predict health effects of chemical substances. Environmental Health Perspectives, 111(10): 1391.

Dahlberg A-K, Chen V L, Larsson K, et al, 2016. Hydroxylated and methoxylated polybrominated diphenyl ethers in long-tailed ducks (*Clangula hyemalis*) and their main food, Baltic blue mussels (*Mytilus trossulus × Mytilus edulis*). Chemosphere, 144: 1475-1483.

Fan F, Wood K V, 2007. Bioluminescent assays for high-throughput screening. Assay & Drug Development Technologies, 5(1): 127.

Fernie K J, Letcher R J, 2010. Historical contaminants, flame retardants, and halogenated phenolic compounds in peregrine falcon (*Falco peregrinus*) nestlings in the Canadian Great Lakes basin. Environmental Science & Technology, 44(9): 3520-3526.

Free S M, Wilson J W, 1964. A mathematical contribution to structure-activity studies. Journal of Medicinal Chemistry, 7(8): 395.

Garber M, Grabherr M G, Guttman M, et al, 2011. Computational methods for transcriptome annotation and quantification using RNA-seq. Nat Methods, 8(6): 469-477.

Gu C, Goodarzi M, Yang X, et al, 2012. Predictive insight into the relationship between AhR binding property and toxicity of polybrominated diphenyl ethers by PLS-derived QSAR. Toxicology Letters, 208(3): 269-274.

Hansch C, 1973. Structure activity relationships. New York: Pergmon Press.

Hansch C, Maloney P P, Fujita T, et al, 1962. Correlation of biological activity of phenoxyacetic acids with hammett substituent constants and partition coefficients. Nature, 194(4824): 178-180.

Hopfinger A J, 1980. A QSAR investigation of dihydrofolate reductase inhibition by Baker triazines based upon molecular shape analysis. Journal of the American Chemical Society, 102(24): 7196-7206.

Inglese J, Johnson R L, Simeonov A, et al, 2007. High-throughput screening assays for the identification of chemical probes. Nature Chemical Biology, 3(8): 466-479.

Kamlet M J, Doherty R M, Abboud J L M, et al, 1986. Linear solvation energy relationships: 36. Molecular properties governing solubilities of organic nonelectrolytes in water. Journal of Pharmaceutical Sciences, 75(4): 338-349.

Kier L B, Hall L H, 1990. An electropological-state index for atoms in molecules. Pharmaceutical Research, 7(8): 801-807.

Kim S, Dere E, Burgoon L D, et al, 2009. Comparative analysis of AhR-mediated TCDD-elicited gene expression in human liver adult stem cells. Toxicological Sciences, 112(1): 229-244.

Klebe G, Abraham U, Mietzner T, 1994. Molecular similarity indices in a comparative analysis (CoMSIA) of drug molecules to correlate and predict their biological activity. Journal of Medicinal Chemistry, 37(24): 4130-4146.

Li C, Xie H B, Chen J, et al, 2014. Predicting gaseous reaction rates of short chain chlorinated paraffins with ·OH: Overcoming the difficulty in experimental determination. Environmental Science & Technology, 48(23): 13808-13816.

Li F, C L L, Wu H F, Zhao J M, 2009. Combined SVM-PLS method for predicting estrogenic activities of organic chemicals in the coastal water. Organohalogen Compounds, 71: 1537-1541.

Li F, Li X, Liu X, et al, 2011. Docking and 3D-QSAR studies on the Ah receptor binding affinities of polychlorinated biphenyls (PCBs), dibenzo-p-dioxins (PCDDs) and dibenzofurans (PCDFs). Environmental Toxicology and Pharmacology, 32(3): 478-485.

Liu J, Luo X-J, Yu L-H, et al, 2010. Polybrominated diphenyl ethers (PBDEs), polychlorinated biphenyles (PCBs), hydroxylated and methoxylated-PBDEs, and methylsulfonyl-PCBs in bird serum from South China. Archives of Environmental Contamination and Toxicology, 59(3): 492-501.

Lyakurwa F S, 2014. 基于线性溶解自由能关系构建有机化学品对黑头呆鱼(*Pimephales Promelas*)急性毒性的计算毒理学模型. 大连: 大连理工大学.

Manning G E, Mundy L J, Crump D, et al, 2013. Cytochrome P4501A induction in avian hepatocyte cultures exposed to polychlorinated biphenyls: Comparisons with AhR1-mediated reporter gene activity and *in ovo* toxicity. Toxicology and Applied Pharmacology, 266(1): 38-47.

Mansouri K, Abdelaziz A, Rybacka A, et al, 2016. CERAPP: Collaborative estrogen receptor activity prediction project. Environmental Health Perspectives, 124(7): 1023-1033.

McKinney M A, Cesh L S, Elliott J E, et al, 2006. Brominated flame retardants and halogenated phenolic compounds in North American west coast bald eagle (*Haliaeetus leucocephalus*) plasma. Environmental Science & Technology, 40(20): 6275-6281.

Mostrag A, Puzyn T, Haranczyk M, 2010. Modeling the overall persistence and environmental mobility of sulfur-containing polychlorinated organic compounds. Environmental Science and Pollution Research, 17(2): 470-477.

Norinder U, Boyer S, 2016. Conformal prediction classification of a large data set of environmental chemicals from ToxCast and Tox21 estrogen receptor assays. Chemical Research in Toxicology, 29(6): 1003-1010.

OECD, 2014. OECD Guidance Document on the Validation of (Quantitative) Structure-Activity Relationship [(Q)SAR] Models. OECD Publishing.

OECD, 2016. OECD Test No. 223: Avian Acute Oral Toxicity Test. OECD Publishing.

Ovando B J, Ellison C A, Vezina C M, et al, 2010. Toxicogenomic analysis of exposure to TCDD, PCB126 and PCB153: Identification of genomic biomarkers of exposure to AhR ligands. BMC Genomics, 11(1): 583.

Peng Y, Xia P, Zhang J, et al, 2016. Toxicogenomic assessment of 6-OH-BDE47 induced developmental toxicity in chicken embryo. Environmental Science & Technology, 50(22): 12493-12503.

Qiu X, Bigsby R M, Hites R A, 2009. Hydroxylated metabolites of polybrominated diphenyl ethers in human blood samples from the United States. Environmental Health Perspectives, 117(1): 93-98.

Rowlands J B R, Gollapudi B, et al, 2007. Comparative gene expression analysis of TCDD-, 4-PeCDF-and TCDF-treated primary rat and human hepatocytes. Organohalogen Compounds, 69: 1862-1865.

Rowlands J, Budinsky R, Gollapudi B, et al,2007. Comparative gene expression analysis of TCDD-, 4-PeCDF-and TCDF-treated primary rat and human hepatocytes. Organohalogen Compounds, 69: 1862-1865.

Shah F, Greene N, 2014. Analysis of Pfizer compounds in EPA's ToxCast chemicals-assay space. Chemical Research in Toxicology, 27(1): 86-98.

Shi J, Zhang X, Qu R, et al, 2012. Synthesis and QSPR study on environment-related properties of polychlorinated diphenyl sulfides(PCDPSs). Chemosphere, 88(7): 844-854.

Soffers A E, Boersma M G, Vaes W H, et al, 2001. Computer-modeling-based QSARs for analyzing experimental data on biotransformation and toxicity. Toxicol In Vitro, 15(4-5): 539-551.

Su G, Xia J, Liu H, et al, 2012. Dioxin-like potency of HO- and MeO- analogues of PBDEs' the potential risk through consumption of fish from Eastern China. Environmental Science & Technology, 46(19): 10781-10788.

Vandegehuchte M B, Coninck D D, Vandenbrouck T, et al, 2010. Gene transcription profiles, global DNA methylation and potential transgenerational epigenetic effects related to Zn exposure history in *Daphnia magna*. Environmental Pollution, 158(10): 3323-3329.

Verreault J, Gabrielsen G V, Chu S G, et al, 2005. Flame retardants and methoxylated and hydroxylated polybrominated diphenyl ethers in two Norwegian Arctic top predators: Glaucous gulls and polar bears. Environmental Science & Technology, 39(16): 6021-6028.

Wahl M, Lahni B, Guenther R, et al, 2008. A technical mixture of 2,2′,4,4′-tetrabromo diphenyl ether (BDE47) and brominated furans triggers aryl hydrocarbon receptor (AhR) mediated gene expression and toxicity. Chemosphere, 73(2): 209-215.

Wan Y, Liu F, Wiseman S, et al, 2010. Interconversion of hydroxylated and methoxylated polybrominated diphenyl ethers in Japanese medaka. Environmental Science & Technology, 44(22): 8729-8735.

Wang P, Xia P, Yang J, et al, 2018. A reduced transcriptome approach to assess environmental toxicants using zebrafish embryo test. Environmental Science & Technology, 52(2): 821-830.

Wang X, Li X, Shi W, et al, 2013. Docking and CoMSIA studies on steroids and non-steroidal chemicals as androgen receptor ligands. Ecotoxicology and Environmental Safety, 89: 143-149.

Wu Y, Doering J A, Ma Z, et al, 2016. Identification of androgen receptor antagonists: *In vitro* investigation and classification methodology for flavonoid. Chemosphere, 158: 72-79.

Xia J, Su G, Zhang X, et al, 2014. Dioxin-like activity in sediments from Tai Lake, China determined by use of the H4IIE-luc bioassay and quantification of individual AhR agonists. Environmental Science and Pollution Research, 21(2): 1480-1488.

Xia P, Zhang X, Zhang H, et al, 2017. Benchmarking water quality from wastewater to drinking waters using reduced transcriptome of human cells. Environmental Science & Technology, 51(16): 9318-9326.

Zhang K, Wan Y, Jones P D, et al, 2012. Occurrences and fates of hydroxylated polybrominated diphenyl ethers in marine sediments in relation to trophodynamics. Environmental Science & Technology, 46(4): 2148-2155.

Zhang R, Manning G E, Farmahin R, et al, 2013. Relative potencies of Aroclor mixtures derived from avian *in vitro* bioassays: Comparisons with calculated toxic equivalents. Environmental Science & Technology, 47(15): 8852-8861.

Zhang X, Xia P, Wang P, et al, 2018. Omics advances in Ecotoxicology. Environmental Science & Technology, 52(7): 3842-3851.

Zhou J G, Henry E C, Palermo C M, et al, 2003. Species-specific transcriptional activity of synthetic flavonoids in guinea pig and mouse cells as a result of differential activation of the aryl hydrocarbon receptor to interact with dioxin-responsive elements. Molecular Pharmacology, 63(4): 915-924.

Zhou Y, Yin G, Asplund L, et al, 2016. A novel pollution pattern: Highly chlorinated biphenyls retained in Black-crowned night heron (*Nycticorax nycticorax*) and Whiskered tern (*Chlidonias hybrida*) from the Yangtze River Delta. Chemosphere, 150: 491-498.

Zhu H, Zhang J, Kim M T, et al, 2014. Big data in chemical toxicity research: The use of high-throughput screening assays to identify potential toxicants. Chemical Research in Toxicology, 27(10): 1643-1651.

附录　缩略语(英汉对照)

ACC	acetyl CoA carboxylase，乙酰辅酶A羧化酶
AChE	acetylcholinesterase，乙酰胆碱酯酶
ADH	alcohol dehydrogenase，醇脱氢酶
AhR	aryl hydrocarbon receptor，芳香烃受体
AI	additivity index，加和指数
AKR	aldosterone reductase，醛酮还原酶
ALDH	acetaldehyde dehydrogenase，乙醛脱氢酶
AMPA	α-amino-3-hydroxy-5-methyl-4-isoxazole-propionic acid，α-氨基-3-羟基-5-甲基-4-异噁唑丙酸
AnTX-a	anatoxin-a，鱼腥藻毒素
AOP	adverse outcome pathway，有害结局路径
Apaf-1	apoptotic protease activating factor-1，凋亡蛋白酶激活因子1
AR	androgen receptor，雄激素受体
ASR	all subset regression，所有子集回归
BAF	bioaccumulation factor，生物累积因子
BBB	blood-brain barrier，血-脑屏障
BCC	basic concentration composition，基本浓度组成
BCF	bioconcentration factor，生物富集因子
BFRs	brominated flame retardants，溴代阻燃剂
BL	B lymphocytes，B 淋巴细胞
BMF	biomagnification factor，生物放大因子
BSAF	bio-sediment accumulation factor，生物-沉积物累积因子
CA	concentration addition，浓度加和
CA	chromosomal aberrations，染色质畸变
CAR	constitutive androstane receptor，组成型雄烷受体
CAT	catalase，过氧化氢酶
CHO	Chinese hamster ovary，中国仓鼠卵巢
CI	combination index，组合指数
CNMs	carbon nanomaterials，碳纳米材料
CNS	central nervous system，中枢神经系统

CoMFA	comparative molecular field analysis，比较分子力场分析
CoMSIA	comparative molecular similarity indices analysis，比较分子相似性指数分析
CPT	carnitine palmitoyltransferase，肉碱棕榈酰基转移酶
CRC	concentration-response curve，浓度-反应曲线
CSF	cerebro-spinal fluid，脑脊液
CTL	cytotoxic T lymphocyte，细胞毒性 T 淋巴细胞
DCs	dendritic cells，树突细胞
DDT	dichlorodiphenyltrichloroethane，滴滴涕
DGT	diffusive gradients in thin films，薄层梯度扩散
DHPLC	denaturing high-performance liquid chromatography，变性高效液相色谱
DIC	dichlorvos，敌敌畏
DMSO	dimethyl sulfoxide，二甲基亚砜
DOM	dissolved organic matter，溶解态有机质
DOX	doxorubicin，阿霉素
DRAG	detection of repairable adducts by growth inhibition，生长抑制效应中的修复加合物检测
DRI	dose reduction index，剂量减少指数
EAA	excitative amino acid，兴奋性氨基酸
EC_{50}	median effective concentration，半数效应浓度
EDCs	endocrine disrupting chemicals，内分泌干扰物
EECR	equivalent effect concentration ratio，等效应浓度比
EPSP	excitatory postsynaptic potential，兴奋性突触后电位
EquRay	direct equipartition ray，直接均分射线法
ER	estrogen receptor，雌激素受体
EROD	7-ethoxyresorufin-O-deethylase，7-乙氧基-3-异吩噁唑脱乙基酶
ES	effect summation，效应相加
ESD	equilibrium sampling devices，平衡采样装置
FAD	flavin adenine dinucleotide，黄素腺嘌呤二核苷酸
FCI	function-based confidence interval，函数置信区间
FMO	microsomal flavin-containing monoxygenase，微粒体含黄素单加氧酶
FRRD	fixed ratio ray design，固定比射线设计
GABA	γ-aminobutyric acid，γ-氨基丁酸

GFAP	glial fibrillary acidic protein，胶质细胞原纤维酸性蛋白
GO	gene ontology，基因本体论
GPx	glutathione peroxidase，谷胱甘肽过氧化物酶
GR	glutathione reductase，谷胱甘肽还原酶
GSH	glutathione，谷胱甘肽
GST	glutathione S-transferase，谷胱甘肽S-转移酶
HBCD	hexabromocyclododecane，六溴环十二烷
HDL	high-density lipoprotein，高密度脂蛋白
HOC	hydrophobic organic compound，疏水性有机物
IA	independence action，独立作用
IC_{50}	median inhibition concentration，半数抑制浓度
IDL	intermediate density lipoprotein，中密度脂蛋白
IGR	intergenic region，基因间区
IPSP	inhibitory postsynaptic potential，抑制性突触后电位
JNK	c-Jun NH_2-terminal kinase，c-Jun氨基末端激酶
KEGG	Kyoto Encyclopedia of Genes and Genomes，京都基因与基因组百科全书
LC_{50}	median lethality concentration，半数致死浓度
LDL	low density lipoprotein，低密度脂蛋白
LFER	linear free energy relationship，线性自由能关系
LOEC	lowest-observed effect concentration，最低可观测效应浓度
LPME	liquid-phase microextraction，液相微萃取
LSER	linear solvation energy relationship，线性溶剂化能相关
LTD	long-term depression，长时程抑制
LTP	long-term potentiation，长时程增强
MAPK	mitogen-activated protein kinase，丝裂原激活蛋白激酶
MC	microcystin，微囊藻毒素
MCI	molecular connectivity index，分子连接性指数
MEE	median effect equation，半数效应方程
MeO-PBDEs	methoxylated polybrominated diphenyl ethers，甲氧基化多溴二苯醚
MFO	microsomal mixed function oxidase，微粒体混合功能氧化酶
MLR	multiple linear regression，多元线性回归
MMP	mitochondrial membrane potential，线粒体膜电位
MOA	mode of action，作用模式
MPTP	mitochondrial permeability transition pore，线粒体膜通透

性转换孔

MRP	multidrug-resistance associated protein，多药耐药相关蛋白
MSA	molecular shape analysis，分子形状分析
MTA	microplate toxicity analysis，微板毒性分析法
MTI	mixture toxicity index，混合毒性指数
NaR	nitrate reductase，硝酸还原酶
nd-SPME	negligible depletion solid-phase microextraction，微耗损固相微萃取
NES	computer-administratered neurobehavioral evaluation system，计算机神经行为评价系统
NMDA	N-methyl-D-aspartic acid，N-甲基-D-天冬氨酸
NOEC	no-observed effect concentration，无观测效应浓度
NOS	nitric oxide synthase，一氧化氮合酶
OCCs	organochlorine compounds，有机氯化合物
OCI	observation-based confidence interval，观测置信区间
OCPs	organochloride pesticides，有机氯农药
OH-PBDEs	hydroxylated polybrominated diphenyl ethers，羟基化多溴二苯醚
OPFRs	organophosphate flame retardants，有机磷酸酯阻燃剂
PAEs	phthalate esters，邻苯二甲酸酯类
PAHs	polycyclic aromatic hydrocarbons，多环芳烃
PBDEs	polybrominated diphenyl ethers，多溴二苯醚
PCBs	polychlorinated biphenyls，多氯联苯
PCDDs	polychlorinated dibenzo-p-dioxins，多氯代二苯并-对-二噁英
PCDFs	polychlorinated dibenzofurans，多氯代二苯并呋喃
PCDPSs	polychlorinated diphenyl sulfides，多氯代二苯硫醚
PCP	pentachlorophenol，五氯酚
PFCAs	perfluorinated carboxylic acids，全氟羧酸
PFCs	perfluororinated compounds，全氟化合物
PFOA	perfluoroocatanate acid，全氟辛酸
PFOS	perfluorooctane sulfonates，全氟辛基磺酸
PFSAs	perfluoroalkane sulfonates，全氟烷基磺酸
PKC	protein kinase C，蛋白激酶C
PMNs	polymorphonuclear neutrophils，嗜中粒细胞
PNS	peripheral nervous system，周围神经系统
POC	percentage of control，相对空白百分比

POM	particulate organic matter，颗粒态有机质
POPs	persistent organic pollutants，持久性有机污染物
PP2A	protein phosphatase 2A，蛋白磷酸酶 2A
PPAR	peroxisome proliferator-activated receptor，过氧化物酶体增殖剂激活受体
PPCPs	pharmaceutical and personal care products，药物与个人护理品
PXR	pregnane X receptor，孕烷X受体
QSAR	quantitative structure activity relationship，定量构效关系
RMSE	root mean square error，均方根误差
ROS	reactive oxygen species，活性氧
RQs	risk quotients，风险熵
RXR	retinoid X receptor，类视黄醇X受体
SCCPs	short-chain chlorinated paraffins，短链氯化石蜡
SCE	sister-chromatid exchanges，姐妹染色体交换
SNAP	soluble NSF-attachment protein，可溶性NSF附着蛋白
SOD	superoxide dismutase，超氧化物歧化酶
SOT	source to outcome pathway，从源头到结局路径
SPMD	semipermeable membrane device，半透膜采样装置
SPME	solid-phase microextraction，固相微萃取
TBBPA	tetrabromobisphenol A，四溴双酚A
TBT	tributyhin，三丁基锡
TCDD	2,3,7,8-tetrachlorodibenzo-p-dioxin，2,3,7,8-四氯代二苯并-对-二噁英，四氯双苯环二噁英
TEF	toxic equivalency factor，毒性当量因子
TEQ	toxic equivalent quantity，毒性当量
TF	transcription factor，转录因子
TL	T lymphocytes，T 淋巴细胞
TMF	trophic magnification factor，营养级放大因子
TR	thyroid hormone receptor，甲状腺激素受体
TSP	two-step prediction，两阶段预测
TSS	transcription start site，基因转录起始位点
TU	toxic unit，毒性单位
UD-Ray	uniform design ray，均匀设计射线法
VLDL	very low-density lipoprotein，超低密度脂蛋白

索　引

彩　　图

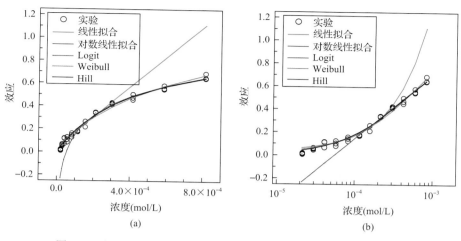

(a)　　　　　　　　　　　　　(b)

图 2-3　线性、对数线性与拟线性拟合结果 CRC 图（刘树深，2017）

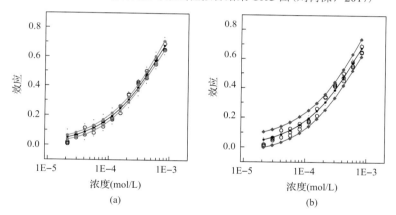

(a)　　　　　　　　　　　　　(b)

图 2-6　FCI(a) 与 OCI 拟合曲线(b)（刘树深，2017）

黑实线为拟合曲线；空圆为实验数据点；紫色线与紫色实圆为函数置信区间；蓝色线与蓝色菱形方块为观测置信区间

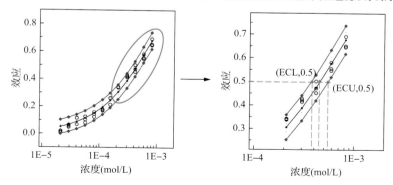

图 2-7　求解基于浓度的置信区间 OCI 示意图（刘树深，2017）

黑实线为拟合 CRC；黑圆为实验点；蓝色线为 OCI；菱形蓝色方块为效应置信区间点；

实心红圆为待求浓度及浓度置信区间

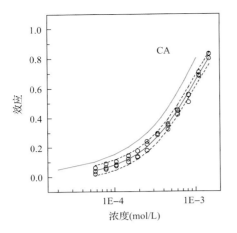

图 3-1 四元混合物的实验与 CA 预测剂量-效应曲线（刘树深，2017）

○：实验点；—：拟合线；---：观测置信区间；
—：CA 预测线

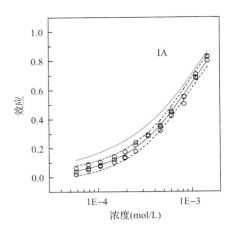

图 3-2 四元混合物的实验与 IA 预测剂量-效应曲线（刘树深，2017）

○：实验点；—：拟合线；---：观测置信区间；—：IA 预测线

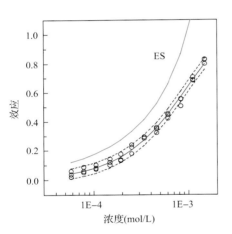

图 3-4 四元混合物的实验与 ES 预测剂量-效应曲线（刘树深，2017）

○：实验点；—：拟合线；---：观测置信区间；—：ES 预测线

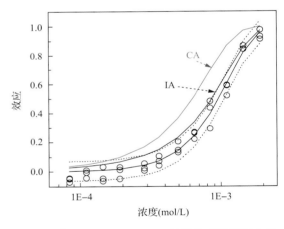

图 3-6 某[hmim]Cl-IMI-POL 射线的毒性相互作用分析（刘树深，2017）

○：实验观测毒性；—：拟合 CRC；···：观测置信区间；
—：CA 预测 CRC；—：IA 预测 CRC

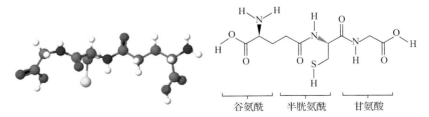

图 4-15 谷胱甘肽的三维图像及分子式构成

白色：H 原子；灰色：C 原子；蓝色：N 原子；红色：O 原子；黄色：S 原子

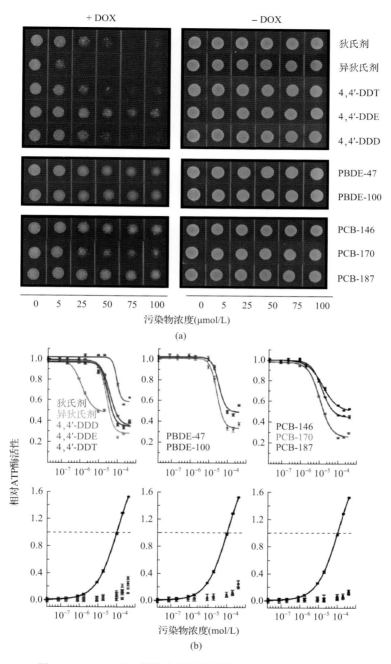

图 4-18　POPs 对 P 糖蛋白的抑制效应 (Nicklisch et al., 2016)

(a) POPs 抑制了 P 糖蛋白在酵母细胞中的表达。在不存在阿霉素 (–DOX) 的情况下, 实验浓度下的 POPs 对酵母细胞没有毒性作用。抑制效应发生在加入阿霉素 (+DOX) 的组别中, 随着 POPs 浓度的增加, 酵母细胞的生长速率下降。

(b) 10 种 POPs 抑制 ATP 酶活性的曲线

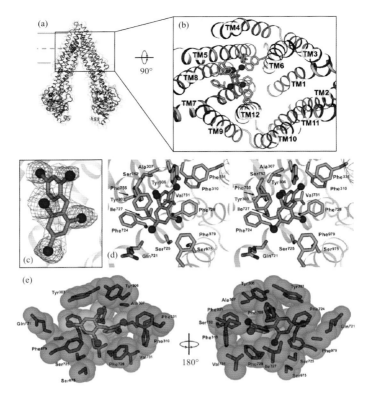

图 4-19　P 糖蛋白与 POPs 结合的 X 射线晶体结构示意图（Nicklisch et al., 2016）

（a）小鼠 P 糖蛋白与 PBDE-100 结合后的晶体结构图。（b）从细胞内的视角观察到的 PBDE-100 与 P 糖蛋白的结合位点。
（c）结合复合物的 *2mFo-DFc* 电子密度峰。（d）结合口袋位置，可以看到和 PBDE-100 的联苯骨架结合的重要残基（棍状结构）。
（e）PBDE-100 的保守结合位点，顶部：侧链和 PBDE-100 结合（蓝色：在人类和小鼠中保守；绿色：在人类和小鼠中不保守）。
这些残基为 Y303、Y306、A307、F310、F331、Q721、F724、S725、I727、F728、V731、S752、F755、S975 和 F979。
底部：小鼠和人类的 P 糖蛋白氨基酸序列比对结果，可以看到在 TM5、TM6、TM7、TM8 和 TM12 有 15 个与 PBDE-100
相互作用的残基

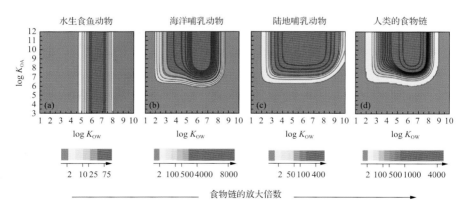

图 4-25　化学物质在 K_{OW}（x 轴）、K_{OA}（y 轴）和食物网的放大（z 轴）之间
的关系轮廓图（Kelly et al., 2007）

（a）水生食鱼动物食物网；（b）海洋哺乳动物食物网；（c）陆地哺乳动物食物网食物链和（d）北极包含人类的食物网。数据表示顶
部捕食者中化学浓度（ng/g 脂质当量）的组合放大倍数（例如初级生产者 TL=1，到北极熊时为 TL=5.4）。这些数据显示 K_{OW} 和
K_{OA} 对化学生物累积的综合影响

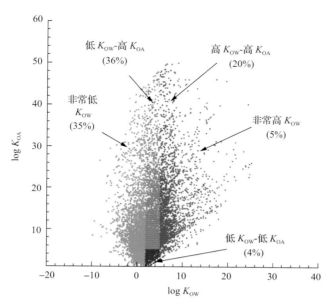

图 4-26　约 12000 种化学物质的 K_{OW} 和 K_{OA} 之间的相互关系(根据加拿大的国内物质清单[Canada's Domestic Substance List(DSL)制定](Kelly et al., 2007)

化学物质被分为：(i)非常低的 K_{OW}(log K_{OW}<2.0)；(ii)低 K_{OW}-低 K_{OA}(log K_{OW} 2~5 且 log K_{OA}<5)；(iii)低 K_{OW}-高 K_{OA}(log K_{OW} 2~5 且 log K_{OA}≥5)；(iv)高 K_{OW}-高 K_{OA}(log K_{OW}≥5 且 log K_{OA}≥5)；(v)非常高 K_{OW} 或者超级疏水的物质(log K_{OW}>9)。其中，低 K_{OW}-高 K_{OA}(log K_{OW} 2~5 且 log K_{OA}≥5)类别的化学物质(超过 4000 种物质，约占 36%)，被证明在含有空气呼吸的动物时，具有生物放大现象

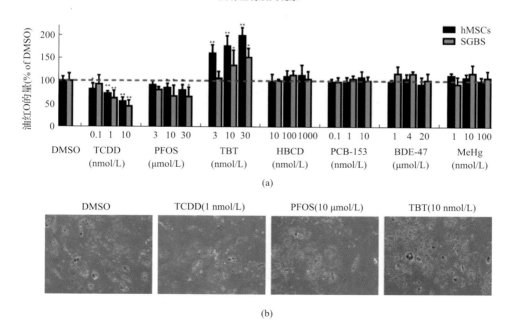

图 5-3　(a)POPs 暴露对 hMSCs 和 SGBS 细胞脂肪分化的效应；(b)hMSCs 细胞染色的代表性结果
(van den Dungen et al., 2017)

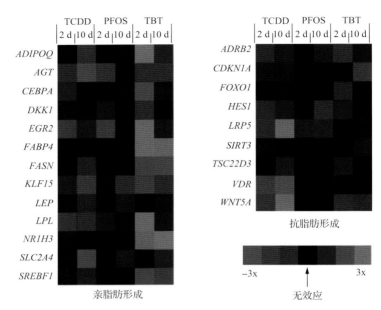

图 5-4　TCDD（1 nmol/L）、PFOS（10 μmol/L）和 TBT（10 nmol/L）暴露 2 天、10 天后对 hMSCs
细胞中脂肪生成相关的 84 个基因进行表达水平分析（van den Dungen et al., 2017）

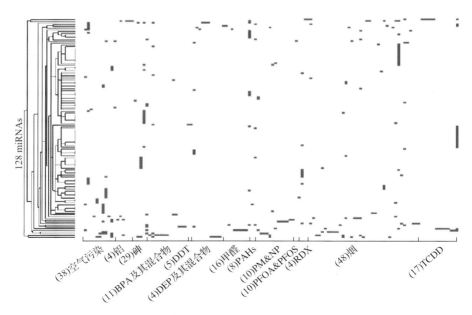

图 5-5　包含 POPs 等 13 种污染物诱发的 128 个与环境因素相关的 miRNA 表达模式热度分布图
括号内数字代表环境污染物导致表达发生变化的 miRNA 的数量。DEP：邻苯二甲酸二乙酯；PM：微颗粒物；
NP：纳米颗粒；RDX：三嗪类农药

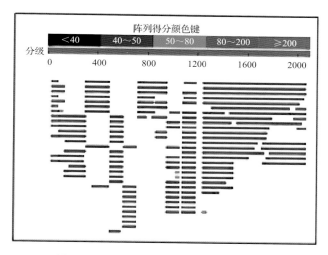

图 5-10　斑马鱼 p53 基因片段比对示意图

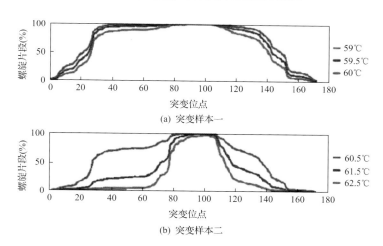

图 5-12　扩增片段在不同温度下的解链曲线

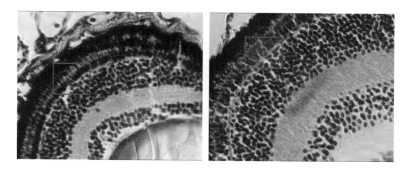

图 6-14　高浓度 BDE-47(500 μg/L)暴露后 6 dpf 斑马鱼仔鱼视网膜组织切片

左图为对照组仔鱼的视网膜切片；右图为高浓度 BDE-47 处理组仔鱼的视网膜切片。框线部分为光受体细胞层

(视杆和视锥细胞)的显微结构

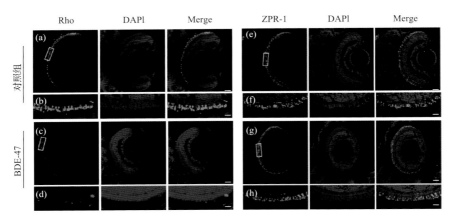

图 6-15　(a)和(b)空白组 6 dpf 斑马鱼仔鱼视网膜视紫质免疫染色；(c)和(d)BDE-47 暴露后 6 dpf
斑马鱼仔鱼视网膜视紫质免疫染色；(e)和(f)空白组 6 dpf 斑马鱼仔鱼 ZPR-1 免疫染色；(g)和(h)
BDE-47 暴露后 6 dpf 斑马鱼仔鱼 ZPR-1 免疫染色

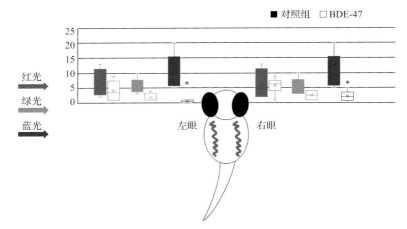

图 6-16　BDE-47 暴露后斑马鱼仔鱼对不同波段光的眼动反应次数
*$p<0.05$，与对照组相比存在统计学差异

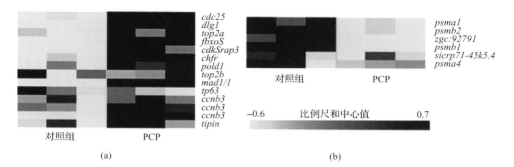

图 6-22 基因集比较分析筛选出差异表达的生物学过程(BP)类基因集(50 μg/L PCP)

(a)细胞周期调控; (b)蛋白酶体

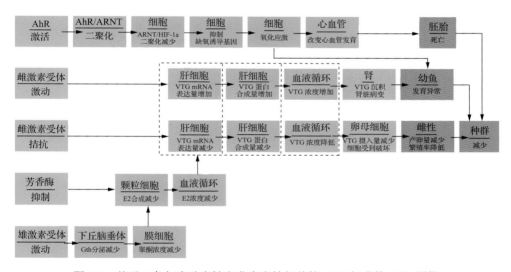

图 9-3 基于 5 条与生殖毒性和发育毒性相关的 AOP 组成的 AOP 网络

绿色代表分子启动事件，橘色代表关键事件，红色代表有害结局

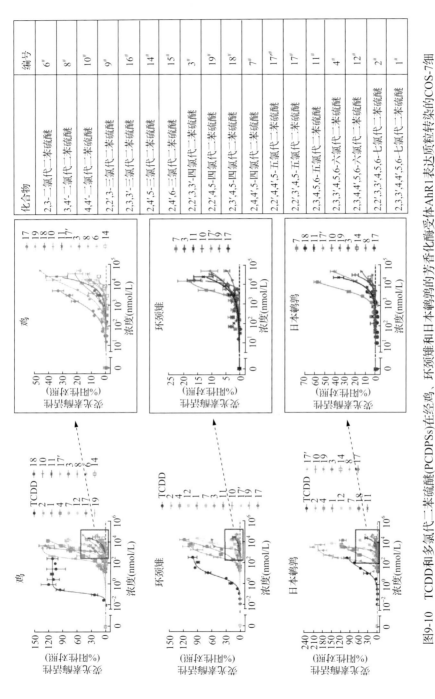

化合物	编号
2,3-二氯代二苯硫醚	6#
3,4'-二氯代二苯硫醚	8#
4,4'-二氯代二苯硫醚	10#
2,2',3-三氯代二苯硫醚	9#
2,3,3'-三氯代二苯硫醚	16#
2,4',5-三氯代二苯硫醚	14#
2,4',6-三氯代二苯硫醚	15#
2,2',3,3'-四氯代二苯硫醚	3#
2,2',4,5-四氯代二苯硫醚	19#
2,3',4,5-四氯代二苯硫醚	18#
2,4,4',5-四氯代二苯硫醚	7#
2,2',4,4',5-五氯代二苯硫醚	17#
2,2',3',4,5-五氯代二苯硫醚	17#
2,3,4,5,6-五氯代二苯硫醚	11#
2,3,3',4,5,6-六氯代二苯硫醚	4#
2,3,4,4',5,6-六氯代二苯硫醚	12#
2,2',3,3',4,5,6-七氯代二苯硫醚	2#
2,3,3',4,4',5,6-七氯代二苯硫醚	1#

图9-10 TCDD和多氯代二苯硫醚(PCDPSs)在经鸡、环颈雉和日本鹌鹑的芳香化酶受体AhR1表达质粒转染的COS-7细胞中,诱导荧光素酶活性的剂量-效应关系。效应数据以阳性对照(300 nmol/L TCDD)百分比的形式呈现。当PCDPSs诱导的荧光素酶活性相对于二甲基亚砜(DMSO)溶剂对照呈现出浓度依赖的显著升高时,其剂量-效应曲线才能画出。图中每个点表征三个单独的试验的算数平均值。每个点表征三个单独的试验(生物平行),每次试验设四个技术平行。误差棒代表标准误差(S.E.)

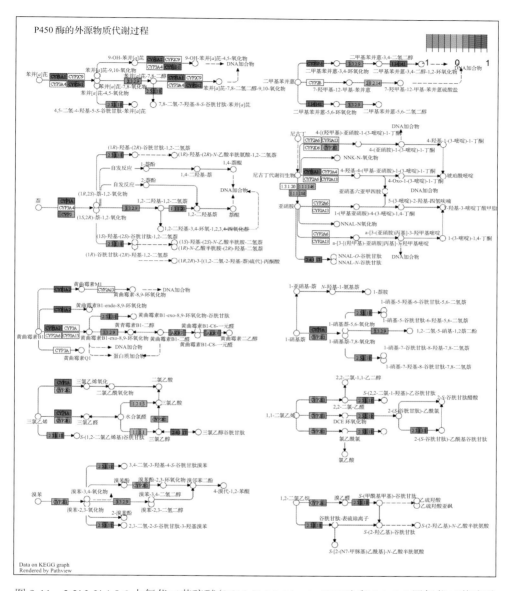

图 9-11　2,2′,3,3′,4,5,6-七氯代二苯硫醚(2,2′,3,3′,4,5,6-hepta-CDPS)和 2,4,4′,5-四氯代二苯硫醚
(2,4,4′,5-tetra-CDPS)诱导外源物质代谢通路中基因的表达情况

每个小格中左边三个色块代表 2,2′,3,3′,4,5,6-hepta-CDPS 组中三个样品，右边三个代表 2,4,4′,5-tetra-CDPS 组。
绿色代表下调，红色代表上调